教育科学“十五”
国家规划课题研究成果

传感器检测技术及仪表

Sensor Detection Technologies and Instruments

孙传友　编著

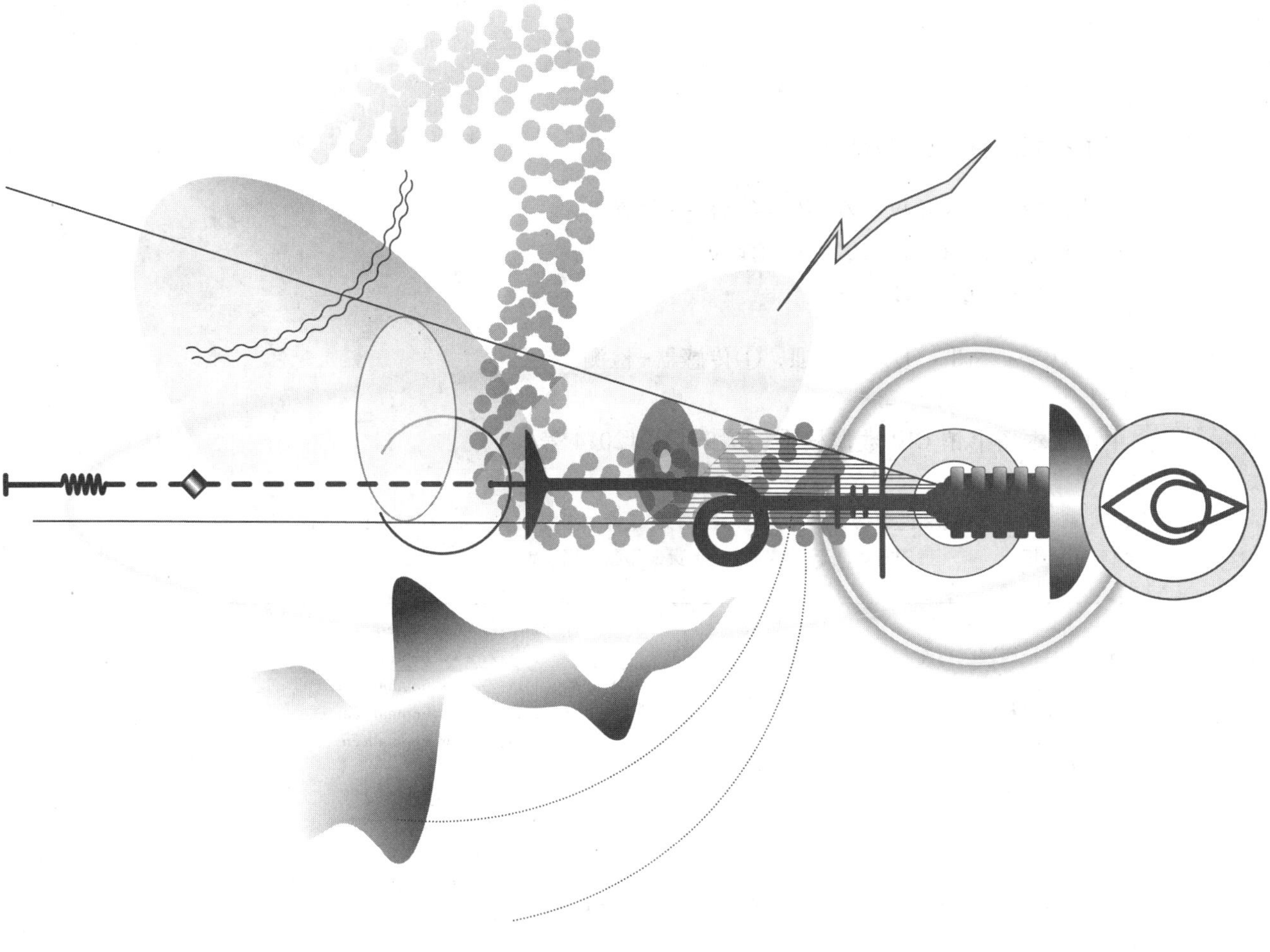

高等教育出版社·北京

内容简介

本书在教育科学“十五”国家规划课题研究成果——《现代检测技术及仪表（第 2 版）》的基础上修订更新而成，是适应“互联网+教育”的“新形态教材”。

全书共 14 章：绪论、检测系统的基本特性、阻抗型传感器、电压型传感器、半导体传感器、数字式传感器、其他传感器、几何量的电测法、机械量的电测法、热工量的电测法、模拟式检测仪表、数字式检测仪表、智能检测仪表、现代检测新技术简介。

本书有三大特色：1. 特别注重归纳共性和总结规律，以此编排教材内容，既通俗易懂，又简明易记。 2. 率先将三类检测仪表共性技术编入教材，完善了本课程的教学内容，增强了教材的实用性。 3. 与本书配套的教学资源丰富齐全，读者可访问网址 http://abook.hep.com.cn/1227955 免费浏览。

本书可作为应用型（或技术型）自动化类、仪器类、电气类、电子信息类等专业本科生的教材，也可供从事检测仪表设计、使用、维护和管理的工作人员参考或作为自学读物。

图书在版编目(CIP)数据

传感器检测技术及仪表/孙传友编著.--北京：高等教育出版社,2019.1（2020.12 重印）

ISBN 978-7-04-051243-4

Ⅰ.①传… Ⅱ.①孙… Ⅲ.①传感器-检测-高等学校-教材 Ⅳ.①TP212

中国版本图书馆 CIP 数据核字(2019)第 012014 号

策划编辑	韩　颖	责任编辑	韩　颖	封面设计	张申申	版式设计	马　云
插图绘制	于　博	责任校对	李大鹏	责任印制	田　甜		

出版发行	高等教育出版社	网　址	http://www.hep.edu.cn
社　址	北京市西城区德外大街 4 号		http://www.hep.com.cn
邮政编码	100120	网上订购	http://www.hepmall.com.cn
印　刷	北京市科星印刷有限责任公司		http://www.hepmall.com
开　本	787mm×1092mm　1/16		http://www.hepmall.cn
印　张	21.75		
字　数	530 千字	版　次	2019 年 1 月第 1 版
购书热线	010-58581118	印　次	2020 年12月第 5 次印刷
咨询电话	400-810-0598	定　价	49.80 元

物 料 号　51243-00

传感器检测技术及仪表

孙传友　编著

1　计算机访问http://abook.hep.com.cn/1227955，或手机扫描二维码、下载并安装Abook应用。

2　注册并登录，进入“我的课程”。

3　输入封底数字课程账号（20位密码，刮开涂层可见），或通过Abook应用扫描封底数字课程账号二维码，完成课程绑定。

4　单击“进入课程”按钮，开始本数字课程的学习。

课程绑定后一年为数字课程使用有效期。受硬件限制，部分内容无法在手机端显示，请按提示通过计算机访问学习。

如有使用问题，请发邮件至abook@hep.com.cn。

http://abook.hep.com.cn/1227955

前　言

当今世界需要检测的量可分为电量和非电量两大类，非电量的种类比电量多得多。非电量的现代检测涉及两个基本问题：如何用传感器将非电量转换成电量，如何用仪表电路对电量进行测量，以得到人们需要的测量结果。然而，长期以来，国内出版的传感器与检测技术的教材介绍传感器原理及其应用的多，系统地介绍与传感器紧密相关的仪表电路的少。这就使学生学完传感器课后，还是不知道传感器怎么用。本人长期从事传感器检测技术课程教学，深切感受到，仅有传感器知识是不够的，需要增加仪表电路知识。为此，本人编写了《现代检测技术及仪表》（高等教育出版社 2006 年 5 月出版）。本书率先将三类检测仪表共性技术编入教材，从基础上完善了传感器检测技术课程的教学内容，大大增强了教材的实用性。

本书将传感器原理、非电量电测法和常用仪表电路的主要内容有机地整合为一门课程，正是作者为培养学生更好地适应今后实际工作的需要，而对教学内容和课程体系进行改革的一种尝试。十多年的教学实践证明，这样"整合"不仅加强了课程内容间的联系与综合，避免脱节和不必要的重复，大大节省了学时，而且也有利于拓宽学生的专业面，培养学生的创新能力。

本书与其他同类教材相比，在内容编排上还有以下三个不同：第一，本书不是着眼于传感器的"设计"，而是着眼于传感器的"应用"（因为毕竟"使用"传感器的人比"制作"传感器的人多得多）。对传感器的理论阐述以够"用"为度，同时注意从应用角度介绍传感器前端的敏感器和后端的接口电路。第二，本书不是在讲完每一种传感器后就列举它的应用，而是把传感器的应用，按被测量分类归并到非电量电测量的相应章节。把同一种非电量的多种测量方法归纳在一起，既便于学生掌握同一非电量多种测量方法的共同点，又便于理解它们的不同点，以开拓学生的思维。第三，本书不是逐个介绍每一种传感器的接口电路，而是把输出量相同或原理有共性的传感器归并成一类。这样编排，既便于学生理解传感器的原理，又便于学生掌握这一类传感器可共用的接口电路；既避免不必要的内容重复，又能使学生举一反三，触类旁通。

由于传感器和检测仪表的种类和型号繁多，涉及知识面很广，常常使教师感到难教，学生感到难学。本书特别注重归纳共性和总结规律，化"多而繁"为"少而简"，变"深奥枯燥"为"通俗有趣"。为了便于总结各种传感器和测量方法的规律，本书把"将非电量转换成电量的器件或装置"称为"传感器"，把"将被测非电量转换成可用非电量的器件或装置"称为"敏感器"。使学生认识到，只要将"敏感器"与"传感器"适当配合，就可以使一种传感器开发出多种用途，一种非电量也就可以有多种测量方法。各种检测仪表的用途、名称型号、性能尽管各不相同，但差别仅在于仪表的前端所使用的传感器和测量方法不同，传感器以后的仪表部分却是基本上相同的。理论上讲，M 种敏感器、N 种传感器和 3 种仪表电路的排列组合可产生出（$M\times N\times 3$）种非电量检测仪表产品，我们没有必要也没有时间给学生逐一介绍一个个具体的仪表产品，我们只需要教给学生掌握这（$M+N+3$）种功能模块，学生今后根据特定的检测任务要求，将这些模块恰当地排列组合，再引入一些新器件和新技术，就能创新设计出自己的检测方案或仪表产品。

本书内容具有"全而新"的特点，突出教学内容和课程体系的改革，注重归纳共性和总结规律,启发和引导学生的创新思维。既通俗易懂,又简明实用。

本书的上述特色受到同行专家和广大师生的好评。目前,《现代检测技术及仪表》第1、2版已累计印刷14次,有数十所高校选用本书作教材。为了使本书能适应当今兴起的“互联网+教育”,本书在保持《现代检测技术及仪表》第1、2版的特色和体系基本不变的前提下,进行了如下内容修订:1. 删去了气敏电阻、湿敏电阻、成分与含量的电测法等章节,更突出测控领域常见物理量的检测。2. 增加了智能传感器、网络传感器和物联网传感技术等新技术的简介。3. 删去了学生可以在课下自学的内容,这些内容作为拓展阅读放在与本书关联的数字课程网站,从而减少了教材的篇幅和成本。4. 修订了各章的习题及解答,增加了各章的例题解析。为了名符其实地反映本书的三大板块内容,作者还将书名更改为《传感器检测技术及仪表》。

本书是适应“互联网+教育”的“新形态教材”。与本书配套的教学资源有:PPT课件、插图动画、电子教案、例题解析、习题解答、课程视频、双语教学、拓展阅读、实验指导等。这些资源全部发布在高等教育出版社创建的【传感器检测技术及仪表数字课程网站】(网址 http://abook.hep.com.cn/1227955),读者可上网免费浏览。

我们建议学生在做作业时,先不要看网上刊登的答案。自己独立思考地做完后,再与网上刊登的答案对比,自己给自己的作业批改和打分,自己发现学习中的问题自己纠正。任课教师可以检查和记录学生自己完成和批改作业的情况,利用课堂小测验和期末考试考核学生学习的效果。这样把作业主动权交给学生,有利于培养学生的自学能力和提高学生的学习自觉性。

我们建议学生不要只忙于应付作业和考试,而要在课外多收集一些检测技术及仪表的实例进行剖析,自己动手搞一些小制作小发明,还可把自己的研究心得撰写成论文在科技期刊上发表甚至申报专利,多创造些社会认可的成果以提升自己今后在人才市场的竞争力。

本书可作为应用型(或技术型)电气信息类专业本科生的教材,也可供从事检测仪表设计、使用、维护和管理的工作人员参考或作为自学读物。

本书由长江大学孙传友教授编著,东南大学周杏鹏教授主审。借此机会,特向周杏鹏教授表示衷心感谢。本书在编写和修订过程中除引用编著者自己的研究成果外,还参考了几十种有关文献,在此,谨向所有参考文献的作者表示诚挚的谢意。

由于作者水平有限,错误和不妥之处在所难免,恳请各位专家和读者批评指正。作者邮箱:jcjsjx@ sina. com。

编著者

2018年9月于北京

目　录

注：*表示该节为拓展阅读内容

第1章　绪　　论

1.1　检测技术及仪表的地位与作用

1.1.1　检测仪表的地位与作用

检测是人们借助专门工具，对研究对象进行检验和测量，取得定性信息和定量信息的过程。国家标准中对测量一词的定义为：测量是指以确定被测对象属性和量值为目的的全部操作。“测试”与“检测”基本上是同义语，而仪器仪表则是专门用于“测试”或“检测”的手段或工具。

检测是人类认识世界和改造世界必不可少的重要手段。在科学技术的发展过程中，人们根据对客观事物所做的大量试验和测量，形成定性和定量的认识，总结出客观世界的规律；通过试验和测量进一步检验这些规律是否符合客观实际；在利用这些客观规律改造客观世界的过程中，又通过试验和测量来检验实际效果。科学的发展、突破是以检测技术的水平为基础的。例如人类在光学显微镜出现以前，只能用肉眼来分辨物质，而16世纪出现了光学显微镜，这就使人们能够借助显微镜来观察细胞，从而大大推动了生物科学的发展。而到20世纪30年代出现了电子显微镜，又使人们的观察能力进入微观世界，这又推动了生物科学、电子科学和材料科学的发展。“在诺贝尔物理学和化学奖中大约有$\frac{1}{4}$是属于测试方法和仪器的创新。”[1]这些事实都说明了检测仪器在科学研究中的重要作用。

“在国民经济建设中仪器的作用重大，在工业生产中起着把关者和指导者的作用，它从生产现场获取各种参数，运用科学规律和系统工程的做法，综合有效地利用各种先进技术，通过自控手段和装备，使每个生产环节得到优化，进而保证生产规范化，提高产品质量，降低成本，满足需要，保证安全生产。”[1]

“仪器仪表对国民经济有巨大的‘倍增器’和拉动作用。应用仪器仪表是现代生产从粗放型经营转变为集约型经营必须采取的措施，是改造传统工业必备的手段，也是产品具备竞争能力、进入市场经济的必由之路。”[1]

“仪器在产品质量评估及计量等有关国家法制实施中起着技术监督的‘物质法官’的作用。在国防建设和国家可持续发展战略的诸多方面，都有至关重要的作用。现代仪器已逐渐走进千家万户，与人们的健康、日常生活、工作和娱乐活动休戚相关。”[1]

“今天，世界正在从工业化时代进入信息化时代，向知识经济时代迈进。这个时代的特征是以计算机为核心，延伸人的大脑功能，起着扩展人脑力劳动的作用，使人类正在走出机械化的过程，进入以物质手段扩展人的感官神经系统及脑力智力的时代。这时，仪器的作用主要是获取信

[1] 注：引自参考文献[1]。

息,作为智能行动的依据。"[1]

"仪器的功能在于用物理、化学或生物的方法,获取被检测对象运动或变化的信息,通过信息转换的处理,使其成为易于人们阅读和识别表达(信息显示、转换和运用)的量化形式,或进一步信号化、图像化。通过显示系统以利观测,入库存档,或直接进入自动化、智能运转控制系统。"[1]

"仪器是一种信息的工具,起着不可或缺的信息源的作用。仪器是信息时代的信息获取—处理—传输的链条中的源头技术。如果没有仪器,就不能获取生产、科学、环境、社会等领域中全方位的信息,进入信息时代将是不可能的。钱学森院士在对新技术革命的论述中说:'新技术革命的关键技术是信息技术。信息技术由测量技术、计算机技术、通信技术三部分组成。测量技术则是关键和基础'。现在提到信息技术通常想到的只是计算机技术和通信技术,而关键的基础性的测量技术却往往被人们忽视了。综上所述可以看出仪器技术是信息的源头技术。仪器工业是信息工业的重要组成部分。"[1]

1.1.2 检测技术是仪器仪表的技术基础

最早应用的仪器仪表是机械式仪表,以后发展到光学的、电学的,等等,而这些发展也是随着科学技术的发展而发展的,因为新科技诞生、发展,均会伴随产生许多新的检测课题,在要求推动下,就促进了仪器仪表的发展;而科学技术的进步也为发展新型的仪器仪表提供了条件。

在科研和工程上需要测试或检测的量可分为电量和非电量两大类,相应的检测仪表也分为电量检测仪表和非电量检测仪表两大类。由于非电量种类比电量的种类多得多,所以,非电量检测仪表的种类也就比电量检测仪表种类多得多。

非电量早期多用非电的方法测量,例如,用尺测量长度,用水银温度计测量温度。但是随着科学技术的发展,对测量的精确度、速度都提出了新的要求,尤其对动态变化的物理过程进行测量,以及对物理量的远距离测量,用非电的方法已经不能满足要求了,必须采用电测法。

电测法就是把非电量转换为电量来测量,同非电的方法相比,电测法具有如下的优越性:

(1) 便于采用电子技术,用放大和衰减的办法灵活地改变测量仪器的灵敏度,从而大大扩展仪器的测量幅值范围(量程)。

(2) 电子测量仪器具有极小的惯性,既能测量缓慢变化的量,也可测量快速变化的量,因此采用电测技术将具有很宽的测量频率范围(频带)。

(3) 把非电量变成电信号后,便于远距离传送和控制,这样就可实现远距离的自动测量。

(4) 把非电量转换为数字电信号,不仅能实现测量结果的数字显示,而且更重要的是能与计算机技术相结合,便于用计算机对测量数据进行处理,实现测量的微机化和智能化。

由于电测法具有无可比拟的优越性,因此,在现代测量中,非电量大多用传感器转换成电量再进行测量——非电量的电测法。

现代检测技术包括电量检测和非电量检测两方面,而非电量的电测法涉及两个基本问题:一是怎样用传感器将非电量转换为电量,二是怎样用仪表电路对电量进行测量。因此非电量的电测技术同传感器技术、仪表电路的电量测量技术是紧密联系不可分割的。现代检测技术应包括:

[1] 注:引自参考文献[1]。

传感器技术、非电量电测技术、仪表电路的电量测量技术三个组成部分。

如前所述,科研、生产、生活、国防等各个领域都需要检测一些电量或非电量,而每一种电量或非电量又有多种测量方法,因此仪器仪表的种类和型号是很多很多的。从"硬件"方面来看,如果把常见的各类仪器仪表"化整为零"地解剖开来,我们会发现它们内部组成模块大多是相同的。从"软件"方面来看,如果把各个模块"化零为整"地组装起来,我们会发现它们的整机原理、总体设计思想、主要的软件算法也是大体相近的。这就是说,常见的各类仪器仪表尽管用途、名称型号、性能各不相同,但它们有很多的共性,而且共性和个性相比,共性是主要的,它们共同的理论基础和技术基础实质就是"现代检测技术"。常见的各类仪器仪表只不过是作为其"共同基础"的"现代检测技术"与各个具体应用领域的"特殊要求"相结合的产物。本书不是逐个介绍具体的仪器仪表产品,而是讲述各类仪器仪表中常见的传感器、常见非电量的电测量方法、常规仪表的共性技术。因为"产品"是"技术"的产物,读者只要掌握了常见的各类仪器仪表产品通用的模块和常用的技术,今后遇到具体的仪器仪表时,再了解一下该仪器仪表应用领域的特殊要求和某些专用电路,就能很快适应所从事仪器仪表的具体工作。

1.2 传感器概述

1.2.1 传感器的基本概念

国家标准《传感器通用术语》中,对于传感器的定义做了如下规定:"能感受(或响应)规定的被测量并按照一定规律转换成可用信号输出的器件或装置。传感器通常由直接响应于被测量的敏感元件和产生可用信号输出的转换元件以及相应的电子线路所组成。"这一定义同美国仪表协会(ISA)的定义相类似,是比较确切的。

应当指出,这里所谓的"可用信号"是指便于处理、传输的信号。当今电信号最易于处理和便于传输,因此,可把传感器狭义地定义为:"能把外界非电信息转换成电信号输出的器件或装置"或"能把非电量转换成电量的器件或装置"。

如果所要测量的非电量正好是某传感器能转换的那种非电量,而该传感器转换出来的电量又正好能为后面的显示记录电路所利用(例如,热电偶测温度时产生的热电动势可以驱动动圈式毫伏表),那么,就只要由传感器和显示仪表便可非常容易地构成一个非电量测量系统。

然而,很多情况下,我们所要测量的非电量并不是我们所持有的传感器所能直接转换的那种非电量,这就需要在传感器前面增加一个能把被测非电量转换为该传感器能够接受和转换的非电量(即可用非电量)的装置或器件,这种能把被测非电量转换为可用非电量的器件或装置称为敏感器。如果把传感器称为变换器,那么敏感器则可称为预变换器。例如,用电阻应变片测压力时就要将应变片粘贴到承受压力的弹性元件上,弹性元件将压力转换为应变,应变片再将应变转换为电阻变化,这里应变片便是传感器,而弹性元件便是敏感器。敏感器与传感器虽然都是对被测非电量进行转换,但敏感器是把被测非电量转换为可用非电量,而不是像传感器那样把非电量转换成电量。

尽管非电量的电测方法很多,但就其转换关系而言可以归纳为两大类:直接法和间接法。

直接法就是用传感器直接将被测非电量 x 转换为电量 y,直接法所使用的传感器的可用非

电量必须正好是被测量，而且其输出电量 y 应是被测量 x 的单值函数，即

$$y=f(x) \tag{1-2-1}$$

直接法所使用的这种传感器本书称之为直接传感器。

间接法就是先用敏感器将被测量 x 转换为传感器的可用非电量 z，再用传感器将可用非电量 z 转换为电量 y。设传感器的转换关系为

$$y=\phi(z) \tag{1-2-2}$$

敏感器的转换关系为

$$z=\psi(x) \tag{1-2-3}$$

由敏感器与传感器组合成的非电量 x 的电测装置的转换关系便为复合函数

$$y=\phi[\psi(x)]=f(x) \tag{1-2-4}$$

按照传感器定义，这种敏感器与传感器的组合装置仍可称为传感器，但却不是原来的非电量 z 的传感器，而是被测量 x 的传感器。因为其转换关系为复合函数，故本书称之为复合传感器或间接传感器。通过以后的学习，我们将会看到，只要将“敏感器”与“传感器”适当组合，就可以使一种传感器开发出多种用途，一种非电量也就可以有多种测量方法。

在很多情况下，传感器所转换得到的电量并不是后面的显示记录电路所能直接接收的。例如，电阻式应变传感器把应变转换为电阻变化，电阻虽然属于电参量，但不能像热电偶产生的热电动势那样被电压显示仪表所接受。这就需要用某种电路来对传感器转换出来的电量进行变换和处理，使之成为便于显示、记录、传输或处理的电信号。接在传感器后面具有这种功能的电路，称为测量电路或传感器接口电路。例如，电阻应变片接入电桥，将电阻变化转换为电压变化，这里电桥便是电阻传感器常用的测量电路。

很多传感器书把这里所说的敏感器、直接传感器和测量电路分别称为敏感元件、传感元件（或转换元件）和转换电路，并把这三部分作为传感器的三个组成部分。

很多传感器产品广告和说明书，把凡能输出标准信号的传感器称为变送器。也就是说，“变送器”是“传感器”配接能输出标准信号的“接口电路” 后构成的将非电量转换为标准信号的器件或装置。由于国际电工委员会（IEC）将 4~20 mA 直流电流信号和 1~5 V 直流电压信号确定为过程控制系统电模拟信号的统一标准。所以“变送器”通常就是指将被测非电量转换为 4~20 mA直流电流信号的器件或装置。

1.2.2 传感器的分类和命名法

1. 传感器的分类

传感器一般都是根据物理学、化学、生物学的效应和规律设计而成的，因此大体上可分为物理型、化学型和生物型三大类。化学型传感器是利用电化学反应原理，把无机和有机化学物质的成分、浓度等转换为电信号的传感器。生物型传感器是利用生物活性物质选择性，识别和测定生物和化学物质的传感器。这两类传感器广泛应用于化学工业、环保监测和医学诊断。因篇幅所限，本书不涉及化学型、生物型传感器，只介绍应用于工业测控技术领域的物理型传感器。

按构成原理，物理型传感器又可分为物性型传感器和结构型传感器。物性型传感器是利用其物理特性变化实现信号转换，例如热敏电阻、光敏电阻等。结构型传感器是利用其结构参数变

化实现信号转换，例如变极距型电容式传感器、变气隙型电感式传感器等。

按输出信号表示形式，物理型传感器又可分为模拟式和数字式两类。模拟式传感器又可分为阻抗型（输出信号为电阻、电容、电感等阻抗参数）和电压型（输出信号为电压信号）。数字式传感器又可分为：直接编码式传感器、脉冲计数式传感器、频率式传感器。

目前比较流行的传感器的分类方法有两种：一种是按照被测的非电量分类，另一种是按照输出量的性质分类。

2. 传感器的命名法

一种传感器产品名称，应由主题词加四级修饰语构成。

（1）主题词——传感器。

（2）第一级修饰语——被测量，包括修饰被测量的定语。

（3）第二级修饰语——转换原理，一般可后续以“式”字。

（4）第三级修饰语——特征描述，指必须强调的传感器结构、性能、材料特征、敏感元件及其他必要的性能特征，一般可后续以“型”字。

（5）第四级修饰语——主要技术指标（量程、精确度、灵敏度等）。

在有关传感器的统计表格、图书索引、检索以及计算机汉字处理等特殊场合，应采用本命名法所规定的顺序。

例 1：传感器，绝对压力，应变\[计\]式，放大\[型\]，1~3 500 kPa。

例 2：传感器，加速度，压电式，±20 g。

在技术文件、产品样本、学术论文、教材及书刊的陈述句子中，作为产品名称应采用与上述相反的顺序。

例 1：1~3 500 kPa 放大\[型\]应变\[计\]式绝压传感器。

例 2：±20 g 压电式加速度传感器。

1.3 检测仪表概述

1.3.1 检测仪表的基本组成

依据检测对象是电量还是非电量，检测仪表可分为电量检测仪表和非电量检测仪表两大类。由于非电量的种类比电量多得多，因此非电量检测仪表比电量检测仪表更为常见，也更具有普遍性。又由于非电量常常都通过传感器转换成电量来测量，电量检测仪表的前端加上传感器即构成非电量检测仪表，所以电量检测仪表大多已被包含在非电量检测仪表中。因此，为了避免重复，本书只研究非电量检测仪表。

在现代的测量系统中，各个组成部分常常以信息流的过程来划分，一般可以分为：信息的获得，信息的转换，信息的显示。因此作为一个完整的非电量电测仪表，至少应包括传感器（信息的获得）、测量电路（信息的转换）、显示装置（信息的显示）3 个基本组成部分，它们之间的关系可用图 1-3-1 的框图来表示。

“传感器”把被测的非电量转换成电量，“测量电路”对该电量进行测量，“显示装置”把测量结果显示出来。“测量电路”和“显示装置”的功能就是实现电量的测量，电量检测仪表就是由这

图 1-3-1 非电量电测仪表的基本组成

两部分组成的，人们习惯把这两部分总称为“仪表电路”。由于无论电量检测仪表和非电量检测仪表都必须有实现电量测量的“仪表电路”，因此“电量测量技术”也称为“仪表共性技术”。

目前，国内常规（常用）的检测仪表按照“传感器”后接“仪表电路”的不同，可分为模拟式、数字式和智能式三种基本类型。

同一类型的各种非电量检测仪表的用途、名称型号、性能尽管各不相同，但差别仅在于仪表的前端即使用的传感器和测量方法不同，传感器以后的仪表部分却是基本上相同的。

检测仪表是进行非电量测量的手段和工具。由图 1-3-1 可见，传感器只不过是检测仪表的一部分，而绝非全部。因此光有传感器知识还不能使用和设计检测仪表。为了适应今后从事的非电量测量工作，我们不仅要学习传感器的原理和非电量的电测方法，也要学习三类“仪表电路”的共性技术。

1.3.2 检测仪表的基本类型

1. 普通模拟式检测仪表

普通模拟式检测仪表是最早出现的检测仪表（故称第一代仪表），也是结构最简单的检测仪表，基本上由模拟式传感器、模拟测量电路和模拟显示器三部分组成，如图 1-3-2 所示。在整个测量过程中，只是模拟量之间发生转换。测量结果用指针相对标尺的位置来表示。这种仪表因为结构简单、价格低廉、维修方便，目前还在广泛地应用。

图 1-3-2 普通模拟式检测仪表简化框图

2. 普通数字式检测仪表

普通数字式检测仪表是在普通模拟式检测仪表的基础上发展起来的（故称第二代仪表），它采用数字显示器显示测量结果，按照显示数字产生的方式，普通数字式检测仪表又可分为模数转换式和脉冲计数式两种类型。

模数转换式检测仪表的组成框图如图 1-3-3(a) 所示，它实际上是以模数转换器和数字显示器构成的数字电压表取代了图 1-3-2 中的模拟显示器。模拟测量电路把传感器输出的电量转换成直流电压信号，模数转换器把直流电压转换成数字量，最后由数字显示器显示测量结果。这种模数转换式的数字检测仪表，至今仍在不断投放市场。

在为数众多的传感器品种中，模拟式传感器仍占大多数，但也有一些数字式和准数字式传感器。数字式传感器输出的是数码或脉冲数，可直接与数字显示器相连接。准数字式传感器输出的是频率或时间信号，放大整形后，由计数器进行计数，计数结果由数字显示器显示出来。这种类型的脉冲计数式检测仪表的结构简图如图 1-3-3(b) 所示。

3. 智能仪表

普通的模拟式和数字式检测仪表一般只能用于一个测量点的一种被测参数的测量。多个测量点或多种被测参数常常需要同时使用多个普通的模拟式或数字式检测仪表。

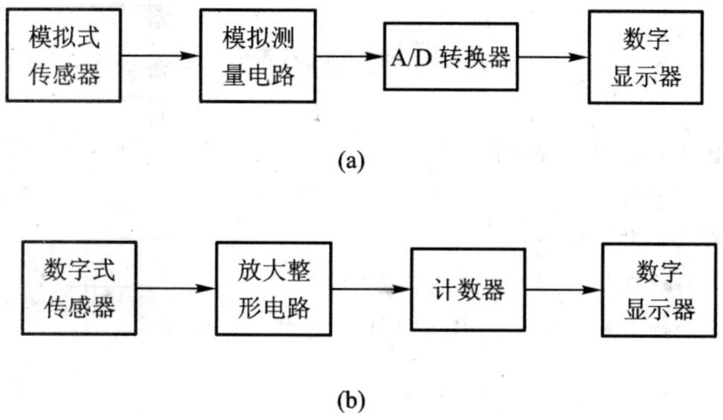

图 1-3-3 普通数字式检测仪表简化框图

随着生产的发展和技术的进步,越来越需要对多个测量点或多种被测参数进行巡回测量,甚至要求根据测量结果对生产过程进行控制。这种需求对普通的模拟式和数字式检测仪表来说是无能为力的。

微型计算机的引入使检测仪表发生了根本性的变革,产生了第三代检测仪表——微机化仪表亦称智能仪表,其简化框图如图 1-3-4 所示。

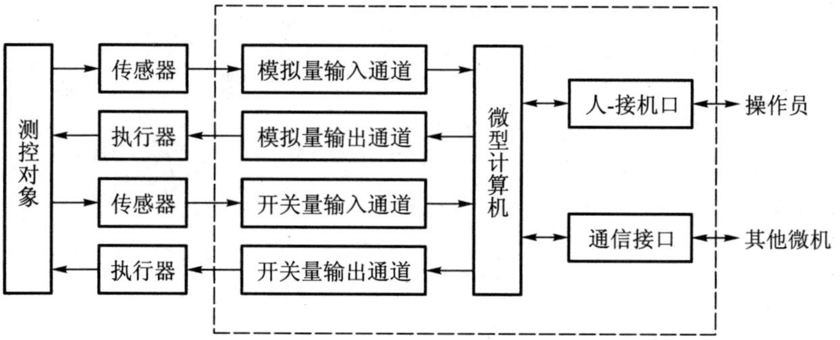

图 1-3-4 智能仪表简化框图

图 1-3-4 中左侧的输入、输出通道,是微机与测控对象的联结渠道,称之为“测控通道”。传感器将被测量(模拟量和开关量)转换为相应的电信号,分别通过模拟量输入通道和开关量输入通道,变换成微机可接受的数据和代码,微机对输入的数据和代码进行处理,发出控制命令和数据,分别通过模拟量输出通道和开关量输出通道变换成相应的控制信号,驱动执行器完成相应的控制。图 1-3-4 中右侧“人-机接口”是微型计算机与操作人员的联结渠道,称为“人-机通道”,最常用的有输入命令和数据的键盘和展示测量结果和运行状态的显示器、记录器、打印机以及报警器等。

图 1-3-4 中“通信接口”是图中的微型计算机与其他微型计算机的联系渠道,称为“相互通道”。多个智能仪表的各个微型计算机之间通过“通信接口”传送指令或数据。

由于计算机技术的引入,使微机化仪表具有了普通的模拟式和数字式检测仪表所没有的新特点和新功能。

思考题与习题

1-1　为什么说仪器仪表是信息的源头技术？

1-2　非电量电测法有哪些优越性？

1-3　各类仪器仪表有哪些共性？

1-4　什么叫传感器？什么叫敏感器？二者有何异同？

1-5　常见的检测仪表有哪几种类型？画出其框图，简述其工作原理。

第2章　检测系统的基本特性

按照“信号与系统”的理论，“系统”可定义成将一个信号（称为输入或激励）转换成另一个信号（称为输出信号或响应）的任何物理设备。在检测过程中，任意连接输入、输出并有特定功能的部分，均可视为“检测系统”。“检测系统”的概念是广义的。不仅一个完整的检测仪表可视为“检测系统”，组成检测仪表的某个环节或前端的传感器都可视为“检测系统”。

从输入到输出，检测系统对输入信号进行传输和变换，要使输出信号真实地反映被测物理量的变化过程，不使信号发生畸变，即实现不失真检测。检测系统必须满足一定的性能要求。

2.1　静态特性及性能指标

2.1.1　静态特性

所谓静态测量，是指在测量过程中被测量保持恒定不变时的测量。对加工好的零件进行参数检验以及各种尺寸参数的测量等都属于静态测量。当被测量为缓慢变化量，但在一次测量的时间段内变动的幅值在测量精度范围之内，这时的测量也可当作静态测量来处理。

在静态测量中，检测系统的输入-输出特性称为静态特性，也称标度特性。它是当输入信号 x 不随时间变化$\left(即\dfrac{dx}{dt}=0\right)$，或随时间变化很缓慢时检测系统的特性，此时该系统处于稳定状态，输出信号 y 与输入信号 x 之间的函数关系，一般可用下列代数方程多项式来表示

$$y=a_0+a_1x+a_2x^2+a_3x^3+\cdots+a_nx^n \tag{2-1-1}$$

式中，$a_0,a_1,\cdots,a_n$ 为标定系数，它决定静态特性曲线的形状和位置。a_0 称为检测系统的零位值。

当式(2-1-1)中 $a_0=a_2=a_3=\cdots=a_n=0$ 时，$y=a_1x$，即输入与输出特性曲线是经过坐标原点的直线（图 2-1-1(a)），这是一种理想的线性检测系统。

当式(2-1-1)中 $a_2=a_3=\cdots=a_n=0$ 时，$y=a_0+a_1x$，即特性曲线是一条零点迁移的直线（图 2-1-1(b)），这是一种带有零位值的线性检测系统。

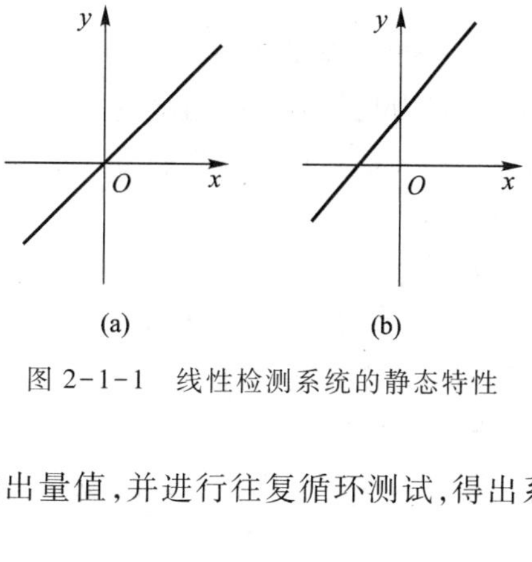

图 2-1-1　线性检测系统的静态特性

应该指出，检测系统的静态特性是在静态标准条件下进行校准（标定）的。静态标准条件是指：没有加速度、振动、冲击（除非这些参数本身就是被测物理量）；环境温度一般为室温(20±5) ℃；相对湿度不大于 85%；大气压力为(101 324.72±7 999.32) Pa[(760±60) mmHg]的情况。在这种标准工作状态下，利用一定精度等级的校准设备，对系统输入高精度的标准量信号，测出相应的输出量值，并进行往复循环测试，得出系

统的静态特性,可以用输入-输出数据列成表格或画成曲线(称为校准曲线或标定曲线)表示。

2.1.2　静态性能指标

1. 测量范围和量程

测量范围是指检测系统所能测量到的最小被测输入量(下限)x_{min}至最大被测输入量(上限)x_{max}之间的范围,即[x_{min},x_{max}]。

量程是指检测系统测量上限 x_{max}和测量下限 x_{min}之代数差,即 $L=|x_{max}-x_{min}|$。例如-40 ℃~100 ℃的温度检测系统,其量程为 140 ℃,又如 10 g~20 g 的加速度检测系统,其量程为 10 g 等。

2. 灵敏度

灵敏度是指检测系统在静态测量时,输出量的增量与输入量的增量之比的极限值,即

$$S=\lim_{\Delta x\to 0}\left(\frac{\Delta y}{\Delta x}\right)=\frac{\mathrm{d}y}{\mathrm{d}x} \tag{2-1-2}$$

灵敏度的量纲是输出量的量纲和输入量的量纲之比。当某些检测系统或组成环节的输入和输出具有同一量纲时,常用“增益”或“放大倍数”来代替灵敏度。

线性检测系统的灵敏度为一常数,可由静态特性曲线(直线)的斜率来求得,直线的斜率越大,其灵敏度就越高(图 2-1-2(a))。对于非线性检测系统,其灵敏度是变化的(图 2-1-2(b))。

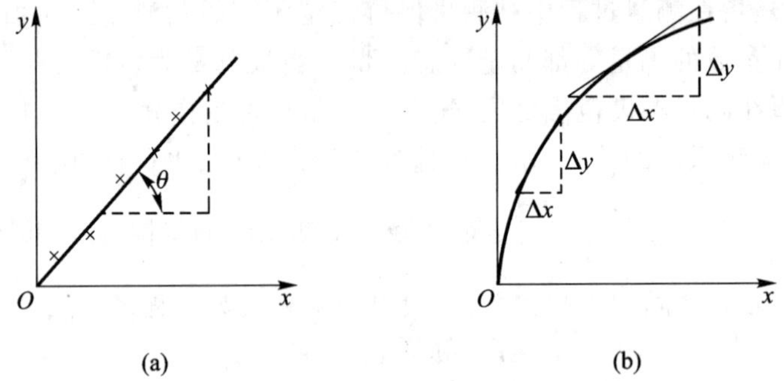

图 2-1-2　检测系统的灵敏度

若检测系统是由灵敏度分别为 S_1、S_2、S_3 等多个相互独立的环节串联而成时,该检测系统的总灵敏度为各组成环节灵敏度的连乘积,即

$$S=S_1S_2S_3 \tag{2-1-3}$$

3. 分辨力与分辨率

分辨力是指能引起输出量发生变化时输入量的最小变化量 Δx_{min}。它说明了检测系统响应与分辨输入量微小变化的能力。全量程中最大的 Δx_{min}即 $|\Delta x_{min}|_{max}$与满量程 L 之比的百分数称为分辨率。

4. 精度

在静态测量中,由于任何检测系统和测量结果都含有一定大小的误差,所以人们感兴趣的往往是用误差来说明精度。

5. 线性度 e_L

具有线性特性的检测系统最受使用者欢迎。但实际上,由于各种原因,其输入量与输出量之

间的关系并不是完全线性的。检测系统的线性度通常用检测系统实际测得的输入-输出特性曲线与其拟合直线之间的最大偏差 ΔL_{max} 与满量程 $y_{F.S.}$ 输出比值的百分数来表示。

$$e_L = \pm\frac{\Delta L_{max}}{y_{F.S.}}\times 100\% \tag{2-1-4}$$

由于线性度是以选定的拟合直线作为基准来确定的，因而线性度和直线拟合方法有关。最常用的有两种求解拟合直线的方法。一种是端点法，通过连接实测特性曲线的两个端点得到，所得直线称为端基直线，以端基直线作为基准来确定的线性度称为端基线性度，如图 2-1-3(a)所示。另一种是最小二乘法，所得直线与实测特性曲线相应点之间偏差的平方和为最小，称为最小二乘直线，以最小二乘直线作为基准来确定的线性度称为最小二乘线性度，如图 2-1-3(b)所示。

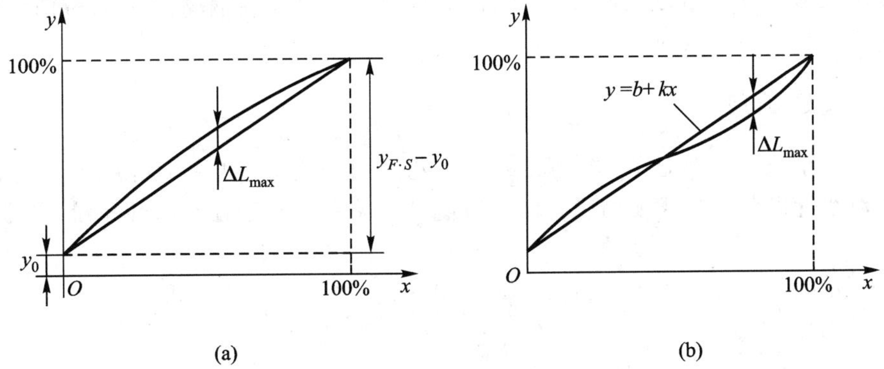

图 2-1-3 线性度

6. 迟滞 e_H

检测系统的输入量由小增大(正行程)，继而自大减小(反行程)的测试过程中，对应于同一输入量，输出量往往有差别，这种差别称为迟滞或迟滞误差，也称为回程误差。系统内部的弹性元件、机械传动中的间隙和内摩擦以及磁性材料的磁滞都会引起迟滞。迟滞大小常用全量程中最大的迟滞 ΔH_{max} 与满量程输出值之比的百分数表示

$$e_H = \frac{\Delta H_{max}}{y_{F.S.}}\times 100\% \tag{2-1-5}$$

式中，ΔH_{max} 为输出值在正反行程的最大差值(图 2-1-4)。

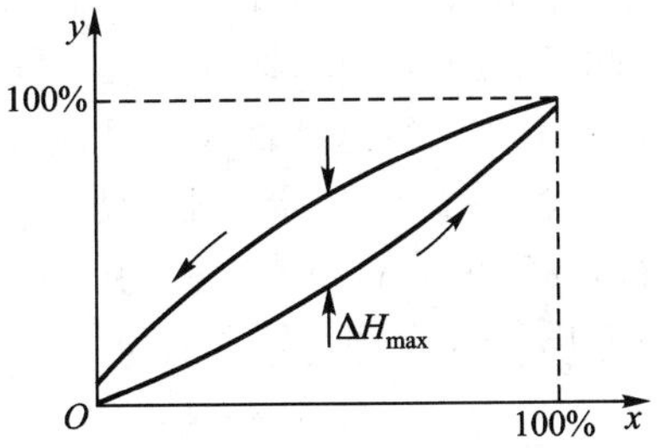

图 2-1-4 迟滞特性

7. 稳定性与漂移

稳定性是指在一定工作条件下，保持输入信号不变时，输出信号随时间或温度的变化而出现缓慢变化的程度。

在输入信号不变的情况下，检测系统的输出随时间变化的现象称为时漂；随环境温度变化的现象称为温漂。温漂可以从两方面来考察。一方面是零位温漂，另一方面是灵敏度温漂。

2.2 动态特性及性能指标

假如被测量本身随时间变化，而检测系统又能准确地跟随被测量的变化而变化，则称其为动

态测量。动态测量与静态测量对检测系统的要求以及对测得数据的处理有着很大的差别。因此有必要研究检测系统动态测量时的输入-输出特性——动态特性。动态特性是检测系统对于随时间变化的输入量的响应特性，它不是一个定值，而是时间的函数。

研究检测系统动态特性的理论方法是根据检测系统的数学模型，通过求解微分方程来分析其输出量与输入量之间的关系。但是，由于实际装置的数学模型往往难以建立，因此，这种理论分析方法仅限于某些线性检测系统。

在实际工作中，通常采用实验的方法，根据检测系统对某些典型信号的响应，来评价它的动态特性。常用的典型信号有正弦信号和阶跃信号。以正弦信号作为系统的输入，研究系统对这种输入的稳态响应的方法称为频率响应分析法；以阶跃信号作为系统的输入，研究系统在该输入作用下的输出波形的方法称为瞬态响应分析法。目前，对各种测量装置的动态特性分析和标定，大都是以这两种信号为依据的。

2.2.1 传递函数

实际的检测系统一般都能在一定程度和一定范围内看成常系数线性系统。因此，通常认为可以用常系数线性微分方程式来描述其输入与输出的关系。对于任意线性系统，其数学模型的一般表达式为

$$a_n\frac{d^n y}{dt^n}+a_{n-1}\frac{d^{n-1} y}{dt^{n-1}}+\cdots+a_1\frac{dy}{dt}+a_0 y=b_m\frac{d^m x}{dt^m}+b_{m-1}\frac{d^{m-1} x}{dt^{m-1}}+\cdots+b_1\frac{dx}{dt}+b_0 x \tag{2-2-1}$$

式中：　y——检测系统的输出量 $y(t)$；

x——输入量 $x(t)$；

t——时间；

n——系统的阶（$n\geqslant m$）

$a_0,a_1,\cdots,a_n$——仅取决于检测系统本身特性的常数；

$b_0,b_1,\cdots,b_m$——仅取决于检测系统本身特性的常数。

对于常系数线性系统来说，同时作用的两个输入量所引起的输出，等于这两个输入量单独引起的输出之和（叠加定理），而且，常系数线性系统输出的频率等于输入的频率（频率不变原理）。因此，欲分析常系数线性系统在复杂输入作用下的总输出，可以先将输入分解成许多简单的输入分量，分别求得这些输入分量各自对应的输出，然后再求这些输出之和。

式(2-2-1)所示的常系数线性微分方程可以应用拉普拉斯变换很方便地求解。当输入量 $x(t)$ 和输出量 $y(t)$ 及它们的各阶时间导数的初始值（$t=0$ 时的值）为0时，式(2-2-1)的拉普拉斯变换（简称拉氏变换）式为

$$(a_n s^n+a_{n-1}s^{n-1}+\cdots+a_1 s+a_0)Y(s)=(b_m s^m+b_{m-1}s^{m-1}+\cdots+b_1 s+b_0)X(s) \tag{2-2-2}$$

式中：s——拉普拉斯算子；

$Y(s)$——初始条件为0时，检测系统输出量的拉普拉斯变换式；

$X(s)$——初始条件为0时，检测系统输入量的拉普拉斯变换式。

由式(2-2-2)可得

$$H(s)=\frac{Y(s)}{X(s)}=\frac{b_m s^m+b_{m-1}s^{m-1}+\cdots+b_1 s+b_0}{a_n s^n+a_{n-1}s^{n-1}+\cdots+a_1 s+a_0} \tag{2-2-3}$$

式中,$H(s)$称为检测系统的传递函数,它是初始条件为0时,检测系统的输出量与输入量的拉普拉斯变换式之比。

令 $s=\mathrm{j}\omega$,可由式(2-2-3)得到检测系统的频率特性

$$H(s)\overset{s=\mathrm{j}\omega}{=}H(\mathrm{j}\omega)=K(\omega)\mathrm{e}^{\mathrm{j}\phi(\omega)} \tag{2-2-4}$$

式中,$\phi(\omega)$为检测系统的相频特性,它是复变函数$H(\mathrm{j}\omega)$的辐角,$K(\omega)$为检测系统的幅频特性,它是复变函数$H(\mathrm{j}\omega)$的模(也称幅值),即

$$K(\omega)=\left|H(\mathrm{j}\omega)\right|$$

下面分别介绍零阶系统、一阶系统和二阶系统的传递函数。因为在工程实际中,大部分检测系统都可概括为零阶系统、一阶系统和二阶系统或它们的组合。

1. 零阶系统

零阶系统的方程为

$$a_0y=b_0x$$

写成通用形式为

$$y=K_0x \tag{2-2-5}$$

式中,K_0为系统的静态灵敏度,$K_0=\dfrac{b_0}{a_0}$。

零阶系统的传递函数为

$$H(s)=K_0 \tag{2-2-6}$$

频率特性为

$$H(\mathrm{j}\omega)=K_0$$

幅频特性为

$$K(\omega)=K_0 \tag{2-2-7}$$

相频特性为

$$\phi(\omega)=0 \tag{2-2-8}$$

可见,零阶系统是一个与时间和频率无关的系统,输出量的幅值与输入量的幅值有确定的比例关系,通常称为比例系统或无惯性系统。在实际应用中,许多高阶系统在变化缓慢、频率不高时,都近似地当作零阶系统来处理。

2. 一阶系统

一阶系统的微分方程为

$$a_1\frac{\mathrm{d}y}{\mathrm{d}t}+a_0y=b_0x$$

写成通用形式为

$$\tau\frac{\mathrm{d}y}{\mathrm{d}t}+y=K_0x \tag{2-2-9}$$

式中:τ——时间常数,$\tau=\dfrac{a_1}{a_0}$;

K_0——静态灵敏度,$K_0=\dfrac{b_0}{a_0}$。

由式(2-2-9)可得一阶系统传递函数为

$$H(s)=\frac{K_0}{1+\tau s} \tag{2-2-10}$$

而一阶系统的频率特性为

$$H(j\omega)=\frac{K_0}{1+j\omega\tau} \tag{2-2-11}$$

幅频特性为

$$K(\omega)=\frac{K_0}{\sqrt{1+(\omega\tau)^2}} \tag{2-2-12}$$

相频特性为

$$\phi(\omega)=-\arctan(\omega\tau) \tag{2-2-13}$$

图 2-2-1 所示是一阶系统幅频及相频特性曲线。一阶系统,除了弹簧-阻尼、质量-阻尼系统之外;还有 RC、LR 电路、液体温度计等。

3. 二阶系统

二阶系统的微分方程为

$$a_2\frac{d^2y}{dt^2}+a_1\frac{dy}{dt}+a_0y=b_0x \tag{2-2-14}$$

写成通用形式为

$$\frac{1}{\omega_0^2}\frac{d^2y}{dt^2}+\frac{2\xi}{\omega_0}\frac{dy}{dt}+y=K_0x \tag{2-2-15}$$

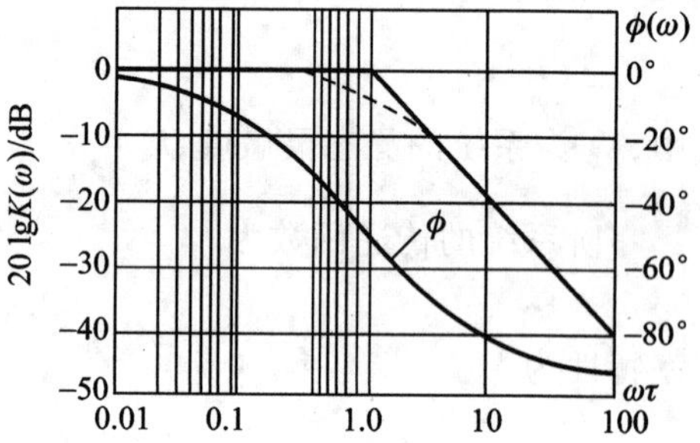

图 2-2-1 一阶系统幅频及相频特性曲线

式中:K_0——系统的静态灵敏度,$K_0=\frac{b_0}{a_0}$;

ω_0——系统的固有角频率,$\omega_0=\sqrt{\frac{a_0}{a_2}}$;

ξ——系统的阻尼比系数,$\xi=\frac{a_1}{2\sqrt{a_0a_2}}$。

其传递函数为

$$H(s)=\frac{Y(s)}{X(s)}=\frac{K_0}{\frac{s^2}{\omega_0^2}+\frac{2\xi}{\omega_0}s+1}=\frac{K_0\omega_0^2}{s^2+2\xi\omega_0s+\omega_0^2} \tag{2-2-16}$$

频率特性为

$$H(j\omega)=\frac{K_0}{1-\left(\frac{\omega}{\omega_0}\right)^2+j2\xi\frac{\omega}{\omega_0}} \tag{2-2-17}$$

由式(2-2-17)可得它的幅频特性为

$$K(\omega)=\frac{K_0}{\sqrt{\left[1-\left(\frac{\omega}{\omega_0}\right)^2\right]^2+4\xi^2\left(\frac{\omega}{\omega_0}\right)^2}} \tag{2-2-18}$$

相频特性为

$$\phi(\omega)=\arctan\frac{2\xi}{\dfrac{\omega}{\omega_0}-\dfrac{\omega_0}{\omega}} \tag{2-2-19}$$

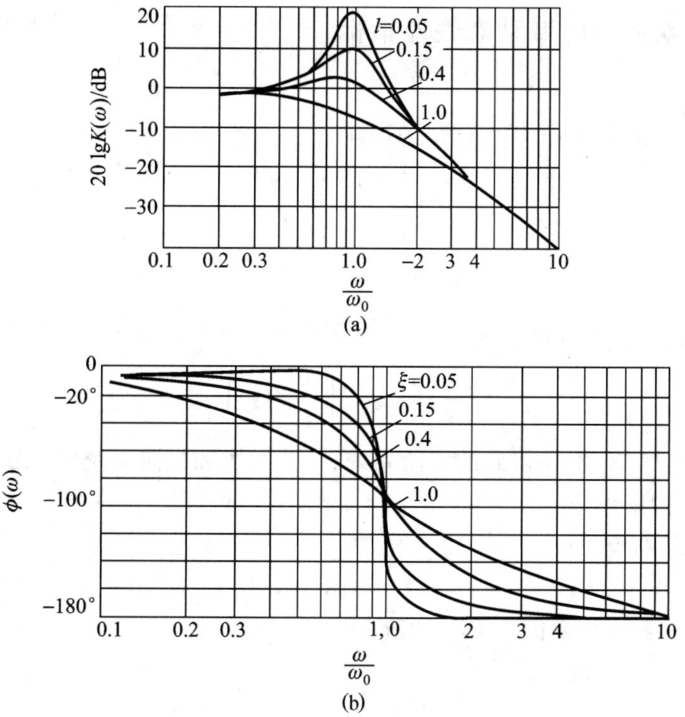

图 2-2-2　二阶系统的频率特性

图 2-2-2 中画出了式(2-2-18)和式(2-2-19)的特性曲线族。它们是以各种不同的阻尼比系数 ξ 为参数，并用 $\frac{\omega}{\omega_0}$ 为横坐标的坐标图。从图中可以看出，当 ξ 趋近于 0 时，幅值在系统固有振动角频率 $\left(\frac{\omega}{\omega_0}=1\right)$ 附近变得很大，在这种场合下，激励使系统出现谐振。为避免这种情况，可增加 ξ 值。当 $\xi=\frac{1}{\sqrt{2}}=0.707$（最佳阻尼）时，式(2-2-18)变为 $K(\omega)=\dfrac{K_0}{\sqrt{1+\left(\dfrac{\omega}{\omega_0}\right)^4}}$ 当 $\xi\geqslant 0.707$ 时，谐振就基本上被抑制了。

很多传感器，如振动传感器、压力传感器，它们一般都包含运动质量 m、弹性元件 k 和阻尼器 c，这三者就组成一个单自由度二阶系统。除此之外，RLC 电路也能组成二阶系统。

前面讨论的传递函数表达了检测系统本身固有的动态特性，当知道了传递函数 $H(s)$ 和选定输入信号 $x(t)$［其拉氏变换为 $X(s)$］之后，就可按式(2-2-3)求出其输出量 $y(t)$ 的拉氏变换

$$Y(s)=X(s)H(s)$$

再通过求上式的拉氏逆变换，即可求得其输出量 $y(t)$，即

$$y(t)=\mathscr{L}^{-1}[Y(s)]=\mathscr{L}^{-1}[X(s)H(s)] \tag{2-2-20}$$

通常在分析检测系统的动态特性时，常把一些典型信号作为输入信号，例如阶跃信号、正弦信号。因为这些输入信号在检测系统中比较常见，并且系统对这些输入信号的响应特性较容易用实验方法求得。至于工程实践中一些复杂的输入信号，可以将其分解为若干阶跃信号或正弦信号之和。

2.2.2 阶跃响应和时域动态性能指标

1. 阶跃响应

当检测系统输入幅值为 A 的阶跃信号时，即

$$x(t)=\begin{cases}0, & t\leqslant 0\\ A, & t>0\end{cases} \tag{2-2-21}$$

$$X(s)=\mathscr{L}[x(t)]=\frac{A}{s}$$

代入式(2-2-20)，得阶跃输入响应为

$$y(t)=\mathscr{L}^{-1}\left[\frac{A}{s}H(s)\right] \tag{2-2-22}$$

下面给出按照式(2-2-22)推导得到的零阶系统、一阶系统和二阶系统的阶跃响应。

1）零阶系统的阶跃响应

零阶系统的阶跃响应为

$$y(t)=K_0A,\quad t>0 \tag{2-2-23}$$

可见零阶系统的阶跃响应是幅值为 K_0A 的阶跃信号。

2）一阶系统的阶跃响应

一阶系统的阶跃响应为

$$y(t)=K_0A(1-e^{-\frac{t}{\tau}}),\quad t>0 \tag{2-2-24}$$

令 $t\to\infty$，由式(2-2-24)可得阶跃输入下一阶系统的稳态输出为

$$y(t)\xrightarrow{t\to\infty}y(\infty)=K_0A$$

图2-2-3(a)给出了一阶系统在阶跃输入下的归一化$\left(即\dfrac{y(t)}{K_0A}\right)$阶跃响应曲线

$$\frac{y(t)}{y(\infty)}=\frac{y(t)}{K_0A}=1-e^{-\frac{t}{\tau}} \tag{2-2-25}$$

对比式(2-2-23)与式(2-2-24)可见，一阶系统与零阶系统的不同之处在于：一阶系统只有当 $t\to\infty$ 时才有 $y(t)=K_0A$，其他情况下 $y(t)\neq K_0A$，因此一阶系统在阶跃输入下的相对动态误差为

$$\varepsilon(t)=\frac{y(t)-y(\infty)}{y(\infty)}\times 100\%=-e^{-\frac{t}{\tau}}\times 100\% \tag{2-2-26}$$

很显然，一阶系统在 $\tau=0$ 时即变成零阶系统，由上式可见，零阶系统在阶跃输入下的相对动态误差 $\varepsilon(t)=0$。

3）二阶系统的阶跃响应

二阶系统的阶跃响应与阻尼比系数 ξ 有关。

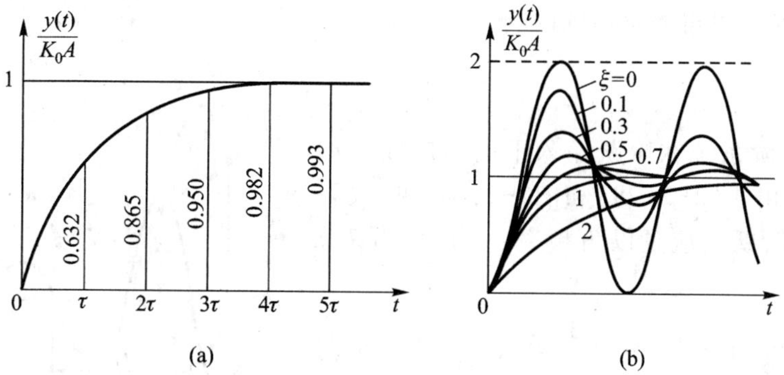

图 2-2-3 一阶、二阶系统的阶跃响应

（1）当 $\xi=0$ 即无阻尼时，阶跃响应为

$$y(t)=K_0A[1-\cos(\omega_0 t)] \tag{2-2-27}$$

可见输出量 $y(t)$ 围绕稳态值 K_0A 作等幅振荡，振荡频率就是系统的固有频率 ω_0。

（2）当 $0<\xi<1$ 即欠阻尼时，阶跃响应为

$$y(t)=K_0A\left[1-\frac{e^{-\xi\omega_0 t}}{\sqrt{1-\xi^2}}\sin(\omega_d t+\phi)\right] \tag{2-2-28}$$

式中，$\phi=\arccos\xi=\arcsin\sqrt{1-\xi^2}$。$\omega_d=\omega_0\sqrt{1-\xi^2}$

由式(2-2-28)可知，在 $0<\xi<1$ 的欠阻尼情况下，阶跃信号输入时的输出信号为衰减振荡，其振荡角频率（阻尼振荡角频率）为 ω_d，幅值按指数衰减。ξ 越大，即阻尼越大，衰减越快。

（3）当 $\xi>1$ 即过阻尼时，阶跃响应为

$$y(t)=K_0A\left[1-\frac{\xi+\sqrt{\xi^2-1}}{2\sqrt{\xi^2-1}}e^{(-\xi+\sqrt{\xi^2-1})\omega_0 t}+\frac{\xi-\sqrt{\xi^2-1}}{2\sqrt{\xi^2-1}}e^{(-\xi-\sqrt{\xi^2-1})\omega_0 t}\right] \tag{2-2-29}$$

可见在过阻尼的情况下，系统没有振荡，是非周期性过渡过程。

（4）当 $\xi=1$ 即临界阻尼时，阶跃响应为

$$y(t)=K_0A[1-(1+\omega_0 t)e^{-\omega_0 t}] \tag{2-2-30}$$

可见，在临界阻尼情况下系统没有振荡，输出量 $y(t)$ 以指数规律逼近稳态值，这是从欠阻尼状态到过阻尼状态的转折点。

二阶系统在不同阻尼比系数 ξ 时，归一化$\left(\text{即}\frac{y(t)}{K_0A}\right)$阶跃响应曲线如图 2-2-3(b)所示。

2. 时域动态性能指标

检测系统的时域动态性能指标一般都是用检测系统在阶跃输入下的归一化响应曲线上的几个特征参数来表示。

1）响应时间 t_s

也称响应过程持续时间。理论上讲，响应过程持续无限长，即只有 $t\to\infty$ 时，才有 $y(t)=y(\infty)=K_0A$，但在工程上通常规定系统响应的相对动态误差达到且不超过某一允许值 ε_m（即 $\varepsilon(t)\leqslant\varepsilon_m$）所需最小时间称为响应时间，记为 t_s。很显然要求精度越高，即允许值 ε_m 越小，所需响应时间 t_s 越长，但工程上通常取 $\varepsilon_m=5\%$（也有取 $\varepsilon_m=2\%$ 的）。

由式(2-2-26),可得一阶系统的响应时间为

$$t_s=\tau\ln\left(\frac{1}{\varepsilon_m}\right)\overset{\varepsilon_m=5\%}{\approx}3\tau \tag{2-2-31}$$

欠阻尼的二阶系统在阶跃输入下的响应曲线如图2-2-4所示。由式(2-2-28)和图2-2-4可见,欠阻尼的二阶系统的阶跃响应是以角频率 ω_d(周期为 T_d)作衰减振荡。

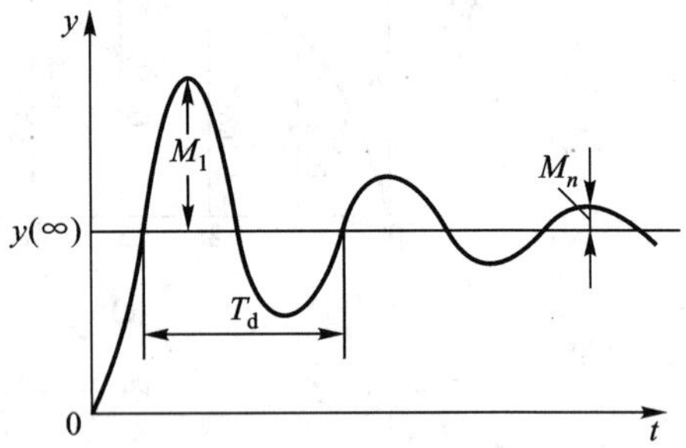

图2-2-4　二阶系统的时域特性指标

对式(2-2-28)求导数,并令 $\frac{dy}{dt}=0$,可求得各振荡峰值对应的时间为

$$t_n=\frac{n\pi}{\omega_d},\quad n=0,1,2,\cdots \tag{2-2-32}$$

将式(2-2-32)代入式(2-2-28)得第 n 个振荡峰值为

$$y(t_n)=K_0A\left[1-\frac{e^{-\xi\omega_0t_n}}{\sqrt{1-\xi^2}}\sin(n\pi+\phi)\right]=K_0A[1\pm e^{-\xi\omega_0t_n}] \tag{2-2-33}$$

其相对动态误差为

$$\varepsilon(t_n)=\frac{y(t_n)-y(\infty)}{y(\infty)}=\frac{y(t_n)-K_0A}{K_0A}=\pm e^{-\xi\omega_0t_n} \tag{2-2-34}$$

令 $|\varepsilon(t_n)|=\varepsilon_m$,可得欠阻尼二阶系统的响应时间为

$$t_s=t_n=\frac{\ln\frac{1}{\varepsilon_m}}{\xi\omega_0}\overset{\varepsilon_m=5\%}{\approx}\frac{3}{\xi\omega_0} \tag{2-2-35}$$

2）峰值时间 t_p

输出响应达到第一个正峰值所需要的时间称为峰值时间,记为 t_p,令 $n=1$,由式(2-2-32),得

$$t_p=\frac{\pi}{\omega_d}=\frac{T_d}{2} \tag{2-2-36}$$

可见,峰值时间 t_p 等于振荡周期 T_d 的一半。

3）超调量 σ

超调量指峰值时间对应的相对动态误差值,记为 σ,即

$$\sigma=\varepsilon(t_p)=\frac{y(t_p)-y(\infty)}{y(\infty)}=\frac{M_1}{K_0A}=e^{-\xi\omega_0t_p}=e^{-\xi\omega_0\frac{\pi}{\omega_d}}=e^{-\frac{\pi\xi}{\sqrt{1-\xi^2}}} \tag{2-2-37}$$

式中,$M_1=y(t_p)-y(\infty)$,称为第一次过冲量或最大过冲量。

因此,从阶跃响应曲线(图2-2-4)上,测得最大过冲量 $M_1=y(t_p)-y(\infty)=y(t_p)-K_0A$ 后,便可按下式求得阻尼比系数

$$\xi=\sqrt{\frac{1}{1+\left(\frac{\pi}{\ln\sigma}\right)^2}}=\sqrt{\frac{1}{1+\left(\frac{\pi}{\ln\frac{M_1}{K_0A}}\right)^2}} \tag{2-2-38}$$

确定了阻尼比系数 ξ 和振荡周期 T_d 或峰值时间 t_p，即可确定二阶系统的固有角频率

$$\omega_0=\frac{2\pi}{T_d\sqrt{1-\xi^2}}=\frac{\pi}{t_p\sqrt{1-\xi^2}} \tag{2-2-39}$$

2.2.3 正弦响应和频域动态性能指标

1. 稳态正弦响应

当线性检测系统输入角频率为 ω、幅值为 X_m 的正弦信号 $x(t)=X_m\sin\omega t$ 时，其输出稳态响应(即 $t\to\infty$ 时的输出信号 $y(t)$)也是正弦信号

$$y(t)=Y_m\sin(\omega t+\varphi)$$

该输出正弦信号与输入正弦信号的频率相同，二者的幅值之比取决于该系统的幅频特性 $K(\omega)$ 在 ω 处的值

$$\frac{Y_m}{X_m}=K(\omega) \tag{2-2-40}$$

二者的相位差 φ 取决于该系统的相频特性 $\phi(\omega)$ 在 ω 处的值

$$\varphi=\phi(\omega)$$

这就告诉我们，改变输入正弦信号的频率 ω 观察稳态输出响应的幅值变化和相位滞后，就可求得系统的幅频特性和相频特性，这正是检测系统动态标定的常用方法之一。

对理想的零阶系统，无论 ω 为何值，都有 $K(\omega)=K_0$，$\phi(\omega)=0$，而由式(2-2-12)、式(2-2-13)、式(2-2-18)、式(2-2-19)可见，一阶系统和二阶系统只有在直流激励(即 $\omega=0$)时，才有 $K(\omega)=K(0)=K_0$，$\phi(\omega)=\phi(0)=0$。而在正弦激励(即 $\omega\neq0$)时，输出信号幅值(振幅)并不是 K_0X_m，而是 $K(\omega)X_m$。通常幅值(振幅)相对误差也称为频域动态相对误差，其定义为

$$\varepsilon(\omega)=\frac{K(\omega)-K(0)}{K(0)}=\frac{K(\omega)-K(0)}{K_0}=\frac{K(\omega)}{K_0}-1 \tag{2-2-41}$$

将式(2-2-12)代入上式，得一阶系统的频域动态相对误差为

$$\varepsilon(\omega)=\frac{1}{\sqrt{1+(\omega\tau)^2}}-1 \tag{2-2-42}$$

将式(2-2-18)代入式(2-2-41)，得二阶系统的频域动态相对误差为

$$\varepsilon(\omega)=\frac{1}{\sqrt{\left[1-\left(\frac{\omega}{\omega_0}\right)^2\right]^2+4\xi^2\left(\frac{\omega}{\omega_0}\right)^2}}-1 \tag{2-2-43}$$

2. 频域动态性能指标

检测系统的频域动态性能指标由检测系统的幅频特性 $K(\omega)$ 和相频特性 $\phi(\omega)$ 的特性参数来表示。

1) 带宽频率 ω_B

幅频特性 $K(\omega)$ 的值下降到频率为 0 时的幅频特性值 $K(0)=K_0$ 的 $\frac{1}{\sqrt{2}}$ 时所对应的频率称为带宽频率 ω_B，即

$$K(\omega_B)=\frac{K_0}{\sqrt{2}} \tag{2-2-44}$$

将式(2-2-12)代入上式,得一阶系统的带宽频率

$$\omega_B=\frac{1}{\tau} \tag{2-2-45}$$

当 $\xi=\frac{1}{\sqrt{2}}$ 时,二阶系统的幅频特性为

$$K(\omega)=\frac{K_0}{\sqrt{1+\left(\frac{\omega}{\omega_0}\right)^4}} \tag{2-2-46}$$

将式(2-2-46)代入式(2-2-44),得 $\omega_B=\omega_0$,即最佳阻尼$\left(\xi=\frac{1}{\sqrt{2}}\right)$的二阶系统的带宽频率 ω_B 等于其固有频率 ω_0。

2)工作频带 ω_g

频域动态相对误差小于所规定的允许值 δ 所对应的频率范围,称为工作频带,记为 ω_g,即

$$|\varepsilon(\omega_g)|\leqslant\delta \tag{2-2-47}$$

例如,将式(2-2-42)代入上式,可得一阶系统的工作频带为

$$\omega_g=\frac{1}{\tau}\sqrt{\frac{1}{(1+\delta)^2}-1} \tag{2-2-48}$$

3)谐振频率 ω_r

幅值特性曲线出现峰值即 $\frac{dK(\omega)}{d\omega}=0$ 时的频率称为谐振频率 ω_r。对式(2-2-18)取导数并令其等于0,可求得二阶系统的谐振频率 ω_r 为

$$\omega_r=\omega_0\sqrt{1-2\xi^2} \tag{2-2-49}$$

由式(2-2-49)可见,只有在 $0\leqslant\xi\leqslant\frac{1}{\sqrt{2}}$ 时,幅频特性才出现峰值,据式(2-2-49)、式(2-2-18),该峰值为

$$K(\omega_r)=\frac{K_0}{2\xi\sqrt{1-\xi^2}} \tag{2-2-50}$$

2.2.4 无失真检测条件

有些检测系统(例如,地震记录仪、超声诊断仪等)需要把被测信号在一段时间内的波形不失真地记录下来,以便从中提取所需要的信息。如果记录信号发生失真,那就可能造成信息丢失或提取不出真实的信息。

如果把被测信号 $x(t)$ 视为这类检测系统的输入,而把记录信号 $y(t)$ 视为该系统的输出,那么一个无失真检测系统应满足下列关系

$$y(t)=K_0x(t-\tau) \tag{2-2-51}$$

式中，K_0和 τ 都为常数。上式表明输出波形与输入波形完全相似，只是瞬时值放大了 K_0倍，时间滞后了 τ。

若 $x(t)=x_m\sin \omega t$，则 $y(t)=K_0x_m\sin[\omega(t-\tau)]$。这就是说，给系统输入一个正弦波，输出仍然是一个正弦波，而且频率也相同。这样的系统称为线性系统。如果系统不是一个线性系统，那么给系统输入单一正弦波时，输出将包括多个不同频率的正弦波。这种失真是由于系统的非线性造成的，称为“非线性失真”或“谐波失真”。通常用谐波失真系数来衡量系统产生非线性失真的程度。谐波失真系数 D 的定义为

$$D=\frac{\sqrt{A_2^2+A_3^2+\cdots}}{\sqrt{A_1^2+A_2^2+A_3^2+\cdots}} \tag{2-2-52}$$

式中：　A_1——输出信号中基波（其频率与输入正弦波频率 Ω 相同）分量的幅值；

$A_k(k=2,3,\cdots)$——输出信号中第 k 次谐波（其频率为输入正弦波频率 Ω 的 k 倍）分量的幅值。

谐波失真系数与输入幅值之间存在如图 2-2-5 所示的关系，在系统允许的输入幅值范围内系统的谐波失真系数很小，而且变化不大，当输入超过最大允许输入幅值 x_{max}时，由于传感器过载、放大电路饱和或模数转换器溢出等原因，系统的输出信号被限幅，因而谐波失真将急剧增大。通常系统的谐波失真系数 D_0都是在最大允许输入幅值下的测量值，或者说系统的最大允许输入幅值是系统的谐波失真系数 D_0不超过允许值时的输入幅值。很显然，系统的谐波失真系数越小，则输出信号的保真度越高。

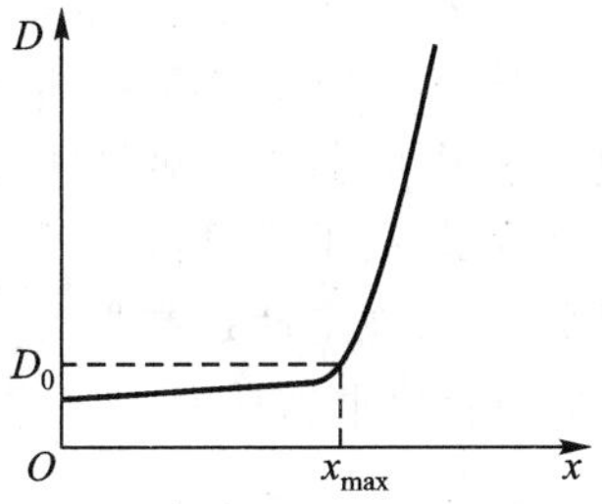

图 2-2-5　谐波失真与输入幅值的关系

对于一个无非线性失真（即 $D=0$）的线性系统，要使输出波形能无失真地复现输入波形，还必须满足线性不失真条件。对式（2-2-51）取傅里叶变换，得

$$Y(\mathrm{j}\omega)=K_0\mathrm{e}^{-\mathrm{j}\omega\tau}X(\mathrm{j}\omega) \tag{2-2-53}$$

将式（2-2-53）代入式（2-2-4）可知，系统的频率响应 $H(\mathrm{j}\omega)$应满足

$$H(\mathrm{j}\omega)=\frac{Y(\mathrm{j}\omega)}{X(\mathrm{j}\omega)}=K_0\mathrm{e}^{-\mathrm{j}\omega\tau} \tag{2-2-54}$$

即

$$K(\omega)=|H(\mathrm{j}\omega)|=K_0 \tag{2-2-55}$$

$$\phi(\omega)=-\omega\tau \tag{2-2-56}$$

由式（2-2-55）和式（2-2-56）可见，线性系统无失真的条件是：其幅频特性应当是常数（即水平直线），其相频特性是一条通过原点的负斜率直线，如果式（2-2-55）不满足，即系统对信号的各个频率分量的放大倍数不相同，这将使输出信号波形产生失真，这种失真称为幅值失真；如果式（2-2-56）不满足，即系统对信号的各个频率分量附加了不同的相移，这也将造成输出信号波形失真，这种失真称为相位失真。

实际的检测系统，很难同时满足式（2-2-55）和式（2-2-56）两个条件，因此只能根据实际需要优先保证其中的一个条件，一般情况下多优先保证不产生或减小幅值失真。

另一方面还应看到，理论上讲式（2-2-55）与式（2-2-56）应在无限频带宽度上均成立，但实际的检测系统很难做到在无限频带宽度上完全符合这两个条件，只能在一定的频段上按一定的

精度要求近似满足不失真测试条件。这个“一定的频段”也就是检测系统的“通频带”。实际上，被测信号的频谱也不是无限宽的，也只占有一个有限的频段。因此，检测系统的“通频带”并不需要无限宽，只要能容纳被测信号所占的频段就可以了。

2.3 测量误差

人们借助于专门的工具（即检测仪表），通过实验方法对客观事物取得数量信息的过程称为测量。在一定时间、空间条件下，被测量的大小是一个客观存在的确定数值，即真值。检测仪表指示或显示被测参量的数值（即仪表读数或示值）通常称为测量值或测量结果。由于各种因素的限制，测量值与真值总是有一定差别，这种差别就是测量误差。

不同性质的测量，允许测量误差的大小是不同的。在某些情况下，误差超过一定限度的测量结果不仅没有意义，而且还会给工作造成影响甚至危害。

但是，也必须清楚地知道，提高精度、减小误差是以消耗人力、财力和降低测量可靠性为代价的。在实际测量中，对具体的测量任务只要满足一定的精度，即把测量的误差限制在允许范围之内就行了，决不要盲目追求高精度。一般情况下，在科学研究及科学实验中，精度是首要的；在工程实际中，稳定性是首要的，精度只要满足工艺指标范围即可。工程中的仪表应既廉价又实用，不要盲目追求高精度。

2.3.1 测量误差的概念及表达方式

测量结果与被测量的真值之间的差异称为测量误差。任何测量过程都不可避免地要出现测量误差，测量误差的表达方式有以下三种。

1. 绝对误差

某被测量的测量值 x 与该被测量的真值 A_0 之差 Δx，称为测量误差（又叫作真误差），即

$$\Delta x = x - A_0 \tag{2-3-1}$$

所谓真值，是指在一定的时间及空间（位置或状态）条件下，某被测量所体现的真实数值。一般情况下，理论真值是未知的，真误差也是未知的。在工程上，常用高一级标准仪器的测量值 x_0 来代替真值 A_0。例如，标准压力表所指示的压力值，相对于普通压力表的指示值而言，即可认为是被测压力的相对真值。通常，高一级标准仪器的误差与低一级标准仪器或普通仪器的误差相比，为其 $\frac{1}{5}\left(或\frac{1}{3}\sim\frac{1}{10}\right)$ 时，即可认为前者的示值是后者的相对真值。这时，式（2-3-1）可改写为

$$\Delta x = x - x_0 \tag{2-3-2}$$

式中：x——普通仪器或低一级标准仪器的示值；

x_0——高一级标准仪器示值（相对真值）。

式（2-3-1）和式（2-3-2）所表达的误差是和被测参数同单位（量纲）的，它的大小表示测量值偏离被测参数真值的程度，故又称之为绝对误差。

2. 相对误差

对于同等大小的被测量，测量结果的绝对误差愈小，说明其测量精度愈高。而对于不同大小的被测量，却不能只凭绝对误差来评定其测量的精度。在这种情况下，需采用相对误差的形式来

说明测量精度的高低。相对误差通常以百分数表示。

1）实际相对误差

实际相对误差是指绝对误差 Δx 与被测量的真值 A_0 的百分比值，记为

$$\delta_A=\frac{\Delta x}{A_0}\times 100\% \tag{2-3-3}$$

2）示值相对误差

示值相对误差是指绝对误差 Δx 与仪器的示值 x 的百分比值，记为

$$\delta_x=\frac{\Delta x}{x}\times 100\% \tag{2-3-4}$$

为了减小测量中的示值误差，当选择仪器仪表量程时，应使被测量的数值接近满度值，一般使这类仪器仪表工作在不小于满度值 $\frac{2}{3}$ 的区域。

3. 引用误差

检测系统示值绝对误差 Δx 与仪表量程 L 之比值，称之为仪表示值的引用误差 q。引用误差常以百分数表示

$$q=\frac{\Delta x}{L}\times 100\% \tag{2-3-5}$$

在仪器仪表的量程范围内，各示值的绝对误差会有差别。仪表量程内出现的最大绝对误差 Δx_{max} 与该仪器仪表量程 L 之比值称为最大引用误差 q_{max}，即

$$q_{max}=\frac{\Delta x_{max}}{L}\times 100\% \tag{2-3-6}$$

仪表在出厂检验时，其示值的最大引用误差 q_{max} 不能超过其允许误差 Q（以百分数表示），即

$$q_{max}=\frac{\Delta x_{max}}{L}\leqslant Q \tag{2-3-7}$$

4. 精度等级

工业检测系统常以允许误差 Q 作为判断精度等级的尺度。规定：取允许误差百分数的分子作为精度等级的标志，也即用最大引用误差中去掉百分号（%）后的数字来表示精度等级，其符号是 G，即

$$G=Q\times 100 \tag{2-3-8}$$

电测仪表的精度等级如表 2-3-1 所示。

表 2-3-1 电测仪表精度等级

精度等级 G	0.1	0.2	0.5	1.0	1.5	2.0	2.5	5.0
允许误差 Q	0.1%	0.2%	0.5%	1%	1.5%	2%	2.5%	5%

精度等级为 G 的仪表在规定的条件下使用时，它的绝对误差的最大值的范围是

$$\Delta x_{max}=\pm G\%\times L \tag{2-3-9}$$

例如，1.0 级精度仪表，表示其允许误差 $Q=\pm 1\%$，即允许误差的变化范围可以从 -1% 至 $+1\%$。它的绝对误差最大值在量程的 $\pm 1\%$ 之内。即 $\Delta x_{max}=\pm 1\%\times L$。若量程为 100 V 的1.0级电

压表，$|\Delta x_{max}| \leq |+1\% \times 100\ V| = 1\ V$，或 $|q_{max}| \leq 1\%$。

2.3.2　测量误差的分类

测量误差根据其性质及产生的原因可分为三类。

1. 随机误差

在相同测量条件下（指在测量环境、测量人员、测量技术和测量仪器都相同的条件下），多次重复测量同一量值（等精度测量）时，每次测量误差的大小和符号均以不可预知的方式变化的误差，称为随机误差或偶然误差，简称随差。随机误差是由于测量过程中许多独立的、微小的偶然因素所引起的综合结果。它既不能用实验方法消除，也不能修正。

就一次测量来说，随机误差的数值大小和符号难以预测，但在多次的重复测量时，其总体服从统计规律。从随机误差的统计规律中可了解到它的分布特性，并能对其大小及测量结果的可靠性等做出估计。

在我国制定的国家计量技术规范《通用计量术语及定义》（JG 1001—1998）中，随机误差的定义是：随机误差 δ_i 是测量结果 x_i 与在重复条件下对同一被测量进行无限多次测量所得结果的平均值 A 之差，即

$$\delta_i = x_i - A \tag{2-3-10}$$

式中

$$A = \lim_{n\to\infty} \frac{1}{n} \sum_{i=1}^{n} x_i \tag{2-3-11}$$

随机误差是测量值与数学期望之差，它表明了测量结果的分散性，经常用来表征测量精密度的高低。随差越小，精密度越高。

因为在实际工作中，不可能进行无限多次测量，只能进行有限次测量，因此，实用中的随差只是一个近似的估计值。

2. 系统误差

在相同测量条件下，多次重复测量同一量值时，测量误差的大小和符号都保持不变，或在测量条件改变时按一定规律变化的误差，称为系统误差，简称系差。前者为不变的系差，后者为变化的系差。例如，零位误差属于不变的系差；测量值随温度变化产生的误差属于变化的系差。

一般可以通过实验或分析的方法，找到系统误差的变化规律及产生的原因，使之能够对测量结果加以修正。或者采取一定的措施，改善测量条件和改进测量方法等，使系统误差减小或消除，从而得到更加准确的测量结果。

在我国制定的国家计量技术规范《通用计量术语及定义》（JG 1001—1998）中，系统误差 ε 的定义是：在相同测量条件下，对同一被测量进行无限多次重复测量所得结果的平均值 A 与被测量的真值 A_0 之差，即

$$\varepsilon = A - A_0 \tag{2-3-12}$$

式中，A 按式（2-3-11）计算。

系统误差表明了测量结果偏离真值或实际值的程度。系统误差越小，测量就越准确。所以，系统误差经常用来表征测量准确度的高低。

由于实际工作中，重复测量只能进行有限次，所以，系统误差也只能是一个近似的估计值。

3. 粗大误差

在相同的条件下，多次重复测量同一量时，明显地歪曲了测量结果的误差，称粗大误差，简称粗差。粗差是由于疏忽大意、操作不当或测量条件的超常变化而引起的。含有粗大误差的测量值称为坏值，所有的坏值都应去除，但不是主观或随便去除，必须科学地舍弃。正确的实验结果不应该包含有粗大误差。

三种误差同时存在的情况见图 2-3-1。由分析表明，系统误差和随机误差是两种产生原因不同、性质完全不一样的测量误差。可以用打靶的例子加以说明，图 2-3-2a 所示的系统误差小而随机误差大；图 2-3-2b 所示的系统误差大而随机误差小，图 2-3-2c 所示的系统误差与随机误差都小。

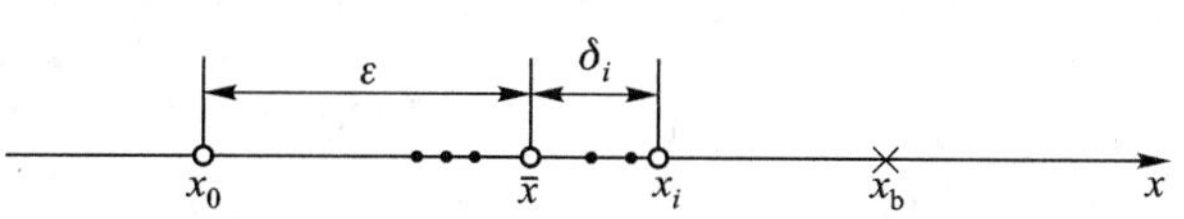

图 2-3-1　三种误差同时存在的情况
x_0—真值；$\bar{x}$—平均值；x_i—测量值
ε—系统误差；δ_i—随机误差；x_b—坏值

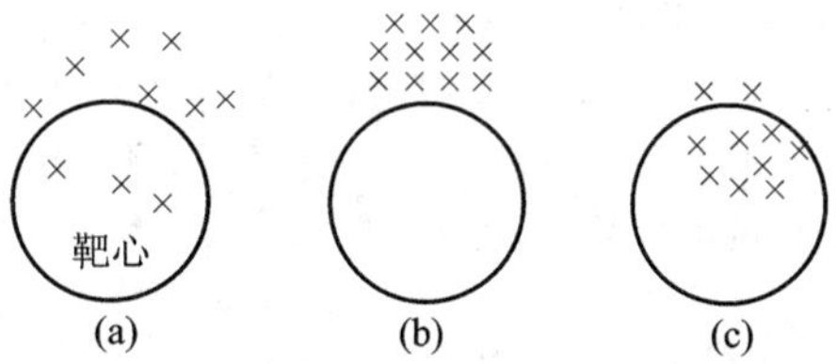

图 2-3-2　系统误差，随机误差及其综合表示

4. 系统误差和随机误差的表达式

测量中发现了粗大误差，数据处理时应将其剔除，这样要估计的误差就只有系统误差和随机误差两类。

将式(2-3-10)和式(2-3-12)等号两边分别相加，得

$$\varepsilon+\delta_i=(A-A_0)+(x_i-A)=x_i-A_0=\Delta x_i \tag{2-3-13}$$

由式(2-3-13)可见，各次测量值的绝对误差等于系统误差 ε 和随机误差 δ_i 的代数和。

在一般工程测量中，系统误差远大于随机误差，相对来讲，随机误差可以忽略不计，此时只需处理和估计系统误差即可。

在精密测量中，系统误差已经消除或小得可以忽略不计时，随机误差就显得特别重要。所以在处理和估计误差时，必须且只考虑随机误差。

当系统误差和随机误差都不能忽略时，系统误差和随机误差应分别处理和估计，然后按一定的方式合成最后的系统误差和随机误差，以估计出测量结果的精确度。

精确度又简称精度，它反映系统误差和随机误差综合影响的程度；准确度则是反映系统误差影响的程度；精密度则是反映随机误差影响的程度。因此，精度高说明准确度与精密度都高，意味着系统误差和随机误差都小。

思考题与习题

2-1　某位移传感器，在输入位移量变化 1 mm 时，输出电压变化有 300 mV，求其灵敏度。

2-2　某测温系统由以下四个环节组成，各自的灵敏度如下：铂电阻温度传感器 0.45 Ω/℃，电桥 0.02 V/Ω，

放大器 100(放大倍数),笔式记录仪 0.2 cm/V,

求:(1) 测温系统的总灵敏度。

(2) 记录仪笔尖位移 4 cm 时,所对应的温度变化值。

2-3 某一阶检测系统,在 $t=0$ 时,输出为 0 mV;在 $t\to\infty$ 时,输出为 100 mV;在 $t=5$ s 时,输出为 50 mV,试求该检测系统的时间常数。

2-4 已知某二阶系统传感器的固有频率为 10 kHz,阻尼比 $\xi=0.5$,若要求传感器输出幅值误差小于 3%,则传感器的工作频率范围应为多少?

2-5 设一力传感器为二阶系统,其固有频率 $f_0=1\ 000$ Hz,阻尼比 $\xi=1/\sqrt{2}$,灵敏度为 1。试问用它测量频率分别为 600 Hz 和 400 Hz 的正弦交变力时,其输出-输入的幅值比和相位差各为多少?

2-6 检定一个满度值为 5 A 的 1.5 级电流表,若在 2.0 A 刻度处的绝对误差(用 Δx 表示)最大,$\Delta x_{max}=+0.1$ A,此电流表精度是否合格?

2-7 被测电压实际值约为 21.7 V,现有四种电压表:1.5 级、量程为 0~30 V 的 A 表;1.5 级、量程为 0~50 V的 B 表;1.0 级、量程为 0~50 V 的 C 表;0.2 级、量程为 0~360 V 的 D 表。选用哪种规格的电压表进行测量产生的测量误差较小?

第3章　阻抗型传感器

3.1　电阻式传感器

电阻式传感器是将非电量变化转换为电阻变化的传感器。电阻式传感器的用途很广，种类很多。下面介绍几种常见的电阻式传感器。

3.1.1　电位器式传感器

电位器是一种常用的机电元件，广泛用于各种电气和电子设备中。主要是把机械位移转换为与其成一定函数关系的电阻或电压输出。它除了用于线位移和角位移测量外，还可用于测量一切能转换为位移的其他非电量，如压力、加速度、液位等。

电位器的优点是结构简单、尺寸小、重量轻、输出特性精度高（可达 0.1%或更高）且稳定性好，可以实现线性及任意函数特性；受环境因素（如温度、湿度、电磁干扰等）影响较小；输出信号较大，一般不需放大。因此，它是最早获得工业应用的传感器之一，至今在某些场合下还在使用。

1. 基本工作原理

电位器式传感器由电阻器和电刷两部分组成，如图 3-1-1（a）、（b）所示。当电刷触点 C 在电阻器 R_{AB}（阻值为 R）上移动时，A、C 间的电阻就会发生变化，而且阻值 R_{AC} 与触点的直线位移或角位移 x 成一定的函数关系。

如果把 C、B 短接，如图 3-1-1（c）所示，则电位器便作为变阻器用，其电阻值为位移 x 的函数，即

$$R_x = R_{AB} = R_{AC} = f(x) \qquad (3-1-1)$$

如果把电位器做分压器使用，如图 3-1-1（d）所示，则输出电压为位移 x 的函数，即

$$U_x = U_{AC} = \frac{U}{R_{AB}} R_{AC} = \frac{U}{R} f(x) \qquad (3-1-2)$$

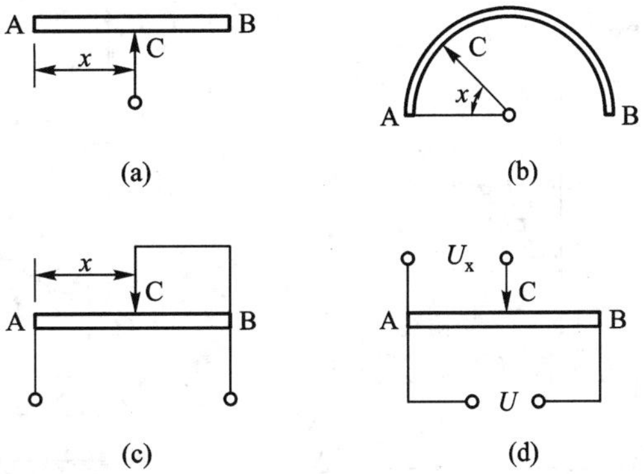

图 3-1-1　电位器式传感器工作原理

2. 输入-输出特性

按输入-输出特性，电位器式传感器可分为线性电位器和非线性电位器两类。

空载时其输出电压（电阻）与电刷位移之间具有线性关系的电位器称为线性电位器，其输出电压（电阻）与电刷位移成正比

$$R_x = \frac{R}{L} x \qquad (3-1-3)$$

$$U_x = \frac{U}{R}R_x = \frac{U}{L}x \tag{3-1-4}$$

式中：L——电位器触点行程；

x——电位器电刷位移；

U——输入电压；

U_x——输出电压；

R_x——输出电阻。

非线性电位器是指在空载时其输出电压（电阻）与电刷位移之间具有非线性函数关系的电位器，也称函数电位器。用非线性电位器可使传感器获得各种特殊要求的非线性函数（如指数函数、三角函数、对数函数及其他任意函数）输出。同时也可以通过它的非线性来修正仪表与传感器或带有负载的电位器的非线性，从而最终获得线性输出特性。

3. 结构形式

按结构形式，电位器式传感器可分为线绕电位器和非线绕电位器两类。

线绕电位器的电阻器是由电阻系数很高的极细的绝缘导线整齐地绕在一个绝缘骨架上制成的，在它与电刷相接触的部分，将导线表面的绝缘层去掉，然后加以抛光，形成一个电刷可在其上滑动的光滑而平整的接触道。电刷通常由具有弹性的金属薄片或金属丝制成，其末端弯曲成弧形。利用电刷本身的弹性变形所产生的弹性力，使电刷与电阻元件之间有一定的接触压力，以使两者在相对滑动过程中保持可靠的接触和导电。当电刷离开这一匝而与下一匝接触时，电阻突然增加一匝导线阻值，因此特性曲线相应出现阶梯状。如果绝缘骨架尺寸均匀不变，如图3-1-2(a)所示，则特性曲线呈线性；如果绝缘骨架尺寸按一定规律变化，如图3-1-2(b)所示，则特性曲线呈非线性。

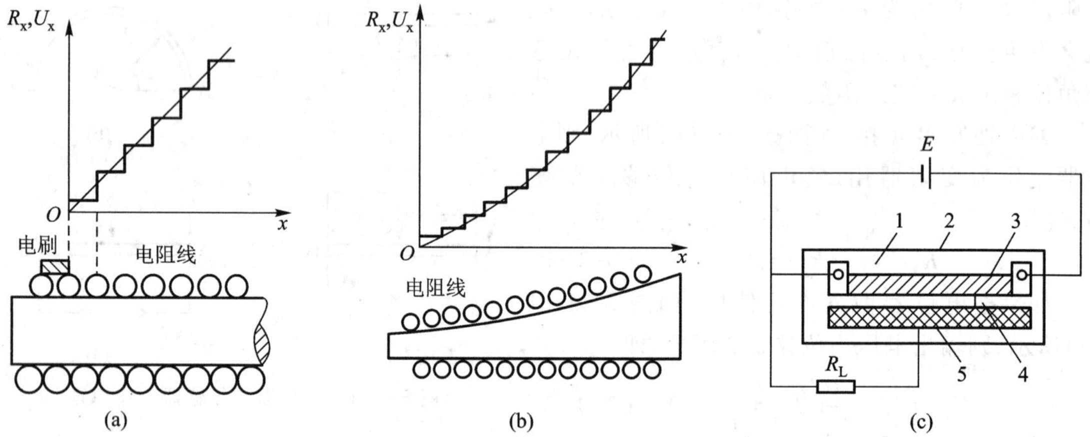

图3-1-2　线绕电位器与光电电位器结构

线绕电位器的优点是精度高、性能稳定，易于达到较高的线性度和实现各种非线性特性。但也存在许多缺点，如阶梯误差、分辨力低、耐磨性差、寿命较低等。因此发展了在某些性能方面优于线绕电位器的非线绕电位器。

非线绕电位器目前常见的有合成膜、金属膜、导电塑料、导电玻璃釉电位器等。它们在结构上的共同特点是在绝缘基座上制成各种电阻薄膜元件，因此比线绕电位器具有高得多的分辨力，并且耐磨性好，寿命长，如导电塑料电位器使用寿命可达上千万次。它们的缺点是特性对温度、湿度变化比较敏感，且要求接触压力大，只能用于推动力大的敏感元件。

上述几种电位器都是接触式电位器，光电电位器是一种非接触式电位器，它以光束代替常规的电刷，克服了接触式电位器共有的耐磨性差、寿命短的缺点。

光电电位器的结构原理如图 3-1-2(c)所示。图中基体 2(常用材料为氧化铝)上淀积一层硫化镉或硒化镉的光电导层 1，然后再在其上淀积一条金属(金或银)导电条作为导电电极 5 和一条薄膜电阻(镍铝合金等)带 3，在电阻带和导电电极间留有很窄的间隙，作为电刷的窄光束 4 就照射在这个窄间隙上。由于处在间隙中的光电导材料(光电导层 1)的暗电阻(无光照射的电阻)和亮电阻(有光照射时的电阻)之比可达 $10^5 \sim 10^8$，所以当一窄光束照射到间隙上时，就相当于把电阻带和导电电极接通，在外加电源 E 的情况下，负载电阻 R_L 上便有输出电压，且输出电压值随光束位置而改变。

光电电位器阻值宽(500 Ω~15 MΩ)，无摩擦、无磨损，寿命长(可达亿万次循环)，分辨力也高。缺点是由于光电导层虽经窄光束照射而导通，但照射处的电阻还是相当高的(可达 10 kΩ 或更高)，因而光电电位器输出大电流困难，需配高输入阻抗放大器工作。另外它的结构比较复杂，工作温度范围比较窄(目前最高达 150 ℃)，线性度也不高。

3.1.2 应变式传感器和压阻式传感器

1. 应变电阻效应和压阻效应

导体或半导体材料在受到外界力(拉力或压力)作用时，产生机械变形，机械变形导致其阻值变化，这种因形变而使其阻值发生变化的现象称为“应变电阻效应”。

对于横截面均匀的导体(或半导体)，其电阻为

$$R=\rho \frac{l}{A} \tag{3-1-5}$$

式中：l——导体(或半导体)长度；

A——导体(或半导体)截面积；

ρ——导体(或半导体)电阻率。

当它受到轴向力 F 而被拉伸(或压缩)时，其 l、A、ρ 均发生变化，如图 3-1-3 所示，因而其电阻值随之变化，对式(3-1-5)两边取对数再微分，即可求得其电阻相对变化

$$\frac{dR}{R}=\frac{dl}{l}-\frac{dA}{A}+\frac{d\rho}{\rho} \tag{3-1-6}$$

在材料力学中，上式等号右边第一项称为轴向线应变(或纵向线应变)ε，即

$$\varepsilon=\frac{dl}{l} \tag{3-1-7}$$

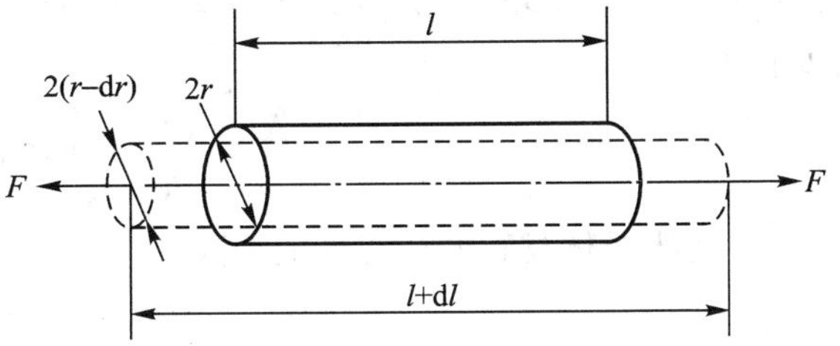

图 3-1-3 导体受拉伸后的参数变化

受拉(或受压)时，半径缩小(或扩大)产生径向线应变(或横向线应变)$\frac{dr}{r}$，它与轴向(纵向)线应变符号相反，二者的比值称为泊松

比，即

$$\mu=-\frac{\frac{\mathrm{d}r}{r}}{\frac{\mathrm{d}l}{l}}=-\frac{\frac{\mathrm{d}r}{r}}{\varepsilon}\quad(\mu>0)\tag{3-1-8}$$

式(3-1-6)中等号右边第二项称为面应变，因 $A=\pi r^2$，故有

$$\frac{\mathrm{d}A}{A}=2\frac{\mathrm{d}r}{r}=-2\mu\varepsilon\tag{3-1-9}$$

因体积 $V=Al$，故相应的体应变为

$$\frac{\mathrm{d}V}{V}=\frac{\mathrm{d}l}{l}+\frac{\mathrm{d}A}{A}=(1-2\mu)\varepsilon\tag{3-1-10}$$

实验证明，金属导体材料的电阻率相对变化与其体应变成正比，即

$$\frac{\mathrm{d}\rho}{\rho}=C\frac{\mathrm{d}V}{V}=C(1-2\mu)\varepsilon\tag{3-1-11}$$

式中，C 为由一定的材料和加工方式决定的常数。

半导体材料受到应力作用时，其电阻率会发生变化，这种现象称为“压阻效应”。由半导体理论可知，锗、硅等单晶半导体材料的电阻率相对变化与作用于材料的轴向应力 σ 成正比

$$\frac{\mathrm{d}\rho}{\rho}=\pi\sigma\tag{3-1-12}$$

式中，π 为半导体材料在受力方向的压阻系数。

由材料力学可知，轴向应力与轴向力 F 及轴向线应变 ε 关系为

$$\sigma=\frac{F}{A}=\varepsilon E\tag{3-1-13}$$

式中，E 为半导体材料的弹性模量。

将式(3-1-7)、式(3-1-9)、式(3-1-11)代入式(3-1-6)，得金属材料的电阻相对变化为

$$\frac{\Delta R}{R}\approx\frac{\mathrm{d}R}{R}=(1+2\mu)\varepsilon+C(1-2\mu)\varepsilon=K_{\mathrm{m}}\varepsilon\tag{3-1-14}$$

式中，K_{m} 为金属材料的应变灵敏系数

$$K_{\mathrm{m}}=(1+2\mu)+C(1-2\mu)\tag{3-1-15}$$

将式(3-1-7)、式(3-1-9)、式(3-1-12)、式(3-1-13)代入式(3-1-6)，得半导体材料的电阻相对变化为

$$\frac{\Delta R}{R}\approx\frac{\mathrm{d}R}{R}=(1+2\mu+\pi E)\varepsilon=K_{\mathrm{s}}\varepsilon\tag{3-1-16}$$

式中，K_{s} 为半导体材料的应变灵敏系数

$$K_{\mathrm{s}}=1+2\mu+\pi E\tag{3-1-17}$$

由式(3-1-6)可见，电阻相对变化由两部分引起，一部分是由于材料受力后几何尺寸变化(应变)(即式(3-1-6)中前两项)而引起的，另一部分是由于受力后电阻率发生变化而引起的。对于金属材料，一般 $\mu\approx0.3$，$1+2\mu\approx1.6$，以康铜为例：$C\approx1$，$(1-2\mu)\approx0.4$，据式(3-1-15) $K_{\mathrm{m}}\approx$

2.0,显然,金属材料的应变电阻效应以结构尺寸变化为主。对于半导体材料 $\pi E \gg 1+2\mu$,$K_s \approx \pi E$,因此半导体材料的电阻变化主要基于压阻效应。以硅材料为例,$\pi=(40\sim80)\times10^{-11}\ \mathrm{m^2/N}$,$E=1.67\times10^{11}\ \mathrm{Pa}$,$K_s=63\sim130$,可见半导体材料的应变灵敏系数要比金属材料的应变灵敏系数高出几十倍。

综合式(3-1-14)和式(3-1-16),可得应变电阻效应的表达式为

$$\frac{\Delta R}{R}=k_0\varepsilon \tag{3-1-18}$$

式中,k_0 为应变电阻材料的应变灵敏系数。式(3-1-18)表明,应变电阻阻值的相对变化与应变电阻的应变成正比。利用应变电阻效应可以将应变转换为电阻的相对变化,做成应变式传感器。

2. 应变式传感器

由金属或半导体制成的片状的应变-电阻转换元件称为电阻应变片,简称应变片,电阻应变片是应变式传感器的核心元件。应变式传感器的组成有两种,一是直接将应变片粘贴在被测量的受力构件上,使应变片随受力构件一起变形,从而将受力构件的应变转换为应变片的电阻变化;另一种是将应变片粘贴到弹性敏感元件上,由弹性敏感元件将被测物理量(如力、压力、加速度等)转换为应变,再由应变片将应变转换为电阻变化。这两种情况都须将应变片接入测量电路,以便将应变片的电阻变化转换为电压或电流信号。

1）电阻应变片的组成结构和类型

电阻应变片的形式各异,但其基本结构大体相同,一般由敏感栅、引出线、基底、盖片、黏合层等组成,如图 3-1-4 所示。

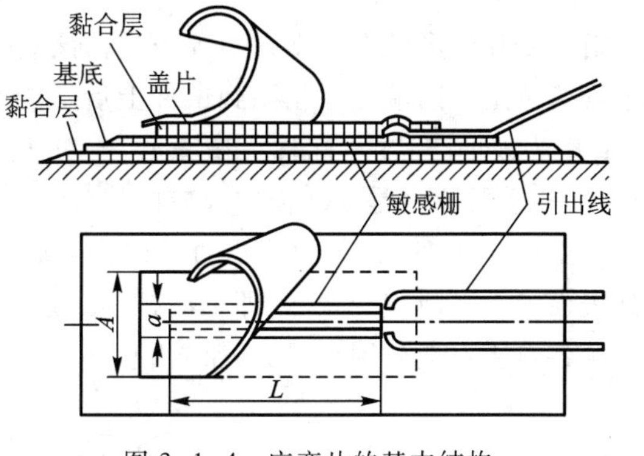

图 3-1-4　应变片的基本结构

敏感栅是应变片内实现应变-电阻转换的传感元件。为保持敏感栅固定的形状、尺寸和位置,通常用黏接剂将它固结在纸质或胶质的基底上,再在敏感栅上面粘贴一层纸质或胶质的覆盖层,起防潮、防蚀、防损等作用。敏感栅引出线用以与外接测量电路连接。应变片使用时用黏接剂将基底粘贴到试件表面的被测部位,基底及其黏合层起着把试件应变传递给敏感栅的作用。为此,基底必须很薄,而且还应有良好的绝缘、抗潮和耐热性能。

按制造敏感栅的材料,电阻应变片可分为电阻应变片和半导体应变片两大类。按敏感栅的形状和制造工艺不同,金属电阻应变片又可分为丝式、箔式和薄膜式三种。半导体应变片的敏感栅一般为单根状。

金属丝式应变片的敏感栅,由直径 0.015~0.05 mm 的金属丝绕成如图 3-1-5(a)所示的栅状,是应用最早的应变片。

金属箔式应变片的敏感栅由金属箔(厚度 0.002~0.005 mm)经光刻腐蚀成栅状,如图 3-1-5(b)所示。由于箔式应变片具有横向效应小、测量精度高、散热好、工作电流大、测量灵敏度高和易于成批生产等多方面优点,已经在许多场合下取代了电阻丝式应变片。

薄膜应变片是采用真空蒸发或真空淀积方法在薄的绝缘基底上形成金属电阻材料薄膜(厚度

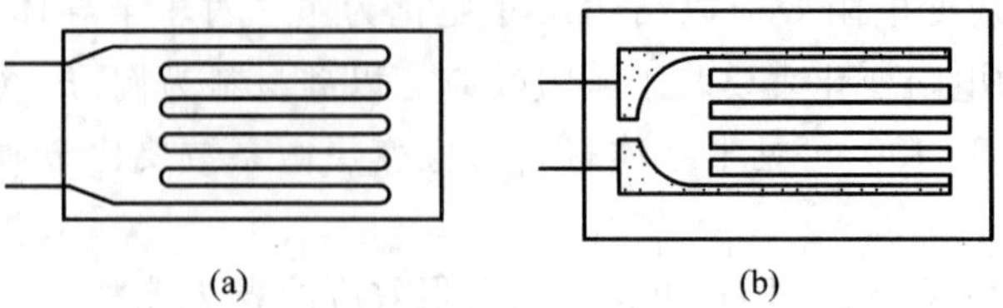

图 3-1-5 丝式应变片与箔式应变片

0.1 μm 以下)作为敏感栅,其优点是应变灵敏系数高,允许电流密度大,易实现工业化生产,是一种很有前途的新型应变片,目前实际使用中的主要问题是尚难控制其电阻对温度和时间的变化关系。

半导体应变片的优点是尺寸、横向效应、机械滞后都很小,灵敏系数极大,因而输出也大,可以不需放大器直接与记录仪连接,使得测量系统简化。缺点是电阻值和灵敏系数的温度稳定性差,测量较大应变时非线性严重;灵敏系数随受拉或压而变,且分散度大,一般在 3%~5%之间,因而使测量结果有±(3%~5%)的误差。

2) 电阻应变片的灵敏系数

当应变片安装于试件表面上,在其轴线方向的单向应力作用下,应变片的阻值相对变化与试件表面上安装应变片区域的轴向应变 ε_x 之比称为应变片的灵敏系数 k,即

$$\frac{\Delta R}{R}=k\varepsilon_x \tag{3-1-19}$$

电阻应变片的灵敏系数 k 并不等于制作该应变片的应变电阻材料本身的灵敏系数 k_0,必须重新用实验测定。因应变片粘贴到试件上后不能取下再用,所以只能在每批产品中抽样测定,取平均 k 值作为该批产品的"标称灵敏系数"。实验表明:$k<k_0$,究其原因除了黏合层传递应变有损失外,另一重要原因是存在横向效应的缘故。

由图 3-1-5 可见,敏感栅通常由多条轴向纵栅和圆弧横栅组成。当试件承受单向应力时,其表面处于平面应变状态,即轴向拉伸 ε_x 和横向收缩 ε_y。粘贴在试件表面的应变片,其纵栅和横栅各自主要地分别承受 ε_x 和 ε_y,从而引起总的电阻变化为

$$\frac{\Delta R}{R}=k_x\varepsilon_x+k_y\varepsilon_y=k_x(1+\alpha H)\varepsilon_x \tag{3-1-20}$$

式中: k_x——纵向灵敏系数;

k_y——横向灵敏系数;

$\alpha=\varepsilon_y/\varepsilon_x$——双向应变比,$\alpha<0$;

$H=k_y/k_x$——横向效应系数或横向灵敏度。

由式(3-1-19)、式(3-1-20)可见,因 $\alpha<0$,故有 $k<k_x<k_0$。

3) 应变片的选择和安装

应变片的种类很多,选择何种应变片是测试前应确定的问题。一般根据试验环境、应变性质、试件状况及测试精度选择合适的应变片。

应变片在试件上的安装质量是决定测试精度及可靠性的关键之一,必须予以高度重视。安装方法有三种。粘贴法是最常用的,焊接法适用于金属基底的应变片,喷涂法主要用于高温应变测量。

应变片在安装之前,应对其外观和电阻值进行检查。为了使应变片粘贴牢固,需事先对试件粘贴表面进行机械、化学处理,处理面积约为应变片面积的 3 倍。在粘贴应变片时,可按规范对黏接剂进行加温固化或者加压。固化后的应变片阻值会有变化,其变化量一般应为零点几欧。

4）温度误差及其补偿

温度变化时,电阻应变片的电阻也会变化,而且,由温度所引起的电阻变化与试件应变所造成的电阻变化几乎具有相同数量级,温度变化引起应变片电阻变化而造成温度误差的原因有两个:

（1）敏感栅电阻本身随温度的变化

$$R_t = R_0(1+\alpha\Delta t) \tag{3-1-21}$$

$$\Delta R_{t\alpha} = R_t - R_0 = R_0\alpha\Delta t$$

式中:R_t、R_0——应变片在温度为 t 和 t_0 时的电阻值;

α——应变片电阻的温度系数;

Δt——温度的变化值。

（2）试件材料与敏感栅材料的线膨胀系数不同,使敏感栅产生附加变形,从而造成电阻变化。若设敏感栅材料和试件材料的线膨胀系数分别为 β_g 和 β_s,温度 t_0 时长度为 l_0 的敏感栅材料和试件材料,如果不粘接在一起的话,在温度改变到 t 时,其长度将分别膨胀为

$$l_{st} = l_0(1+\beta_s\Delta t)$$

$$l_{gt} = l_0(1+\beta_g\Delta t)$$

但应变片粘贴到试件表面上后,应变片被迫从 l_{st} 拉长到 l_{gt},由图3-1-6 可见,产生的附加变形为

$$\Delta l = l_{gt} - l_{st} = (\beta_g - \beta_s)l_0\Delta t$$

即附加应变为

$$\varepsilon_\beta = \frac{\Delta l}{l_0} = (\beta_g - \beta_s)\Delta t$$

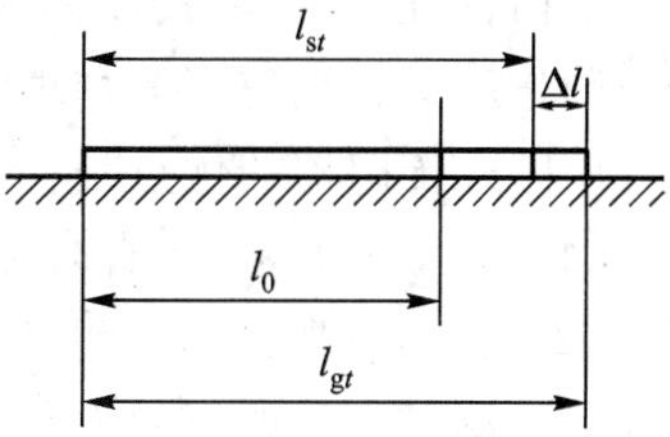

图 3-1-6　应变片的温度误差

从而产生电阻变化为

$$\frac{\Delta R_{t\beta}}{R_0} = k\varepsilon_\beta = k(\beta_g - \beta_s)\Delta t \tag{3-1-22}$$

由式(3-1-21)、式(3-1-22),可得温度变化引起的总的电阻变化为

$$\frac{\Delta R_t}{R_0} = \frac{\Delta R_{t\alpha} + \Delta R_{t\beta}}{R_0} = \alpha\Delta t + k(\beta_g - \beta_s)\Delta t \tag{3-1-23}$$

折算成“虚假视应变”为

$$\varepsilon_t = \frac{\frac{\Delta R_t}{R_0}}{k} = \left[\frac{\alpha}{k} + (\beta_g - \beta_s)\right]\Delta t \tag{3-1-24}$$

这就是说,不仅因受力引起的真实应变 ε 会使应变片电阻发生变化,温度变化也会使应变片电阻发生变化,而温度变化引起的应变片电阻变化可等效为一个应变 ε_t 引起的。由于应变 ε_t 并不真正存在,故称为“虚假视应变”。应变片所粘贴的试件受力引起的真实应变 ε 和温度变化引起的虚假视应变 ε_t 使应变片电阻总的变化为

$$\frac{\Delta R}{R_0}=\frac{\Delta R_\varepsilon+\Delta R_t}{R_0}=k(\varepsilon+\varepsilon_t) \tag{3-1-25}$$

“虚假视应变”ε_t 就是因温度变化引起的测量误差。虽然由式(3-1-23)可见,采取恒温措施,理论上可避免温度误差,但实际上这往往是成本很高或根本办不到的。因此实际工作中,一般都是从电路上采取补偿措施,减小或消除温度误差。补偿温度误差的办法有多种,其中最常用和最好的补偿方法是电桥补偿法。这个问题将在第 3.1.4 节和 11.4.2 节讨论。

3. 固态压阻式传感器

如前所述,半导体材料当受到应力作用时,其电阻率会发生变化,这种现象称为压阻效应。依据半导体的压阻效应,现已制成两类传感器:一类是利用半导体材料的体电阻制成粘贴式应变片,做成半导体应变式传感器,如式(3-1-16)所示。另一类是在半导体材料的基片上用集成电路工艺制成扩散电阻,作为测量传感元件,亦称扩散型压阻式传感器。这类传感器的应变电阻与基底是同一块材料,通常是半导体硅,因此又称为扩散硅压阻式传感器。由于取消了胶接,它的滞后、蠕变及老化现象大为减少,而且不存在胶层热阻的妨碍,使导热性能大为改善。此外,由于这类传感器是半导体硅做芯片,利用集成电路工艺制成,如果在制备传感器的芯片时,同时设计制造一些温度补偿、信号处理与放大电路,就能构成集成传感器。如果进一步与微处理器相结合,就有可能做成智能传感器。因此,这类传感器一出现就受到人们的极大重视,得到迅猛的发展。目前,扩散硅压阻式传感器已在力学量传感器中取得重要地位。扩散硅压阻式传感器主要用来测量压力和加速度等物理量。

压阻式传感器的优点是:

(1) 灵敏度非常高,有时传感器的输出不需放大可直接用于测量;

(2) 分辨力高,例如,测量压力时可测出 10~20 Pa 的微压;

(3) 测量元件的有效面积可做得很小,故频率响应高;

(4) 可测量低频加速度与直线加速度。

压阻式传感器的最大缺点是温度误差较大,故需温度补偿或在恒温条件下使用。

3.1.3 热电阻和热敏电阻

利用电阻随温度变化的特性制成的传感器叫作电阻式温度传感器,按采用的电阻材料可分为金属热电阻(简称热电阻)和半导体热敏电阻(简称热敏电阻)两大类。

1. 金属热电阻

一般说来,金属的电阻率随温度的升高而升高,从而使金属的电阻也随温度的升高而升高。大多数金属导体的电阻随温度而变化的关系可由下式近似表示

$$R_t=R_0(1+\alpha t) \tag{3-1-26}$$

式中:R_0、R_t——0 ℃和 t 时的电阻值;

t——摄氏温度;

α——金属热电阻的电阻温度系数($\alpha>0$)。纯金属的电阻温度系数 α 为 0.3%~0.6%/℃。因此可利用金属电阻的温度特性来制作温度传感器。

但也并非所有的金属材料都适合做温度敏感元件,适于制作温度测量敏感元件的电阻材料要具备以下要求:

（1）要有尽可能大而且稳定的电阻温度系数；

（2）电阻率要大，以便在同样灵敏度下减小元件的尺寸；

（3）电阻温度系数要保持单值，并且最好是常数，以保证电阻随温度变化呈线性关系；

（4）性能稳定，在电阻的使用范围内，其物理、化学性能基本保持不变。根据以上要求，纯金属是制造热电阻的主要材料。目前，目前列入标准系列且大量生产的有铂热电阻和铜热电阻。此外还有镍铁热电阻和钨热电阻等。

1）铂电阻

铂金属的主要优点是物理、化学性能极为稳定，并且有良好的工艺性，易于提纯，可以制成极细的铂丝（直径可达 0.02 mm 或更细）或极薄的铂箔。它的缺点是电阻温度系数较小。

用铂丝双绕在云母、石英或陶瓷支架上，或采用溅射工艺在石英或陶瓷基座上生成铂薄膜，构成电阻体，电阻体端线与银丝焊接引出连线，外面再套上玻璃或陶瓷或涂釉加以绝缘和保护，这样就构成了铂电阻传感器。

铂电阻除用做一般的工业测温外，在国际实用温标中，还作为在−259.34 ℃～630.74 ℃温度范围内的温度基准。

据《工业铂热电阻技术条件及分度表》（JB/T 8622—1997）铂电阻与温度之间的关系近似直线，可用下式表示

$$\left.\begin{aligned} &\text{在}-200\sim0\ ^\circ\text{C 范围内} \quad R_t=R_0[1+At+Bt^2+C(t-100\ ^\circ\text{C})t^3] \\ &\text{在}\ 0\sim850\ ^\circ\text{C 范围内} \quad R_t=R_0[1+At+Bt^2] \end{aligned}\right\} \tag{3-1-27}$$

式中，R_0、R_t 分别为 0 ℃和 t 时的电阻值。

$$A=3.908\ 3\times10^{-3}/℃$$

$$B=-5.775\times10^{-7}/℃^2$$

$$C=-4.183\times10^{-12}/℃^4$$

铂电阻的精度与铂的提纯程度有关，通常用百度电阻比 $W(100)$ 表示铂的纯度，即

$$W(100)=\frac{R_{100}}{R_0} \tag{3-1-28}$$

式中：R_{100}——100 ℃时的电阻阻值；

R_0——0 ℃时的电阻阻值。

国内统一设计的工业用标准铂电阻其百度电阻比 $W(100)\geqslant1.391$。其 R_0 分为 10 Ω 和 100 Ω两种，它们的分度号（即型号）分别为 Pt10 和 Pt100，其中 Pt100 更为常用。选定 R_0 值，根据式（3-1-27），即可列出铂电阻的分度表——温度与电阻值的对照数据表，只要测出热电阻 R_t，通过查分度表，就可确定被测温度。

2）铜电阻

铂是贵重金属，在一些测量精度要求不高而温度又较低的场合，用铜电阻更为普遍，这是因为在−50～150 ℃范围内其阻值与温度关系接近线性，并且铜的温度系数比铂高，也容易提纯加工，价格便宜。但是铜易于氧化，不适于在腐蚀性介质或高温下工作，铜的电阻率低，所以铜电阻的体积较大。

铜电阻传感器是用漆包铜线双绕在圆柱形陶瓷或塑料支架上（由于铜的电阻率较小，需要

多层绕制），引出连线，然后整体用环氧树脂封固，以提高其导热性和机械强度。

在−50~150 ℃温度范围内，铜电阻与温度之间的关系为

$$R_t = R_0(1+At+Bt^2+Ct^3) \tag{3-1-29}$$

式中，R_t、R_0 分别为温度为 t 和 0 ℃时的铜电阻值，

$A = 4.288\ 99\times10^{-3}/℃$；

$B = -2.133\times10^{-7}/℃^2$；

$C = 1.233\times10^{-9}/℃^3$。

按国内统一设计，工业用铜电阻 R_0 取 100 Ω 和 50 Ω 两种，它们的分度号分别为 Cu100 和 Cu50。铜电阻的百度电阻比 $W(100) \geqslant 1.425$。

3）其他热电阻

镍和铁电阻的温度系数都较大，电阻率也较高，因此也适合做热电阻，但由于存在易氧化或非线性严重等缺点，所以这两种热电阻目前应用较少。铂、铜热电阻不适宜做低温和超低温测量。近年来，一些新颖的测量低温领域的热电阻材料相继出现，如铟电阻、锰电阻、碳电阻等。

2. 热敏电阻

1）热敏电阻的类型和特点

热敏电阻是用半导体材料制成的热敏器件。按其电阻−温度特性，可分为三类：

（1）负温度系数热敏电阻（NTC）；

（2）正温度系数热敏电阻（PTC）；

（3）临界温度系数热敏电阻（CTC）。

由图 3−1−7 可见，PTC 型和 CTC 型在一定温度范围内，阻值随温度而剧烈变化，因此可用做开关元件。在温度测量中使用最多的是 NTC 型热敏电阻，本书只介绍这种热敏电阻。

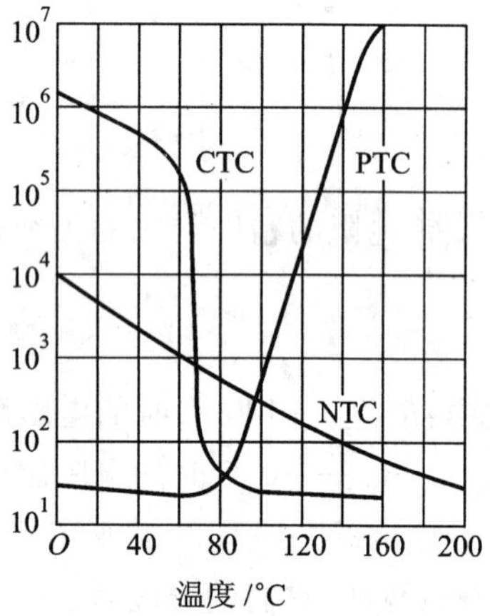

图 3−1−7 热敏电阻典型特性

负温度系数热敏电阻是一种氧化物的复合烧结体，通常用它测量−100~+300 ℃范围内的温度，与热电阻相比，其特点是：

（1）电阻温度系数大，灵敏度高，约为热电阻的 10 倍；

（2）结构简单，体积小，可以测量点温度；

（3）电阻率高，热惯性小，适宜动态测量。

2）热敏电阻的结构

热敏电阻主要由热敏探头、引线、壳体构成，结构及符号分别如图 3−1−8（a）、（b）所示。根据不同的使用要求，热敏电阻可做成不同的形状结构，其典型结构如图 3−1−9 所示。图（a）为圆片型，图（b）为薄膜型，图（c）为柱型，图（d）为管型，图（e）为平板型，图（f）为珠型，图（g）为扁型，图（h）为垫圈型，图（i）为杆型。

3）NTC 型热敏电阻的特性

NTC 型热敏电阻的电阻−温度特性，在不太宽的温度范围内（小于 450 ℃）可以用如下公式描述

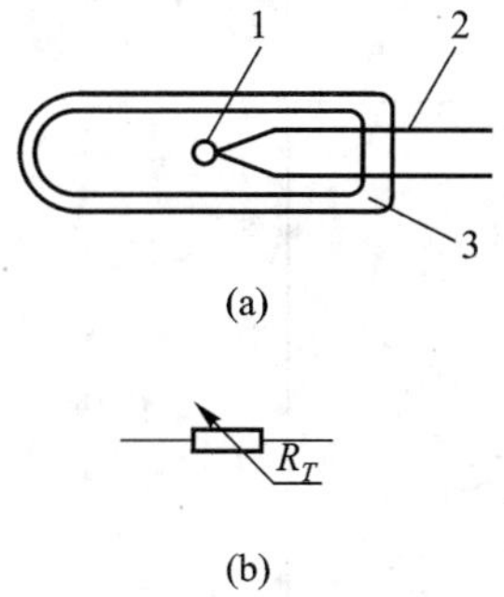

图 3-1-8　热敏电阻的结构及符号

1—热敏探头；2—引线；3—壳体；

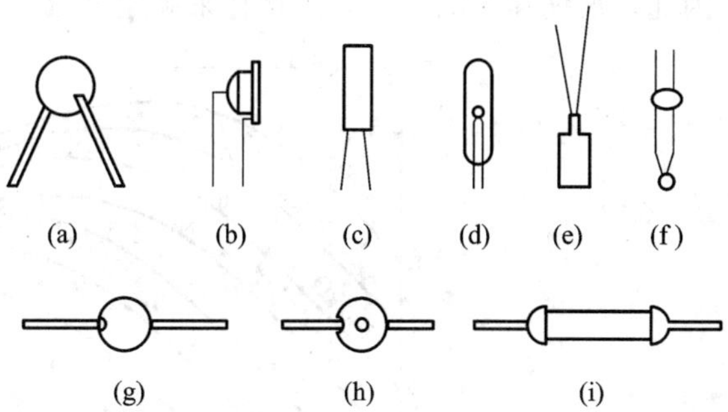

图 3-1-9　热敏电阻的结构形式

$$R=R_0 e^{B\left(\frac{1}{T}-\frac{1}{T_0}\right)} \tag{3-1-30}$$

式中：R、R_0——为温度为 T(K)和 T_0(K)时的电阻值；

B——热敏电阻的材料常数，一般情况下，$B=2\ 000\sim6\ 000$ K。

若定义$\frac{1}{R}\frac{\mathrm{d}R}{\mathrm{d}T}$为热敏电阻的温度系数 α(即温度变化 1 ℃时电阻值的相对变化量)，则由式(3-1-30)得

$$\alpha=\frac{1}{R}\frac{\mathrm{d}R}{\mathrm{d}T}=-\frac{B}{T^2} \tag{3-1-31}$$

例如，B 值为 4 000 K，当 $T=293.15$ K(20 ℃)时，热敏电阻的 $\alpha=4.7\%/℃$，约为铂电阻的 12 倍。由于温度变化引起的阻值变化大，因此测量时引线电阻影响小，并且体积小，非常适合测量微弱温度变化。由上式可见，α 随温度降低而迅速增大。由于热敏电阻非线性严重，所以在实际使用时要对其进行线性化处理。

对热敏电阻进行线性化处理的简单方法是给热敏电阻并联一个温度系数很小的固定电阻，使等效电阻与温度的关系在一定的温度范围内是线性的。所需的这个固定电阻的阻值 R 可按下式计算

$$R=\frac{R_{T_2}(R_{T_1}+R_{T_3})-2R_{T_1}R_{T_3}}{R_{T_1}+R_{T_3}-2R_{T_2}} \tag{3-1-32}$$

式中：R_{T_1}——测量范围的最低温度处 T_1 的热敏电阻阻值；

R_{T_2}——测量范围中点处 $T_2=\frac{T_1+T_3}{2}$的热敏电阻阻值；

R_{T_3}——测量范围的最高温度处 T_3 的热敏电阻阻值。

热敏电阻的伏安特性也是十分重要的，如图 3-1-10 所示。由图可见，开始时电流与电压有较好的比例关系，这时在电阻上消耗的功率小，以致不会发生自身发热现象，热敏电阻这时的电阻(冷态电阻)完全由外界温度决定。随着电流的增加，电阻释放热量并自身发热，阻值下降，它两端电压也就不再按比例随电流增大而增大。在一小区间内，电流的增大和电阻的减小相互补偿。这时电压基本保持不变，直至电阻的下降幅值超过相应电流的增大幅值时，电压才开始减

小。因此要根据热敏电阻的允许功耗来确定电流。

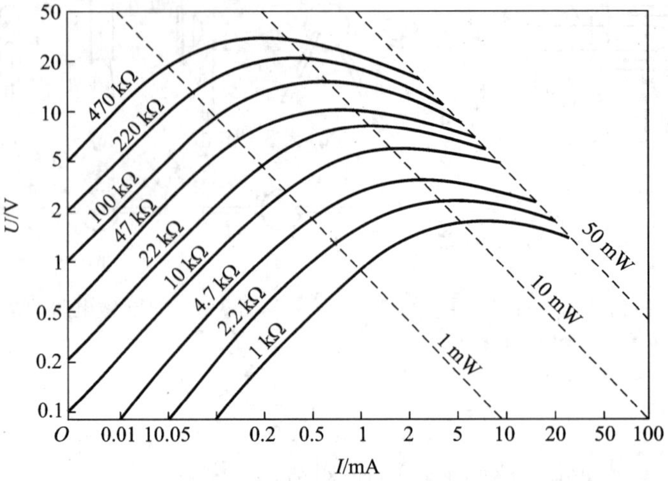

图 3-1-10 热敏电阻伏安特性

3.1.4 接口电路

前面介绍的电阻传感器都是把非电量 x 转换为电阻变化的传感器。为了进一步将电阻传感器的电阻转换为电压、电流、频率等便于放大和显示的电量形式,还必须将电阻传感器接入适当的电路,这种电路称为电阻传感器接口电路。下面介绍两种常用的电桥电路。

一、惠斯通电桥

惠斯通电桥是英国科学家惠斯通(Wheatstone)于 1843 年发明的,如图 3-1-11 所示。它由被连接成四边形的 4 个阻抗、跨接在其中一条对角线上的激励源(电压源或电流源)和跨接在另一个对角线上的电压检测器构成。检测器测量跨接在激励源上的两个分压器输出之间的电位差。图中 4 个桥臂 Z_1、Z_2、Z_3、Z_4 按顺时针方向为序,A、C 为电源端,B、D 为输出端。

按电桥的供电电源分,电桥可分为直流电桥(直流电源供电的电桥,只能接入电阻)和交流电桥(交变电源供电的电桥,可接入电阻、电感、电容)。

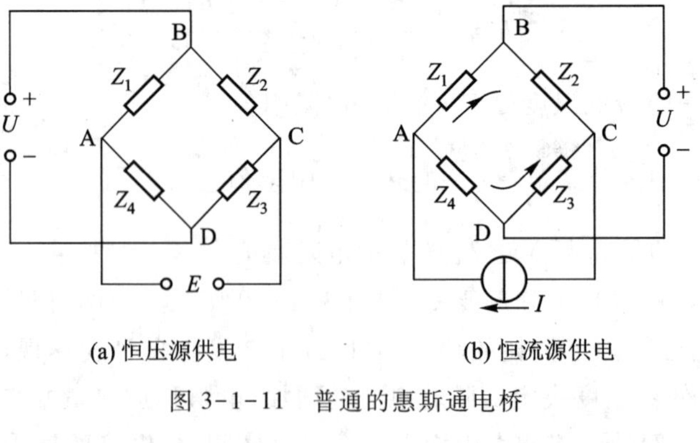

(a) 恒压源供电 (b) 恒流源供电

图 3-1-11 普通的惠斯通电桥

恒压源供电时,电桥开路输出电压 U 为

$$U=E\left(\frac{Z_1}{Z_1+Z_2}-\frac{Z_4}{Z_3+Z_4}\right)=E\frac{Z_1Z_3-Z_2Z_4}{(Z_1+Z_2)(Z_3+Z_4)} \tag{3-1-33}$$

恒流源供电时,电桥开路输出电压 U 为

$$U=I\frac{Z_1Z_3-Z_2Z_4}{Z_1+Z_2+Z_3+Z_4} \tag{3-1-34}$$

将阻抗参数值随被测非电量变化的阻抗式传感器接入电桥,初始状态即被测非电量为 0 时,让电桥平衡,即输出电压为 0;当被测非电量变化而不为 0 时,引起阻抗参数值变化,使电桥不平衡,即输出电压不为 0。被测非电量越大,电桥输出电压也越大。这样就把被测非电量变化转换成电桥电压的变化。只要测得电桥电压,就可求得非电量。

接入电阻传感器的电桥,称为电阻传感器电桥。电阻传感器的电阻值是被测非电量 x 的函数 $R_i=R+\Delta R_i$。通常,初始时,$x=0,\Delta R=0,R_i=R$,电桥平衡即 $U=0$。初始平衡时 4 臂阻值都相等的电桥称等臂电桥。图 3-1-12 所示为电阻传感器电桥在等臂条件下的几种典型情况,图中 ΔR 表示被测非电量 x 引起的传感器电阻的变化。

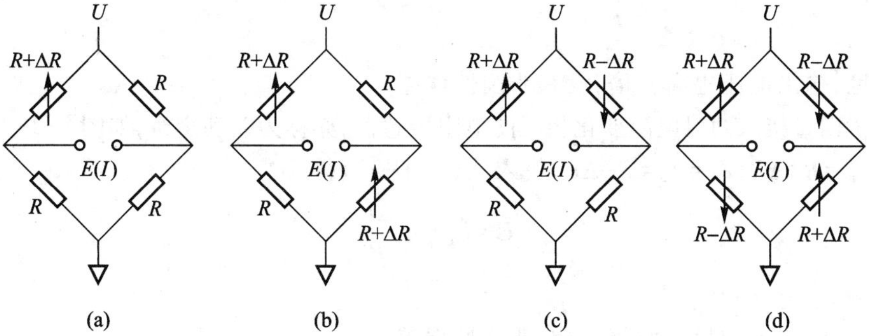

图 3-1-12　电阻传感器电桥的实例

1. 典型情况

下面讨论图 3-1-12 所示的四种典型情况。

(a) 电桥只有一个臂接入电阻传感器,如图 3-1-12(a)所示。

将 $Z_1=R+\Delta R,Z_2=Z_3=Z_4=R$ 代入式(3-1-33)得

$$U=\frac{E}{4}\frac{\Delta R}{R}\frac{1}{1+\frac{\Delta R}{2R}} \tag{3-1-35}$$

由上式可见,输出电压与传感器电阻变化呈非线性关系。在满足条件

$$\Delta R\ll R \tag{3-1-36}$$

$$U\approx U_0=\frac{E}{4}\frac{\Delta R}{R} \tag{3-1-37}$$

非线性误差为

$$e=\frac{U_0-U}{U}=\frac{1}{2}\frac{\Delta R}{R}$$

(b) 电桥相对两臂接入电阻变化相同的电阻传感器,如图 3-1-12(b)所示。

将 $Z_1=Z_3=R+\Delta R,Z_2=Z_4=R$ 代入式(3-1-33)得

$$U=\frac{E}{2}\frac{\Delta R}{R}\frac{1}{1+\frac{\Delta R}{2R}} \tag{3-1-38}$$

由上式可见，输出电压与传感器电阻变化呈非线性关系。在满足式(3-1-36)条件时

$$U\approx U_0=\frac{E}{2}\frac{\Delta R}{R} \tag{3-1-39}$$

非线性误差为

$$e=\frac{U_0-U}{U}=\frac{1}{2}\frac{\Delta R}{R}$$

由上两式可见，输出电压提高一倍，非线性误差不变。

(c) 电桥横跨电源的相邻两臂接入电阻变化相反的电阻传感器，亦称为差动半桥，如图 3-1-12(c)所示。将 $Z_1=R+\Delta R, Z_2=R-\Delta R, Z_3=Z_4=R$ 代入式(3-1-33)得

$$U=U_0=\frac{E}{2}\frac{\Delta R}{R} \tag{3-1-40}$$

非线性误差为 $e=0$

由上两式可见，输出电压提高一倍，没有非线性误差。

(d) 电桥四臂接入两对电阻变化相反的电阻传感器，亦称为差动全桥，如图 3-1-12(d)所示。

将 $Z_1=Z_3=R+\Delta R, Z_2=Z_4=R-\Delta R$，代入式(3-1-33)得

$$U=U_0=E\frac{\Delta R}{R} \tag{3-1-41}$$

非线性误差为 $e=0$

由上两式可见，输出电压提高两倍，没有非线性误差。

电阻传感器的电阻除随被测量变化外，也会随环境温度变化。表 3-1-1 列出了以上四种情况下考虑温度变化影响时电桥输出电压的计算公式。表 3-1-1 中 ΔR 表示被测非电量引起的传感器电阻的变化，ΔR_T 表示温度引起的传感器电阻的变化，e 表示不考虑温度影响时的非线性误差。

表 3-1-1 传感器电桥几种工作情况的对比

传感器电桥的工作情况	恒压源供电	恒流源供电
图 3-1-12a $Z_1=R+\Delta R+\Delta R_T$ $Z_2=Z_3=Z_4=R$	$U=\frac{E}{4}\frac{\Delta R+\Delta R_T}{R}\frac{1}{1+\frac{\Delta R+\Delta R_T}{2R}}$ $e=\frac{1}{2}\frac{\Delta R}{R}$	$U=\frac{I}{4}(\Delta R+\Delta R_T)\frac{1}{1+\frac{\Delta R+\Delta R_T}{4R}}$ $e=\frac{1}{4}\frac{\Delta R}{R}$
图 3-1-12b $Z_1=Z_3=R+\Delta R+\Delta R_T$ $Z_2=Z_4=R$	$U=\frac{E}{2}\frac{\Delta R+\Delta R_T}{R}\frac{1}{1+\frac{\Delta R+\Delta R_T}{2R}}$ $e=\frac{1}{2}\frac{\Delta R}{R}$	$U\approx\frac{I}{2}(\Delta R+\Delta R_T)\frac{1}{1+\frac{\Delta R+\Delta R_T}{2R}}$ $e=\frac{1}{2}\frac{\Delta R}{R}$

续表

传感器电桥的工作情况	恒压源供电	恒流源供电
图 3-1-12c $Z_1=R+\Delta R+\Delta R_T$ $Z_2=R-\Delta R+\Delta R_T$ $Z_3=Z_4=R$	$U=\frac{E}{2}\frac{\Delta R}{R}\frac{1}{1+\frac{\Delta R_T}{R}}$ $e=0$	$U=\frac{I}{2}\Delta R\frac{1}{1+\frac{\Delta R_T}{2R}}$ $e=0$
图 3-1-12d $Z_1=Z_3=R+\Delta R+\Delta R_T$ $Z_2=Z_4=R-\Delta R+\Delta R_T$	$U=E\frac{\Delta R}{R}\frac{1}{1+\frac{\Delta R_T}{R}}$ $e=0$	$U=I\Delta R$ $e=0$

从表 3-1-1 的对比,可以得出以下两点结论:

(1) 图 3-1-12(c)差动半桥及图 3-1-12(d)差动全桥与图 3-1-12(a)单臂电桥相比,有三个优点:灵敏度提高,非线性误差减小,温度误差减小。图 3-1-12(b)虽然也是双臂工作,但只能提高灵敏度,并不能减小非线性误差和温度误差。因此,应尽可能采用差动式电阻传感器和差动电桥。

(2) 恒流源供电时单臂电桥和差动半桥的温度误差都比恒压源供电时小,恒流源供电时差动全桥在理论上无温度误差。

2. 一般情况

假设图 3-1-11(a)电桥 4 臂分别接入 4 个型号相同且初始电阻也都相同的电阻传感器,即 $Z_i=R_i+\Delta R_i(i=1,2,3,4)$,初始时,$x=0,\Delta R_i=0,Z_i=R_i=R$,电桥平衡即 $U=0$。代入式(3-1-33),得电桥的开路输出电压为

$$U=E\frac{(R_1+\Delta R_1)(R_3+\Delta R_3)-(R_2+\Delta R_2)(R_4+\Delta R_4)}{(R_1+\Delta R_1+R_2+\Delta R_2)(R_3+\Delta R_3+R_4+\Delta R_4)}$$

通常

$$\Delta R_i \ll R_i \tag{3-1-42}$$

因此可略去 ΔR_i 的二阶微量,将上式近似为

$$U\approx U'=\frac{E}{4}\left(\frac{\Delta R_1}{R_1}-\frac{\Delta R_2}{R_2}+\frac{\Delta R_3}{R_3}-\frac{\Delta R_4}{R_4}\right) \tag{3-1-43}$$

非线性误差近似为

$$e=\frac{U'-U}{U}=\frac{1}{2}\left(\frac{\Delta R_1}{R_1}+\frac{\Delta R_2}{R_2}+\frac{\Delta R_3}{R_3}+\frac{\Delta R_4}{R_4}\right) \tag{3-1-44}$$

请注意上两式中$\frac{\Delta R_i}{R_i}$前的“+”、“-”号,我们可以从中得到以下几点结论:

(1) 处在同一温度的两个电阻传感器若接在电桥横跨电源的相邻两臂,则温度引起电阻变化的影响将减小或消除。

(2) 被测非电量若使两电阻传感器的电阻变化符号相同,则应将这两电阻传感器接在电桥的相对两臂,如图 3-1-12(b)所示,但是这只能提高电桥输出电压,并不能减小温度变化的影响和非线性误差。

(3) 被测非电量若使两电阻传感器的电阻变化符号相反,则应将这两电阻传感器接在电桥横跨电源的相邻两臂,如图 3-1-12(c)所示,即构成差动电桥,这既能提高电桥输出电压,又能减小温度变化的影响和非线性误差。

3. 应变电桥

因为应变电阻变化通常满足式(3-1-42)的条件,所以常用式(3-1-43)近似计算应变电桥的输出电压。若图 3-1-11 中接入 4 个型号相同的应变片,它们的初始电阻值 R 和灵敏系数 k 都相同,$Z_i=R_i+\Delta R_i(i=1,2,3,4)$,$\dfrac{\Delta R_i}{R_i}=k\varepsilon_i(i=1,2,3,4)$,代入式(3-1-43),得该应变电桥输出电压为

$$U=\frac{kE}{4}(\varepsilon_1-\varepsilon_2+\varepsilon_3-\varepsilon_4) \tag{3-1-45}$$

由式(3-1-45)可见,在电桥电源电压稳定不变的情况下,只要测出应变电桥输出电压,就可求得相应的应变。此外,应变片的灵敏系数 k 越大,应变电桥输出电压就越高。半导体应变片的灵敏系数比金属应变片的灵敏系数大几十倍,应变电桥输出电压不必再放大,因此多采用直流电桥。相反,金属应变片多采用交流电桥。

二、有源电桥

单个电阻传感器接入惠斯通电桥,如图 3-1-12(a)所示,由式(3-1-38)可知,电桥的输出电压 U 与被测电阻相对变化$\dfrac{\Delta R}{R}$呈非线性关系。如图 3-1-13(a)、(b)、(c)、(d)所示为 4 种有源电桥,电桥的输出电压 U_0 都与被测电阻相对变化$\dfrac{\Delta R}{R}$呈线性关系。图 3-1-13 中 R 均为固定电阻,$R+\Delta R$ 为电阻传感器电阻。图 3-1-13(a)中输出电压 U_0 为

$$U_0=-\frac{E}{2}\frac{\Delta R}{R} \tag{3-1-46}$$

图 3-1-13(b)中输出电压 U_0 为

$$U_0=-E\frac{\Delta R}{R} \tag{3-1-47}$$

图 3-1-13(c)中输出电压 U_0 为

$$U_0=-\frac{E}{2}\frac{\Delta R}{R}\left(1+\frac{R_2}{R_1}\right) \tag{3-1-48}$$

图 3-1-13(d)为恒流源供电的电桥,其开路输出电压 U_0 为

$$U_0=\frac{E}{2R_S}\Delta R \tag{3-1-49}$$

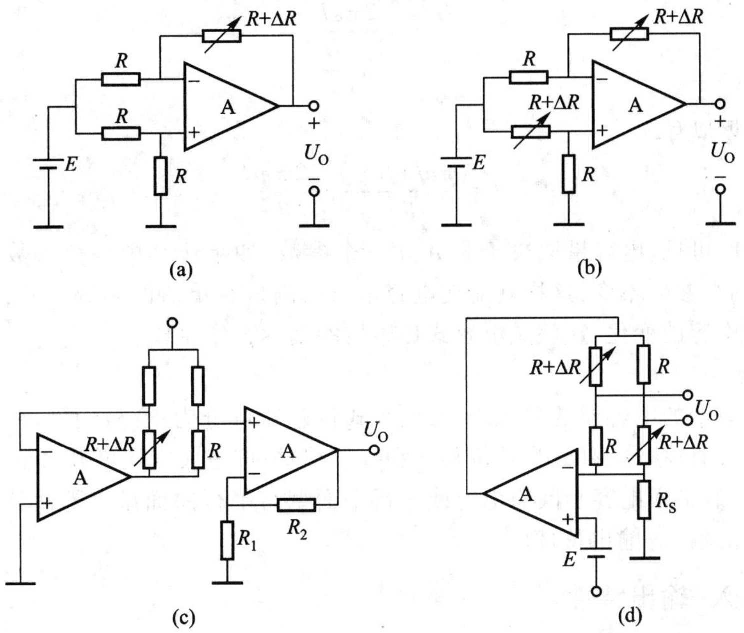

图 3-1-13 有源电桥

3.2 电容式传感器

3.2.1 基本原理与结构类型

1. 基本原理

电容式传感器是以各种类型的电容器作为传感元件，将被测量的变化转换为电容量的变化的一种传感器，典型的电容式传感器中的电容通常做成平行平面型或平行曲面型。

当极板的几何尺寸(长和宽)远大于极间距离和介质均匀条件下(此时电场的边缘效应可忽略)，平行平面型电容器电容为

$$C=\frac{\varepsilon A}{d} \tag{3-2-1}$$

式中：A——两个极板相互覆盖的面积；

d——两个极板间的距离；

ε——极板间介质的介电常数(空气或真空的介电常数为 $\varepsilon_0=8.85\times10^{-12}$ F/m)。

当极板间有三层绝缘介质(介电常数分别为 ε_1、ε_2、ε_3，厚度分别为 d_1、d_2、d_3 时

$$C=\frac{A}{\dfrac{d_1}{\varepsilon_1}+\dfrac{d_2}{\varepsilon_2}+\dfrac{d_3}{\varepsilon_3}} \tag{3-2-2}$$

平行曲面型电容的典型结构是同轴圆筒型，两个覆盖长度为 L，半径分别为 R 和 r 的同轴圆筒，在 $L\gg(R-r)$ 条件下(其电场的边缘效应可忽略)，其电容可表示为

$$C=\frac{2\pi\varepsilon L}{\ln\frac{R}{r}} \tag{3-2-3}$$

当$(R-r)\ll r$时，近似有

$$C=\frac{\pi\varepsilon L(R+r)}{R-r}\approx\frac{2\pi\varepsilon rL}{R-r} \tag{3-2-4}$$

由式(3-2-1)可见，电容量取决于ε、A、d三个参数，如果让其中一个参数随被测量变化而变化，保持其余两个参数不变，这样就能使电容量与被测量有单值的函数关系，从而把被测量变化转换为电容器电容的变化，这就是电容式传感器的基本工作原理。

2. 结构类型

按被测量所改变的电容器的参数来分，电容式传感器可分为：变极距型、变面积型和变介质型三种类型；按被测位移分，可分为角位移式和线位移式；按组成方式可分为单一式和差动式，按电容极板形状分，有平板电容和圆筒电容或平行平面型与平行曲面型。下面分别介绍这些类型的电容式传感器的输入-输出特性。

3.2.2 输入-输出特性

1. 变极距型电容式传感器

变极距型电容式传感器如图3-2-1(a)所示，设初始时，动极板与定极板间距(极距)为d_0，电容值为

$$C_0=\frac{\varepsilon A}{d_0} \tag{3-2-5}$$

当被测量变化使动极板上移Δd时，电容值为

$$C=\frac{\varepsilon A}{d_0-\Delta d}=\frac{\varepsilon A}{d_0\left(1-\frac{\Delta d}{d_0}\right)}=\frac{C_0}{1-\frac{\Delta d}{d_0}} \tag{3-2-6}$$

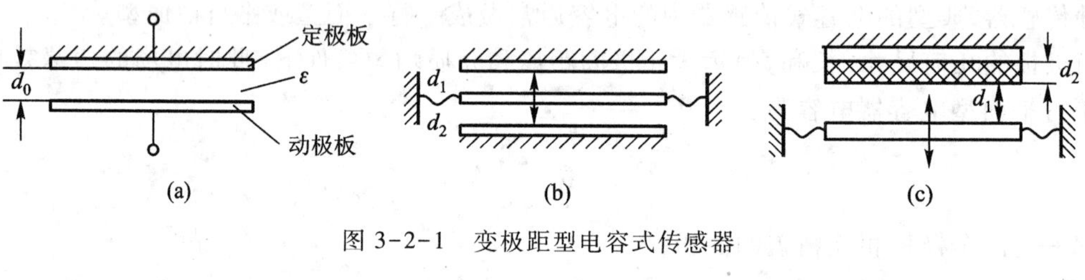

图3-2-1 变极距型电容式传感器

差动式变极距型电容式传感器由两个定极板和一个共用的动极板构成，如图3-2-1(b)所示。当动极板位移Δd时，$d_1=d_0-\Delta d$，$d_2=d_0+\Delta d$，据式(3-2-6)，两电容分别为

$$C_1=\frac{C_0}{1-\frac{\Delta d}{d_0}} \tag{3-2-7}$$

$$C_2=\frac{C_0}{1+\frac{\Delta d}{d_0}} \tag{3-2-8}$$

由式(3-2-7)和式(3-2-8)可得,差动式变极距型电容式传感器的差动电容公式为

$$\frac{C_1-C_2}{C_1+C_2}=\frac{d_2-d_1}{d_2+d_1}=\frac{\Delta d}{d_0} \tag{3-2-9}$$

2. 变面积型电容式传感器

1) 线位移式变面积型

原理结构如图 3-2-2(a)所示,被测量使动极板左右移动,引起两极板有效覆盖面积 A 改变,从而使电容相应改变。设极板长 l_0,宽 b,极板间距 d,介电常数 ε,则初始电容为

$$C_0=\frac{\varepsilon b l_0}{d}$$

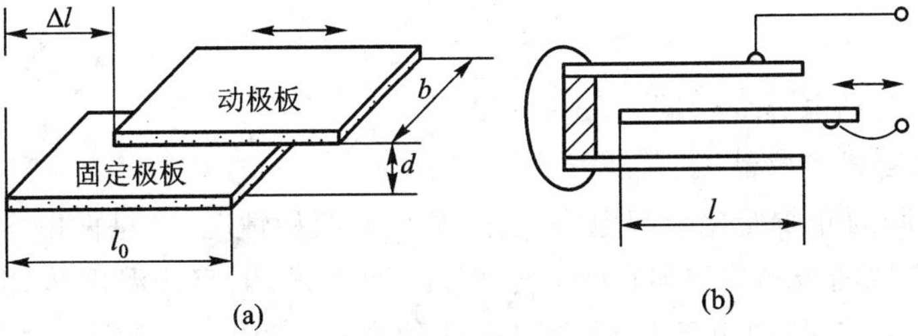

图 3-2-2 线位移式变面积型结构

在保持 d 不变的前提下,动极板沿长度方向平移 Δl,则电容值变为

$$C=\frac{\varepsilon b(l_0-\Delta l)}{d}=C_0\left(1-\frac{\Delta l}{l_0}\right) \tag{3-2-10}$$

上述结论是在保持 d 不变的前提下得出的,在极板移动过程中若 d 不能精确保持不变,就会导致测量误差,为了减少这种影响,可以采用图 3-2-2(b)所示中间极移动的结构。(有兴趣的读者可自己证明,图 3-2-2(b)比图 3-2-2(a)能减小极板移动过程中极距波动造成的影响。)

2) 角位移式变面积型

角位移测量用变面积型差动式结构如图 3-2-3 所示。对图 3-2-3(a)初始时有

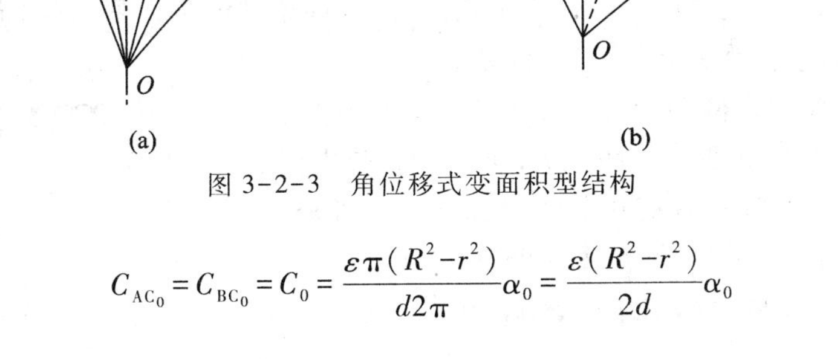

图 3-2-3 角位移式变面积型结构

$$C_{AC_0}=C_{BC_0}=C_0=\frac{\varepsilon\pi(R^2-r^2)}{d2\pi}\alpha_0=\frac{\varepsilon(R^2-r^2)}{2d}\alpha_0$$

动极板转动 $\Delta\alpha$ 后,差动电容分别为

$$\left.\begin{aligned}C_1&=C_0\left(1+\frac{\Delta\alpha}{\alpha_0}\right)\\C_2&=C_0\left(1-\frac{\Delta\alpha}{\alpha_0}\right)\end{aligned}\right\}\tag{3-2-11}$$

由式(3-2-11)可得,图 3-2-3 所示的差动式变面积型电容式传感器的差动电容公式为

$$\frac{C_1-C_2}{C_1+C_2}=\frac{\Delta\alpha}{\alpha_0}\tag{3-2-12}$$

图 3-2-3(b)初始时据式(3-2-4)有

$$C_{\mathrm{AC_0}}=C_{\mathrm{BC_0}}=C_0=\frac{\varepsilon lr}{R-r}\alpha_0\tag{3-2-13}$$

动极板转动 $\Delta\alpha$ 后,差动电容变化同式(3-2-12)。

3. 变介质型电容式传感器

两电容极板之间的介质变化引起电容变化,常见有两种情况:一是两电容极板之间只有一种介质,介质的介电常数随被测非电量(如温度、湿度)而变化,电容式温度传感器和电容式湿度传感器就属于这种情况;二是两电容极板之间有两种介质,两介质的位置或厚度变化,电容式位移传感器、电容式厚度传感器、电容式物(液)位传感器就属于这种情况。下面仅以电容式位移传感器为例来说明。其他变介质型电容式传感器将在后面的有关章节介绍。

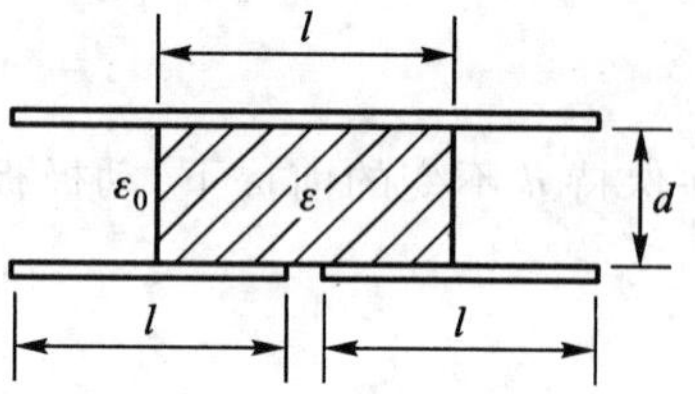

图 3-2-4 线位移式变介质型差动结构

测位移用差动式变介质型电容式传感器结构,如图 3-2-4 所示,设极板长为 l,宽为 b,间距 d,固体介质相对介电常数为 ε_r,长宽也为 l、b,空气介电常数为 ε_0,初始时固体介质居中,有

$$C_1=C_2=C_0=\frac{lb}{2d}(\varepsilon_0+\varepsilon_0\varepsilon_r)\tag{3-2-14}$$

当固体介质偏离中间位置 Δl 时,差动电容公式为

$$\frac{C_1-C_2}{C_1+C_2}=\frac{1-\varepsilon_r}{1+\varepsilon_r}\times\frac{2\Delta l}{l}\tag{3-2-15}$$

3.2.3 等效电路分析

前面的所有讨论都是在将电容式传感器视为纯电容的条件下进行的。这在大多数实用情况下是允许的。因为对于大多数电容器,除了在高温、高湿条件下工作外,它的损耗通常可以忽略。在低频工作时,它的电感效应也是可以忽略的。

在电容器的损耗和电感效应不可忽略时,电容式传感器的等效电路如图 3-2-5 所示。图中 R_P 为并联损耗电阻,它代表极板间的泄漏电阻和极板间的介质损耗。这部分损耗的影响通常在低频时较大,随着频率增高,容抗减小,它的影响也就减弱了。串联电阻 R_S 代表引线电阻,电容器支

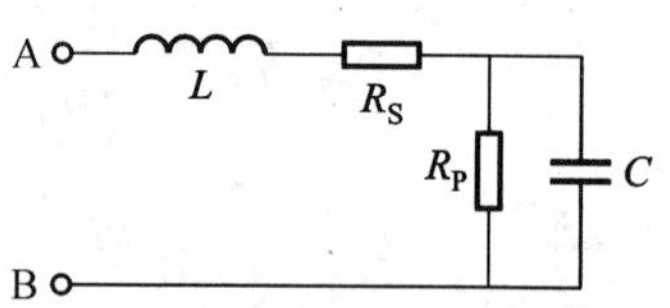

图 3-2-5 电容传感器的等效电路

架和极板的电阻在几兆赫以下频率工作时，这个值通常是极小的，随着频率的增高而产生趋肤效应，它的值也增大。因此只有在很高的工作频率时才要加以考虑。电感 L 是电容器本身的电感和外部引线电感。它与电容器的结构形式和引线长度有关。如果用电缆与电容式传感器相连，则 L 中应包括电缆的电感。

由图 3-2-5 可见，等效电路有一谐振频率，通常为几十兆赫。在谐振时或接近谐振时，它破坏了电容器的正常作用，因此，只有在低于谐振频率上$\left(\text{通常为谐振频率的}\frac{1}{2}\sim\frac{1}{3}\right)$才能使电容传感元件正常运用。同时，由于电路的感抗抵消了一部分容抗，传感元件的有效电容 C_e 将有所增加，C_e 可以由下式近似求得

$$\frac{1}{\mathrm{j}\omega C_e}=\mathrm{j}\omega L+\frac{1}{\mathrm{j}\omega C}$$

$$C_e=\frac{C}{1-\omega^2 LC} \tag{3-2-16}$$

在这种情况下，电容的实际相对变化量为

$$\frac{\Delta C_e}{C_e}=\frac{\Delta C}{C}(1-\omega^2 LC) \tag{3-2-17}$$

式(3-2-17)表明，电容传感元件的实际相对变化量与传感元件的固有电感(包括引线电感)有关。因此，在实际应用时必须与标定时的条件相同，否则将会引入测量误差。如果改变激励频率或者更换传输电缆，就需要对测量系统重新进行标定。

3.2.4 接口电路

电容式传感器将位移等非电量转换为电容的变化，为了将电容的变化转换为电压或频率，还须选择适当的接口电路。选择的基本原则是尽可能使输出电压或频率与被测非电量呈线性关系。

1. 比例运算法电路

比例运算法测量电路如图 3-2-6 所示，图中 C_x 为传感器电容，C_0 为固定电容，通常取其值等于传感器的初始电容。若 C_0 也采用与 C_x 同型号的电容传感器，且与 C_x 处于同一温度环境中，但不随被测量变化，这样就可补偿温度变化产生的影响。

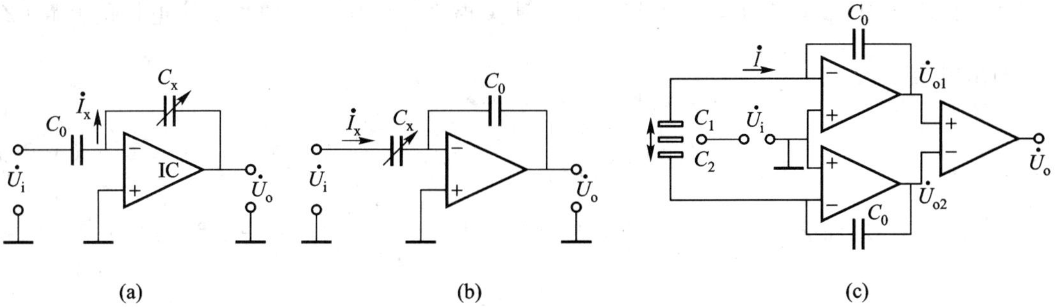

图 3-2-6 比例运算法测量电路

单一的变极距型电容式传感器宜选择图 3-2-6(a)所示的接口电路，这种接法又称为恒电流激励电路，其特点是输出电压与被测电容 C_x 成反比

$$\dot{U}_o = -\dot{U}_i \frac{C_0}{C_x} \tag{3-2-18}$$

将式(3-2-6)代入式(3-2-18)得

$$\dot{U}_o = -\dot{U}_i \left(1 - \frac{\Delta d}{d_0}\right) \tag{3-2-19}$$

可见,输出电压与被测位移 Δd 呈线性关系。

单一的变面积型和变介质型电容式传感器宜选择图 3-2-6(b)所示的接口电路,这种接法又称为恒电压激励电路,其特点是输出电压与被测电容 C_x 成正比

$$\dot{U}_o = -\dot{U}_i \frac{C_x}{C_0} \tag{3-2-20}$$

将式(3-2-10)代入式(3-2-20)得

$$\dot{U}_o = -\dot{U}_i \left(1 - \frac{\Delta l}{l_0}\right) \tag{3-2-21}$$

可见,输出电压与被测位移 Δl 呈线性关系。

差动式变面积型电容式传感器宜选择图 3-2-6(c)所示的接口电路,这种接法的特点是输出电压与两电容的差(C_2-C_1)成正比。

$$\dot{U}_o = \dot{U}_i \frac{C_2-C_1}{C_0} \tag{3-2-22}$$

将式(3-2-12)代入式(3-2-22)得

$$\dot{U}_o = -2\dot{U}_i \frac{\Delta\alpha}{\alpha_0} \tag{3-2-23}$$

可见,输出电压与被测位移 $\Delta\alpha$ 呈线性关系。

2. 交流电桥

图 3-2-7(a)为电阻平衡臂交流电桥,两个平衡电阻 $R_1=R_2$ 分压提供$\frac{\dot{U}_s}{2}$电压, 这种电桥结构简单,它的两个电阻 R_1 和 R_2 可用两个电阻和一个电位器组成,调零方便。图 3-2-7(b)为变压器电桥,其输出阻抗小,变压器二次线圈中心抽头提供$\frac{\dot{U}_s}{2}$电压。这两种交流电桥的开路($Z_L \to \infty$ 时)输出电压都为

$$\dot{U}_o = \dot{U}_s \frac{Z_2}{Z_1+Z_2} - \frac{\dot{U}_s}{2} = \frac{\dot{U}_s}{2} \frac{Z_2-Z_1}{Z_1+Z_2} \tag{3-2-24}$$

图 3-2-7 中 Z_1 和 Z_2 若为两个电容式传感器,即 $Z_1=\frac{1}{j\omega C_1}$,$Z_2=\frac{1}{j\omega C_2}$,代入式(3-2-24)得

$$\dot{U}_o = \frac{\dot{U}_s}{2} \frac{C_1-C_2}{C_1+C_2} \tag{3-2-25}$$

式(3-2-25)包含两电容的差与两电容的和之比,因此这两种交流电桥很适合差动式电容传感器。将式(3-2-9)代入式(3-2-25)得

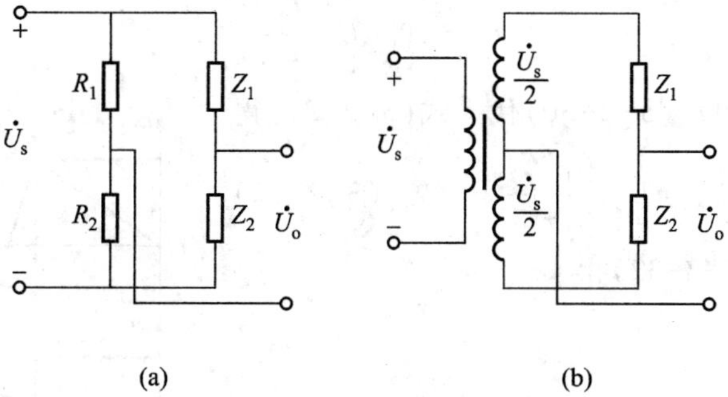

图 3-2-7　两种交流电桥

$$\dot{U}_o=\frac{\dot{U}_s}{2}\frac{\Delta d}{d_0} \tag{3-2-26}$$

可见,输出电压与被测位移 Δd 呈线性关系。同理,将式(3-2-12)、式(3-2-15)代入式(3-2-25),也可得到同样的结论。

3. 差动脉冲调宽电路

差动脉冲调宽电路也称脉冲调制电路,如图 3-2-8 所示。这种脉宽调制线路也适合于差动式阻抗(电阻、电感、电容)传感器,而且便于与传感器做在一起,从而使传输误差和干扰大大减小。

图 3-2-8 中,C_1 和 C_2 为差动式电容传感器的两个电容。双稳态触发器两端分别输出高电平 U_{OH} 和低电平 0。当 Q 端从 0 跳变到 U_{OH},$\overline{Q}$ 端从 U_{OH} 跳变到 0 时,C_2 通过 D_2 迅速放电到 0,U_{OH} 通过 R_1 对 C_1 充电,其电压方程为

$$u_{C1}=U_{OH}(1-e^{-\frac{t}{R_1C_1}}) \tag{3-2-27}$$

U_{OH} 使 C_1 充电到 U_R 的时间 T_1 可用下式求出

$$u_{C1}=U_R=U_{OH}(1-e^{-\frac{T_1}{R_1C_1}}) \tag{3-2-28}$$

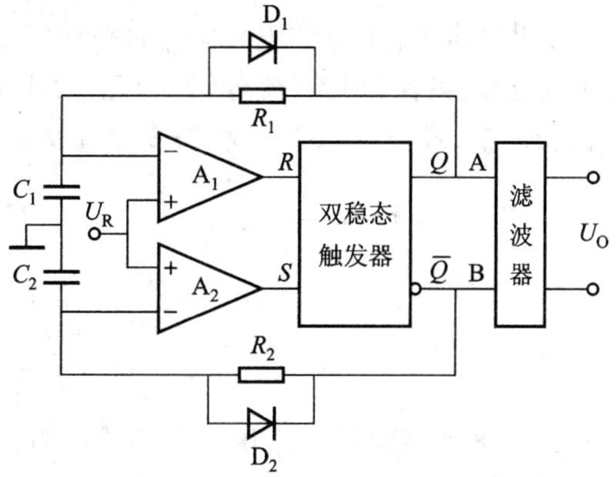

图 3-2-8　差动脉冲调宽电路

解之得

$$T_1=R_1C_1\ln\frac{U_{OH}}{U_{OH}-U_R} \tag{3-2-29}$$

在 C_1 充电达到 U_R 时,比较器发生跳变,使触发器翻转。于是 C_2 开始通过 R_2 充电,而 C_1 则通过 D_1 放电,重复上面的同一过程。同理,可得电容器 C_2 的充电时间

$$T_2=R_2C_2\ln\frac{U_{OH}}{U_{OH}-U_R} \tag{3-2-30}$$

图 3-2-9 为几个主要点的波形图。由图可见在 Q 端和 $\overline{Q}$ 端的输出,是幅值为 U_{OH} 而宽度分别为 T_1 和 T_2 的方波,Q 端与 $\overline{Q}$ 端间的电压经低通滤波后,输出电压为

$$U_o=\overline{U}_{AB}=U_{OH}\frac{T_1-T_2}{T_1+T_2} \tag{3-2-31}$$

取 $R_1=R_2$，将式(3-2-29)、(3-2-30)代入式(3-2-31)得

$$U_o=\overline{U}_{AB}=U_{OH}\frac{C_1-C_2}{C_1+C_2} \tag{3-2-32}$$

将式(3-2-9)代入式(3-2-32)得

$$U_o=U_{OH}\frac{\Delta d}{d_0} \tag{3-2-33}$$

可见，输出电压与被测位移 Δd 呈线性关系。同理，将式(3-2-12)、式(3-2-15)代入式(3-2-32)，也可得到同样的结论。因此，图 3-2-8 所示的接口电路适合于差动式电容传感器。

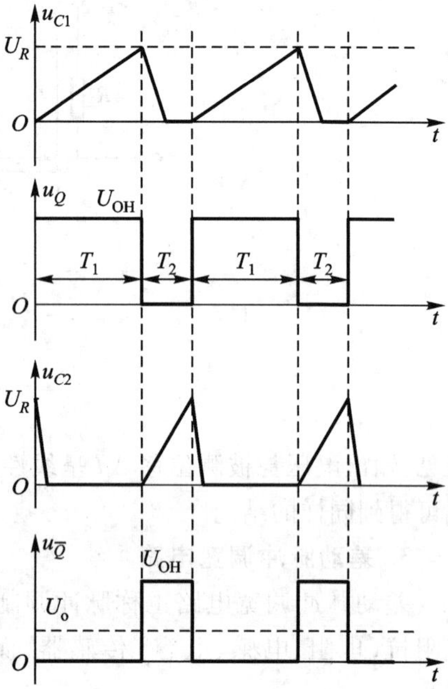

图 3-2-9 脉冲调宽波形

下面讨论低通滤波器应具有的截止频率 f_h。令 $R_1=R_2=R_0$，C_0 代表 C_1、C_2 初始电容，由式(3-2-29)和式(3-2-30)可得方波基波频率 f_0 为

$$f_0=\frac{1}{T_1+T_2}\approx\frac{1}{2R_0C_0\ln\frac{U_{OH}}{U_{OH}-U_R}} \tag{3-2-34}$$

为了使输出电压 U_0 为方波电压 U_{AB} 的平均值，必须滤去方波交流分量，只保留其直流分量，为此，要求 $f_h<f_0$。在 $f_h<f_0$ 的情况下，式(3-2-32)、式(3-2-33)成立。设被测量为振动位移 $\Delta d=\Delta d_m\sin 2\pi f_x t$，且 $f_x\ll f_0$，代入式(3-2-33)得 $u_o=U_{OH}\frac{\Delta d_m}{d_0}\sin 2\pi f_x t$。显然，低通滤波器应允许频率为 f_x 的被测非电信号通过，为此，要求 $f_h>f_x$。为同时满足这两方面的要求，一般选取

$$f_h=\frac{f_0}{3\sim5}=(3\sim5)f_x \tag{3-2-35}$$

图 3-2-8 所示电路也适用于差动式电阻传感器，只要把图中 C_1 和 C_2 改为固定电容，且取 $C_1=C_2=C_0$，R_1 和 R_2 改为差动式电阻传感器，将(3-2-29)、(3-2-30)式代入(3-2-31)式得

$$U_o=\overline{U}_{AB}=U_{OH}\frac{R_1-R_2}{R_1+R_2} \tag{3-2-36}$$

3.3 电感式传感器

电感式传感器是一种利用磁路磁阻变化，引起传感器线圈的电感(自感或互感)变化来检测非电量的一种机电转换装置。

这类传感器的主要特征是具有线圈绕组。它的优点是：结构简单可靠、输出功率大、输出阻抗小、抗干扰能力强、对工作环境要求不高、分辨力较高(如在测长度时一般可达 0.1 μm)。示值误差一般为示值范围的 0.1%~0.5%、稳定性好。它的缺点是频率响应低，不宜用于快速动态

测量。一般说来，电感式传感器的分辨力和示值误差与示值范围有关，示值范围大时，分辨率和示值精度将相应降低。

电感式传感器种类很多，本节主要介绍自感式传感器（有人习惯称之为电感式传感器）、互感式传感器（常称为差动变压器式传感器）和电涡流式传感器。

3.3.1　自感式传感器

自感式传感器由线圈、铁心、衔铁三部分组成，当衔铁随被测量变化而移动时，铁心与衔铁之间的气隙磁阻随之变化，引起线圈的自感发生变化。因此自感式传感器实质上是一个具有可变气隙的铁心线圈。

一、输入-输出特性

按磁路几何参数变化形式的不同，目前常用的自感式传感器有变气隙型、变面积型和螺管型三种；按铁心的结构形式又有 π 形、E 形或罐形等；按组成方式分，有单一式与差动式两种。

1. 变气隙型自感式传感器

1）单一式变气隙型自感式传感器

单一式自感式传感器的基本结构如图 3-3-1(a)所示。线圈 1 绕在铁心 2 上，铁心 2 与活动衔铁 3 之间留有空气隙。由电工学知，线圈自感为

$$L=\frac{N^2}{R_{\mathrm{m}}}=\frac{N^2}{\sum\limits_{i=1}^{n}R_{\mathrm{m}i}} \tag{3-3-1}$$

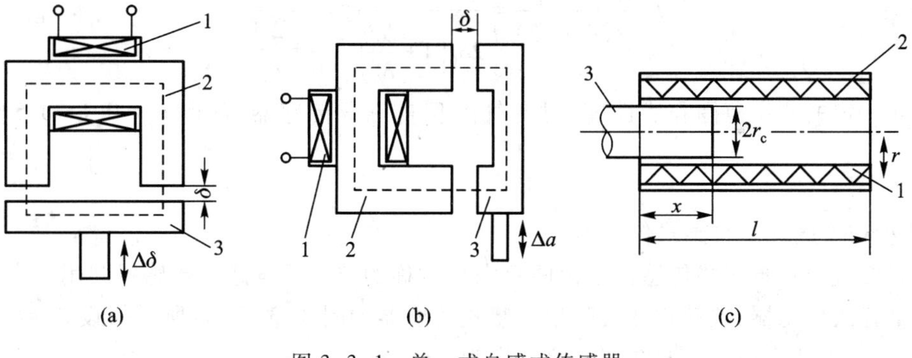

图 3-3-1　单一式自感式传感器

1—线圈；2—铁心；3—衔铁

式中：N——线圈的匝数；

R_{m}——磁路的总磁阻；

$R_{\mathrm{m}i}$——第 i 段磁路的磁阻。

$$R_{\mathrm{m}i}=\frac{l_i}{\mu_i A_i} \tag{3-3-2}$$

式中：l_i——第 i 段磁路的平均长度；

μ_i——第 i 段磁路的磁导率；

A_i——第 i 段磁路的横截面积。

对于图3-3-1(a)所示的自感式传感器,整个磁路分为铁心、衔铁、空气隙三段,磁路总磁阻为

$$R_{\mathrm{m}}=\frac{l_1}{\mu_1 A_1}+\frac{l_2}{\mu_2 A_2}+\frac{2\delta}{\mu_0 A} \tag{3-3-3}$$

当铁心工作在非饱和状态时,铁心与衔铁的磁阻远小于空气隙的磁阻,于是式(3-3-3)前两项可忽略不计而简化为

$$R_{\mathrm{m}}\approx\frac{2\delta}{\mu_0 A} \tag{3-3-4}$$

式中:μ_0——空气磁导率($\mu_0=4.7\times10^{-7}$ H/M);

A——空气隙的横截面积;

δ——空气隙的长度。

将式(3-3-4)代入式(3-3-1)得

$$L=\frac{N^2\mu_0 A}{2\delta} \tag{3-3-5}$$

设初始气隙为δ_0,初始自感由式(3-3-5)得

$$L_0=\frac{N^2\mu_0 A}{2\delta_0} \tag{3-3-6}$$

当图3-3-1(a)中衔铁向下移动$\Delta\delta$,即$\delta=\delta_0+\Delta\delta$时,由式(3-3-5)得自感$L$

$$L=\frac{N^2\mu_0 A}{2(\delta_0+\Delta\delta)}=\frac{N^2\mu_0 A}{2\delta_0\left(1+\frac{\Delta\delta}{\delta_0}\right)}=\frac{L_0}{1+\frac{\Delta\delta}{\delta_0}} \tag{3-3-7}$$

为保证一定的测量范围和线性度,对变气隙型自感式传感器,常取$\delta_0=0.1\sim0.5$ mm,$\Delta\delta=\left(\frac{1}{5}\sim\frac{1}{10}\right)\delta_0$。

2) 差动式变气隙型自感式传感器

差动式变气隙型自感式传感器是由两只完全对称的单一式自感式传感器共用一个活动衔铁而构成的自感式传感器,差动式变气隙型自感式传感器如图3-3-2(a)所示。设$\delta_1=\delta_0+\Delta\delta$,$\delta_2=\delta_0-\Delta\delta$,则由式(3-3-7)可知,两线圈自感分别为

$$L_1=\frac{L_0}{1+\frac{\Delta\delta}{\delta_0}} \tag{3-3-8}$$

$$L_2=\frac{L_0}{1-\frac{\Delta\delta}{\delta_0}} \tag{3-3-9}$$

$$\frac{L_2-L_1}{L_1+L_2}=\frac{\Delta\delta}{\delta_0} \tag{3-3-10}$$

2. 变面积型自感式传感器

图3-3-1(b)所示为单一式变面积型自感式传感器,图3-3-2(b)所示为差动式变面积型自

感式传感器，式(3-3-5)对图 3-3-1(b)、图 3-3-2(b)仍然适用，但变面积型自感式传感器只是改变气隙截面积 A，而并不改变铁心截面积 A_r，由于自感与气隙截面积 A 成正比，因此，变面积型自感式传感器的输入-输出关系恒为线性。

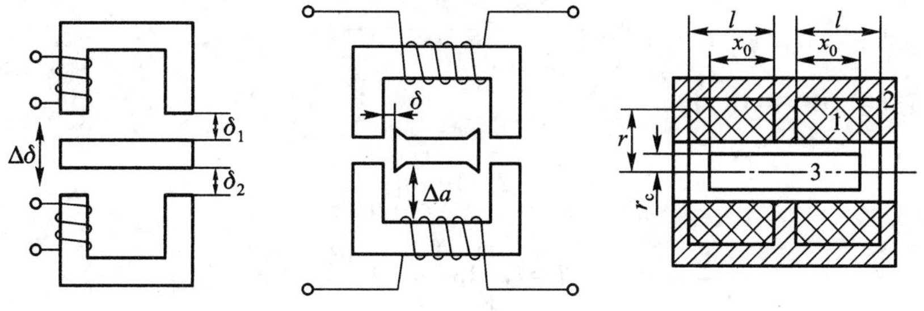

图 3-3-2　差动式自感式传感器

设图 3-3-2(b)中，$A_1=(a_0-\Delta a)b$，$A_2=(a_0+\Delta a)b$，代入式(3-3-5)得

$$L_1=\frac{N^2\mu_0 a_0 b}{2\delta}\left(1-\frac{\Delta a}{a_0}\right)=L_0\left(1-\frac{\Delta a}{a_0}\right) \tag{3-3-11}$$

$$L_2=\frac{N^2\mu_0 a_0 b}{2\delta}\left(1+\frac{\Delta a}{a_0}\right)=L_0\left(1+\frac{\Delta a}{a_0}\right) \tag{3-3-12}$$

$$\frac{L_2-L_1}{L_1+L_2}=\frac{\Delta a}{a_0} \tag{3-3-13}$$

3. 螺管型自感式传感器

图 3-3-1(c)所示为螺管型自感式传感器结构原理图。它由螺管线圈 1、衔铁 3 和磁性套筒 2 等组成。磁性套筒构成线圈的外部磁路，并作为传感器的磁屏蔽。随着衔铁插入深度的不同将引起线圈漏磁通路径中磁阻变化，从而使线圈的自感发生变化。

为分析简单起见，假设线圈的长径比$\frac{l}{r}$足够大，因此线圈内部的磁场可以认为是均匀的，这样可求得图 3-3-1(c)衔铁未插入时空心线圈电感为

$$L_0=\frac{\mu_0 A N^2}{l}=\frac{\pi r^2\mu_0 N^2}{l} \tag{3-3-14}$$

式中：l——线圈长度；

r——线圈半径；

N——线圈匝数。

当衔铁进入线圈时，被其覆盖的那部分线圈局部电感增大，据推导，其电感增量为

$$\Delta L=\frac{(\mu_r-1)\mu_0 N_x^2 A_c}{x} \tag{3-3-15}$$

式中：x——衔铁插入线圈中的长度；

A_c——衔铁截面积 $A_c=\pi r_c^2$；

N_x——衔铁覆盖部分的匝数。

显然 $N_x=\frac{N}{l}x$，代入式(3-3-15)得

$$\Delta L=\frac{(\mu_r-1)\mu_0 N^2\pi r_c^2}{l^2}x \tag{3-3-16}$$

由式(3-3-14)和式(3-3-16)得

$$\frac{\Delta L}{L_0}=(\mu_r-1)\frac{r_c^2}{r^2}\left(\frac{x}{l}\right)$$

$$L=L_0+\Delta L=L_0\left[1+(\mu_r-1)\frac{r_c^2}{r^2}\frac{x}{l}\right] \tag{3-3-17}$$

对于图 3-3-2(c)所示差动式螺管型自感式传感器，E 形铁心使两个线圈有各自的独立磁路，没有磁通的相互耦合，因此可看做两个单一式螺管线圈组装在一起，类似上面的推导，可得

$$L_1=\frac{\mu_0 N^2\pi r^2}{l}\left[1+(\mu_r-1)\left(\frac{r_c}{r}\right)^2\frac{x_1}{l}\right]$$

$$L_2=\frac{\mu_0 N^2\pi r^2}{l}\left[1+(\mu_r-1)\left(\frac{r_c}{r}\right)^2\frac{x_2}{l}\right]$$

式中：N——每个绕组的匝数；

l——线圈长度；

r——线圈平均半径；

x_1、x_2——处在线圈 1 和 2 中衔铁的长度。

当衔铁处于中间位置时，$x_1=x_2=x_0$，两个电感相等，$L_1=L_2$。若衔铁偏离中间位置 Δx，令 $x_1=x_0-\Delta x$，$x_2=x_0+\Delta x$，则

$$\frac{L_2-L_1}{L_1+L_2}=\frac{(\mu_r-1)\left(\frac{r_c}{r}\right)^2\frac{\Delta x}{l}}{1+(\mu_r-1)\left(\frac{r_c}{r}\right)^2\frac{x_0}{l}}\approx\frac{\Delta x}{x_0} \tag{3-3-18}$$

变气隙型、变面积型和螺管型三种类型的自感式传感器相比较，变气隙型灵敏度最高，螺管型灵敏度最低。变气隙型的主要缺点是非线性严重，为了限制非线性误差，示值范围只能较小；它的自由行程受铁心限制，制造装配困难。变面积型和螺管型的优点是具有较好的线性，因而示值范围可取大些，自由行程可按需要安排，制造装配也较方便。此外，螺管型与变面积型相比，批量生产中的互换性好。由于具备上述优点，而灵敏度低的问题可在放大电路方面加以解决，因此目前螺管型自感式传感器的应用越来越多。

二、等效电路分析

在前面分析自感式传感器工作原理时，把自感线圈看成一个理想的纯电感 L。实际上线圈导线存在铜损电阻 R_c，传感器中的铁磁材料在交变磁场中一方面被磁化，另一方面形成涡流及损耗，这些损耗可分别用磁滞损耗电阻 R_h 和涡流损耗电阻 R_e 表示，此外还存在线圈的匝间电容和电缆线分布电容 C，因此，自感传感器的等效电路如图3-3-3所示。由于电缆线分布电容是并

联寄生电容 C 的组成部分,因此自感传感器在更换连接电缆后应重新校正或采用并联电容加以调整。由于各损耗电阻的存在使线圈电感的品质因数降低且与激励频率有关,因此最好选择最佳激励频率——使线圈电感品质因数最高的激励频率。

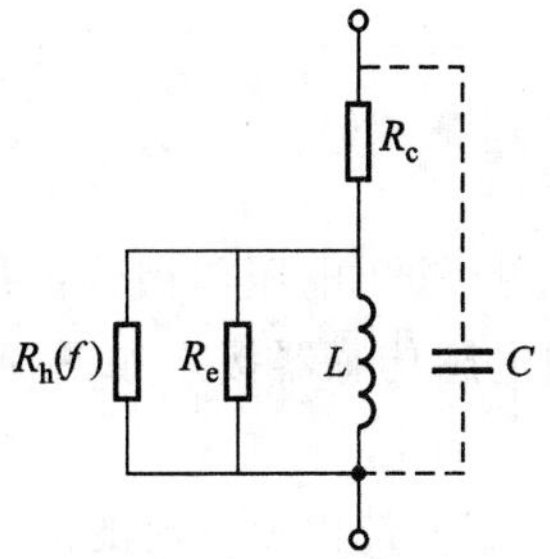

图 3-3-3　自感传感器的等效电路

三、接口电路

电感式传感器将位移等非电量转换为电感的变化,为了将电感的变化转换为电压、电流或频率,还须选择适当的接口电路。选择的基本原则是尽可能使输出电压、电流或频率与被测非电量呈线性关系。

1) 变压器电桥

图 3-2-7(b)中,若接入两个差动自感传感器(其线圈电阻为 R 电感为 L):

$$Z_1=R_1+j\omega L_1$$
$$Z_2=R_2+j\omega L_2$$

通常 $R_1=R_2=R$,代入式(3-2-24)得

$$\dot{U}_o=\frac{\dot{U}_s}{2}\frac{Z_2-Z_1}{Z_1+Z_2}=\frac{\dot{U}_s}{2}\frac{j\omega(L_2-L_1)}{2R+j\omega(L_1+L_2)}=\frac{\dot{U}_s}{2\left(1+\frac{1}{jQ}\right)}\frac{L_2-L_1}{L_1+L_2} \tag{3-3-19}$$

式中 $Q=\omega L/R$ 为差动自感传感器的品质因数。输出电压幅值为

$$U_o=\frac{U_s}{2\left(\sqrt{1+\frac{1}{Q^2}}\right)}\frac{L_2-L_1}{L_1+L_2} \tag{3-3-20}$$

在 $\omega\gg\frac{R}{L}$ 即 $Q\gg1$ 时,

$$U_o\approx\frac{U_s}{2}\times\frac{L_2-L_1}{L_1+L_2} \tag{3-3-21}$$

例如让图 3-3-2(a)所示的差动变气隙式电感传感器接入图 3-2-7(b)所示变压器电桥的两臂,将式(3-3-10)代入式(3-3-21)得

$$\dot{U}_o=\frac{\dot{U}_s}{2}\frac{\Delta\delta}{\delta_0} \tag{3-3-22}$$

可见,输出电压与被测位移呈线性关系。同理,将式(3-3-13)、式(3-3-18)代入式(3-3-21)也可得到同样的结论。这就是图 3-2-7(b)适合于差动电感传感器的缘故。

如果让如图 3-3-1(a)所示的单一式变气隙型电感传感器接入图 3-2-7(b)所示的变压器电桥的一臂,另一臂接固定电感,令

$$L_1=\frac{L_0}{1+\frac{\Delta\delta}{\delta_0}}\quad(\text{电感传感器}),\quad L_2=L_0(\text{固定电感})$$

代入式(3-3-21)得

$$\dot{U}_o=\frac{\dot{U}_s}{4}\frac{\Delta\delta}{\delta_0\left(1+\frac{\Delta\delta}{2\delta_0}\right)} \tag{3-3-23}$$

可见,输出电压与被测位移呈非线性关系。对比式(3-3-23)、式(3-3-22)可见,差动式变气隙型电感传感器接入如图3-2-7(b)所示的变压器电桥,不仅可消除非线性,而且还可使灵敏度提高一倍。

2）带相敏整流的交流电桥

由式(3-3-22)可见,采用变压器电桥只能判别位移的大小,不能判别位移的方向,如还需判别位移的方向,就需要对变压器电桥的输出进行相敏检波。带相敏整流的交流电桥既可判别位移的大小,又能判别位移的方向,其电路如图3-3-4所示。图中 Z_1 和 Z_2 为差动自感式传感器线圈的阻抗,与两个平衡电阻 $R_1=R_2$ 组成交流电桥,电桥A、B端接交流电源 $\dot{U}_s$,电桥输出C、D端接有双向指示的直流电压表,$D_1\sim D_4$ 构成相敏整流器。

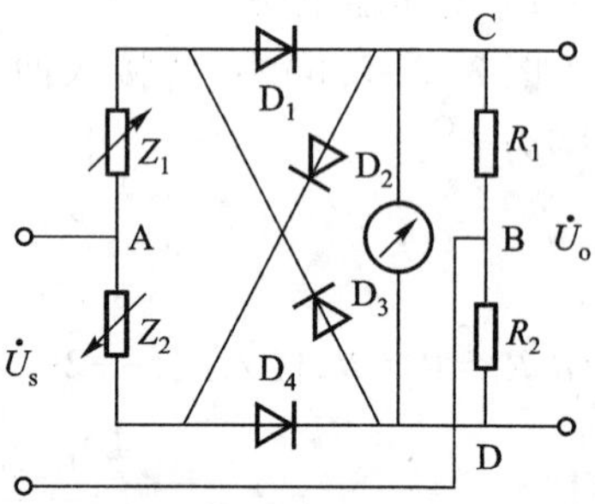

图3-3-4　带相敏整流的交流电桥

在交流电源正半周,A点电位为正,B点电位为负,D_1 和 D_4 导通,D_2 和 D_3 截止,R_1 上的电压 U_{CB} 是C点电位为正,B点电位为负,R_2 上的电压 U_{BD} 是D点电位为正,B点电位为负。当衔铁处于中间位置时,$Z_1=Z_2$,$U_{CB}=U_{DB}$,输出电压 $U_{CD}=U_{CB}-U_{DB}$ 为零;若衔铁上移,$Z_1>Z_2$,使 $U_{CB}<U_{DB}$,$U_{CD}<0$;若衔铁下移,$Z_1<Z_2$,使 $U_{CB}>U_{DB}$,$U_{CD}>0$。

在交流电源负半周,B点电位为正,A点电位为负,D_1 和 D_4 截止,D_2 和 D_3 导通,R_1 上的电压 U_{CB} 是B点电位为正,C点电位为负,R_2 上的电压 U_{BD} 是B点电位为正,D点电位为负。当衔铁处于中间位置时,$Z_1=Z_2$,$U_{BC}=U_{BD}$,输出电压 $U_{CD}=U_{CB}+U_{BD}=U_{BD}-U_{BC}$ 为零;若衔铁上移,$Z_1>Z_2$,使 $U_{BC}>U_{BD}$,$U_{CD}<0$;若衔铁下移,$Z_1<Z_2$,使 $U_{BC}<U_{BD}$,$U_{CD}>0$。

可见,无论是交流电源为正半周还是负半周,衔铁上移都使 $U_{CD}<0$;衔铁下移都使 $U_{CD}>0$。因此根据电压表指针的偏转方向,即可判别衔铁的位移方向。

3）差动电感脉冲调宽电路

由式(3-2-27)和式(3-2-28)和图3-2-8可见,如图3-2-8所示的电路是利用了 RC 电路的充放电过程,同理,利用 RL 电路的充放电过程,也可构成适合于差动自感式传感器的差动脉冲调宽电路,如图3-3-5所示。图中 L_1 和 L_2 为差动自感式传感器的电感,取 $R_1=R_2$,同样也可推导出与式(3-2-32)相似的公式

$$U_o=\overline{U}_{AB}=U_{OH}\frac{L_1-L_2}{L_1+L_2} \tag{3-3-24}$$

例如让如图3-3-2(a)所示的差动式变气隙型电感传感器接入如图3-3-5所示的脉冲调宽电路,将式(3-3-10)代入式(3-3-24)得

$$U_o=U_{OH}\frac{\Delta\delta}{\delta_0} \tag{3-3-25}$$

可见,输出电压与被测位移呈线性关系。同理,将式(3-3-13)、式(3-3-18)代入式(3-3-24)也可得到同样的结论。这就是如图 3-3-5 所示的电路适合于差动式电感传感器的缘故。

4）欧姆法测量电路

如果不采用差动式电感传感器,而采用单一式电感传感器,则不必采用如图 3-2-7(b)所示的变压器电桥和如图 3-3-5 所示的差动电感脉冲调宽电路,而可采用类似图 3-2-6 所示的比例运算法测量电路,只要把如图 3-2-6 所示的电容传感器 C_x、固定电容 C_0,分别改为电感传感器 L_x、固定电感 L_0 即可。也可配接欧姆法测量电路,即用恒流源激励或恒压源 U 激励,将 L_x 转换为电压或电流。

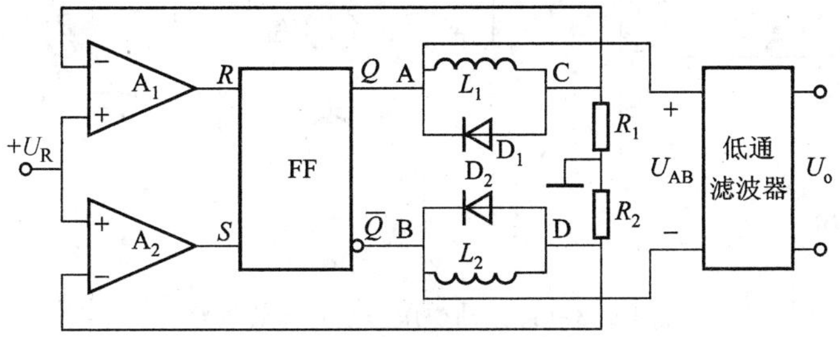

图 3-3-5　差动电感脉冲调宽电路

当采用频率为 ω 的恒流源 I 激励电感式传感器时,线圈电压 U_L 将随 L 的变化而变化,若线圈直流电阻远小于其感抗,则

$$U_L = I\omega L$$

将式(3-3-12)代入上式得

$$U_L = I\omega L_0\left(1+\frac{\Delta a}{a_0}\right) \tag{3-3-26}$$

由式(3-3-26)可见,线圈电压 U_L 与被测位移呈线性关系,因此,变面积型电感式传感器宜采用恒流源激励。

当采用频率为 ω 的恒压源 U 激励电感式传感器时,线圈电流 I_L 将随 L 的变化而变化

$$I_L = \frac{U}{\omega L}$$

将式(3-3-7)代入式(3-3-26)得

$$I_L = \frac{U}{\omega L_0}\left(1+\frac{\Delta\delta}{\delta_0}\right) \tag{3-3-27}$$

由式(3-3-27)可见,线圈电流 I_L 与被测位移呈线性关系,因此,变气隙型电感传感器宜采用恒压源激励。

3.3.2　互感式传感器(差动变压器)

1. 工作原理与类型

互感式传感器由一次线圈、二次线圈、铁心、衔铁三部分组成。工作时,一次线圈接入交流激励电压,二次线圈感应产生输出电压。被测量使衔铁移动,引起一次、二次线圈间的互感变化,输出

电压因而也相应变化。一般这种传感器的二次线圈有两个且按差动方式连接，如图 3-3-6(a)所示，故常称为差动变压器式传感器，简称差动变压器。

在忽略线圈寄生电容与铁心损耗的情况下，差动变压器的等效电路如图 3-3-6(b)所示。图中 $\dot{U}_1$、$\dot{I}_1$ 分别为一次线圈激励电压与电流(频率为 ω)；L_1、r_1 分别为一次线圈电感与电阻；M_1、M_2 分别为一次线圈与两个二次线圈之间的互感；L_{21}、L_{22}、r_{21}、r_{22} 分别为两个二次线圈的电感和电阻。

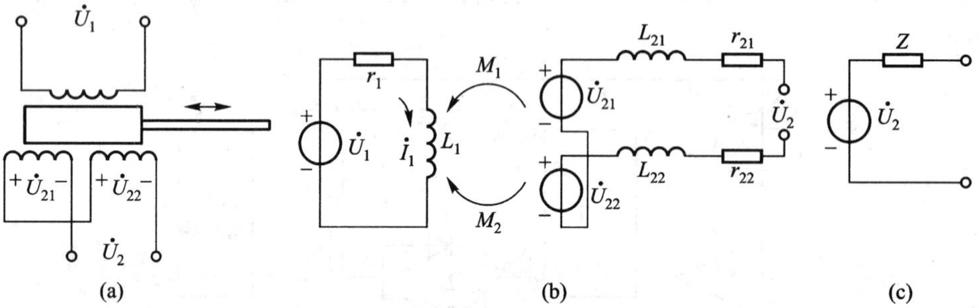

图 3-3-6 差动变压器及其等效电路

由图可见，当二次线圈开路时，一次线圈电流为

$$\dot{I}_1 = \frac{\dot{U}_1}{r_1 + \mathrm{j}\omega L_1}$$

由于 $\dot{I}_1$、M_1、M_2 的存在，两个二次线圈的感应电压分别为

$$\dot{U}_{21} = -\mathrm{j}\omega M_1 \dot{I}_1, \quad \dot{U}_{22} = -\mathrm{j}\omega M_2 \dot{I}_1$$

由于两个二次线圈按差动方式连接，因此，传感器开路(空载)输出电压为

$$\dot{U}_2 = \dot{U}_{21} - \dot{U}_{22} = -\mathrm{j}\omega(M_1 - M_2)\dot{I}_1 = -\frac{\mathrm{j}\omega(M_1 - M_2)}{r_1 + \mathrm{j}\omega L_1}\dot{U}_1 \tag{3-3-28}$$

传感器的输出阻抗为

$$Z = r_{21} + r_{22} + \mathrm{j}\omega L_{21} + \mathrm{j}\omega L_{22} = r_2 + \mathrm{j}\omega L_2 \tag{3-3-29}$$

式中，$r_2 = r_{21} + r_{22}$，$L_2 = L_{21} + L_{22}$。

这样，差动变压器可等效为图 3-3-6(c)所示开路电压为 $\dot{U}_2$、内阻为 Z 的电压源。

差动变压器也有变气隙型、变面积型和螺管型三种类型，如图 3-3-7 所示。其中图 3-3-7(a)、(b)、(c)为变气隙型，灵敏度较高，但测量范围小，一般用于测量几微米到几百微米的位移；图 3-3-7(d)、(e)为变面积型，除图示 E 型与四极型外，还常做成八极型、十六极型，一般可分辨零点几角秒以下的角位移，线性范围达 $\pm 10°$；图 3-3-7(f)为螺管型，可测量几纳米到一米的位移，但灵敏度稍低。

2. 输出特性

下面以图 3-3-8 所示 π 型铁心的变气隙型差动变压器为例来推导差动变压器的输出特性。图 3-3-8 所示差动变压器实际上是在图 3-3-2(a)所示 π 型铁心差动自感传感器基础上增加两个检测线圈 N_2 并与两个激励线圈 N_1 紧耦合构成的。

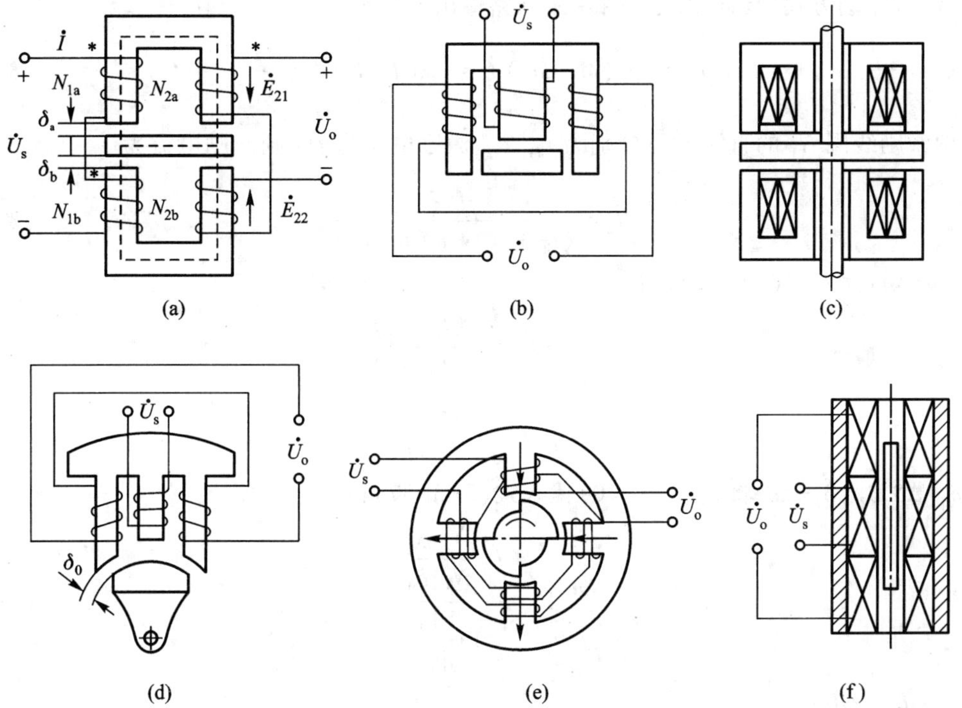

图 3-3-7 各种差动变压器的结构示意图

设 Φ_{11} 为线圈 N_1 电流 i_1 产生的磁通，Φ_{21} 为 Φ_{11} 穿过线圈 N_2 的部分，根据电工学中关于自感与互感的定义可知

线圈 N_1 的自感
$$L=\frac{N_1\Phi_{11}}{i_1} \tag{3-3-30}$$

线圈 N_1 与线圈 N_2 的互感
$$M=\frac{N_2\Phi_{21}}{i_1} \tag{3-3-31}$$

在线圈 N_1 与线圈 N_2 双线并绕的紧耦合情况下，一个线圈电流产生的磁通全部通过另一线圈，即 $\Phi_{21}=\Phi_{11}$，由式(3-3-30)、式(3-3-31)得

$$M=L\frac{N_2}{N_1} \tag{3-3-32}$$

即互感与自感之比等于两线圈匝数之比。

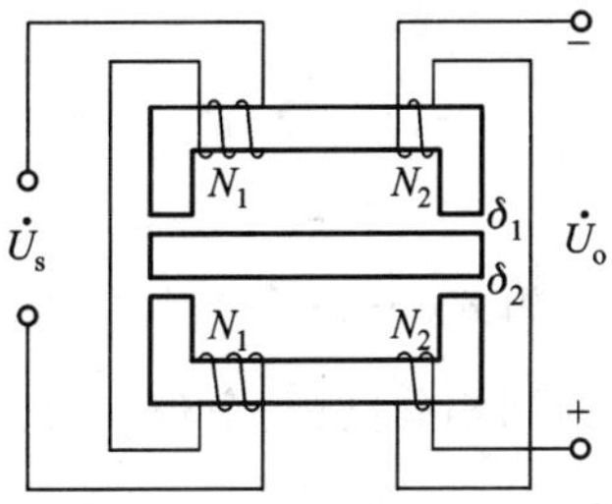

图 3-3-8 π 型铁心变气隙型差动变压器

图 3-3-8 中为区别起见，设上对线圈 N_1 的自感为 L_1，N_1 与 N_2 之间的互感为 M_1

$$M_1=L_1\frac{N_2}{N_1} \tag{3-3-33}$$

下对线圈 N_1 的自感为 L_2，N_1 与 N_2 之间的互感为 M_2

$$M_2=L_2\frac{N_2}{N_1} \tag{3-3-34}$$

由式(3-3-33)和式(3-3-34)可知，衔铁移动使 L_1、L_2 变化，也将使 M_1、M_2 变化。由于两检

测线圈 N_2 按差动方式(反向串联)连接,故开路输出电压为

$$\dot{U}_o=-j\omega(M_1-M_2)\dot{I}_1=-j\omega\ \dot{I}_1(L_1-L_2)\frac{N_2}{N_1} \tag{3-3-35}$$

设上下两激励线圈 N_1 的直流电阻分别为 r_{11}、r_{22},激励电压为 $\dot{U}_s$,则激励电流为

$$\dot{I}_1=\frac{\dot{U}_s}{(r_{11}+r_{22})+j\omega(L_1+L_2)} \tag{3-3-36}$$

将式(3-3-36)代入式(3-3-35)得

$$\dot{U}_o=\frac{\dot{U}_s\dfrac{N_2}{N_1}\dfrac{(L_2-L_1)}{(L_1+L_2)}}{1+\dfrac{(r_{11}+r_{22})}{j\omega(L_1+L_2)}} \tag{3-3-37}$$

设 $\delta_1=\delta_0+\Delta\delta,\delta_2=\delta_0-\Delta\delta$,将式(3-3-10)代入式(3-3-37)得

$$\dot{U}_o=\frac{\dot{U}_s\dfrac{N_2}{N_1}\dfrac{\Delta\delta}{\delta_0}}{1+\dfrac{1}{jQ}} \tag{3-3-38}$$

式中,$Q=\dfrac{\omega L_1}{r_{11}}\approx\dfrac{\omega L_2}{r_{22}}$为激励线圈的品质因数。

$$\dot{U}_o=\dot{U}_s\frac{N_2}{N_1}\frac{\Delta\delta}{\delta_0}\frac{\left(1+j\dfrac{1}{Q}\right)}{\left(1+\dfrac{1}{Q^2}\right)} \tag{3-3-39}$$

由式(3-3-39)可见,差动变压器输出电压中包含两个分量:一个不带 j 的分量,与 $\dot{U}_s$ 同相,称为同相分量;一个带 j 的分量,与 $\dot{U}_s$ 相位差 90°,称为正交分量。为减少正交分量,应提高 Q 值。

由式(3-3-39)可得输出电压幅值为

$$U_o=\frac{U_s\dfrac{N_2}{N_1}\dfrac{\Delta\delta}{\delta_0}}{\sqrt{1+\dfrac{1}{Q^2}}}=\frac{U_s\dfrac{N_2}{N_1}\dfrac{\Delta\delta}{\delta_0}}{\sqrt{1+\left(\dfrac{R}{\omega L_0}\right)^2}} \tag{3-3-40}$$

当激励频率足够低,$\omega\ll\dfrac{R}{L_0}$时,据式(3-3-40)有

$$U_o=U_s\frac{N_2}{N_1}\frac{\Delta\delta}{\delta_0}\frac{L_0}{R}\omega \tag{3-3-41}$$

可见这时灵敏度随频率增加而增加。

当激励频率增加到使 $\omega\gg\dfrac{R}{L_0}$时

$$U_o = U_s \frac{N_2}{N_1} \frac{\Delta\delta}{\delta_0} \tag{3-3-42}$$

与频率无关，为一常数。当 ω 继续增加到超过某一数值时（该值视铁心材料而异），由于导线趋肤效应和铁损等影响而使灵敏度下降，如图 3-3-9 所示。通常应按灵敏度-频率特性，选取合适的较高的激励频率，以保持灵敏度不变。这样既可放宽对激励频率稳定度的要求，又可在一定激励电压条件下减小磁通和匝数，从而减小尺寸。

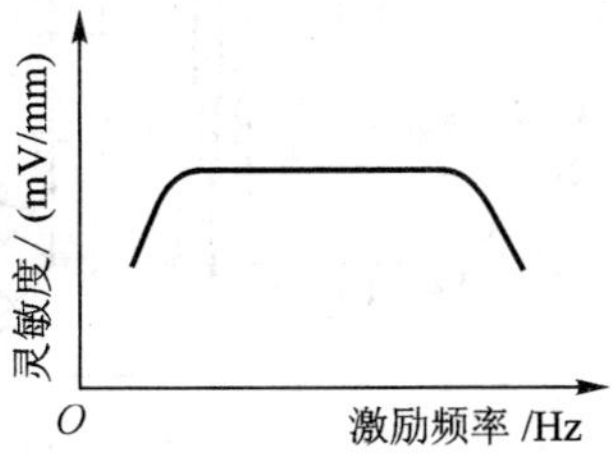

图 3-3-9 灵敏度与激励频率的关系

3. 接口电路

差动变压器的接口电路一般采用反串电路和桥路两种。

反串电路是直接把两个二次线圈反向串接，如图 3-3-6 所示，此时空载输出电压等于两个二次线圈感应电压之差，即

$$\dot{U}_o = \dot{U}_{21} - \dot{U}_{22}$$

桥路如图 3-3-10 所示。R_P 是供调零用的电位器，当两桥臂电阻相等时，空载输出电压为

$$\dot{U}_o = \frac{1}{2}(\dot{U}_{21} + \dot{U}_{22}) - \dot{U}_{22} = \frac{1}{2}(\dot{U}_{21} - \dot{U}_{22}) \tag{3-3-43}$$

可见这种电路的灵敏度为前一种的 $\frac{1}{2}$，其优点是不再需要另外配置调零电路。

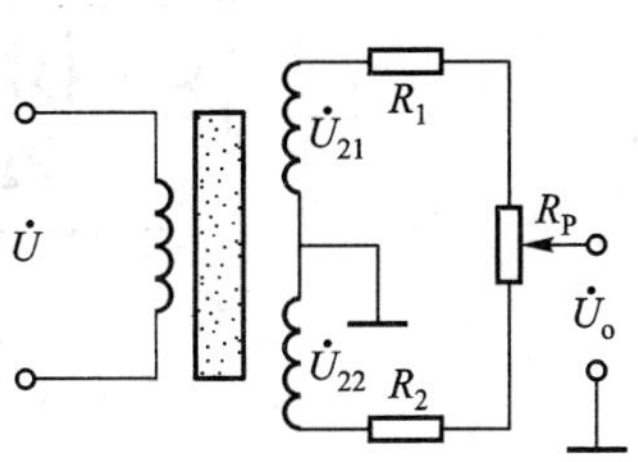

图 3-3-10 差动变压器使用的桥路

由式（3-3-42）可知，差动变压器的输出电压是调幅波，为了判别衔铁的移动方向，需要进行解调。常用的解调电路有：差动相敏检波电路与差动整流电路。图 3-3-11 为差动变压器最常用的测量电路——差动整流电路。图 3-3-11（a）和（b）分别为全波电流输出型和半波电流输出型，用在连接低阻抗负载的场合；图 3-3-11（c）和（d）分别为全波电压输出型和半波电压输出型，用在连接高阻抗负载的场合，图中可调电阻是用于调整零点输出电压的。

图 3-3-11（a）和（b）的输出电流为 $I_{ab}=I_1-I_2$，图 3-3-11（c）和（d）的输出电压为 $U_{ab}=U_{ac}-U_{bc}$。当衔铁位于零位时，$I_1=I_2$，$U_{ac}=U_{bc}$，故 $I_{ab}=0$，$U_{ab}=0$；当衔铁位于零位以上时，$I_1>I_2$，$U_{ac}>U_{bc}$，故 $I_{ab}>0$，$U_{ab}>0$；当衔铁位于零位以下时，$I_1<I_2$，$U_{ac}<U_{bc}$，故 $I_{ab}<0$，$U_{ab}<0$。可见，依据输出电压（或电流）的极性，可判别衔铁位移的方向。

3.3.3 电涡流式传感器

电涡流式传感器是基于电涡流效应而工作的传感器。其主要优点是可实现非接触式测量。

1. 电涡流效应

成块的金属置于激励线圈产生的交变磁场中，金属体内就要产生感应电流，这种电流的流线呈闭合曲线，类似水涡形状，故称之为电涡流。这种现象称为电涡流效应。

如图 3-3-12（a）所示，若产生交变磁场的激励线圈 1 的外半径为 R，激励电流为 I_1，金属导体 2 表面离激磁线圈距离为 X，则金属导体上的电涡流强度为

$$I_2 = I_1 \left[1 - \frac{X}{\sqrt{X^2+R^2}}\right] \tag{3-3-44}$$

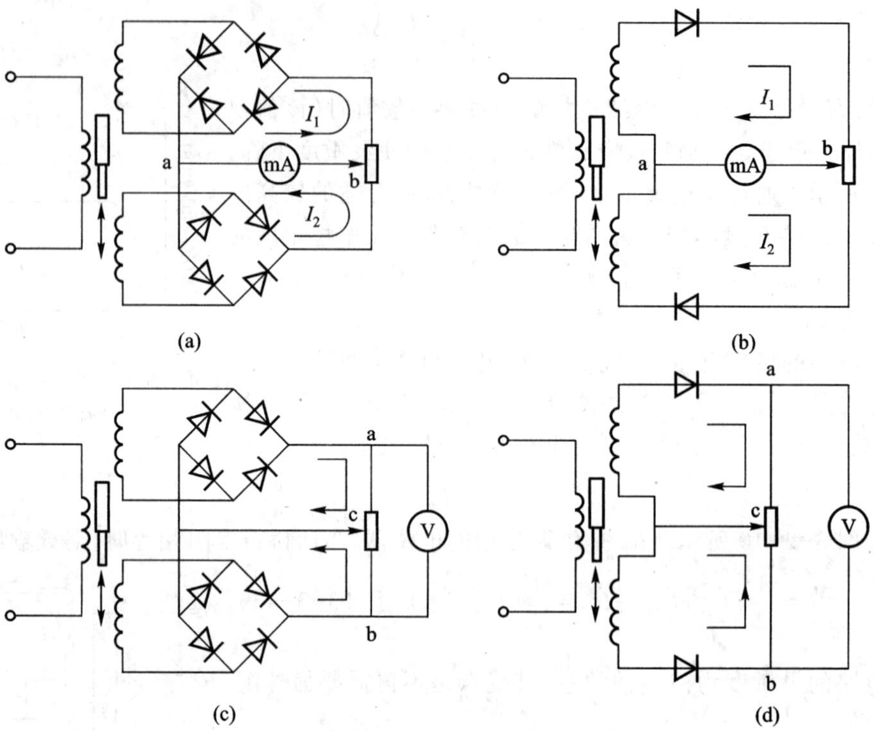

图 3-3-11 差动整流电路

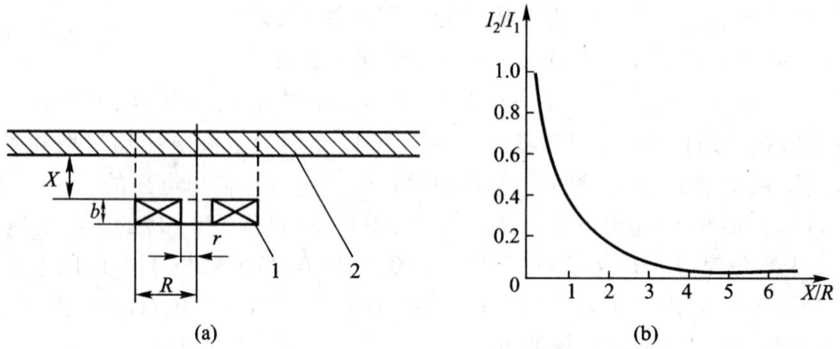

图 3-3-12 电涡流强度与 X/R 关系曲线

依据式(3-3-44)作出的归一化曲线表示在图 3-3-12(b)中。由图可见,电涡流强度 I_2 正比于激励电流 I_1,并随$\frac{X}{R}$的增加而急剧减小,因此利用涡流传感器测量位移时,只在很小的范围内$\left(一般取\frac{X}{R}=0.05\sim0.15\right)$能得到较好的线性和较高的灵敏度。

由于趋肤效应的缘故,电涡流只能在金属导体靠近激励线圈一侧的表面薄层内形成,而且,电涡流强度随距表面深度增加按指数规律下降。电涡流轴向渗透(贯穿)深度 h 定义为电涡流强度减小到表面电涡流强度的$\frac{1}{\mathrm{e}}$处的表面厚度

$$h=\sqrt{\frac{\rho}{\pi\mu f}} \tag{3-3-45}$$

式中：ρ——金属导体的电阻率；

μ——金属导体的磁导率；

f——励磁频率。

由于线圈产生的磁场在金属导体内不可能波及无限大的区域，因此电涡流形成区（电涡流区）也有一定范围，如图 3-3-13 所示，基本上在内径为 $2r$，外径为 $2R$，厚度为 h 的矩形截面圆环内。据近似推导，涡流区大小与激励线圈外径 D 的关系为

$$2R=1.39D$$

$$2r=0.525D$$

因此被测金属导体的表面尺寸不应少于激励线圈外径的两倍，否则就不能全部利用所能产生的电涡流效应，致使灵敏度降低。

激励线圈 L_1 产生的交变磁场 H_1 在金属导体表面形成涡流环，此涡流环所产生的磁场 H_2 也必将反过来抵消激励磁场 H_1，或者在另一侧线圈 L_2 中感应新的电动势 e_2（当金属板很薄时），如图 3-3-14 所示。利用涡流的前一种作用方式而工作的传感器称为反射式电涡流传感器，利用涡流的后一种作用方式而工作的传感器称为透射式电涡流传感器。

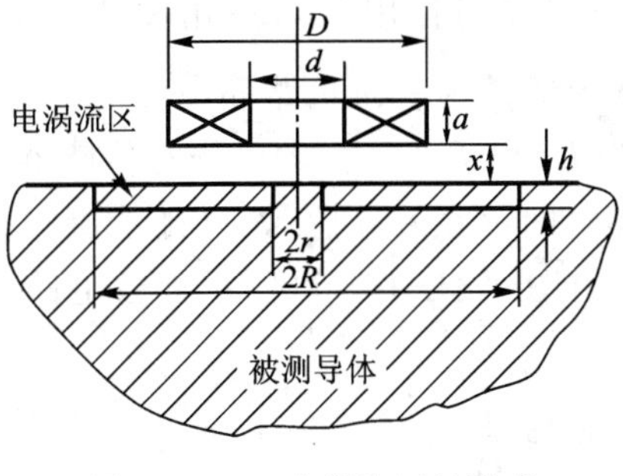

图 3-3-13　电涡流区的形成

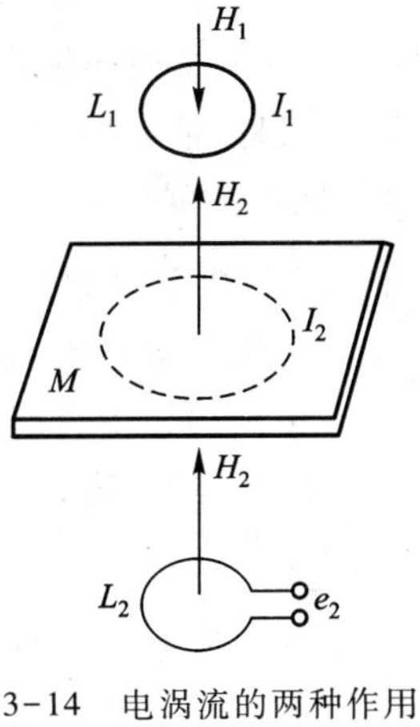

图 3-3-14　电涡流的两种作用方式

2. 反射式涡流传感器

按照传感器线圈与被测导体的相对运动形式，像电感式传感器一样，用以测量位移的反射式涡流传感器也可分为变间隙型、变面积型、螺管型三种结构类型，分别如图 3-3-15(a)、(b)、(c)所示。

图 3-3-15(a)所示变气隙型是最常用的结构形式。这种结构形式是利用被测导体与传感器线圈之间相对距离的变化引起涡流效应的变化，来测量位移的。

图 3-3-15(b)所示结构形式是利用被测导体与传感器线圈之间相对覆盖面积的变化引起涡流效应的变化，来测量位移的。测量的线性范围比变间隙型大，且线性度提高。

由于电涡流传感器轴向灵敏度高，径向灵敏度低，为保证测量精度，要求被测导体与线圈间

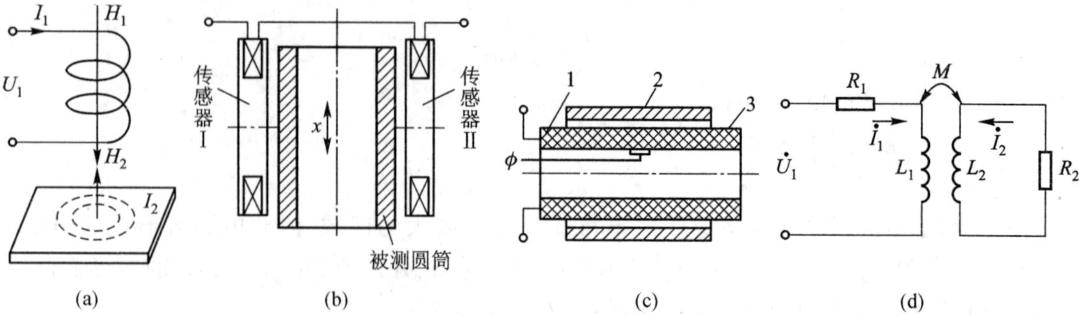

图 3-3-15 反射式涡流传感器

的间隙始终恒定；否则，需采用补偿措施。常用的方法如图 3-3-15(b)所示，将两个参数相同的传感器串联使用，对间隙变化起差动补偿作用。

图 3-3-15(c)所示螺管型涡流传感器由铜(或银)制短路套筒 2 和螺管线圈 1、3 组成，短路套筒能沿螺管线圈轴向移动。这种传感器与螺管型自感传感器相似，但不存在铁损；线性范围宽，但灵敏度较低。为此，常用差动结构，且取短路套筒长为线圈长的 60%左右。

反射式涡流传感器由产生交变磁场的传感器线圈和置于激励线圈附近的金属导体两部分组成，如图 3-3-15(a)所示。当传感器线圈通以交变电流 $\dot{I}_1$ 时，线圈周围就产生一个交变磁场 H_1。置于该磁场范围内的金属导体内便产生电涡流 $\dot{I}_2$，$\dot{I}_2$ 也将产生一个新磁场 H_2；H_2 与 H_1 方向相反，对原磁场 H_1 起抵消削弱作用，从而导致传感器线圈的电感量、阻抗和品质因数都发生变化。金属板表面感应的涡流对传感器线圈的这种“反射作用”，可以用图 3-3-15(d)所示等效电路来说明。图中把金属导体中形成的电涡流等效为一匝短路环中的电流 $\dot{I}_2$，短路环的电阻为 R_2，电感为 L_2，传感器线圈电阻为 R_1，电感为 L_1，电涡流产生的磁场对传感器线圈产生的磁场的“反射作用”，可理解为传感器线圈与短路环之间存在着互感 M，M 随线圈与金属导体之间的距离 x 减小而增大。根据基尔霍夫定律，可列出图 3-3-15(d)所示等效电路的电压平衡方程

$$\begin{cases}\dot{I}_1(R_1+\mathrm{j}\omega L_1)-\mathrm{j}\omega M\dot{I}_2=\dot{U}_1\\ \dot{I}_2(R_2+\mathrm{j}\omega L_2)-\mathrm{j}\omega M\dot{I}_1=0\end{cases}$$

解此方程组可求得传感器线圈的等效阻抗为

$$Z=\frac{\dot{U}_1}{\dot{I}_1}=R+\mathrm{j}\omega L \tag{3-3-46}$$

式中：$R=R_1+R_2\dfrac{\omega^2M^2}{R_2^2+\omega^2L_2^2}$； (3-3-47)

$L=L_1-L_2\dfrac{\omega^2M^2}{R_2^2+\omega^2L_2^2}$。 (3-3-48)

线圈的品质因数由无涡流时的 $Q_0=\dfrac{\omega L_1}{R_1}$，下降为

$$Q=\frac{\omega L}{R}=Q_0\frac{1-\frac{L_2}{L_1}\frac{\omega^2M^2}{R^2+\omega^2L_2^2}}{1+\frac{R_2}{R_1}\frac{\omega^2M^2}{R^2+\omega^2L_2^2}} \tag{3-3-49}$$

由式(3-3-47)~式(3-3-49)可知,线圈-金属导体系统的阻抗 Z、电感 L 和品质因数 Q 都是此系统互感系数 M 平方的函数,而互感系数 M 又是线圈与金属导体之间距离 x 的非线性函数。金属导体的电阻率 ρ、磁导率 μ 以及线圈激励频率 f 将决定涡流环的厚度,影响短路环的电阻 R_2 和电感 L_2 及互感 M,因此可以说,反射式涡流传感器的阻抗 Z、电感 L 和品质因数都是由 ρ、μ、x、f 等多参数决定的多元函数。若只改变其中一个参数,其余参数均保持不变,反射式电涡流传感器便成为测定这个可变参数的传感器。其应用大致有下列四个方面:

(1) 利用位移 x 作为变换量,可以测量位移、厚度、振动、转速等,也可做成接近开关、计数器等;

(2) 利用 ρ 作为变换量,可以测量温度、判别材质;

(3) 利用 μ 做变换量,可以测量应力、硬度等;

(4) 利用变换量 x、ρ、μ 等综合影响,可以将涡流传感器装在机场、海关、钱币厂、监狱等重要场所的安全检查通道,有效地探测出枪支、匕首等金属武器及其他大件金属物品。利用电涡流传感器,还可以检查金属表面(已涂防锈漆)的裂纹以及焊接处的缺陷等。

反射式涡流传感器常用于测量物体位移、距离、振动和转速等,如被测物体为非导电物体,只要在被测物体靠近传感器线圈一侧表面上贴一块面积足够大的金属片即可。需要指出的是,由于电涡流传感器是利用线圈与被测导体之间的电磁耦合进行工作的,因而被测导体作为"实际传感器"的一部分,其材料的物理性质、尺寸与形状都与传感器特性密切相关,因此有必要对被测导体给予注意。

3. 透射式涡流传感器

透射式涡流传感器由发射线圈 L_1、接收线圈 L_2 和位于两线圈中间的被测金属板组成,如图 3-3-16所示。当在 L_1 两端加交流激励电压 U_1 时,L_2 两端将产生感应电压 U_2。若两线圈之间无金属板时,L_1 的磁场就能直接贯穿 L_2,这时 U_2 最大。当有金属板后,其产生的涡流削弱了 L_1 的磁场,造成 U_2 下降,或者说涡流磁场在 L_2 中也产生感应电压,抵消 L_1 在 L_2 中的感应电压,造成 U_2 下降。金属板厚度 d 越大,涡流越大,U_2 就越小。即

$$U_2=kU_1\mathrm{e}^{-\frac{d}{h}} \tag{3-3-50}$$

式中:d——金属板厚度;

h——涡流贯穿深度,由式(3-3-45)决定;

k——比例常数。

感应电压 U_2 与金属板厚度 d 的关系如图 3-3-17 所示,因此可利用 U_2 来反映金属板的厚度。由图可见,激励频率 f 较低时,线性较好。因此若要求线性好,应选择较低的激励频率(通常为1 kHz 左右)。同时由图可见,d 较小时,f_3 曲线的斜率较大;d 较大时,f_1 曲线的斜率较大。因此从灵敏度高考虑,测薄板时应选较高的激励频率,测厚板时应选较低的激励频率。

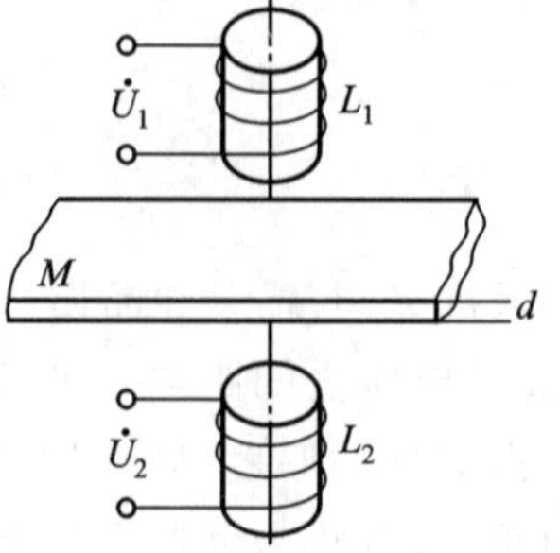

图 3-3-16 透射式涡流传感器

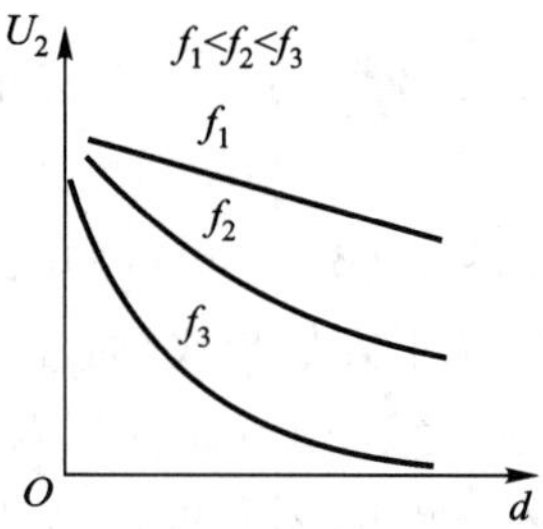

图 3-3-17 不同频率下的 $U_2=f(d)$ 曲线

由式(3-3-45)和式(3-3-50)可见,为使测量不同 ρ 的材料,所得的 $U_2=f(d)$ 曲线相近,即 h 一致,要相应改变激励频率。例如,对紫铜等 ρ 值较小的材料应选用较低的频率(500 Hz),对黄铜、铝等 ρ 值较大的材料应选用较高的频率(2 kHz),可保证测量不同材料时的线性度、灵敏度一致。

此外因温度的变化,会引起材料 ρ 的变化,故应使材料温度恒定。

4. 测量电路

如前所述,被测参数的变化可引起线圈的 Z、L、Q 变化,所以反射式涡流传感器可以选择 Z、L、Q 中任一参数构成测量电路,不过目前较多的方案还是用电感的变化组成测量电路,这就是把涡流传感器归入电感式传感器的原因。下面介绍几种涡流传感器的测量电路。

1) 电桥电路

图 3-3-18 为差动式涡流传感器采用的电桥电路。图中 L_1、L_2 为差动式涡流传感器的两个激励线圈,它们与 C_1、C_2,电阻 R_1、R_2 组成电桥的 4 个臂。当短路铜环随被测运动体位移而使传感器线圈的阻抗变化时,电桥失去平衡。电桥的不平衡输出经线性放大和检波,就可以得到与被测位移(或距离)成比例的输出。

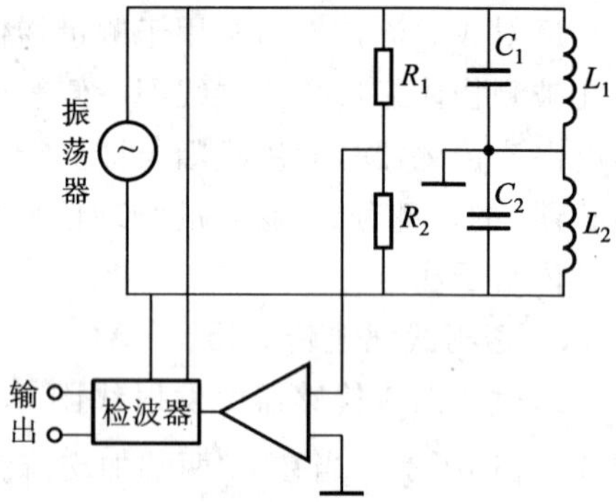

图 3-3-18 差动式涡流传感器和电桥电路

2) 定频调幅测量电路

图 3-3-19 为定频调幅测量电路。传感器线圈与电容组成 LC 并联谐振回路。它由石英晶体振荡器输出的定频(f_0)恒流(I_0)信号激励。由图 3-3-19(a)可知,并联谐振回路的阻抗为($R+\mathrm{j}\omega_0 L$)与 C 的并联。在激励频率 f_0 足够高的情况下,$R\ll\omega_0 L$,输出电压为

$$U_o=|I_0 Z|\approx I_0\frac{\dfrac{L}{RC}}{\sqrt{1+\left[\dfrac{L}{R}\left(\dfrac{\omega^2-\omega_0^2}{\omega_0}\right)\right]^2}}\approx I_0\frac{\dfrac{L}{RC}}{\sqrt{1+\left[2\dfrac{L}{R}\Delta\omega\right]^2}} \tag{3-3-51}$$

式中:$\omega=\dfrac{1}{\sqrt{LC}}$; (3-3-52)

$\Delta\omega=\omega-\omega_0$。

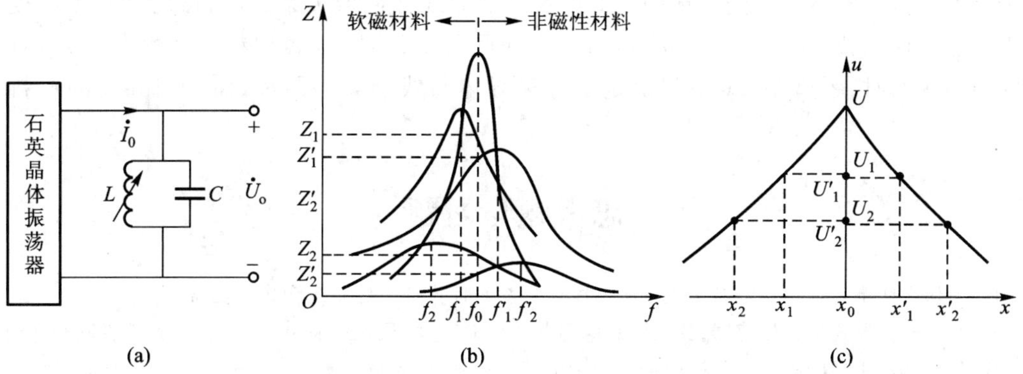

图 3-3-19　定频调幅测量电路

电路起始时，传感器远离被测导体，调整 C 使 LC 回路谐振频率等于激励振荡器的振荡频率。当传感器接近被测导体时，线圈的等效电感发生变化，致使回路失谐而偏离激励频率，回路的谐振峰将向左右移动，如图 3-3-19(b)所示。若被测导体为非磁性材料，传感器线圈的等效电感减小，回路的谐振频率提高，谐振峰右移，回路所呈现的阻抗减小为 Z_1' 或 Z_2'，输出电压将由 U 降为 U_1' 或 U_2'。当被测导体为磁性材料时，由于磁路的等效磁导率增大使传感器线圈的等效电感增大，回路的谐振频率降低，谐振峰左移。阻抗和输出电压分别减小为 Z_1 或 Z_2 和 U_1 或 U_2。因此，可以由输出电压的变化来表示传感器与被测导体间距离的变化，如图 3-3-19(c)所示。

3）调频测量电路

调频测量电路是将传感器线圈接入电容三点式振荡回路，以振荡频率的变化作为输出信号，如图 3-3-20(a)所示。如欲以电压作为输出信号，则应后接鉴频器。采用调频法时，连接电缆分布电容的影响不可忽视。几个皮法的变化将使频率变化几千赫，严重影响测量结果。弥补的方法是把电容和传感器装在一起。提高谐振回路元件本身的稳定性也是提高频率稳定度的一个措施。为此，传感器线圈 L 可采用热绕工艺绕制在低膨胀系数材料的骨架上，并配以高稳定的云母电容或具有适当负温度系数的电容（进行温度补偿）作为谐振电容 C。

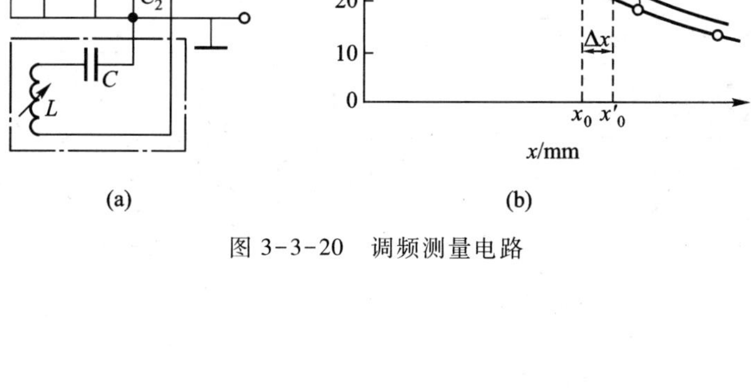

图 3-3-20　调频测量电路

传感器的等效电感与被测导体间距离的关系是非线性函数关系，因而振荡器频率的变化也是距离的非线性函数，如图 3-3-20(b)所示。如图所示，不同金属材料的特性曲线是不同的。在相同振荡频率时，距离差 Δx 不仅决定于被测导体与线圈间的距离，而且与导体的材料性质有关。

思考题与习题

3-1 为什么线绕式电位器容易实现各种非线性特性而且分辨力比非线绕式电位器低？

3-2 有一电位器式位移传感器，其线圈总电阻是 10 kΩ，电刷最大行程 4 mm。若最大消耗功率不允许超过 40 mW，传感器所用激励电压为允许的最大激励电压，试确定输入位移量为 1.2 mm 时的输出电压值。

3-3 电阻应变片的灵敏系数比应变电阻材料本身的灵敏系数小吗？为什么？

3-4 已知试件材质为合金钢，线膨胀系数 $\beta_g=11\times10^{-6}/℃$，电阻应变片的灵敏系数为 $K_0=2.05$，电阻应变片敏感栅材质为康铜，其电阻温度系数 $\alpha=15\times10^{-6}/℃$，线膨胀系数 $\beta_s=14.9\times10^{-6}/℃$。当传感器的环境温度从 10 ℃变化到 50 ℃时，所引起的附加电阻相对变化量($\Delta R/R$)为多少？折合成附加应变 ε_t 为多少？

3-5 已知铜热电阻——Cu100 的百度电阻比 $W(100)=1.42$，当用此热电阻测量 50 ℃温度时，其电阻值为多少？若测温时的电阻值为 92 Ω，则被测温度是多少？

3-6 某热敏电阻，其 B 值为 2 900 K，若冰点电阻为 500 kΩ，求热敏电阻在 100 ℃时的阻值。

3-7 热电阻与热敏电阻的电阻-温度特性有什么不同？

3-8 收集一个电冰箱温控电路实例，剖析其工作原理。

3-9 用应变片测量时，为什么必须采取温度补偿措施？把两个承受相同应变的应变片接入电桥的相对两臂，能补偿温度误差吗？为什么？

3-10 一个灵敏系数为 1.9 的 100 Ω 电阻应变片被粘贴在钢制试件上并接入等臂电桥中，当钢试件承受一张力时，若应变片允许工作电流是 15 mA，试求激励电源电压。若电桥输出电压为 5 mV，这时钢制试件上应变片的应变是多少？

3-11 为了减小变极距型电容传感器的极距，提高其灵敏度，经常在两极板间加一层云母或塑料膜来改善电容器的耐压性能，如图 3-2-1(c)所示。试推导这种双层介质差动式变极距型电容传感器的电容与动极板位移的关系式。

3-12 试证明题 3-12 图所示传感器电容与介质块位移 x 呈线性关系。

3-13 有一变间隙式差动电容传感器，其结构如题 3-13 图所示。选用变压器交流电桥做测量电路。差动电容器参数：$r=12$ mm；$d_1=d_2=d_0=0.6$ mm；空气介质，即 $\varepsilon=\varepsilon_0=8.85\times10^{-12}$ F/m。测量电路参数：$u_{sr}=u=\dot{U}_{sr}=3\sin\omega t$ V。试求：(1) 电容传感器初始电容；(2) 当动极板向上位移 $\Delta x=0.05$ mm 时，电桥输出端电压 U_{sc}。

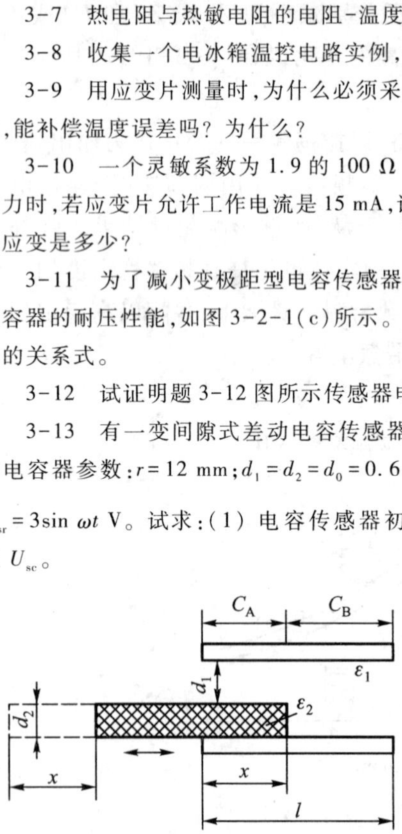

题 3-12 图

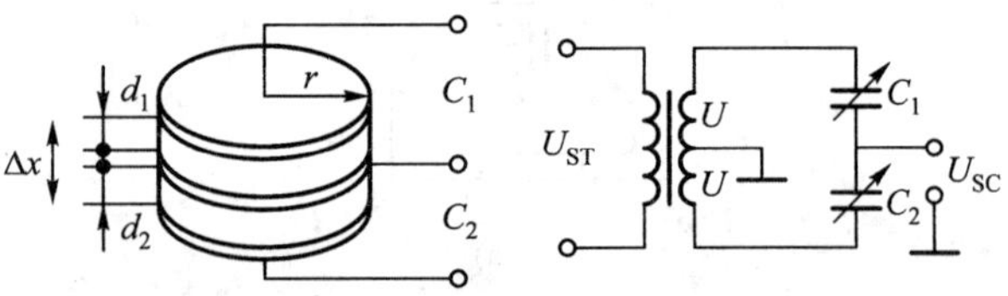

题 3-13 图

3-14 自感式传感器有哪些类型？各有何优缺点？

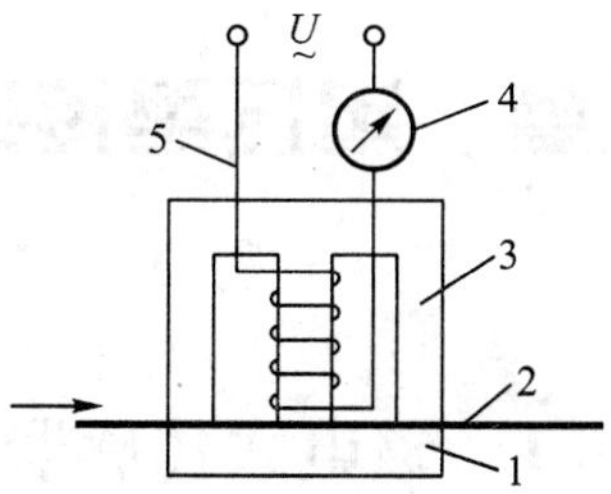

题 3-15 图

3-15 题 3-15 图为自感式纸页厚度测量原理图，E 形铁心 3 压在纸页 2 上，纸页沿板状衔铁 1 移动，使线圈 5 中的电流相应地变化，试导出电流表 4 的读数与纸页厚度的关系式。

3-16 已知变气隙型电感传感器的铁心截面积 $A=1.5\ \mathrm{cm}^2$，磁路长度 $l=20\ \mathrm{cm}$，相对磁导率 $\mu_1=5\ 000$，气隙 $\delta_0=0.5\ \mathrm{cm}$，$\Delta\delta=\pm 0.1\ \mathrm{mm}$，真空磁导率 $\mu_0=4\pi\times 10^{-7}\ \mathrm{H/m}$，线圈匝数 $N=3\ 000$，求变隙式电感传感器的灵敏度 $\Delta L/\Delta\delta$。若将其做成差动结构形式，灵敏度将如何变化？

3-17 为什么更换自感传感器连接电缆需重新进行校正？

3-18 试比较差动自感式传感器与差动变压器式传感器的异同？

3-19 试说明图 3-3-11 所示电路为什么能辨别衔铁移动方向和大小，为什么能调整零点输出电压。

3-20 已知一差动整流电桥电路如题 3-20 图所示。电路由差动电感传感器 Z_1、Z_2 及平衡电阻 R_1、R_2（$R_1=R_2$）组成。桥路的一个对角接有交流电源 U_i，另一个对角为输出端 U_o，试分析该电路的工作原理。

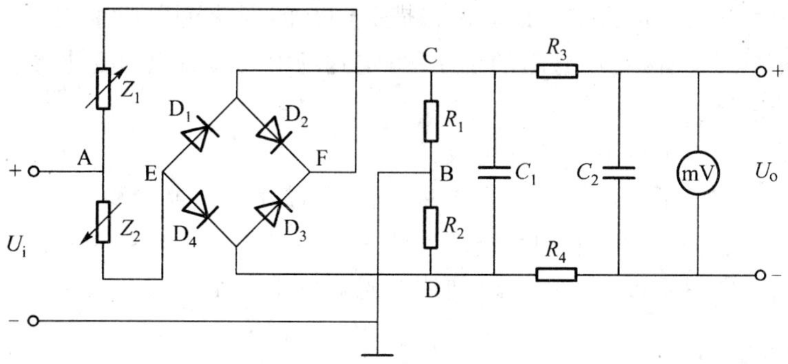

题 3-20 图

3-21 当采用涡流传感器测量金属板厚度时，需不需要恒温？为什么？

3-22 涡流式传感器的主要优点是什么？它可以应用在哪些方面？

3-23 反射式涡流传感器与透射式涡流传感器有何异同？

第 4 章　电压型传感器

4.1　磁电式传感器

磁电式传感器又称感应式传感器或电动式传感器,它是利用电磁感应原理将运动速度转换成感应电动势输出的传感器。它的工作不需要供电电源,而是直接从被测物体吸取机械能量并转换成电信号输出。由于它的输出功率较大(因而大大简化了配用电路),且性能稳定,又具有一定的工作带宽(一般为 10~1 000 Hz),所以获得了较普遍的应用。

4.1.1　基本原理和组成

根据法拉第电磁感应定律可知,N 匝线圈若每匝通过相同的变化的磁通量 Φ,则整个线圈中所产生的感应电动势为

$$e=-N\frac{\mathrm{d}\Phi}{\mathrm{d}t} \tag{4-1-1}$$

在电磁感应现象中,磁通量 Φ 的变化是关键,磁通量 Φ 的变化可以通过很多办法来实现,如磁铁与线圈之间做相对运动;磁路中磁阻的变化;恒定磁场中线圈面积的变化等。据此可以制成不同类型的磁电式传感器。

磁电式传感器基本上由以下三部分组成:

(1) 磁路系统　它产生一个恒定的直流磁场,为了减小传感器体积,一般都采用永久磁铁;

(2) 线圈　它与磁铁中的磁通相交链产生感应电动势;

(3) 运动机构　它感受被测体的运动使线圈磁通发生变化。

4.1.2　结构类型

磁电式传感器有两种结构类型:变磁通型和恒磁通型。

1. 变磁通型

图 4-1-1 所示为两种变磁通型结构。图中线圈 4 和永久磁铁 1(俗称磁钢)均固定不动,与被测物体连接而运动的部分是利用导磁材料制成的动铁心(衔铁)3,它的运动使气隙 5 和磁路磁阻变化引起磁通变化,而在线圈 4 中产生感应电动势,因此变磁通型结构又称变磁阻型结构。

图 4-1-1(a)为衔铁上下振动结构,与变气隙型电感传感器相似,但线圈是绕在永久磁铁上。通过适当的设计可使感应电动势与衔铁相对于磁钢的振动速度呈线性关系,从而可以用于振动速度的测量。

图 4-1-1(b)为衔铁旋转结构,设椭圆形动铁心 3 以恒定的角速度 ω 旋转,线圈截面积为 A,磁路中最大与最小磁通密度之差为 $B=B_{\max}-B_{\min}$,则由式(4-1-1)可得两磁轭 2 上串联的两个线

圈中感应电动势为

$$e=-2\omega ANB\cos 2\omega t \tag{4-1-2}$$

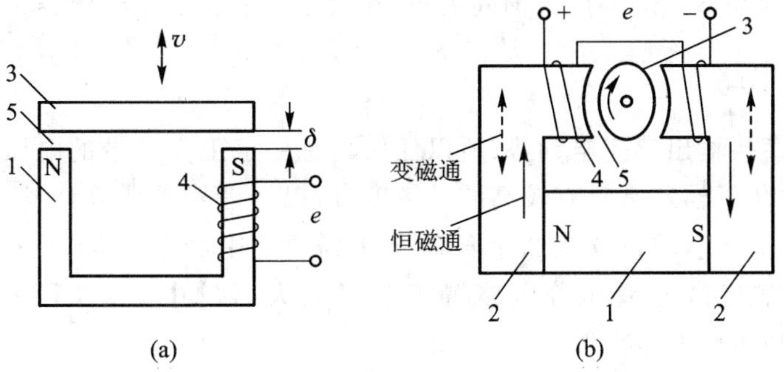

图 4-1-1 变磁通型结构

由式(4-1-2)可见，e 的幅值正比于铁心的转速 ω，而变化频率为 ω 的二倍，因此采用测频或测幅的方法都可以测得铁心的平均转速。

2. 恒磁通型

在恒磁通型结构中，工作气隙中的磁通恒定，感应电动势是由于永久磁铁与线圈之间有相对运动——线圈切割磁感线而产生的。这类结构有两种：一种是线圈不动，磁铁运动，称为动铁式，如图 4-1-2(a)所示；另一种是磁铁不动，线圈运动，称为动圈式，如图 4-1-2(b)、(c)所示。动圈式结构应用较为普遍，线圈中产生的感应电动势与线圈相对磁铁运动的线速度 v 或角速度 ω 成正比。

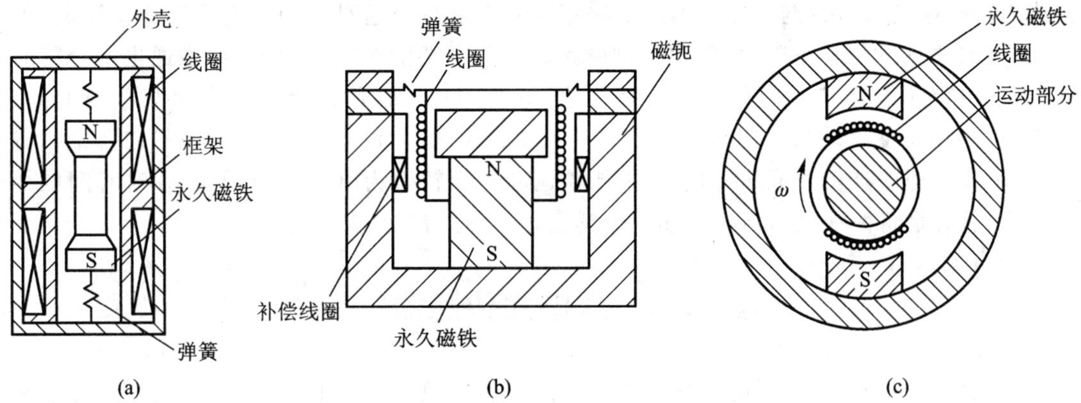

图 4-1-2 恒磁通型结构

$$e=Blv\sin\alpha \xlongequal{\alpha=90^\circ} Blv \tag{4-1-3}$$

$$e=BA\omega\sin\alpha \xlongequal{\alpha=90^\circ} BA\omega \tag{4-1-4}$$

式中：B——气隙磁感应强度；

l——线圈导线总长度；

A——线圈所包围的面积；

v——线圈和磁铁间相对直线运动的速度；

ω——线圈和磁铁间相对旋转运动的角速度；

α——运动方向与磁感应强度方向间夹角，在大多数情况下 $\alpha=90°$，$\sin\alpha=1$。

4.1.3 接口电路

磁电式传感器直接输出感应电动势，所以任何具有一定工作频带的电压表或示波器都可采用，并且由于磁电式传感器通常具有较高的灵敏度，所以一般不需要高增益放大器，但磁电式传感器是速度传感器，如若获取位移或加速度信号，就需要配用积分电路或微分电路。

实际电路中通常将微分或积分电路置于两级放大器的中间，以利于级间的阻抗匹配，图4-1-3为一般接口电路的方框图。

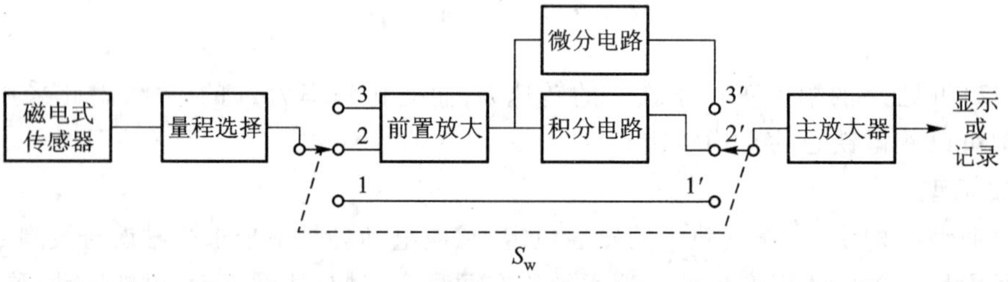

图4-1-3 磁电式传感器接口电路方框图

最后需要指出的是，磁电式传感器虽然配用积分电路后也可测量位移，但它只能测位移随时间的变化，即动态位移，而不能像以前介绍的电阻式、电感式和电容式位移传感式那样测量静态位移或距离。这是因为磁电式传感器产生的感应电压是与磁通对时间的变化率成正比的，如果图4-1-1(a)中衔铁位移不随时间变化，则磁路磁阻就不会随时间变化，线圈磁通也不会随时间变化，当然也就不会产生感应电压了。请注意，图4-1-1(a)的线圈是绕在永久磁铁上的，而图3-3-1(a)所示变气隙型电感传感器却只是个铁心线圈，并没有永久磁铁，虽然二者结构有些相似，但工作原理却有实质不同，前者是把衔铁运动速度转换为电压，电压与位移对时间的变化率成正比，后者是将衔铁位移转换为线圈电感变化，电感与位移有对应关系。

4.2 压电式传感器

压电式传感器是以具有压电效应的压电元件作为转换元件的有源传感器，它能测量力和可变换为力的那些物理量，例如，压力、加速度、机械冲击和振动等，是应用较多的一种传感器。

4.2.1 压电效应及其表达式

1. 压电效应

某些电介质，当沿着一定方向对其施力而使它变形时，内部就产生极化现象，同时在它的两个相对的表面上便产生符号相反的电荷；当外力去掉后，又重新恢复不带电的状态；当作用力的方向改变时，电荷的极性也随着改变；这种现象称为正压电效应，简称压电效应。相反，当在电介质的极化方向上施加电场时，这些电介质也会产生变形，这种现象称为逆压电效应（也称电致伸缩效应)。日常生活中常见的压电微音器和压电发声器就是应用这两种压电效应的实际例子,但是,在工业生产中,主要是利用正压电效应进行动态非电量测量。

2. 压电效应表达式

设有一正六面体的压电元件,在三维直角坐标系内的力-电作用状况如图 4-2-1 所示。图中:T_1,T_2,T_3 分别表示沿 x、y、z 轴的正应力分量(拉应力为正,压应力为负),T_4,T_5,T_6 分别表示绕 x、y、z 轴的切应力分量(逆时针方向为正,顺时针方向为负);$\sigma_1,\sigma_2,\sigma_3$ 分别表示在垂直于 x、y、z 轴的表面(称为 x、y、z 轴面)上的电荷密度。

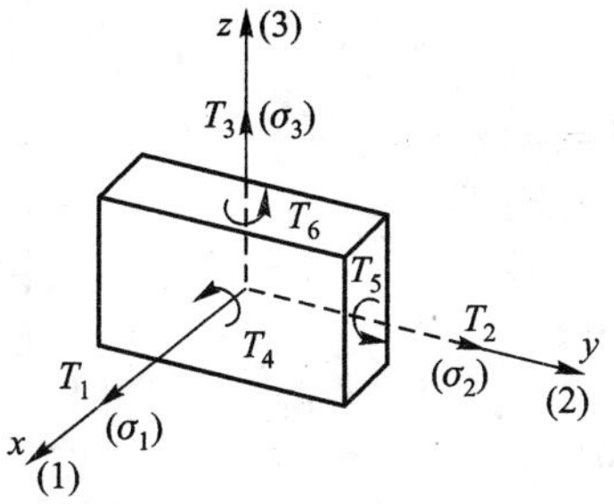

图 4-2-1 压电元件的力电分布

单一应力作用下的压电效应可表示为

$$\sigma_i = d_{ij}T_j \tag{4-2-1}$$

式中:i——表示电荷产生面的下标,$i=1,2,3$;

j——表示应力方向的下标,$j=1,2,3,4,5,6$;

d_{ij}——j 方向应力引起 i 面产生电荷时的压电常数。

单一应力作用下的压电效应有以下四种类型:

① $i=j$,应力与电荷面垂直,称为纵向压电效应;例如 d_{11},d_{33} 的压电效应,此时压电元件厚度变形,如图 4-2-2(a)所示。

② $i\neq j$ 且 $j\leqslant 3$,应力与电荷面平行,称为横向压电效应,例如 d_{12},d_{31},d_{32} 的压电效应,此时压电元件长度变形,如图 4-2-2(b)所示。

③ $j-i=3$ 且 $j\geqslant 4$,电荷面受剪切,称为面切压电效应,例如 d_{14},d_{25} 的压电效应,如图 4-2-2(c)所示。

④ $j-i\neq 3$ 且 $j\geqslant 4$,电荷面不受剪切但厚度受剪切,称为剪切压电效应,例如 d_{24},d_{15},d_{26} 的压电效应,如图 4-2-2(d)所示。

在多应力作用下的压电效应,称全压电效应,可表示为

$$\sigma_i = \sum_{j=1}^{6} d_{ij}T_j, \quad i = 1,2,3 \tag{4-2-2}$$

式中,σ_i 为电荷产生面 i 上的总电荷密度。

在三个单向力同时作用下,产生体积变形压电效应,如图 4-2-2(e)所示。可表示为

$$\sigma_i = \sum_{j=1}^{3} d_{ij}T_j \tag{4-2-3}$$

式(4-2-1)、式(4-2-2)和式(4-2-3)中各变量单位为:T_j——帕(Pa);σ_i——库/米^2(C/m^2);

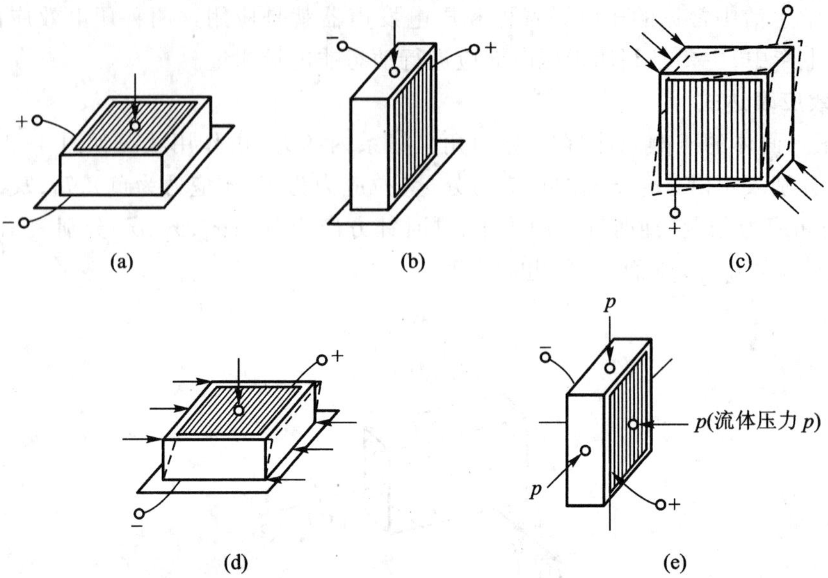

图 4-2-2 压电效应的几种类型

d_{ij}——库/牛(C/N)。

由于电荷面有 x、y、z 轴面(即 $i=1,2,3$)三种情况,而应力方向有 $j=1,2,3,4,5,6$ 共六种情况,所以压电常数 d_{ij} 在理论上有 18 种可能值,写成矩阵形式为

$$d_{ij}=\begin{bmatrix} d_{11} & d_{12} & d_{13} & d_{14} & d_{15} & d_{16} \\ d_{21} & d_{22} & d_{23} & d_{24} & d_{25} & d_{26} \\ d_{31} & d_{32} & d_{33} & d_{34} & d_{35} & d_{36} \end{bmatrix} \tag{4-2-4}$$

对于不同的压电材料,由于各向异性的程度不同,上述压电常数矩阵的 18 个压电常数中,有的常数为零,表示不存在这种压电效应。有的常数与另一个常数相等或为倍数关系。压电常数值可通过测试获得。

3. 力-电荷转换公式

上述压电效应方程描述了压电效应产生的电荷密度与所受应力的关系,对于具有一定尺寸的压电元件,常常需要确定压电效应产生的电荷与所受外力的关系。若设电荷产生面的面积为 A_i,电荷量为 Q_i,则电荷密度 σ_i 为

$$\sigma_i=\frac{Q_i}{A_i}$$

设在 j 方向受力面积为 A_j,j 方向所受外力为 F_j,则 j 方向所受应力为

$$T_j=\frac{F_j}{A_j}$$

将上两式代入式(4-2-1)可得

$$Q_i=d_{ij}F_j\frac{A_i}{A_j} \tag{4-2-5}$$

对于纵向压电效应，因 $i=j, A_i=A_j$，故有

$$Q_i=d_{ij}F_j=d_{ii}F_i \tag{4-2-6}$$

例如，如图 4-2-3(a)所示长 l 宽 b 厚 h 的左旋石英晶体切片，若在 x 轴方向施加压力 F_x，则晶体的 x 轴正向带正电，如图 4-2-3(b)所示。若 F_x 为拉力，则电荷极性相反。这种纵向压电效应产生的电荷量据式(4-2-6)应为

$$Q_x=d_{11}F_x \tag{4-2-7}$$

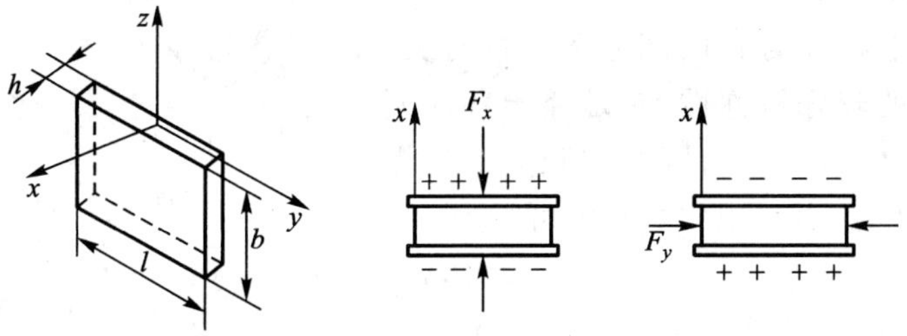

图 4-2-3 石英晶片上电荷极性与受力方向的关系

如果该晶片在 y 轴方向施加压力 F_y，则晶体的 x 轴正向带负电，如图 4-2-3(c)所示，若 F_y 为拉力，则电荷极性相反，这种横向压电效应产生的电荷据式(4-2-5)为

$$Q_x=d_{12}F_y\frac{lb}{bh}$$

因对石英晶体而言，$d_{12}=-d_{11}$，故有

$$Q_x=-d_{11}F_y\frac{l}{h} \tag{4-2-8}$$

综合式(4-2-5)~式(4-2-8)可知，压电效应产生的电荷 Q 与压电元件所受力 F 成正比，即

$$Q=dF \tag{4-2-9}$$

式中，d 称为电荷灵敏度。

4.2.2 压电材料

具有压电效应的电介质称为压电材料。迄今已出现的压电材料可以分为三种类型：一是压电晶体（单晶），它包括压电石英晶体和其他压电单晶；二是压电陶瓷（多晶半导瓷）；三是新型压电材料，其中有压电半导体和有机高分子压电材料两种。在传感器技术中，目前国内普遍应用的是石英晶体和压电陶瓷。

压电材料的压电特性并不是在任何方向上都相同的（即并非各向同性），这取决于压电材料的内部结构和制作工艺。

1. 石英晶体

石英晶体是最常用的压电晶体之一。石英晶体是单晶体结构，外形如图 4-2-4(a)所示，呈六角棱柱体，两端呈六角棱锥形状。石英晶体各个方向的特性是不同的，采用如图 4-2-4(b)所

示直角坐标系：z 轴与晶体上、下晶锥顶点连线重合，因光线沿该轴通过石英晶体时无折射，而且沿该轴方向上没有压电效应，故称 z 轴为光轴或中性轴；x 轴经过六棱柱棱线垂直于光轴 z，因垂直于此轴的面上压电效应最强，故称 x 轴为电轴；y 轴垂直于光轴 z 和电轴 x，因在电场作用下沿该轴方向的机械变形最明显，故称 y 轴为机轴或机械轴。

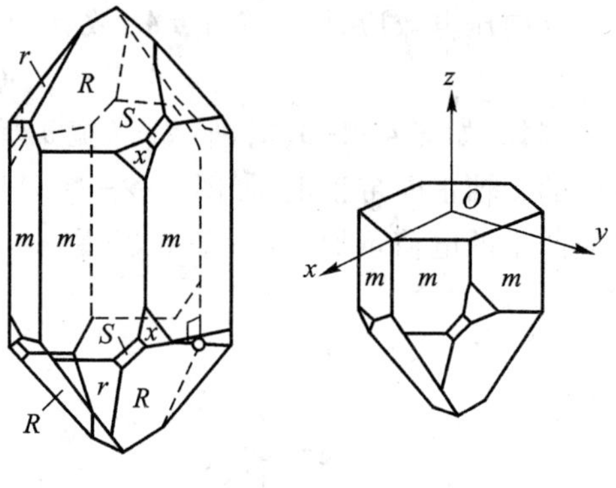

(a) (b)

图 4-2-4 石英晶体

石英晶体的压电特性与其内部分子结构有关。由于石英晶体结构的较好对称性，它是介于各向同性和完全各向异性之间的晶体，因此它独立的压电常数只有两个：d_{11} 和 d_{14}，其压电常数矩阵可写为

$$d_{ij}=\begin{bmatrix} d_{11} & -d_{11} & 0 & d_{14} & 0 & 0 \\ 0 & 0 & 0 & 0 & -d_{14} & -2d_{11} \\ 0 & 0 & 0 & 0 & 0 & 0 \end{bmatrix} \tag{4-2-10}$$

式中：$d_{11}=2.31\times10^{-12}$ C/N；

$d_{14}=0.73\times10^{-12}$ C/N。

由式(4-2-10)可知，石英晶体不是在任何方向上都存在压电效应，图 4-2-5 清楚地表明了这一点：

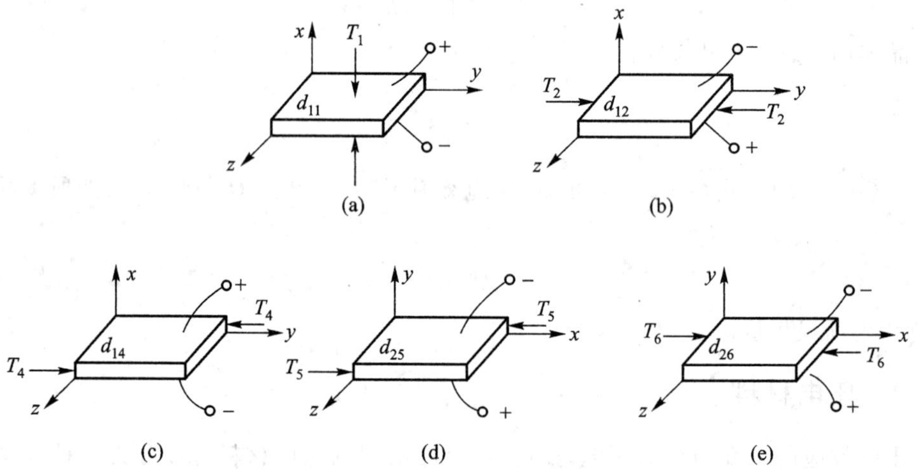

(a) (b)

(c) (d) (e)

图 4-2-5 石英晶体的压电效应

① 在 x 方向：只有 d_{11} 的纵向压电效应（图 4-2-5a），d_{12}（$d_{12}=-d_{11}$）的横向压电效应[图 4-2-5(b)]和 d_{14}的面切压电效应[图 4-2-5(c)]。

② 在 y 方向：只有 d_{25}（$d_{25}=-d_{14}$）的面切压电效应（图 4-2-5d）和 d_{26}（$d_{26}=-2d_{11}$）的剪切压电效应[图 4-2-5(e)]

③ 在 z 方向：无任何压电效应。

2. 压电陶瓷

压电陶瓷是一种经极化处理后的人工多晶铁电体。所谓“多晶”，是指它由无数细微的单晶组成;所谓"铁电体",是指它具有类似铁磁材料磁畴的"电畴"结构。每个单晶形成一个单个电畴;无数单晶电畴的无规则排列,致使原始的压电陶瓷呈现各向同性而不具有压电特性,如图 4-2-6(a)所示。要使之具有压电特性,必须做极化处理,即在一定温度下对其施加足够强的直流电场,迫使"电畴"趋向外电场方向做规则排列,如图 4-2-6(b)所示。极化电场去除后,电畴趋向基本保持不变,形成很强的剩余极化,如图 4-2-6(c)所示。

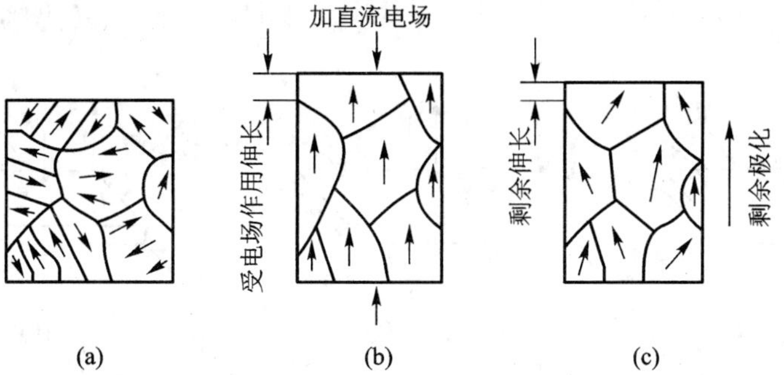

图 4-2-6 压电陶瓷的极化

当这种极化铁电陶瓷受到外力的作用时,原来趋向极化方向的电畴发生偏转,致使剩余极化强度随之变化,从而呈现出压电性。对于压电陶瓷,通常将极化方向定义为 z 轴,垂直于 z 轴的平面内则各向同性,因此与 z 轴垂直的任何正交方向都可取为 x 轴和 y 轴,且压电特性相同。

以钛酸钡压电陶瓷为例,由实验测试所得的压电常数矩阵为

$$d_{ij}=\begin{bmatrix} 0 & 0 & 0 & 0 & d_{15} & 0 \\ 0 & 0 & 0 & d_{15} & 0 & 0 \\ d_{31} & d_{32} & d_{33} & 0 & 0 & 0 \end{bmatrix} \tag{4-2-11}$$

式中,$d_{33}=190\times10^{-12}$ C/N,$d_{31}=d_{32}=-78\times10^{-12}$ C/N,$d_{15}=d_{24}=250\times10^{-12}$ C/N。

由式(4-2-11)可见,钛酸钡压电陶瓷也不是在任何方向上都有压电效应,图 4-2-7 清楚地表明了这一点:

① 在 x 方向:只有 d_{15} 的厚度剪切压电效应[图 4-2-7(a)]。

② 在 y 方向:只有 d_{24} 的厚度剪切压电效应[图 4-2-7(b)]。

③ 在 z 方向存在有:

a. d_{33} 的纵向压电效应[图 4-2-7(c)]。

b. d_{31} 的横向压电效应[图 4-2-7(d)]。

c. d_{32} 的横向压电效应[图 4-2-7(e)]。

d. 三向应力 T_1,T_2,T_3 同时作用下的体积变形压电效应[图 4-2-7(f)],当外加三向压力相等(如液体压力)时,由式(4-2-3)及式(4-2-11)得

$$\sigma_3=(d_{31}+d_{32}+d_{33})T=(2d_{31}+d_{33})T=d_3T \tag{4-2-12}$$

式中,$d_3=2d_{31}+d_{33}$ 称为体积压缩压电常数。

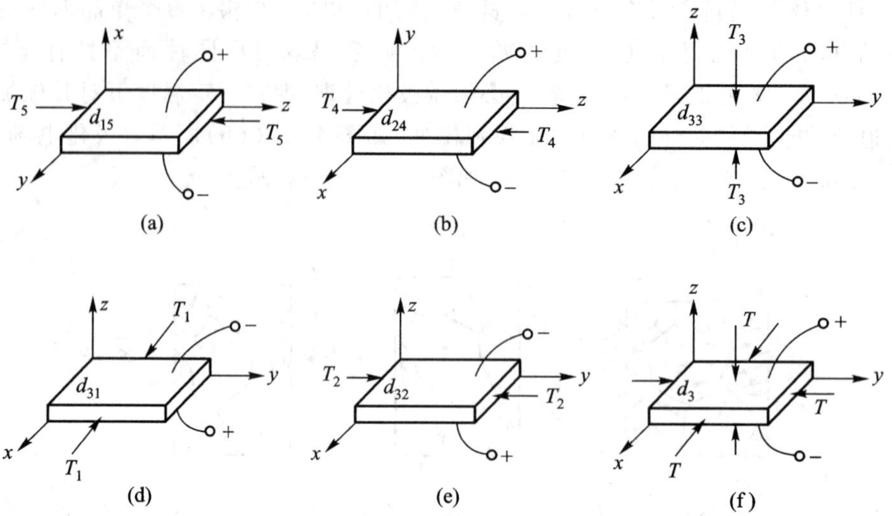

图 4-2-7　压电陶瓷的压电效应

4.2.3　压电元件

1. 压电元件的变形方式

如图 4-2-2 所示，压电元件有五种基本变形方式。压电陶瓷的压电常数比石英晶体的大数十倍。石英晶体的长宽切变压电效应最差（d_{14}、d_{25}值最小），故很少取用。压电陶瓷的厚度切变压电效应最好（d_{15}、d_{24}值最大），应尽量取用。对三维空间力场（如液体压力）的测量，压电陶瓷的体积压缩压电效应显示了独特的优越性（石英晶体无体积压缩压电效应）。

压电元件在传感器中，必须有一定的预应力，以保证在作用力变化时，压电元件始终受到压力。其次是保证压电元件与作用力之间的全面均匀接触，获得输出电压（或电荷）与作用力的线性关系。但是预应力也不能太大，否则将会影响其灵敏度。

在压电式传感器中，一般利用压电元件的纵向压电效应较多，这时压电元件大多是圆片式。也有利用其横向压电效应的，如图 4-2-8 所示的双片悬臂梁式压电传感器。当自由端受力 F 时，压电元件将产生形变，上压电片被拉长，下压电片缩短，但中心面的长度没有改变，从而产生压电效应，这时每片压电片产生的电荷为

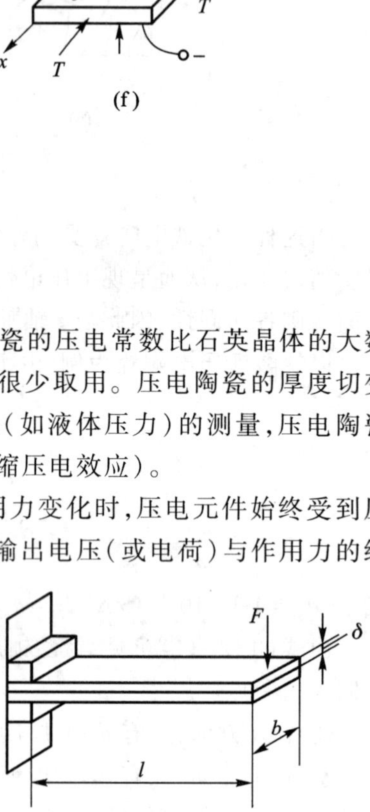

图 4-2-8　双片悬臂梁式压电传感器

$$Q=\frac{3}{8}\frac{d_{31}l^2}{\delta^2}F \tag{4-2-13}$$

式中：l——压电片的悬臂长度；

δ——单片压电片的厚度。

这种传感器可用做加速度传感器和测量粗糙度的轮廓仪的测头等。

2. 压电元件的等效电路

根据压电传感器的应用需要和设计要求，以某种切型从压电材料切得的晶片，其电荷产生面

经过镀金属(银)层或加金属薄片后形成电极,这样就构成了可供选用的压电元件。压电元件的两电极间的石英晶体或压电陶瓷为绝缘体,因此就构成了一个电容器,其电容量为

$$C_a=\frac{\varepsilon A}{h} \tag{4-2-14}$$

式中:ε——压电陶瓷或石英晶体的介电常数;

A——极板面积;

h——压电元件厚度(即两极板间距离)。

当压电元件受外力作用时,两电极表面产生等量的正、负电荷 Q。因此,压电元件可以等效为一个电荷源 Q 与电容器 C_a 的并联,如图 4-2-9(a)所示。

压电元件受外力作用,在电极表面产生电荷时,两电极间将形成电压,其值为

$$U_a=\frac{Q}{C_a} \tag{4-2-15}$$

因此,压电元件又可以等效为一个电压源 U_a 与电容器 C_a 的串联,如图 4-2-9(b)所示。

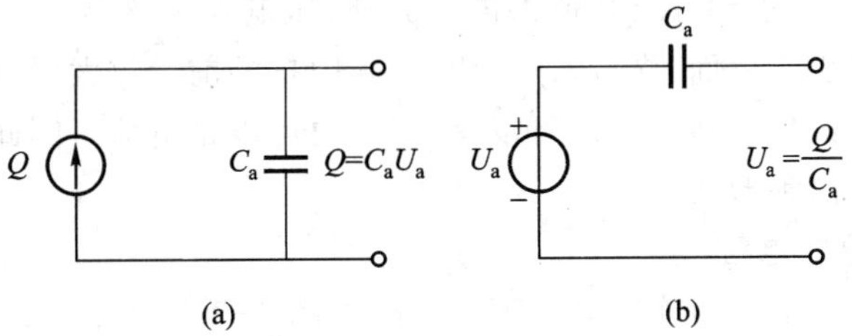

图 4-2-9 压电元件的等效电路

压电元件不受外力作用时,电极表面没有电荷产生,图 4-2-9 中电荷源开路(无电荷时电流为零),电压源短路,此时的压电元件只是等效为一个电容器 C_a。很显然,不能把压电元件等效为一个电压源 U_a 与电容器 C_a 的并联或一个电荷源 Q 与电容器 C_a 的串联。(其理由留给读者自己思考。)

3. 压电元件的串并联

压电传感器中一般不只使用一个压电元件,而是将两片或多片压电元件组合在一起,这种组合方法是:多个压电元件堆叠在一起,在力学上是串联结构,以保证所有压电元件受到同样大小的作用力,每片产生的应变及电荷都与单片时相同。在电路上可以采用串联,也可以采用并联。由图4-2-3可见,压电元件的电荷是有极性的,压电元件的串并联是指压电元件的极性连接方式。下面以纵向压电效应为例加以说明。

如图 4-2-10(a)所示,n 片压电元件并联时,相邻两片压电元件按极化方向相反粘贴,两片之间夹垫金属片并引出导线,将两端导线相间地并接起来,n 个压电元件这样组合起来可等效为一个压电元件,该等效压电元件的电容 C_e、电荷 Q_e 和电压 U_e 与单个压电元件的 C、Q、U 的关系为

$$C_e=nC,\quad Q_e=nQ,\quad U_e=U \tag{4-2-16}$$

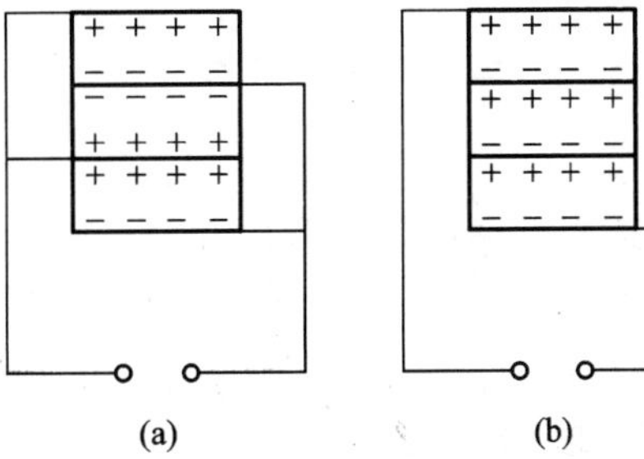

图 4-2-10 压电元件的串并联

如图 4-2-10(b)所示,n 片压电元件串联时,相邻两片压电元件按相同极化方向粘贴(晶片之间用导电胶粘接),端面用金属垫片引出导线。这样组合后的等效压电元件的电容 C_e、电荷 Q_e 和电压 U_e 为

$$C_e=\frac{C}{n},\quad Q_e=Q,\quad U_e=nU \tag{4-2-17}$$

串联使压电传感器时间常数减小,电压灵敏度增大,适用于电压输出、高频信号测量的场合;并联使压电传感器时间常数增大,电荷灵敏度增大,适用于电荷输出、低频信号测量的场合。

4.2.4 接口电路

如图 4-2-9(b)所示,压电式传感器等效为一个电压源 $U=\frac{Q}{C_a}$ 和一个电容 C_a 的串联电路。很显然,如果外部负载 R_L 不是无穷大,那么受力所产生的电荷就要以时间常数 R_LC_a 放电,从而使电压跌落造成显著误差。为此压电式传感器要求负载电阻 R_L 必须有很大的数值,要达到数百兆欧以上,才能使测量误差小到一定数值以内。此外,压电式传感器输出的能量也非常微弱,因此常在压电式传感器输出端后面,先接入一个高输入阻抗的前置放大器,然后再接入一般的放大电路及其他电路。压电式传感器的输出可以是电压,也可以是电荷。因此,它的接口电路也有电压放大器和电荷放大器两种形式。

1. 压电传感器的等效电路

压电传感器与其接口电路相连接时的等效电路如图 4-2-11(a)所示。图中 C_a 为压电元件

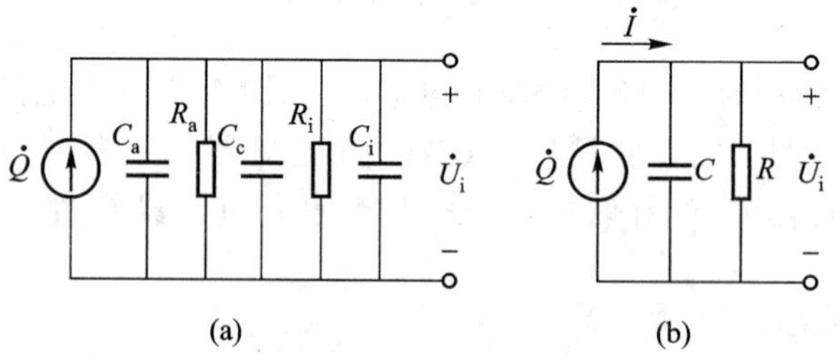

图 4-2-11 压电传感器等效电路

的电容,R_a 为压电元件的漏电电阻,C_c 为连接电缆电容,R_i 和 C_i 分别为接口电路的输入电阻和输入电容。图 4-2-11(a)可简化为图 4-2-11(b)。图 4-2-11(b)中

$$C=C_a+C_c+C_i \tag{4-2-18}$$

$$R=\frac{R_aR_i}{R_i+R_a} \tag{4-2-19}$$

电流定义 $i=\frac{\mathrm{d}q}{\mathrm{d}t}$ 的复数形式为

$$\dot{I}=\mathrm{j}\omega\dot{Q} \tag{4-2-20}$$

2. 电压放大器

压电传感器与电压放大器的连接电路如图 4-2-12 所示。图中电压放大器输入电压为

$$\dot{U}_{\mathrm{i}}=\frac{\dot{I}}{\frac{1}{R}+\mathrm{j}\omega C}=\frac{\mathrm{j}\omega\ \dot{Q}}{\frac{1}{R}+\mathrm{j}\omega C}=\frac{\dot{Q}}{C}\ \frac{1}{1+\frac{\omega_0}{\mathrm{j}\omega}} \tag{4-2-21}$$

式中

$$\omega_0=\frac{1}{RC} \tag{4-2-22}$$

电压放大器增益为

$$K=1+\frac{R_2}{R_1} \tag{4-2-23}$$

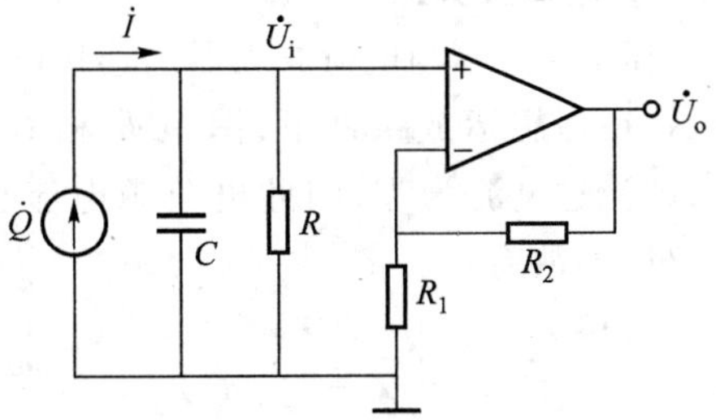

图 4-2-12 电压放大器电路

输出电压为

$$\dot{U}_{\mathrm{o}}=K\ \dot{U}_{\mathrm{i}}=\frac{\dot{Q}}{C}\ \frac{K}{1+\frac{\omega_0}{\mathrm{j}\omega}} \tag{4-2-24}$$

输出电压与输入电荷之间的转换关系为

$$\frac{\dot{U}_{\mathrm{o}}}{\dot{Q}}=\frac{K}{C}\ \frac{1}{1+\frac{\omega_0}{\mathrm{j}\omega}} \tag{4-2-25}$$

由式(4-2-25)可见电压放大器输出电压与输入电荷之间的转换关系具有一阶高通滤波特性，其转换灵敏度为

$$\frac{U_{\mathrm{o}}}{Q}=\left|\frac{\dot{U}_{\mathrm{o}}}{\dot{Q}}\right|=\frac{K}{C}\ \frac{1}{\sqrt{1+\left(\frac{\omega_0}{\omega}\right)^2}} \tag{4-2-26}$$

将式(4-2-9)代入式(4-2-26)得

$$\frac{\dot{U}_{\mathrm{o}}}{\dot{F}}=\frac{Kd}{C}\ \frac{1}{1+\frac{\omega_0}{\mathrm{j}\omega}} \tag{4-2-27}$$

$$\frac{U_{\mathrm{o}}}{F}=\left|\frac{\dot{U}_{\mathrm{o}}}{\dot{F}}\right|=\frac{Kd}{C}\ \frac{1}{\sqrt{1+\left(\frac{\omega_0}{\omega}\right)^2}} \tag{4-2-28}$$

由式(4-2-28)可见，为扩展传感器工作频带的低频端，须减小 ω_0，据式(4-2-22)就应增大 C 或增大 R，但由式(4-2-26)可知，增大 C 会降低灵敏度，所以一般采取增大 R，据式(4-2-19)可知，应配置输入电阻 R_{i} 很大的前置放大器。

由式(4-2-18)和式(4-2-26)可知，连接电缆电容 C_{c} 改变会引起 C 改变，进而引起灵敏度改变，所以当更换传感器连接电缆时必须重新对传感器进行标定，这是采用电压放大器的一个弊端。

3. 电荷放大器

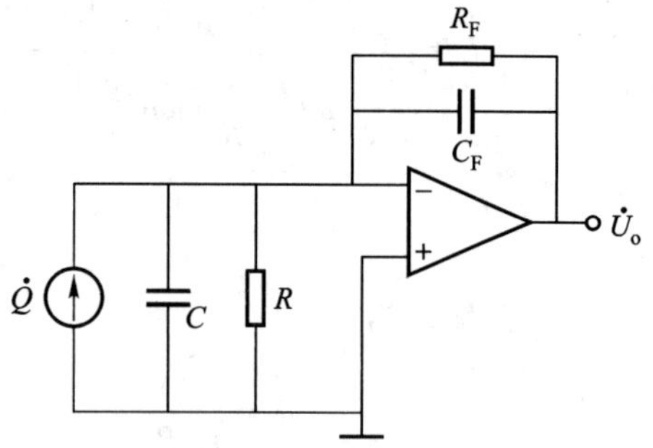

图 4-2-13　电荷放大器电路

压电传感器与电荷放大器的连接电路如图 4-2-13 所示，在理想运放条件下，图中 R 和 C 两端电压均为零，即流过电流为零，因此电荷源电流全部流过 Z_2 即 $R_F /\!/ C_F$。故有

$$\dot{U}_o=-\dot{I}\,Z_2=-\mathrm{j}\omega\,\dot{Q}\,Z_2=-\frac{\mathrm{j}\omega\,\dot{Q}}{\dfrac{1}{R_F}+\mathrm{j}\omega C_F}$$

电荷放大器输出电压与输入电荷之间的转换关系为

$$\frac{\dot{U}_o}{\dot{Q}}=\frac{1}{C_F}\frac{1}{1+\dfrac{\omega_0}{\mathrm{j}\omega}} \qquad (4-2-29)$$

式中

$$\omega_0=\frac{1}{R_F C_F} \qquad (4-2-30)$$

由式(4-2-30)可见电荷放大器输出电压与输入电荷之间的转换关系具有一阶高通滤波特性，其转换灵敏度为

$$\frac{U_o}{Q}=\left|\frac{\dot{U}_o}{\dot{Q}}\right|=\frac{1}{C_F}\frac{1}{\sqrt{1+\left(\dfrac{\omega_0}{\omega}\right)^2}} \qquad (4-2-31)$$

将式(4-2-9)代入式(4-2-29)，得

$$\frac{\dot{U}_o}{\dot{F}}=-\frac{d}{C_F}\frac{1}{1+\dfrac{1}{\mathrm{j}\omega R_F C_F}}=-\frac{d}{C_F}\frac{1}{1+\dfrac{\omega_0}{\mathrm{j}\omega}} \qquad (4-2-32)$$

可见电荷放大器输出电压 U_o 与压电传感器所受力之间的转换关系也具有一阶高通滤波特性，其转换灵敏度为

$$\frac{U_o}{F}=\left|\frac{\dot{U}_o}{\dot{F}}\right|=\frac{\dfrac{d}{C_F}}{\sqrt{1+\left(\dfrac{\omega_0}{\omega}\right)^2}} \qquad (4-2-33)$$

由式(4-2-33)可见，在采用电荷放大器的情况下，灵敏度只取决于反馈电容 C_F，而与电缆电容 C_c 无关，因此在更换电缆或需要使用较长电缆（数百米）时，无需重新校正传感器的灵敏度。

在电荷放大器的实际电路中，灵敏度的调节可采用切换 C_F 的办法。通常 C_F 在 100～10 000 pF之间选择。为了减小零漂，提高放大器工作的稳定性，一般在反馈电容的两端并联一个大电阻 R_F，约10^{10}～10^{14} Ω，其功用是提供直流负反馈。

电荷放大器的时间常数 $R_F C_F$ 相当大（10^5 s 以上），下限截止频率 $f_0=\frac{1}{2\pi R_F C_F}$ 低达 3×10^{-6} Hz，上限频率高达 100 kHz，输入阻抗大于10^{12} Ω，输出阻抗小于 100 Ω，因此压电式传感器配用电荷放大器时，低频响应比配用电压放大器要好得多，可对准静态的物理量进行有效测量。

因式（4-2-26）和式（4-2-29）中 ω 都不能为零，所以不论采用电压放大还是电荷放大，压电式传感器都不能测量频率太低的被测量，特别是不能测量静态参数（即 $\omega=0$），因此压电传感器多用来测量加速度和动态力或压力。

4.3 热电偶传感器

基于热电效应原理工作的传感器称为热电偶传感器，简称热电偶，它是目前接触式测温中应用最广的热电式传感器。

4.3.1 热电效应

如图 4-3-1 所示，两种导体（或半导体）A 和 B 的两端分别焊接或绞接在一起，形成一个闭合的回路。若两个接点处于不同的温度，回路中就会产生电动势（称为热电动势），因而在回路中形成电流，这种现象称为热电效应。热电效应是 1823 年由塞贝克（Seebeck）发现的，故又称为塞贝克效应，热电动势也称为塞贝克电动势。图 4-3-1 中导体（或半导体）A 和 B 称为热电极，它们组成热电偶 AB。测温时接点（1）置于被测温度场中，称为测量端（或工作端、热端）；接点（2）一般处于某一恒定温度，称为参考端（或自由端、冷端）。

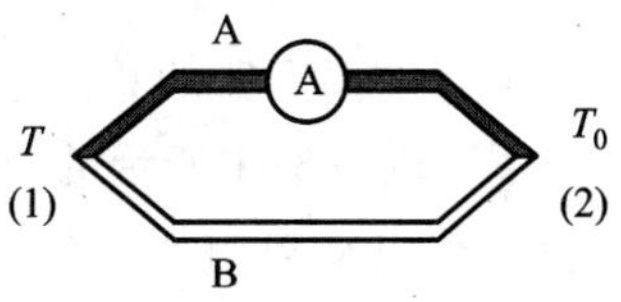

图 4-3-1 热电效应示意图

1. 热电动势的产生

热电偶产生的热电动势与两个电极的材料及两个接点的温度有关，通常写成 $E_{AB}(T,T_0)$。热电偶产生的热电动势由单一导体的温差电动势和两种导体的接触电动势组成。

1）单一导体的温差电动势

一根匀质的金属导体，如果两端的温度不同，则在导体内部会产生电动势，这种电动势称为温差电动势。温差电动势的形成是由于导体内高温端自由电子的动能比低温端自由电子的动能大。这样，高温端自由电子的扩散速率比低温端自由电子的扩散速率大，使得高温端因失去一些电子而带正电，低温端因得到电子而带负电，从而两端便形成一定的电位差。根据物理学上推导，当导体 A 两端的温度分别为 T、T_0 时，温差电动势可表示为

$$E_A(T,T_0)=\int_{T_0}^{T}\sigma_A\,\mathrm{d}T \tag{4-3-1}$$

式中，σ_A 为导体 A 的温差系数。

同理，导体 B 的温差电动势为

$$E_B(T,T_0)=\int_{T_0}^{T}\sigma_B\,\mathrm{d}T \tag{4-3-2}$$

2）两种导体的接触电动势

当 A、B 两种金属接触在一起时，由于两种金属导体内自由电子密度不同，在结点处就会发生电子迁移扩散，若金属 A 的电子密度 N_A 大于金属 B 的电子密度 N_B，则由金属 A 扩散到金属 B 的电子数要比从金属 B 扩散到金属 A 的电子数多，这样，金属 A 因失去电子而带正电，金属 B 因得到电子而带负电，于是在接触面处形成电场。此电场将阻止电子由金属 A 进一步向金属 B 扩散，直到扩散作用与电场的阻止作用相等时，这过程便处于动态平衡。此时，在 A、B 两金属接触面形成一个稳定的电位差，这就是接触电动势。接触电动势写成 $E_{AB}(T)$，表示它的大小与两金属的材料有关，也与接触面处的温度有关。根据物理学上的推导，接触电动势的表达式为

$$E_{AB}(T)=\frac{KT}{e}\ln\frac{N_A}{N_B} \tag{4-3-3}$$

式中：K——玻尔兹曼常数；

T——接触处的热力学温度；

e——电子电荷量；

N_A，N_B——分别为金属 A、B 的自由电子密度，与温度有关。

同理，在接触面（接点）的温度为 T_0 时的接触电动势为

$$E_{AB}(T_0)=\frac{KT_0}{e}\ln\frac{N_A}{N_B} \tag{4-3-4}$$

3）热电偶回路的总热电动势

对于图 4-3-1 所示的由 A 和 B 两种导体构成的热电偶回路，热端和冷端温度分别为 T、T_0 时，其总热电动势用 $E_{AB}(T,T_0)$ 表示，它等于整个回路中各接触电动势与各温差电动势的代数和。我们从热端出发沿回路绕行一周，按照遇到的导体和温度的顺序，依次写出各接触电动势和温差电动势，并将它们相加起来便是整个回路的总热电动势。这种方法简称为“顺藤摸瓜法”。以图 4-3-1 为例，从热端 T 出发，逆时针沿回路一周，在 T 端先遇 A 后遇 B，接触电动势写 $E_{AB}(T)$；B 导体温度先遇 T 后遇 T_0，温差电动势写 $E_B(T,T_0)$；在 T_0 端先遇 B 后遇 A，接触电动势写 $E_{BA}(T_0)$；A 导体温度先遇 T_0 后遇 T，温差电动势写 $E_A(T_0,T)$；将它们相加起来便是整个回路的总热电动势 $E_{AB}(T,T_0)$。即

$$E_{AB}(T,T_0)=E_{AB}(T)+E_B(T,T_0)+E_{BA}(T_0)+E_A(T_0,T) \tag{4-3-5}$$

将式（4-3-1）~式（4-3-4）代入式（4-3-5）得

$$E_{AB}(T,T_0)=\frac{K}{e}(T-T_0)\ln\frac{N_A}{N_B}+\int_{T_0}^{T}(\sigma_B-\sigma_A)\,\mathrm{d}T \tag{4-3-6}$$

式中，右边第一项称接触电动势，第二项称温差电动势，接触电动势一般大于温差电动势。

由式（4-3-6）可见，如果 A 和 B 两导体的材料相同，即 $N_A=N_B$，$\sigma_A=\sigma_B$，即使两端温度 T、T_0 不同，总热电动势也为零，因此热电偶必须用两种不同成分的材料做热电极。此外，如果热电偶的两电极材料不同，但热电偶的两端温度相同，即 $T=T_0$，总的热电动势也为零。

2. 热电偶的基本定律

1）中间导体定律

在实际应用热电偶测量温度时，必须在热电偶回路中接入测量热电动势的仪表，其接法

如图4-3-2所示。图中(a)为在电极B中间断开并接入连接导线C,而(b)为在热电偶的参考端断开并接入连接导线C。热电偶回路中接入测量仪表和连接导线相当于热电偶回路中接入第三种导体。可以证明:“在热电偶回路中接入第三种导体时,只要第三种导体两端的温度相同,就不会影响热电偶回路的总热电动势。”这就是热电偶的中间导体定律。下面来证明中间导体定律。为与由两种导体构成的热电偶相区别,这里把由A、B、C三种导体构成的热电偶回路在热端和冷端温度分别为 T 和 T_0 时的总热电动势用 $E_{ABC}(T,T_0)$ 表示。

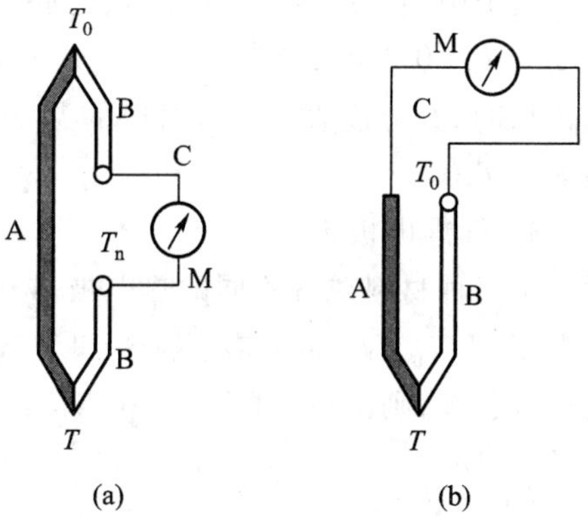

图4-3-2 热电偶回路接入第三导体

对于图4-3-2(a)的电路,采用“顺藤摸瓜法”,可写出回路总热电动势

$$E_{ABC}(T,T_0)=E_{AB}(T)+E_B(T,T_n)+E_{BC}(T_n)+E_C(T_n,T_n)+E_{CB}(T_n)+E_B(T_n,T_0)+E_{BA}(T_0)+E_A(T_0,T)$$

根据数学上定积分的性质和对数性质由式(4-3-1)和式(4-3-3)可知

$$E_B(T,T_n)+E_B(T_n,T_0)=E_B(T,T_0)$$

$$E_C(T_n,T_n)=0$$

$$E_{BC}(T_n)+E_{CB}(T_n)=0$$

故有

$$E_{ABC}(T,T_0)=E_{AB}(T)+E_B(T,T_0)+E_{BA}(T_0)+E_A(T_0,T)$$

将上式右边与式(4-3-5)右边对比可见

$$E_{ABC}(T,T_0)=E_{AB}(T,T_0) \tag{4-3-7}$$

对于图4-3-2(b)所示的电路,采用“巡游一周法”,也可写出回路总热电动势

$$E_{ABC}(T,T_0)=E_{AB}(T)+E_B(T,T_0)+E_{BC}(T_0)+E_C(T_0,T_0)+E_{CA}(T_0)+E_A(T_0,T)$$

根据数学上对数的性质,由式(4-3-3)可知

$$E_{BC}(T_0)+E_{CA}(T_0)=\frac{KT_0}{e}\ln\frac{N_B}{N_C}+\frac{KT_0}{e}\ln\frac{N_C}{N_A}=\frac{KT_0}{e}\ln\frac{N_B}{N_A}=E_{BA}(T_0)$$

故有

$$E_{ABC}(T,T_0)=E_{AB}(T)+E_B(T,T_0)+E_{BA}(T_0)+E_A(T_0,T)=E_{AB}(T,T_0)$$

根据中间导体定律,可以在回路中引入各种仪表和连接导线,而不必担心会对热电动势有影响。而且也允许采用任意的焊接方法来焊制热电偶。同时,应用这一定律,还可以采用开路热电偶测量液态金属和固体金属表面的温度,如图4-3-3所示。图4-3-3(a)中所示的液态金属和图4-3-3(b)中所示的金属壁面可看成接入的第三导体,而且两端温度是一致的。

2) 中间温度定律

热电偶AB在接点温度为 T、T_0 时的热电动势等于该热电偶在接点温度为 T、T_n 和 T_n、T_0 时的热电动势之和,即

$$E_{AB}(T,T_0)=E_{AB}(T,T_n)+E_{AB}(T_n,T_0) \tag{4-3-8}$$

T_n 称为中间温度[式(4-3-8)的证明留给读者自己去做]。若取 $T_n=0$ ℃,则代入式(4-3-8)可得

$$E_{AB}(T,T_0)=E_{AB}(T,0)+E_{AB}(0,T_0)$$

所以

$$E_{AB}(T,0)=E_{AB}(T,T_0)+E_{AB}(T_0,0) \tag{4-3-9}$$

这个中间温度定律为制定热电偶的分度表奠定了理论基础。热电偶的“分度表”就是参考温度为 $T_0=0$ ℃时的热电动势 $E_{AB}(T,0)$ 与测量端温度 T 的对照数据表。如果测得热电动势 $E_{AB}(T,0)$，查分度表可求得对应的温度 T，反之，如果已知温度 T，查分度表可求得对应的热电动势 $E_{AB}(T,0)$。

3）标准电极定律

由三种材料成分不同的热电极 A、B、C 分别组成三对热电偶，如图 4-3-4 所示。在相同接点温度(T,T_0)下，如果热电极 A 和 B 分别与热电极 C（称为标准电极）组成的热电偶所产生的热电动势已知，则由热电极 A 和 B 组成的热电偶的热电动势可按下式求出（下面的证明留给读者自己去做）

$$E_{AB}(T,T_0)=E_{AC}(T,T_0)-E_{BC}(T,T_0) \tag{4-3-10}$$

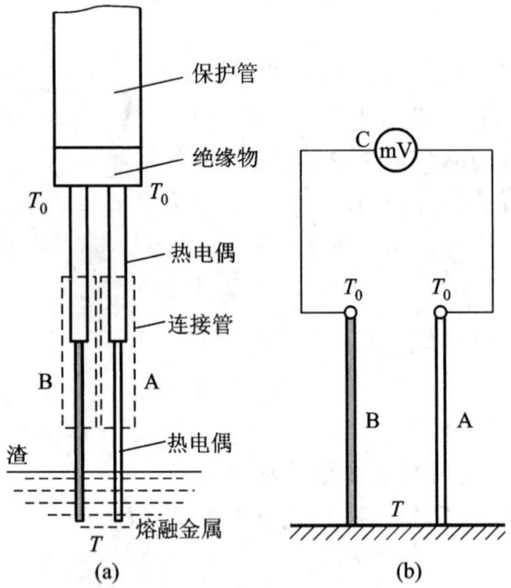

图 4-3-3　开路热电偶的使用

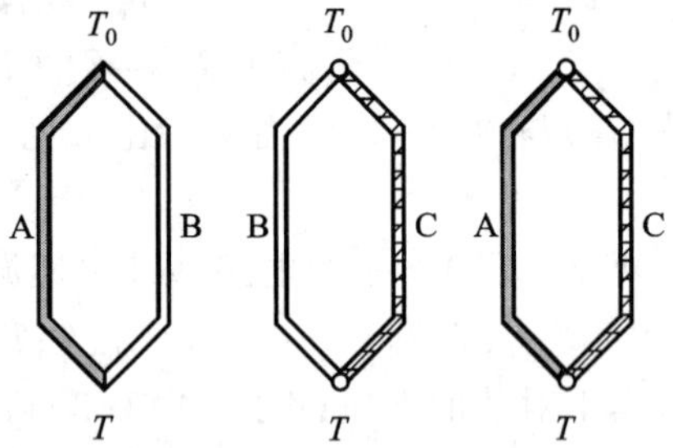

图 4-3-4　三种导体分别组成的热电偶

标准电极 C 通常用纯度很高、物理化学性能非常稳定的铂制成，称为标准铂热电极。利用标准电极定律可大大简化热电偶选配工作，只要已知任意两种电极分别与标准电极配对的热电动势，即可求出这两种热电极配对的热电偶的热电动势而不需要测定。

4.3.2　热电偶的材料、型号及结构

1. 热电偶的材料

理论上讲，似乎任何两种导体都可以组成热电偶，用来测量温度。但是为了保证在工程技术中应用可靠，并具有足够精度，一般说来，对热电偶电极材料有以下要求：

① 在测温范围内，热电性质稳定，不随时间和被测介质变化；物理化学性能稳定，不易氧化或腐蚀；

② 导电率要高，并且电阻温度系数要小；

③ 它们组成的热电偶，热电动势随温度的变化率要大，并且希望该变化率在测温范围内接

近常数；

④ 材料的机械强度要高，复制性要好，复制工艺要简单，价格便宜。

实际上并非所有材料都能满足上述全部要求。目前在国际上被公认的比较好的热电材料只有几种，它们已列入工业标准化文件中。

2. 热电偶的型号

热电偶的品种很多，各种分类方法也不尽相同。按照工业标准化的要求，可分为标准化热电偶和非标准化热电偶两种。所谓标准化热电偶是指工艺上比较成熟，能批量生产、性能稳定、应用广泛，具有统一分度表并已列入国际和国家标准文件中的热电偶。标准化文件对同一型号的标准化热电偶规定了统一的热电极材料及其化学成分、热电性质和允许偏差，故同一型号的标准化热电偶具有良好的互换性。因为标准化热电偶可以互换，精度有一定的保证，并有配套的显示、记录仪表可供选用，这就为应用提供了方便。

到目前为止，国际电工委员会（IEC）共推荐了八种标准化热电偶（我国已完全采用），这些热电偶的型号（通常称为分度号）、热电极的材料以及可测的温度范围见表 4-3-1。表中所列的每一种型号的热电材料前者为热电偶的正极，后者为负极（例如，“铂铑 10”表示铂铑合金，其中铂 90%，铑 10%，以此类推）；温度的测量范围是指热电偶在良好的使用环境下允许测量温度的极限值，实际使用，特别是长时间使用，一般允许测量的温度上限是极限值的 60%～80%。

表 4-3-1 标准化热电偶

型号标志	材　　料	温度范围/℃	型号标志	材　　料	温度范围/℃
S	铂铑 10-铂	-50～1 768	N	镍铬硅-镍硅	-270～1 300
R	铂铑 13-铂	-50～1 768	E	镍铬-康铜	-270～1 000
B	铂铑 30-铂铑 6	0～1 820	J	铁-康铜	-210～1 200
K	镍铬-镍硅	-270～1 372	T	铜-康铜	-270～400

3. 热电偶的结构

1）普通热电偶

工业上常用的普通热电偶的结构由热电极 1、绝缘套管 2（防止两个热电极在中间位置短路）、保护套管 3（使热电极免受化学侵蚀及机械损伤）、接线盒 4（连接导线通过接线盒与热电极连接）、接线盒盖 5（防止灰尘、水分及有害气体进入保护套管内）组成，如图 4-3-5 所示。普通热电偶主要用于气体、蒸汽和液体等介质的温度测量，这类热电偶已做成标准形式，可根据测温范围和环境条件来选择合适的热电极材料和保护套管。

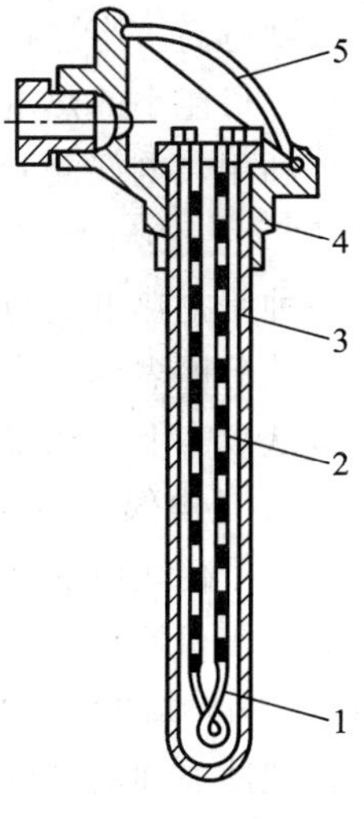

图 4-3-5 普通热电偶结构示意图

2）铠装热电偶（又称缆式热电偶）

铠装热电偶是将热电极、绝缘材料连同金属保护套一起拉制成形的，可做得很细、很长，其外径可小到 1～3 mm，而且可以弯曲，适合于测量狭小的对象上各点的温度。铠装热电偶种类多，可制成单芯、双芯和四芯等。主要特点是测量端热容量小，动态响应快（时间常数可达 0.01 s）；有良好的柔性，便于弯曲；抗振性能好，强度高。

3）薄膜热电偶

用真空蒸镀(或真空溅射)的方法,将热电偶材料淀积在绝缘基板上而制成的热电偶称薄膜热电偶。由于热电偶可以做得很薄(厚度可达0.01~0.1 μm),测表面温度时不影响被测表面的温度分布,其本身热容量小,动态响应快,故适合于测量微小面积和瞬时变化的温度。

除此之外,还有用于测量圆弧形固体表面温度的表面热电偶和用于测量液态金属温度的浸入式热电偶等。

4.3.3 冷端恒温式热电偶测温电路

1. 测温原理和方法

由(4-3-6)式可知,热电偶产生的热电动势由热电偶材料及两接点温度决定。

如果能使冷端温度 T_0 固定,则对确定的热电偶材料,其热电动势 $E_{AB}(T,T_0)$ 就只与热端温度 T 呈单值函数关系,即

$$E_{AB}(T,T_0)=f(T) \tag{4-3-11}$$

由此可见,当保持热电偶冷端温度 T_0 不变时,只要用仪表测得热电动势 $E_{AB}(T,T_0)$,就可求得被测温度 T。热电偶中,A、B 热电极材料的电子密度与温度有关,但其严格的数学函数关系难以准确得到,故热电动势与温度的一一对应关系不是用计算的方法而是用实验方法得到的。国际温标规定:在 $T_0=0$ ℃时,用实验的方法测出各种不同热电极组合的热电偶在不同的工作温度 T 下所产生的热电势值,并制成一张张表格,这些表格是"热电偶的热电动势 $E_{AB}(T,0)$ 与温度 T 对应关系数据表",也就是常说的热电偶分度表。它是热电偶测温的主要依据。国际温标 ITS-90 的标准热电偶分度表可从 NIST(National Institute of Standards and Testing)的官方网站下载(http://srdata.nist.gov/its90/download/download.html)。

对给定的热电偶通过实验测得 $T_0=0$ ℃,T 取不同温度时的热电动势数据,也可绘成相应的曲线如图 4-3-6 所示。

热电偶热电动势 $E_{AB}(T,0)$ 对温度 T 的一阶导数,称为塞贝克系数,塞贝克系数越大,热电偶灵敏度越高。当选择某种热电偶来测量特定温度范围时,应选择其塞贝克系数在该温度范围的变化尽可能小的热电偶。

利用热电偶测量温度有两种方法。一种是用测量电压的毫伏表测出热电偶的热电动势 $E_{AB}(T,0)$,然后查该热电偶的分度表,确定出对应的被测温度的数值 T,这种方法称为查表法。另一种是把热电偶与专用的测量仪表配套一起使用,通常该测量仪表的刻度就按热电偶型号所对应的分度表标定成温度数值,这样在用该热电偶及其配套测量仪表测温时,如 $T_0=0$ ℃,便可直接从仪表上读取温度值 T,这种方法称为直读法。

2. 热电偶冷端的恒温和延伸

为了使热电偶的热电动势与被测温度呈如式(4-3-11)的单值函数关系,需要使热电偶的冷端的温度保持恒定或进行其他处理。

1）冷端的恒温方式

把冰屑和清洁的水相混合,放在保温瓶中,并使水面略低于冰屑面,然后把热电偶的冷端置于其中,在一个大气压的条件下,即可使冰水保持在 0 ℃,这时热电偶输出的热电动势符合分度表的对应关系。这种方法称为冰浴法,适用于实验室。

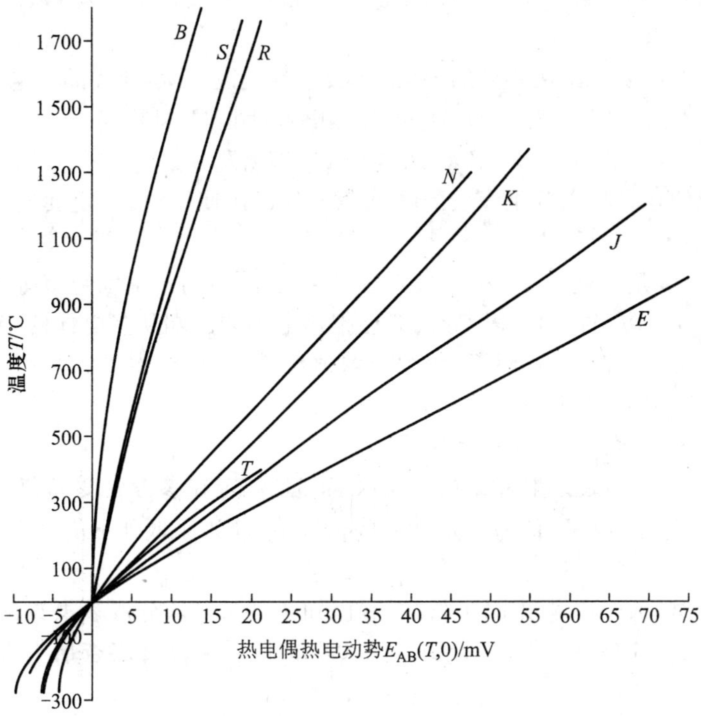

图 4-3-6 标准热电偶的热电动势与温度关系曲线(T_0 = 0 ℃)

为使冷端保持恒温,也可以将冷端置于恒温槽中,使冷端恒温值略高于环境最高温度。亦可将冷端置于温度变化缓慢的容器中或置于深埋于地下的铁盒或充满绝热体的铁管中等。

2) 冷端的延伸

工业测温时,被测点与指示仪表之间往往有很长的距离,同时为了避免冷端温度受被测点温度变化的影响,也需要使热电偶的冷端远离工作端。然而热电偶材料较昂贵,热电偶尺寸不能过长(一般一米左右)。为了解决这一问题,一般是采用一种廉价合金丝导线将热电偶的冷端延伸出来,如图 4-3-7 所示。图中 C 为仪表连接线,一般采用普通铜线。A′B′为专用的冷端延伸导线,通常称冷端补偿导线或冷端延长线。为保证接入补偿导线后不影响原热电偶回路热电势的测量值,必须注意以下几点:

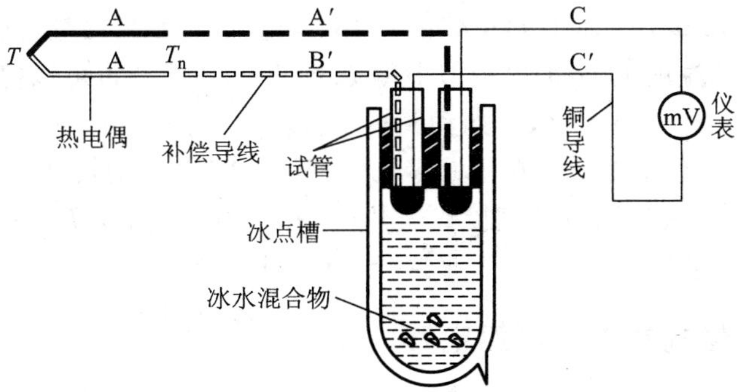

图 4-3-7 冷端恒温式热电偶测温电路

(1) 补偿导线与热电偶的两个接点的温度必须相同,(图中都为 T_n),且不得超过规定的范围(一般为 0 ℃~100 ℃)。

(2) 不同的热电偶要求配用不同的补偿导线,也就是说,补偿导线的热电特性在一定范围内(一般为 0 ℃~100 ℃),要与所配用的热电偶的热电特性相同,即满足

$$E_{A'B'}(T_n,T_0)=E_{AB}(T_n,T_0) \tag{4-3-12}$$

(3) 补偿导线的正负极以其绝缘层的颜色来区分。在使用时,一定要使补偿导线与热电偶的同性电极相接,切不可接反。

可以证明,只要满足上述三个条件,图 4-3-7 所示回路的热电动势就等于原热电偶回路的热电动势 $E_{AB}(T,T_0)$。应当指出,补偿导线只能把热电偶的冷端从热电偶的接线盒处延伸出来,使之远离被测热源,而延伸后的冷端 T_0 仍须采取恒温措施,不要误以为采用补偿导线即可补偿冷端温度波动对指示值的影响。

3. 冷端温度恒定但 $T_0 \neq 0$ ℃的处理办法

一般来说,热电偶的分度表和相配的测温仪表都是规定在参考温度 T_0 为 0 ℃的情况下使用的。在参考温度 T_0 恒定为已知值但不是 0 ℃的情况下,应该采取如下的处理办法:

1) 查分度表法

若用查表法测温,则应在测出 $E_{AB}(T,T_0)$ 和已知 T_0 后,先从分度表上查出与已知的 T_0 对应的 $E_{AB}(T_0,0)$ 值,再按(4-3-9)式计算出 $E_{AB}(T,0)$ 值,最后从分度表查出与 $E_{AB}(T,0)$ 对应的温度 T 值。

若采用直读法测温,则应先从分度表上查出与仪表指示温度 T' 对应的 $E_{AB}(T',0)$ 和与已知的 T_0 对应的 $E_{AB}(T_0,0)$。由于热电偶的显示仪表是按热电偶分度表刻度的,若显示仪表的指针在 T' 的位置上,则表明加到显示仪表的热电动势 $E_{AB}(T,T_0)=E_{AB}(T',0)$。因此有 $E_{AB}(T',0)+E_{AB}(T_0,0)=E_{AB}(T,T_0)+E_{AB}(T_0,0)=E_{AB}(T,0)$。这就是说只要从分度表查出与仪表指示温度 T' 对应的 $E_{AB}(T',0)$ 和与已知的 T_0 对应的 $E_{AB}(T_0,0)$,将二者相加计算出 $E_{AB}(T,0)$,再从分度表查出与 $E_{AB}(T,0)$ 对应的 T,就是真实的温度值。

2) 查修正系数法

若采用直读法测温,因此时的热电动势是 $E_{AB}(T,T_0)$ 且 $T_0 \neq 0$ ℃,而仪表刻度却是按照 $E_{AB}(T,0)$ 与 T 的关系标定的,故此时仪表指示温度 T' 并不是真实温度 T。通常热电偶测温仪表产品说明书上都会给出与指示值 T' 相对应的修正系数 k 值,应按下式计算出真实温度 T

$$T=T'+kT_0 \tag{4-3-13}$$

3) 仪表机械零点调整法

在温度测量精度要求不高,而且热电偶的热电势与温度关系的线性度较好的情况下,可采取将指示温度 T' 与参考端温度 T_0 相加以近似求得 T,即 $T \approx T'+T_0$。也可以把仪表的机械零点调整到 T_0。对于具有零位调整的显示仪表(如动圈指示调节仪表)的机械零点调整方法为:将显示仪表的电源和输入信号切断,用螺丝刀在指针零位调整器上将仪表指针调整到已知的冷端温度点 T_0 上。这样,以后显示仪表的读数就直接代表热电偶测量端的温度 T。这两种方法虽然精度不高,有一定的误差,但简单方便,因此在工业生产过程中还经常使用。

4.3.4 冷端补偿式热电偶测温电路

使冷端温度保持恒定需要用冰浴法或恒温槽,而且当 $T_0 \neq 0$ ℃时还需用计算修正测量结果,

因此不大方便。在实际热电偶测温中经常使用的是能自动补偿冷端温度波动对温度指示值影响的“冷端自动补偿”方式。

1. 冷端自动补偿的原理

冷端自动补偿的原理如图 4-3-8 所示。图中冷端补偿器是由温度传感器组成的冷端补偿电路，其温度传感器与热电偶冷端所处温度相同，均为 T_0。只要在 T_0 允许波动范围内冷端补偿器输出电压 $U_{COMP}(T)$ 满足以下条件：

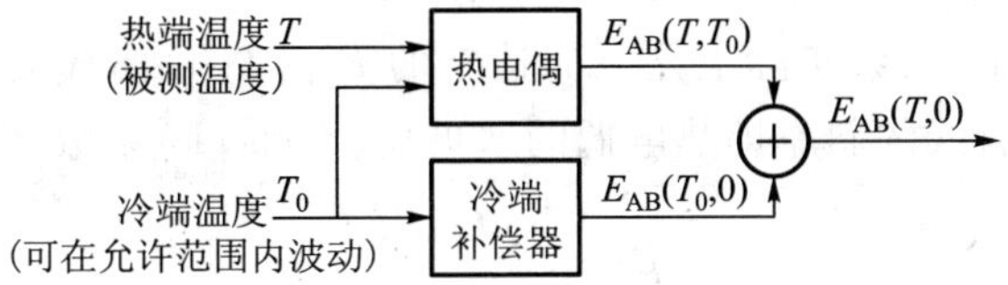

图 4-3-8 冷端自动补偿的原理

$$当\ T_0=T_N\ 时，U_{COMP}(T_0)=E_{AB}(T_0,0) \tag{4-3-14}$$

$$当\ T_0\neq T_N\ 时，|U_{COMP}(T_0)-E_{AB}(T_0,0)|\leqslant\Delta \tag{4-3-15}$$

式中 Δ 为允许误差。

如图 4-3-9 所示。满足式(4-3-14)的温度 T_N 称为补偿基准温度或校准温度。因为当 $T_0=T_N$ 时，将冷端补偿器输出电压与热电偶的输出电压 $E_{AB}(T,T_0)$ 相加，依据中间温度定律式(4-3-9)，便可得到

$$E_{AB}(T,T_0)+U_{COMP}(T_0)=E_{AB}(T,T_0)+E_{AB}(T_0,0)=E_{AB}(T,0) \tag{4-3-16}$$

由上式可见，此时冷端补偿器输出电压与热电偶的输出电压 $E_{AB}(T,T_0)$ 相加得到的电压正好等于热电偶冷端温度为 0 ℃时的热电势，完全没有误差。当冷端温度 T_0 在 T_N 附近允许范围内波动时，$E_{AB}(T,T_0)$ 随之增大（或减小），而 $U_{COMP}(T_0)$ 随之减小（或增大），二者之和仍然近似为 $E_{AB}(T,0)$，误差不会超过允许值 Δ。很显然，如果不加冷端补偿器，此时热电偶的输出电压为 $E_{AB}(T,T_0)$，与冷端恒定为 0 ℃时的热电动势 $E_{AB}(T,0)$ 相差 $E_{AB}(T_0,0)$，这个误差就太大了！对冷端温度波动的自动补偿实质上就是给热电偶补加一个等于或近似等于 $E_{AB}(T_0,0)$ 的电压。

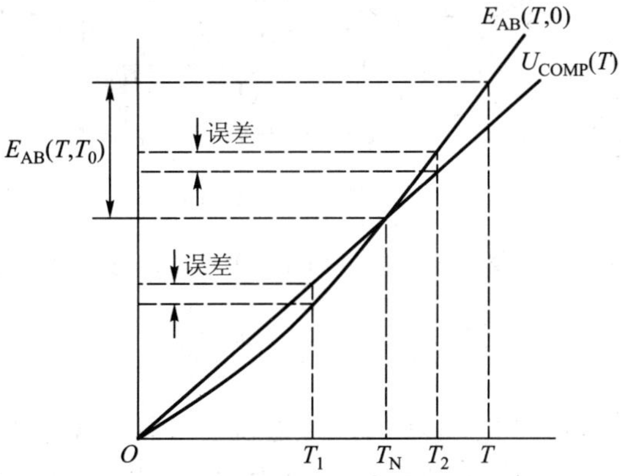

图 4-3-9 冷端自动补偿的误差

热电偶的热电动势也常表示为

$$E_{AB}(T,T_0)=E_{AB}(T,0)-E_{AB}(T_0,0)=E_{AB}(T,0)-\beta T_0 \tag{4-3-17}$$

式中 β 为热电偶的电压温度系数，亦称塞贝克（Seebeck）系数。只要在 T_0 允许波动范围内冷端补偿器输出电压 U_{COMP} 满足以下条件

$$U_{COMP}=\beta\times T_0 \tag{4-3-18}$$

这样，将冷端补偿器输出电压与热电偶的输出电压 $E_{AB}(T,T_0)$ 相加，便可得到

$$E_{AB}(T,T_0)+U_{COMP}=E_{AB}(T,0) \tag{4-3-19}$$

热电偶的塞贝克（Seebeck）系数实际上是人们选定的 $E_{AB}(T,0)$ 曲线的拟合直线的斜率。例如图 4-3-9 中选定的拟合直线的斜率即热电偶的塞贝克（Seebeck）系数，应按下式计算

$$\beta=\frac{E_{AB}(T_N,0)}{T_N} \tag{4-3-20}$$

由于拟合直线和校准点的选择有多种方法，因此塞贝克（Seebeck）系数的计算值也不一定相同。例如，国外 AD594 的产品说明书上 K 型热电偶的塞贝克（Seebeck）系数是 40.44 μV/℃，而 AD592 的产品说明书上 K 型热电偶的塞贝克（Seebeck）系数却是 41 μV/℃。

2. 冷端补偿器电路

对冷端温度波动的自动补偿实质上就是补加一个等于或近似等于 $E_{AB}(T_0,0)$ 的电压。能提供这样的补偿电压的电路有很多种，都可统称为冷端补偿器。

采用热电阻电桥冷端补偿的热电偶测温电路如图 4-3-10 所示。桥路电源为 4 V 直流稳压电源，R_s 是限流电阻。补偿电桥的三个桥臂电阻 $R_1=R_2=R_3=1\ \Omega$，都是由电阻系数很小的锰铜线绕制，其阻值不随温度而变化。另一桥臂电阻是由电阻系数较大的铜线绕制而成，选择 R_{cu} 的数值使桥路在某一温度下处于平衡状态（目前选定的温度有 0 ℃和 20 ℃两种）。如选择 R_{cu} 在 0 ℃时的电阻值 $R_{cu}=1\ \Omega$，则此时桥路在 0 ℃时处于平衡状态，输出电压 $U_{ab}=0$，据公式(3-1-26)和(3-1-37)，当 $T_0\neq 0$ ℃时，电桥输出电压为

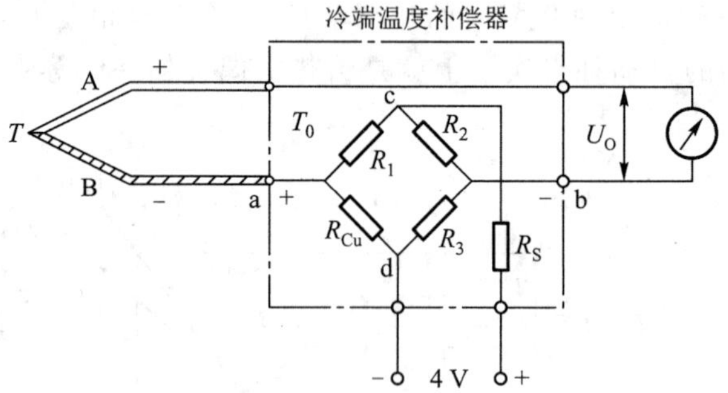

图 4-3-10 采用热电阻电桥冷端补偿的热电偶测温电路

$$U_{COMP}(T_0)=U_{ab}=\frac{E}{4}\times\alpha\times T_0 \tag{4-3-21}$$

式中 α 为热电阻 R_{cu} 的电阻温度系数（$\alpha>0$），E 为电桥 c、d 两点间电压。因电桥平衡时，四个桥臂电阻均为 1 Ω，a、b 两点间电压为 0，故电桥等效为（$R_{cu}//R_3$）与（$R_1//R_2$）串联，即等效为 1 Ω 电阻，因此，电桥 c、d 两点间电压为 4 V 电压经 R_S 与电桥等效电阻 1 Ω 的分压值，即

$$E=4\times\frac{1}{R_S+1} \tag{4-3-22}$$

上式代入式(4-3-21)得

$$U_{COMP}(T_0)=U_{ab}=\frac{\alpha\times T_0}{R_S+1} \tag{4-3-23}$$

为满足式(4-3-14)的补偿条件,所需限流电阻为

$$R_S=\left(\frac{\alpha T_0}{E_{AB}(T_0,0)}-1\right)\ \Omega \tag{4-3-24}$$

为满足式(4-3-18)的补偿条件,所需限流电阻为

$$R_S=\left(\frac{\alpha T_0}{\beta T_0}-1\right)\ \Omega=\left(\frac{\alpha}{\beta}-1\right)\ \Omega \tag{4-3-25}$$

式(4-3-24)中 $E_{AB}(T_0,0)$ 是以伏为单位的数字,式(4-3-25)中 β 为热电偶的电压温度系数,是以 V/℃为单位的数字。由上两式可见,不同热电偶配接的冷端补偿器电桥电路完全相同,只是限流电阻 R_S 不相同。图 4-3-10 所示补偿电路中,冷端补偿器输出电压与热电偶电压是正向串联的。为了实现冷端补偿器输出电压与热电偶的输出电压 $E_{AB}(T,T_0)$ 相加,必须保证在冷端温度高于桥路平衡温度时,电桥正端接热电偶的负端(或电桥负端接热电偶的正端),二者极性切勿接反。如果串联时极性接反,冷端补偿器输出电压与热电偶的输出电压 $E_{AB}(T,T_0)$ 就不是相加而是相减了,不但起不到补偿作用反而会增大温度测量误差。

由式(4-3-14)、式(4-3-18)可知,各种冷端温度补偿器只能与相应型号的热电偶及在所规定的温度范围内(一般要求 T_0 在 0~40 ℃范围内)配套使用,而且补偿电桥是根据补偿温度范围内某个温度点 T_N 完全补偿设计的,对范围内的其他值是近似的,在大的温度范围内补偿误差较大。

目前国内生产的 WBC 型冷端温度补偿器电路与图 4-3-10 相同,但电桥平衡温度不是 0 ℃,而是 20 ℃。因此在采用 WBC 型冷端温度补偿器时,冷端补偿器输出电压与热电偶的输出电压 $E_{AB}(T,T_0)$ 相加得到的不是 $E_{AB}(T,0)$,而是 $E_{AB}(T,20)$。这样就需要将测温仪表(通常是动圈式毫伏计)的指针机械零点调到 20 ℃处。

4.4　光电式传感器

光电式传感器是以光电器件作为转换元件的传感器。它可用于检测直接引起光量变化的非电量,也可用于检测能转换成光量变化的其他非电量。光电式传感器具有响应快、性能可靠、能实现非接触测量等优点,因而在检测和控制领域获得广泛应用。近年来新的光电器件不断涌现,激光光源、光导纤维、CCD 图像传感器相继出现和成功应用,为光电传感器的进一步应用开创了新的一页(见第 7 章)。

4.4.1　光电效应

光电器件或光敏元件的物理基础是光电效应。光电效应一般分为外光电效应、光导效应和光生伏特效应三种类型。

1. 外光电效应

在光线照射下,物体内的电子逸出物体表面的现象称为外光电效应,也叫光电发射,向外发射的电子称为光电子,能产生光电效应的物质称为光电材料。

根据爱因斯坦的假设,光是一粒一粒运动着的粒子流,这些光粒子称为光子。每个光子的能量为 hf,f 是光的频率,h 为普朗克常数,$h=6.626\times10^{-34}$ (J·s)。光子打在光电材料上,单个光子把它的全部能量交给光电材料中的一个自由电子,其中一部分能量消耗于该电子从物体表面逸出时所做的功,即逸出功 A,另一部分能量转换为逸出电子的初动能。设电子质量为 m,电子逸出物体表面时初速度为 v,则据能量守恒定律有

$$hf=\frac{1}{2}mv^2+A \tag{4-4-1}$$

这个方程称为爱因斯坦的光电效应方程。能使光电材料产生光电子发射的光的最低频率称作红限频率,由上式可知其值为

$$f_0=A/h \tag{4-4-2}$$

不同的物质具有不同的红限频率。当入射光的频率低于红限频率时,不论入射光多强,照射时间多久,都不能激发出光电子;当入射光频率高于红限频率时,不管它多么微弱,也会使被照射的物体激发电子。光越强,单位时间里入射的光子数就越多,激发出的电子数目越多,因此光电流就越大,光电流与入射光强度成正比关系。从光开始照射到释放光电子几乎在瞬间发生,所需时间不超过10^{-9} s。

基于外光电效应原理工作的光电器件有光电管和光电倍增管。

2. 光导效应

绝大多数的高电阻率半导体,受光照射吸收光子能量后,会产生电阻率降低而易于导电的现象,这种现象称为光导效应。这里没有电子自物质内部向外发射,仅改变物质内部的电阻,为与外光电效应对应,光导效应也称之为内光电效应。

光导效应的物理过程是:光照射到半导体材料上,材料中处于价带的电子吸收光子能量,越过禁带跃入导带,从而形成自由电子,与此同时价带也会相应地形成自由空穴,即激发出电子-空穴对,从而使导电性能增强,光线越强,阻值越低。

如图 4-4-1 所示,为了使电子从键合状态过渡到自由状态,即实现能级的跃迁,入射光的能量必须大于光电材料的禁带宽度 E_g,亦即入射光的频率应高于由 E_g 决定的红限频率 f_0

$$f_0=\frac{E_g}{h} \tag{4-4-3}$$

式中 h 为普朗克常数。

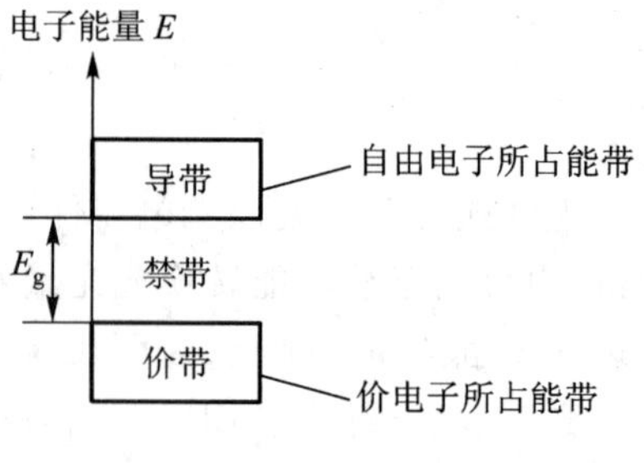

图 4-4-1　电子能级示意图

基于内光电效应(光导效应)原理工作的半导体光电器件有光敏电阻、光敏二极管和光敏晶体管。

3. 光生伏特效应

当以适当波长的光照射半导体的 p-n 结时,由于结电场的作用,在半导体 p-n 结两端产生电动势(光生电压);如将 p-n 结短路,则会出现光电流(光生电流)。这种在光照射下,由结电场

引起的光电效应,称为光生伏特效应。

基于光生伏特效应原理工作的光电器件有光电池等。

4.4.2 光电管和光电倍增管

1. 光电管

光电管类型很多,最典型的是真空光电管和充气光电管,两者结构相同,都在光电管玻璃泡内装有两个电极:光阴极和阳极。阴极涂有光电发射材料接电源的负极,阳极接电源的正极。当入射光透过玻璃管壳照射到光电管阴极时便打出电子,电子被阳极吸引,光电管内就形成电流,在外电路的串联负载电阻 R_L 上产生正比于光电流的压降,如图4-4-2所示,这样就实现了光电转换作用。

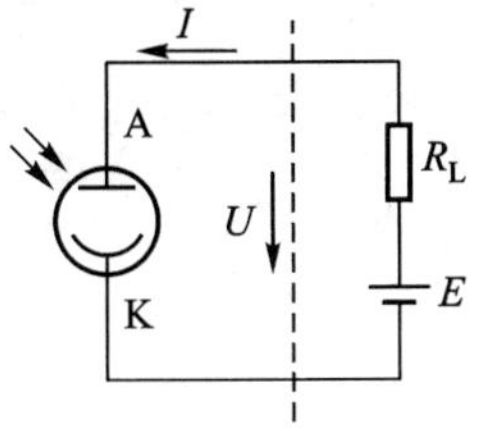

图 4-4-2 光电管基本电路

真空光电管和充气光电管的区别在于前者玻璃管内抽成真空,后者玻璃管内充有少量惰性气体。由于光电子在飞向阳极的途中与惰性气体的原子碰撞而使气体电离,产生更多的自由电子,增加了光电流,使灵敏度增加。但充气光电管的光电流与入射光强不成比例关系,而且稳定性较差,温度影响大,容易衰老。在要求温度影响小和灵敏度稳定的场合,一般多采用真空光电管。

当光电器件电极上的电压一定时,光电流 I 与入射于光电器件上的光通量 Φ 间的关系即 $I=f(\Phi)$,称为光电特性。

真空光电管的阳极电流仅由阴极发射的电子决定,故光电特性呈线性关系,如图 4-4-3(a)所示。充气光电管中有少量的惰性气体,它所产生的电流不仅决定于阴极发射的电子,而且也决定于气体游离后的电子和离子,因此,充气光电管的灵敏度比真空光电管大 5~10 倍,但充气光电管的光电特性呈非线性。

光电器件两端的电压一定,如果照射在光电器件上的是波长一定的单色光,则对相同的入射功率,输出的光电流 I 会随波长 λ 的不同而变化。光电流(一般以最大值的百分数或相对灵敏度表示)与入射光波长的关系 $I=f(\lambda)$ 为光谱特性。

真空管的光谱特性如图 4-4-3(b)所示。由图可见,真空管光阴极的材料不同,对应于最大灵敏度的波长也各不相同,因此选择光电器件时应使其最大灵敏度在需要测定的光谱范围内。

在给定的光通量或照度下,光电流 I 与光电器件两端电压 U 的关系即 $I=f(U)$ 称为伏安特性。伏安特性曲线的意义在于帮助我们计算、选择光电元件的负载电阻,设计整个线路。真空管的伏安特性曲线如图 4-4-3(c)所示。

在同样的电压和同样幅值的光强度下,当入射光强度以不同的正弦交变频率调制时,光电器件输出的光电流 I 或灵敏度 S 会随调制频率 f 变化,它们的关系 $I=f_1(f)$ 或 $S=f_2(f)$ 称为频率特性。真空管的频率特性曲线如图 4-4-3(d)所示。

2. 光电倍增管

光电倍增管在光电阴极和阳极之间装了若干个“倍增极”或叫“次阴极”。倍增极上,涂有在电子轰击下能发射更多电子的材料,倍增极的形状和位置的设计正好使前一级倍增极发射的电子继续轰击后一级倍增极。在每个倍增极间均依次增大加速电压,如图 4-4-4(a)所示。

设每个倍增极的电子收集效率为 C,倍增率为 δ(一个电子能轰击产生出 δ 个次级电子),若

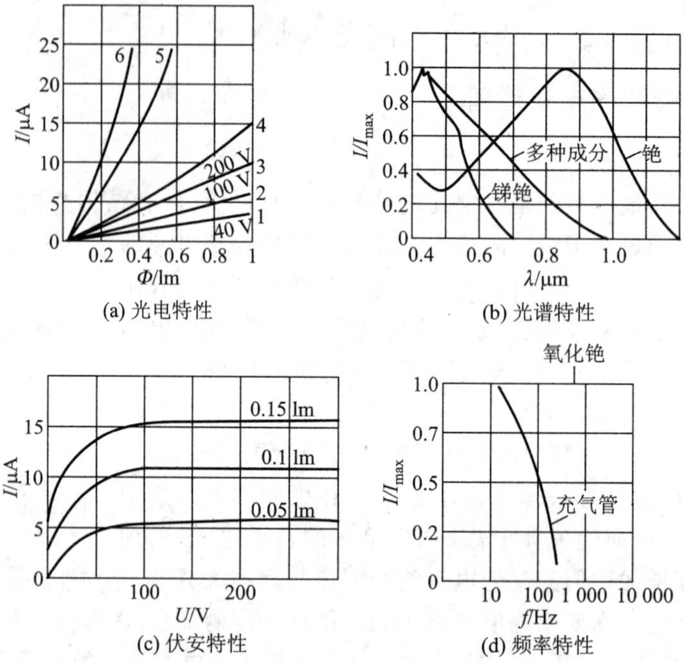

图 4-4-3 光电管的基本特性

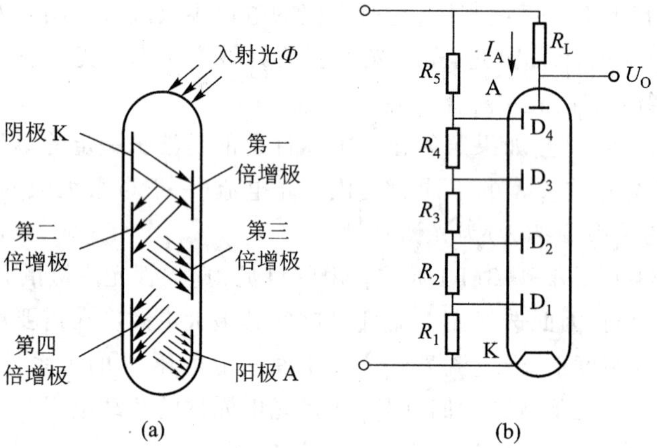

图 4-4-4 光电倍增管的结构及电路

有 n 个倍增极，则总的光电流倍增系数 M 将为 $(C\delta)^n$。即光电倍增管阳极电流 I 与阴极电流 I_0 的关系为 $I=I_0 \cdot M=I_0(C\delta)^n$，阳极电流 I 流经负载电阻 R_L，就形成了光电倍增管的输出电压。

常用光电倍增管的基本电路如图 4-4-4(b)所示，各倍增极电压由电阻分压获得，一般阳极与阴极之间的电压在 1 000~2 500 V 之间，两个相邻倍增电极的电位差在 50~100 V 之间。因倍增系数 M 与所加的电压有关，故所加电压越稳定越好，以减少倍增系数的波动引起的测量误差。

由于光电倍增管的光电流倍增系数 M 为 $(C\delta)^n$，灵敏度非常高，所以适合在微弱光下使用，但是不能接受强光刺激，否则易于损坏。

光电倍增管的基本特性如图 4-4-5 所示。

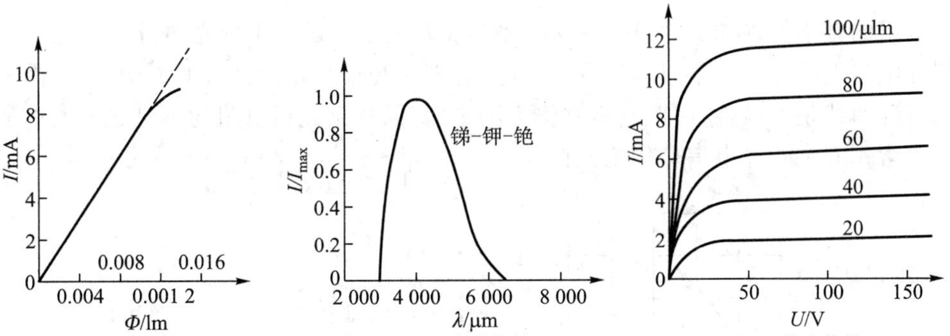

(a) 光电特性　　(b) 光谱特性　　(c) 伏安特性

图 4-4-5　光电倍增管的基本特性

4.4.3　光敏电阻

1. 光敏电阻的原理和结构

光敏电阻是用具有光导效应的半导体材料制成的电阻器件。当受到光照时，光敏电阻的电阻值下降，光线越强，阻值也变得越低，光照停止，阻值又恢复原值。因此光敏电阻是把光强变化转换成电阻变化的传感器。

把光敏电阻连接到外电路中如图 4-4-6 所示，在外加电压（直流偏压或交流电压）作用下，电路中的电流及其在负载电阻 R_L 上的压降将随光线强度变化而变化，这样就将光信号转换为电信号。

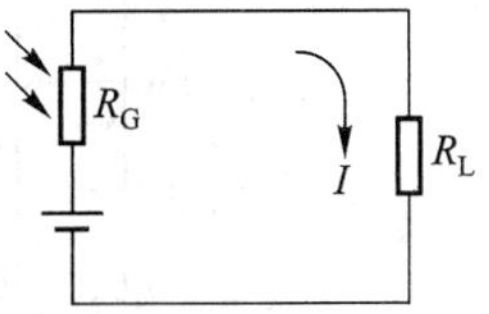

图 4-4-6　光敏电阻基本电路

光敏电阻的结构如图 4-4-7 所示。绝缘衬底上均匀地涂上一层具有光导效应的半导体材料，作为光电导层，在光电导层薄膜上蒸镀金属，形成梳状电极，然后接出引线并用带有玻璃的外壳严密地封装起来，以减少潮湿对灵敏度的影响。光敏电阻的灵敏度高、体积小、重量轻、性能稳定、价格便宜，因此在自动化技术中应用广泛。

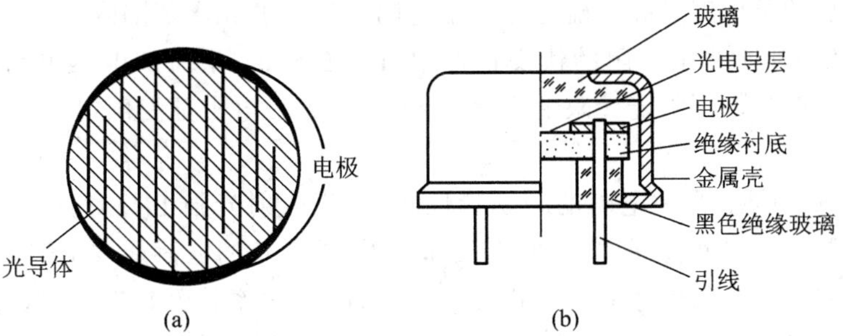

(a)　　(b)

图 4-4-7　光敏电阻的结构

2. 光敏电阻的主要参数和特性

光敏电阻在不受光照时的阻值称为暗阻，受光照时的电阻值称为亮阻，我们希望暗阻越大越好，亮阻越小越好，这样光敏电阻的灵敏度就高。实际的光敏电阻的暗阻一般在兆欧数量级，亮阻在几千欧以下，暗阻和亮阻之比一般在 $10^2 \sim 10^6$ 之间。

光敏电阻的基本特性如图 4-4-8 所示。图中(a)表示光敏电阻的光照特性。光照特性是指当光电器件电极上的电压一定时，光电流 I 与光电器件上照度 E 的关系即 $I=f(E)$。由于光敏电阻的光照特性曲线呈非线性，因此它不宜作为测量元件，这是光敏电阻的不足之处。一般在自动控制系统中常作开关式光电信号传感元件。

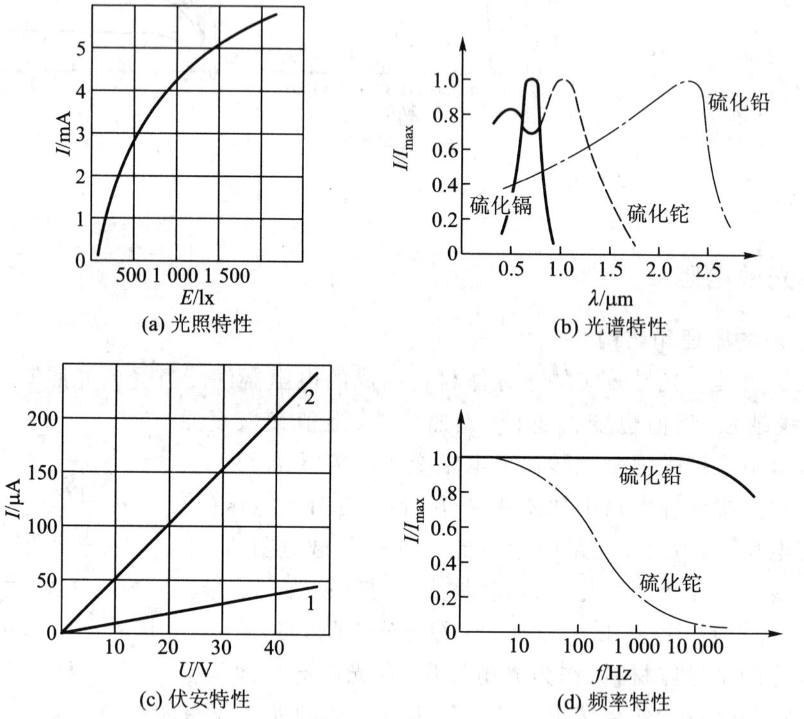

图 4-4-8 光敏电阻的基本特性

由图 4-4-8(b)所示光谱特性可见，各种敏感材料对于不同波长的灵敏度不一样；每一种材料只对某一种波长的灵敏度最高。硫化铅光敏电阻在较宽的光谱范围内有较高的灵敏度。

从图 4-4-8(c)所示光敏电阻的伏安特性中可以看出，如果所加电压愈高，则光电流愈大，而且无饱和现象。但是电压不能无限地增大，因为任何光敏电阻都受额定功率、最高工作电压和额定电流的限制。

从图 4-4-8(d)可见，光敏电阻的频率特性较差，当入射光强上升时，被俘获的自由载流子到相应的数值需要一定时间。同样，入射光强降低时，被俘获的电荷释放出来也是比较慢的。光敏电阻的阻值要花一段时间后才能达到相应的数值，故其频率特性较差。有时以时间常数说明频率响应的好坏，当光敏电阻突然受到光照时，电导率上升到最终值的 63%所需的时间，称为上升时间，同样，下降时间是使光敏器件突然黑暗即无光照射，其电导率降低 63%所需的时间。不同材料的光敏电阻具有不同的时间常数，因而它们的频率特性也就不相同。

光敏电阻和其他的半导体器件一样，它的性能受温度的影响较大。随着温度的升高灵敏度要下降。硫化镉的光电流 I 和温度 T 的关系如图 4-4-9(a)所示。有时为了提高灵敏度,将元件降温使用。例如,可利用制冷器使光敏电阻的温度降低。

随着温度的升高,光敏电阻的暗电流上升,但是亮电流增加不多。因此,它的光电流下降,即光电灵敏度下降;不同材料的光敏电阻、温度特性互不相同,一般硫化镉的温度特性比硒化镉好,硫化铅的温度特性比硒化铅好。

光敏电阻的光谱特性也随温度变化。例如硫化铅光敏电阻,在+20 ℃与-20 ℃温度下,随着温度的升高,其光谱特性向短波方向移动,如图 4-4-9(b)所示。因此为了使元件对波长较长的光有较高的响应,有时也可采用降温措施。

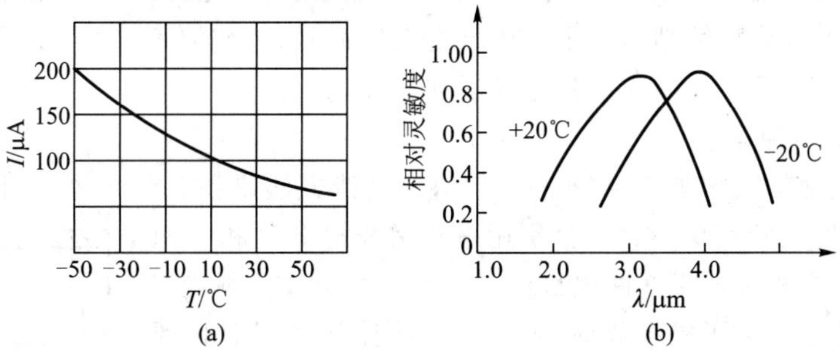

图 4-4-9　温度对光敏电阻性能的影响

在密封良好、使用合理的情况下,光敏电阻的使用寿命几乎是无限长的。

3. 光敏电阻与负载的匹配

图 4-4-6 所示光敏电阻测量电路的电流为

$$I=\frac{E}{R_G+R_L} \tag{4-4-4}$$

式中:E——电源电压;

R_L——负载电阻;

R_G——光敏电阻。

流过光敏电阻的电流受光敏电阻最大允许耗散功率 P_{MAX}决定,即 $I^2R_G<P_{MAX}$。

设光强变化引起光敏电阻变化 ΔR_G,由此引起的负载电压变化为

$$\Delta U=\frac{E\times R_L}{R_G+R_L}-\frac{E\times R_L}{R_G+\Delta R_G+R_L}\approx\frac{E\Delta R_G R_L}{(R_G+R_L)^2}$$

由此可得信号电压灵敏度为

$$\frac{\Delta U}{\Delta R_G}\approx\frac{E\times R_L}{(R_G+R_L)^2} \tag{4-4-5}$$

令上式右边对 R_L的导数为零,可解得

$$R_L=R_G$$

即选负载电阻 R_L与光敏电阻 R_G相等时,可获得最大的信号电压灵敏度。

当光敏电阻在较高频率下工作时,除选用高频响应好的光敏电阻外,负载 R_L应取较小值,否则时间常数较大,对高频影响不利。

4.4.4 光电池

光电池是利用光生伏特效应把光直接转变成电能的器件。由于它广泛用于把太阳能直接变电能,因此又称为太阳能电池。通常,把光电池的半导体材料的名称冠于光电池(或太阳能电池)名称之前以示区别。例如,硒光电池、砷化镓光电池、硅光电池等。一般,能用于制造光电阻器件的半导体材料,均可用于制造光电池。目前,应用最广、最有发展前途的是硅光电池。硅光电池的价格便宜,光电转换效率高、寿命长,比较适于接受红外光。硒光电池虽然光电转换效率低(只有 0.02%)、寿命短,但出现得最早,制造工艺较成熟,适于接收可见光(响应峰值波长 0.56 μm),所以仍是制造照度计最适宜的元件。在理论上,砷化镓光电池光电转换效率比硅光电池稍高一点,光谱响应特性则与太阳光谱最吻合。而且,工作温度最高,更耐受宇宙射线的辐射。因此,它在宇宙电源方面的应用是有发展前途的。

1. 光电池的结构原理

常用的硅光电池的结构如图 4-4-10 所示。制造方法是:在 N 型硅片上,扩散硼形成 P 型层;然后,分别用电极引线把 P 型和 N 型层引出,形成正、负电极。如果在两电极间接上负载电阻 R_L,则受光照后就会有电流流过。为了提高效率,防止表面反射光,在器件的受光面上要进行氧化,以形成 SiO_2 保护膜。此外,向 P 型硅单晶片扩散 N 型杂质,也可以制成硅光电池。

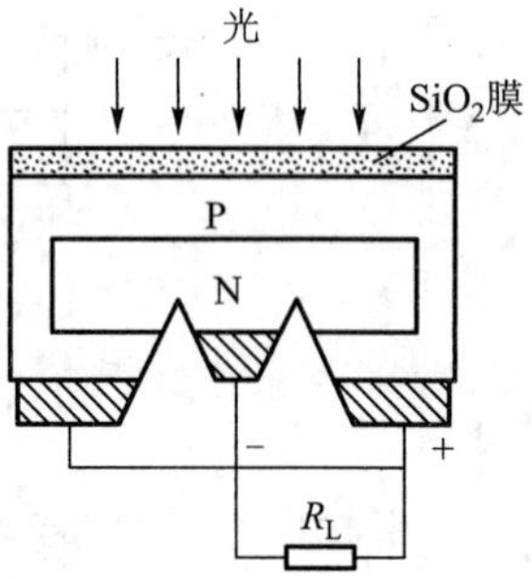

图 4-4-10 光电池的结构

光电池工作原理如图 4-4-11 所示。当 N 型半导体和 P 型半导体结合在一起构成一块晶体时,由于热运动,N 区中的电子就向 P 区扩散,而 P 区中的空穴则向 N 区扩散,结果在 N 区靠近交界处聚集起较多的空穴,而在 P 区靠近交界处聚集起较多的电子,于是在过渡区形成了一个内电场。电场的方向由 N 区指向 P 区。这个电场阻止电子进一步由 N 区向 P 区扩散,阻止空穴进一步由 P 区向 N 区扩散。但它却能推动 N 区中的空穴(少数载流子)和 P 区中的电子(也是少数载流子)分别向对方运动。

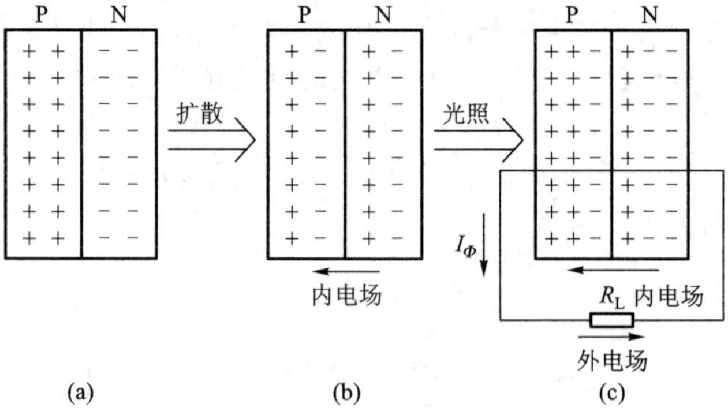

图 4-4-11 光电池的工作原理

当有外界光辐射照射结区及其附近时,只要入射光子的能量大于半导体的禁带宽度 E_g,就将在结区附近激发出电子-空穴对。在 PN 结电场的作用下,N 区的光生空穴被拉向 P 区,P 区的光生电子被拉向 N 区,结果,在 N 区就聚积了负电荷,P 区聚积了正电荷,从而形成一个附加的外电场,方向与内电场相反,如图 4-4-11(c)所示。该附加电场对外电路来说将产生由 P 到 N 方向的电动势。若将 PN 结两端用导线连起来,电路中就有电流流过,电流的方向由 P 区流经外电路至 N 区。若将外电路断开,就可以测出光生电动势。这就是光电池受光照时产生光生电动势和光电流的简单原理。

光电池的表示符号、基本电路及等效电路如图 4-4-12(a)、(b)、(c)所示。由图(c)可见,光电池等效为一个普通二极管和一个恒流源(光电流源)的并联。

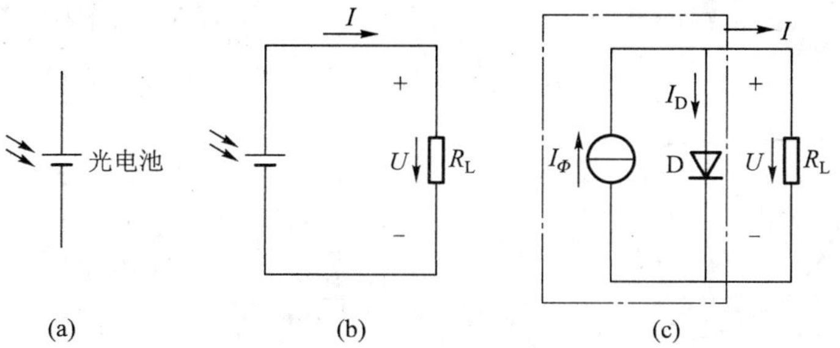

图 4-4-12 光电池的符号、基本电路及等效电路

普通二极管的 PN 结的正向电压 U 与正向电流 I_D 的关系为

$$I_D=I_S(e^{qU/KT}-1) \tag{4-4-6}$$

式中:I_S——反向饱和电流;

U——两端电压;

q——电子电荷;

K——玻尔兹曼常数;

T——PN 结绝对温度。

设光照产生的电流为 I_ϕ,则光电池的总电流为

$$I=I_\phi-I_D=I_\phi-I_S(e^{qU/KT}-1) \tag{4-4-7}$$

在短路($R_L=0,U=0$)情况下,将 $U=0$ 代入上式可得,短路电流 I_{SC} 就是光电流 I_ϕ,

$$I_{SC}=I_\phi=S\times E \tag{4-4-8}$$

式中 S 是光电池的电流灵敏度,E 是光照度。

在开路($R_L=\infty$,$I=0$)情况下,将 $I=0$ 代入式(4-4-7)得,开路电压为

$$U_{OC}=\frac{KT}{q}\ln\left(\frac{I_\phi}{I_S}+1\right) \tag{4-4-9}$$

2. 光电池的基本特性

1) 光照特性

光电池的光照特性如图 4-4-13(a)所示。由图可见,光电池的电动势,即开路电压与照度为非线性关系,当照度为 2 000 lx 时便趋向饱和。光电池的短路电流与照度呈线性关系,而且受光面积越大,短路电流也越大。从这两条曲线可以得到一个结论:光电池作检测元件应用时,应接成电流源的形式。

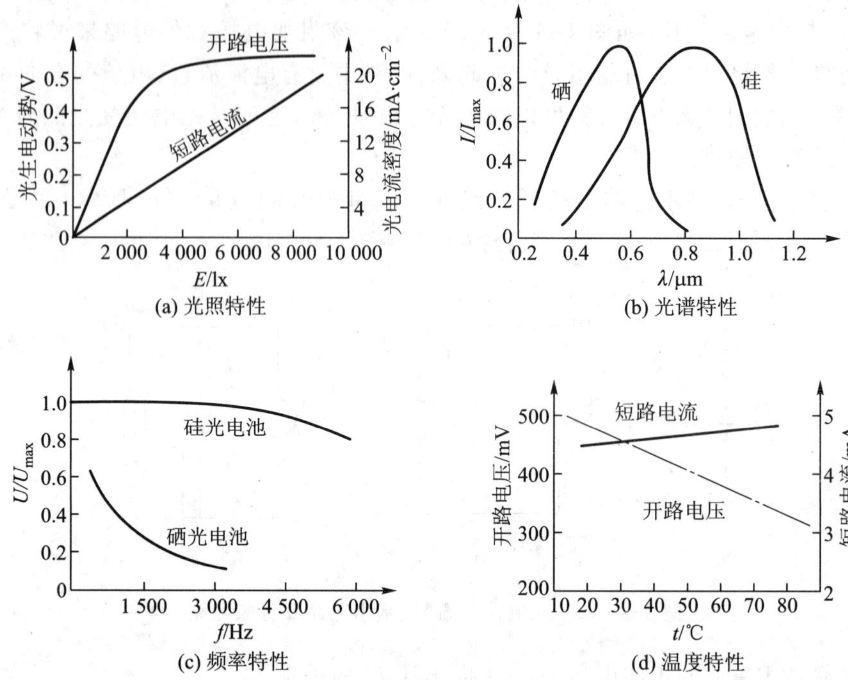

图 4-4-13　光电池的基本特性

所谓光电池的短路电流,指外接负载相对于光电池内阻而言是很小的。光电池在不同照度下,其内阻也不同,因而应选取适当的外接负载近似地满足“短路”条件。负载电阻越小,光电流与光强度的线性关系越好,且线性范围越宽。

2）光谱特性

光电池的光谱特性决定于材料,从图 4-4-13(b)可见,硒光电池在可见光谱范围内有较高的灵敏度,峰值波长在 0.54 μm 附近,适宜测可见光。硅光电池应用的范围 0.40 μm~1.10 μm,峰值波长在 0.85 μm 附近,因此硅光电池可以在很宽的范围内应用。

实际使用中可以根据光源性质来选择光电池,反之,也可根据现有的光电池来选择光源。

3）频率特性

光电池作为测量、计算、接收元件时常用调制光输入。光电池的频率特性就是指输出电流随调制光频率变化的关系。图 4-4-13(c)为光电池的频率特性曲线。由图可知,硅光电池具有较高的频率特性,而硒光电池则较差。因此,在高速计算器中一般采用硅光电池。

4）温度特性

光电池的温度特性是指开路电压和短路电流随温度变化的关系。由于它关系到应用光电池仪器设备的温度漂移,影响到测量精度和控制精度等重要指标,因此,温度特性是光电池的重要特性之一。

从图 4-4-13(d)中可以看出,开路电压随温度上升而下降,电压温度系数约为-2 mV/℃,而短路电流虽增加却是缓慢上升,输出电流的温度系数较小。由于温度对光电池的工作有很大影响,因此当它作为测量元件使用时,最好保证温度恒定,或采取温度补偿措施。

5）内阻

由图 4-4-12(c)可见，光电池在无光照时，没有光电流产生，相当于电流源开路，就像一个普通二极管。在室温及无光照条件下，其正向电阻为 1.5~3 kΩ，反向电阻为 15~3 000 kΩ。

3. 光电池的负载选择

硒光电池的光照特性与负载电阻的关系如图 4-4-14(a)所示。硅光电池也有与此相类似的关系。从图可看出，负载电阻 R_L 越小，光电流和照度的线性关系越好，而且线性范围也较广。所以光电池作为测量元件时，所用负载电阻的大小，应根据照度或光强而定。当照度较大时，为保证测量有线性关系，所用负载电阻应较小。

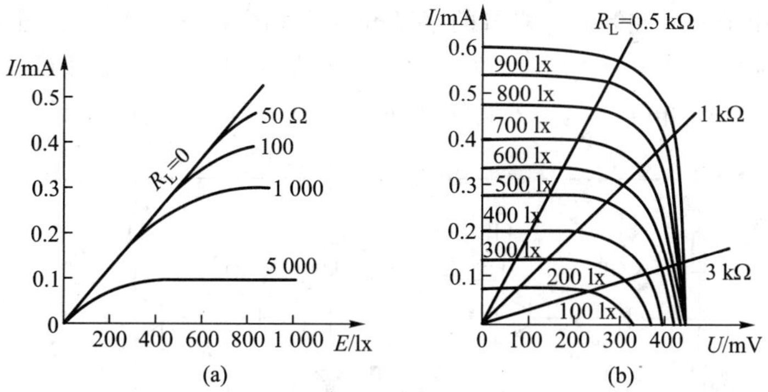

图 4-4-14　光电池的光照特性和伏安特性

负载电阻增大时，光电流变小，而且光照特性的线性区域亦变小，这是因为光电池的内阻随照度和电压而改变。硅光电池的内阻一般属于低阻范围，其大小与受光面积和光强有关。

光电池的伏安特性如图 4-4-14(b)所示。图中还画出了负载电阻 R_L 为 0.5 kΩ、1、3 kΩ 的负载线，光电池的负载线由 $U=R_L I$ 决定。图 4-4-14(a)的光照特性与负载电阻的关系亦可用图 4-4-14(b)解释。负载电阻短接或很小时，负载线垂直或接近于垂直。它与伏安特性的交点为等距离，电流正比于照度，数值也较大。负载电阻增大时，交点的距离不等，例如 3 kΩ 这条负载线与伏安特性的交点相互间距离不等，即电流不与照度成正比，光照特性不是直线，电流也减小。

4. 光电池的接口电路

光电池作检测元件应用时，通常接成电流源的形式。图 4-4-15(a)所示电路是典型的电流-电压转换电路，其输出电压与光照度 E 成正比

$$U_0=-I_\phi R_f=-R_f SE \tag{4-4-10}$$

图中电容 C 约为几个皮法，作用是降低高频噪声，它在电路中对高频有 100%的负反馈。

有时对输出信号与入射光量间的线性关系要求不高，又希望能有比较简单的电路形式，可采用光电池与晶体管直接耦合的方式放大。由于常用的硅光电池和硒光电池的开路电压都不大，在 0.5 V 以下。而硅晶体管的基极工作电压为 0.6~0.7 V，锗管基极工作电压约为 0.2~0.3 V，因此只能与锗晶体管联用，并采用将光电池直接接锗晶体管基极的方法，如图 4-4-15(b)所示，此时晶体管集电极电流与光照度成正比

$$I_c=\beta I_b=\beta I_\phi=\beta SE \tag{4-4-11}$$

硅晶体管的基极工作电压为 0.6~0.7 V，单个光电池的电压输出太小，不能驱动工作。可采用

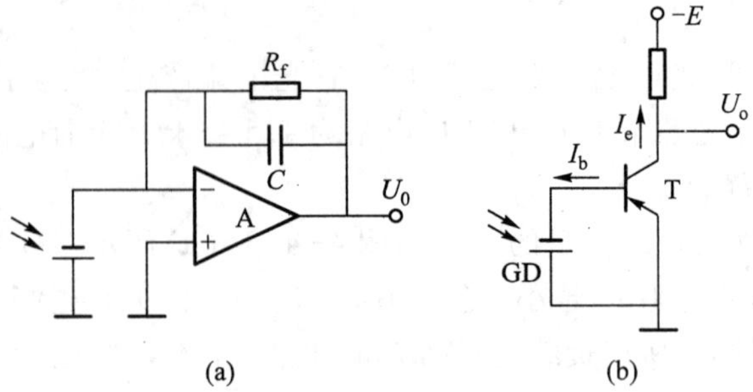

图 4-4-15 光电池两种放大电路

附加某一电压与光电池同时控制硅三极管的基极电压。如图 4-4-16 所示。图 4-4-16 (a)所示是采用 R_P 提供某可调电压,如 0.3~0.5 V,而光电池只要提供 0.2~0.4 V 即可。图4-4-16(b)所示是用锗二极管 D 提供一定电压。这一方案的好处是 D 与 T 间有一定的温度补偿作用。

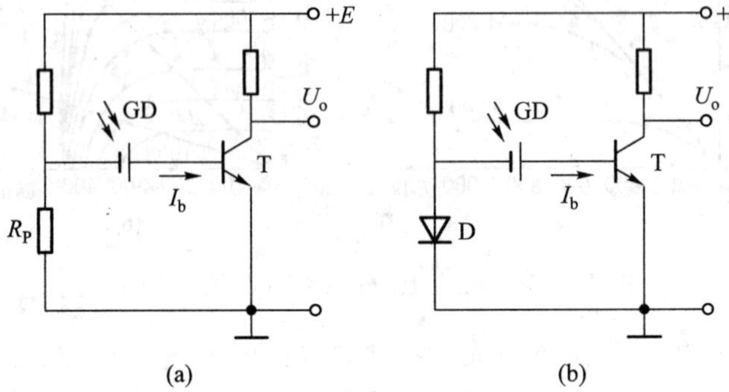

图 4-4-16 光电池采用硅晶体管放大的电路

光电池常用于开关自动控制,如图 4-4-17 所示。这种电路对光电池无线性要求。光电池受光照射时,有电流输出,信号由 T_1 进行放大,继电器 J 发生动作。无光照射时,状态与上述相反。因此,无光照射时,系统处于某一工作状态(如通态或断态)。当光照时,系统的工作状态即发生改变。

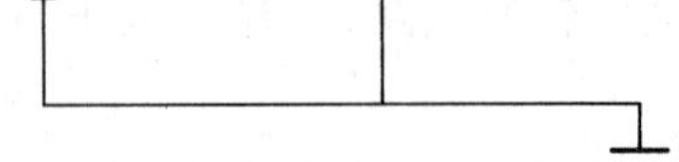

图 4-4-17 光电池用于开关控制电路

4.4.5 光电式传感器的基本组成和类型

1. 光电式传感器的基本组成

光电式传感器是以光为媒介、以光电效应为基础的传感器,主要由光源、光学通路、光电器件及测量电路等组成,如图 4-4-18 所示。

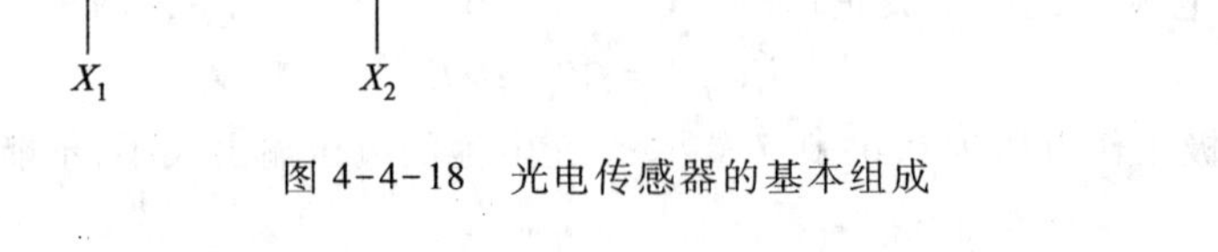

图 4-4-18 光电传感器的基本组成

1）光源

光电式传感器中的光源可采用白炽灯、气体放电灯、激光器、发光二极管以及能发射可见光谱、紫外线光谱和红外线光谱的其他器件。此外还可采用 X 辐射及同位素放射源，这时一般需要能把辐射变成可见光谱的转换器。

2）光学通路

光学通路中常用的光学元件有透镜、滤光片、光阑、光楔、棱镜、反射镜、光通量调制器、光栅及光导纤维等。主要是对光参数进行选择、调整和处理。

被测信号可通过两种作用途径转换成光电器件的入射光通量 Φ_2 的变化，（1）被测量（如图中 X_1）直接对光源作用，使光通量 Φ_1 的某一参数发生变化；（2）被测量（如图中 X_2）作用于光学通路中，对传播过程中的光通量进行调制。

3）光电器件

光电器件的作用是检测照射其上的光通量。选用何种形式的光电器件决定于被测参数、所需的灵敏度、反映的速度、光源的特性及测量环境和条件等。

4）测量电路

大多数情况下，光电器件的输出电信号较小，需设置放大器。对于变化的被测信号，在光路系统中常采用光调制，因而放大器中有时包含相敏检波及其他运算电路，对信号进行必要的加工和处理。总之，测量电路的功能是把光电器件输出电信号变换成后续电路可用的信号。

2. 光电传感器的基本类型

按照被测信号转换为光电器件的入射光通量变化的形式，光电传感器可分为以下几类：

1）透射式

光源发出一定的光通量，穿过被测对象，部分被吸收，其余到达光敏元件，转变为电信号输出如图 4-4-19 所示。被吸收的光决定于被测物的被测参数，利用到达光敏器件的光通量来确定被测对象所吸收的光通量，这时

$$\Phi_p = \Phi_0 - \Phi_A$$

式中：Φ_0——光源发出一定的光通量；

Φ_A——被测对象 A 所吸收的光通量；

Φ_p——光敏元件接收的光通量。

所以，光敏器件上光电流是被测对象所吸收光通量的函数

$$I = f(\Phi_A)$$

测量液体、气体和固体的透明度和混浊度的传感器就是这类例子。

2）反射式

光源发出一定的光通量到被测对象，由于物体性质或状态损失了一部分光通量，余下部分反射到光敏器件上，如图 4-4-20 所示。此时

$$\Phi_p = \Phi_0 - \Phi_A$$

式中：Φ_A——在被测对象上损失的光通量。光敏器件上的光电流是被测量的函数

$$I = f(\Phi_A)$$

测量表面粗糙度等参数的传感器就是这类例子。

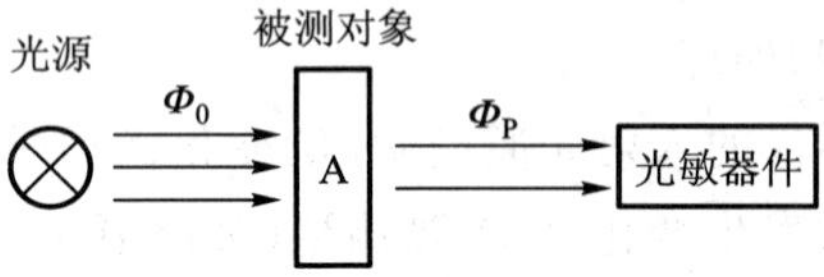

图 4-4-19　透射式光电传感器

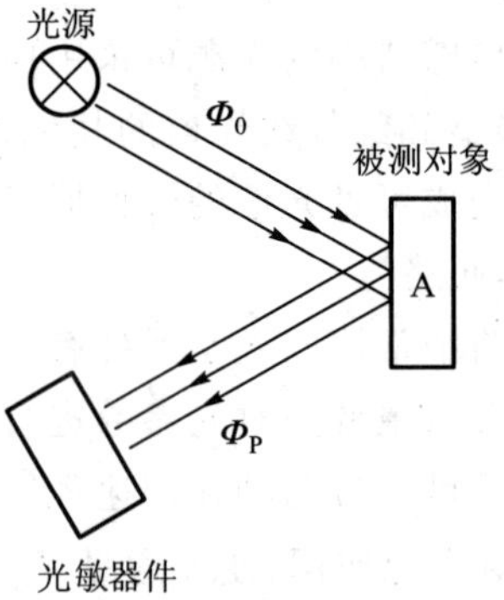

图 4-4-20　反射式光电传感器

3）辐射式

光源本身就是被测对象，被测对象发出的光通量被光敏器件接受，如图 4-4-21 所示。此时可认为

$$\Phi_p = \Phi_0$$

式中：Φ_0——光源发出的光通量。光敏器件中光电流的变化是被测对象发出光通量的函数

$$I=f(\Phi_0)$$

被测对象发出的光通量强弱与被测参量例如温度的高低有关，光电传感器中光电流的变化也就与被测参量有关，因此根据光敏器件中光电流的变化就可确定被测量的大小，如光电高温计和炉子燃烧监视装置的传感器就是这类例子。

4）遮挡式

光源发出一定的光通量，射到光敏器件上，光路途中遇到了被测对象遮挡了一部分光，由此改变了光电器件的光通量，如图 4-4-22 所示。即

$$\Phi_p = \Phi_0 - \Phi_A$$

式中：Φ_A——被测对象遮挡的光通量。光电器件的光电流是被遮挡的光通量 Φ_A 的函数。

$$I=f(\Phi_A)$$

利用这个原理可测量物体面积、尺寸和位移等参量。

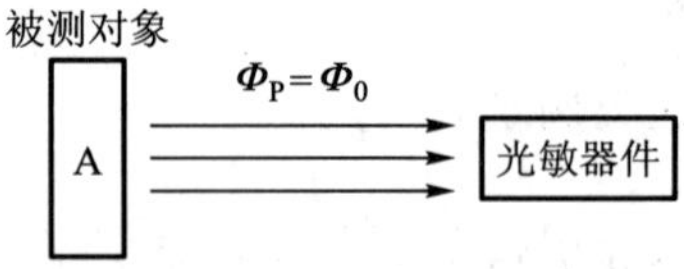

图 4-4-21　辐射式光电传感器

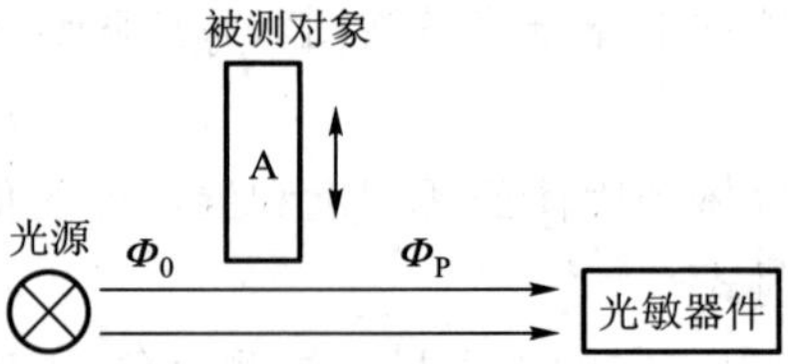

图 4-4-22　遮挡式光电传感器

5）开关式

光源与光敏器件间的光路上，有物体时，光路被切断，没有物体时光路畅通。光敏器件上表现出有光就有电信号，无光则无电信号，仅为“有”或“无”的两种状态。简言之，就是“通”与“断”的开关状态。它的用途形式有三种：① 开关，如光电继电器；② 计数，将光脉冲转换为电脉

冲进行产品计数或是测量转速等;③ 编码,利用不同的码反映不同的参数。

4.5 霍尔传感器

4.5.1 霍尔效应

半导体薄片置于磁场中,当有电流流过时,在垂直于电流和磁场的方向上将产生电动势,这种物理现象是美国物理学家霍尔发现的,故称为霍尔效应,相应的电动势被称为霍尔电动势,半导体薄片称为霍尔片或霍尔元件。

霍尔效应的产生是由于电荷受磁场中洛伦兹力作用的结果。如图 4-5-1 所示,一块长为 l,宽为 b、厚度为 d 的 N 型半导体薄片(称为霍尔基片),沿基片长度通以电流 I(称激励电流或控制电流),在垂直于半导体薄片平面的方向上加以磁场 B,则半导体中的载流子电子要受到洛伦兹力 F 的作用,由物理学知

$$F=qvB \tag{4-5-1}$$

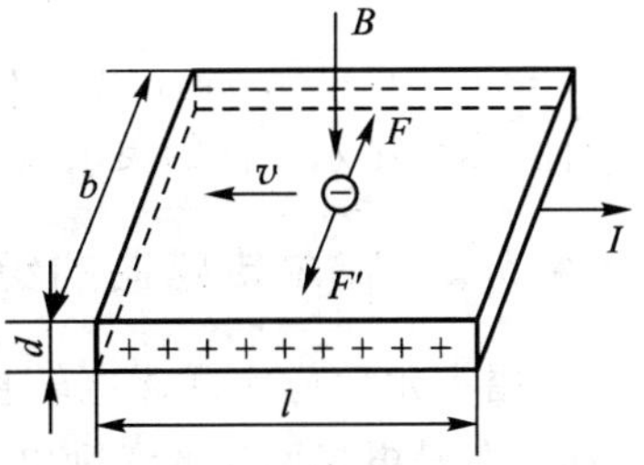

图 4-5-1 霍尔效应原理图

式中:q——电子的电荷量(1.602×10^{-19} C);

v——半导体中电子运动速度;

B——外磁场的磁感应强度。

在力 F 的作用下,电子被推向半导体的一侧并在该侧面积累负电荷,而在另一侧积累正电荷,这样在基片两侧面间建立起静电场,电子又受到电场力 F'的作用,且

$$F'=qE_H$$

式中,E_H 为静电场的电场强度。

F'将阻止电子继续偏移,当 $F'=F$ 时,电荷积累处于动态平衡,即

$$qE_H=qvB \tag{4-5-2}$$

基片宽度两侧面间由于电荷积累形成的电位差 U_H,称为霍尔电压,它与霍尔电场强度 E_H 的关系为

$$U_H=bE_H \tag{4-5-3}$$

将式(4-5-3)代入式(4-5-2)得

$$U_H=bvB \tag{4-5-4}$$

流过基片的电流 I 常称为激励电流或控制电流,假设它分布均匀,则有

$$I=nqvbd \tag{4-5-5}$$

式中:n——N 型半导体载流子浓度(单位体积中的电子数);

bd——与电流方向垂直的截面积。

将式(4-5-4)与式(4-5-5)合并整理得

$$U_H=\frac{BI}{nqd}=R_H\frac{IB}{d} \tag{4-5-6}$$

式中,R_H 为霍尔系数,它是由材料性质决定的常数,对 N 型半导体有

$$R_H=\frac{1}{nq} \tag{4-5-7}$$

对 P 型半导体有

$$R_H=\frac{1}{pq} \tag{4-5-8}$$

式中，p 为 P 型半导体的载流子浓度（单位体积中空穴数）。

令

$$K_H=\frac{R_H}{d} \tag{4-5-9}$$

代入式(4-5-6)得

$$U_H=K_H IB \tag{4-5-10}$$

由式(4-5-10)可见，霍尔电压 U_H 正比于激励电流 I 和磁感应强度 B，比例系数 K_H 表征霍尔元件的特性，称为霍尔元件的灵敏度系数。

4.5.2 霍尔传感器的组成与基本特性

利用霍尔效应实现磁电转换的传感器称为霍尔式传感器，它有几个基本组成部分：霍尔元件、加于激励电极两端的激励电源、与霍尔电极输出端相连的测量电路、产生某种具有磁场特性的装置。

1. 霍尔元件

霍尔元件的结构很简单，它由霍尔片、引线和壳体组成。霍尔片是一块半导体（多采用 N 型半导体）矩形薄片，如图 4-5-2(a)所示。在短边的两个端面上焊上两根控制电流端（称控制电极或激励电极）引线 1 和 1′，在元件长边的中间以点的形式焊上两根霍尔输出端（称霍尔电极）引线 2 和 2′。在焊接处要求接触电阻小，而且呈纯电阻性质（欧姆接触），霍尔片一般用非磁性金属、陶瓷或环氧树脂封装。在电路中霍尔元件可用两种符号表示，如图 4-5-2(b)所示。

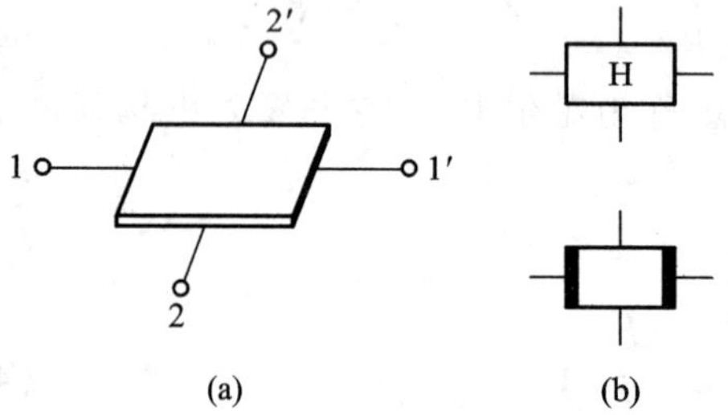

图 4-5-2 霍尔元件的结构和符号

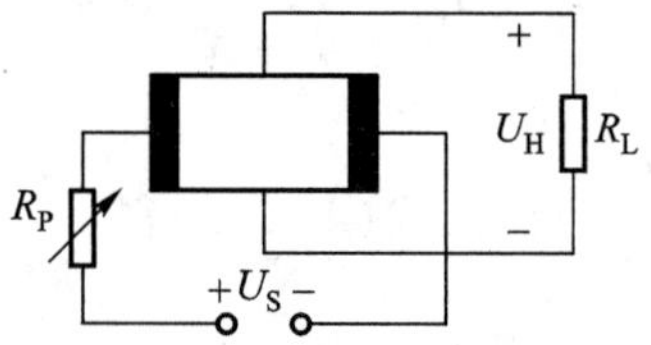

图 4-5-3 霍尔电压的基本测量电路

2. 电路部分

传感器中的基本电路如图 4-5-3 所示。激励电流 I 由电源 U_S 供给，可以是直流电源或交流电源，电位器 R_P 调节激励电流 I 的大小。R_L 是霍尔元件输出端的负载电阻，它可以是显示仪表或放大电路的输入电阻。霍尔电压一般在毫伏数量级，在实际使用时必须加差分放大器。霍尔元件大体分为线性测量和开关状态两种使用方式，因此输出电路有如图 4-5-4(a)所示的线性应用和图 4-5-4(b)所示的开关应用两种结构。

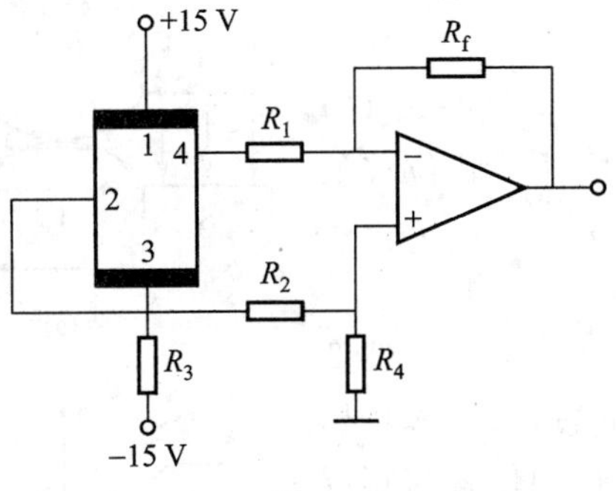

图 4-5-4 霍尔元件的输出电路

为了增加输出的霍尔电压或功率，在直流激励的情况下，可采用如图 4-5-5(a)所示的叠加连接方式，控制电流端并联，由 R_{P1} 和 R_{P2} 调节两个元件的输出霍尔电压，AB 端输出电压为单个霍尔元件输出霍尔电压的 2 倍。在交流供电情况下，采用如图 4-5-5(b)所示的连接方式，控制电流端串联，各元件输出端接输出变压器的一次绕组，变压器的二次绕组便有霍尔电压信号叠加值输出。如图4-5-5(c)所示的连接方式是错误的，因为大部分控制电流将被相连的霍尔电极短接，如图中箭头所示，这将使霍尔元件不能正常工作。

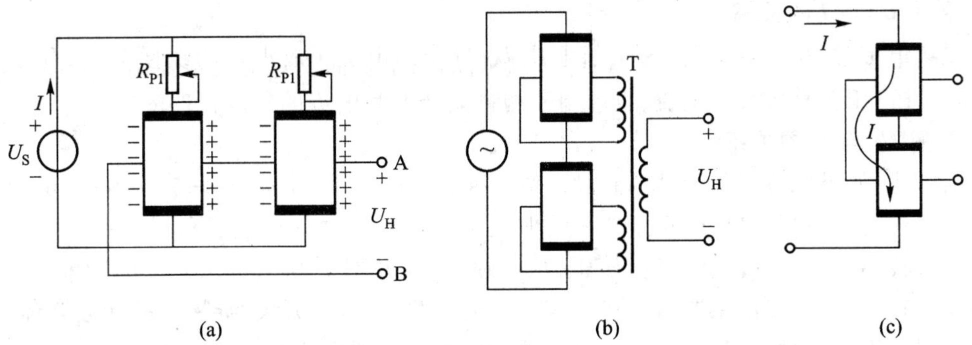

图 4-5-5 霍尔元件输出叠加连接方式

3. 磁路部分

用于非电量检测的霍尔传感器，通常是通过弹性元件和其他传动机构将待测非电量（如力、压力、应变和加速度等）转换为霍尔元件在磁场中的微小位移。为了获得霍尔电压随位移变化的线性关系，传感器的磁场应具有均匀的梯度变化的特性。这样当霍尔元件在这种磁场中移动时，如使激励电流 I 保持恒定，则霍尔电压就只取决于它在磁场中的位移量，并且磁场梯度越大，灵敏度越高，梯度变化越均匀，霍尔电压与位移的关系越接近于线性。图 4-5-6(a)是一种产生梯度磁场的磁系统，由极性相反、磁场强度相同的两个磁钢形成一个如图 4-5-6(b)所示的梯度磁场，位移 x 轴的零点位于两磁钢的正中间处，在一定范围内有

$$B = cx$$

当放置在两磁钢气隙中的霍尔片沿 x 方向移动时，若控制电流 I 保持不变，则霍尔电压为

$$U_H = K_H IB = K_H Icx = kx \tag{4-5-11}$$

式中，$k = K_H Ic$。可见 U_H 与位移 x 呈线性关系，其极性反映位移的方向。

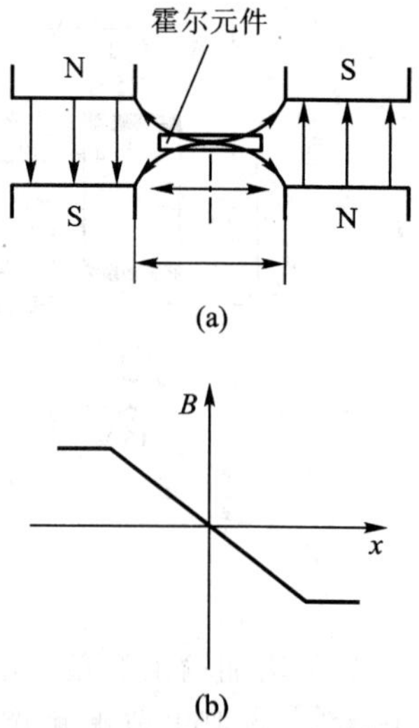

图 4-5-6 霍尔式位移传感器原理示意图

4. 基本特性

由霍尔传感器的组成不难看出，霍尔传感器的灵敏度和线性度等基本特性主要取决于它的磁路系统和霍尔元件的特性，即磁场梯度的大小和均匀性、霍尔元件的材料、几何尺寸、电极的位置与宽度等。另外，由式(4-5-10)可知，提高磁场的磁感应强度 B 和增大激励电流 I，也可获得较大的霍尔电压。但 I 的增大受到元件发热的限制。由于霍尔式传感器的可动部分只有霍尔元件，而霍尔元件具有小型、坚固、结构简单、无触点、磁电转换惯性小等特点，所以霍尔传感器动态性能好，只有在10^5 Hz 以上的高频时，才需要考虑频率对输出的影响。

4.5.3 霍尔传感器的应用

依据霍尔电压的表达式式(4-5-10)，霍尔传感器的应用可分为下述三个方面：

1. 利用 U_H 与 I 的关系

当磁场恒定时，在一定温度下，霍尔电压 U_H 与控制电流 I 成很好的线性关系，利用这一特性，霍尔元件可用于直接测量电流，也可用于测量能转换为电流的其他物理量。

2. 利用 U_H 与 B 的关系

如前所述，如果保持霍尔元件的激励电流不变，而让它在一个如图 4-5-6(b)所示的均匀梯度的磁场中移动时，则其输出的霍尔电压就取决于它在磁场中的位置。利用这一原理可以测量微位移和可转换为微位移的其他量，如压力、加速度、振动等。利用霍尔元件的“U_H-B”关系还研制出霍尔式罗盘、方位传感器、转速传感器、接近开关、无触点开关、导磁产品计数器等。

当控制电流一定时，霍尔电压与磁感应强度成正比。利用这个关系可以测量交、直流磁感应强度、磁场强度等。利用霍尔元件制作的钳形电流表可以在不切断电路的情况下，通过测量电流产生的磁场而测得该电流值。

图 4-5-7 所示为采用霍尔传感器的钳形电流表的外形图和原理示意图。冷轧硅钢片圆环的作用是将被测电流 I_x 产生的磁场集中到霍尔元件上，以提高灵敏度，作用于霍尔片的磁感应强度 B 为

$$B = K_B I_x \tag{4-5-12}$$

式中，K_B 为电磁转换灵敏度。将式(4-5-12)代入式(4-5-10)，得钳形电流表中霍尔片的输出电压为

$$U_H = K_H IB = K_H K_B II_x = KI_x \tag{4-5-13}$$

式中：I——霍尔片控制电流；

K——电流表灵敏度，$K = K_H K_B I$。

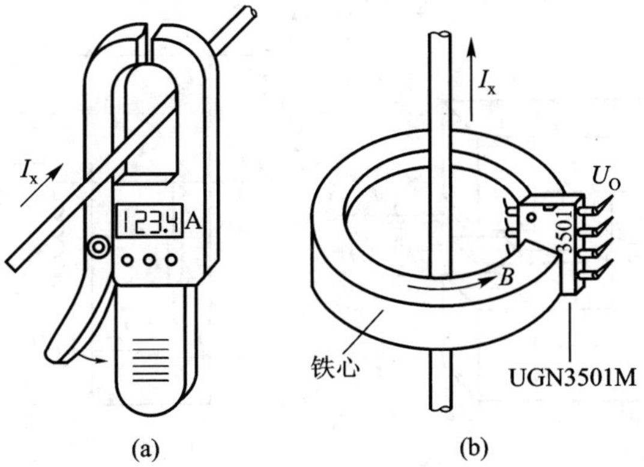

图 4-5-7 霍尔式钳形电流表

霍尔式钳形电流表既可测量直流,也可测量交流,而采用交流电流互感器却只能测量交流。霍尔式钳形电流表可测的最大电流达100 kA以上,可用来测量输电线上的电流,也可用来测量电子束、离子束等无法用普通电流表直接进行测量的电流。图 4-5-7 中被测电流导线如果在硅钢片圆环上绕几圈,电流表灵敏度便会增大几倍。用这种办法可调整霍尔式钳形电流表的灵敏度和量程。

3. 利用 U_H与 IB 的关系

如果控制电流为 I_1,磁感应强度 B 由励磁电流 I_2 产生,则据式(4-5-10),霍尔电压可表示为

$$U_H = KI_1I_2$$

利用上述乘法关系,将霍尔元件与激励线圈、放大器等组合起来,可以做成模拟运算的乘法器、开方器、平方器、除法器等各种运算器。同样道理,依据式(4-5-10)也可利用霍尔元件进行功率测量。

采用霍尔元件作为乘法器实现平均功率运算的电路如图 4-5-8 所示,现以正弦交流电路为例讨论其变换原理。设被测网络的电压为$\dot{U}_b$,电流为 $\dot{I}_b$,$\dot{U}_b$ 和 $\dot{I}_b$ 的相位差为 φ。让$\dot{U}_b$ 通过电阻 R 产生霍尔元件的控制电流 $\dot{I}$

$$\dot{I} = \dot{U}_bK_I \tag{4-5-14}$$

表示为瞬时值,即

$$i = K_IU_{bm}\sin \omega t \tag{4-5-15}$$

式中:K_I——电路转换系数;

U_{bm}——u_b 的峰值。

让 $\dot{I}_b$ 通过激励线圈产生磁场 B,即

$$B = K_BI_{bm}\sin(\omega t+\varphi) \tag{4-5-16}$$

式中:K_B——转换系数;

I_{bm}——i_b 的峰值。

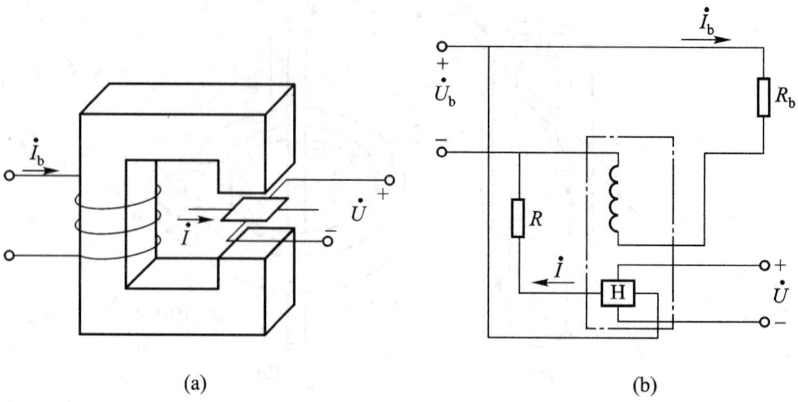

图 4-5-8 霍尔功率变换器原理

由 i 与 B 使霍尔元件所产生的霍尔电压 u 为

$$u = K_H iB \tag{4-5-17}$$

将式(4-5-15)、式(4-5-16)代入式(4-5-17),得

$$u = KU_b I_b \cos\varphi - KU_b I_b \cos(2\omega t+\varphi) \tag{4-5-18}$$

式中,$K = K_H K_I K_B$,U_b、I_b 分别为负载电压、电流的有效值。

若在霍尔电压的输出端接低通滤波器,滤去二倍频交流分量,则滤波器的输出电压与被测网络的有功功率成正比,即

$$U_o = \overline{u} = KU_b I_b \cos\varphi = KP$$

4.5.4 测量误差及其补偿办法

由于制造工艺问题以及实际使用时所存在的各种影响霍尔元件性能的因素,如元件安装不合理,环境温度变化等,都会影响霍尔元件的转换精度,带来误差。

1. 零位误差及其补偿

霍尔元件在不加控制电流或不加磁场时出现的霍尔电压称为零位误差。它主要有下面几种:

1) 不等位电压 U_0

如图 4-5-9 所示,由于工艺上的原因,很难保证霍尔电极 C、D 装配在同一等位面上,这时即使不加外磁场,只通以额定激励电流 I,在 C、D 两电极间也有电压 U_0 输出,这就是不等位电压。U_0 的数值是由 C、D 两截面之间的电阻 R_0 决定的,即 $U_0 = IR_0$。

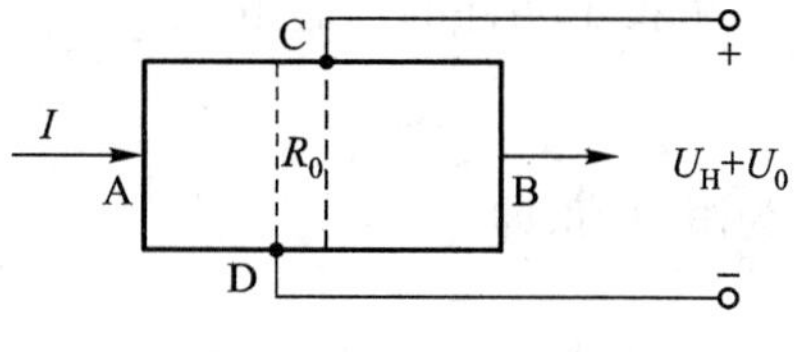

图 4-5-9 霍尔元件不等位电压示意图

此外霍尔元件电阻率不均匀或厚度不均匀也会产生不等位电压。不等位电压是霍尔传感器的一个主要的零位误差,其数值甚至会超过霍尔电压,所以必须从工艺上设法减小,并采取电路补偿措施。补偿的基本思想是把矩形霍尔元件等效为一个四臂电桥,如图 4-5-10 所示。图中 A、B 为控制电极,C、D 为霍尔电极,在极间分布的电阻用 R_1、R_2、R_3、R_4 表示,构成电桥的 4 个臂,不等位电压相当于该电桥在不满足理想条件 $R_1 = R_2 = R_3 = R_4$ 情况下的不平衡输出电压。因

而一切使桥路平衡的方法均可作为不等位电压的补偿措施。图 4-5-10 所示为三种补偿方案，图 a 是在阻值较大的臂上并联电阻，图 b、c 是在两个臂上同时并联电阻，显然图 c 所示方案调整比较方便。

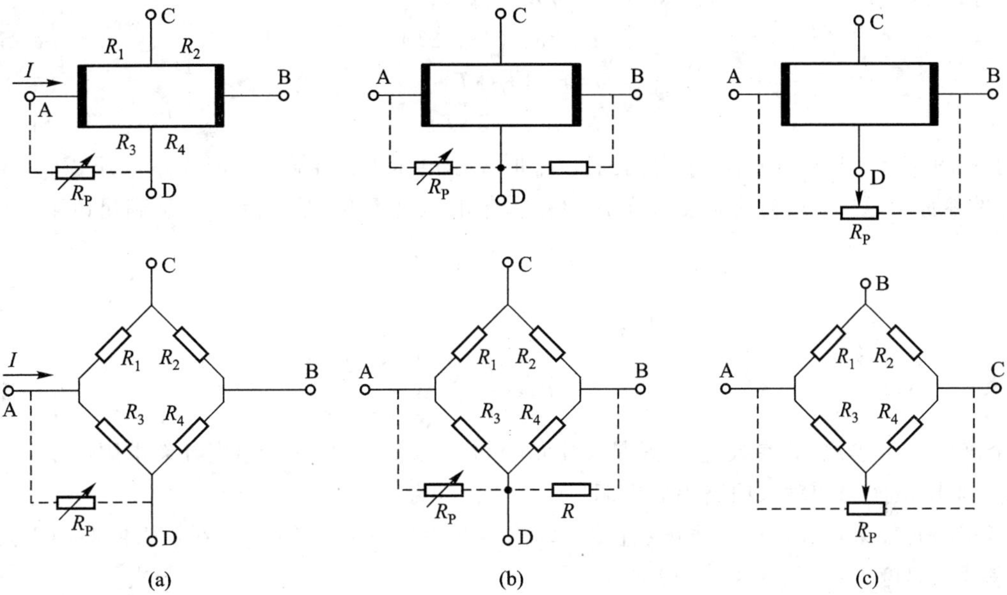

图 4-5-10　不等位电压补偿原理

2）寄生直流电压

当霍尔元件通以交流控制电流而不加外磁场时，霍尔电压除了交流不等位电压外，还有直流电压分量，称为寄生直流电压。该电压是由于元件的两对电极不是完全欧姆接触而形成整流效应，以及两个霍尔电极的焊点大小不等，热容量不同引起温差产生的。它随时间而变化，导致输出漂移。因此在元件制作和安装时，应尽量使电极欧姆接触，并做到散热均匀，有良好的散热条件。

另外，霍尔电极和激励电极和引线布置不合理，也会产生零位误差，也需予以注意。

2. 温度误差及其补偿

一般半导体材料的电阻率、迁移率和载流子浓度等都随温度而变化。霍尔元件由半导体材料制成，因此它的性能参数如输入和输出电阻、霍尔常数等也随温度变化，致使霍尔电压变化，产生温度误差。为了减小温度误差，除选用温度系数较小的材料如砷化铟等做霍尔基片外，还可以采用适当的补偿电路。下面简单介绍几种温度补偿办法。

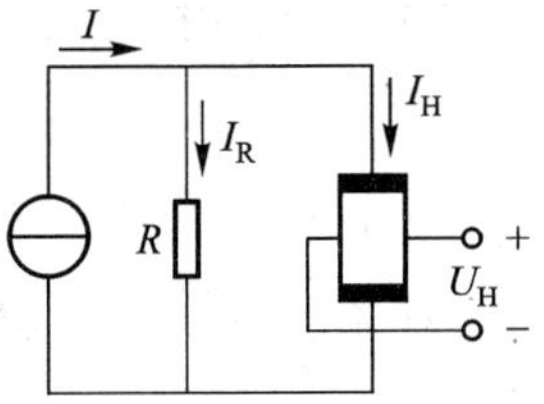

图 4-5-11　恒流源温度补偿电路

1）恒流源供电和输入回路并联电阻

温度变化引起霍尔元件输入电阻变化，在稳压源供电时，会使控制电流变化，带来误差。为了减小这种误差，最好采用恒流源（稳定度±0.1%）提供控制电流。但霍尔元件的灵敏度系数 K_H 也是温度的函数，因此采用恒流源后仍有温度误差。为了进一步

提高 U_H 的温度稳定性，对于具有正温度系数的霍尔元件，可在其输入回路中并联电阻 R，如图 4-5-11 所示。

假设温度从 T_0 上升到 $T(\Delta T=T-T_0)$ 时霍尔片输入电阻从 r_0 变到 r；霍尔片灵敏度系数从 K_{H0} 变到 K_H，选用的温度补偿电阻从 R_0 变到 R，且有如下关系

$$K_H=K_{H0}(1+\alpha\Delta T) \tag{4-5-19}$$

$$r=r_0(1+\beta\Delta T) \tag{4-5-20}$$

$$R=R_0(1+\delta\Delta T) \tag{4-5-21}$$

通过求解图 4-5-11 电路方程，可得到温度 T_0 时霍尔电压 U_{H0} 和温度 T 时霍尔电压 U_H。经推导可知（见参考文献[2]），为使温度改变 ΔT 后，霍尔电压仍不变，即 $U_H=U_{H0}$，须满足以下关系

$$R_0=\frac{\beta-\alpha-\delta}{\alpha}r_0 \tag{4-5-22}$$

一般 δ 很小，可忽略不计，且 $\alpha \ll \beta$，故有

$$R_0\approx\frac{\beta}{\alpha}r_0 \tag{4-5-23}$$

对一个确定的霍尔片，其参数 r_0、α、β 是确定值，可由上式求得并联的温度补偿电阻 R_0。

2）采用恒压源和输入回路串联电阻

当霍尔元件采用稳压电源供电，且霍尔输出端开路状态下工作时，可在输入回路中串入适当电阻来补偿温度误差，如图 4-5-12 所示。

利用等效电源定理可将图 4-5-11 中恒流源与补偿电阻 R 的并联转换为图 4-5-12 中恒压源与补偿电阻 R 的串联，因此，由等效电源定理可知，图 4-5-12 中的补偿电阻与图 4-5-11 中的补偿电阻是相等的。

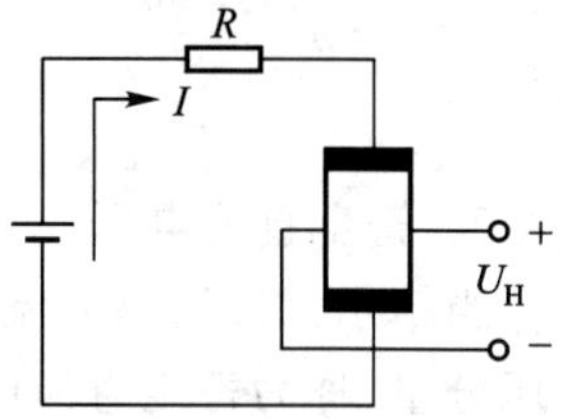

图 4-5-12 恒压源温度补偿电路

3）合理选取负载电阻 R_L 的阻值

霍尔元件的输出电阻 R_0 和霍尔电压都是温度的函数

$$U_H=U_{H0}(1+a\Delta T)$$

$$R_0=R_{00}(1+b\Delta T)$$

式中，U_{H0} 和 R_{00} 分别为霍尔电压和输出电阻在温度变化前的初始值。

当霍尔元件接有负载电阻 R_L 时，在 R_L 上电压为

$$U_L=\frac{R_L}{R_0+R_L}U_H=\frac{R_LU_{H0}(1+a\Delta T)}{R_L+R_{00}(1+b\Delta T)}$$

为使 U_L 不随温度变化，应使 U_L 对 ΔT 的导数为零，令 $\frac{dU_L}{d\Delta T}=0$，求解上式，得

$$R_L=R_{00}\left(\frac{b}{a}-1\right) \tag{4-5-24}$$

4）采用温度补偿元件

这是一种常用的温度误差补偿方法，尤其适用于锑化铟材料的霍尔元件。图 4-5-13 示出了几种不同连接方式的例子。热敏电阻 R_t 具有负温度系数，电阻丝具有正温度系数。图(a)、(b)、(c)是补偿霍尔元件输出具有负温度系数的温度误差，图(d)是补偿霍尔元件输出

具有正温度系数的温度误差。使用时要求热敏元件尽量靠近霍尔元件，使它们具有相同的温度变化。

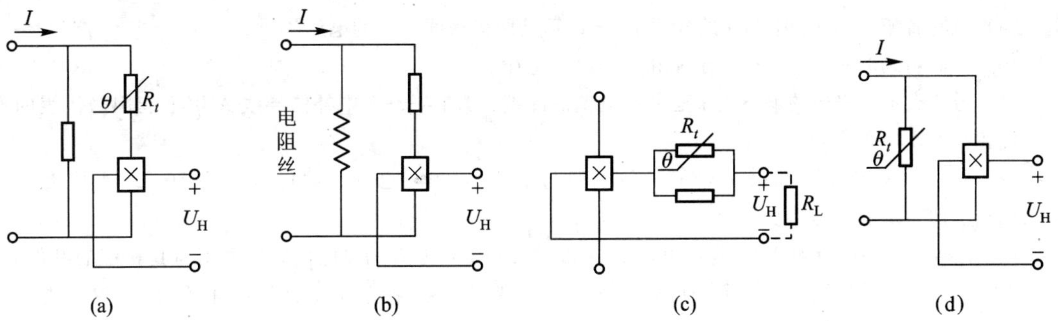

图 4-5-13 采用热敏元件的温度误差补偿电路

5）不等位电压 U_0 的温度补偿

不等位电压 U_0 受温度的影响，可采用如图4-5-14所示的桥路补偿办法。图中调节 R_P 用来补偿 U_0，在霍尔元件输出端串入温度补偿电桥，R_t 是热敏电阻。桥路输出随温度变化的补偿电压与霍尔电压相加作为传感器输出，（电桥中除 R_t 外的 4 个电阻均为锰铜电阻，其温度系数极小，可忽略不计）电桥一臂并联热敏电阻后，使电桥输出电压与温度成非线性关系，只要细心地调整这个不平衡的非线性电压就可以补偿霍尔片的温度漂移，在±40 ℃范围内效果是令人满意的。

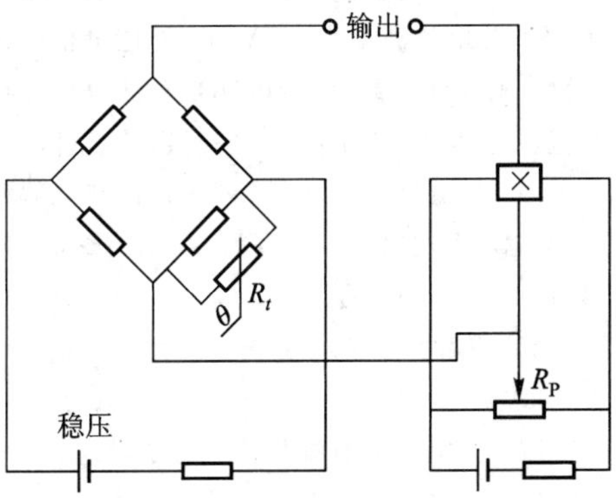

图 4-5-14 桥路补偿电路

应该指出，霍尔元件因通入控制电流 I_H 而有温升，且 I_H 变动，温升改变，都会影响元件内阻和霍尔元件输出，因此在安装霍尔元件时要尽量做到散热情况良好，只要有可能，应选用面积大些的霍尔元件，以降低其温升。

思考题与习题

4-1 图 4-1-1(a)磁电式传感器与图 3-3-1(a)自感式传感器有哪些异同？为什么后者可测量静位移或距离而前者却不能？

4-2 为什么磁电式传感器又叫做速度传感器？怎样用它测量运动位移和加速度？

4-3 磁电式传感器有哪几种类型？它们有什么相同点？有什么不同点？

4-4 用压电式传感器能测量静态和变化极缓慢的信号吗？为什么？

4-5 为什么压电式传感器多采用电荷放大器而不采用电压放大器？

4-6 压电元件的串联与并联分别适用于什么测量场合？

4-7 试从式(4-2-13)推导出图 4-2-8 中上下压电晶片串联时和并联时，总电压和电荷的计算公式。

4-8 石英晶体压电式传感器的面积为 1 cm^2，厚度为 1 mm，固定在两金属极板之间，用来测量通过晶体两面力的变化。真空介电常数为 8.85×10^{-12} F/m，电荷灵敏度是 2 pC/N，相对介电常数是 5.1，晶体相对两面间电阻是$10^{14}\ \Omega$,传感器后接电路的输入电容为 20 pF,输入电阻为 100 MΩ,若所加力 $F=0.01\sin(10^3 t)$ N,求:两极板间电压峰-峰值。

4-9 有一压电陶瓷晶体长 20 mm,宽 20 mm,厚 5 mm,其相对介电常数为 1 200(真空介电常数为 8.85×10^{-12} F/m),将它置于液压 $T=10$ kPa 的硅油中,试计算其两极板间产生的电压。

4-10 试证明热电偶的中间温度定律和标准电极定律。

4-11 为什么不用普通的铜导线来延伸热电偶的冷端,即图 4-3-7 中补偿导线 A′B′不能用毫伏表的连接导线 C 代替?

4-12 将一支灵敏度为 0.08 mV/℃的热电偶与毫伏表相连,已知接线端温度为 50 ℃,毫伏表读数是 60 mV,问热电偶热端温度是多少?

4-13 图 4-3-7 中,$T=400$ ℃,$T_n=30$ ℃,$T_0=20$ ℃,分度号为 K 的热电偶如果采用与其相配的补偿导线,仪表测得的电压为多少?如果错用了分度号为 E 的热电偶的补偿导线,但极性连接正确,试问仪表指示如何变化?

4-14 图 4-3-10 中 4 V 直流电源的极性可否接反?为什么?

4-15 热电偶温度传感器的输入电路如图 4-3-10 所示,已知铂铑-铂热电偶在温度 0 ℃~100 ℃之间变化时,其平均热电势波动为 6 μV/℃,补偿电桥中供桥电压为 4 V,三个锰铜电阻(R_1、R_2、R_3)的阻值均为 1 Ω,铜电阻 R_t的电阻温度系数为 $\alpha=0.004$/℃,已知当温度为 0 ℃时补偿电桥平衡,为了使热电偶的冷端温度在 0 ℃~50 ℃范围内其热电势得到完全补偿,试求可调电阻的阻值 R_S。

4-16 用分度号为 K 的镍铬-镍硅热电偶测量温度,在没有采取冷端温度补偿的情况下,显示仪表指示温度为 500 ℃,而这时冷端温度为 60 ℃,试问实际温度应为多少?如果热端温度不变,设法使冷端温度保持在 20 ℃,此时显示仪表的指示值应为多少?(镍铬-镍硅热电偶分度表数据:20 ℃、60 ℃、500 ℃、538 ℃、539 ℃、557 ℃、558 ℃时的热电势分别为 0.798 mV、2.436 mV、20.640 mV、22.260 mV、22.303 mV、23.070 mV、23.113 mV)

4-17 光电效应有哪几种?与之对应的光电器件各有哪些?它们在电路中各用什么符号表示?

4-18 光电传感器有哪几种常见形式?各有哪些用途?

4-19 光电器件的光谱特性和频率特性的意义有什么区别?在选用光电器件时应怎样考虑光电器件的这两种特性?

4-20 试设计一个路灯自动控制电路,使天黑时路灯亮,天亮时路灯灭。

4-21 试说明怎样增大或减少霍尔式钳形电流表的灵敏度?

4-22 某霍尔元件 $l\times b\times d$ 为 $1.0\times0.35\times0.1\ \text{cm}^3$,沿 l 方向通以电流 $I=1.0$ mA,在垂直 lb 面方向加有均匀磁场 $B=0.3$ T,传感器的灵敏度系数为 22 V/A·T,试求其输出霍尔电势及载流子浓度。($q=1.6\times10^{-19}$ C)

4-23 为什么霍尔元件会存在不等位电压和温度误差?怎样从电路上采取措施加以补偿?

4-24 图 4-5-13a 和 b 热敏电阻和金属电阻丝能不能互换一下位置?为什么?

第5章　半导体传感器

利用半导体材料的各种物理效应,可以把被测物理量的变化转换为便于处理的电信号,从而制成各种传感器即半导体传感器。随着材料科学的发展和固体物理效应的不断发现,新型的半导体敏感元件不断出现,目前已有热敏、光敏、力敏、磁敏、气敏、湿敏等多种类型。制造半导体敏感元件的材料有半导体陶瓷和单晶材料,这两种材料是各有所长、互为补充的。以半导体敏感元件为核心的半导体传感器,具有灵敏度高、响应速度快、结构简单、小型、轻量、价廉、寿命长、便于实现集成化和智能化等特点,在检测技术中正在得到日益广泛的应用。

在本书前面的章节中,我们介绍过的热敏电阻、固态压阻式传感器、光敏电阻、湿敏电阻、气敏电阻、霍尔传感器等,都是用半导体材料制作的,从这个意义来说,它们都属于半导体传感器。本章所介绍的半导体传感器主要是采用半导体二极管、晶体管、场效应管和集成电路构成的传感器。

5.1　半导体管传感器

5.1.1　磁敏二极管和磁敏晶体管

霍尔元件是用N型半导体材料制成的体型磁敏元件,磁敏二极管和磁敏晶体管是PN结型的磁敏元件,它们具有输出信号大、灵敏度高、工作电流小和体积小等特点,比较适应磁场、电流、转速、探伤等方面的检测和控制。

1. 磁敏二极管(SMD)

1）结构

磁敏二极管的结构如图5-1-1(a)所示。在高阻半导体芯片(本征型)I两端,分别制作P、N两个电极,形成P-I-N结。P、N都为重掺杂区,本征区I的长度较长。同时对I区的两侧进行不同的处理:一个侧面磨成光滑面,另一面打毛。由于粗糙的表面处容易使电子-空穴对复合而消失,我们称为r(recombination)面(或r区),这样就构成了磁敏二极管。磁敏二极管的电路符号如图5-1-1(b)所示。

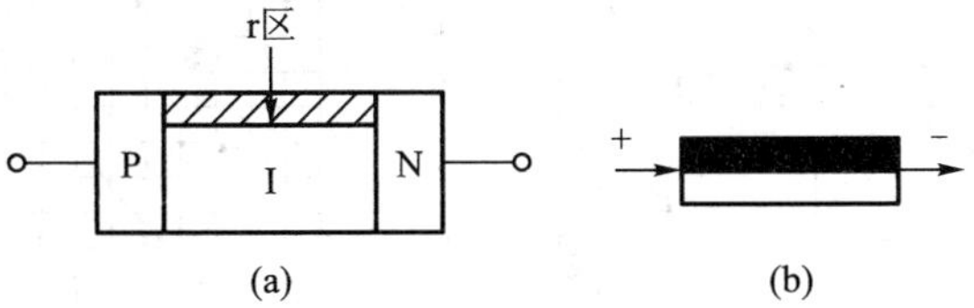

图5-1-1　磁敏二极管结构示意图

2）工作原理

当磁敏二极管未受到外界磁场作用时,外加正偏压,如图5-1-2(a)所示,则有大量的空穴从 P 区通过 I 区进入 N 区，同时也有大量电子注入 P 区，形成电流。只有少量电子和空穴在 I 区复合掉。

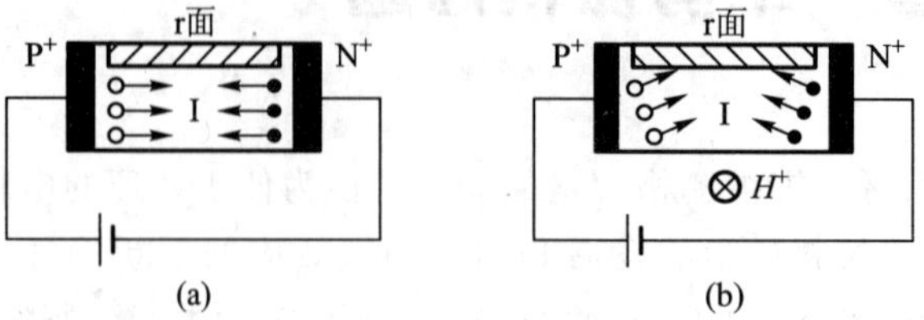

图 5-1-2　磁敏二极管工作原理示意图

当磁敏二极管受到外界磁场 H^+（正向磁场）作用时，如图 5-1-2(b)所示，则电子和空穴受到洛伦兹力的作用而向 r 区偏转，由于 r 区的电子和空穴复合消失速度比光滑面 I 区快，因此形成的电流因复合速度快而减小。

当磁敏二极管受到外界磁场 H^-（反向磁场）作用时，如图 5-1-2(c)所示，电子-空穴对受到洛伦兹力作用向光滑面偏转，电子-空穴的复合率明显减小，因而形成的电流变大。（磁敏二极管反向偏置时，仅流过很微小电流，几乎与磁场无关。）

利用磁敏二极管在磁场强度的变化下，其电流发生变化，便可实现磁电转换。而且由上可见，高复合面与光滑面的复合率差别愈大，磁敏二极管的灵敏度也就越高。

3）主要特性

（1）磁电特性

在给定条件下，磁敏二极管输出的电压变化与外加磁场的关系称为磁敏二极管的磁电特性。磁敏二极管单支使用和互补使用时的磁电特性分别如图 5-1-3(a)、(b)所示。由图可知，单只使用时，正向磁灵敏度大于反向，互补使用时，正、反向磁灵敏度曲线对称，且在弱磁场下有较好的线性。

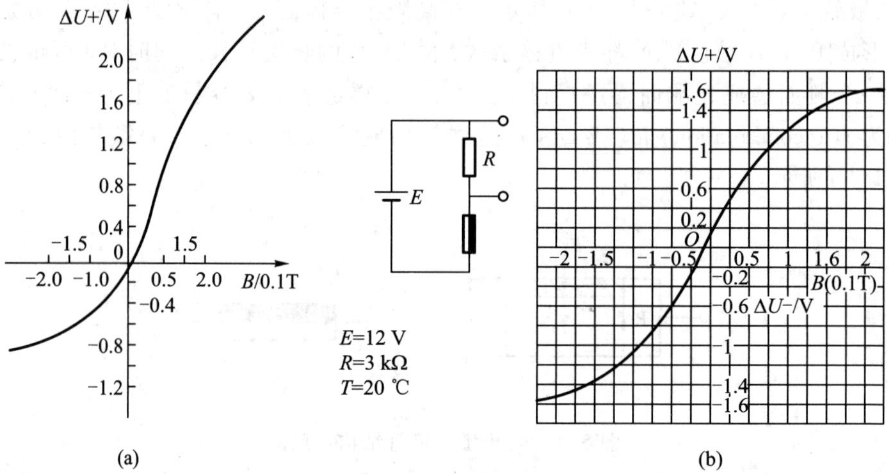

图 5-1-3　磁敏二极管磁电特性

(2) 伏安特性

磁敏二极管正向偏压和通过其上电流的关系被称为磁敏二极管的伏安特性。磁敏二极管在不同的磁场强度和方向下的伏安特性如图 5-1-4 所示。

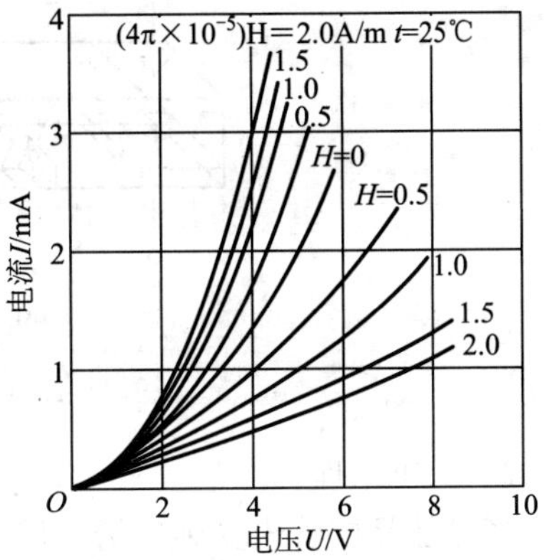

图 5-1-4 磁敏二极管的伏安特性曲线

磁敏二极管与其他磁敏器件相比,具有以下特点:

① 灵敏度高,磁敏二极管的灵敏度比霍尔元件高几百甚至上千倍,而且线路简单,成本低廉,更适合于测量弱磁场。

② 具有正反磁灵敏度,故磁敏二极管可用作无触点开关。

③ 灵敏度与磁场关系呈线性的范围较窄,这一点不如霍尔元件。

4) 温度补偿电路

一般情况下,磁敏二极管受温度影响较大,因此在实际使用时,必须对其进行温度补偿。常用的补偿电路如图 5-1-5 所示。

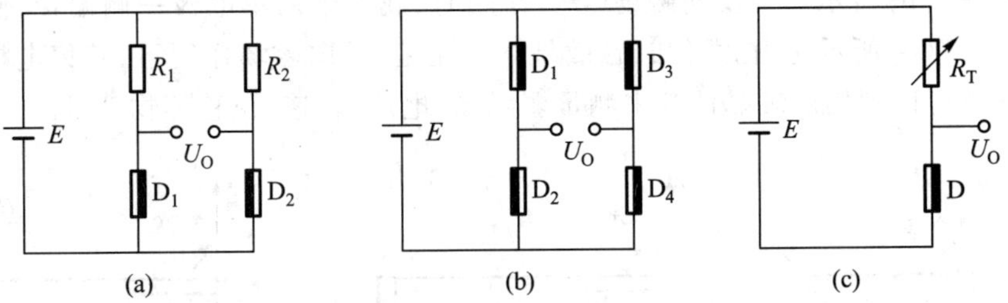

图 5-1-5 温度补偿电路

图(a)为差分电路,图中 D_1 和 D_2 是两只性能相近的磁敏二极管,按相反磁极性组合,即将它们的磁敏面相对或背向放置,组成互补结构,然后接入电桥的相邻两臂,不仅能很好地实现温度补偿,而且可提高灵敏度,其原理与差动应变电桥相似,如果电路不平衡,可适当调节电阻 R_1 和 R_2。

图(b)为全桥电路,D_1 和 D_2、D_3 和 D_4 为两对互补的磁敏二极管。该电路在给定的磁场下,其输出电压是差分电路的两倍。由于该电路要求四只管子特性完全一致,因此给实际使用带来一些困难。

图(c)是利用热敏电阻随温度的变化,而使 R_T 和 D 的分压系数不变,从而实现温度补偿。该电路的成本略低于上述两种电路,因此常被采用。

2. 磁敏晶体管

1) 结构与符号

磁敏晶体管是在磁敏二极管基础上发展起来的具有双极型晶体管结构的磁敏器件。图 5-1-6 所示是 NPN 型磁敏晶体管的结构原理和电路符号。在弱 P 型近本征半导体上,用合金法或扩散法形成三个结,即发射结、基极结、集电结,其最大特点是基区较长,在长基区的侧面制成一个复合率很高的高复合区 r,在 r 区对面保持光滑的无复合的镜面,长基区分为输运基区和复合基区，如图 5-1-7(a)所示。

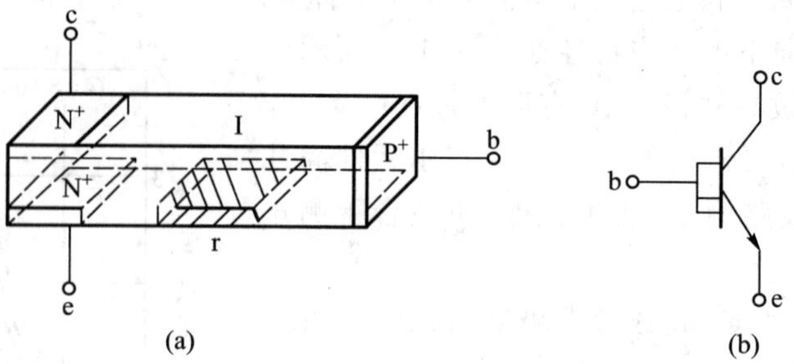

图 5-1-6 磁敏晶体管的结构与符号

2）工作原理

当磁敏晶体管未受到磁场作用时，如图 5-1-6(a)所示，由于基区宽度大于载流子有效扩散长度，大部分载流子通过 e-I-b，形成基极电流，少部分载流子输入到 c 极，因而形成了基极电流大于集电极电流的情况，使 $\beta=I_c/I_b<1$。

当受到正向磁场(H^+)作用时，洛伦兹力使载流子偏向发射结的一侧，导致集电极电流显著下降，如图 5-1-7(b)所示。当反向磁场(H^-)作用时，载流子向集电极一侧偏转，使集电极电流增大，如图 5-1-7(c)所示。由此可知，磁敏晶体管在正、反向磁场作用下，其集电极电流出现明显变化。这样就可以利用磁敏晶体管来测量弱磁场、电流、转速、位移等物理量。

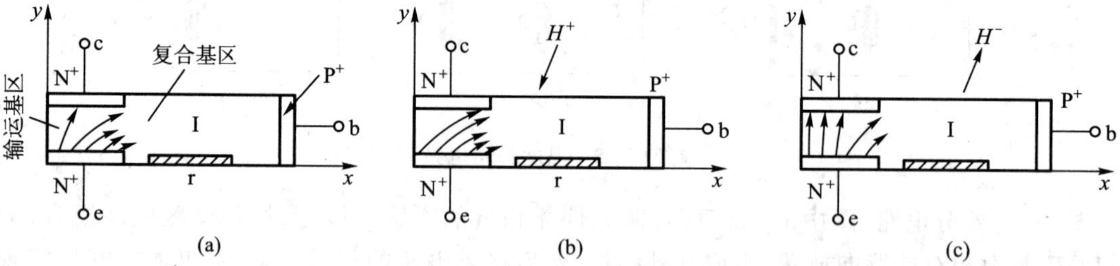

图 5-1-7 磁敏晶体管工作原理

3）主要特性

(1) 磁电特性

磁电特性是磁敏晶体管最重要的工作特性，是磁敏晶体管的应用基础。图 5-1-8 是国产 NPN 型 3BCM(锗)磁敏晶体管的磁电特性。由图可见，在弱磁场作用时，曲线接近一条直线。

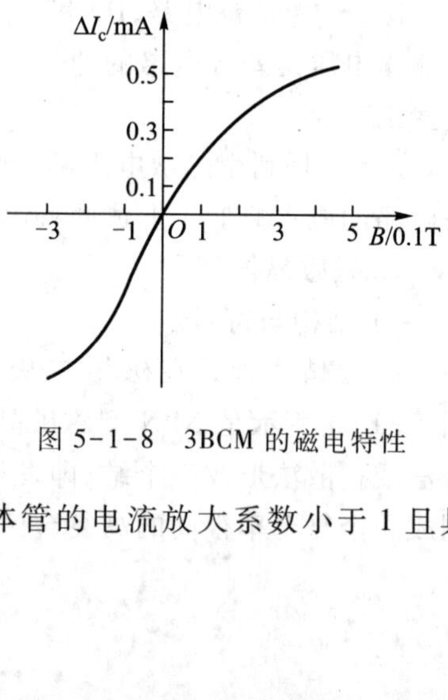

图 5-1-8 3BCM 的磁电特性

(2) 伏安特性

磁敏晶体管的伏安特性类似于普通晶体管的伏安特性曲线。图 5-1-9(a)为不受磁场作用时磁敏晶体管的伏安特性，与普通晶体管伏安特性一样。图 5-1-9(b)是磁场为±1 kGs、基极恒流(I_b = 3 mA)时的集电极电流变化。由图可见，磁敏晶体管的电流放大系数小于 1 且具有磁灵敏度即随磁场大小和方向变化。

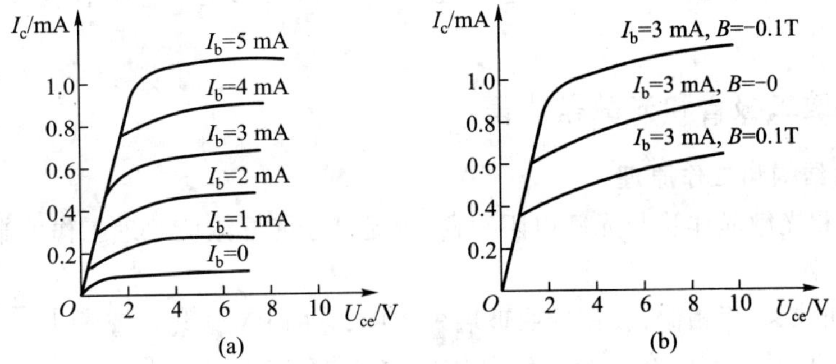

图 5-1-9　磁敏晶体管的伏安特性曲线

4）温度补偿电路

磁敏晶体管对温度比较敏感，实际使用时必须采用适当的方法进行温度补偿。如图 5-1-10 所示。

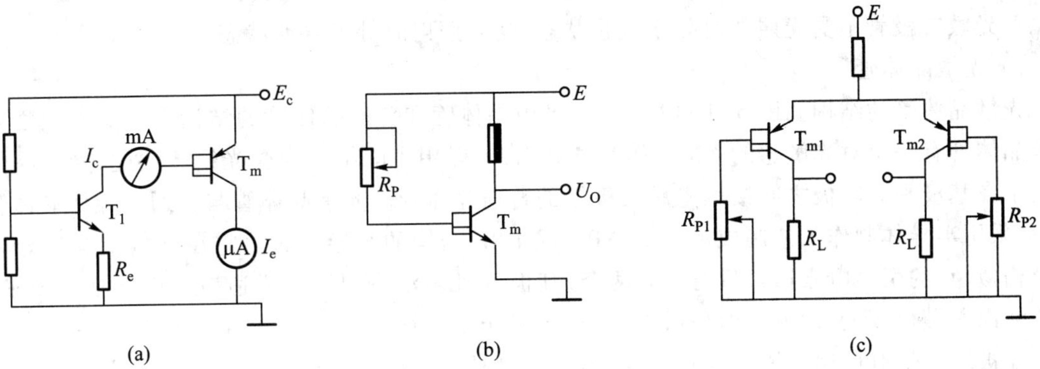

图 5-1-10　磁敏晶体管的温度补偿电路

图(a)是用正温度系数的普通硅晶体管 T_1 补偿负温度系数的磁敏晶体管 T_m 因温度产生的集电极电流漂移。

图(b)是用锗磁敏二极管作为硅磁敏晶体管的负载，利用锗磁敏二极管电流随温度升高而增加的这一特性来弥补磁敏晶体管的负温度漂移系数所引起的电流下降。

图(c)采用两只特性一致、磁极性相反的磁敏晶体管组成差分电路，既可提高磁灵敏度，又能实现温度补偿。

3. 磁敏管的应用

由于磁敏管有较高的灵敏度，体积和功耗都很小，能识别磁极性等优点，所以它们作为新型半导体敏感元件，有着广泛的应用前景，可用于检测交直流磁场，特别适合于测量弱磁场；可制作钳形电流计，对高压线进行不断线、无接触电流测量；可测量转速和探伤；制作无电刷直流电机、无触点开关、无触点电位计等。

为提高磁敏二极管、磁敏晶体管的磁灵敏度，在使用中，一定要设法使磁力线垂直其敏感表面，以求得到较高的磁灵敏度。

磁敏晶体管与磁敏二极管相比，具有灵敏度更高（高几倍至十几倍）、功耗低、动态范围宽、噪声小、具有功率输出、特别适用于在低电压范围工作等优点，是一种很有发展前途的新型磁敏器件。

5.1.2 光敏二极管和光敏晶体管

1. 光敏管的结构和工作原理

光敏二极管和光敏晶体管与光敏电阻一样，都是基于光导效应原理工作的半导体光电器件。

1）光敏二极管

其结构与一般二极管相似，装在透明玻璃外壳中，它的PN结装在管顶，便于接受光的照射。上面有一个透镜制成的窗口，可使光线集中在敏感面上。光敏二极管在电路中工作时，一般加上反向电压，如图5-1-11所示。光敏二极管在没有光照时，反向电阻很大，反向电流很小，一般为nA数量级，受光照射时，PN结区产生电子空穴对。在结电场作用下，电子向N区运动，空穴向P区运动，形成光电流，方向与反向电流一致，光线越强，光电流越大，光照射产生的反向电流基本上与光强成正比。光敏二极管不受光照射时处于截止状态，受光照射时处于导通状态。

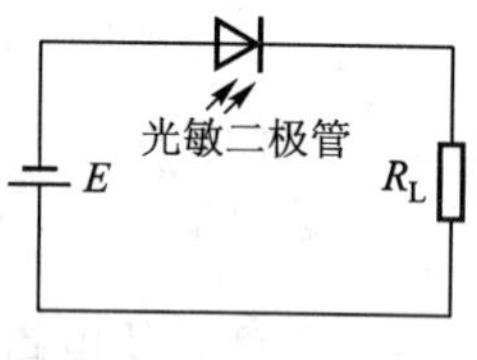

图5-1-11 光敏二极管基本电路

2）光敏晶体管

光敏晶体管的结构如图5-1-12所示。光敏晶体管和普通晶体管的结构类似。不同之处是光敏晶体管有一个对光敏感的PN结作为感光面，一般用集电结作为受光结。因此，光敏晶体管相当于在基极和集电极之间接有光敏二极管的普通晶体管。光敏晶体管与普通半导体晶体管一样，是采用半导体制作工艺制成的具有NPN或PNP结构的半导体管。它在结构上与半导体晶体管相似，它的引出电极通常只有c、e两个，基极b大多没有引脚。为适应光电转换的要求，它的基区面积做得较大，发射区面积做得较小，入射光主要被基区吸收。和光敏二极管一样，管子的芯片被装在带有玻璃透镜金属管壳内，当光照射时，光线通过透镜集中照射在芯片上。

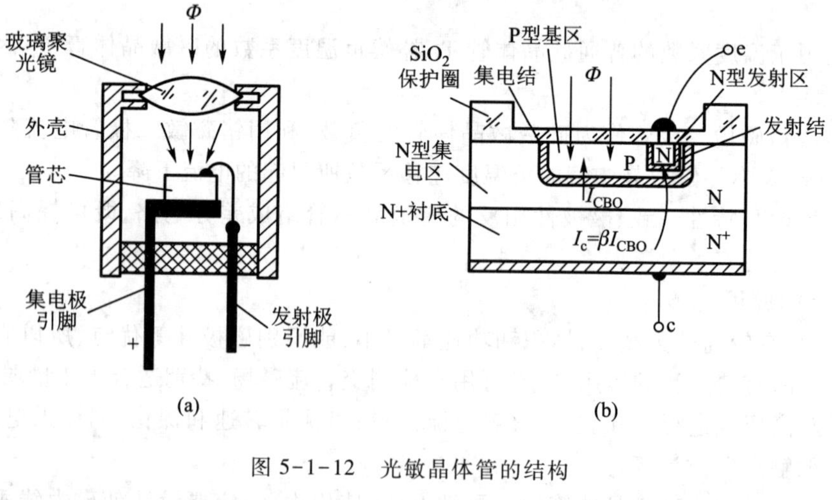

图5-1-12 光敏晶体管的结构

光敏晶体管的bc结可看作是光敏二极管，如图5-1-13(a)所示。集电极相对发射极为正电压，而基极开路，则基极-集电极处于反向偏置。无光照射时，由热激发产生少数载流子，电子从基极进入集电极，空穴从集电极移向基极，在外电路中有暗电流流过。当光照射在 bc 结上时，bc 结区产生光生载流子。由于集电结处于反向偏置，使内电场增强。在内电场作用下，光生电子漂移到集电极，在基极区留下空穴，使基极电位升高，促使发射极有大量电子经基极被集电极收集而形成放大的光电流。由于光照射集电结产生的光电流相当于一般晶体管的基极电流，因此集电极电流为 bc 结光生电流的 β 倍。从而使光敏晶体管具有比光敏二极管更高的灵敏度。

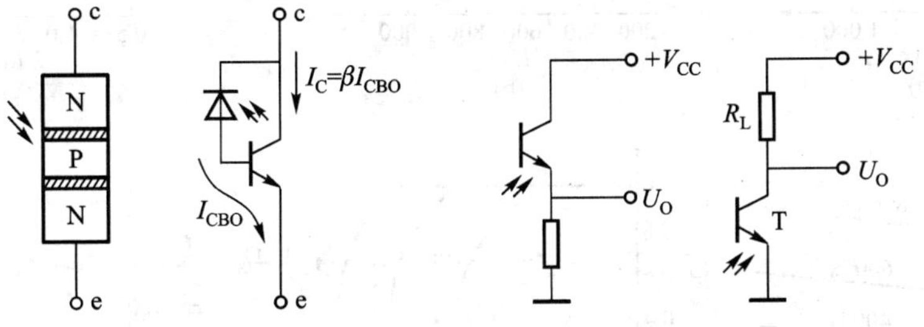

(a) 等效电路 (b) 基本电路

图 5-1-13 光敏晶体管电路

光敏晶体管应用电路有发射极输出和集电极输出两种基本形式，如图 5-1-13(b)所示。

光敏二极管和光敏晶体管使用时，应注意保持光源与光敏管的合适位置，使入射光恰好聚焦在管芯所在的区域，光敏管灵敏度最大。为避免灵敏度改变，使用中必须保持光源与光敏管的相对位置不变。

2. 光敏管的基本特性

1）光电特性

硅光敏二极管和硅光敏晶体管的光电特性分别如图 5-1-14(a)、(b)所示。对比可见，硅光敏二极管的光照特性线性较好，适合于做检测元件。为了增加灵敏度，目前有一种雪崩光敏二极管，它是利用 PN 结当反向偏压接近击穿时，发生载流子碰撞雪崩电离，以获得光生载流子倍增的器件。硅光敏晶体管的光照特性曲线在弱光时电流增长缓慢，采用较小的发射区面积，则能提高弱光时的发射结电流密度而使起始时增长变快，有利于弱光的检测。

2）光谱特性

对于一定材料和工艺做成的光敏管，必须对应一定波长范围（即光谱）的入射光才会响应，这就是光敏管的光谱响应。光敏二极管（或晶体管）的光谱特性如图 5-1-14(c)所示。由图可见，硅和锗光电两类材料的光敏二极管（或晶体管）的光谱响应峰值所对应的波长各不相同。以硅为材料的约为 0.8~0.9 μm，以锗为材料的约为 1.4~1.5 μm，都是近红外光。

3）伏安特性

光敏管的伏安特性曲线如图 5-1-14(d)所示。它与晶体管伏安特性曲线相似，只要将入射光所产生的光电流看成基极电流就可看成一般的晶体管的伏安性曲线。因此我们可以像晶体管作图法一样来确定负载电阻。光敏晶体管与光敏二极管的伏安特性曲线形状一样，只是输出电流大小不一样（即 I 坐标值不同）。由于晶体管放大作用，在同样的照度下，光敏晶体管的光电流

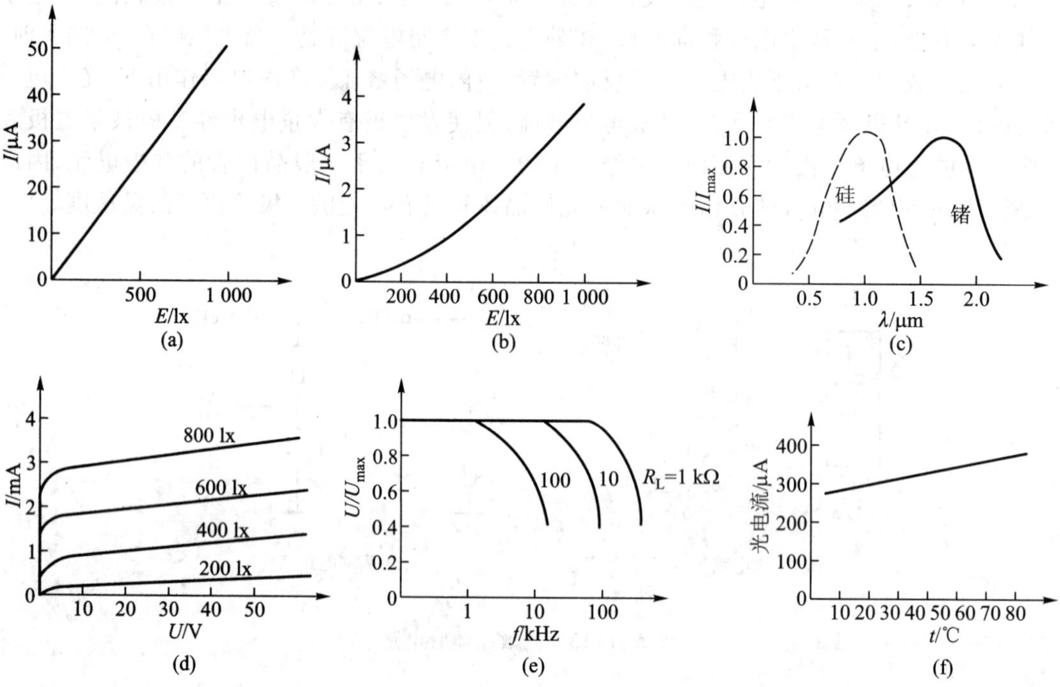

图 5-1-14　光敏管的基本特性

和灵敏度要比相同管型的光敏二极管大几十倍，这是因为电流放大系数 β 在小电流时随着光电流上升而增大的原因。

4）频率特性

光敏管的频率响应与本身的物理结构、工作状态、负载以及入射光波长等因素有关。图 5-1-14(e)为硅光敏晶体管的频率响应曲线。由曲线可知，减小负载电阻 R_L 可以提高响应频率，但同时却使输出降低。因此在实际使用中，应根据频率来选择最佳的负载电阻。

光敏二极管的频率特性较好，是半导体光电器件中最好的一种。光敏晶体管由于存在发射结电容和基区渡越时间（发射极的载流子通过基区所需要的时间），它的频率特性比光敏二极管差，而且和光敏二极管一样，负载电阻越大，高频响应越差。

锗光敏晶体管的截止频率约为 3kHz，而对应的锗光敏二极管的截止频率为 50 kHz。硅光敏晶体管的响应频率要比锗光敏晶体管高得多，其截止频率达 50 kHz 左右。

5）温度特性

图 5-1-14(f)中，光敏晶体管的温度升高，电子热运动加强，光电流随温度升高而增加，而暗电流也是随温度升高而增大。若基极有引出线的光敏晶体管，在基极和发射极间接一 5 kΩ 左右的电阻，可以减小暗电流，提高温度的稳定性。

3. 光敏管的应用实例

图 5-1-15 是光敏晶体管组成的光控电路，图中 T_1 接成射极跟随器形式。在无光照射时，T_1、T_2 均截止。当光敏管被光线照射时，立即产生光电流，并注入 T_1 的基极，使 T_1、T_2 导通，继电器 J 启动，从而带动执行机构。电路中 R_3 为灵敏度调节电阻。在继电器线圈两端并联二极管

D_2,是为了防止当 T_2 截止时,继电器线圈产生的反电动势损坏晶体管。

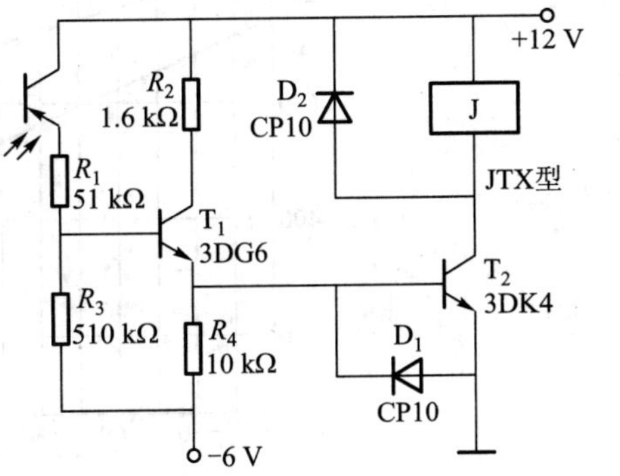

图 5-1-15 光敏晶体管光控电路

5.1.3 温敏二极管和温敏晶体管

1. 温敏二极管

热电偶测温范围宽,但其热电势较低,温敏电阻灵敏度高,但工作温度范围窄,且输出非线性。PN 结温度传感器同它们相比,最大优点是输出特性呈线性,且测温精度高。根据晶体管原理可知,PN 结的正向电压 U 与正向电流 I_D 的关系为

$$I_D=I_S(e^{\frac{qU}{kT}}-1)\approx I_S e^{\frac{qU}{kT}} \tag{5-1-1}$$

式中:k——玻尔兹曼常数;

q——电子电荷,$k/q=0.0862$ mV/K;

T——PN 结绝对温度,绝对温度 T(K)与摄氏温度 t(℃)的关系为

$$T=273.2+t \tag{5-1-2}$$

I_S——PN 结反向饱和电流

$$I_S=A\cdot J_S \tag{5-1-3}$$

式中:A——PN 结面积,

J_S——反向饱和电流密度。

对(5-1-1)式两边取对数得

$$U=\frac{kT}{q}\ln\frac{I_D}{I_S} \tag{5-1-4}$$

把 J_S 的表达式(略)和式(5-1-3)、式(5-1-2)代入式(5-1-4),并经整理后近似可得,在一定温度范围内 PN 结正向电压与温度的近似线性关系

$$U=U_{go}-\frac{kT}{q}\ln\frac{B}{I_D}=U_{go}-CT=U_b-C\times t \tag{5-1-5}$$

式中:B——与 PN 结内部结构和制造工艺有关的电流常数;

U_{go}——由 PN 结禁带宽度决定的外插值(约 1.2 V);

U_b——摄氏零度时的 PN 结正向电压。

上式表明,若 I_D 恒定,则在一定温度范围内 PN 结正向电压随温度的增加而线性减少。硅温敏管 PN 结正向温度特性如图 5-1-16 所示。当 I_D 恒定在 10 μA 时,其电压温度系数 $C=-2.3$ mV/℃;当 I_D 恒定在 1 mA 时,其电压温度系数 $C=-2.0$ mV/℃。(一般热电偶灵敏度仅为 3~25 μV/℃)。

一般选择硅温敏管电源电压+5 V,PN 结工作在 $I_D=100$ μA,$U\approx0.6$ V,故其限流电阻选择为 $R=(5-0.6)$ V/100 μA=44 kΩ。

2. 温敏晶体管

晶体管的发射结也是 PN 结,晶体管基-射电压 U_{be} 也适用式(5-1-4)和式(5-1-5)。因为晶体管的发射结比二极管有更好的线性和互换性,所以通常将晶体管的基极与集电极短接作为

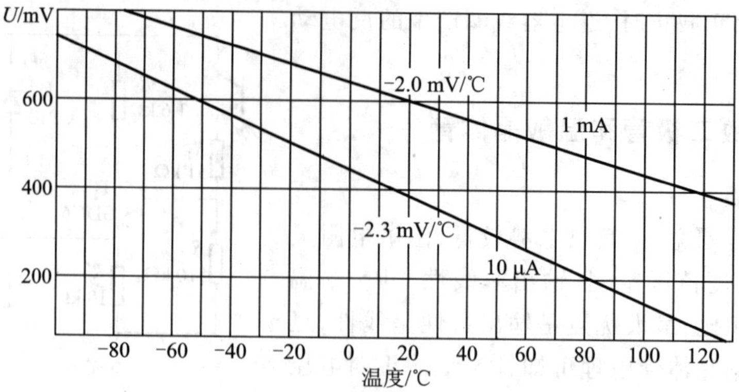

图 5-1-16 硅温敏管正向电压的温度特性

PN 结温度传感器。为了提高灵敏度，可采用多个 PN 结串联，组成 PN 结温度传感器。

3. 温敏管测温电路实例

1）温敏管测温电桥

温敏管测温电桥如图 5-1-17(a)所示，图中晶体管接成温敏二极管，作为电桥的一臂，接在电桥另一臂的电位器 R_P 用于调零。图中 $E=+5$ V，$R_1=44$ kΩ，据公式(5-1-5)可知

$$U_1=U_b-C\times t$$

调节电位器 R_P，使 $U_2=U_b$，则温敏管测温电桥输出电压为

$$U_O=U_2-U_1=U_b-(U_b-Ct)=C\times t \tag{5-1-6}$$

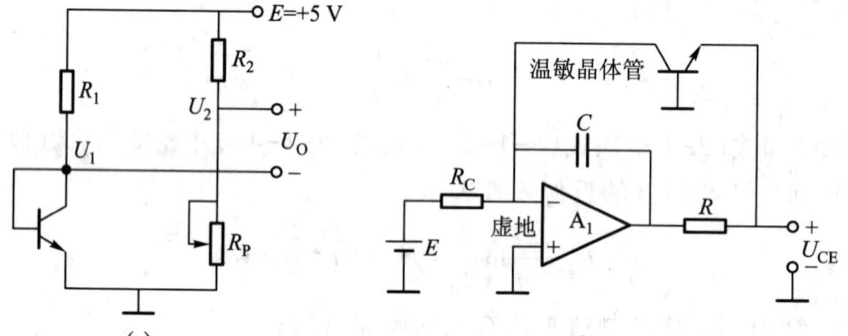

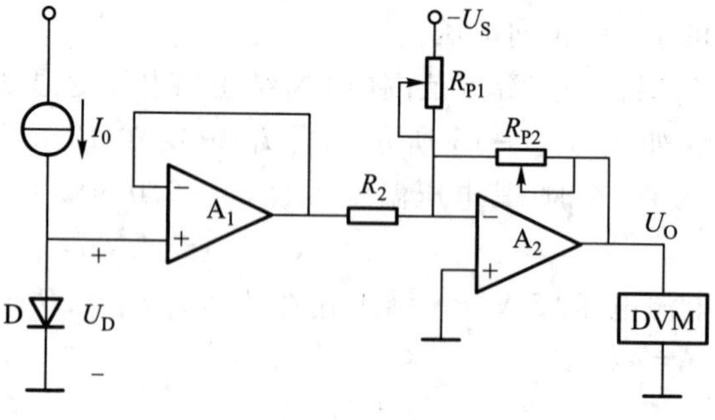

图 5-1-17 温敏管测温电路实例

由上式可见，该温敏管测温电桥输出电压与摄氏温度成正比。

2）温敏晶体管测温电路

温敏晶体管测温电路如图 5-1-17(b)所示。图中温敏晶体管作为运算放大器的反馈元件，同时基极接地，这就使得发射结为正向偏置而集电结几乎为零偏置，保证了流过集电极的电流为恒定($I_c=E/R_c$)，且与温度无关，此时运算放大器输出为发射结压降，如式(5-1-5)所示，与温度呈线性关系。(图中电容 C 的作用是防止寄生振荡)。

3）温敏管数字温度计

温敏管数字温度计电路如图 5-1-17(c)所示。

5.2　半导体集成传感器

由于半导体集成电路技术的迅猛发展和日益完善，人们在用半导体硅制备传感器芯片时，同时也设计制造一些温度补偿、信号处理与放大等电路，并把它们集成在同一芯片上，这样就构成单片集成传感器。传感器的集成化，不仅提高了传感器的性能和可靠性、降低了生产成本，减小了体积，而且便于与微处理器相结合实现传感器智能化，这正是传感器的最新发展方向。

本节介绍几种常用的集成传感器。

5.2.1　集成温度传感器

集成温度传感器是将 PN 结及辅助电路集成在同一芯片上的新型半导体温度传感器，它的最大优点是直接给出正比于绝对温度的理想的线性输出，而且体积小，成本低廉。目前已广泛应用于-50～+150 ℃温度范围内的温度监测、控制和补偿的许多场合。

1. 电流型集成温度传感器

电流型集成温度传感器核心电路如图 5-2-1 所示，T_1、T_2 的基极-发射极结为 PN 结对组成温敏部分，由式(5-1-4)可得 T_1 和 T_2 对管的基射结电压分别为

$$U_{be1}=\frac{kT}{q}\ln\frac{I_{C1}}{I_{s1}} \tag{5-2-1}$$

$$U_{be2}=\frac{kT}{q}\ln\frac{I_{C2}}{I_{s2}} \tag{5-2-2}$$

电阻 R_1 上的电压应为 T_1 和 T_2 基射结电压差

$$\Delta U_{be}=U_{be1}-U_{be2}=\frac{kT}{q}\ln\left(\frac{I_{C1}}{I_{C2}}\frac{I_{s2}}{I_{s1}}\right) \tag{5-2-3}$$

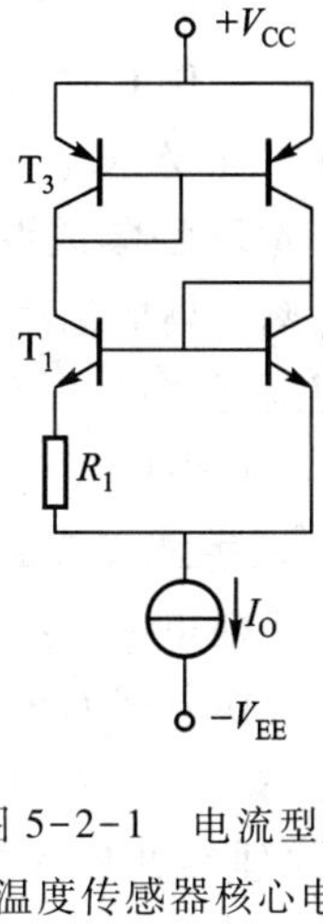

图 5-2-1　电流型集成温度传感器核心电路

因 T_1 和 T_2 的 be 结是以同一工艺过程用同样材料制成的对管，故 $J_{s1}=J_{s2}$(反向饱和电流密度相等)，而 T_3 和 T_4 也是对管，组成恒流源电路，为 T_1 和 T_2 提供相等的电流 $I_{C1}=I_{C2}$，因此式(5-1-3)代入式(5-2-3)得

$$\Delta U_{be}=\frac{kT}{q}\ln\frac{A_2}{A_1} \tag{5-2-4}$$

式中,A_1、A_2 分别为 T_1 和 T_2 的基射结面积。

因为流过 T_1 和 T_2 的电流相等,所以电路总输出电流 I_O 为流过 R_1 电流的 2 倍,即

$$I_O=2\frac{\Delta U_{be}}{R_1}=\frac{2kT}{R_1 q}\ln\frac{A_2}{A_1}=C_I T=I_{00}+C_I t \tag{5-2-5}$$

式中,I_{00}为 0 ℃时的输出电流。由式(5-2-5)可见,若电阻 R_1 的温度系数为零,则总电流 I_O 正比于绝对温度 T,与摄氏温度 t 呈线性关系。

目前市售电流输出型集成温度传感器有 LM134、AD590、AD592、TMP17 等。使用温度范围最宽的是-55~+150 ℃。电流温度系数 C_I 一般为 1 μA/K 或 1 μA /℃,I_{00}为 273.2 μA。

2. 电压型集成温度传感器

电压型集成温度传感器核心电路如图 5-2-2 所示。图中 T_5 的基射结电压和基射结面积都与 T_3、T_4 相同,所以流过 T_5 和 R_2 的电流与流过 T_3、T_2、R_1 及流过 T_4、T_1 的电流都相同,因此,输出电压为

$$U_O=R_2\frac{\Delta U_{be}}{R_1}=\frac{R_2}{R_1}\frac{kT}{q}\ln\frac{A_2}{A_1}=C_V T \tag{5-2-6}$$

由式(5-2-6)可见,只要$\left(\frac{R_2}{R_1}\right)$为一常数,输出电压 U_O 就正比于绝对温度 T。

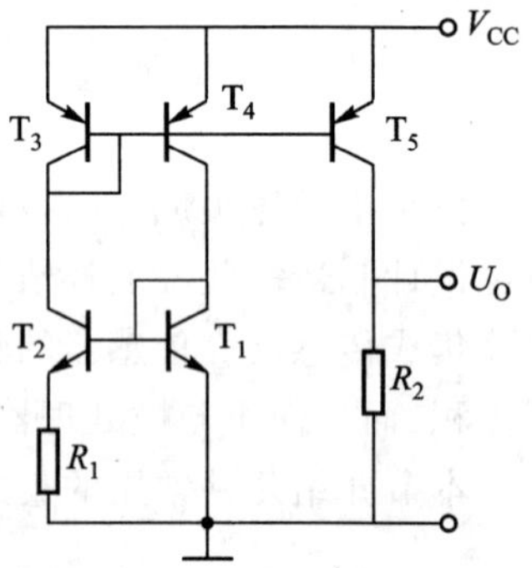

图 5-2-2 电压型集成温度传感器核心电路

目前市售电压输出型集成温度传感器有 TMP35、TMP36、TMP37、LM50 等,使用温度范围最宽的是-55~+150 ℃。输出电压都与摄氏温度 t 呈线性关系

$$U_O=U_{00}+C_V t \tag{5-2-7}$$

式中,U_{00}为 0 ℃时的输出电压,有的为0 mV,有的为500 mV。电压温度系数 C_V有的为20 mV/℃,有的为 10 mV/℃。

3. 频率型集成温度传感器

频率型集成温度传感器输出脉冲宽度固定(10 ms)、脉冲间隔随温度变化的方波信号,这种频率随温度变化的方波信号便于远距离传输,而且很容易与单片微机相连接。典型产品有 TMP03/TMP04。(工作原理参见参考文献[2]。)

4. 数字型集成温度传感器

数字型集成温度传感器是将温度转换成对应二进制数码串行输出的新型集成温度传感器。其数字转换方式有模数转换式和脉冲计数式两种。模数转换式是将温度传感器和模数转换器集成在同一芯片上构成的,典型产品有 AD7418 和 LM74。脉冲计数式的典型产品是 DS1820 等。(工作原理参见参考文献[2]。)

5.2.2 集成霍尔传感器

集成霍尔传感器是利用硅集成电路工艺将霍尔元件和测量线路集成在一起的新型霍尔传感器。它具有可靠性高、体积小、重量轻、功耗低等优点,正越来越受到人们重视。按照输出信号的形式,可以分为开关型集成霍尔传感器和线性集成霍尔传感器两种类型。

1. 开关型集成霍尔传感器

开关型集成霍尔传感器是把霍尔元件的输出经过处理后输出一个高电平或低电平的数字信号。其典型电路如图 5-2-3 所示。图中 T_1、T_2 及相应电阻构成差分放大器，将霍尔电压放大几十倍，并消除温度漂移影响，增强抗干扰能力。T_3、T_4 构成施密特触发器（射极耦合双稳态触发电路），将差分放大输出整形为矩形脉冲，并利用整形中的回差进一步提高抗干扰能力。T_5 将整形后的脉冲倒相放大后加至射极跟随器 T_6，T_6 将输出级和放大管 T_5 隔离，以免带负载时影响霍尔开关集成电路性能，T_8、T_7 构成双管集电极输出，可同时输出两个功能相同电平一致的信号，增加了使用上的方便。

开关型集成霍尔传感器的输出电平与磁场感应强度之间的关系如图 5-2-4 所示。由图可见，开关型集成霍尔传感的转移特性具有迟滞现象，这是由于 T_3、T_4 共有射极电阻的正反馈作用使它们的饱和电流不相等引起的，其回差宽度 $\Delta B=B_H-B_L$。B_H 越小，灵敏度越高。ΔB 越大，抗干扰能力越强。

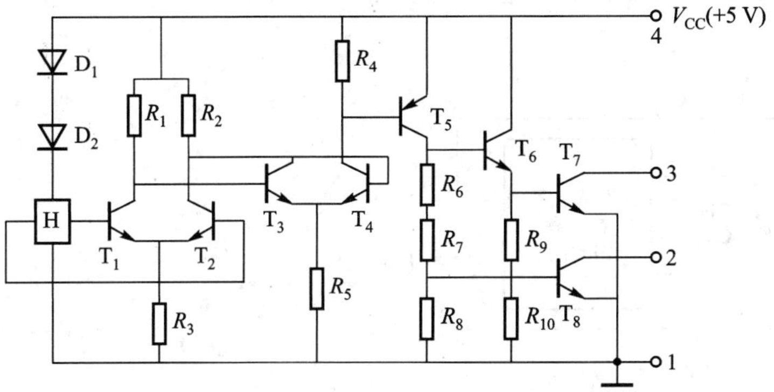

图 5-2-3 霍尔开关集成电路原理线路图

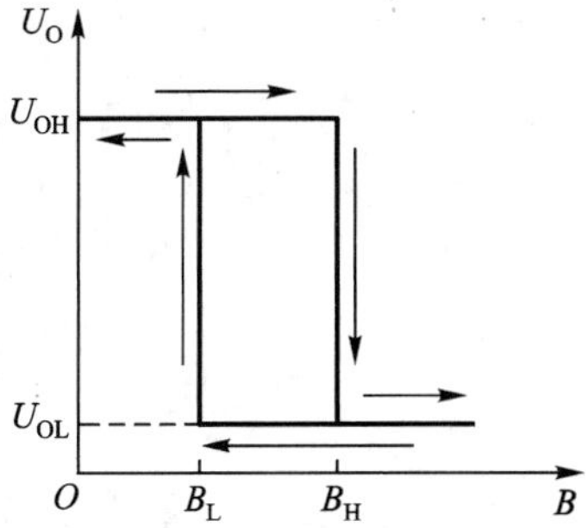

图 5-2-4 输出电平 U_O 与 B 的关系

由于霍尔开关为集电极开路输出，因此正常工作必须在引脚"3"与"4"之间或"2"与"4"之间接上负载电阻，两个集电极输出端也可以并联使用，此时输出电流能力增加一倍。霍尔开关正常工作时，常态应处"截止状态"，而不宜处"导通状态"，这样可以延长使用寿命。为防止电源线干扰，引脚"1"、"4"间可加接一个 0.005~0.01 μF 的吸收电容。

2. 线性集成霍尔传感器

线性集成霍尔传感器是把霍尔元件和放大线路集成在一起的另一种新型霍尔传感器。其输出信号与磁感应强度成比例。其典型电路如图 5-2-5 所示。图中 T_1、T_2 及 R_1~R_5 组成第一级差分放大，T_3~T_6、R_6、R_7 组成第二级差分放大。第二级差分放大采用达林顿对管，射极电阻 R_8 外接，适当选取 R_8 的阻值，可以调整该级的工作点，从而改变电路增益。在电源电压为 9 V，R_8 取 2 kΩ 时，全电路的增益可达 1 000 倍左右，与分立元件霍尔传感器相比，灵敏度大为提高。

5.2.3 集成压力、加速度传感器

1. 集成压力传感器

MPX2100 是美国摩托罗拉公司生产的单片集成硅压力传感器，内部结构如图 5-2-6 所示。图 5-2-6 中传感元件是在硅基片上用扩散工艺制成的 4 个电阻阻值相等的应变元件构成

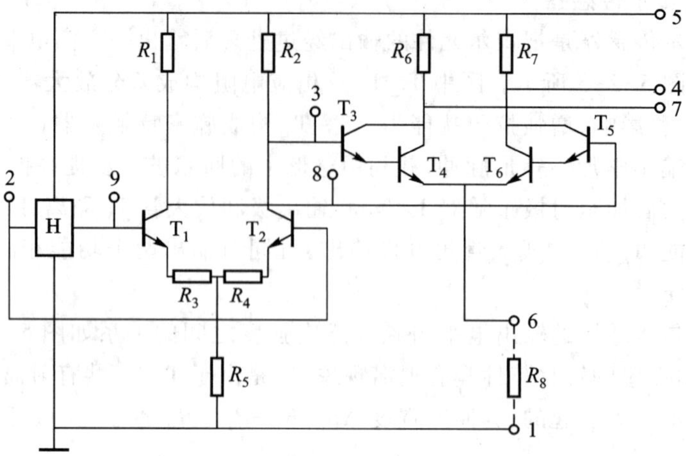

图 5-2-5　线性集成霍尔传感器典型电路

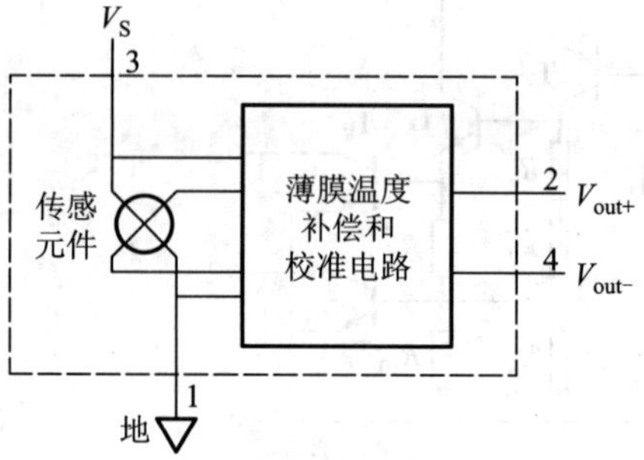

图 5-2-6　MPX2100 的内部结构

惠斯通电桥。该固态压阻式应变电桥电路原理图与图 3-1-12(d)相同。

薄膜温度补偿和校准电路与固态压阻式应变电桥集成在同一块芯片上,对压阻式应变电桥的输出进行温度补偿、信号调理和校准。因此,该集成压力传感器具有精度高、补偿效果好、性能可靠、使用比较方便等特点。

MPX2100 有 4 个引脚,1 脚接地,3 脚加工作电源,2 脚和 4 脚之间输出与压力成正比的差模电压信号。

该集成压力传感器可输入差压、表压和绝压三种压力形式,其量程为 0~100 kPa,对应的输出为 0~40 mV 的直流电压。其输出的直流电压与输入的被测压力呈线性正比关系。

2. 集成加速度传感器

ADXL50 电容式集成加速度传感器由电容式加速度传感器、振荡器、解调器及放大器等组成。除此之外,IC 片内还集成有 3.4 V 的基准电源。

电容式加速度传感器的结构如图 5-2-7 所示,是在硅片上安装类似 H 状的弹性元件,在弹性元件上加工有 42 组动极片,它们和固定极片是等间隔的,因此所形成的电容 $C_1=C_2$(图 5-2-7a)。当传感器没有受到加速度作用时,由于 C_1 和 C_2 的电容量相等,ADXL50 输出电压直流为零。当硅片受到加速度作用时,弹性元件位移,动极片和固定极片的位置会发生变化,此时

$C_1 \neq C_2$(图 5-2-7b)。ADXL50 输出直流电压与加速度成正比,当加速度为正方向时,输出为正电压;当加速度为反方向时,输出为负电压。输出电压灵敏度为 19 mV/g。加速度的最大测量范围为±50 g,相应的电压输出量为±0.95 V。

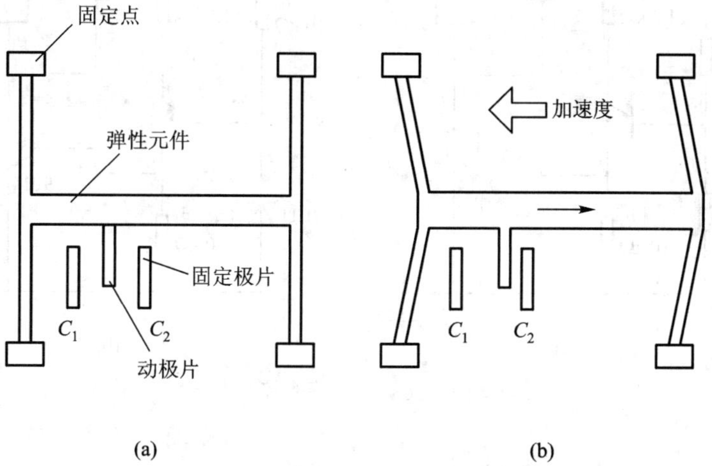

图 5-2-7 电容式加速度传感器的结构

思考题与习题

5-1 磁敏二极管、晶体管基本原理有哪些异同?

5-2 题 5-2 图所示为简易高斯计电路图,试分析其工作原理。(图中左侧点画线框内是两对互补的磁敏二极管,即图 5-1-5(b)的全桥电路,只是磁敏二极管采用另一种符号表示。)

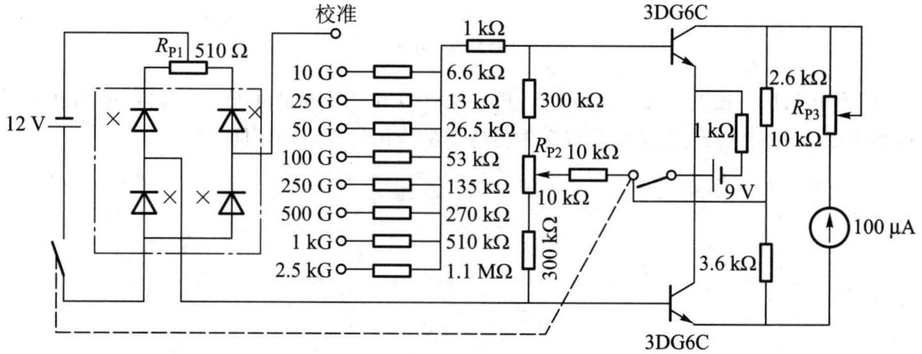

题 5-2 图 简易高斯计电路图

5-3 试分析题 5-3 图所示光敏二极管光控开关电路的工作原理。

5-4 试用图 5-1-17(a)所示温敏二极管电桥、测量放大器、数字电压表组成数字温度计电路。

5-5 试分析和推导题 5-5 图所示温敏晶体管热电偶冷端补偿电路。

5-6 由集成压力传感器 MPX4100A 的产品参数可知,在 20 kPa~105 kPa 的测量范围内其输出电压 U_0 与被测压力 p 呈线性关系:$U_0 = U_S[0.010\,59(p \pm \alpha p_\gamma) - 0.151\,8]$,式中电源电压 $U_S = 5.1$ V,在 0~+85 ℃范围内,温

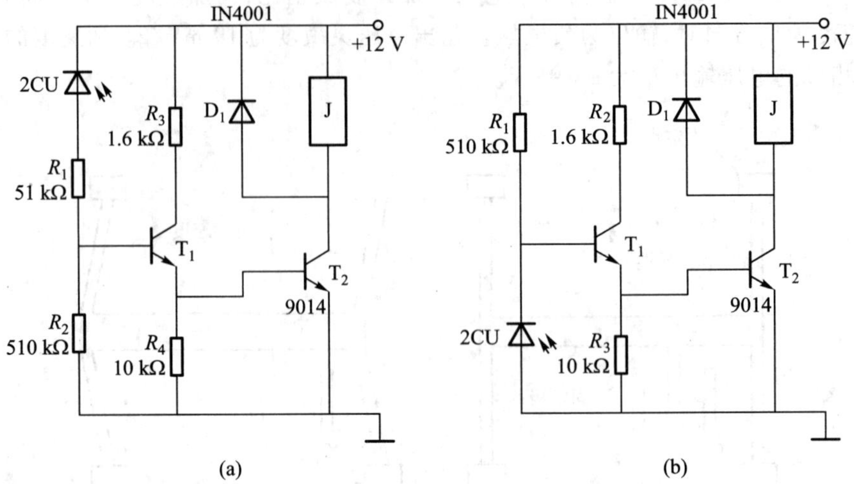

题 5-3 图　光敏二极管光控开关电路

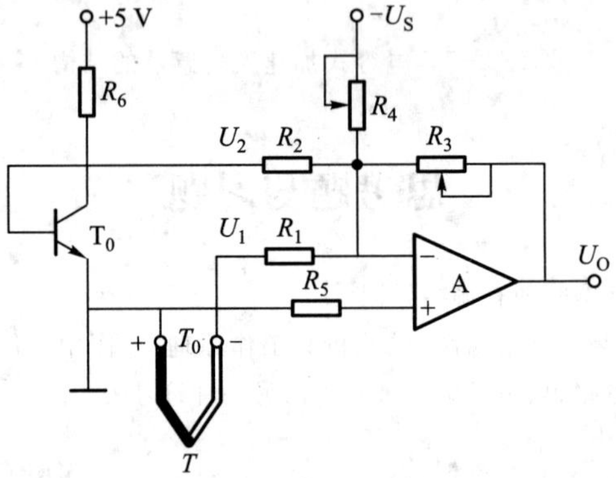

题 5-5 图

度误差系数 α 恒等于 1，压力误差 p_γ 最大为±1.5 kPa。试计算其满度输出电压的典型值、最大值、最小值。

5-7　线性集成霍尔传感器与开关型集成霍尔传感器的应用场合有何不同？

第6章 数字式传感器

我们在前面学习了很多种传感器,这些传感器都有一个共同特点,那就是输出量都是模拟量,我们把输出量为模拟量的传感器统称为模拟式传感器。在数字化测量和控制系统中,模拟式传感器的输出必须经过模数转换,才能转换成数字量。

能把被测模拟量转换成数字量输出的传感器就是数字式传感器。同模拟式传感器相比,数字式传感器不仅测量精度和分辨率更高,抗干扰能力更强,稳定性更好,测量范围更大,而且易于与微机接口实现智能化,数字信号便于传输、存储和处理,电路也便于集成化。因此,数字式传感器是传感器的发展方向之一。

目前常用的数字式传感器有三大类:一是直接以数字量形式输出的传感器,如直接编码传感器;二是以脉冲形式输出的传感器,如光栅、磁栅、感应同步器等,都是通过对输出脉冲计数转换为数码输出;三是以频率形式输出的传感器,频率信号也可以很方便地转换为数码。

6.1 编 码 器

6.1.1 直接编码器

直接编码器即直接编码式传感器又称绝对编码器,是直接将角位移或线位移转换为二元码(即 **0** 和 **1**)的数字式传感器,按用途可分为测长的直线式(实际应用较少)和测角的旋转式(实际应用较多)两类;按其结构可分为电刷接触式、电磁式和光电式,其中以光电式性能价格比最高,应用最广,下面只介绍光电式直接编码器。

1. 工作原理

光电式直接编码器的结构如图 6-1-1 所示。码盘是一块圆形光学玻璃,上面刻有许多同心码道,每圈码道上都有按一定规律排列着的若干透光和不透光部分,即亮区和暗区。光源经过光学系统形成一束平行光投射到码盘上,通过亮区的光线经狭缝形成一束很窄的光束照射在光电器件上。对应每一圈码道有一个光电器件,当码盘处于不同位置时,各光电器件根据受光照与否转换输出相应的电平信号分别代表二元数码 **1** 和 **0**。码盘上的码道数等于光电器件的个数,它们决定着(即等于)该编码器转换成的二元数码的位数 n。这样,图 6-1-1 所示的码盘相对于狭缝的转角 α,通过光电转换就会得到一组 n 位二元码与之相对应。于是转角 α 这个模拟量便被转换成相应的由 n 位二元码表示的数字量。

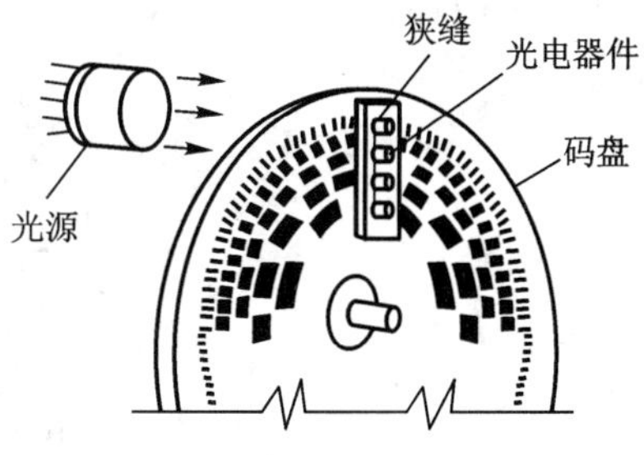

图 6-1-1 光电绝对编码器结构示意图

2. 码制与码盘

码盘按其所用码制可分为:二进码、循环码(格雷码)、十进制码、六十进制(度、分、秒进制)码等。四位二元码(二进码、循环码)盘如图 6-1-2 所示。图中黑色、白色区域分别表示透光、不透光区域。

图 6-1-2(a)所示是一个四位二进制码盘。二进制码盘的最内圈码道为第一码道,半圈透光半圈不透光,对应最高位 C_1。最外圈为第 n 码道,共分成 2^n 个亮、暗间隔,对应最低位 C_n,n 位二元码盘的最小分辨力为

$$\theta_1 = \frac{360°}{2^n} \tag{6-1-1}$$

当图 6-1-1 中狭缝对准图 6-1-2(a)所示码盘的 $N=0,1,2,\cdots,15$ 位置时,得到的数码将分别为 **0000**,**0001**,**0010**,…,**1111**。

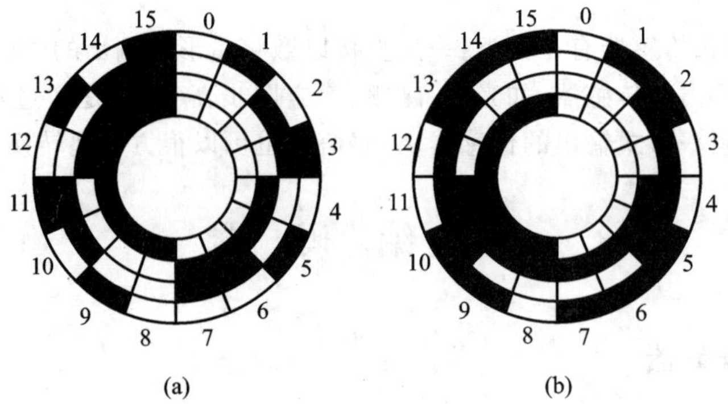

图 6-1-2　二元码盘

二进码盘的缺点是:每个码道的黑白分界线总有一半与相邻内圈码道的黑白分界线是对齐的,这样就会因黑白分界线刻画不精确造成粗误差。采用其他有权编码时也存在类似问题。图 6-1-3 是一个四位二进码盘展开图,图中 aa 为最高位码道黑白分界线的理想位置,它与其他三位码道的黑白分界线正好对齐,当码盘从位置 7 转动到位置 8,光束扫过分界线时,输出数码从 **0111** 变为 **1000** 不会出现错误。如果 C_1 道黑白分界线刻偏到 $a'a'$,当码盘转动光束扫过这一区域时,输出数码就会从 **0111** 变为 **1111** 再变到 **1000**,中途出现了错误数码 **1111**。反之若 C_1 道黑白分界线刻偏到 $a''a''$,在输出数码 **0111** 与 **1000** 之间会出现错误数码 **0000**。为了消除这种粗误差,通常采用循环码盘。

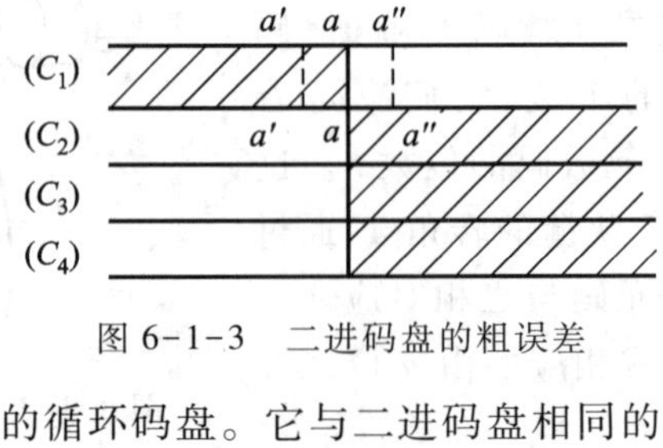

图 6-1-3　二进码盘的粗误差

图 6-1-2(b)是一个 4 位的循环码盘。它与二进码盘相同的是,码道数也等于数码位数,因此最小分辨力也是式(6-1-1),最内圈也是半圈透光半圈不透光,对应 R_1 位,最外圈是第 n 码道

对应 R_n 位。与二进码盘不同的是:第二码道也是一半透光另一半不透光即分为两个黑白间隔,第 i 码道分为 2^{i-1} 个黑白间隔,第 i 码道的黑白分界线与第 $i-1$ 码道黑白分界线错开 $\frac{360°}{2^i}$。循环码盘转到相邻区域时,编码中只有一位发生变化。只要适当限制各码道的制作误差和安装误差,就不会产生粗误差。由于这一原理,使得循环码盘获得了广泛的应用。

3. 二进码与循环码的转换

由图 6-1-2 可见,四位二进制码盘和四位循环码盘的分辨率都是 $\theta_1=\frac{360°}{2^4}$,它们所能表示的角度 α 值共有 2^4 个:$\alpha=N\times\theta_1$,$N=0,1,2,\cdots,15$。十进制数 N、二进制码 $C_1C_2C_3C_4$ 和循环码 $R_1R_2R_3R_4$ 的对照关系可从图 6-1-2(a)与(b)对比看出来,如表 6-1-1 所列。

从表 6-1-1 可见,十进制数 N 与 n 位二进制码满足以下关系

$$N=\sum_{i=1}^{n}C_i2^{n-i} \tag{6-1-2}$$

码盘转角 α 与转换出的二进制数码 $C_1C_2\cdots C_n$ 及十进制数 N 的对应关系为

$$\alpha=N\theta_1=N\frac{360°}{2^n}=\frac{360°}{2^n}\sum_{i=1}^{n}C_i2^{n-i}=360°\sum_{i=1}^{n}C_i2^{-i} \tag{6-1-3}$$

由式(6-1-3)可见,二进制码为有权码,但循环码不满足以上关系式,故循环码称为无权码。

表 6-1-1 十进制数,二进制数及循环码对照表

十进制数 N	二进制码 $C_1C_2C_3C_4$	循环码 $R_1R_2R_3R_4$	十进制数 N	二进制码 $C_1C_2C_3C_4$	循环码 $R_1R_2R_3R_4$
0	**0000**	**0000**	8	**1000**	**1100**
1	**0001**	**0001**	9	**1001**	**1101**
2	**0010**	**0011**	10	**1010**	**1111**
3	**0011**	**0010**	11	**1011**	**1110**
4	**0100**	**0110**	12	**1100**	**1010**
5	**0101**	**0111**	13	**1101**	**1011**
6	**0110**	**0101**	14	**1110**	**1001**
7	**0111**	**0100**	15	**1111**	**1000**

由表 6-1-1 可见,任意相邻的两组循环码,都有一位而且仅有一位码发生变化,而相邻的两组二进制码,却可能有多位同时变化的情况,如 **0111** 与 **1000** 后三位都从 **1** 变为 **0**。这就是图 6-1-3所示产生粗误差的根本原因,而循环码的相邻两组码只有一位发生变化,这就可避免图 6-1-3所示的粗误差。这是循环码及循环码盘的优越性,但是如前所述,循环码不是有权码,它与所对应的角度不存在类似式(6-1-2)的关系,因此,必须找出循环码与二进制码的对应关系和相互转换规则。

由表 6-1-1 可验证如下转换规则:将二进制码 $C_1\sim C_n$ 与 $C_1\sim C_{n-1}$不进位相加可得循环码 $R_1\sim R_n$,$R_1\sim R_n$ 与 $C_1\sim C_{n-1}$不进位相加可得二进制码 $C_1\sim C_n$。不进位相加用 $\oplus$ 表示,即

$$\begin{array}{r} C_1C_2C_3C_4\cdots C_n \\ \oplus \quad C_1C_2C_3\cdots C_{n-1} \\ \hline R_1R_2R_3R_4\cdots R_n \end{array} \qquad \begin{array}{r} R_1R_2R_3R_4\cdots R_n \\ \oplus \quad C_1C_2C_3\cdots C_{n-1} \\ \hline C_1C_2C_3C_4\cdots C_n \end{array}$$

由此可得

$$\left.\begin{array}{l} C_1=R_1 \\ R_i=C_i\oplus C_{i-1} \\ C_i=R_i\oplus C_{i-1} \end{array}\right\} \tag{6-1-4}$$

图 6-1-4 为将二进制码转换为循环码的电路，图(a)为并行转换电路，图(b)为串行转换电路。采用串行电路时，工作之前先将 D 触发器 FF 置 **0**，$Q=\mathbf{0}$，在 C_i 端送入 C_1，异或门 G 输出 $R_1=C_1\oplus\mathbf{0}=C_1$，随后加 CP 脉冲，使 $Q=C_1$；在 C_i 端加入 C_2，G 输出 $R_2=C_2\oplus C_1$，以后重复上述过程，可依次获得 $R_1,R_2,\cdots,R_n$。

图 6-1-5 为将循环码转换为二进码的电路，图(a)为并行转换电路，图(b)为串行转换电路。采用串行转换电路时，开始之前先将 JK 触发器 FF 复 **0**，$Q=\mathbf{0}$。将 R_1 同时加到 J、K 端，再加入 CP 脉冲后，$Q=C_1=R_1$。以后 Q 端为 C_{i-1}，在 J、K 端加入 R_i。根据 JK 触发器的特性，若 J、K 为 **1** 则加入 CP 脉冲后，$Q=\overline{C}_{i-1}$；若 J、K 为 **0**，则加入 CP 脉冲后保持 $Q=C_{i-1}$。这一逻辑关系可写成 $Q=C_i=R_i\overline{C}_{i-1}+\overline{R}_iC_{i-1}=R_i\oplus C_{i-1}$。重复上述过程，可依次获得 $C_1,C_2,\cdots,C_n$。

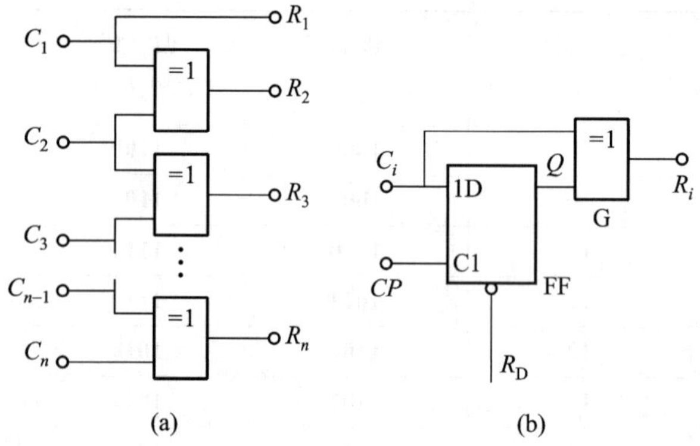

图 6-1-4 二进制码转换为循环码的电路

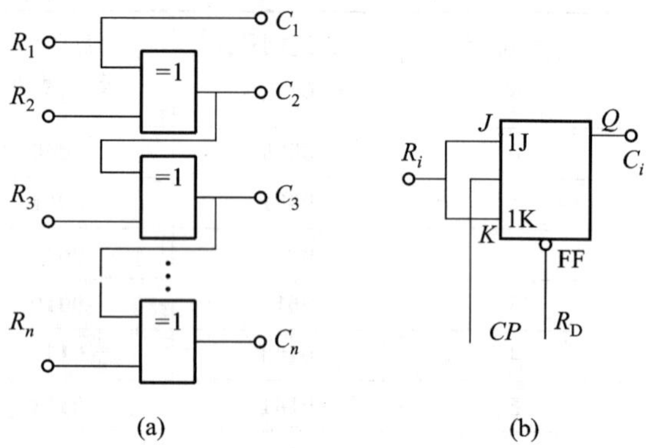

图 6-1-5 循环码转换为二进制码的电路

循环码是无权码，采用循环码盘获得的循环码 $R_1R_2\cdots R_n$，必须按式(6-1-4)转换为对应的二进码 $C_1C_2\cdots C_n$ 后，才能代入式(6-1-3)确定与之对应的角度 α。

6.1.2 增量编码器

1. 结构与工作原理

增量编码器又称脉冲盘式数字传感器。光电式增量编码器的基本组成如图 6-1-6 所示。它的码盘比直接编码器(绝对编码器)的码盘简单得多，一般只需 3 条码道。光电器件也只要 3 个。

码盘上最外圈码道上只有一条透光的狭缝，它作为码盘的基准位置，所产生的脉冲将给计数系统提供一个初始的零位(清零)信号;中间一圈码道称为增量码道,最内一圈码道称为辨向码道。这两圈码道都等角距地分布着 m 个透光与不透光的扇形区,但彼此错开半个扇形区即 $90°/m$,如图 6-1-7 所示。扇形区的多少决定了增量编码器的分辨率

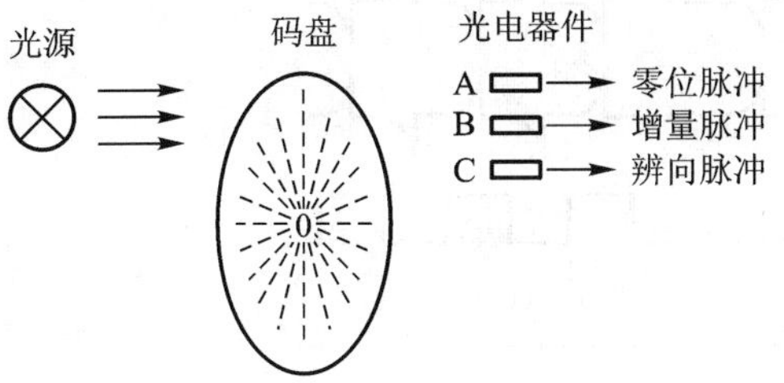

图 6-1-6　脉冲盘式数字传感器

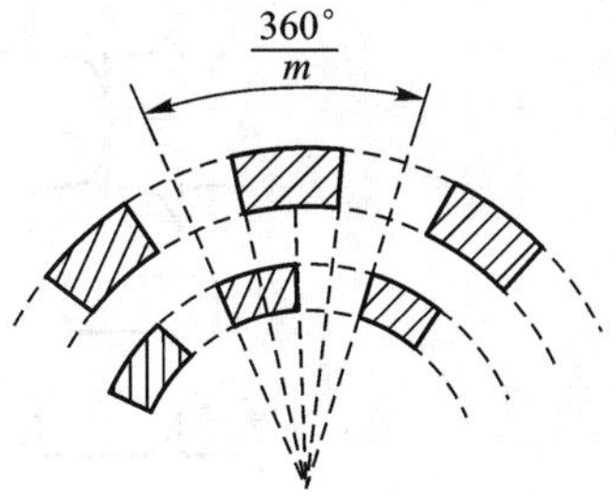

图 6-1-7　增量码道与辨向码道

$$\theta_1 = \frac{360°}{m} \tag{6-1-5}$$

码盘每转一周,与这两圈相对应的两个光电器件将产生 m 个增量脉冲和 m 个辨向脉冲。由于两圈码道在空间上彼此错开半个扇区即 $90°/m$,所以增量脉冲与辨向脉冲在时间上相差四分之一个周期,即相位上相差 90°。

2. 旋转方向的判别

将图 6-1-6 中 3 个光电器件产生的信号送到图 6-1-8 的辨向和计数电路,经放大整形为 3 个方波信号:Z、S_1 和 S_2。其中 Z 是零位脉冲信号,用于使可逆计数器清零;S_1 是增量脉冲信号,用于形成可逆计数器的计数脉冲,S_2 是辨向脉冲信号,用于判别转动方向,以控制可逆计数器进行加法或减法计数。图 6-1-8 中各点波形如图 6-1-9 所示。由图 6-1-9 可见,当码盘正转时,**与**门 1 输出正脉冲,**与**门 2 输出 **0** 电平,使图 6-1-8 中加减控制触发器置 **1**,让可逆计数器进行加法计数;当码盘反转时,**与**门 2 输出正脉冲,而**与**门 1 输出 **0** 电平,使加减控制触发器置 **0**,让可逆计数器进行减法计数。这样,如果码盘转动过程中,转动方向发生过变化,那么码盘转动结束时,可逆计数器中的计数结果 N 是与正负抵消后的净转角 α 对应的。

即

$$\left.\begin{aligned} \alpha &= N \times \frac{360°}{m} \\ N &= \frac{\alpha}{360°} \times m \end{aligned}\right\} \tag{6-1-6}$$

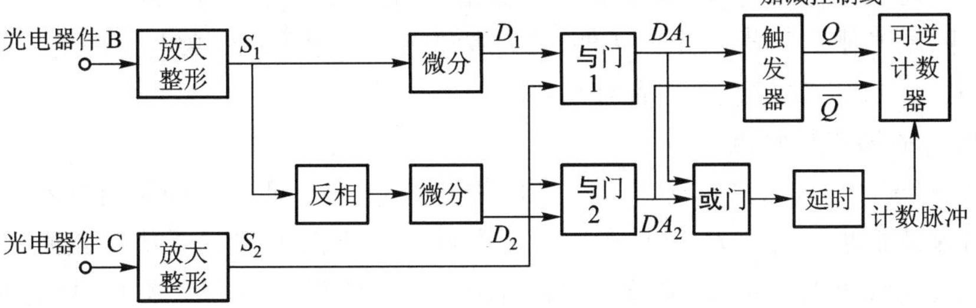

图 6-1-8　辨向环节的逻辑电路框图

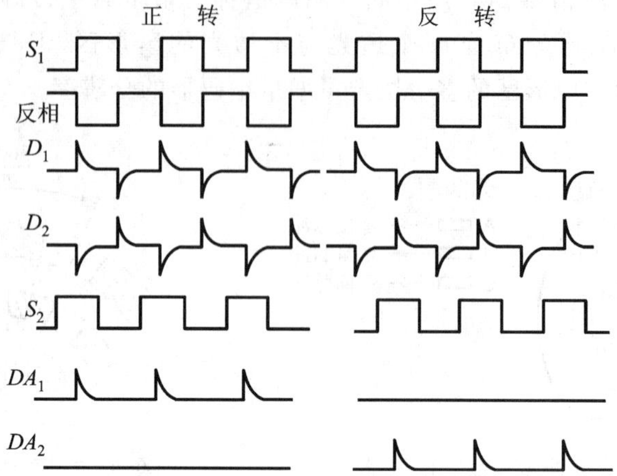

图 6-1-9 波形图

6.2 光 栅

光栅是上面有很多等节距的刻线均匀相间排列的光器件。按工作原理,有物理光栅和计量光栅之分。前者利用光的衍射现象,通常用于光谱分析和光波长测定等方面;后者主要利用光栅的莫尔条纹现象,广泛应用于位移的精密测量与控制中。

计量光栅按对光的作用,可分为透射光栅和反射光栅;按光栅的表面结构又可分为幅值(黑白)光栅和相位(闪耀)光栅;按光栅的坯料不同,可分为金属光栅和玻璃光栅;按用途可分为长光栅(测量线位移)和圆光栅(测量角位移)。本节主要讨论用于长度测量的黑白透射式计量光栅。

6.2.1 光栅的结构和基本原理

1. 光栅传感器的结构

光栅传感器主要由主光栅(又称标尺光栅)、指示光栅和光路系统组成,如图 6-2-1 所示。

主光栅 3 是一块长条形的光学玻璃,上面均匀地刻画有宽度 a 与间距 b 相等的透光和不透光的线条,$a+b=W$ 称为光栅的栅距或光栅常数。刻线密度一般为每毫米 10、25、50、100 条线。

指示光栅 4 比主光栅短得多,通常刻有与主光栅同样刻线密度的条纹。

光路系统除主光栅 3 和指示光栅 4 外,还包括光源 1、透镜 2 和光电器件 5。光栅常用光电器件有:硅光电池、光电二极管、光电晶体管。

2. 莫尔条纹的形成与特点

如图 6-2-2(a)所示,把主光栅与指示光栅相对叠合在一起,(片间留有很小的间隙),并使两者栅线之间保持很小的夹角 β,于是在近乎垂直栅线的方向上出现了明暗相间的条纹。在 aa 线上两光栅的透光线条彼此重合,光线从缝隙中通过,形成亮带;在 bb 线上,两光栅的透光线条彼此错开,挡住光线形成暗带。这种明暗条纹称为莫尔条纹。

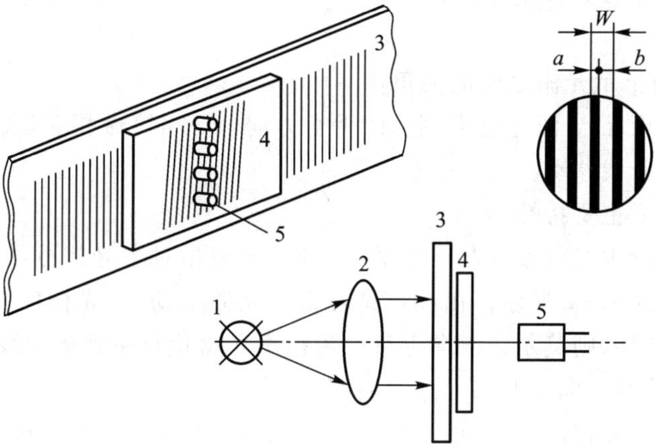

图 6-2-1　光栅及光栅传感器

1—光源；2—聚光镜；3—主光栅；4—指示光栅；5—光电器件

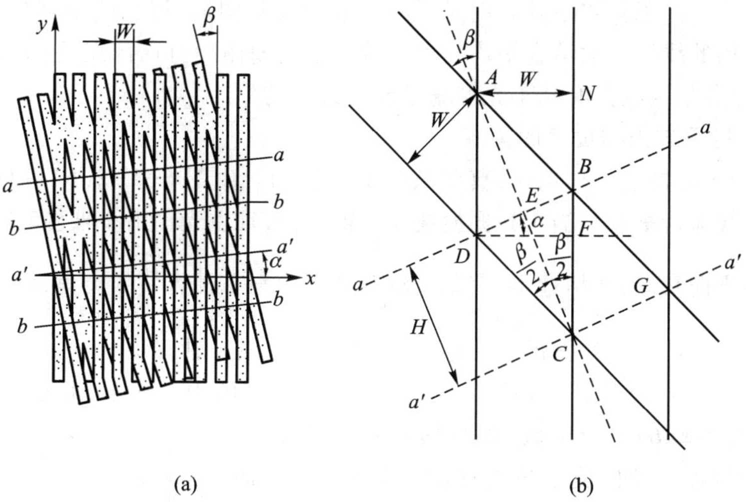

图 6-2-2　莫尔条纹的形成

图 6-2-2(b)表示主光栅和指示光栅透光线条中心线相交的情况，很显然它们交点的连线也就是亮带的中心线，例如，图中 DB 便是亮带 aa 的中心线，而 CG 则是亮带 $a'a'$的中心线，由图(b)可见莫尔条纹倾角 α 即图中 $\angle BDF$ 为两光栅栅线夹角 β 的一半，即

$$\alpha=\frac{\beta}{2} \tag{6-2-1}$$

从图 6-2-2(b)易于求得莫尔条纹之间的距离 H(即相邻两条亮带中心线或相邻两条暗带中心线之间的距离)，从 $\triangle ANC$ 中求出 H 为

$$H=CE=\frac{1}{2}AC=\frac{AN}{2\sin\frac{\beta}{2}}=\frac{W}{2\sin\frac{\beta}{2}} \tag{6-2-2}$$

式中：H——横向莫尔条纹之间的距离；

W——光栅栅距；

β——主光栅与指示光栅之间的夹角。

由图 6-2-2(b)可见，当两光栅沿刻线的垂直方向（x 方向）做相对运动时，莫尔条纹沿着两光栅栅线夹角 β 的平分线移动。

莫尔条纹具有以下主要特性：

(1) 移动方向　设主光栅栅线与 y 轴平行，指示光栅相对主光栅栅线即 y 轴形成一个逆时针方向的夹角 β，如图 6-2-2 所示。由图可见若指示光栅不动，主光栅向右移动，则莫尔条纹将向下移动；若主光栅左移，则莫尔条纹向上移。当指示光栅相对主光栅栅线形成一个顺时针方向夹角 β 时，莫尔条纹移动方向正好与上述方向相反。

(2) 移动距离　主光栅沿栅线垂直方向（即 x 轴方向）移动一个光栅栅距 W 时，莫尔条纹正好移动一个条纹间距 H。由式(6-2-2)可知，当 β 很小时，$H \gg W$，即莫尔条纹具有放大作用。通过测量莫尔条纹移过的距离，就可以测出主光栅的微位移，而且可通过调节 β 来调节条纹宽度，这给实际应用带来了方便。

(3) 平均效应　由于莫尔条纹是由光栅的大量刻线共同形成的，光电器件接收的光信号是进入指示光栅视场的线纹数的综合平均结果。若某个光栅栅距有局部误差，由于平均效应，其影响将大大减弱，即莫尔条纹具有减小光栅栅距局部误差的作用。

3. 光电转换电压与光栅位移的关系

如前所述，当主光栅左右移动时，莫尔条纹上下移动。由图 6-2-2(b)可见，莫尔条纹与两光栅夹角的平分线保持垂直。当主光栅栅线与 y 轴平行，且主光栅沿 x 轴移动时，莫尔条纹沿夹角 β 的平分线的方向移动，严格地讲，莫尔条纹移动方向与 y 轴有 $\frac{\beta}{2}$ 的夹角，但因 β 一般很小，$\frac{\beta}{2}$ 更小，所以我们可以认为，主光栅沿 x 轴移动时，莫尔条纹沿 y 轴移动。

假设主光栅位移 $x=0$ 时，坐标原点 $y=0$ 处正处于亮带的中心线上，即光强最大。因莫尔条纹间距为 H，故在 $y=\pm nH$（n 为整数）处也均为光强最大处。当光栅移动一个栅距 W 时，莫尔条纹移动一个 H 距离，而 $y=0$ 处也经历一个“亮→暗→亮”的光强变化周期。因此，若在 $y=0$ 处放置一个光电器件，则该光电器件的输出信号会随光栅位移呈周期性变化，如图 6-2-3 所示。从理论上讲，光强与透光面积成正比，光强与光栅位置的关系曲线应是一个三角波。实际情况下，因为光栅的衍射作用和两块光栅之间间隙的影响，它的波形近似于正弦波。而且由于间隙漏光发散，最暗时也达不到全黑状态，即光电器件输出达不到零值。

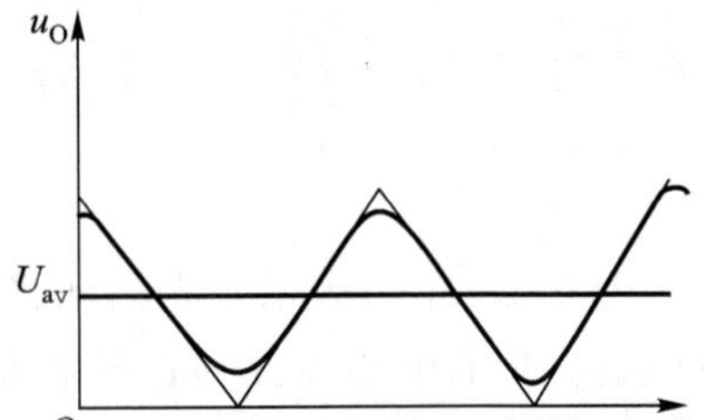

图 6-2-3　光强变化信号

光电器件的输出电压 u_O 与所在处光强成正比。由图 6-2-3 可见，光电器件输出信号由直流分量 U_{av} 和交流分量叠加而成，可近似描述为

$$u_O = U_{av} + U_m \cos\left(\frac{2\pi}{W}x\right) \tag{6-2-3}$$

在测量电路中用隔直电容隔断直流分量，取出交流分量进行处理，就可确定主光栅移动的距离 x。这就是光栅传感器的基本工作原理。

6.2.2 光栅辨向原理与细分技术

1. 辨向原理

如果只在 y 轴方向安置一个光电器件，那就只能根据光电信号变化了多少个周期检测出主光栅移动了多少个栅距，无法判别光栅移动方向。为了判别主光栅是左移还是右移，就需要两个彼此相位差$\frac{\pi}{2}$的莫尔条纹信号，为此在条纹移动方向（y 方向）上安放两个间距为$\frac{H}{4}$或$(n+1)\frac{H}{4}$（n 为整数）的光电器件，$\left(\text{例如}, y=0 \text{ 和 } y=\frac{H}{4}\text{处各安放一个光电器件}\right)$，这样两个光电器件的输出信号 u_1 和 u_2 的相位差正好等于$\frac{\pi}{2}\left(\text{因为}\frac{H}{4}\times\frac{2\pi}{H}=\frac{\pi}{2}\right)$。再将这两个相位差 90°的正弦信号送到图 6-1-8 所示辨向电路，就可测量出光栅的移动方向和移动的栅距数。

2. 细分技术

主光栅每移动一个光栅栅距 W，莫尔条纹信号 u_1 和 u_2 就相应地变化一个周期，图 6-1-8 中或门就产生一个计数脉冲，可逆计数器就加 1 或减 1，可逆计数器的计数结果就是主光栅移动的栅距数。显然，图 6-1-8 电路的分辨率就是一个光栅栅距。

如果在主光栅移动一个栅距过程中即莫尔条纹信号变化一个周期内，能得到 m 个彼此相位差$\frac{360°}{m}$的正弦交流信号

$$u_i=U_m\sin(\theta-\varphi_i) \tag{6-2-4}$$

式中：

$$\theta=\frac{x}{W}360°; \tag{6-2-5}$$

$$\varphi_i=i\,\frac{360°}{m},\quad i=1,2,\cdots,m。 \tag{6-2-6}$$

每当 $x=i\,\frac{W}{m}$时，u_i 波形便从负到正过零点，使过零检测器产生一个过零脉冲。这样，光栅每移动一个栅距 W，m 个 u_i 波形便可依次得 m 个过零脉冲，而与光栅位移 x 对应的过零脉冲计数值即位移的数字测量结果为

$$N=\frac{x}{W}\times m=\frac{x}{\dfrac{W}{m}} \tag{6-2-7}$$

由式(6-2-7)可见，分辨率不再是 W，而是$\frac{W}{m}$，这样就达到 m 细分的目的。下面介绍的两种细分法就是基于这一原理。

1）直接细分

直接细分又称位置细分。直接细分常用的细分数为 4。四细分可用 4 个依次相距$\frac{H}{4}$的光电

器件，这样可以获得依次相差90°相角的4个正弦交流信号。用鉴零器分别鉴取4个信号的零电平，即在每个信号由负到正过零点时发出一个计数脉冲。这样，在主光栅每移动一个栅距过程中将产生4个计数脉冲，从而实现四细分。

四细分也可在相距$\frac{H}{4}$的位置上放两个光电器件来完成。两个光电器件输出两个相位差90°相角的正弦交流信号$\dot{U}_1$和$\dot{U}_2$，而$\dot{U}_1$和$\dot{U}_2$再分别通过各自的反相电路，从而得到$\dot{U}_3=-\dot{U}_1$，$\dot{U}_4=-\dot{U}_2$，这样也可以获得依次相差90°相角的4个正弦交流信号$\dot{U}_1$，$\dot{U}_2$，$\dot{U}_3$和$\dot{U}_4$。同上述一样经鉴零器处理也可以在主光栅每移动一个栅距过程中，得到4个等间隔的计数脉冲，从而达到四细分的目的。

2）电位器桥（电阻链）细分

对于图6-2-4所示电位器电路，依据叠加原理有

$$u_i=\frac{R_i''}{R_i'+R_i''}e_1+\frac{R_i'}{R_i'+R_i''}e_2=\frac{e_1R_i''+e_2R_i'}{R_i'+R_i''}$$

令

$$R_i=\sqrt{(R_i')^2+(R_i'')^2}$$

$$R_i'=R_i\sin\varphi_i,\quad R_i''=R_i\cos\varphi_i$$

则

$$\frac{R_i'}{R_i''}=\tan\varphi_i \tag{6-2-8}$$

$$u_i=\frac{e_1\cos\varphi_i+e_2\sin\varphi_i}{\cos\varphi_i+\sin\varphi_i}=K_i(e_1\cos\varphi_i+e_2\sin\varphi_i) \tag{6-2-9}$$

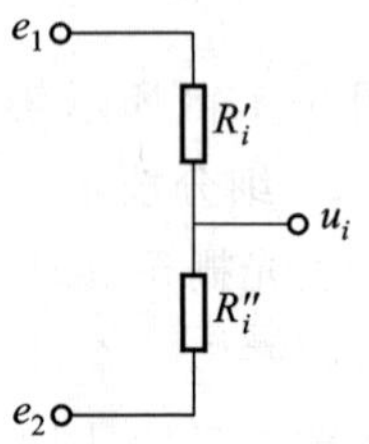

图6-2-4　电位器移相原理图

式中，$K_i=\frac{1}{\cos\varphi_i+\sin\varphi_i}$。

若$e_1=U_m\cos\theta$，$e_2=U_m\sin\theta$，代入式（6-2-9）得

$$u_i=K_iU_m\cos(\theta-\varphi_i) \tag{6-2-10}$$

由上式可见，给电位器两端加上两个相位差90°的正交信号$U_m\cos\theta$和$U_m\sin\theta$，在满足式（6-2-8）的电位器的电刷端便可得到$U_m\cos(\theta-\phi_i)$信号，但由于R_i'与R_i''都只能为正值，故ϕ_i只能在第一象限即$\phi_i\leqslant\frac{\pi}{2}$。如果我们用$k$个电位器，使它们的电刷两边电阻比分别为

$$\frac{R_i'}{R_i''}=\tan\left(i\cdot\frac{\pi}{2k}\right),\quad i=1,2,\cdots,k \tag{6-2-11}$$

并将正交信号$U_m\cos\theta$和$U_m\sin\theta$同时加到这k个电位器两端，那么我们就可从这k个电位器的电刷端得到k个彼此相位差$\frac{\pi}{2k}$的正弦信号。

同理，如果我们将位置细分得到的4个相位差90°的输出信号$U_m\cos\theta$、$U_m\sin\theta$，$-U_m\cos\theta$、$-U_m\sin\theta$加到图6-2-5所示电位器桥细分电路，使图中第i个电位器电刷两边电阻比值为

$$\frac{R_i'}{R_i''}=\left|\tan\left(i\times\frac{360°}{48}\right)\right|,\quad i=1,2,\cdots,48 \tag{6-2-12}$$

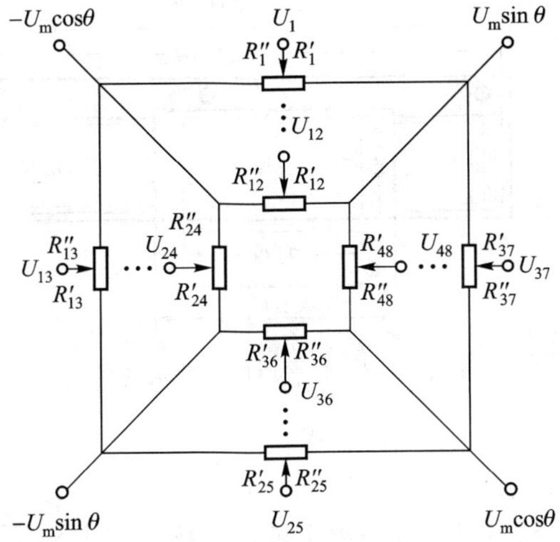

图 6-2-5 48 点电位器桥细分电路

那么我们就可从这 48 个电位器的电刷端得到 48 个相位差$\frac{360°}{48}$的信号，这样就达到了 48 细分的目的。（因为 $i=12,24,36,48$ 时，$R_i'=0$ 或$R_i''=0$，故图 6-2-5 中实际只需 44 个电位器。）

电位器桥细分电路，细分数较大（一般为12～60），精度较高，对莫尔条纹信号的波形、幅值、直流电平及原始信号的正交性均有严格要求。可用于动、静态测量系统中。直流放大器的零点漂移等对细分精度影响很大。此外，电路较为复杂，对电位器阻值稳定性，过零触发器的触发精度均有较高要求。

6.3 感应同步器

感应同步器是应用电磁感应原理把位移量转换为数字量的传感器。它具有两个平面形的印刷绕组，相当于变压器的一次绕组和二次绕组。通过两个绕组的互感变化来检测其相互位移。从这个意义上说，感应同步器也可归入电感式传感器一类。

6.3.1 感应同步器的类型和结构

感应同步器可分为两大类：测量直线位移的称长感应同步器或直线式感应同步器；测量角位移的称圆感应同步器或旋转式感应同步器。无论哪一类感应同步器，其结构都包括固定部分和运动部分，这两部分对于直线式则分别称为定尺和滑尺，如图 6-3-1 所示；对于旋转式则分别称定子和转子，如图 6-3-2 所示。

这两类感应同步器是采用同样的工艺方法制造的。一般情况下，首先用绝缘黏结剂把铜箔粘牢在金属（或玻璃）基板上，然后按设计要求腐蚀成不同曲折形状的平面绕组。这种绕组一般称为印制电路绕组。

安装时，定尺和滑尺，转子和定子上的平面绕组面对面放置。由于其间隙的变化要影响到电

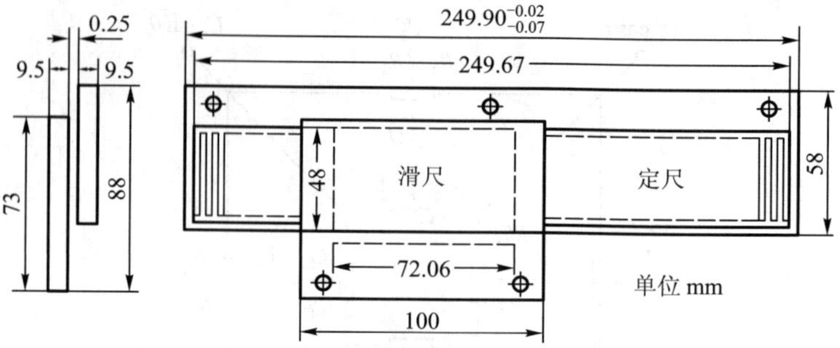

图 6-3-1 长感应同步器示意图

磁耦合度的变化，因此气隙一般必须保持在 0.25±0.05 mm的范围内。工作时，如果其中一种绕组上通以交流激励电压，由于电磁耦合，在另一种绕组上就产生感应电动势。

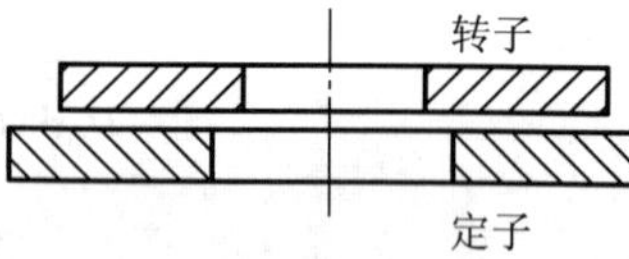

图 6-3-2 圆感应同步器结构示意图

图 6-3-3 所示为定尺滑尺绕组结构示意图。定尺为连续绕组[图(a)]，节距 $W_2=2(a_2+b_2)$，其中 a_2 为导电片片宽，b_2 为片间间隔。滑尺上配置断续绕组，且分为“正弦绕组”和“余弦绕组”两部分，这两部分绕组中心线间距应为

$$l_1=\left(\frac{n}{2}+\frac{1}{4}\right)W_1 \tag{6-3-1}$$

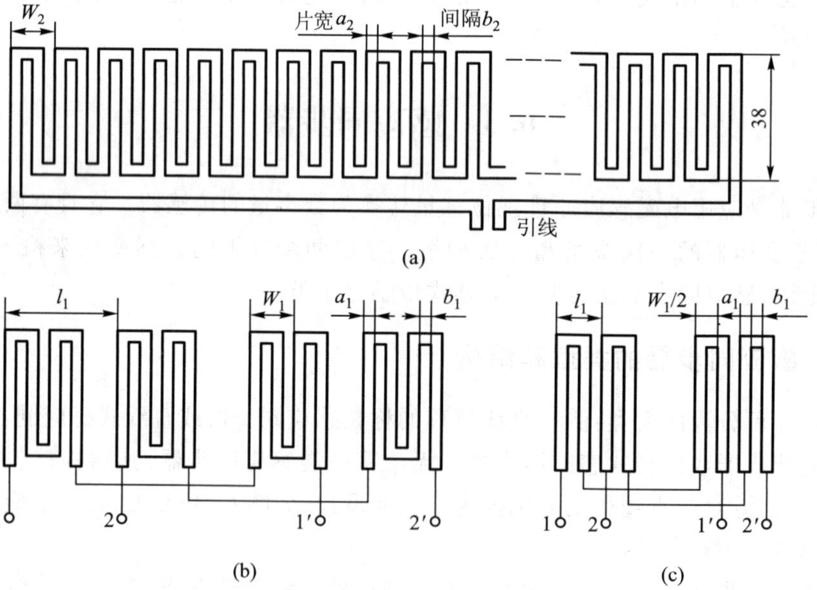

图 6-3-3 定尺滑尺绕组

式中 n 为正整数。两相绕组节距都相同，都为 $W_1=2(a_1+b_1)$，其中 a_1 为片宽，b_1 为片间间隔。

滑尺绕组呈 W 形[图(b)]或呈 U 形[图(c)],滑尺的节距 W_1 通常与定尺节距 W_2 相等,即 $W_1=W_2=W$。典型的长感应同步器 $W=2$ mm,定尺长 250 mm,滑尺长 100 mm。

图 6-3-4 为定子、转子绕组结构示意图。转子绕组为连续绕组,若转子绕组径向导体数(也称级数)为 N(N 有 360、720、1080 和 512 等几种),则绕组节距为

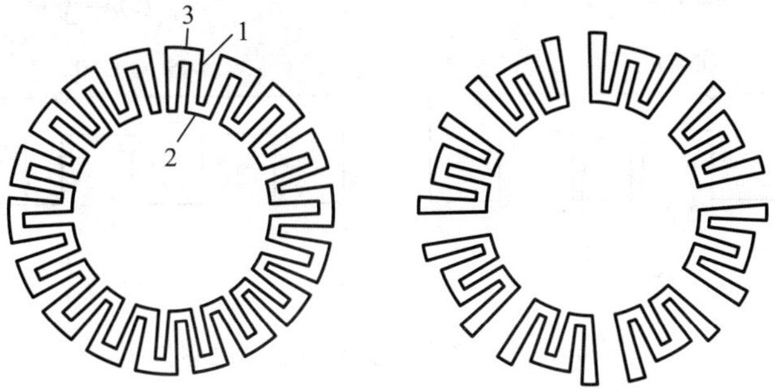

图 6-3-4 定子、转子绕组

1—有效导体;2—内端部;3—外端部

$$\beta=\frac{2\pi}{N/2}=\frac{4\pi}{N}(\text{rad})=\frac{720°}{N} \tag{6-3-2}$$

定子上配置断续绕组,也分为正弦、余弦两部分,这两相绕组中心间距应为

$$\gamma_1=\left(\frac{n}{2}+\frac{1}{4}\right)\beta=\frac{(2n+1)\pi}{N}\ (\text{rad}) \tag{6-3-3}$$

式中 n 为正整数。

6.3.2 感应同步器的工作原理

1. 感应同步器中的互感

现在我们以长感应同步器为例(或者将圆感应器展开成长感应同步器),来讨论感应同步器连续绕组与断续绕组之间的电磁感应。为了讨论方便起见,我们先假定断续绕组中只有一个 U 形绕组,如图 6-3-5 所示。由于绕组导电片长度远大于其端部,因此为了简化,先不考虑绕组端部的影响,将导电片视为无限长导线。

当 U 形绕组通以交变激磁电流 i 时,其周围便产生交变磁场,位于此交变磁场中与激励导线相平行的连续绕组的导线上将产生感应电势,连续绕组两端的电势等于该绕组中各感应导线上感应电势之和。感应电势 e 与两绕组之间的互感 M 成正比,与激磁电流 i 的导数成正比

$$e=-M\frac{\mathrm{d}i}{\mathrm{d}t}(\text{复数形式 } \dot{E}=-\mathrm{j}\omega M\dot{I}) \tag{6-3-4}$$

当 U 形激励绕组位于图 6-3-5(a)所示位置时,各感应导线上的感应电势方向一致,彼此相加,使连续绕组两端感应电势达到正最大值,可认为此时两绕组为正向紧耦合(耦合系数为+1),

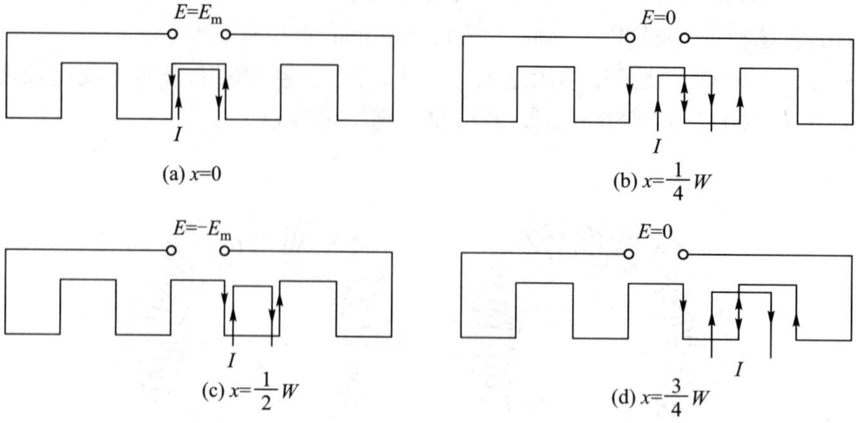

图 6-3-5 感应同步器中的电磁感应

两者互感 M 取最大正值 $+M_0$。

当U形激励绕组处于如图6-3-5(b)和(d)所示位置时,各感应导线上的感应电势方向相反,互相抵消,使连续绕组两端感应电势为零,可认为此时两绕组之间互感为零。

当U形绕组处于如图6-3-5(c)所示位置时,各感应导线上的感应电势方向也一致,彼此相加,使整个连续绕组两端的感应电势达到最大值。但感应电势方向与图6-3-5(a)的相反,因此感应电势达到负的最大值,可认为此时两绕组之间为反向紧耦合(耦合系数为-1),两者互感取最大负值 $-M_0$。

如果把图6-3-5中连续绕组的中心线作为运动参照点,U形绕组中心线相对该参照点的位移代表滑尺与定尺的相对位移,记为 x,那么图6-3-5(a)、(b)、(c)、(d)就分别对应于 $x=0$、$W/4$、$W/2$、$3W/4$ 的情况。推而广之,当 x 分别等于 nW、$(n+1/4)W$、$(n+1/2)W$、$(n+3/4)W$ 时(n 为整数),M 分别为 $+M_0$、0、$-M_0$、0。可见,滑尺与定尺的两绕组之间的互感是相对位移 x 的周期函数 $M(x)$,其周期为 W。由于 $x=0$ 或 nW 时 $M(x)=M_0$,因此,若忽略周期函数 $M(x)$ 的其他谐波,则定尺绕组与滑尺某绕组间的互感可写为

$$M_c(x)=M_0\cos\frac{2\pi}{W}x=M_0\cos\theta \tag{6-3-5}$$

式中:M_0——绕组间的最大互感

θ——代表两绕组相对位置的电相角

对长感应同步器来说,θ 与相对位移 x 关系为

$$\theta=\frac{2\pi}{W}x=\frac{360^\circ}{W}x \tag{6-3-6}$$

式中:W——长感应同步器绕组的节距

我们把断续绕组中与连续绕组间的互感为余弦函数的绕组称为余弦绕组。距余弦绕组 $l_1=(n/2+1/4)W$ 的另一断续绕组与连续绕组间的互感可看作是该余弦绕组再移动 l_1 后的互感,因此,由式(6-3-5)得

$$M_s(x)=M_0\cos\frac{2\pi}{W}(x+l_1)=M_0\cos\frac{2\pi}{W}\left[x+\left(\frac{n}{2}+\frac{1}{4}\right)W\right]=M_0\cos\left(\frac{2\pi}{W}x+n\pi+\frac{\pi}{2}\right)$$

当 n 为奇数时 $$M_s(x)=M_0\sin\frac{2\pi}{W}x=M_0\sin\theta \tag{6-3-7}$$

当 n 为偶数时 $$M_s(x)=-M_0\sin\frac{2\pi}{W}x=-M_0\sin\theta$$

可见滑尺上距余弦绕组 l_1 的另一断续绕组与连续绕组的互感为正弦函数，因此我们称之为正弦绕组。

同样也可以说明，定子上相距 $\gamma_1=(n/2+1/4)\beta$ 的两个绕组与转子绕组间的互感也分别为

$$M_c(\alpha)=M_0\cos\frac{2\pi}{\beta}\alpha=M_0\cos\theta$$

$$M_s(\alpha)=M_0\sin\frac{2\pi}{\beta}\alpha=M_0\sin\theta$$

式中：α——定子与转子的相对角位移。由式(6-3-2)得

$$\theta=\frac{2\pi}{\beta}\alpha=\frac{N}{2}\alpha \tag{6-3-8}$$

因此，定子上相距 $\gamma_1=(n/2+1/4)\beta$ 的两个绕组也分别称为正弦绕组和余弦绕组。

只要把图 6-3-5 中运动参照点即 $x=0$ 处另外规定一下，向左或向右偏移 $W/4$，那么原来的正弦绕组就成了余弦绕组，原来的余弦绕组也就成了正弦绕组了。所以，正弦绕组和余弦绕组只是相对而言的，二者相位保持正交关系，断续绕组的两部分中，任一部分都可称为正弦绕组（或余弦绕组）。

2. 感应同步器的等效电路

由于感应同步器也是一种利用互感来实现能量传递的电器，其电气原理与由两个具有互感的线圈构成的变压器是相同的，因此感应同步器可看作是一个平面型变压器。但是感应同步器与一般的变压器又有很大的差别。首先它的输入输出绕组并不是螺旋形线圈而是平面形印制导电片。在通常的工作频率（一般在 1～20 kHz）下，绕组的感抗远小于电阻，绕组的阻抗可以认为是纯电阻性的。更重要的是，输入输出绕组间的互感并不像普通变压器的互感是固定不变的，而是相对位置的正弦函数或余弦函数，如式(6-3-5)和式(6-3-7)所示。

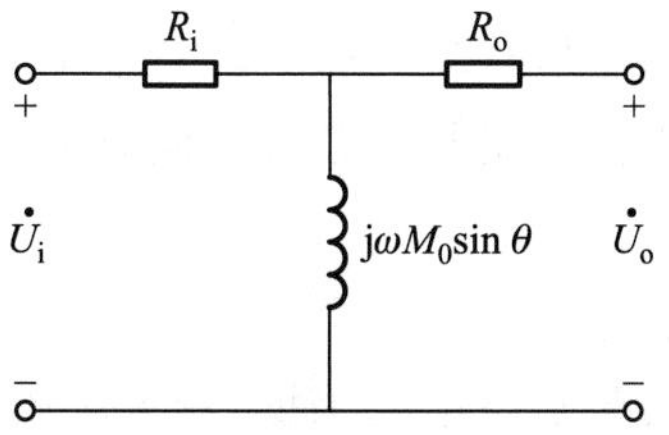

图 6-3-6 感应同步器的简化等效电路

因此感应同步器可简化成图 6-3-6 所示等效电路。图中 R_i 和 R_o 分别为输入（激励）绕组和输出（感应）绕组的电阻，M_0 是绕组间的最大互感，θ 是由式(6-3-6)或式(6-3-8)决定的代表输入与输出绕组相对位置的电相角。图6-3-6是对应于正弦绕组为输入（激励）绕组的情况。由图可以写出空载时输入电压与输出电压的关系式

$$\dot{U}_o=\dot{U}_i\frac{j\omega M_0\sin\theta}{R_i+jM_0\sin\theta} \tag{6-3-9}$$

如前所述，一般 $R_i>>j\omega M_0$，故有

$$\dot{U}_o=\dot{U}_i\frac{j\omega M_0\sin\theta}{R_i} \tag{6-3-10}$$

当 $M(x)$ 取最大值 M_0 即 $\sin\theta=1$ 时，$\frac{U_i}{U_o}$ 称为感应同步的电压传递系数 k_u，由上式得

$$k_u=\frac{R_i}{\omega M_0} \tag{6-3-11}$$

电压传递系数与感应同步器的尺寸、极数、工作频率及气隙大小有关。我国标准型直线感应同步器在 10 kHz 激磁下，规定电压传递系数应在 90～150 之间。

由式(6-3-9)可知，适当增大励磁电压 U_i 将获得较大的输出电压，这是有利的，但过大的激励电压将引起过大的激励电流，甚至有可能导致感应同步器温升过高而不能正常工作。同时，激励电流还受到电源功率的限制，通常激励电压为几百毫伏至几伏，输出电压幅值属毫伏级。

激励频率选低些，绕组感抗小，有利于提高精度。但是由式(6-3-10)可见，输出电压正比于激励频率，此外，激励频率选大些，允许的测量速度也增大。据此，国内外已将激励频率从10 kHz 提高到 20～40 kHz。

式(6-3-10)为频率域输入输出关系表达式，适合于计算感应电压的幅值，下面我们讨论时域内输出电压波形与输入电压波形的关系，以便了解感应同步器测量位移的工作原理。

3. 感应同步器的激励和检测方式

感应同步器可以有两种激励(或称激磁、励磁)方式，一种是以滑尺(或定子)激励，由定尺(或转子)取出感应电势信号；另一种是以定尺(或转子)激励，由滑尺(或定子)取出感应电势信号。目前在实用中多数采用前一种激励方式——断续绕组激励方式。

为了在连续绕组中感应出互为正交的两个信号，作为辨向和细分的基础，需要同时把断续绕组的正弦绕组和余弦绕组作为激励绕组。感应同步器测量系统通常有以下两种激励方式：

1）调相式

正弦绕组与余弦绕组同时分别加频率和幅值相同，但相位差 π/2 的正弦激励电压

$$u_{is}=U_m\sin\omega t \tag{6-3-12}$$

$$u_{ic}=U_m\cos\omega t \tag{6-3-13}$$

若忽略激励绕组的感抗，只考虑激励绕组的电阻 R，则激励电流 i 与激励电压 u_i 的关系为

$$i=u_i/R$$

上式代入式(6-3-4)得

$$e=-\frac{M}{R}\cdot\frac{\mathrm{d}u_i}{\mathrm{d}t} \tag{6-3-14}$$

将式(6-3-12)、式(6-3-13)、式(6-3-5)和式(6-3-7)代入上式可得正弦绕组和余弦绕组单独激励时在连续绕组中产生的感应电压分别为

$$e_{os}=-kU_m\cos\omega t\sin\theta$$

$$e_{oc}=kU_m\sin\omega t\cos\theta$$

依据叠加原理，两相绕组同时激励时，连续绕组中的感应电压等于它们单独激励所产生的感应电压之和

$$e_o=kU_m\sin\omega t\cos\theta-kU_m\cos\omega t\sin\theta=kU_m\sin(\omega t-\theta) \tag{6-3-15}$$

式中

$$k=\frac{\omega M_0}{R_i} \tag{6-3-16}$$

由式(6-3-15)可见,采用这种激励方式时,感应同步器可看作一个调相器,把相对位移转换为载波相位变化,因此将感应电压 e_o 送到数字鉴相电路,测出相位变化即可测出位移。

2）调幅式

正弦绕组和余弦绕组同时分别加频率和相位相同,但幅值不等的正弦激励电压

$$u_{is}=-U_m\cos\varphi\cos\omega t \tag{6-3-17}$$

$$u_{is}=U_m\sin\varphi\cos\omega t \tag{6-3-18}$$

激励电压极性可通过改变激励绕组的输入端来改变,幅值比例系数 $\cos\varphi$ 和 $\sin\varphi$ 由函数变压器次级抽头改变。将上两式及式(6-3-5)、式(6-3-7)式代入式(6-3-14)可得连续绕组中的感应电压为

$$\begin{aligned}e_o&=u_{oc}+u_{os}=kU_m\sin\omega t\sin\varphi\cos\theta-kU_m\sin\omega t\cos\varphi\sin\theta\\&=kU_m\sin(\varphi-\theta)\sin\omega t\end{aligned} \tag{6-3-19}$$

式中 k 仍同式(6-3-16)。由式(6-3-19)可见,采用这种激励方式时,感应同步器可看作一个调幅器,将相对位移转换为载波幅值的变化,因此将感应电压 e_o 送到数字鉴幅电路,测出幅值变化,即可测出位移。

6.4　频率式传感器

能直接将被测量转换为振动频率信号的传感器称为频率式传感器,这类传感器一般是通过测量振弦、振筒、振梁、振膜等弹性振体或石英晶体谐振器的固有谐振频率来达到测量引起谐振频率变化的被测非电量的目的,因此,这类传感器又称为谐振式传感器。

6.4.1　振弦式传感器

1. 工作原理

振弦式传感器的工作原理可用图 6-4-1 来说明。图中 O 和 A 是两个支点,其间张一根质量为 m 的金属细弦,弦长为 l,这就是振弦。振弦由运动部分拉紧,受到张力 F 的作用,这时弦的横向振动的固有频率为

$$f=\frac{1}{2\pi}\sqrt{\frac{k}{m}} \tag{6-4-1}$$

式中,k 为振弦的横向刚度系数,由材料力学可知

$$k=\frac{\pi^2F}{l} \tag{6-4-2}$$

将式(6-4-2)代入式(6-4-1)得

$$f=\frac{1}{2\pi}\sqrt{\frac{F}{ml}} \tag{6-4-3}$$

式(6-4-3)可改写成下列形式

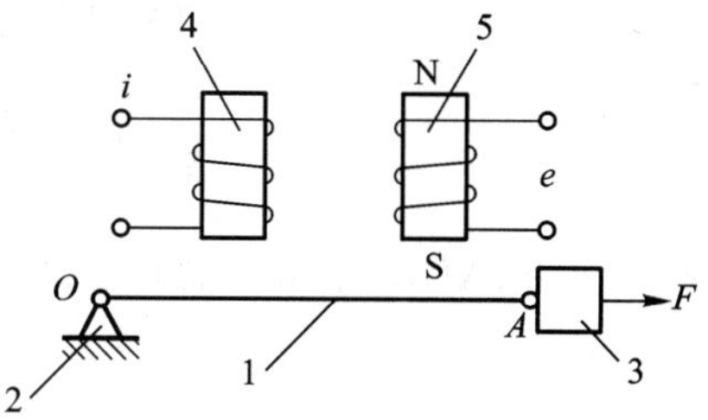

图 6-4-1　振弦式传感器工作原理图

1—振弦;2—固定支承;3—运动件;4—激励磁钢与线圈;5—测量频率的永久磁钢与线圈

$$f=\frac{1}{2l}\sqrt{\frac{F}{\rho}}=\frac{1}{2l}\sqrt{\frac{\sigma A}{\rho}}=\frac{1}{2l}\sqrt{\frac{\sigma}{\rho_V}}=\frac{1}{2l}\sqrt{\frac{E}{\rho_V}\frac{\Delta l}{l}} \tag{6-4-4}$$

式中：ρ——振弦的线密度 $\rho=\frac{m}{l}$；

ρ_V——振弦的体积密度 $\rho_V=\frac{m}{Al}=\frac{\rho}{A}$；

A——振弦的横截面积；

Δl——振弦受力后长度的增量；

E——振弦材料的弹性模量；

σ——振弦的应力 $\sigma=\frac{F}{A}$。

一般振弦工作段的质量 m、工作长度 l，振弦的横截面积 A，弹性模量 E 和弦的密度 ρ 皆可视为常数，由式(6-4-4)可看出，根据弦的振动的频率可以测量力 F，应力 σ，位移 Δl 等参数。

由于振弦是具有导磁性的金属弦，故成为通过永久磁钢和拾振线圈的磁路的一部分。金属弦横向振动时，永久磁钢与金属振弦间的气隙长度变化，使磁路磁阻变化，从而引起绕在永久磁钢上的拾振线圈中的磁通变化。因此拾振线圈中产生感应电压，感应电压的频率即为金属振弦的振动频率。

振弦是振弦式传感器的敏感元件，对传感器的精度、灵敏度、稳定性有举足轻重的作用。因此对振弦材料有严格的要求：抗拉强度高，弹性模量大，导磁性和导电性能好，线膨胀系数小。

2. 差动式振弦传感器

设弦的初始张力为 F_0，初始频率为 f_0，当弦的张力增加 ΔF 时，弦的振动频率由 f_0 变到 f，由式(6-4-4)得

$$f=\frac{1}{2l}\sqrt{\frac{F_0+\Delta F}{\rho}}=\frac{1}{2l}\sqrt{\frac{F_0}{\rho}}\sqrt{1+\frac{\Delta F}{F_0}}=f_0\sqrt{1+\frac{\Delta F}{F_0}} \tag{6-4-5}$$

将式(6-4-5)展开成幂级数得

$$f=f_0\left[1+\frac{1}{2}\frac{\Delta F}{F_0}-\frac{1}{8}\left(\frac{\Delta F}{F_0}\right)^2+\frac{1}{16}\left(\frac{\Delta F}{F_0}\right)^3-\cdots\right] \tag{6-4-6}$$

$$\delta=\frac{\Delta f}{f_0}=\frac{f-f_0}{f_0}=\frac{\Delta F}{2F_0}\left[1-\frac{1}{4}\frac{\Delta F}{F_0}+\frac{1}{8}\left(\frac{\Delta F}{F_0}\right)^2-\cdots\right] \tag{6-4-7}$$

一般情况下，$\Delta F\ll F_0$，故可忽略上式中的高次项，取相对频率偏移为

$$\delta\approx\delta'=\frac{1}{2}\frac{\Delta F}{F_0} \tag{6-4-8}$$

由式(6-4-7)可见，单根振弦的非线性误差主要是第二项，非线性误差为

$$\gamma=\frac{\delta'-\delta}{\delta'}=\frac{1}{4}\frac{\Delta F}{F_0} \tag{6-4-9}$$

由式(6-4-9)可见，$\frac{\Delta F}{F_0}$越大，线性越差，为了得到良好的线性，可采用差动式振弦传感器，如

图 6-4-2 所示。上下振弦的长度和质量相同，初始时，张力均为 F_0。当被测参数作用在弹性膜片上时，一根弦的张力增加 $F_1=F_0+\Delta F$，另一根弦的张力减小 $F_2=F_0-\Delta F$，它们的增量值 ΔF 相等，但方向相反，由式(6-4-6)可得

$$\delta=\frac{\Delta f}{f_0}=\frac{f_1-f_2}{f_0}=\frac{\Delta F}{F_0}\left[1-\frac{1}{8}\left(\frac{\Delta F}{F_0}\right)^2+\cdots\right] \qquad (6-4-10)$$

非线性误差为

$$\gamma=\frac{1}{8}\left(\frac{\Delta F}{F_0}\right)^2 \qquad (6-4-11)$$

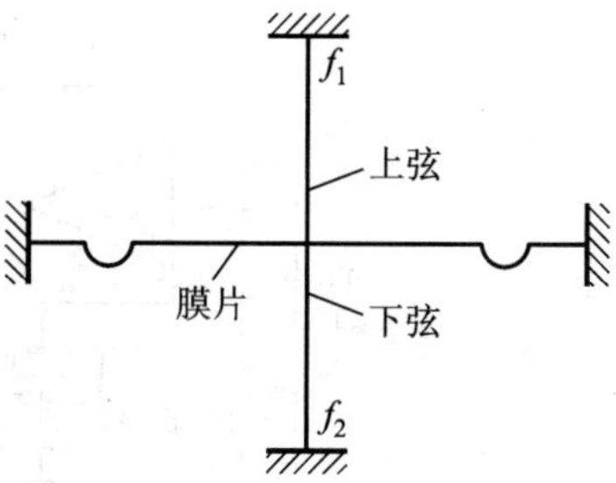

图 6-4-2　差动式振弦传感器原理图

对比式(6-4-10)与式(6-4-7)、式(6-4-11)与式(6-4-9)可见，采用差动式振弦传感器不仅灵敏度提高一倍，而且可减小温度误差和非线性误差。

由式(6-4-10)可见，上下振弦的拾振器输出信号通过差频电路测出两弦的频率差 $\Delta f=f_1-f_2$，即可测得两弦的张力增量 ΔF。

3. 测量电路

要测量弦的振动频率，可用图 6-4-1 中激励线圈和电磁铁激励金属细弦振动，用绕在永久磁钢上的拾振线圈检测因金属弦振动产生的感应电压。目前有两种激励振弦振动的方式：间歇激励方式和连续激励方式。

1）间歇激励方式

这种方式又称为开环式，电路如图 6-4-3 所示。当张弛振荡器给出激励脉冲时，继电器吸合，电源 E 电流通过磁铁线圈，使磁铁吸住振弦。脉冲停止后磁铁松开振弦，振弦便自由振动，使磁铁与振弦组成的磁路磁阻变化在线圈中产生感应电压，此感应电压经继电器动断接点输出，输出信号如图中所示，感应电压的频率即为振弦的固有频率。由于空气等阻尼作用，振动将逐渐衰减。为了维持弦的振动，必须每隔一定时间激励一次，因此在电磁铁线圈中要通过一定周期的脉冲电流。由此可见，线圈兼有激励和拾振两种作用。

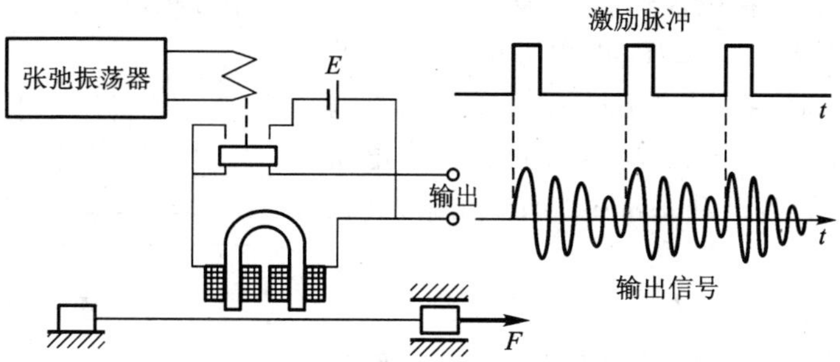

图 6-4-3　间隙激励时的检测电路

2）连续激励方式

这种方式又称为闭环式，可分为以下两种：

（1）电流激励式　其电路如图6-4-4(a)所示。振弦位于磁场中且作为振荡电路的一部分，

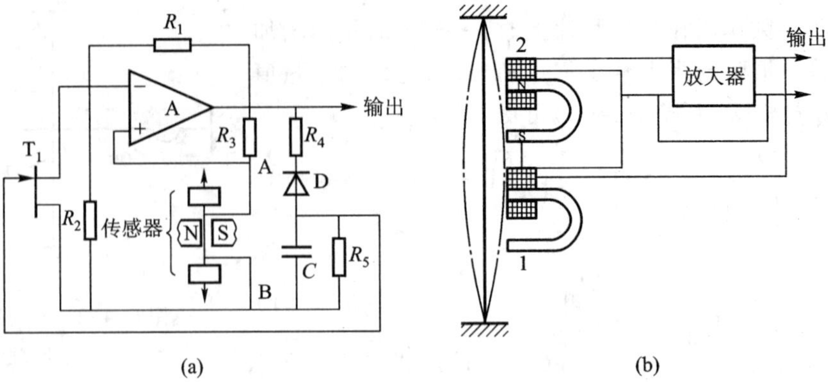

图 6-4-4　连续激励时的检测电路

当振弦通入电流后就在磁场中振动。依照机电类比原理,在磁场中振动的振弦可等效成在图中A、B两点间接入一个并联的LC回路,因此图6-4-4(a)电路可等效成LC振荡器(推导详见例6.4-1)。图中R_1、R_2和场效应管T_1组成负反馈电路,而R_4、R_5、D和C组成整流、滤波、分压电路,形成与输出成正比的负的直流电压,控制场效应管T_1的栅极。当电路停振时,输出信号等于零,场效应管处于零偏压状态,与R_2并联的场效应管漏源电阻很小,从而大大削弱了电路负反馈回路的作用,使电路的正反馈大于负反馈,有利于起振。电路起振后,若输出电压继续增大,场效应管负偏压也会增大,使与R_2并联的场效应管漏源电阻增大,增强了电路负反馈作用,从而使振荡器的输出幅值得以稳定。

(2) 电磁激励式　其电路如图6-4-4(b)所示,图中有两个磁钢和两个线圈。线圈1激励振弦振动,线圈2拾振产生感应电动势。感应电动势经放大后送到线圈1以便补充能量。只要放大器的输出电流能满足振荡器的幅值和相位条件,振弦由于及时得到恰当的能量补充,将维持连续振动,振动频率即为弦的固有频率。

4. 线性化变换电路

由式(6-4-3)可见,振弦传感器的输出频率与被测力的平方根成正比,即呈非线性关系。图6-4-5为振弦传感器线性化框图,图中方框$(f/U)_1$及$(f/U)_2$代表两个相同的频率-电压变换兼乘法运算电路。由振弦传感器送来的频率信号f经过第一个电路后变成了直流电压,并且已和基准电压U_B相乘,其积为U_1

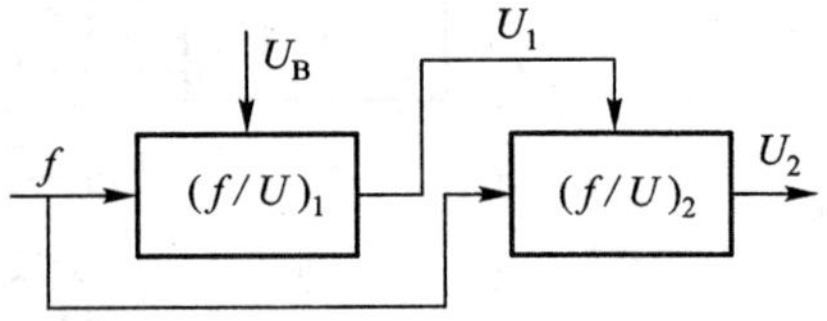

图 6-4-5　振弦传感器线性化框图

$$U_1 = K_1 f U_B$$

同时频率f又送到第二个电路,在变成与f成正比的直流电压之后和U_1相乘,其积为U_2。电路的输出信号就是直流电压U_2

$$U_2 = K_2 f U_1 = K_1 K_2 U_B f^2 \qquad (6-4-12)$$

此处,K_1,K_2分别为两电路的运算常数,将式(6-4-3)代入式(6-4-12)得

$$U_2 = SF \qquad (6-4-13)$$

式中，$S=\dfrac{K_1K_2U_B}{4\pi^2ml}$。

由式(6-4-13)可见，经过上述电路的处理，电压 U_2 便和被测力或压力呈线性关系了。若再借助简单的功率放大电路，就不难得到直流 4~20 mA 的标准信号，这时便构成了振弦式变送器。美国 Foxboro 公司生产的振弦式差压变送器，就是按上述原理工作的。

6.4.2 振筒式传感器

1. 振筒式压力传感器

这种传感器的结构原理如图 6-4-6(a)所示，振筒是一种金属薄壁圆筒，一端固定，另一端封闭。当内、外腔在流体压差作用下敲击振筒使之作自由振动时，将引起各种变形反力、筒自身质量和流体介质质量的惯性力以及各种阻力(金属内摩擦、流体介质的阻尼)等共同构成一个有衰减的自由振动系统。

振筒式传感器由以下主要部件构成：1 为振筒的保护罩，防止外磁场的干扰并兼起机械保护作用；2 为振筒即敏感元件，其一端固定另一端密封且可以自由运动，由 3J53 型磁性恒弹性合金制成，因而具有导磁性，1 与 2 之间为真空参考室；3 为激振线圈，内放一个导磁棒，4 为拾振线圈，内放一个永久磁棒；5 为环氧树脂制成的支架，其上固定着两个互相垂直的线圈 3 和 4，以此保证它们之间基本无电磁耦合，6 为底座；7 为进气孔，输入被测压力。

从图 6-4-6(a)可看出，在被测压力为零时，要使内振筒工作在谐振状态，必须从外部提供电激励能量，而系统本身还应该是一个满足自激振荡的正反馈闭环系统，其线路方框图如图 6-4-6(b)所示。

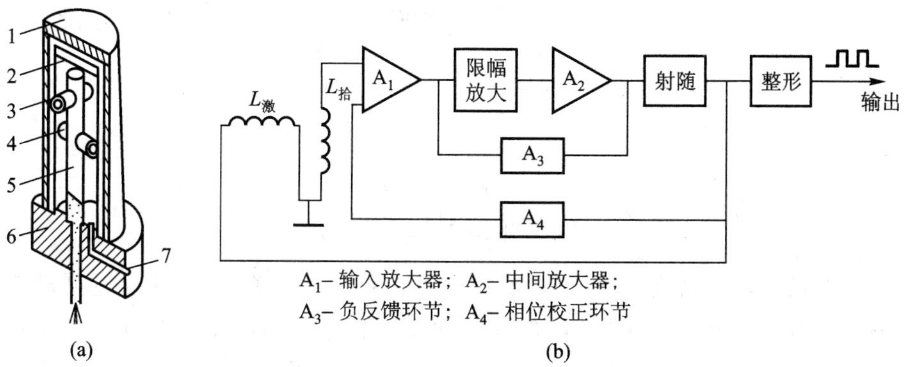

图 6-4-6 振筒式传感器原理示意图

当被测压力引入筒内壁时，使筒在一定压差作用下刚度发生改变。当电路开启，由于电干扰的冲击作用，通过线圈 3 和磁心组成的激励器给振筒以冲击力，使其作自由振动，同时引起筒壁 2 与线圈 4 内磁心之间的间隙发生变化，根据电磁感应原理可在线圈 4 产生感应电动势 e。它经激励放大器放大移相后又正反馈给线圈 3，当正反馈能量与耗散能量相等时，便形成一个稳定的自激振动，其频率为筒的固有频率，它决定于筒的尺寸及固定方式而不取决于电路。当输入压力不同时，筒的振动频率也不同。由此可见，筒的振动频率可表征被测压力的大小，即压力与频率之间存在着一定的函数关系。这种传感器的精度目前可达千分之几到万分之几。

振筒的固有频率为

$$f=a\sqrt{\frac{Ek}{m}} \tag{6-4-14}$$

式中：E——材料的弹性模量；

m——振筒的质量；

k——振筒材料的刚度；

a——与量纲有关的常数。

被测压力引入振动筒内壁时，引起筒壁应力的变化，从而使筒的刚度发生变化，由式(6-4-14)可知，刚度的变化将使振动频率随之改变。因此振动频率 f 与压力 P 之间存在一定的函数关系。据推导有如下公式

$$f=f_0\sqrt{1+\alpha P} \tag{6-4-15}$$

式中：α——常数，与筒的材料尺寸有关；

f_0——压力为零时筒的固有振动频率。

2. 振筒式密度传感器

由式(6-4-14)可得，空振筒振动频率 f_0 与振筒内充满质量为 Δm 的流体时的振动频率 f_x 之比为

$$\frac{f_0^2}{f_x^2}=1+\frac{\Delta m}{m}$$

设振筒长度为 l，外径为 D_1，内径为 D_2，管材密度为 ρ_0，流体密度为 ρ_x，则

$$\Delta m=\frac{\pi}{4}D_2^2 l\rho_x$$

$$m=\frac{\pi}{4}(D_1^2-D_2^2)l\rho_0$$

综合以上三式可得

$$\rho_x=\rho_0\left(\frac{D_1^2}{D_2^2}-1\right)\left(\frac{f_0^2}{f_x^2}-1\right) \tag{6-4-16}$$

式(6-4-16)表明被测流体密度 ρ_x 与振筒频率 f_x 存在一一对应关系，因此通过测量 f_x 可测量流体密度 ρ_x，这就是振动管式密度传感器的工作原理，其结构如图 6-4-7 所示。它是用低温度系数的镍铁合金(如 3J58)制成的长度为 l、直径为 D 的中空薄壁圆筒，其两端固定在基座上。由振动管、激振器、拾振器和放大振荡电路组成一个反馈振荡系统。

图 6-4-7 所示的单管式密度传感器，其管子被固定的两端对固定块有一反作用力，它将引起固定块的运动，改变了系统的振动频率，导致测量误差。采用图 6-4-8 所示的双管式结构可以改变这种状况。工作时，这两根管子的振动频率相同但方向相反，因此它们对固定基座的作用力相互抵消，不会引起基座的运动，从而提高了振动管振动频率的稳定性。被测介质流过传感器的两根平行的振动管，管子的端部固定在一起，形成一个振动单元。振动管与外部管道采用软性联结(如波纹管)，以防止外部管道的应力和热膨胀对管子振动频率的影响。激振线圈和拾振线圈放在两根管子中间，管子以横向模式振动，通常是一次振型，如图中虚线所示。

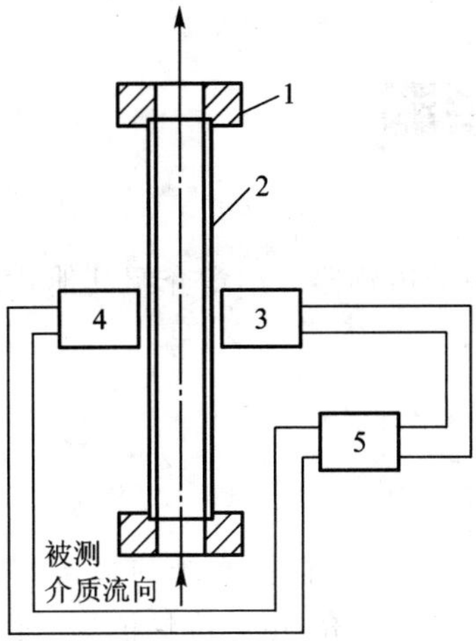

图 6-4-7 振动管式密度传感器

1—固定块;2—振动管;3—激振器;

4—拾振器;5—放大振荡电路

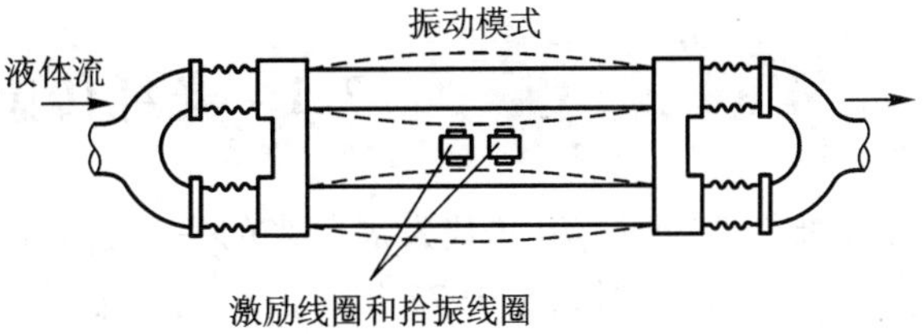

图 6-4-8 双管式密度传感器

思考题与习题

6-1 增量编码器有几条码道? 各有何作用?

6-2 试说明光栅传感器为什么能测量很微小的位移,为什么能判别位移的方向。

6-3 用四只光电二极管接收长光栅的莫尔条纹信号,如果光电二极管响应时间为 10^{-6} s,光栅的栅线密度为 50 线/mm,试计算一下长光栅所允许的移动速度。

6-4 利用一个六位循环码码盘测量角位移,其最小分辨率是多少? 如果要求每个最小分辨率对应的码盘圆弧长度最大为 0.01 mm,则码盘半径应有多大? 若码盘输出数码为"**101101**",初始位置对应数码为"**110100**",则码盘实际转过的角度是多少?

6-5 已知长光栅的栅距为 20 μm,标尺光栅与指示光栅的夹角为 0.2 度,试计算莫尔条纹宽度以及当标尺光栅移动 100 μm 时,莫尔条纹移动的距离。

6-6 在长感应同步器的滑尺上,相邻正弦绕组与余弦绕组、相邻正弦绕组和正弦绕组、相邻余弦绕组与余弦绕组的间距分别为多少?

6-7 感应同步器测量系统对位移的分辨率是由哪些因素决定的? 怎样提高位移分辨率?

6-8 感应同步器为什么要设置正弦绕组与余弦绕组?

6-9 试分析环境温度变化对振弦式传感器灵敏度的影响。

6-10 试指出振弦、振筒两种频率式传感器的共同的特点和共同的工作原理。

第 7 章　其他传感器

前面我们介绍了四种类型的现已有定型产品且比较常用的传感器。本章介绍其他几种较为成熟的传感器。

7.1　光纤传感器

光导纤维是 20 世纪 70 年代发展起来的一种新兴的光电子技术材料,光纤的最初研究是为了通信,光纤用于传感器始于 1977 年。由于光纤传感器具有灵敏度高、电绝缘性能好、抗电磁干扰、耐腐蚀、耐高温、体积小、重量轻等优点,可广泛用于位移、速度、加速度、压力、温度、液位、流量、水声、电流、磁场、放射性射线等物理量测量。因此发展极为迅速,到目前为止,已相继研制出数十种不同类型的光纤传感器。

7.1.1　光导纤维的结构和传光原理

1. 光纤的结构

光导纤维简称光纤,由纤芯、包层、外套组成,如图7-1-1所示。纤芯位于光纤的中心,是直径约 5~75 μm、由玻璃纤维或塑料制成的圆柱体,光主要在纤芯中传输。围绕着纤芯的圆筒形部分称为包层,直径约 100~200 μm,是用较纤芯折射率小的玻璃纤维或塑料制成的。在包层外面通常有一层尼龙外套,直径约 1 mm,一方面增强光纤的机械强度,起保护作用,另一方面以颜色区分各种光纤。

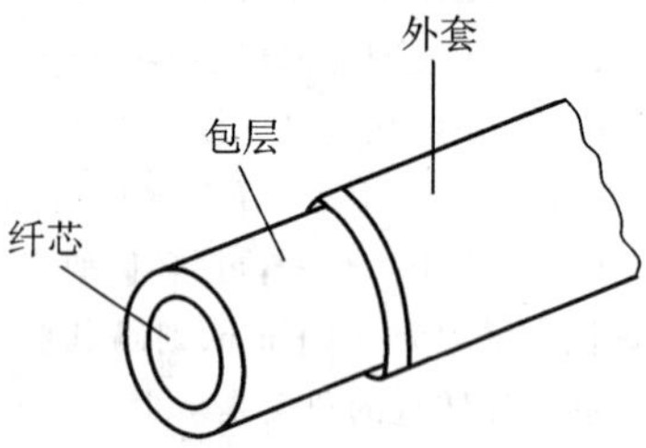

图 7-1-1　光纤的基本结构

2. 光纤的种类

从构成光纤的材料看,有玻璃光纤和塑料光纤两大类,从性能和可靠性考虑,当前大多采用玻璃光纤。光纤按其传输模式分为单模光纤和多模光纤。单模光纤和多模光纤结构上也有不同之处,一般纤芯的直径只有传输光波波长几倍的光纤就是单模光纤。当纤芯的直径比光波波长大很多倍时,这就是多模光纤。两者断面结构上有明显不同,如图 7-1-2 所示。多模光纤的断面是纤芯粗、包层薄;单模光纤是纤芯细、包层厚,单模光纤传输性能好,但制造、连接困难,多模光纤正好相反。

光纤按折射率分布可分为阶跃型光纤和缓变型(梯度型)光纤,如图 7-1-3 所示。图 7-1-3(a) 为阶跃型光纤,纤芯的折射率沿径向为定值 n_1,包层的折射率沿径向为定值 n_2。图 7-1-3(b)为缓变型光纤,折射率在中心轴上最大,沿径向逐渐变小。光射入缓变型光纤后会自动向轴心处会聚,故也称为自聚焦光纤。

3. 传光原理

根据几何光学的理论,当光线以较小的入射角 θ_1 由折射率(n_1)较大的光密介质 1 射向折射率(n_2)较小的光疏介质 2(即 $n_1>n_2$)时,一部分入射光以折射角 θ_2 折射入介质 2,另一部分以 θ_1 角反射回光密介质 1,如图 7-1-4(a)所示。据 Snell 定律有

$$n_1 \sin\theta_1 = n_2 \sin\theta_2 \tag{7-1-1}$$

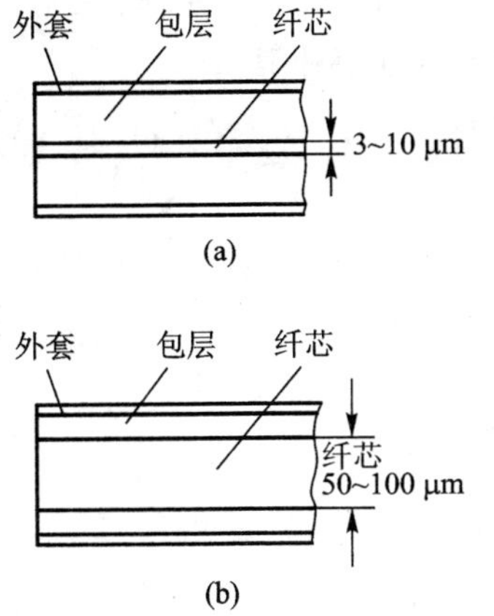

图 7-1-2　单模和多模光纤结构

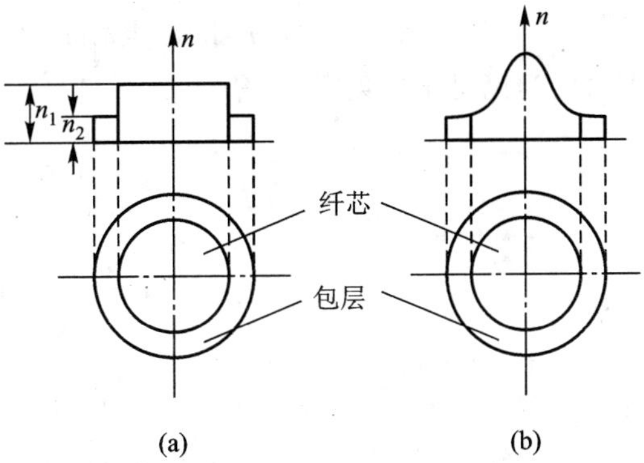

图 7-1-3　阶跃型光纤和缓变型光纤

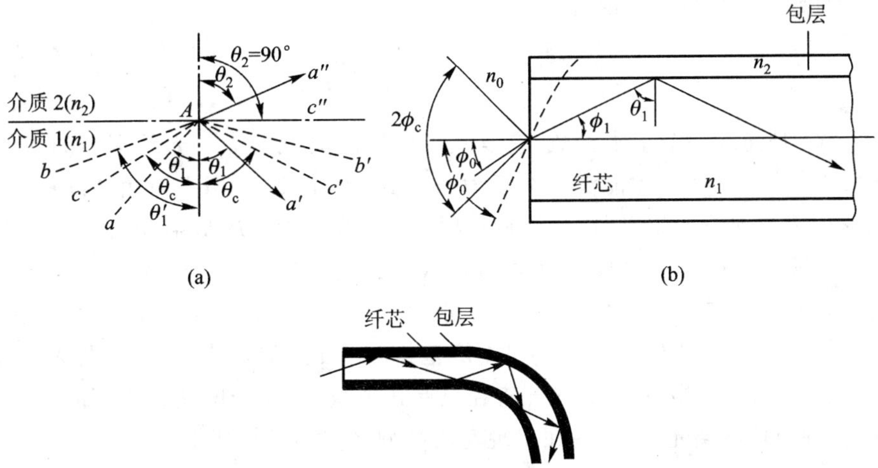

图 7-1-4　光纤传光原理

由于 $n_1>n_2$,所以 $\theta_1<\theta_2$。当入射角 θ_1 加大到 $\theta_1=\theta_c=\arcsin\dfrac{n_2}{n_1}$时,$\theta_2=90°$,折射光就沿着界面传播,此时的入射角 θ_c 称为临界角。当继续加大入射角,即 $\theta_1'>\theta_c$ 时,光不再产生折射,只有反射,也就是说,光不会穿过两个介质的分界面,而只会完全反射回来,因此称为全反射。产生全反射的条件为

$$\theta_1 \geqslant \theta_c = \arcsin\frac{n_2}{n_1} \tag{7-1-2}$$

由于光纤纤芯的折射率大于包层的折射率，所以在光纤纤芯中传播的光只要满足上述条件，光线就能在纤芯和包层的界面上不断地产生全反射，呈锯齿形路线在芯内向前传播，从光纤的一端以光速传播到另一端，这就是光纤传光原理，如图 7-1-4(b)所示。

在光纤的入射端，光线从空气(折射率为 n_0，$n_0=1$)中以入射角 ϕ_0 射入光纤，在光纤内折射成角 ϕ_1，然后以 $\theta_1=90°-\phi_1$ 角入射到纤芯与包层的界面。据 Snell 定律有

$$n_0\sin\,\phi_0=n_1\sin\,\phi_1=n_1\cos\,\theta_1 \tag{7-1-3}$$

据式(7-1-2)，为满足全反射条件，需使

$$\sin\,\theta_1\geqslant\frac{n_2}{n_1}$$

即

$$\cos\,\theta_1\leqslant\sqrt{1-\left(\frac{n_2}{n_1}\right)^2}$$

上式代入式(7-1-3)可得

$$\sin\,\phi_0\leqslant\sin\,\phi_c=\frac{\sqrt{n_1^2-n_2^2}}{n_0}$$

能在光纤内产生全反射的端面入射角 ϕ_0 的最大允许值 ϕ_c 称为临界入射角，临界入射角 ϕ_c 的正弦值称为光纤的数值孔径 NA，其值为

$$NA=\sin\,\phi_c=\frac{\sqrt{n_1^2-n_2^2}}{n_0} \tag{7-1-4}$$

数值孔径 NA 是光纤一个基本参数，它反映了光纤的集光能力。光纤端面的入射光只有处于 $2\phi_c$ 的锥角内，进入光纤后才能满足全反射条件式(7-1-2)。当入射角 $\phi_0'>\phi_c=\arcsin(NA)$ 时，就会使 $\theta_1<\theta_c$ 不满足全反射条件，光线便折射入包层中，如图 7-1-4(b)中虚线表示。这样就会造成损耗。在满足全反射条件时，界面的损耗很小，反射率可达 0.999 5。

光纤的可弯曲性是它的一大优点。若一根直径为 d 的圆柱形光纤，被弯曲成曲率半径为 R 的圆弧形。只要 $R\geqslant 4d$，在给定的 NA 值范围以内的光线，都可在弯曲光纤中传播，如图 7-1-4(c)所示。由于实际使用的光纤直径只有几十微米，光纤即使特别弯曲，局部光路仍可当成近似直线，特别是玻璃光纤，往往在出现弯曲影响之前早已折断了。

7.1.2 光纤传感器的基本原理和类型

1. 光纤传感器的基本原理

光纤传感器的基本原理是：被测量对光纤传输的光进行调制，使传输光的强度(幅值)、相位、频率或偏振态随被测量变化而变化，再通过对被调制过的光信号进行检测和解调，从而获得被测参数。

2. 光纤传感器的分类

按照光纤在传感器中的作用，通常可将光纤传感器分为两种类型：一类是功能型(function fibre optic sensor)又称 FF 型，另一类是非功能型(non-function optic sensor)又称 NF 型。

功能性光纤传感器是以光纤自身作为敏感元件来感受被测量的变化，被测量通过使光纤的某些光学特性变化来实现对光纤传输光的调制，因此功能型光纤传感器又称传感型光纤传感器，

这类传感器常使用单模光纤。

非功能型光纤传感器是利用其他敏感元件来感受被测量的变化以实现被测量对光纤传输光的调制，光纤只是作为传播光的介质，因此非功能型光纤传感器又称为传光型光纤传感器，这类传感器多使用多模光纤。

3. 传输光的调制方式

被测量对传输光的调制方式有：光通量（光强）调制、光相位调制、光频率调制、光波长调制、光偏振调制等，光通量调制不论在机理上还是在结构上都是比较简单的，是目前光纤传感器中应用最多的一种调制方式。

常用的光通量调制方法有以下几种：

1）辐射式

被测对象本身就是辐射能源，它发出的辐射能强弱与被测对象的量值有关，而且是直接进入出射光纤。光电器件接收并测量出其辐射能就可测定待测量的大小。

2）光纤位移式

这种调制方法用两根光纤：一根为入射光纤，另一根为出射光纤，如图 7-1-5 所示。两者间约 2~3 μm，端面为平面。通常入射光纤不动，被测量使出射光纤作横向或纵向位移或转动，于是出射光纤输出的光强被其位移所调制。

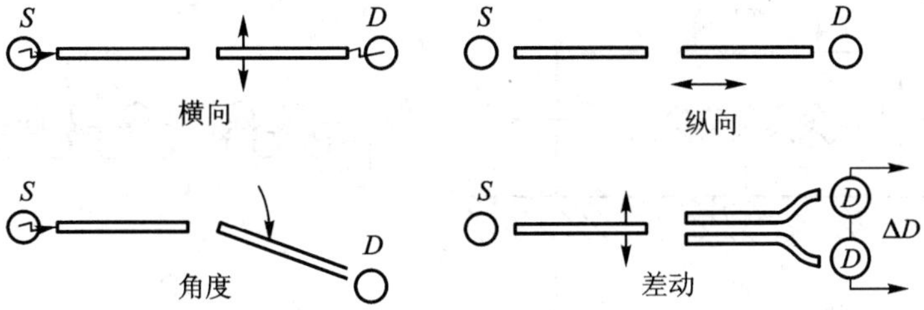

图 7-1-5　光强小位移调制

3）插入式

入射光纤与出射光纤间插入被测对象，入射光纤传送一定的光通量到达被测对象，受被测参数调制后的光通量由出射光纤输出，出射光纤输出的光通量即为被测参数的函数。图 7-1-6 所示是光路间插入被测对象调制光通量的各种形式，其中，图 7-1-6(a)为反射式，图 7-1-6(b)为透射式，图 7-1-6(c)为遮光式，图 7-1-6(d)为开关式，与图 4-4-19~图 4-4-22 所示光电式传感器的原理是相同的。

4）微弯损耗式

当光纤发生弯曲到一定程度使光线入射角小于临界角时，射到纤芯与包层界面上的光有一部分将穿过界面透射进包层造成传输损耗——微弯损耗。从而引起光纤出射端输出的光通量发生变化，微弯损耗光强调制原理如图 7-1-7 所示。通常应用这种原理来测量微压或微位移，两块波形板或一串滚筒组成变形器，一根多模光纤从波形板或滚筒之间通过。当变形器受力或位移时，变形器使光纤发生周期性微弯曲，引起传输光的微弯损耗。变形器的位移或所受力越大，光纤出射端输出的光强度越小，通过检测光纤输出的光强变化就能测出位移或力信号。

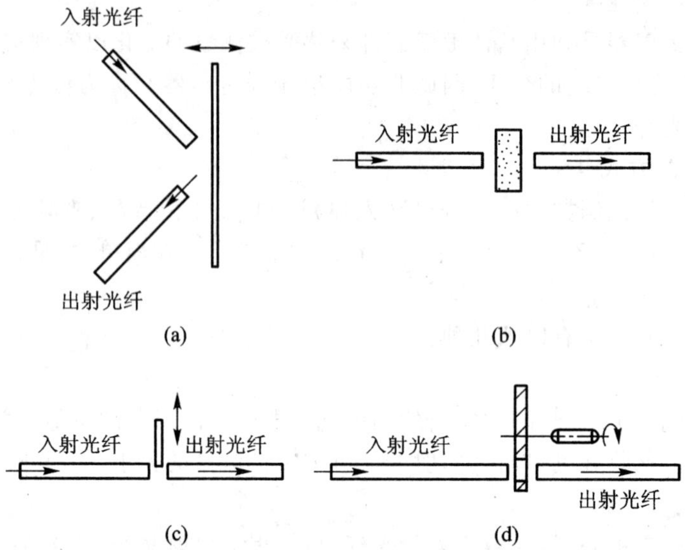

图 7-1-6 光路间插入被测对象调制光通量的形式

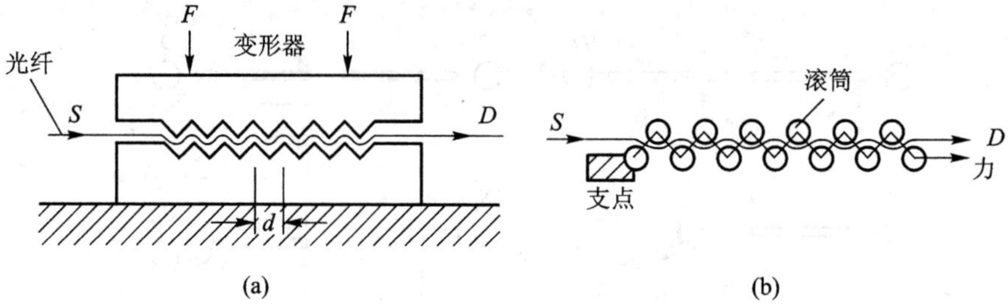

图 7-1-7 微弯损耗光强调制原理

7.2 CCD 图像传感器

电荷耦合器件 CCD(charge coupled device)是 20 世纪 70 年代新发展起来的集成半导体器件。由 CCD 构成的图像传感器是一种具有自扫描功能的摄像器件。它与传统的电子束扫描真空摄像管相比,具有体积小重量轻,使用电压低(<20 V)、可靠性高和不需要强光照明等优点,因此在军用、工业控制与检测、民用电器中均有广泛应用。

7.2.1 CCD 的工作原理

CCD 器件由 MOS 光敏元阵列和读出移位寄存器组成。

1. MOS 光敏元阵列

图 7-2-1 是 MOS 光敏元的结构原理图。它是在 P 型(或 N 型)硅单晶的衬底上生长出一层很薄的二氧化硅,再在其上淀积一层金属电极,这样就形成了一种"金属-氧化物-半导体"(MOS)结构元。

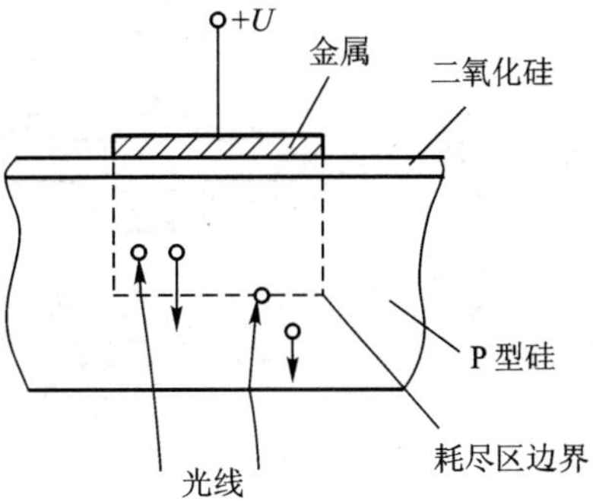

图 7-2-1 MOS 光敏元

从半导体原理知道，当在金属电极上施加一正偏压时，它所形成的电场排斥电极下面硅衬底中的多数载流子-空穴，形成一个耗尽区，这个耗尽区对带负电的电子而言是一个势能很低的区域，故又称为“势阱”，金属电极上所加偏压越大，电极下面的势阱越深，捕获少数载流子的能力就越强。如果此时有光线入射到半导体硅片上，在光子的作用下，半导体硅片上就产生电子-空穴对，光生电子被附近的势阱所俘获，而同时产生的空穴则被电场排斥出耗尽区。此时势阱所俘获的电子数量与入射到势阱附近的光强成正比。人们称这样一个 MOS 结构元为 MOS 光敏元或叫作一个像素；把一个势阱所俘获的若干光生电荷称为一个“电荷包”。

通常在半导体硅片上制有几百或几千个相互独立的排列规则的 MOS 光敏元，称为光敏元阵列。如果在金属电极上施加一正偏压，则在这半导体硅片上就形成几百或几千个相互独立的势阱。如果照射在这些光敏元上的是一幅明暗起伏的图像，那么这些光敏元就感生出一幅与光照强度相对应的光生电荷图像，这就是电荷耦合摄像器件的基本原理。

2. 读出移位寄存器

图 7-2-2 是表示读出移位寄存器的结构原理图。它也是 MOS 结构，亦即由金属电极、氧化物和半导体三部分组成。它与 MOS 光敏元的区别在于：① 在半导体的底部覆盖上一层遮光层，防止外来光线的干扰；② 它由 3 个十分邻近的电极组成一个耦合单元（亦即传输单元），相邻耦合单元的同相电极分别接在一起，都分别由 3 个相位相差 120°的时钟脉冲，ϕ_1，ϕ_2，ϕ_3 来驱动，如图 7-2-3 所示。

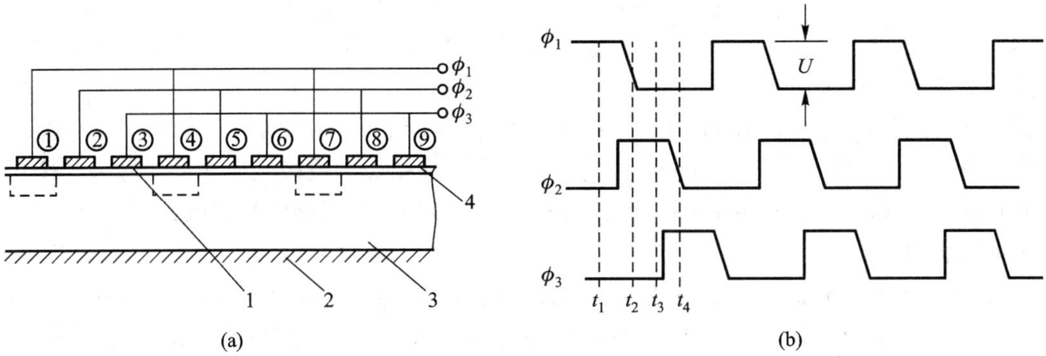

图 7-2-2 读出移位寄存器的结构原理和波形图

1—金属电极；2—遮光层；3—P 型硅；4—二氧化硅

当 $t=t_1$ 时，$\phi_1=U$，$\phi_2=0$，$\phi_3=0$，此时半导体硅片上的势阱分布及形状如图 7-2-3(a)所示，亦即此时只有 ϕ_1 极下形成势阱（假设此时势阱中各自有若干个电荷）。

当 $t=t_2$ 时，$\phi_1=0.5U$，$\phi_2=U$，$\phi_3=0$，此时半导体硅片中的势阱分布及形状如图7-2-3(b)所示，此时 ϕ_1 极下的势阱变浅，ϕ_2 极下的势阱最深，ϕ_3 极下没有势阱。根据势能的原理，原先在

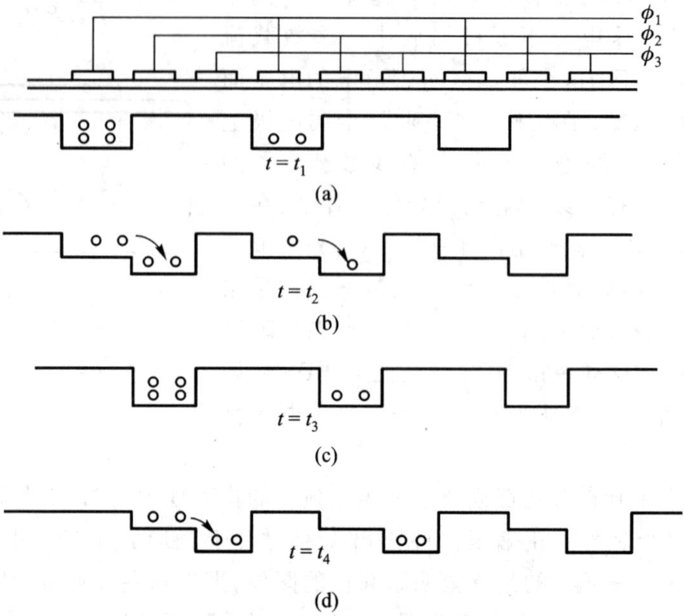

图 7-2-3 电荷传输过程

ϕ_1 极下的电荷就逐渐向 ϕ_2 极下转移。

在 $t=t_3$ 时[图 7-2-3(c)],即经过三分之一个时钟周期时,ϕ_1 极下的电荷向 ϕ_2 极下转移完毕。

在 $t=t_4$ 时[图 7-2-3(d)],ϕ_2 极下的电荷向 ϕ_3 极下转移。即经过三分之二个时钟周期时,ϕ_2 极下电荷向 ϕ_3 极下转移完毕。

经过一个时钟周期时,ϕ_3 极下电荷向下一级的 ϕ_1 极下转移完毕。每 3 个电极构成 CCD 的一个级,每经历一个时钟脉冲周期,电荷就向右转移三极即转移一级。以上过程重复下去,就可使电荷逐级向右进行转移。

当 $t=t_2$ 时,我们还可以看到,由于 ϕ_3 电极的存在,ϕ_1 极下的电荷只能朝一个方向转移(如图 7-2-3所示只能向右移)。因此 ϕ_1,ϕ_2,ϕ_3 3 个这样结构的电极在三相交变脉冲的作用下,就能将电荷包沿着二氧化硅界面的一个方向移动,在它的末端,就能依次接收到原先存储在各个 ϕ 极下的光生电荷。

这样一个电荷传输过程,实际上是一个电荷耦合的过程。因此把这类器件称为“电荷耦合器件”,在电荷耦合摄像器件中担任电荷耦合传输的单元称为“读出移位寄存器”。

由于上述信号输出的过程中,没有借助扫描电子束,故称为自扫描器件。

根据读出移位寄存器输出“电荷包”的先后,可以辨别出“电荷包”是从哪个光敏元来的(亦即可寻址),并根据输出“电荷包”的电荷量,可知该光敏元受光照的强弱。无光照处则无光生电荷。

7.2.2 CCD 图像传感器的结构

利用 CCD 的光电转换和电荷转移功能可制成 CCD 图像传感器。它的结构有线列阵和面列阵两种形式。

1. 线列阵

线列阵 CCD 图像传感器结构如图 7-2-4 所示,由排成直线的 MOS 光敏元阵列、转移栅和读出移位寄存器三部分组成,转移栅的作用是将光敏元中的光生电荷并行地转移到对应位的读出移位寄存器中去,以便将光生电荷逐位转移输出。图 7-2-4(a)为单排结构,用于低位数 CCD 传感器。图 7-2-4(b)为双排结构,当中间的光敏元阵列收集到光生电荷后,奇、偶单元的光生电荷分别送到上、下两列移位寄存器后串行输出。最后合二为一,恢复光生信号电荷的原有顺序。显然双排结构的图像分辨率比单排结构高一倍。

在光敏元进行曝光(或叫光积分)时,整个阵列所有光敏元的金属电极上都施加正电压脉冲 ϕ_P,使光敏元产生势阱并俘获附近的光生电荷。在光积分行将结束时,在转移栅上施加转移脉冲 ϕ_T,将转移栅打开,此时每个光敏元所俘获的光生电荷就通过转移栅耦合到各自对应的移位寄存器 ϕ_1 电极下(这是一次并行转移过程)。接着转移栅关闭,ϕ_1,ϕ_2,ϕ_3 三相脉冲开始工作,读出移位寄存器的输出端依次输出各位的信息,直至输出最后一位信息为止,这是一次串行输出的过程,ϕ_P,ϕ_T,ϕ_1,ϕ_2,ϕ_3 的波形和相位如图 7-2-5 所示。

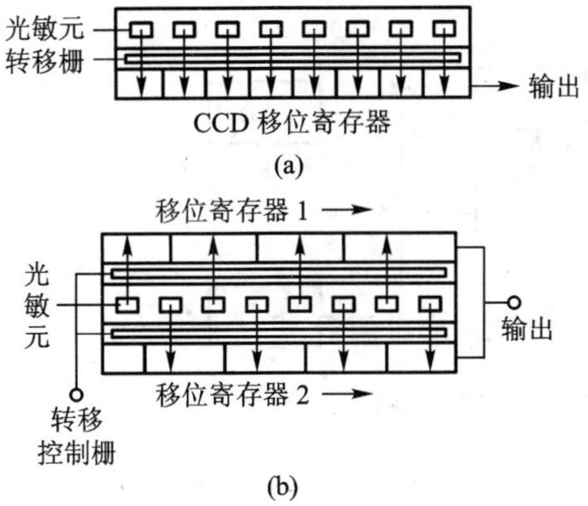

图 7-2-4 线阵 CCDIS 结构示意图

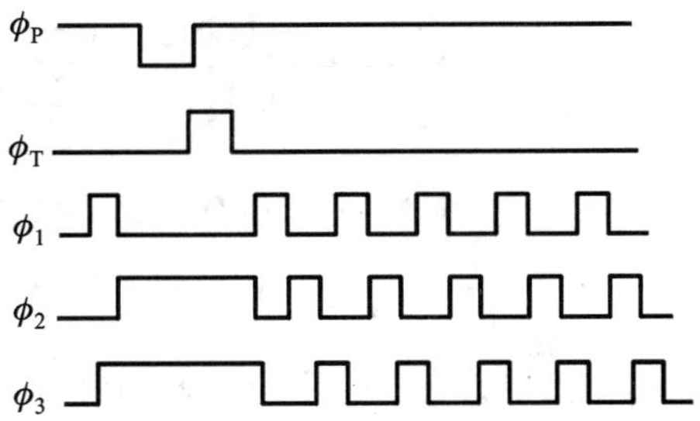

图 7-2-5 各脉冲波形和相位

从上面分析可以看出,CCD 器件输出信息是一个个脉冲,脉冲的幅值取决于对应光敏元上所受的光强,而输出脉冲的频率则和驱动脉冲 ϕ_1 等的频率相一致,因此只要改变驱动脉冲的频率就可以改变输出脉冲的频率。工作频率的下限主要受光生电荷的寿命所制约,工作频率的上限主要与势阱俘获电荷的时间有关。

2. 面列阵

线列阵 CCD 图像传感器只能在一个方向上实现电子自扫描,为获得二维图像,人们研制出了在 x、y 两个方向上都能实现电子自扫描的面列阵 CCD 图像传感器。面列阵 CCD 图像传感器由感光区、信号存储区和输出转移部分组成,并有多种结构形式,图 7-2-6 是一种叫"帧转移面阵图像传感器"的结构示意图。

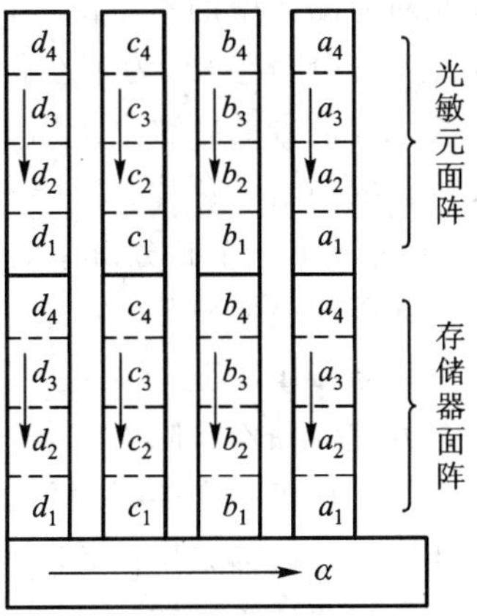

图 7-2-6 帧转移面阵

它由一个光敏元面阵(由若干列光敏元线阵组成)、一个存储器面阵(可视为由若干列读出移位寄存器组成)和一个水平读出移位寄存器组成。

为了对面阵器件的工作原理叙述简单起见,假设它是一个4×4的面阵。在光积分时间,各个光敏元曝光,吸收光生电荷。曝光结束时,器件实行场转移,亦即在一个瞬间内将感光区整场的光电图像迅速地转移到存储器列阵中去,譬如将脚注为a_1、a_2、a_3、a_4的光敏元中的光生电荷分别转移到脚注相同的存储单元中去。此时光敏元开始第二次光积分,而存储器列阵则将它里面存储的光生电荷信息一行行地转移到读出移位寄存器,在高速时钟驱动下的读出移位寄存器,读出每行中各位的光敏信息,如第一次将 a_1、b_1、c_1、d_1 这一行信息转移到读出移位寄存器,读出移位寄存器立即将它们按 a_1、b_1、c_1、d_1 的次序有规则地输出。接着再将 a_2、b_2、c_2、d_2 这一行信息传到读出寄存器,……,直至最后由读出移位寄存器输出 a_4、b_4、c_4、d_4 的信息为止。

7.2.3 CCD 数码照相机

CCD 图像传感器的发明使传统的照相机产生革命性的变革,它取代传统照相机的胶卷作为感光介质,并与计算机技术相结合,造就出全新一代照相机——数码照相机。

图 7-2-7 所示为面阵 CCD 数码相机的内部结构图。

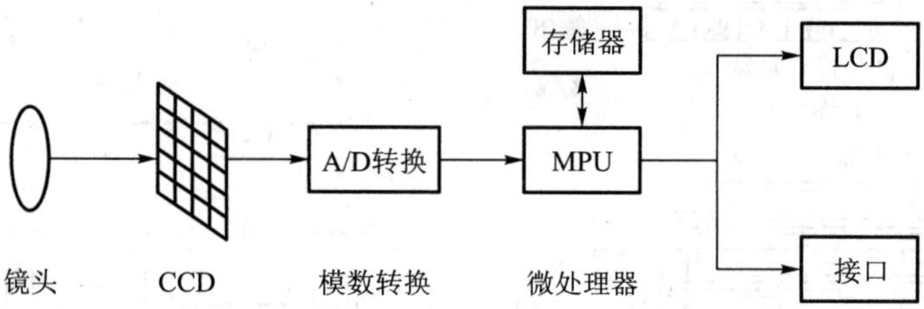

图 7-2-7 面阵 CCD 数码相机的内部结构图

数码相机中镜头的作用与普通相机相同,都是将外界物体无失真地成像到相机内部的感光介质上。数码相机中的感光介质是面阵 CCD 图像传感器,它是数码相机的核心部件,其功能是把光信号转变为电信号,得到对应于拍摄景物的电子图像。面阵 CCD 图像传感器的每一个光敏单元对应图像中的一个像素,采用一次拍摄成像,CCD 光敏单元的数量越多,图像越清晰。CCD 本身不能分辨色彩,为了获得彩色图像,需要把代表红、绿、蓝三基色的信号 R、G、B 分离出来。分离色度信号的办法是采用一种彩色阵列式网格滤色片罩在 CCD 图像传感器感光面上,通过这层特殊的网格滤色片分离出三基色信号 R、G、B 来,分别用 3 片 CCD 接收,这些图像再经过数学计算,合成出一个高分辨率的、颜色精确的图像。

数码相机的模数转换器将由 CCD 光电传感器得到的模拟电信号转化为数字信号,再传送到微处理器(MPU)进行处理。数码相机的测光、运算、曝光、闪光控制、拍摄逻辑控制以及图像的压缩处理等操作,都是在微处理器(MPU)统一协调和控制下,有条不紊地工作。

数码相机中存储器的作用是保存数字图像数据。存储器分为内置存储器和可移动存储器。早期数码相机多采用内置存储器,内置存储器为半导体存储器,安装在相机内部,用于临时存储图像。当向计算机转送图像时通过接口与主机相连,它的缺点是装满之后要及时向计算机转移图像文件,否则就无法再往里面存入图像数据。可移动存储器能有效地提高存储图片的能力,可以是闪存卡、PC(PCMCIA)卡、SmartMedia(SM)卡等,这些存储器使用方便,拍摄完毕后可以取出更换。存储器保存图像的多少取决于存储器的容量和图像文件的大小。存储器的容量越大,能保存的图像就越多;图像的质量越高,图像文件就越大,需要的存储空间就越多,能保存的图像就越少。

数码相机使用的 LCD(液晶显示屏)的作用主要有取景、显示照片、显示功能菜单。

数码相机不能像传统照相机那样冲洗胶卷,必须通过接口输出数据。数码相机的输出接口主要有计算机通信接口和连接电视机的视频接口。

数码相机的拍摄过程是,景物通过镜头成像于 CCD 图像传感器上,CCD 图像传感器把相应的光强转化为对应的电信号,再由模数转换器将模拟信号转换为数字信号,MPU(微处理器)对数字信号进行压缩并转化为特定的图像格式,由相机内部的存储器或内置硬盘卡保存。拍摄结束,将图像文件送入计算机中处理和输出。

7.3　红外传感器

7.3.1　红外线及其特性

红外线也称红外光或红外辐射,是位于可见光中红光以外的光线,故称为红外线。它是一种人眼看不见的电磁波,它的波长范围大致在 0.75 ~1 000 μm。在电磁波谱中的位置如图 7-3-1 所示。由图可见,它是波长位于可见光和微波之间的一种不可见光。

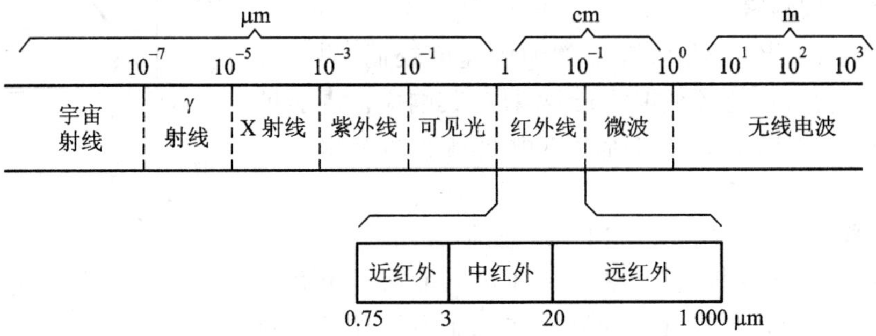

图 7-3-1　电磁波谱

可见光所具有的一切特性,红外线也都具有。即红外线也是按直线前进,也服从反射定律和折射定律,也有干涉、衍射和偏振等现象。

红外线的最大特点是具有光热效应,能辐射热量,它是光谱中最大光热效应区。

自然界中的任何物体,只要其本身温度高于绝对零度(-273.15 ℃),就会不断地辐射红外线,物体温度越高,发射的红外辐射就越多,因此可利用红外辐射来测量物体的温度。

红外线在介质中传播时,由于介质的吸收和散射作用而被衰减。各种气体和液体对于不同波长的红外辐射的吸收是有选择性的,亦即不同的气体或液体只能吸收某一波长或几个波长范围的红外辐射能,这是利用红外线进行成分分析的依据之一。

7.3.2　红外探测器的类型

红外探测器是能够把红外辐射量的变化转换为电量变化的器件,它是红外传感器的关键部件——传感元件。按其所依据的物理效应可分为光敏和热敏两大类型,其中光敏红外探测器用得最多。

1. 光敏红外探测器

光敏红外探测器可以是电真空器件(光电管、光电倍增管),也可以是半导体器件。其主要性能要求是高响应度、低噪声和快速响应。

半导体型光敏探测器可分为光电导型、光生伏特型、光电磁型以及红外场效应探测器、红外多元列阵探测器等。

光电导型红外探测器是基于光电导效应的光电器件。通常由硫化铅、硒化铅、砷化铟、砷化锑等半导体材料制成。

光生伏特型红外探测器是基于光生伏特效应的半导体器件。凡是本征激发的并能做成P-N结的半导体都能制成光伏型探测器。光伏型探测器可以具有和光电导型相等的探测率,而响应时间却可短得多,从而扩大了使用范围。

光电磁型探测器是利用某些材料的光电磁效应而工作的,所谓光电磁效应(PEM效应),是光生载流子的扩散运动在磁场作用下产生偏转的一种物理效应。

由许多个单元探测器所组成的红外多元列阵探测器,与单元探测器相比具有高分辨率、高信噪比和大视场等特点。此外,用于红外成像的电荷转移器件(红外CCD)也是一种很有发展前途的光敏红外探测器。

2. 热敏红外探测器

与光敏探测器相比,热敏探测器的响应速度较低,响应时间较长,但具有宽广的、比较平坦的光谱响应,其响应范围能扩展到整个红外区域(图7-3-2),所以热敏探测器仍有相当广泛的应用。

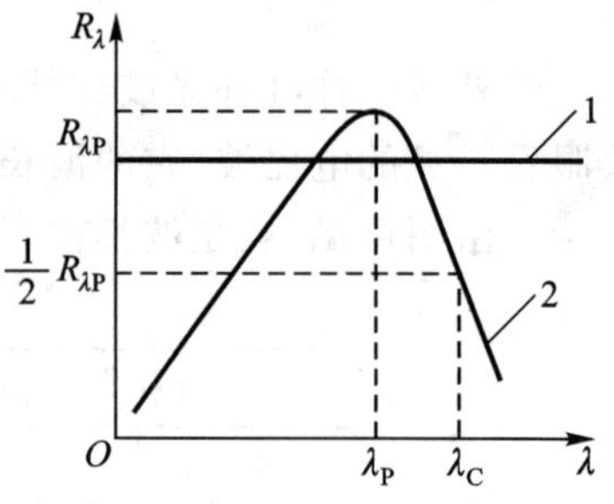

图7-3-2　红外探测器的两种典型光谱响应曲线

1—热敏红外探测器特性;
2—光敏红外探测器特性

热敏探测器分为室温探测器和低温探测器,前者在工作时不需冷却,使用方便。热敏电阻、热电偶和热电堆均可用做室温探测器。其中热敏电阻型红外探测器在工业中得到了广泛应用。热敏电阻在工作时,首先由于辐射照射而温度升高,然后才由于温度升高而改变其电阻值。正因为有个热平衡过程,所以往往具有较大的热惯性。为了减少热惯性,总是把热敏电阻做成薄片,并在它的表面涂上一层几乎能百分之百地吸收入射辐射的黑色涂层。采用适当的黑涂料,在1~5 μm的常用红外波段内,使其响应度基本上与波长无关。

7.3.3　热释电红外探测器

1. 热释电效应

当一些晶体受热时,在晶体两端将会产生数量相等而符号相反的电荷,这种由于热变化而产生的电极化现象、称力热释电效应。

能产生热释电效应的晶体称为热释电体,又称为热电元件。热电元件常用的材料有单晶(如铌酸锂、钽酸锂$LiTaO_3$等)、热释电陶瓷(如钛酸钡$BaTiO_4$、锆钛酸铅PZT等)及热释电塑料(如聚偏二氟乙烯PVDF等)。

2. 热释电红外传感器

利用热释电效应探测人体用的红外传感器用于防盗报警、来客告知及非接触开关等红外领域。该热释电红外传感器的结构及内部电路如图 7-3-3 所示。主要由外壳、滤光片、PZT 热电元件、结型场效应管、电阻、二极管等组成。滤光片为 6 μm 多层膜干涉滤光片，设置在窗口处，这种滤光片对于太阳光和荧光灯光的短波长（约 5 μm 以下），具有高的反射率，而对 6 μm 以上的从人体发出来的红外线热源（10 μm），有高的穿透性，红外线通过窗口照射到 PZT 热电元件上，阻抗变换用的结型场效应管和电路元件放置在管底部分。热电元件选用 PZT 压电陶瓷，其居里点高，不会造成因环境温度过高而影响其输出性能。PZT 材料也适合批量生产，成本低，且可靠性高。

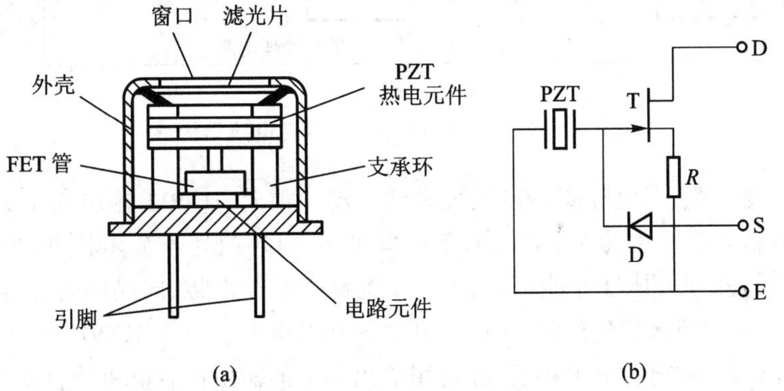

图 7-3-3 热释电红外传感器的结构及内部电路

除了探测人体使用的热释电红外传感器外，还有供测温使用的热释电红外传感器，其工作电压为 3~15 V，响应波长范围为 2~15 μm，测温范围可达-80~1 500 ℃。

3. 热释电红外探测模块及其应用

热释电红外探测模块是一个将热释电红外传感器、放大器、信号处理电路、延时电路和高低电平输出电路集成于一体的新器件。它具有灵敏度高、抗干扰能力强、耐低温（-30 ℃）及使用方便等特点，主要用来探测人体发射出的红外线能量，适用于人体移动的探测，例如自动门、干洗机、自动水龙头、防盗报警器等。

图 7-3-4 示出 HN911 红外探测模块的内部电路结构。平时，1 端输出低电平，2 端输出高电平。当有移动发热体进入监视范围时，热释电红外传感器接收到红外能量，并输出检测信号。该信号经放大器放大，由比较器进行比较判断，再由信号处理电路处理后输出控制信号。此时，输出端 1 变为高电平，输出端 2 变为低电平。在模块的外部，可接增益调节电位器，以调放大器的增益。模块内放大器具有温度补偿功能，其主要作用是当环境温度增高或背景红外辐射能量增加时，可使放大器的增益随着它们的增高而自动提升，从而保证整个电路工作的稳定性。

菲涅耳透镜是一种精密的光学系统，专门用来和热释电红外传感器配套使用，它可以将周围的红外能量聚集到传感器的窗口，以提高传感器的接收灵敏度，扩大监视范围。透镜根据不同的使用要求，设计有不同的形状和规格，一般监测距离为 10~15 m，视野角度为 84°~135°。从外形上分为平面型和半球状型两种，前者用于壁挂式，后者用于吸顶式。

自动门控制原理电路如图 7-3-5 所示。该电路采用热释电红外探测传感器模块 HN911 探测人体的移动。T_1 用做延时控制，通过调节电位器 R_p 能改变延时控制的时间。光耦合器件

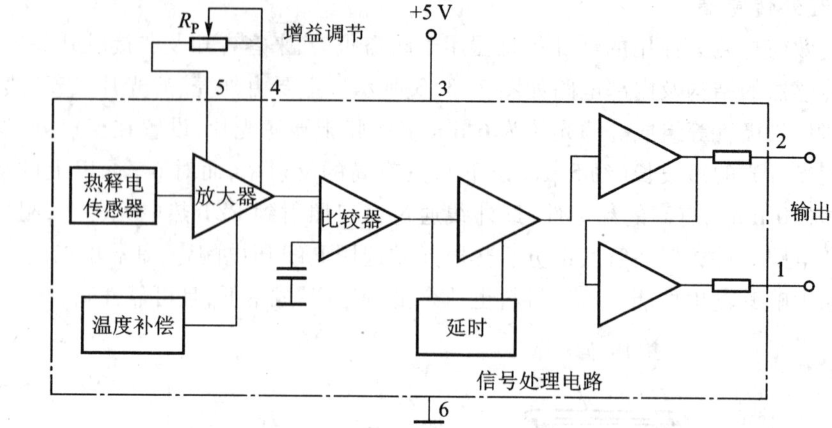

图 7-3-4　HN911 模块的内部电路结构

MOC3020 将交、直流即强、弱电隔离。当无人来到自动门前时，HN911 输出端 1 为低电平，T_1 无控制信号输出，双向晶闸管 T_2 关断，开启门的负载电机不工作，门处于关闭状态；当有人来到自动门前时，HN911 模块检知到人体红外能量，输出端 1 为高电平输出，双向晶闸管导通，负载电机工作，门被自动打开。当自动门运行到位时，由限位开关 S 切断电源。由于 HN911 模块输出端 2 所输出的电平正好与输出端 1 输出的电平相反，故可用输出端 2 的输出控制电机使自动门关闭。

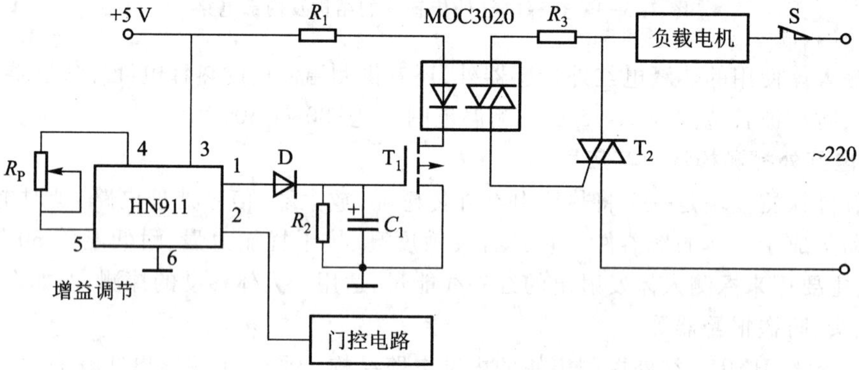

图 7-3-5　自动门控制原理电路

7.4　超声波与核辐射传感器

7.4.1　超声波传感器

1. 超声波及其性质

振动在弹性介质中的传播称为波动，简称波。频率在 $16 \sim 2\times10^4$ Hz 之间的机械波，能为人耳所闻，称为声波；低于 16 Hz 的机械波称为次声波；频率在 $2\times10^4 \sim 1\times10^8$ Hz 的机械波称为超声波，高于 10^8 Hz 的波为特超声波，如图 7-4-1 所示。

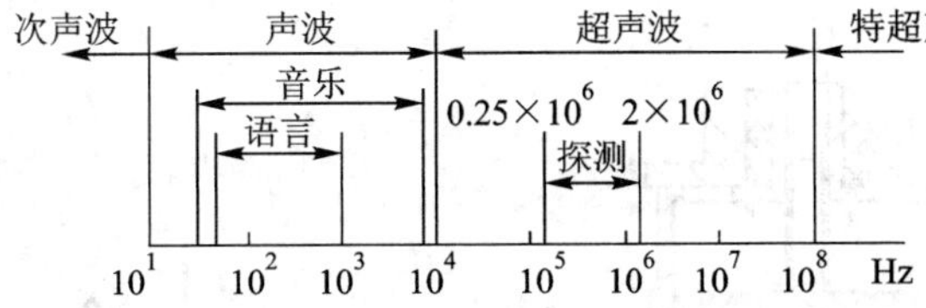

图 7-4-1　声波的频率界限

超声波同其他声波一样,其传播速度也取决于介质的密度和介质的弹性常数。(气体中的声速为 344 m/s,液体中声速在 900~1 900 m/s,在固体中,横波声速为纵波声速的一半,表面波声速约为横波声速的 90%。)当超声波从一种介质传播到另一介质时,在两介质的分界面上将发生反射和折射,当超声波倾斜入射到介质分界面上时,将产生波型转换——例如,若入射波为纵波,则除产生反射(或折射)纵波外,还同时产生反射(或折射)横波。

超声波与一般声波的主要区别,是它的振动频率高而波长短,因而具有束射特性,方向性强,可以定向传播。其能量远远大于幅值相同的一般声波,并具有很高的穿透能力。

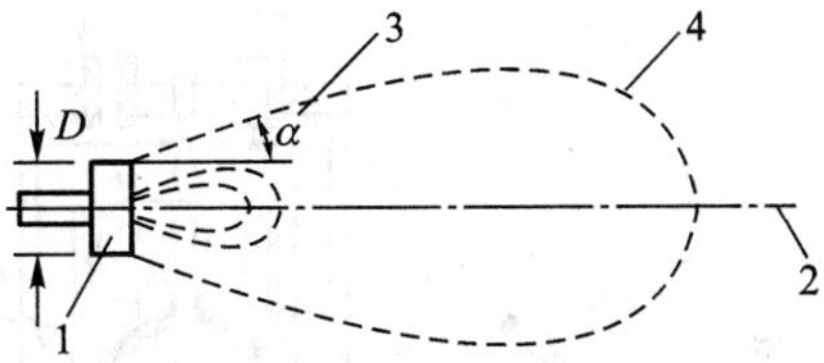

图 7-4-2　声场指向性和指向角

1—超声源;2—轴线;3—指向角;4—等强度线

如图 7-4-2 所示,超声波源 1 发出的超声波束以一定的角度逐渐向外扩散,在声束横截面的中心轴线 2 上,超声波最强,且随着扩散角度的增大而减小。指向角 α 与超声源的直径 D、超声波的频率 f、传播速度 c、波长 λ 之间的关系为

$$\sin\alpha=\frac{1.22\lambda}{D}=\frac{1.22c}{Df}$$

人耳能听到的声波的频率比超声波低得多,波长很长,指向角就非常大,所以不太适合用于检测领域。

2. 超声波传感器

为了以超声波作为检测手段,必须产生超声波和接收超声波。完成这种功能的装置就是超声波传感器,习惯上称为超声波换能器或超声波探头。

超声波探头按其工作原理可分为压电式、磁致伸缩式、电磁式等。实际使用中压电式探头最为常见。

图 7-4-3 为几种典型的压电式超声波探头结构。图 7-4-3(a)为直探头,可发射和接收纵波;图 7-4-3(b)为斜探头,可发射和接收横波;图 7-4-3(c)为双探头,一个发射,一个接收;图 7-4-3(d)为水浸探头,可浸在液体中。压电式探头主要由压电晶片、吸收块(阻尼块)、保护膜等组成。压电晶片多为圆板形,其两面镀有银层,作为导电的极板。超声波频率 f 与该压电晶片的厚度 δ 成反比

$$f=\frac{1}{2\delta}\sqrt{\frac{E_{11}}{\rho}}\tag{7-4-1}$$

式中:E_{11}——晶片沿 x 轴方向的弹性模量;

ρ——晶片的密度。

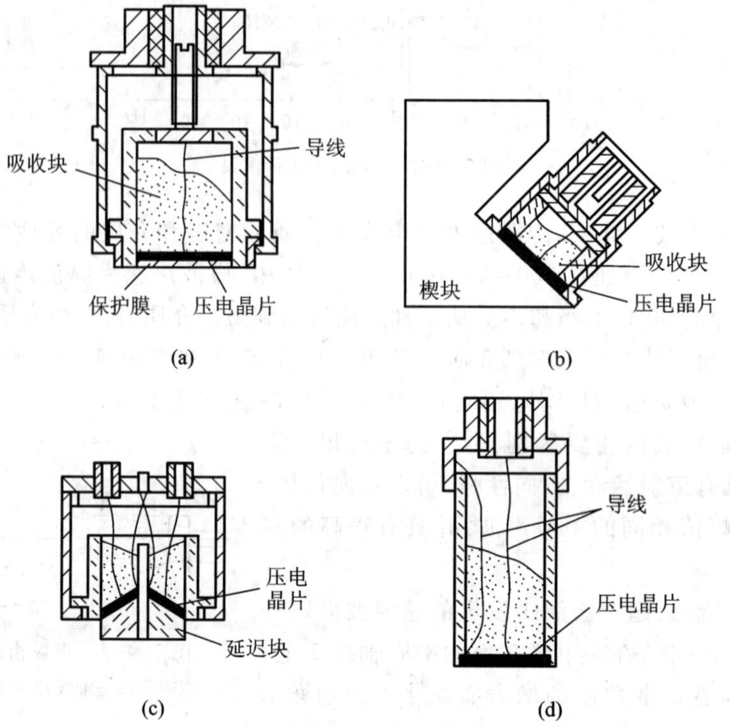

图 7-4-3　几种典型超声波探头结构

压电式超声波探头是利用压电材料的压电效应来工作的。逆压电效应将高频电振动转换成机械振动,以产生超声波。正压电效应将接收的超声振动转换成电信号。由于压电效应的可逆性,实际应用中的超声探头大多是发射与接收兼用,既能发射超声波信号又能接收发射出去的超声波的回波,并把它转换成电信号。

超声波探头中阻尼块的作用是降低晶片的品质因数,吸收声能量。如果没有阻尼块,当激励的电脉冲信号停止时,晶片还会继续振荡,这将加长超声波的脉冲发射时间,影响回波准确接收。

3. 超声检测方法

超声波在检测技术中的应用,主要是利用超声波的物理性质,通过被测介质的某些声学特性来检测一些非电参数或者进行探伤。超声检测和探伤的方法有很多,在实际工作中比较常见的有如下几种:

1）透射法

透射法是根据超声波穿透被测对象前后的能量变化,来进行测量或探伤的方法。这种方法要用两个探头,分别置于被测对象的相对两侧,一个发射超声波,一个接收超声波。所用超声波可以是超声脉冲,也可以是连续波。

2）反射法

当超声波传播到有声阻抗(声阻抗指介质密度 ρ 与声速 c 之积即 $Z=\rho c$)差异的界面时,将产生反射,两介质声阻抗差异越大,反射越强。利用这种现象来进行探伤和检测的方法,称为反射法。目前应用较多的是脉冲反射法。在应用脉冲反射法时，通常采用一个超声波探头，兼做超声波发射和接收用。

3）频率法

它是利用超声波测量流速时采用的方法，见第 10.3.6 节。

7.4.2　核辐射传感器

核辐射传感器也称核辐射检测装置，它是利用核辐射的物理特性而工作的传感器。可用来测量物质的密度、厚度、分析气体成分，探测物体内部结构等。

1. 核辐射检测的物理基础

1）放射性同位素

凡原子序数相同而原子质量不同的元素，在元素周期表中占同一位置，故称之为同位素。原子如果不是由于外来原因而自发地产生核结构变化，这种现象称为核衰变。具有核衰变性质的同位素会自动在衰变中放出射线，故称之为“放射性同位素”。其衰变规律为

$$a=a_0\mathrm{e}^{-\lambda t} \tag{7-4-2}$$

式中：a_0，a——分别为初始时与经过时间 t 后的原子核数；

λ——衰变常数。

衰变的速度取决于 λ 的量值。习惯常用与 λ 有关的半衰期 τ 来表示衰变的快慢。放射性同位素的原子核数衰减到一半所需要的时间，称为半衰期，记做 τ

$$\tau=\frac{\ln 2}{\lambda}=\frac{0.693}{\lambda} \tag{7-4-3}$$

τ 与 λ 一样是不受任何外界作用影响而且和时间无关的恒量，不同放射性元素的 τ 及 λ 是不同的，一般将半衰期 τ 作为该放射性同位素的寿命。常用的放射性同位素有 20 种左右，其中半衰期最长的达 5 720 年，最短的仅 74.7 天。

2）核辐射

放射性同位素在衰变过程中放出一种特殊的带有一定能量的粒子或射线，这种现象称为“核辐射”。放出的射线有 α、β、γ 三种射线。其中 α 射线由带正电的 α 粒子组成，β 射线由带负电的 β 粒子所组成，γ 射线由中性的光子所组成。

通常用单位时间内发生衰变的次数来表示放射性的强弱，称为放射性强度。放射性强度也是随时间按指数衰减，即

$$I=I_0\mathrm{e}^{-\lambda t} \tag{7-4-4}$$

式中，I_0，I 分别为初始时与经过时间 t 后的放射性强度，放射性强度的单位是居里（c_i），1 居里等于放射源每秒钟发生 3.7×10^{10} 次核衰变。

3）核辐射与物质间的相互作用

核辐射与物质的相互作用主要是电离、吸收和反射。

具有一定能量的带电粒子，如 α、β 粒子，它们在穿过物质时会产生电离作用，在其经过的路程上形成许多离子对。电离是带电粒子与物质相互作用的主要形式。一个粒子在每厘米路径上生成离子对的数目，称为比电离。带电粒子在物质中穿行，其能量逐渐耗尽而停止，其穿行的一段直线距离叫粒子的射程。α 粒子由于质量较大，电荷量也大，因而在物质中引起的比电离也

大，射程较短。β 粒子的能量是连续谱，质量很轻，运动速度比 α 粒子快得多，而比电离远小于同样能量的 α 粒子。γ 光子的电离能力就更小。

β 和 γ 射线比 α 射线的穿透能力强。当它们穿过物质时，由于物质的吸收作用而损失一部分能量。辐射在穿过物质层后，其能量强度按指数规律衰减，可表示为

$$I=I_0\exp(-\mu h) \tag{7-4-5}$$

式中：I_0——入射到吸收体的辐射通量的强度；

I——穿过厚度为 h（单位为 cm）的吸收层后的辐射通量强度；

μ——线性吸收系数。

实验证明，比值 $\frac{\mu}{\rho}$（ρ 是密度）几乎与吸收体的化学成分无关。这个比值叫作质量吸收系数，常用 μ_ρ 表示。此时式(7-4-5)可改写成

$$I=I_0\exp(-\mu_\rho\rho h) \tag{7-4-6}$$

设质量厚度 $x=h\rho$，则吸收公式可写成

$$I=I_0\exp(-\mu_\rho x) \tag{7-4-7}$$

这些公式是设计核辐射测量仪器的基础。

β 射线在物质中穿行时容易改变运动方向而产生散射现象，向相反方向的散射就是反射，有时称为反散射。反散射的大小与 β 粒子的能量、物质的原子序数及厚度有关。利用这一性质可以测量材料的涂层厚度。

2. 核辐射传感器

核辐射传感器主要由放射源和探测器组成。

1）放射源

利用核辐射传感器进行测量时，都要有可发射出 α、β 粒子或 γ 射线的放射源。选择放射源应尽量提高检测灵敏度和减小统计误差。为避免经常更换放射源，要求采用的同位素有较长的半衰期及合适的放射强度。因此尽管放射性同位素种类很多，但能用于测量的只有 20 种左右，最常用的有 ^{60}Co，^{137}Cs，^{241}Am 及 ^{90}Sr 等。

放射源的结构应使射线从测量方向射出，而其他方向则必须使射线的剂量尽可能小，以减小对人体的危害。β 放射源一般为圆盘状，γ 射线放射源一般为丝状、圆柱状或圆片状。图 7-4-4所示为 β 厚度计放射源容器，射线出口处装有耐辐射薄膜，以防灰尘浸入，并能防止放射源受到意外损伤而造成污染。

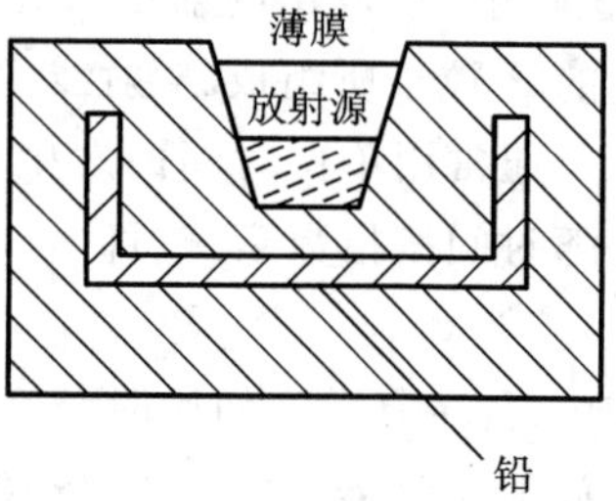

图 7-4-4 放射源容器

2）探测器

探测器就是核辐射的接收器，常用的有电离室、闪烁计数器和盖格计数管。

（1）电离室

图 7-4-5 为电离室工作原理。电离室两侧设置两块平行极板，对其加上几百伏极化电压，在极板间产生电场。当有粒子或射线射向二极板之间的空气时，空气分子被电离成正、负离子。带电离子在电场作用下形成电离电流，并在外接电阻 R 上形成电压降。测量此电压降即可得到核辐射的强度。电离室主要用于探测 α、β 粒子，它具有成本低寿命长等优点。但输出电流很

小，而且探测 α、β 粒子和 γ 射线的电离室互不通用。

（2）盖格计数管

图 7-4-6 为盖格计数管示意图。它是一个密封玻璃管，中间一条钨丝为工作阳极，在玻璃管内壁涂上一层导电物质或另放一个金属圆筒作为阴极。管内抽空后充入惰性气体并在两极间加上适当电压。

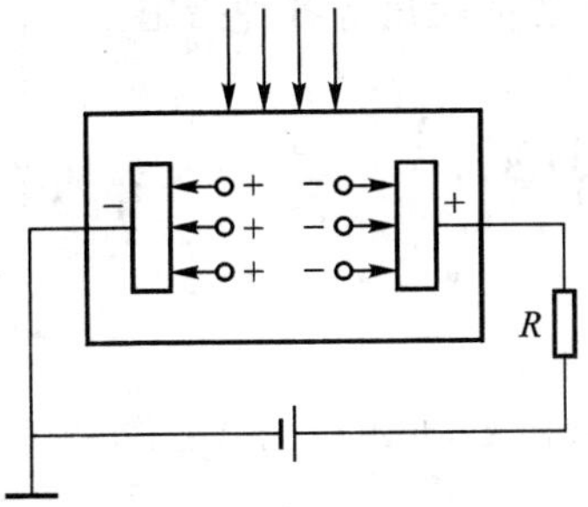

图 7-4-5　电离室工作原理

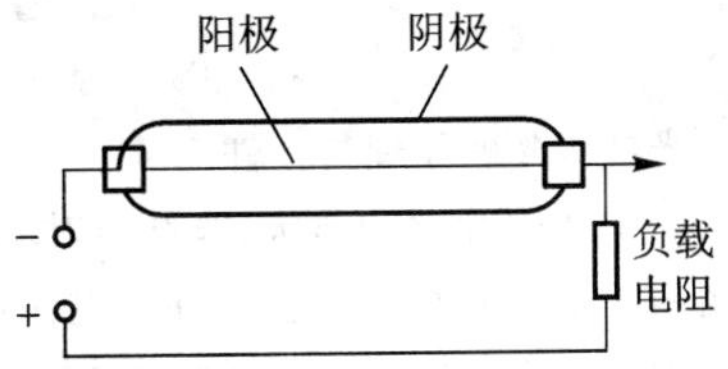

图 7-4-6　盖格计数管示意图

核辐射进入计数管后，管内气体产生电离。当负离子在电场作用下加速向阳极运动时，由于碰撞气体分子产生次级电子，次级电子又碰撞气体分子，产生新的次级电子。这样，次级电子急剧倍增，发生“雪崩”现象，使阳极放电。放电后由于雪崩产生的电子都被中和，阳极被许多正离子包围着。这些正离子被称为“正离子鞘”。正离子鞘的形成，使阳极附近电场下降，直到不再产生离子增殖，原始电离的放大过程停止。由于电场的作用正离子鞘向阴极移动，在串联电阻上产生电压脉冲，其大小决定于正离子鞘的总电荷，与初始电离无关。正离子鞘到达阴极时得到一定的动能，能从阴极打出次级电子。由于此时阳极附近的电场已恢复，次级电子又能再一次产生正离子和电压脉冲，从而形成连续放电。

在外电压相同的情况下，入射的核辐射强度越强，盖格管内产生的脉冲数越多。盖格计数管常用于探测 β 和 γ 射线的辐射量（强度）。

（3）闪烁计数器

图 7-4-7 为闪烁计数器组成示意图。闪烁晶体是一种受激发光物质，有固态、液态、气态三种和有机与无机两大类。有机闪烁晶体的特点是发光时间常数小，只有与分辨力高的光电倍增管配合时才能获得 10^{-10} s 的分辨时间，并且容易制成较大的体积，常用于探测 β 粒子。无机闪烁晶体的特点是对入射粒子的阻止本领大，发光效率高，有很高的探测效率，常用于探测 γ 射线。

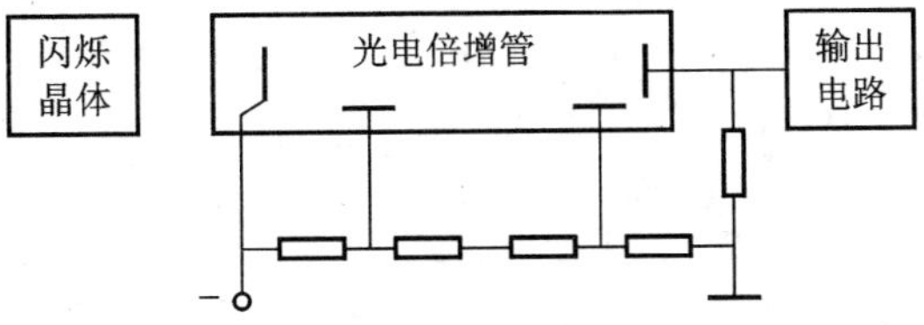

图 7-4-7　闪烁计数器示意图

当核辐射进入闪烁晶体时，晶体原子受激发光，透过晶体射到光电倍增管的光阴极上，根据光电效应在光阴极上产生的光电子在光电倍增管中倍增,在阳极上形成电流脉冲,即可用仪器指示或记录。

3）核辐射的防护

放射性辐射过度地照射人体,能够引起多种放射性疾病。我国规定:安全剂量为0.05伦琴/日,0.3伦琴/周。因此在实际工作中要采取各种方式来减小射线的照射强度和照射时间。如采用屏蔽层,利用辅助工具,或是增加与辐射源的距离等各种措施。

思考题与习题

7-1 试说明光纤传光的原理与条件。

7-2 为什么图7-1-7中受力越大,光纤出射端输出的光强度越小?

7-3 试说明图7-2-6中16个光敏元的“电荷包”产生、转移及移出过程,并指明移出顺序。

7-4 红外探测器有哪两种类型?二者有何区别?

7-5 压电式超声波探头的工作原理是什么?

7-6 超声波检测有哪些方法?

7-7 核辐射传感器由哪些部分组成?怎样防护核辐射?

第 8 章　几何量的电测法

8.1　位移的电测法

8.1.1　位移电测法的分类

位移就是位置的移动。在几何学中,物体(或质点)的位置通常用其在选定的参照物坐标系上所处的坐标来描述。物体(或质点)做直线运动时的位移称为线位移,作转动时的位移称为角位移。

由于物体的位移总是相对于某一固定不动的运动参照点而言的,所以用于测量位移的传感器或敏感器必须包括与被测运动物体相连(或相对静止)的可动部分和与运动参照点相连(或相对静止)的固定部分,而且该传感器(或敏感器)的输出量必须是其可动部分与固定部分间距的单值函数。

电位器式传感器、自感式传感器、互感式传感器(差动变压器传感器)、电涡流式传感器、电容式传感器、感应同步器、光栅、增量编码器、直接编码器以及振弦式传感器等结构型传感器都是可直接用于位移测量的传感器。因为这些传感器的组成结构中,都包含有可动部分(如电位器的滑臂,电感式传感器中的活动衔铁,涡流式传感器中的金属板,电容式传感器中的活动极板等),而且其输出电量都是其可动部分位移的单值函数。所以采用这些传感器都可直接实现位移的电测量。由于对其中每种传感器测量位移的原理在前面都分别进行过介绍,故本节不再重复。

前面介绍过的应变式传感器、霍尔传感器、光电式传感器等物性型传感器只能分别直接用于测量应变、磁场强度和光通量等,而且传感器结构中也不包括可动部分,因此都不能直接用于测量位移,需要为它们配置适当的敏感器,将位移量转换为这些传感器的敏感量,为此,所用敏感器中必须包括可动部分和固定部分。上列传感器在配上相应的敏感器后,可组成间接式的位移传感器。

从数学上讲,速度是位移对时间的导数,反之,位移是速度对时间的积分。因此在速度传感器后配置积分器也可构成位移电测装置,如图 4-1-3 所示。

空间两点间距离的大小称为长度。两条相交射线所夹成的平面的大小称为角度,各种线位移传感器一般都可以测量长度。各种角位移传感器也一般都可以测量角度。因此本书把长度、角度测量都归于位移测量一类。

下面主要介绍由敏感器和传感器组成的间接式位移电测装置即位移的间接电测法。

8.1.2　位移的间接电测法

1. 采用应变片

采用应变片测量位移有如下几种方法:

图 8-1-1 为悬臂梁和应变片组成的位移电测装置。悬臂梁一端固定,另一端为可动端且与位移测量头相连,应变片粘贴在固定端附近。由材料力学可知,当被测对象使变截面(等强度)悬臂梁的可动端向下位移 δ(δ 又称为悬臂梁的挠度)时,梁的上表面发生拉伸变形,同时梁的下表面发生压缩变形,上下表面各相对点应变大小相等,符号相反,即

$$\varepsilon_1=-\varepsilon_2=\frac{h}{l^2}\delta \tag{8-1-1}$$

若在梁的上表面对称轴线上,通过黏接剂贴有电阻应变片 R_1,在下表面的对应位置上也贴有电阻应变片 R_2。则梁的上下表面的变形通过黏接剂传递到电阻应变片,使梁的上下表面粘贴的电阻应变片电阻分别增大和减小,即

$$\frac{\Delta R_1}{R_1}=-\frac{\Delta R_2}{R_2}=k\varepsilon_1=k\,\frac{h}{l^2}\delta$$

若把两工作应变片接入电桥相邻两臂,其余两臂接平衡电阻,电路如图 3-1-12(c)所示。将上式和 $\Delta R_3=\Delta R_4=0$ 代入式(3-1-43)可得,电桥输出电压为

$$U_0=\frac{kE}{2}\,\frac{h}{l^2}\delta \tag{8-1-2}$$

式中:k——应变片灵敏系数;

l——等强度悬臂梁的长度;

h——等强度悬臂梁的厚度。

由式(8-1-2)可见,等强度悬臂梁的可动端位移(挠度)δ 通过应变电桥转换为电压,该电压由指示仪表显示,即可检测等强度悬臂梁的可动端位移 δ。

图 8-1-1 所示结构虽然简单,但体积大量程小安装使用也不方便。为了减少体积,扩大量程,可采用楔形块与悬臂梁配合组成大位移电测装置,如图 8-1-2 所示。这种结构形式的位移量程可达几十毫米甚至更大。

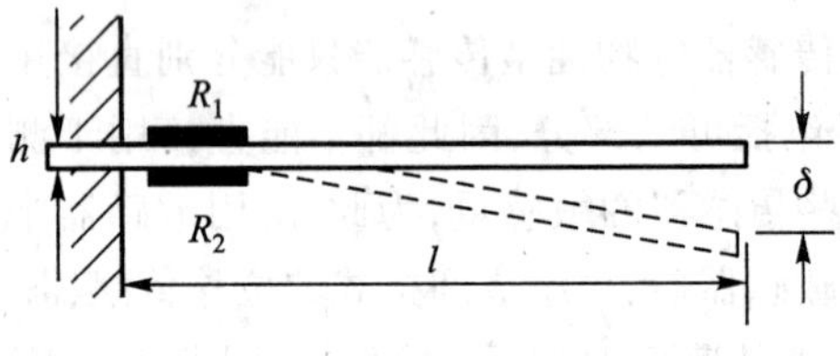

图 8-1-1 悬臂梁式

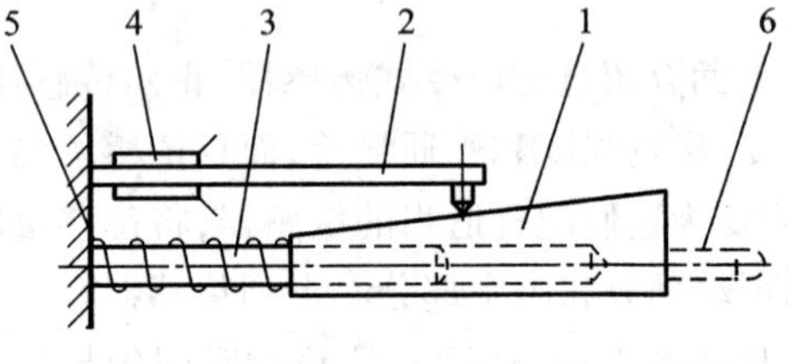

图 8-1-2 大量程位移传感器结构示意图

1—楔形块;2—悬臂梁;3—导向轴;4—应变片;5—弹簧;6—测头

图 8-1-3 为国产 YW 系列应变式位移传感器结构。它采用了悬臂梁-螺旋弹簧串联的组合结构,因此适用于较大位移测量。由图可见,拉伸弹簧 3 的一端与悬臂梁 2 可动端相连,另一端与测量杆 5 相连,测量杆顶端的测量头 1 与被测件相接触,当测量杆随被测件产生位移 d 时,它带动弹簧使悬臂梁可动端位移,从而使悬臂梁固定端处粘贴的应变片电阻变化,由材料力学可知,位移量 d 与贴片处应变 ε 之间呈线性关系

$$d=c\varepsilon \tag{8-1-3}$$

式中,比例系数 c 是与悬臂梁和弹簧的尺寸及材料特性有关的常数。目前国内生产的这种结构

的应变式位移传感器有量程 10 mm(YWB-10 型)和 100 mm(YWB-100 型)两种。

应变式角位移传感器的工作原理如图 8-1-4 所示。螺旋轴将转动角 θ 转换为悬臂梁可动端(即悬臂梁与螺旋轴接触处)的位移 δ(即悬臂梁挠度),螺旋轴形状设计成使 δ 与 θ 保持线性关系

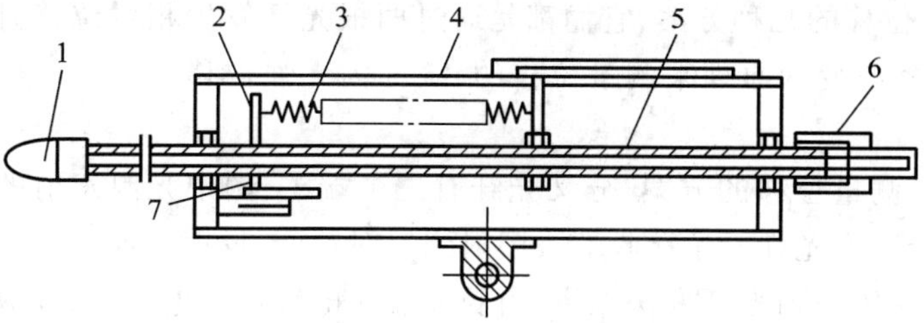

图 8-1-3 悬臂梁和弹簧组合式

1—测量头;2—弹性元件;3—弹簧;4—外壳;
5—测量杆;6—调整螺母;7—应变片

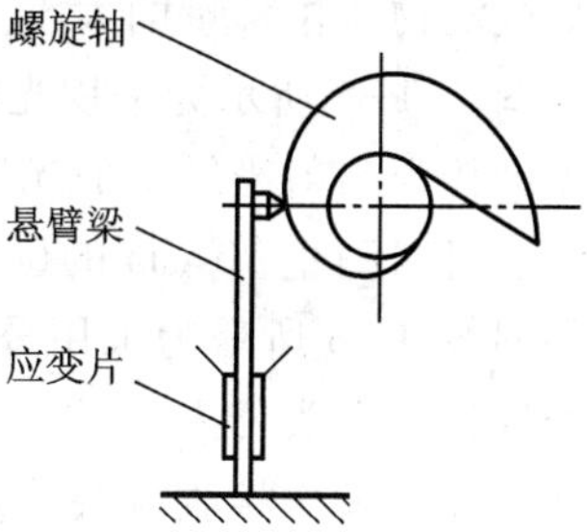

图 8-1-4 应变式角位移传感器

$$\delta = c\theta \tag{8-1-4}$$

悬臂梁将位移 δ 转换成应变 ε,应变片将应变 ε 转换成电阻变化,将式(8-1-4)代入式(8-1-2)得

$$U_0 = \frac{kE}{2}\frac{hc}{l^2}\theta \tag{8-1-5}$$

由式(8-1-5)可见,输出电压与角位移呈线性关系。

应变式角位移传感器的特点是动态范围宽。该传感器稍加改进还可检测倾斜角。

2. 采用霍尔元件

采用霍尔元件测量位移通常是建立一个如图 4-5-6(b)所示的梯度磁场,使磁感应强度沿某一坐标轴(设为 x 轴)成线性变化,即

$$B = cx \tag{8-1-6}$$

让被测量使霍尔元件沿该坐标轴在梯度磁场中移动,据式(4-5-11)和图 4-5-6 可知。霍尔元件的霍尔电动势将与霍尔元件的位移成正比。

上述方法只能测量±0.5 mm 的小位移。为采用霍尔元件测量大位移,可采用图 8-1-5 所示的方案。在非磁性材料制作的安装板上,等间距安装小磁钢,每个小磁钢的磁极方向如图8-1-5所示。霍尔元件通过用非磁性材料制作的过渡安装块、连杆与被测物体相连。被测物体沿箭头所示方向运动时,霍尔元件依次通过每个磁钢,每经过一个小磁钢,霍尔元件就给出一个电压脉冲信号。利用计数器计取脉冲数即可换算成被测物体的位移。这种方案的分辨力等于每个小磁钢的间距,测量精度直接与每个小磁钢之间的间距细分精度有关。图 8-1-5 中的霍尔元件应接入图 4-5-4(b)所示的开关型的霍尔元件输出电路或采用图 5-2-3 霍尔开关集成

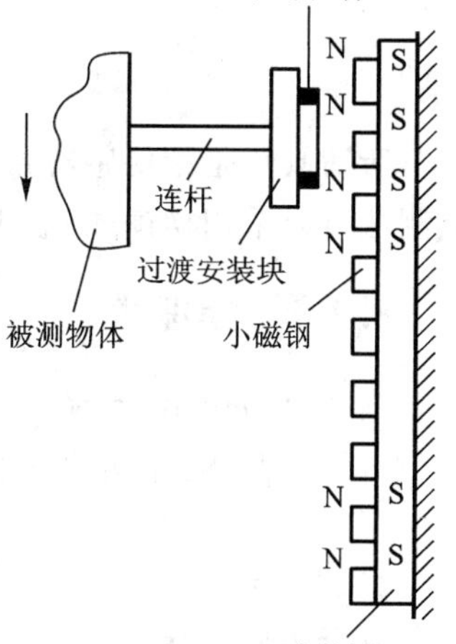

图 8-1-5 大位移霍尔位移传感器原理图

电路。

3. 采用光电器件或光纤

图4-4-19所示为采用光电器件测量位移的一种方法,置于光路上的被测物体位移时,遮挡掉一部分光线,未被遮挡的光线则被光电器件接收转换为电信号。从接收到的光电信号的强弱可知被测物体位移量的大小。

图7-1-5所示为采用光纤测量位移的几种方案,它们都是通过两根光纤发生相对位移时入射光纤传入出射光纤中的光通量发生改变的原理来测量位移的,统称为光强位移调制。这种调制方法可以测量10 μm的位移。

图8-1-6所示为采用分叉光纤测量位移的方案,分叉光纤有三个端头,图中光源发射的光从光纤接收端头传入光纤,经光纤传输到光纤发送接收端头照射到反射镜面,反射镜面反射回的光又从光纤发送接收端头传入光纤并传输到光纤发送端头,由受光器光电转换为电信号,经放大器放大后输出。只要光源发出的光强恒定,光源及受光器与光纤端头的距离都保持不变,则输出的电信号 U_0 只是 δ(光纤端头与反射镜面之间的距离即反射镜面位移)的单值函数,如图8-1-7所示。由图可见,输出电信号 U_0 与反射镜面位移 δ 的关系在 AB 和 CD 段均为近似线性关系。AB 段灵敏度较高,CD 段测量范围稍宽,这两段均可使用。

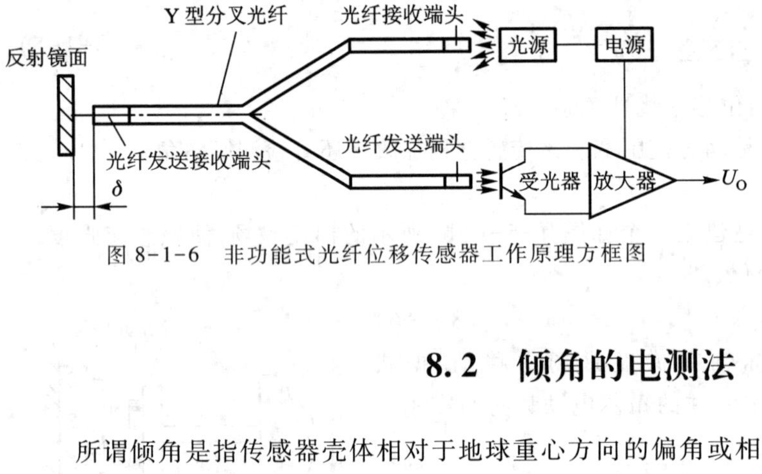

图8-1-6 非功能式光纤位移传感器工作原理方框图

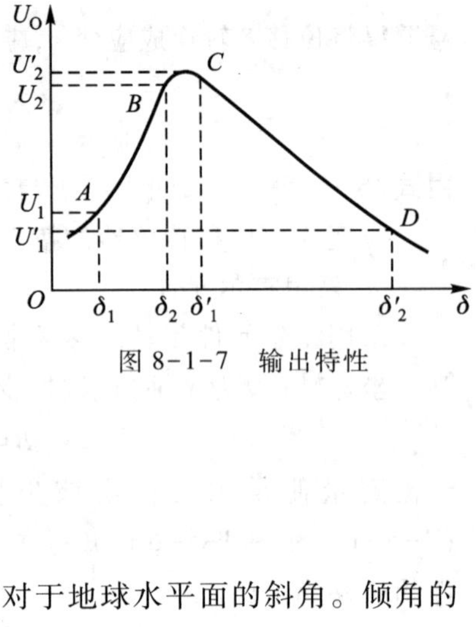

图8-1-7 输出特性

8.2 倾角的电测法

所谓倾角是指传感器壳体相对于地球重心方向的偏角或相对于地球水平面的斜角。倾角的电测法可以采用摆锤式、液体摆式、气体摆式,三种方式分述如下。

8.2.1 摆锤式

由于重力作用,下端悬挂有重物的摆锤总是力图保持铅垂方向,当传感器壳体随被测物倾斜时,摆锤将相对壳体摆动一个角度。因此摆锤与某些传感器组合即可构成倾角传感器,下面举几个例子。

1. 应变式

其结构原理如图8-2-1所示。图中应变梁下端连有摆锤,构成悬挂式摆。应变梁两侧表面贴有四片应变片组成全桥。应变梁周围灌满硅油,形成阻尼使摆易于稳定。为了防水,在电缆引出端充满防水绝缘胶进行密封,应变梁的形状如图8-2-1(b)所示。当传感器倾斜 α 角时,应变

梁的应变 ε 为

$$\varepsilon=\frac{3W\sin\alpha}{Eh^{2}\tan\dfrac{\beta}{2}} \tag{8-2-1}$$

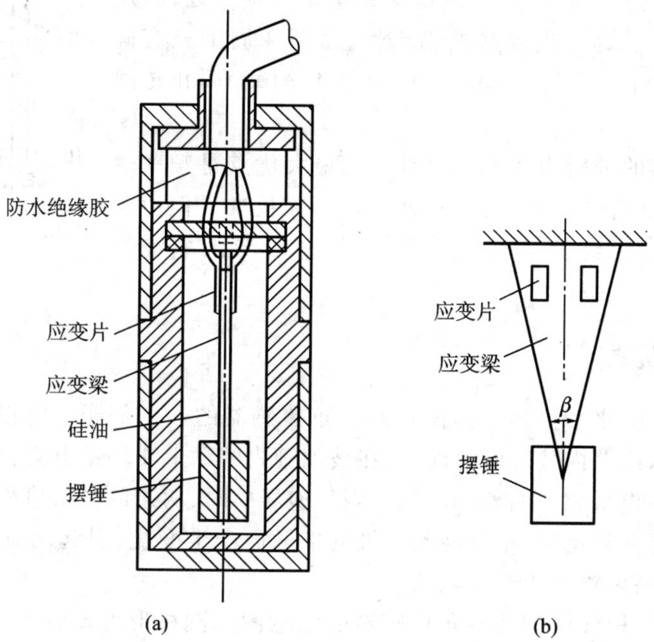

图 8-2-1　应变式倾斜角传感器

式中：E——梁材料的弹性模量；

h——梁的厚度；

β——梁的夹角[图 8-2-1(b)]；

W——摆锤重量。

可见，悬挂摆锤的应变梁是一个将被测非电量 α 转换为可用非电量 ε 的敏感器。

2. 位移式

由于摆锤摆动某一角度时，摆锤下端也相应产生一个位移，因此位移传感器与摆锤相组合，就能构成倾角传感器。图 8-2-2 所示就是一个实例。在传感器壳体中悬挂一个摆锤，电位器固定在壳体上，其电刷与摆锤相连，电位器 R 的电阻体为圆弧形，圆弧半径等于摆锤的摆长。电位器 R 电刷触点两边的电阻与控制盒内的精密多圈电位器 R_P 构成惠斯通电桥。倾角 $\alpha=0$ 时调整多圈电位器 R_P 使电桥平衡，与电位器相连的仪表读数便与倾角 α 成正比。

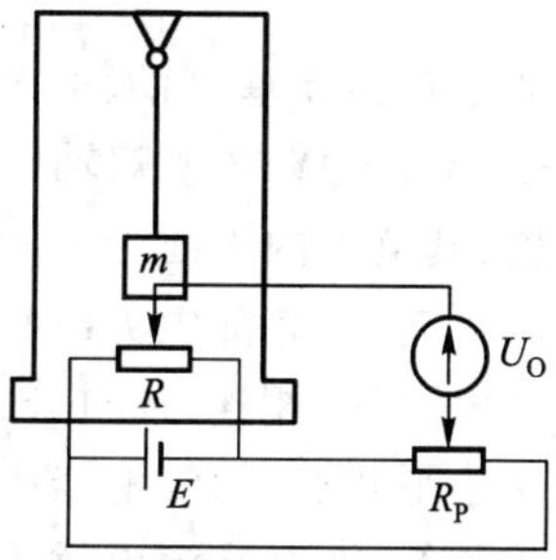

图 8-2-2　电位器式倾角传感器

同理，利用差动电感、差动电容、差动变压器也可与摆锤组成倾角传感器。

3. 振弦式

图 8-2-3 所示是一种振弦式倾角传感器。图中 1 是外壳，杆 2 垂直悬挂在簧片支承 3 上，摆锤 4 固定在杆 2 上，形成悬挂式摆。正好位于悬挂支点处的杠杆短臂 6 与杆 2 垂直相连，振弦 7 上端固定在短臂 6 上，下端与壁 8 相连。电磁铁 9 置于振弦 7 附近，激发其振动并输出电信号。为了提高摆的稳定性，摆锤 4 周围充有硅油阻尼液 5。调节螺钉 10 用于在运输过程中制动摆锤而防止传感器损坏。

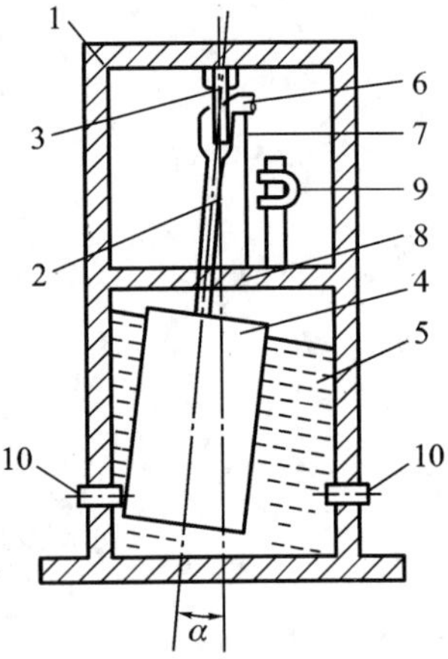

图 8-2-3 振弦式倾斜角传感器

这种倾角传感器的分辨力为 0.3 角秒。其最大优点是频率输出易与计算机配合，而且性能稳定，能长期使用不需校准。但由于频率 f 与张力 T 成抛物线关系，在要求高的场合应考虑非线性校正。

8.2.2 液体摆式

电解液气泡式电子水平仪是液体摆式倾斜角传感器的一个例子。电极水准器如图 8-2-4 所示。在普通管状水准器内装以电解液，并在玻璃管内壁贴上 4 块铂电极，左右两对电极间电解液电阻组成差动交流电桥相邻两臂的电阻。当气泡居中时，两边的电阻值相等，电桥处于平衡状态。当气泡向任一方向移动时，电解液与电极的接触面产生变化，引起两对电极间电阻变化，致使电桥失去平衡，电桥两端产生输出电压。

图 8-2-5 是另一种液体摆式倾角传感器的示意图。圆柱形玻璃管 5 内装有 3 根垂直通过管轴线的铂电极。工作时由于电极浸入导电液 4 的深度发生变化而引起的电极间电阻的变化，从而导致电桥的不平衡。

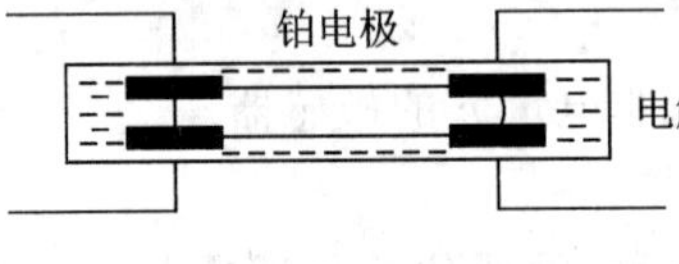

图 8-2-4 电极水准器

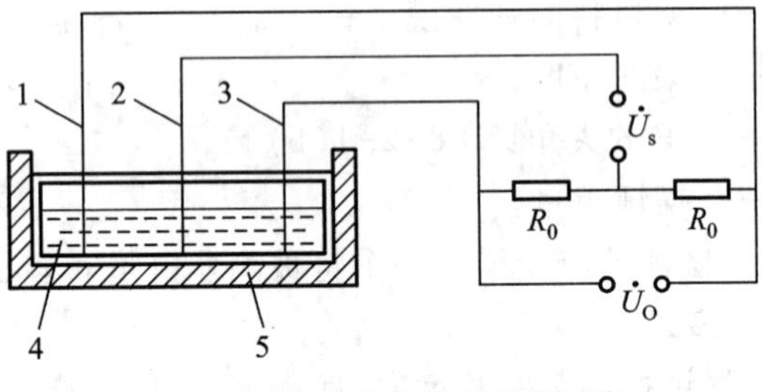

图 8-2-5 液体摆式倾角传感器

如果在相互垂直的两个方向上应用上述传感器的原理，就可以构成双轴倾斜角传感器。图 8-2-6为 SQY-3 型双轴电子倾角传感器的原理及其测量电路方框图。该传感器是一个圆形水准器，其上盖内表面为上凹球面，上面精密地镀有 4 条正交铂电极。水准器内充有导电液体，并留有一气泡，底部中央镀有一个圆形铂电极由一空心铂管引出作为公共电极。4 个电极分别与精密电阻 R_B 相连，通过公共电极组成 2 个交流电阻电桥。电桥电源电压由振荡器提供。传感器处于水平状态时，气泡居中 ，导电液覆盖 4 条正交电极的面积相等，4 个电极与公共电极间的电阻均相等，两个交流电桥均平衡。传感器倾斜时，气泡移动，一个或两个电桥失去平衡，输出正比于倾角变化的电压信号 $\dot{U}_x$ 和 $\dot{U}_y$，经放大、解调，滤波后送至记录仪，即可获得倾角的大小和方位。该传感器的测量范围为±8′；分辨力为 $10^{-7} \sim 10^{-8}$ 弧度，电桥电源为 6 V，电源频率为2～10 kHz。

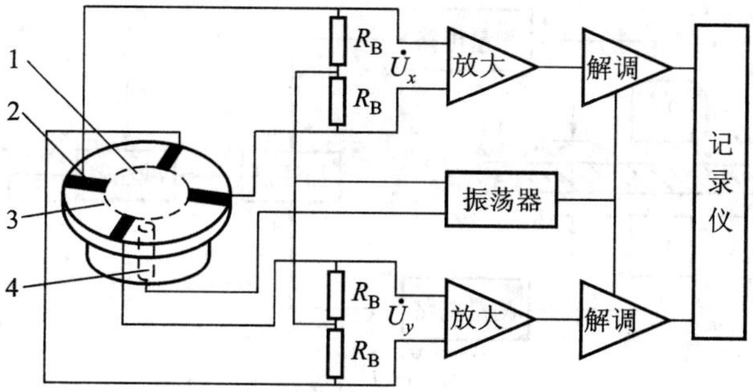

图 8-2-6 双轴倾斜角传感器方框图

1—圆气泡；2—铂电极（正交电极）；3—导电液；4—公共电极

8.2.3 气体摆式

气体摆式倾角传感器的工作原理如图 8-2-7 所示。传感器壳体平行于水平面时，密封盒内两几何对称的热敏电阻丝 R_1 和 R_2 所产生的热气流均垂直向上，二者互不影响，电桥平衡，输出为零。若传感器壳体相对于地球重心方向产生倾角 θ，由于重力作用，两个热敏电阻产生的热气流仍保持在铅垂方向，但两束热气流对彼此的热源（R_1 和 R_2）产生作用。若倾角 θ 为正，R_2 产生的热气流作用到 R_1 上，电桥失去平衡，输出跟 θ 大小成正比的正模拟电压；若倾角 θ 为负，R_1 产生的热气流作用到 R_2 上，电桥失去平衡，输出跟 θ 大小成正比的负模拟电压。

这种传感器可用于坦克、舰船和机器人的姿态参考系统，它有动态范围宽、响应快、精度高、寿命长、成本低等优点。

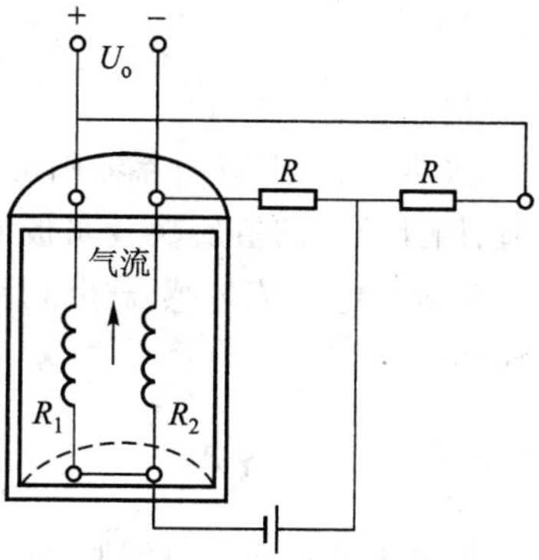

图 8-2-7 气体摆式倾角传感器

8.3 厚度的电测法

两平行面间垂直距离的大小称为厚度。厚度的测量方法大致可以分为两大类：光学方法和非光学方法。前者适用于超薄薄膜的厚度测量。后者适用于较厚的薄层和板材的厚度测量。本节只介绍非光学方法。

一般来说，前面介绍的各种位移传感器都可以用来测量厚度，只要设法使位移传感器的固定部分和可动部分之间的距离等于或正比于所测厚度即可。为了节省篇幅，本节不一一举例，只举出以下几个例子。

8.3.1 电涡流式

图 3-3-16 介绍了透射式涡流传感器测量厚度的原理，反射式涡流传感器测量厚度的原理

如图 8-3-1 所示。在图 8-3-1 中，待测金属板的上、下方各安装一个传感器，两者之间距离为固定值 D。它们与待测金属板上下表面的距离分别为 d_1 和 d_2，显然金属板的厚度为

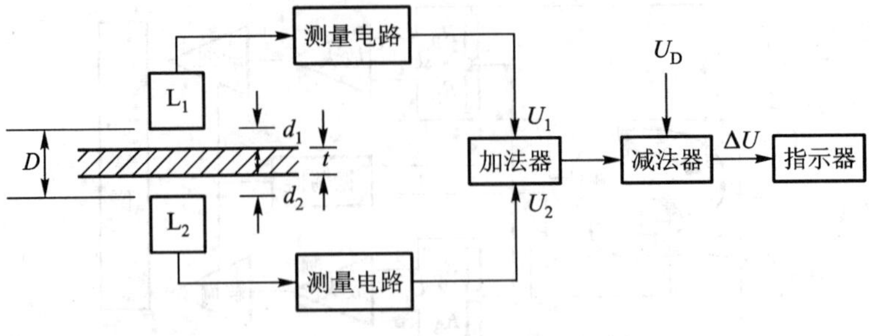

图 8-3-1　反射式电涡流测厚原理

$$t=D-(d_1+d_2) \tag{8-3-1}$$

为简化起见，假设测量电路输出电压与传感器距金属板表面距离呈线性关系，即

$$\left.\begin{aligned}U_1&=Kd_1\\U_2&=Kd_2\end{aligned}\right\} \tag{8-3-2}$$

则有

$$U_1+U_2=K(d_1+d_2)=KD-Kt$$

若使

$$U_D=KD$$

则有

$$\Delta U=U_D-(U_1+U_2)=Kt \tag{8-3-3}$$

可见，图 8-3-1 中减法器输出电压 ΔU 只与金属板厚度 t 成正比，金属板上下移动并不影响 ΔU 的值，因此 ΔU 的值反映金属板的厚度 t。

反射式电涡流传感器还常用来测量金属材料的镀层厚度，绝缘材料的导电镀层厚度及绝缘材料的厚度。

8.3.2　电容式

非金属材料如有机薄膜、纸张等在生产过程中需要检测其厚度。图 8-3-2(a)是采用变间隙式电容传感器检测绝缘材料薄膜厚度的结构原理图。图中 2 为固定电极，1 为活动电极，由弹簧 3 支承使之始终与被测薄膜 4 贴合。薄膜厚度的变化转换成电容的变化而被检测出来。

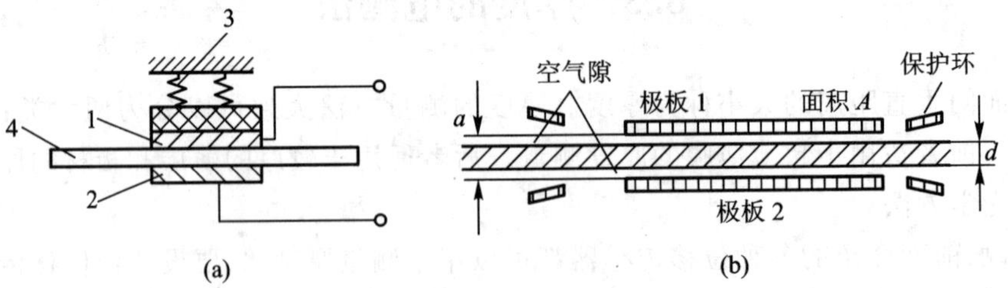

图 8-3-2　电容式绝缘薄膜或板材厚度测量原理

图 8-3-2(b)为采用变介质式电容传感器测量板材或薄膜厚度变化的结构原理图。设电容的极板面积为 A，固定间隙 a，绝缘薄膜或板材的厚度为 d、相对介电常数为 ε_r，空气的介电常数为 ε_0，电容传感器的电容据式(3-2-2)为

$$C=\frac{A}{\frac{a-d}{\varepsilon_0}+\frac{d}{\varepsilon_0\varepsilon_r}}=\frac{\varepsilon_0 A}{a-d+\frac{d}{\varepsilon_r}}=\frac{\varepsilon_0 A}{a-\frac{\varepsilon_r-1}{\varepsilon_r}\times d} \tag{8-3-4}$$

极板间薄片厚度的变化将引起电容的变化，将 $d=d_0+\Delta d$ 代入式(8-3-4)得

$$C=\frac{\varepsilon_0 A}{a-\frac{\varepsilon_r-1}{\varepsilon_r}(d_0+\Delta d)}=\frac{C_0}{1-n\frac{\Delta d}{d_0}} \tag{8-3-5}$$

式中

$$C_0=\frac{\varepsilon_0 A}{a-d_0+\frac{d_0}{\varepsilon_r}} \tag{8-3-6}$$

$$n=\frac{\varepsilon_r-1}{1+\frac{\varepsilon_r(a-d_0)}{d_0}} \tag{8-3-7}$$

如果将图 8-3-2(b)所示电容式厚度传感器接入图 3-2-6(a)中 C_x，将式(8-3-5)代入式(3-2-18)，可得，图 3-2-6(a)所示电路的输出电压为

$$\dot{U}_o=-\dot{U}_i\left(1-n\frac{\Delta d}{d_0}\right) \tag{8-3-8}$$

由上式可见，输出电压与厚度的相对变化呈线性关系。

图 8-3-2 适合于测量绝缘板材的厚度，导电的金属板材的厚度可用图 8-3-3 所示的另一种电容式测厚仪进行测量。在被测金属板材的上、下两侧各置一块面积相等、与板材距离相等的极板，这样极板与板材就构成了两个电容 C_1 和 C_2。把两块极板用导线连成一个电极，而板材就是电容的另一个电极，其总电容 $C_x=C_1+C_2$，电容 C_x 与固定电容 C_0、变压器的二次侧 L_1 和 L_2 构成电桥。音频信号发生器提供变压器一次侧信号，经耦合作为交流电桥的供电电源。

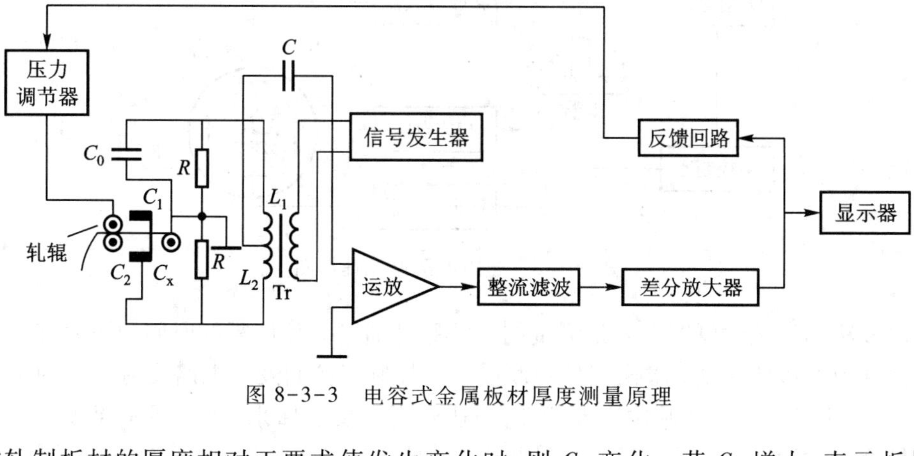

图 8-3-3 电容式金属板材厚度测量原理

当被轧制板材的厚度相对于要求值发生变化时，则 C_x 变化。若 C_x 增大，表示板材厚度变厚；反之，板材变薄。此时电桥输出信号也将发生变化，变化量经耦合电容 C 输出给运算放大器放大整流和滤波；再经差分放大器放大后，一方面由显示仪表读出该时刻的板材厚度，另一方面

通过反馈回路将偏差信号传送给压力调节装置,调节轧辊与板材间的距离,经过不断调节,使板材厚度控制在一定误差范围内。

8.3.3 核辐射式和超声波式

1. 核辐射测厚

图8-3-4所示为核辐射厚度计方框图。放射源在容器内以一定的立体角放出射线,其强度在设计时已选定。当射线穿过被测体后,辐射强度被探测器接收。在β辐射厚度计中,探测器常用电离室,根据图7-4-5所示电离室的工作原理,这时电离室就输出一电流,其大小与进入电离室的辐射强度成正比。由式(7-4-7)可知,从测得的 I 值可获得质量厚度 x,由式(7-4-6)可知,也就可得到厚度 h 的大小。在实际的β辐射厚度计中,常用已知厚度 h 的标准片对仪器进行标定,在测量时,可根据校正曲线指示出被测体的厚度。

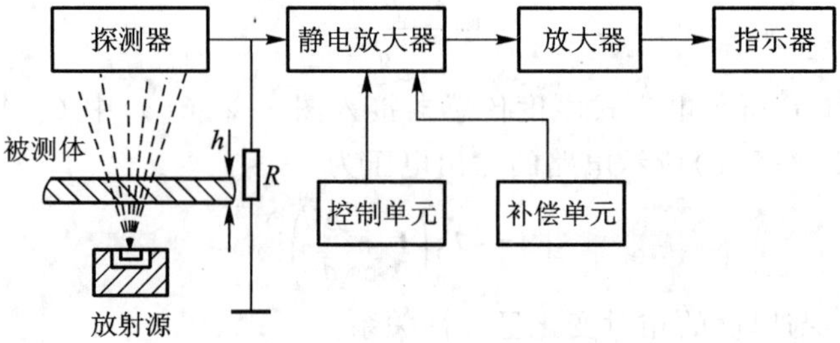

图8-3-4 核辐射厚度计原理方框图

2. 超声波测厚

超声波测厚原理主要有脉冲回波法、共振法、干涉法等几种。应用较为广泛的是脉冲回波法,其原理框图如图8-3-5所示。

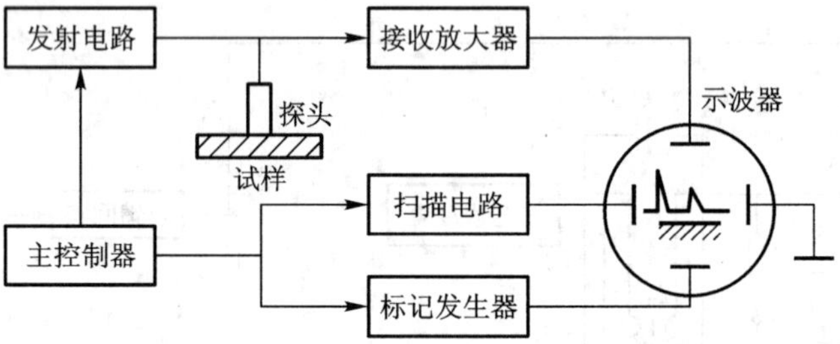

图8-3-5 超声波测厚原理框图

脉冲回波法测量试件厚度主要是测量超声波脉冲通过试件所需的时间间隔 t,然后根据超声波脉冲在试件中的传播速度 c 求出试件的厚度。主控制器控制发射电路发射一定的重复频率脉冲信号,激发探头发射超声波脉冲进入试件,到达底面后反射回来,并由同一探头接收。接收到的脉冲信号经放大器加至示波器垂直偏转板上;同时标记发生器输出一定时间间隔的标记脉冲信号也加在示波器的垂直偏转板上。扫描电压加到示波器的水平偏转板上,这样,在示波器荧光屏上可以直接观察到发射的脉冲和接收的回波脉冲信号。根据横轴上的标记信号可以测出从发射到接收的时间间隔 t,然后,试件厚度 h 用下式求出

$$h=\frac{ct}{2}$$

标记信号一般是可调的,可根据测量要求选择。如果预先用标准试件进行校正,可以根据荧光屏上发射与接收的两个脉冲间的标记信号直接读出厚度值。

例如,CCH-J-1 型半导体超声波测厚仪就是采用上述原理研制的直读式钢材测厚装置。

8.4　物(液)位的电测法

物位是容器中液体物料的液位、粉状或颗粒状固体物料的料位及两种介质相界面位置的总称。物位测量在很多工业生产过程中占有重要地位。

8.4.1　超声波法

超声波液位计是利用回声测距的原理进行的。由于超声波可在气、液、固三种介质中传播,所以超声波物位计又分为气介式、液介式及固介式三类。常用的是前两种,它们的几种测量原理如图 8-4-1 所示。图 8-4-1(a)为液介式单探头形式、图 8-4-1(c)为气介式单探头形式,探头起着发射和接收双重任务。图 8-4-1(b)为液介式双探头形式、图 8-4-1(d)为气介式双探头形式,其中一个探头起发射作用,另一个探头则起着接收作用。

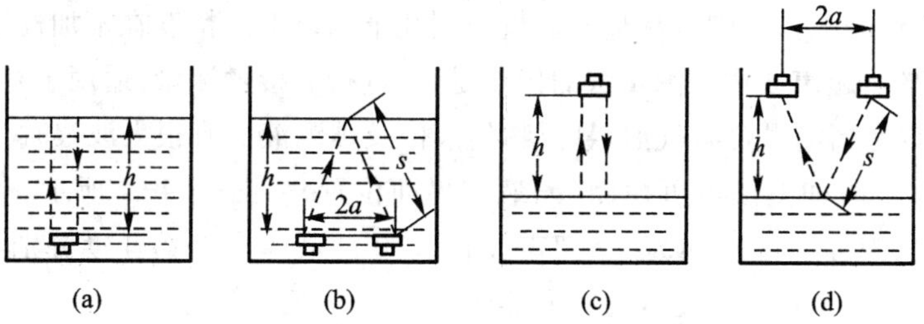

图 8-4-1　超声波液位计的几种测量原理

液介式的探头既可以安装在液面底部,也可以安装在容器底的外部。以图 8-4-1(a)为例,设被测液面的高度为 h,超声波在该介质中的传播速度为 c,超声波从单探头发出到液面,经液面反射到探头位置,共需时间为 t,则 h 可以表示为

$$h=\frac{ct}{2} \tag{8-4-1}$$

图 8-4-1(c)的工作原理同图 8-4-1(a)一样。不同的地方是,图 8-4-1(c)中的探头置于液面的上方,以空气作为介质。位移高度 h 仍然以式(8-4-1)表示,但式中 c 则为超声波在空气介质中的传播速度。

对于图 8-4-1(b)、(d)两种双探头形式来说,由于声波经过介质的路程为 $2s$,而

$$s=\frac{ct}{2} \tag{8-4-2}$$

因此,被测液面高度 h 为

$$h=\sqrt{s^2-a^2} \tag{8-4-3}$$

式中，a 为两探头之间的距离的一半。

由式(8-4-1)可知，为了准确地测量液位高度 h，应精确测定超声波在待测介质中的速度 c，工程应用上常采用声速校正具，其具体结构如图 8-4-2 所示。它是在传声介质中取相距 s_0 固定距离的两端安装一个探头——反射板组成测量装置。对液介式液位计而言，校正具应安装在液体介质最底处以避免水面反射声波的影响，同理对气介式液位计而言，校正具应放在容器顶端的空气中。如果超声脉冲从探头发射经 t_0 时间后返回探头，共走过 $2s_0$ 距离，则得实际声速为

$$c=\frac{2s_0}{t_0} \tag{8-4-4}$$

将式(8-4-4)代入式(8-4-1)中，则可得

$$h=\frac{s_0 t}{t_0} \tag{8-4-5}$$

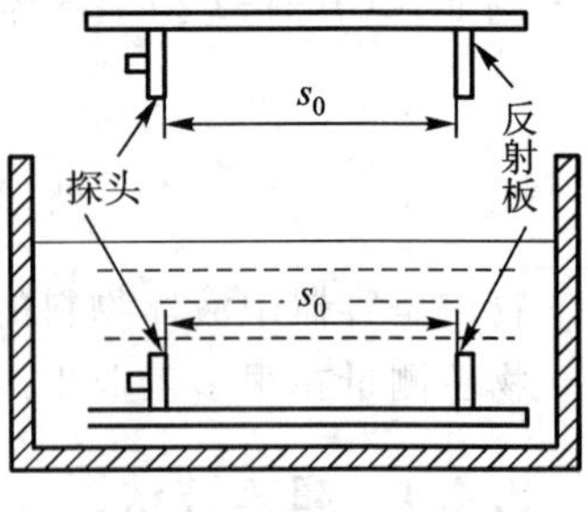

图 8-4-2　声速校正具

由式(8-4-5)可见，测液位高 h 则变为测时间 t、t_0。

若在测量时，声速沿高度方向是不同的，如沿高度方向被测介质密度分布不均匀或有温度梯度时，可采用图 8-4-3 所示浮臂式声速校正具。该校正具的上端连接一个浮球，下端装有转轴，使校正具的反射板位置随液面变化而升降，使校正探头与测量探头发射和接收的声波所经过的液体之状态相近似，以消除由于传播速度之差异而带来的误差。

超声波物位测量的测量范围可从毫米数量级到几十米以上。精度在不加校正具时为 1%，加校正具后精度为 0.1%。超声波物位测量法的优点是：可进行非接触测量，适用于有毒、有腐蚀性液体液位的测量，其缺点是当测量含有气泡、悬浮物的液位及被测液面有很大波浪时，使用较困难。

利用超声波反射时间差法也可检测液-液相界面位置，如图 8-4-4 所示。两种不同液体 A、B 的相界面在 h 处，液面高度已知为 h_1，超声波在 A、B 两液体中传播速度分别为 v_1 和 v_2，超声波探头安装在容器底部，超声波在液体 A 中传播并被相界面反射回来的往返时间为

$$t_1=\frac{2h}{v_1}$$

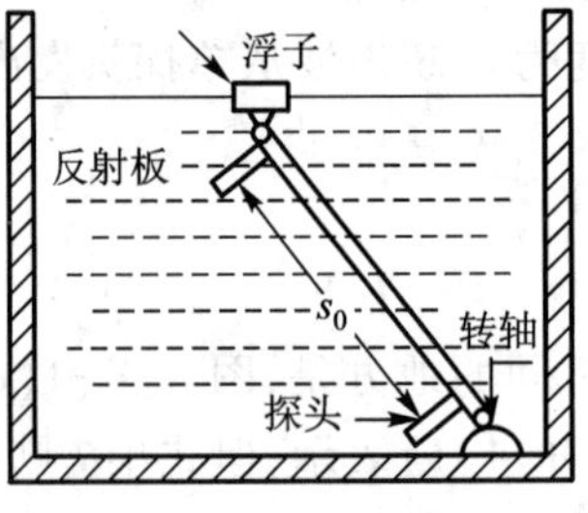

图 8-4-3　浮臂式声速校正具

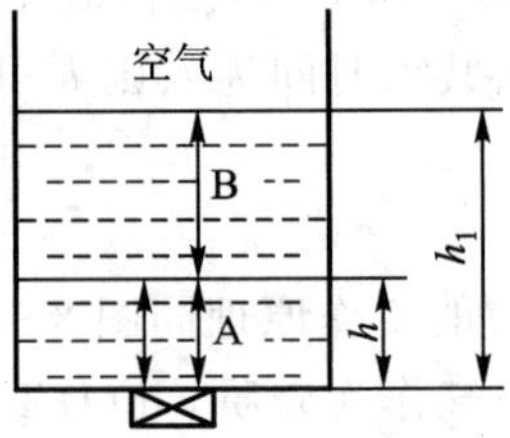

图 8-4-4　反射时间差法超声界面传感器的原理图

超声波在液体 A、B 中传播并被液面反射回来的往返时间为

$$t_2=\frac{2(h_1-h)}{v_2}+\frac{2h}{v_1}=\frac{2(h_1-h)}{v_2}+t_1$$

故有

$$h=h_1-\frac{(t_2-t_1)v_2}{2} \tag{8-4-6}$$

$$h=\frac{t_1v_1}{2} \tag{8-4-7}$$

由式(8-4-6)和式(8-4-7)可知,检测出 t_1、v_1 即可求得界面位置 h,或者检测出 t_1、t_2 和 v_2 亦可求得 h。超声界面传感器的精度可达1%,检测范围为数米时的分辨率达±1 mm。

8.4.2 浮力法

利用液体浮力测液位的原理应用广泛,可分为浮子式(恒浮力式)和浮筒式(变浮力式)两种形式。浮子式就是让浮子始终漂浮在液面上,其所受浮力为恒定值。浮子的位置随液面升降而变化,这样就把液位的测量转化为浮子位置或位移的测量。

浮筒式就是把一个比重比液体大的浮筒用弹簧悬挂在液体中(若不悬挂,浮筒就会下沉,故又称"沉筒"),浮筒所受浮力随液面升降而变化,这样就把液位测量转化为浮筒浮力的测量。采用差动变压器的浮筒法测液位原理如图 8-4-5 所示,浮筒 1 与差动变压器的活动衔铁的导杆相连,导杆上套有弹簧 2,弹簧上端固定,下端与浮筒相接。设初始时液位 H 为零,故浮力为零,浮筒重量 W 被弹簧力 cx_0 所平衡,即

$$W=cx_0 \tag{8-4-8}$$

式中:c——弹簧刚度;

x_0——弹簧初始变形。

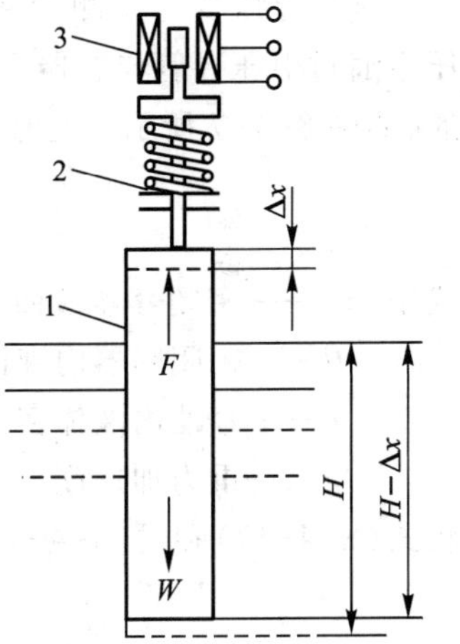

图 8-4-5 浮筒式液位计原理图
1—浮筒;2—弹簧;3—差动变压器

当液位升高 H 时,浮筒将上升 Δx,使差动变压器活动衔铁上升 Δx,此时,弹簧变形相应减小 Δx,弹簧力为 $c(x_0-\Delta x)$,浮筒浸入液体的深度为$(H-\Delta x)$,所受浮力等于浮筒所排出体积液体的重力,浮筒处于平衡状态,有

$$W=c(x_0-\Delta x)+A(H-\Delta x)\rho g \tag{8-4-9}$$

式中:A——浮筒的截面积;

ρ——液体的密度;

g——重力加速度。

式(8-4-8)代入式(8-4-9),得

$$H=\left(1+\frac{c}{\rho gA}\right)\Delta x \tag{8-4-10}$$

由式(8-4-10)和式(3-3-42)可知,差动变压器输出电压将与液位 H 成正比。

8.4.3 差压法

图 8-4-6 为常用的电容式差压传感器。测量膜片 3 焊接在两个杯体 1 之间作为差动电容的公共动极板,在凹形的绝缘体 4 表面蒸镀一层金属薄膜作为差动电容的两个定极板 2,于是动极板与它两侧的定极板构成球面形差动电容 C_1 和 C_2,在动极板两侧分别形成两个封闭的充液

室，其内充满硅油 5。当被测差压作用在两侧隔离膜片 6 上时，差压通过硅油 5 传递到动极板 3，使其产生挠曲变形，引起电容差动地改变。据推导，电容式差压传感器两差动电容 C_1 和 C_2 与差压（p_H-p_L）的关系为

$$\frac{C_1-C_2}{C_1+C_2}=\frac{a^2}{4Td_0}(p_H-p_L) \tag{8-4-11}$$

式中：a——动极板的工作半径；

T——动极板初始张力；

d_0——定、动极板的初始距离。

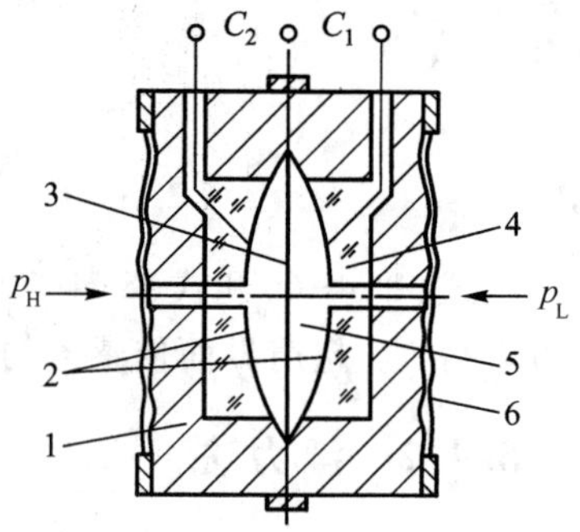

图 8-4-6 电容式差压传感器

1—杯体；2—定极板；3—测量膜片；4—绝缘体；5—硅油；6—隔离膜片

该电容传感器配接一个将电容信号转换成标准电流信号测量电路，即构成“电容式差压变送器”。

利用差压变送器测量密闭容器内的液位时，变送器的高压室通过引压导管与容器下部取压点相通，其低压室则与容器上部（液面以上的）密封空间相通，如图 8-4-7 所示。此时

$$p_L=p_{气} \tag{8-4-12}$$

$$p_H=p_{气}+\rho gH \tag{8-4-13}$$

式中：$p_{气}$——密闭容器液面上方气体压力；

H——密闭容器内液面自取压点高度；

ρ——容器内液体密度；

g——重力加速度。

将式（8-4-12）和式（8-4-13）代入式（8-4-11），得

$$\frac{C_1-C_2}{C_1+C_2}=\frac{a^2\rho g}{4Td_0}H \tag{8-4-14}$$

若测量敞口容器内的液位，则差压变送器的低压室应与大气相通。

图 8-4-8 为投入式液位计示意图。压阻式差压传感器 2 安装在不锈钢壳体内，并用不锈钢

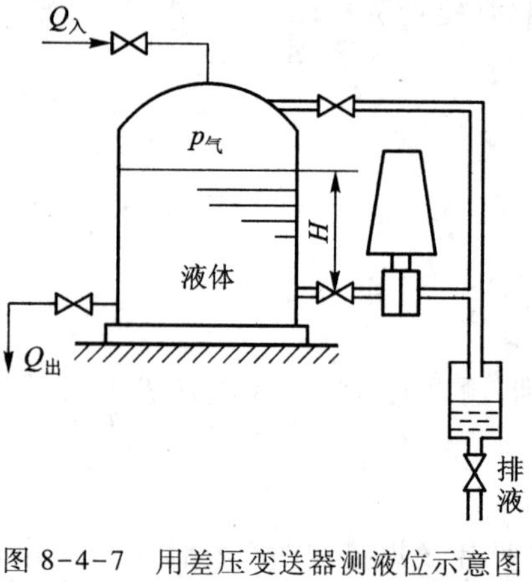

图 8-4-7 用差压变送器测液位示意图

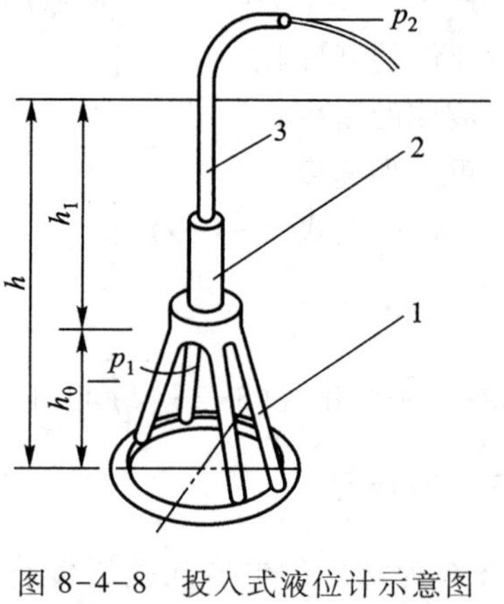

图 8-4-8 投入式液位计示意图

1—支架；2—压阻式差压计；3—背压管

支架 1 固定放置于液体底部。传感器的高压侧进气孔(用柔性不锈钢隔离膜片隔离,用硅油传导压力)与液体相通,安装高度 h_0 处即距液面 h_1 处的水压为 p_1,传感器的低压侧进气孔通过一根很长的橡胶"背压管"3 与大气相通,大气压为 p_2,传感器的信号线、电源线也通过该"背压管"与外界的仪表接口相连接(故背压管又称为防水导气电缆)。被测液位 h 可由下式得到

$$h=h_0+\frac{p_1-p_2}{\rho g} \tag{8-4-15}$$

这种投入式液位传感器安装方便,适应于几米至几十米,混有大量污物、杂质的水或其他液体的液位测量。

图 8-4-8 所示投入式液位计的原理也可用来测量江河湖海的水深,其中的差压传感器也可采用图 8-4-6 所示电容式差压传感器。

8.4.4　电容法

电容式物位传感器是利用被测介质面的变化引起电容变化的一种变介质型电容传感器。图 8-4-9(a)用于测量非导电液体介质的液位,图 8-4-9(b)用于测量非导电固体散料的料位。因为固体散料容易"滞留",故一般不用双层电极,而用电极棒和容器壁组成内外电极。设内电极的外径为 d,外电极的内径为 D,覆盖长度为 L,空气介电常数为 ε_0,当电极间无液体或物料时,据式(3-2-3)电容为

$$C_0=\frac{2\pi\varepsilon_0 L}{\ln\dfrac{D}{d}} \tag{8-4-16}$$

当内外电极间有液体或物料(其介电常数为 ε),高度为 H 时电容变化为

$$C_x-C_0=\frac{2\pi(\varepsilon-\varepsilon_0)}{\ln\left(\dfrac{D}{d}\right)}H \tag{8-4-17}$$

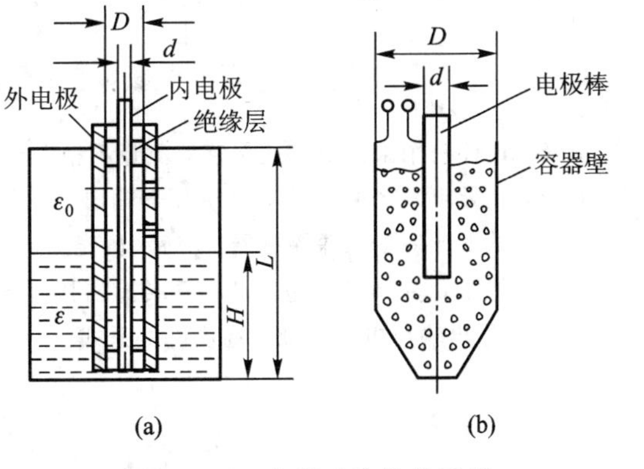

图 8-4-9　电容式物位传感器

当被测液体为导电体而不能作为电容的中间介质时,应采用套管式电极,即在外径为 d 的金属棒外,加一层介电常数为 ε、内径为 d、外径为 D 的绝缘套管作为电介质,导电液体容器也用绝缘材料制作,把金属棒作为内电极,而把导电的被测液体作为外电极(电极引线从导电液体容器底部引出),构成变面积式电容传感器。由式(3-2-3)可知,当液位发生变化时,就改变了电容器两极板的覆盖面积,从而改变了电容量。但是这种方式不适合于粘滞的导电液体。因为液位下降时,内电极套管外部如果粘附一层被测导电液体,就会产生虚假的液位测量值。

思考题与习题

8-1　试用两个对称的圆弧形电位器连成差动电桥,构成角位移传感器,并导出角位移与电桥输出电压的关系。

8-2 试推导图 8-2-1 中四应变片接成全等臂差动电桥的输出电压与倾角的关系式。

8-3 试用学习过的知识,设计一个倾角测量电路,使输出电压与倾角成正比。

8-4 用变极距型电容器设计一个纸页厚度测量电路,使输出电流或电压与纸厚呈线性关系。

8-5 题 8-5 图所示为纸厚检测控制电路,图中 D_1 为红外线发射管,D_2 为光电二极管。试分析该电路工作原理。

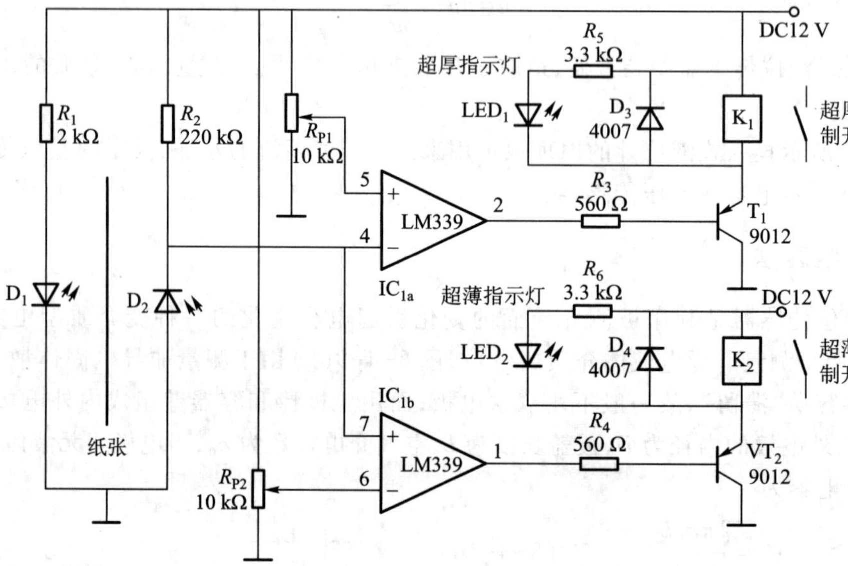

题 8-5 图 纸厚检测控制电路

8-6 设计一个采用电容式传感器测量不粘滞导电液体液位的电路,使输出电压与液位高度呈线性关系。

8-7 试导出图 8-4-5 中差动变压器输出电压与液位高度 H 的关系式。

8-8 试设计一个水深探测器,使潜水员能知道自己所潜入的深度,画出系统框图,并说明其工作原理。

8-9 将图 8-4-6 所示电容式差压传感器接入图 3-2-7(b)或图 3-2-8 电路,测量图 8-4-7 密闭容器中液位高度。试导出输出电压与液位高度的关系式。

第9章　机械量的电测法

9.1　转速的电测法

物体转动的速度称为转速。转动角速度等于 Δt 时间内转动的角位移 $\Delta\theta$ 与转动时间 Δt 之比

$$\omega=\frac{\Delta\theta}{\Delta t} \tag{9-1-1}$$

当 $\Delta\theta$(或 Δt)取得极小时,常称$\frac{\Delta\theta}{\Delta t}$为瞬时角速度,角速度的单位为弧度/秒或 rad/s。转速通常用单位时间内的转数来表示,单位常为转/分或 r/min。每秒钟的转数也称为转动频率,它是转动周期的倒数。

转速的电测法很多,按其测量原理可分为模拟式和计数式。

9.1.1　模拟式电测法

1. 测速发电机

它是根据电磁感应原理做成的专门测速的微型发电机,输出电压正比于输入轴上的转速,即

$$U_0=Blv=Blr\omega=\frac{2\pi Blrn}{60} \tag{9-1-2}$$

式中:B——测速发电机中磁感应强度;

r——测速发电机绕组的平均半径;

l——测速发电机绕组的总有效长度;

ω——测速发电机转子的角速度;

n——测速发电机每分钟转数。

测速发电机可分为直流测速发电机和交流测速发电机两类。测速发电机的优点是线性好,灵敏度高和输出信号大。

2. 磁性转速表

磁性转速表的结构原理如图 9-1-1 所示,转轴随待测物旋转,永久磁铁也跟随同步旋转。铝制圆盘靠近永久磁铁,当永久磁铁旋转时,二者产生相对运动,从而在铝制圆盘中形成涡流。该涡流产生的磁场跟永久磁铁产生的磁场相互作用,使铝制圆盘产生一定的转矩 M_e,该转矩跟待测物的转速 n 成正比,即 $M_e=k_en$。转矩 M_e 驱动铝盘

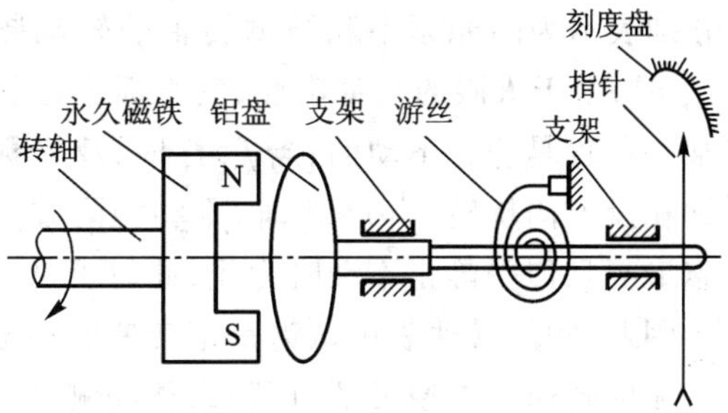

图 9-1-1　磁性转速表的结构原理

转动，迫使游丝扭转变形产生与转角 θ 成比例的反作用力矩 $M_s=k_s\theta$。当两力矩相等时，铝盘及与其固联的指针停留于一定位置，此时指针指示的转角 θ 即对应于被测轴的转速

$$\theta=\frac{k_e}{k_s}n=kn \tag{9-1-3}$$

式中，k 是与结构有关的系数。

这种转速表有结构简单、维护和使用方便等优点，缺点是精度不高。检测范围 1～20 000 r/min，精度 1.5%～2.0%。磁性转速表实际上是将转速转换成角度的敏感器，因此若配接角度传感器，便可实现转速的电测法。

3. 离心式转速表

离心式转速表的结构原理如图 9-1-2 所示，当转轴转动时，重锤在锤的重力和杆的张力作用下作匀速圆周运动。连杆和拉杆的交点 A 在连杆张力和拉杆拉力作用下也作匀速圆周运动，而套筒则在重锤离心力作用下通过拉杆沿转轴的轴向方向向上或向下移动一个位移 x。套筒压缩或拉伸弹簧，弹簧产生一个反弹力，从而使套筒达到动态平衡。由于离心力 F_c 与转速的平方成正比，即 $F_c=k_c\omega^2$，弹簧力 F_s 与套筒位移成正比，即 $F_s=k_sx$，二力平衡时有

$$x=\frac{k_c}{k_s}\omega^2 \tag{9-1-4}$$

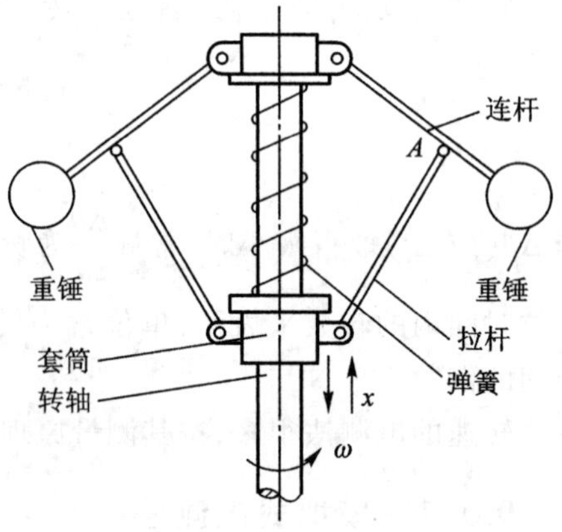

图 9-1-2 离心式转速表结构原理

离心式转速表有结构简单、成本低、检测范围宽和输出大等优点。缺点是转速 ω 与位移 x 是非线性关系，并且重锤的惯性大，不能用于检测变化快的转速。利用这种转速表输出力大的特点，可制成蒸汽机、汽轮机和水力发电机用的无辅助能源的调节器，直接推动阀门。最高转速达 20 000 r/min，精度 1%～2%。由式(9-1-4)可见，离心式转速表实际上是将转速转换成位移的敏感器，因此若配接位移传感器，便可实现转速的电测法。

4. 频闪转速表

频闪转速表是基于人眼的视觉暂留现象，工作原理如图 9-1-3 所示。频率可调的多谐振荡器 4 产生某一频率的等幅信号，控制频闪管 3 发出相同频率的闪光至被测转轴 1 的反光标志 2 上。设 f_s 和 f_x 分别表示为闪光频率和被测转轴的转动频率。当 $f_x=f_s$ 时，由于人眼的视觉惰性，反光标志看起来似乎在某一位置是静止不动的；当 $f_s>f_x$ 时，反光标志朝与转轴相反方向旋转；当 $f_s<f_x$ 时，则朝相同方向旋转。反复调节多谐振荡器的频率，直至看到反光标志最亮且似乎静止不动时为止，此时可从多谐振荡器振荡频率的指示盘上直接读出被测的转速。因此，频闪转速表可认为是把转速转换成频率测量的传感器。

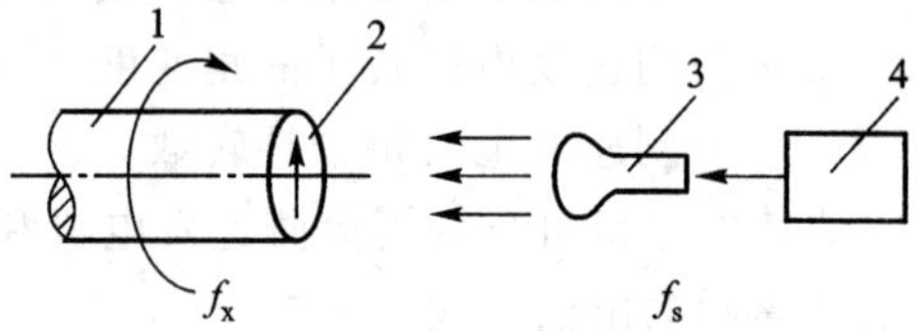

图 9-1-3 频闪转速表原理图

1—被测转轴；2—反光标志；3—频闪管；4—多谐振荡器

频闪转速表方便灵活，可随意移动测试，适用于中、高速测量，精度约为 0.1%～2%。

9.1.2 计数式电测法

转速的计数式电测法是用转速传感器将转速转换成脉冲频率，再用测频法或测周法对脉冲频率进行数字测量。

1. 转速传感器

转速传感器的种类很多，其共同特点是将转速转换成脉冲频率。若每分钟转动圈数为 n，每转一圈传感器发出脉冲数为 m（m 的数值最好是 60 的整数倍），则传感器脉冲的频率为

$$f=\frac{m\times n}{60} \tag{9-1-5}$$

因此，只要测得传感器脉冲的频率，即可求得转速

$$n=\frac{60}{m}f \tag{9-1-6}$$

下面介绍几种转速传感器。

1）磁电式

图 9-1-4(a) 为开磁路磁阻式转速传感器，传感器由永久磁铁 1、软铁 2 、感应线圈 3 组成，齿数为 m 的齿轮 4 安装在被测转轴上。当齿轮随转轴旋转时，齿的凹凸引起磁阻变化，致使线圈中磁通发生变化，感应出幅值交变的电动势，感应电动势的频率 f 由式(9-1-5)决定。

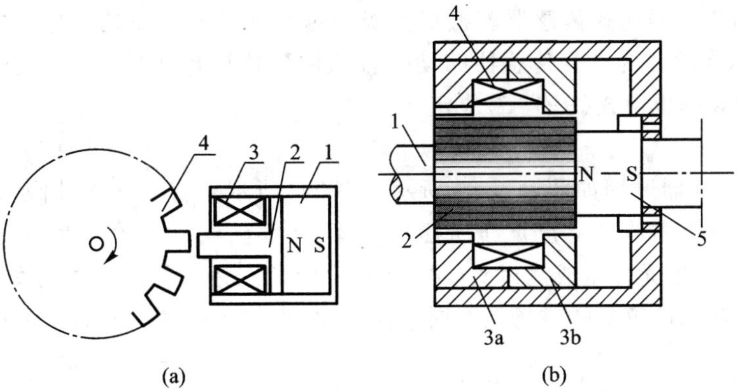

1—永久磁铁；2—软铁；
3—感应线圈；4—齿轮

1—转轴；2—内齿轮；3a、3b—外齿轮；
4—线圈；5—永久磁铁

图 9-1-4 磁电式转速传感器

开磁路磁阻式转速传感器结构比较简单，但输出信号较小，另外当被测轴振动较大时，传感器输出波形失真较大。在振动强的场合往往采用闭磁路转速传感器，如图 9-1-4(b)所示。它是由装在转轴 1 上的内齿轮 2、外齿轮 3、线圈 4 及磁铁 5 构成，内外齿轮的齿数相同均为 m，转轴 1 连接到被测转轴上与被测轴一起转动，使内外齿轮相对运动，使磁路气隙周期变化，在线圈中产生感应电动势，感应电动势频率计算同式(9-1-5)。

由于感应电动势的幅值取决于切割磁力线的速度，因而也与转速成一定比例。当转速太低时，输出电压很小，以致无法测量。所以磁电式转速传感器有一个下限工作频率为 50 Hz（闭磁路式的下限频率可降到 30 Hz）。其上限工作频率可达 100 kHz。

磁阻式转速传感器采用转速-脉冲变换电路如图 9-1-5 所示。传感器感应电压由二极管 D 削去负半周,送到 T_1 进行放大,再由射极跟随器 T_2 送入 T_3 和 T_4 组成的射极耦合触发器进行整形,这样就得到方波输出信号。

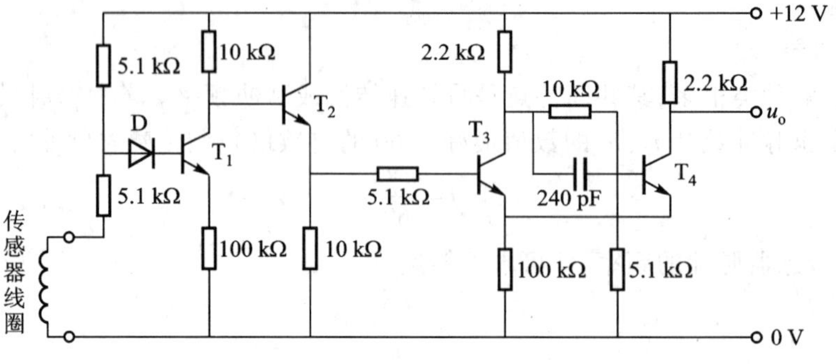

图 9-1-5 磁阻式转速-脉冲转换电路

2) 电涡流式和电容式

图 9-1-4(a)中的磁电式传感器若换成电涡流式传感器就构成电涡流式转速传感器。当金属齿轮随被测转轴转动时,电涡流式传感器线圈的电感将周期性地变化,其变化频率也由式(9-1-5)决定。

图 9-1-4(a)中的磁电式传感器若换成变极距型电容传感器就构成电容式转速传感器,如图 9-1-6 所示,当齿轮作为电容传感器的动极板随被测转轴转动时,电容传感器的电容也周期性地变化,其变化频率也由式(9-1-5)决定。

3) 霍尔式

霍尔式转速传感器原理如图 9-1-7 所示。图(a)所示是将一非磁性圆盘固定在被测转轴上,圆盘的周边上等距离地嵌装着 m 个永磁铁氧体,相邻两铁氧体的极性相反。由磁导体和置于磁导体间隙中的霍尔元件组成测量头(见图(a)右上角),磁导体尽可能的安装在铁氧体边上。当圆盘转动时,霍尔元件感受的磁场强度周期性变化,霍尔元件输出正负交变的周期电压。

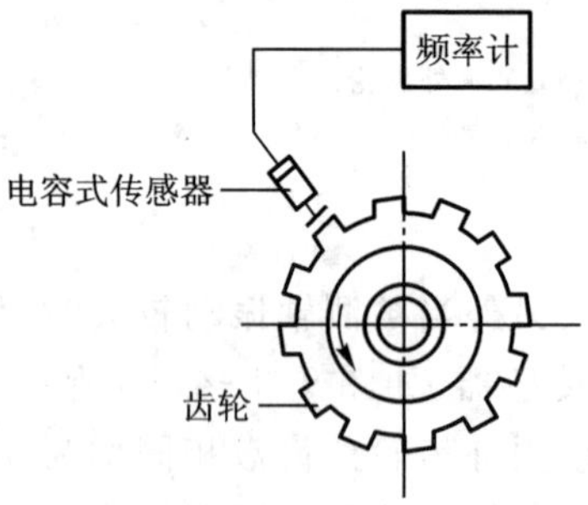

图 9-1-6 电容式转速传感器

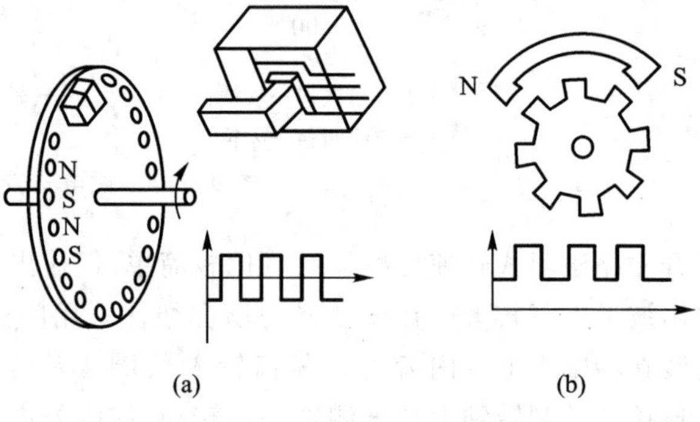

图 9-1-7 霍尔式转速传感器

图(b)是在被测转轴上安装一个齿轮状的磁导体,对着齿轮固定着一个马蹄形的永久磁铁,霍尔元件粘贴在磁极的端面上。当被测轴转动时,带动齿轮状磁导体转动,于是霍尔元件磁路中的磁阻发生周期性变化,使霍尔元件感受的磁场强度也发生周期性变化,从而输出一系列频率与转速成正比的单向电压脉冲。

以上两种霍尔式转速传感器,配以适当的电路即可构成数字式或模拟式非接触型转速表,这种转速表对被测轴影响小,输出信号幅值又与转速无关,因此测量精度高,测速范围大致在$(1\sim10^4)\ s^{-1}$。

4）光电式

光电式转速传感器分为反射式和透射式两种。反射式转速传感器的工作原理如图9-1-8(a)所示。用金属箔或反射纸在被测转轴1上,贴出一圈黑白相间的反射面,光源3发射的光线经透镜2、半透膜6和聚焦镜7投射在转轴反射面上,反射光经聚焦镜5会聚后,照射在光电器件4上产生光电流。该轴旋转时,黑白相间的反射面造成反射光强弱变化,形成频率与转速及黑白间隔数有关的光脉冲,使光电器件产生相应电脉冲。由式(9-1-5)可知,当黑白间隔数m一定时,电脉冲的频率f便与转速n成正比。

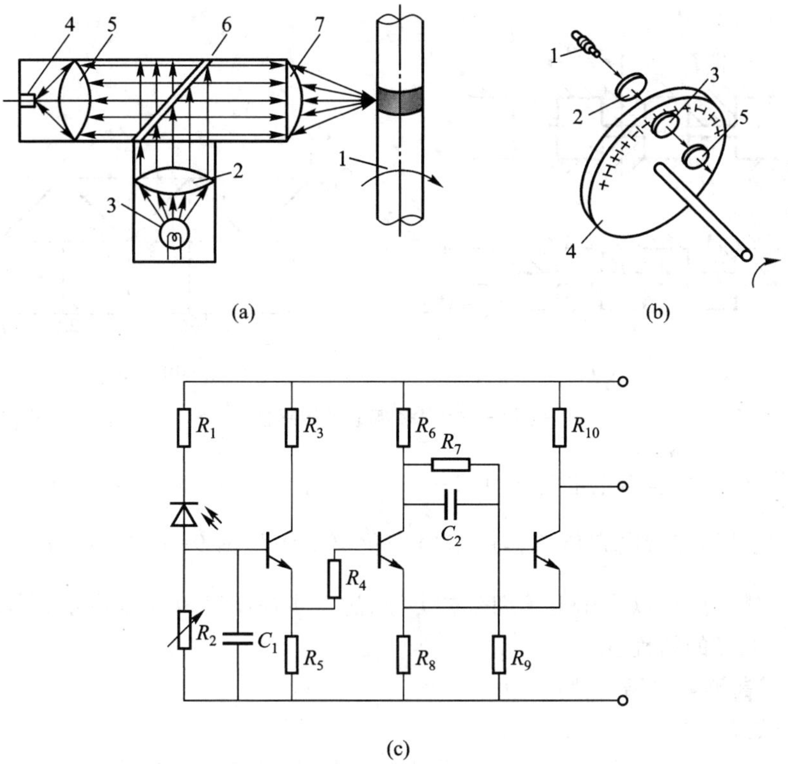

(a)　(b)

(c)

图9-1-8　光电式转速传感器

透射式光电转速传感器的工作原理如图9-1-8(b)所示。固定在被测转轴上的旋转盘4的圆周上开有m道径向透光的缝隙,不动的指示盘3具有和旋转盘相同间距的缝隙,两盘缝隙重合时,光源1发出的光线便经透镜2照射在光电器件5上,形成光电流。当旋转盘随被测轴转动时,每转过一条缝隙,光电器件接受的光线就发生一次明暗变化,因而输出一个电脉冲信号。由此产生的电脉冲的频率f在缝隙数目m确定后,与轴的转速n成正比,如式(9-1-5)所示。采用这种结构可以大大增加旋转盘上的缝隙数目,使被测轴每转一圈产生的电脉冲数增加,从而提高转速测量精度。

光电转速表的测量电路如图 9-1-8(c)所示,电路原理与图 9-1-5 相似。

5）圆栅式

圆感应同步器和圆光栅均可用于转速的精密测量。这里再介绍另一种圆栅——柱状圆容栅传感器,它是由同轴安装的定子(圆筒)和转子(圆柱)组成,在定子内表面和转子外表面刻制一系列宽度相等的齿和槽,因此也称多齿电容传感器,如图 9-1-9(a)所示,图中 $\Delta\theta$ 称为节距

$$\Delta\theta=\frac{2\pi}{m}=\frac{360^{\circ}}{m} \tag{9-1-7}$$

式中,m 为定子和转子的齿槽数。

当定子与转子的齿面相对时电容量最大,错开时电容量最小,电容量 C 与转角 θ 的关系如图9-1-9(b)所示。当转子随被测转轴转动时,电容变化频率 f 与转速 n 的关系也由式(9-1-5)决定。

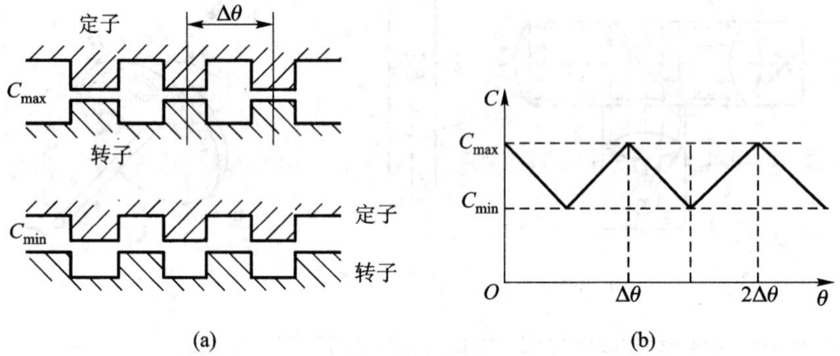

图 9-1-9 多齿电容传感器

虽然图 9-1-6 中电容变化也与图 9-1-9(b)所示曲线一样,但其 C_{max} 与 C_{min} 均只有多齿电容传感器的$\frac{1}{m}$,也就是多齿电容传感器的电容变化幅值将是图 9-1-6 中普通电容传感器的 m 倍。容栅也像光栅一样可以采用电子细分的方法,进一步提高对角位移的分辨率,这样就能进一步提高瞬时转速测量的精确度。

2. 转速传感器测量电路

1）测频计数式

图 9-1-10(a)为测频计数式转速传感器测量电路,转速传感器输出的脉冲信号经过放大整形,变成规整的频率为 f 的方波脉冲,晶体振荡器输出稳定的时钟频率 f_c,经分频器 k 分频后形成宽度为 $T=k/f_c$ 的门控信号,使控制门打开让方波脉冲通过,计数器从 0 开始对方波脉冲计数,在 T 时间内,计数结果为

$$N=Tf=\frac{k}{f_c}f=\frac{km}{60f_c}n \tag{9-1-8}$$

由式(9-1-8)可见,测频计数式的特点是,转速越快,计数值越大。

2）测周计数式

当转速很慢时,通常是测量转动周期 T 来反映转动快慢,这种测量转速的方法称为测周法,

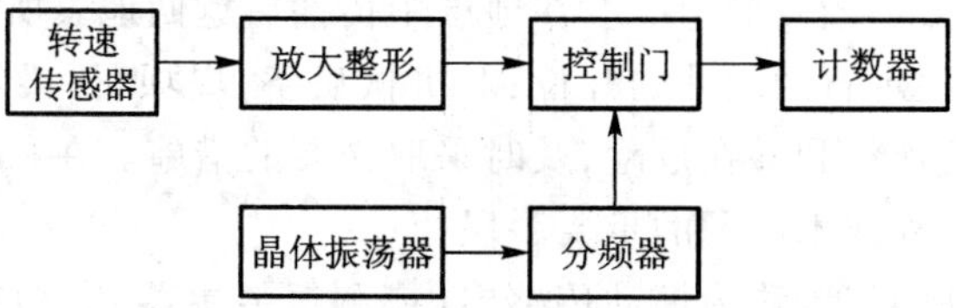

(a)

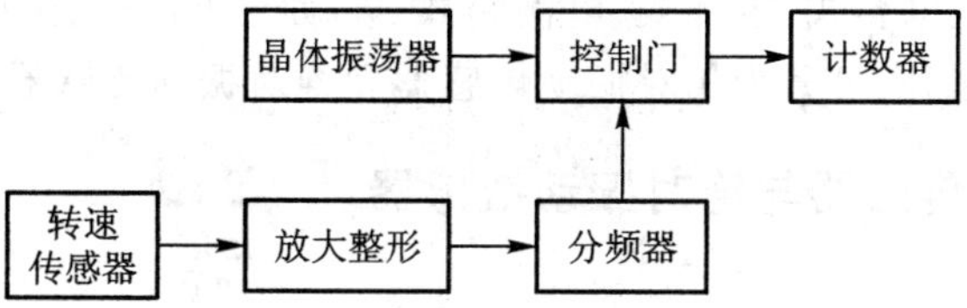

(b)

图 9-1-10　转速传感器测量电路

测量电路如图 9-1-10(b)所示。转速传感器信号$\left(周期为\frac{T}{m}\right)$经整形和 k 分频后，形成门控信号，使控制门打开让晶体振荡器输出的周期 T_c 稳定的时钟脉冲通过，计数器从 0 开始对时钟脉冲计数，计数结果为

$$N=\frac{k}{mT_c}T \tag{9-1-9}$$

由式(9-1-9)可见，测周计数式的特点是，转速越慢，计数值越大。

当需要测量瞬时转速时，可在随转轴转动的转盘上均匀分布 m 个测点，即每相邻两个测点的间距均为 $\Delta\theta=\frac{2\pi}{m}$，只要测出转过各段 $\Delta\theta$ 所用时间 Δt_i 的计时脉冲数 N_i，$\Delta t_i=N_iT_c$，即可求出每个测点的瞬时角速度

$$\omega_i=\frac{2\pi f_c}{m\times N_i},\qquad i=1,2,\cdots,m \tag{9-1-10}$$

这种测量转速的方法称为测时法，这种方法的特点是把转速测量转化为时间来测量。

上面介绍的转速传感器也可用于直线运动速度的测量。让直线运动物体通过齿轮传动或接触摩擦带动滚轮转动。用转速传感器测出滚轮的转速，滚轮的周长与滚轮转动角速度相乘便得到直线运动物体的线速度。在不便于将线速度转换为转速测量的场合，通常是在被测运动体运动路径上设置两个相距 L 的传感器，分别控制一个计时电路的开启和关闭，该计时电路测出被测运动体通过这两个传感器设置点的时间，即可得到被测运动体的运行速度。

9.2　振动的电测法

物体的机械振动是指物体在其平衡位置附近作来回往复运动。

在石油勘探中，测量人工激发的地震波在地层中传播后返回地表所引起的地面振动，可以探明地下的地质构造，精确决定石油钻井的井位；对机械设备、堤坝、桥梁等的振动情况进行监测，可有效地了解它们的运行现状和潜在危险，及时采取必要的措施。在科学研究中，振动试验和检测也是研究和解决实际工程技术问题的重要手段。

用电测方法测量振动的装置称为振动传感器（或测振传感器）。根据被测振动参数来分类，振动传感器可分为振动位移传感器、振动速度传感器和振动加速度传感器；根据所采用的传感器工作原理可分为：应变式、电容式、电感式、电涡流式、差动变压器式、磁电式、压电式、光电式等；根据选定的运动参照点来分，可分为相对振动传感器和绝对振动传感器。

9.2.1 相对振动传感器与绝对振动敏感器

1. 相对振动传感器

根据前述关于振动的定义，相对振动实际上是物体相对于其平衡位置或者说以其平衡位置为参照点的往复运动。一般的结构型传感器都包含固定部分和可动部分，让固定部分与振动的平衡位置即参照点保持相对静止，可动部分随被测振动物体一起运动。这样，8.1节介绍的各种位移传感器，原则上都可构成相对振动传感器。

相对振动传感器的可动部分与被测物体的关联方式有图9-2-1所示两种方式，图(a)方式是传感器可动部分与被测物体固接在一起成为一个整体。传感器可动部分相对其固定部分的运动也就是被测物体相对其平衡位置的运动。图(b)方式是传感器可动部分由安装在固定部分的弹簧紧压在被测物体上。被测物体与传感器可动部分并不是固接在一起，而只是碰触在一起，在被测物体压力和弹簧反力的作用下，传感器可动部分跟随被测物体一起运动。为了使图(b)方式传感器可动部分跟随被测物体的运动，就必须使被测物体与可动部分始终保持接触而不分离，这就要求可动部分对被测物体的压力大于0，即

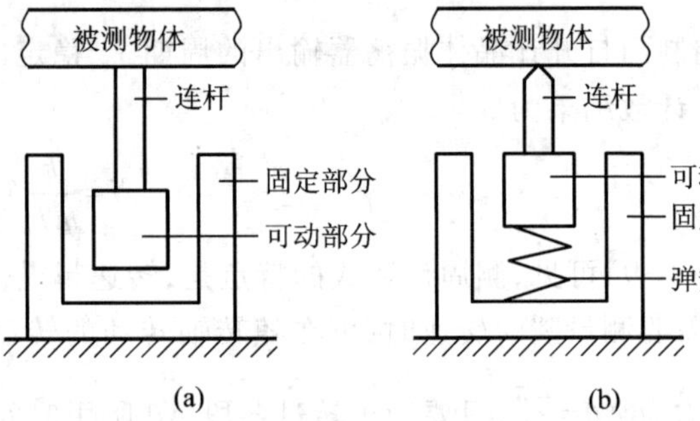

图9-2-1 相对振动传感器的关联方式

$$F=F_k-ma_m>0 \tag{9-2-1}$$

式中：a_m——被测物体的加速度幅值；

m——传感器可动部分及顶杆的质量；

F_k——弹簧力。

$$F_k=k\Delta L \tag{9-2-2}$$

式中：k——弹簧的弹性系数；

ΔL——弹簧的初压缩量。

如果被测振动是简谐振动，则振动加速度幅值 a_m 为

$$a_m=\omega^2 x_m \tag{9-2-3}$$

式中：ω——简谐振动角频率；

x_m——简谐振动的幅值。

综合式(9-2-1)~式(9-2-3)得传感器可动部分跟随被测物体运动的条件为

$$\Delta L > \frac{m}{k}\omega^2 x_m = \frac{\omega^2}{\omega_0^2}x_m \tag{9-2-4}$$

式中

$$\omega_0 = \sqrt{\frac{k}{m}} \tag{9-2-5}$$

由式(9-2-5)可见,如果在使用中,弹簧的初始压缩量 ΔL 不够大,或者被测物体的振动频率 ω 过高或幅值 x_m 过大,都会使上述跟随条件得不到满足,从而使顶杆与被测物体发生脱离或撞击,因此图 b 方式只能在一定的频率和幅值范围内工作。

2. 绝对振动敏感器

被测物体相对大地或惯性空间的往复运动,称为绝对振动。绝对振动敏感器的工作原理如图 9-2-2 所示,整个敏感器被固定在被测物体上,敏感器中的固定部分与被测物体一起运动。敏感器中的可动部分与一质量块固接在一起,称为惯性体,其质量为 m,惯性体通过弹簧(弹性系数为 k)与敏感器固定部分连接,其运动受到阻尼器(阻尼系数为 c)的阻尼作用。这样一个由质量块、弹簧、阻尼器构成的系统简称为"m-k-c"系统,因为它能把被测物体的绝对振动转换为敏感器中可动部分与固定部分的相对振动,所以我们把它称为绝对振动敏感器。这种绝对振动敏感器只要配接相对振动传感器,就能构成各种各样的绝对振动传感器。下面就来推导这种绝对振动敏感器的输入-输出特性。

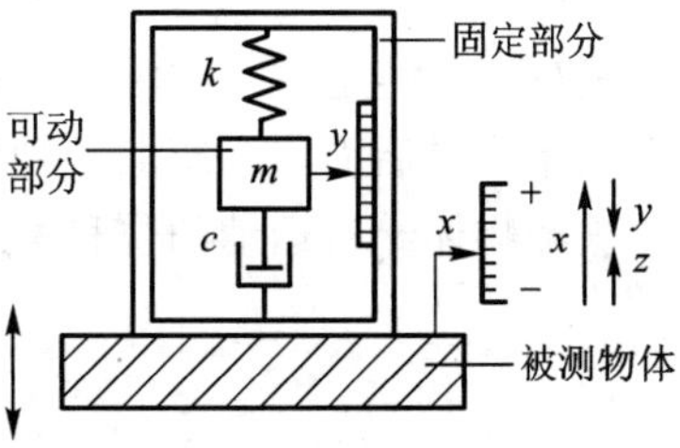

图 9-2-2 绝对振动敏感器

图 9-2-2 中右侧标尺表示与大地保持相对静止的运动参照点称为静基准,x 表示被测物体及敏感器固定部分相对于该参照点的位移,称为绝对位移。

当被测物体静止不动时,惯性体也静止不动,惯性体所受弹簧拉力 ky_0 与惯性体重力 mg 相平衡,即

$$ky_0 = mg$$

式中,y_0 为弹簧悬挂惯性体后的伸长。

假设被测物体相对静基准有一个向上的绝对位移 x,则传感器固定部分也相对静基准有一个向上的绝对位移 x,此时安装在固定部分的弹簧将拖动惯性体产生一个向上的绝对位移 z,惯性体相对于敏感器固定部分有一个向下的相对位移 y,三种位移的关系为

$$z = x + y\text{(矢量相加)}$$

此时弹簧伸长又增加 y,弹簧拉力克服惯性体重力后给惯性体一个向上的净拉力为

$$F_k = -k(y_0 + y) + mg = -ky$$

负号表示 F_k 与 y 的方向相反。

阻尼器阻尼力为

$$F_c = -c\frac{\mathrm{d}y}{\mathrm{d}t}$$

式中,c 为阻尼系数。负号表示 F_c 与 $\frac{\mathrm{d}y}{\mathrm{d}t}$ 方向相反。

依据牛顿运动定律,物体所受诸力之和等于质量与加速度的乘积,即

$$F_k+F_c=-ky-c\frac{\mathrm{d}y}{\mathrm{d}t}=m\frac{\mathrm{d}^2z}{\mathrm{d}t^2}=m\frac{\mathrm{d}^2(x+y)}{\mathrm{d}t^2}$$

将上式整理得

$$\frac{\mathrm{d}^2y}{\mathrm{d}t^2}+2D\omega_0\frac{\mathrm{d}y}{\mathrm{d}t}+\omega_0^2y=-\frac{\mathrm{d}^2x}{\mathrm{d}t^2} \tag{9-2-6}$$

式中

$$\omega_0=\sqrt{\frac{k}{m}}\quad(\text{固有角频率或自然角频率}) \tag{9-2-7}$$

$$D=\frac{c}{2\sqrt{mk}}=\frac{c}{2\omega_0m}\quad(\text{阻尼系数}) \tag{9-2-8}$$

式(9-2-6)是一个二阶常系数线性微分方程,它表达了绝对振动敏感器的输入-输出关系,这个关系式是后面将介绍的三种绝对振动电测法的理论基础。

被测物体绝对运动的位移 x、速度 v、加速度 a 有如下关系

$$v=\frac{\mathrm{d}x}{\mathrm{d}t} \tag{9-2-9}$$

$$a=\frac{\mathrm{d}v}{\mathrm{d}t}=\frac{\mathrm{d}^2x}{\mathrm{d}t^2} \tag{9-2-10}$$

将式(9-2-9)、式(9-2-10)代入式(9-2-6)得

$$\frac{\mathrm{d}^2y}{\mathrm{d}t^2}+2D\omega_0\frac{\mathrm{d}y}{\mathrm{d}t}+\omega_0^2y=-\frac{\mathrm{d}v}{\mathrm{d}t} \tag{9-2-11}$$

$$\frac{\mathrm{d}^2y}{\mathrm{d}t^2}+2D\omega_0\frac{\mathrm{d}y}{\mathrm{d}t}+\omega_0^2y=-a \tag{9-2-12}$$

对式(9-2-6)、式(9-2-11)、式(9-2-12)分别做拉氏变换,得绝对振动敏感器如下三种形式的传输函数

$$\frac{Y(S)}{X(S)}=\frac{-S^2}{S^2+2D\omega_0S+\omega_0^2}\quad(\text{具有高通滤波特性}) \tag{9-2-13}$$

$$\frac{Y(S)}{V(S)}=\frac{-S}{S^2+2D\omega_0S+\omega_0^2}\quad(\text{具有带通滤波特性}) \tag{9-2-14}$$

$$\frac{Y(S)}{A(S)}=\frac{-1}{S^2+2D\omega_0S+\omega_0^2}\quad(\text{具有低通滤波特性}) \tag{9-2-15}$$

式(9-2-13)~式(9-2-15)中令 $S=\mathrm{j}\omega$(ω 为振动角频率),可求得质量块相对运动的位移幅值 y_m 与被测振动体绝对运动的位移幅值 X_m、速度幅值 V_m、加速度幅值 A_m 的关系为

$$\frac{Y_\mathrm{m}}{X_\mathrm{m}}=\frac{1}{\sqrt{\left(1-\frac{\omega_0^2}{\omega^2}\right)^2+\left(2D\frac{\omega_0}{\omega}\right)^2}} \tag{9-2-16}$$

$$\frac{Y_\mathrm{m}}{V_\mathrm{m}}=\frac{1/2D\omega_0}{\sqrt{1+\left[\frac{1}{2D}\left(\frac{\omega}{\omega_0}-\frac{\omega_0}{\omega}\right)\right]^2}} \tag{9-2-17}$$

$$\frac{Y_{m}}{A_{m}}=\frac{1/\omega_{0}^{2}}{\sqrt{\left(1-\frac{\omega^{2}}{\omega_{0}^{2}}\right)^{2}+\left(2D\frac{\omega}{\omega_{0}}\right)^{2}}} \tag{9-2-18}$$

在 $D=\frac{1}{\sqrt{2}}$最佳阻尼的情况下，式(9-2-16)、式(9-2-18)简化为

$$\frac{Y_{m}}{X_{m}}=\frac{1}{\sqrt{1+\left(\frac{\omega_{0}}{\omega}\right)^{4}}} \tag{9-2-19}$$

$$\frac{Y_{m}}{A_{m}}=\frac{1/\omega_{0}^{2}}{\sqrt{1+\left(\frac{\omega}{\omega_{0}}\right)^{4}}} \tag{9-2-20}$$

由式(9-2-19)、式(9-2-17)、式(9-2-20)可见

当 $\omega\gg\omega_0$ 时，
$$Y_{m}=X_{m} \tag{9-2-21}$$

当 $\omega=\omega_0$ 时，
$$Y_{m}=\frac{V_{m}}{2D\omega_{0}} \tag{9-2-22}$$

当 $\omega\ll\omega_0$ 时，
$$Y_{m}=\frac{A_{m}}{\omega_{0}^{2}}=\frac{mA_{m}}{k} \tag{9-2-23}$$

以上公式告诉我们，绝对振动敏感器中质量块的相对运动位移究竟与被测振动体绝对运动的哪一种参数(位移、速度、加速度)成正比，完全取决于被测振动角频率 ω 与敏感器固有角频率 ω_0 的比值$\frac{\omega}{\omega_0}$。当 $\omega\gg\omega_0$ 时，绝对振动敏感器可视为把绝对振动位移转换成相对振动位移的敏感器，当 $\omega=\omega_0$ 时，绝对振动敏感器可视为把绝对振动速度转换成相对振动位移的敏感器，当 $\omega\ll\omega_0$时，绝对振动敏感器可视为把绝对振动加速度转换成相对振动位移的敏感器。

9.2.2 绝对振动电测法

从上面理论出发，可以总结出以下四种设计制作惯性式绝对振动传感器的思路和方法。

1. 位移传感器配接绝对振动敏感器

众所周知，电位器式传感器、电感式传感器、电容式传感器、涡流式传感器等结构型位移传感器内部都包括“固定”部分和“可动”部分。其“可动”部分(如电位器的滑臂、电感传感器的活动衔铁、电容传感器的动极板、涡流式传感器的金属板、霍尔传感器的霍尔片等)随被测运动物体运动，其“固定”部分则与运动参照点保持相对静止。这样，位移传感器内“可动”部分相对于“固定”部分的位移也就是被测物体相对于运动参照点的位移。如果我们把位移传感器的“可动”部分的质量加大或与质量块固定在一起，“可动”部分与“固定”部分之间用弹簧或其他弹性体连接并充填阻尼液体或气体，“固定”部分随传感器底座一起固定在被测振动体上，这样就制成了惯性式绝对振动传感器。下面仅以电容式加速度传感器为例来说明。

电容式加速度传感器原理结构如图 9-2-3 所示。质量块 4 由两根簧片 3 支撑置于充满空气的壳体 2 内。当测量垂直方向上的直线加速度时，传感器壳体固定在被测振动体上，振动体的

振动使质量块相对壳体运动,因而质量块 4 相对与壳体2固定在一起的两固定极板 1、5 运动,致使上固定极板 5 与质量块 4 的 A 面(磨平抛光)组成的电容 C_1 值以及下固定极板 1 与质量块 4 的 B 面(磨平抛光)组成的电容 C_2 值随之改变,一个增大,一个减小。

对比图 3-2-1(b)和图 9-2-3 可见,电容式加速度传感器实际上是变极距差动电容式位移传感器配接绝对振动敏感器构成的,变极距差动电容式位移传感器的“可动部分”即公共动极板与绝对振动敏感器的质量块 m 连在一起。差动电容 C_1、C_2 同质量块 4 相对于传感器壳体 2 的位移 y 的关系,由式(3-2-9)令 $\Delta d=y$ 得

$$\frac{C_1-C_2}{C_1+C_2}=\frac{y}{d_0} \tag{9-2-24}$$

式中,d_0 为不振动时,电容 C_1 和 C_2 的初始极距。

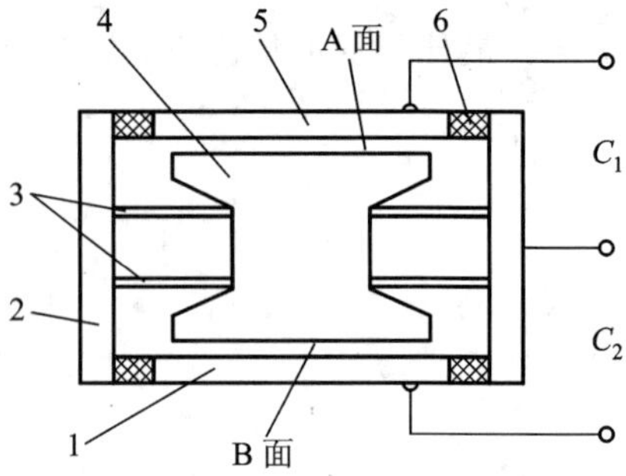

图 9-2-3 电容式加速度传感器

1,5—固定极板;2—壳体;3—簧片;4—质量块;6—绝缘体

此差动电容若接入图 3-2-7(b)所示变压器电桥中,式(9-2-24)代入式(3-2-26),得电桥开路输出电压幅值 U_0 为

$$U_0=\frac{E}{2}\,\frac{C_1-C_2}{C_1+C_2}=\frac{E}{2}\,\frac{Y_m}{d_0} \tag{9-2-25}$$

将式(9-2-23)代入式(9-2-25)得

$$U_0=\frac{E}{2d_0\omega_0^2}A_m=\frac{E}{2d_0k}mA_m \tag{9-2-26}$$

由式(9-2-26)可见,当 $\omega \ll \omega_0$ 时,输出电压幅值 U_0 与加速度幅值 A_m 成正比,测出电压幅值 U_0,即可确定被测振动体振动加速度幅值 A_m。

将式(9-2-21)代入式(9-2-25)得

$$U_0=\frac{E}{2}\,\frac{Y_m}{d_0}=\frac{E}{2}\,\frac{X_m}{d_0} \tag{9-2-27}$$

由式(9-2-27)可见,当 $\omega \gg \omega_0$ 时,输出电压幅值 U_0 与位移幅值 X_m 成正比,测出电压幅值 U_0,即可确定被测振动体振动位移幅值 X_m。

从上述可见,只要将式(9-2-23)代入位移传感器输出电量与相对位移的关系式,即可求出由位移传感器配接绝对振动敏感器制作成的加速度传感器的输出电量与振动加速度的关系式。这种设计计算方法对电位器式、涡流式、差动变压器式、应变式、压阻式、压电式、霍尔式等型号的加速度传感器都是适用的。这些传感器的共性就是传感器的壳体与被测振动体固接在一起,相对于大地或惯性空间作绝对振动,传感器的壳体通过弹簧片或其他弹性支承带动质量块相对于壳体作相对振动,质量块的相对振动位移被转换成电量,因而被测振动体的绝对振动加速度被转换成电量。

图 9-2-3 和图 9-2-4 都是采用弹簧片带动质量块的传感器。图 9-2-4 为两种差动变压器式加速度传感器结构示意图,图 a 为变气隙型,活动衔铁 2 兼做质量块,由两片弹簧片 1 支撑,可测量水平方向振动加速度。图 b 为螺管型,活动衔铁 2 也是兼做质量块,由上下弹簧 1 支撑,用以测量垂直方向振动加速度。

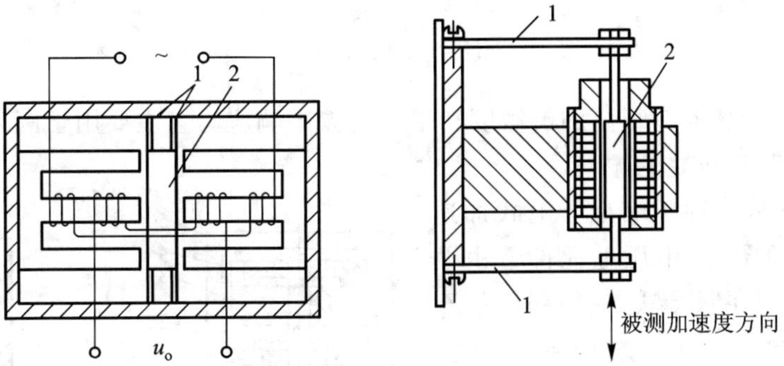

图 9-2-4 差动变压器式加速度传感器

1—弹簧片;2—活动衔铁

图 9-2-5 是三种以悬臂梁作为弹性支承带动质量块的加速度传感器。图 9-2-5(a)为应变式加速度传感器,悬臂梁 1 作为弹性元件,一端固定在壳体 3 的基座上,另一端装有质量块 2,悬臂梁根部粘贴应变片 4 连接成差动电桥。压阻式加速度传感器结构与图 9-2-5(a)相似,只不过是直接用单晶硅做悬臂梁,并在梁的根部扩散 4 个电阻组成差动电桥,梁的自由端仍装有惯性质量块。

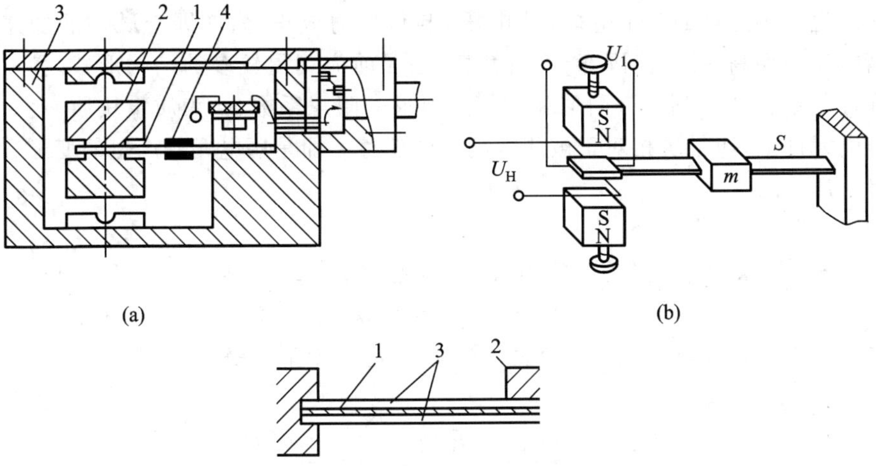

图 9-2-5 以悬臂梁作为弹性支承的加速度传感器

图 9-2-5 (b)所示为霍尔式加速度传感器结构示意图。悬臂梁 S 的一端固定在传感器外壳上,中部装有质量块 m,末端装有霍尔元件 H,在霍尔元件上下方装有一对永久磁铁,它们同极性(N,N)相对安装在传感器外壳上,传感器外壳固定在被测振动体上,当被测物体作垂直方向振动时,其振动加速度转换为霍尔元件在磁场中的位移而产生相应的霍尔电动势,由霍尔电动势值可求得加速度。加速度在 $-14\times10^{-3}\ g\sim14\times10^{-3}\ g$ 范围内,由式(9-2-23)、式(4-5-11)可知,输出霍尔电压与加速度之间有较好的线性关系。

图 9-2-5(c)为弯曲型压电加速度传感器,悬臂梁由金属片 1 和双压电片 3 构成,一端固定在传感器外壳上,另一端装有质量块 2。将 $F=mA_m$ 代入式(4-2-13)得

$$Q=\frac{3}{8}\frac{d_{31}l^2}{\delta^2}mA_{\mathrm{m}} \tag{9-2-28}$$

弯曲型压电加速度传感器有很高的灵敏度和很低的频率响应。它主要用于医学上和其他低频响应的领域,如地壳和建筑物的振动等。

图9-2-6(a)是一种压缩型压电式加速度传感器结构原理图,图中压电元件2由两片压电片组成,采用并联接法,一根引线接至两压电片中间的金片上,另一端直接与基座1相连。压电片通常采用压电陶瓷制成。压电片上放一块重金属制成的质量块3,用一弹簧4压紧,对压电元件施加预负载。整个组件装在一个有厚基座的金属壳体中,壳体5和基座1约占整个传感器重量的一半。测量时,通过基座1底部的螺孔将传感器与试件刚性地固定在一起,传感器感受与试件相同频率的振动,质量块有一正比于加速度的交变力作用在压电片上,由于压电效应,在压电片两个表面上就有电荷产生。传感器的输出电荷(或电压)与作用力成正比,亦即与试件的加速度成正比。这种结构谐振动频率高,频响范围宽,灵敏度高,是目前应用得较多的结构形式之一。设 k 为压电元件的弹性系数,c 为包括空气阻尼和材料内阻尼的阻尼系数,m 为质量块质量。由于质量块 m 紧压在压电元件上,质量块相对于被测振动体的位移 y 即是压电元件产生的变形,因此压电元件所受质量块压力为

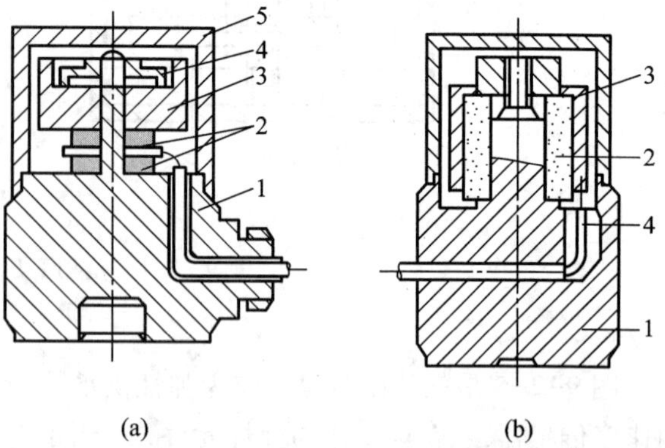

图9-2-6　压电式加速度传感器

$$F=ky \tag{9-2-29}$$

若压电元件为压电陶瓷并利用其纵向压电效应,则据式(4-2-9)压电元件产生电荷为

$$Q=d_{33}F=d_{33}ky \tag{9-2-30}$$

由式(9-2-20)和式(9-2-30)得加速度幅值 A-电荷 Q 转换关系为

$$\frac{Q}{A}=\frac{d_{33}k\dfrac{1}{\omega_0^2}}{\sqrt{1+\left(\dfrac{\omega}{\omega_0}\right)^4}}\overset{\text{因为 }\omega_0=\sqrt{\frac{k}{m}}}{=\!=\!=\!=}\frac{d_{33}m}{\sqrt{1+\left(\dfrac{\omega}{\omega_0}\right)^4}} \tag{9-2-31}$$

压电加速度传感器的另一种结构形式是剪切型,它利用压电元件的切变效应,结构如图9-2-6(b)所示。压电元件是一个压电陶瓷圆筒2,它在组装前先在与圆筒轴向垂直的平面上涂上预备电极,使圆筒沿轴向极化。极化后磨去预备电极,将圆筒套在传感器底座1的圆柱上;压电元件外面再套上惯性质量环3。当传感器受到振动时,在压电元件上就出现剪切应力,产生剪切形变,从而在压电元件的内外表面上产生电荷,在引线4上输出与加速度成正比的电压。这种结构有很高的灵敏度,而且横向灵敏度小,受环境的影响也比较小。

2. 磁电式传感器配接绝对振动敏感器

由式(9-2-21)和式(9-2-23)可见,用位移传感器配接绝对振动敏感器构成的惯性式测振传感器可用于测量振动频率高于固有频率的振动位移和振动频率低于固有频率的振动加速度。

而由式(9-2-22)可见,如要测量振动速度,则要求振动频率与固有频率相近或相等。如果要想在振动频率高于固有频率时,测量振动速度则不能采用位移传感器配接绝对振动敏感器的方法,而须采用磁电式传感器配接绝对振动敏感器构成磁电式振动速度传感器。这种传感器也正是石油地震勘探中广泛使用的地震检波器。如图 4-1-2(b)所示,传感器内的活动线圈缠绕在铝制圆筒上(构成质量块 m 并提供电磁阻尼),用弹簧片(弹性系数 k)支撑在永久磁铁产生的磁场中,永久磁铁与传感器的底座装配在一起,固定在被测振动体上。振动体振动时,线圈与磁铁间产生相对运动位移 y,线圈中感应电动势 e 为

$$e=Bl\frac{\mathrm{d}y}{\mathrm{d}t} \tag{9-2-32}$$

式中:B——磁场的磁感应强度;

l——线圈导线总长度;

$\frac{\mathrm{d}y}{\mathrm{d}t}$——沿轴线方向线圈与磁铁相对运动速度。

设线圈内阻为 R_c,线圈负载电阻为 R_d,则输出负载电压 u 为

$$u=\frac{e}{R_c+R_d}R_d=\frac{R_d}{R_c+R_d}Bl\frac{\mathrm{d}y}{\mathrm{d}t}=K_0\frac{\mathrm{d}y}{\mathrm{d}t} \tag{9-2-33}$$

式中,K_0 为灵敏度

$$K_0=\frac{R_d}{R_c+R_d}Bl \tag{9-2-34}$$

对低频振动信号来说,线圈的感抗很小,可忽略不计,因此线圈中的感应电流为

$$i=\frac{e}{R_c+R_d}=\frac{e}{R}$$

式中,$R=R_c+R_d$。

根据楞次定律,当线圈中有电流流过时,线圈将受到阻止其运动的电磁力 F_L 作用

$$F_L=-Bli=-\frac{(Bl)^2}{R}\frac{\mathrm{d}y}{\mathrm{d}t} \tag{9-2-35}$$

圆筒形铝制线圈骨架可看作是一个单匝闭合线圈,当线圈架随同线圈一起在磁场中运动时,铝制线圈架内将感应产生涡流,磁场对此涡流的作用力也将阻止线圈架运动,由式(9-2-35)可知,这种涡流阻尼力也与线圈相对磁铁的运动速度成正比,方向相反,即

$$F_T=-\mu\frac{\mathrm{d}y}{\mathrm{d}t} \tag{9-2-36}$$

式中,μ 为线圈架结构尺寸和材料决定的常数。

空气阻尼力也与相对运动速度成正比,但比电磁阻尼力 F_L 和 F_T 都小得多,可并入 F_T,也可忽略不计。因此,线圈及其骨架所构成的惯性体所受到的阻尼力为

$$F_c=F_L+F_T=-C\frac{\mathrm{d}y}{\mathrm{d}t} \tag{9-2-37}$$

式中

$$C=\frac{(Bl)^2}{R}+\mu \tag{9-2-38}$$

早期的地震检波器线圈骨架采用绝缘骨架，在线圈的活动空间灌满硅油，靠线圈与周围硅油的摩擦产生阻尼力。现代的地震检波器采用铝骨架后，用涡流阻尼取代硅油阻尼，检波器的体积和重量大大减小。

将式(9-2-11)两边取导数得

$$\frac{\mathrm{d}^3 y}{\mathrm{d}t^3}+2D\omega_0\frac{\mathrm{d}^2 y}{\mathrm{d}t^2}+\omega_0^2\frac{\mathrm{d}y}{\mathrm{d}t}=-\frac{\mathrm{d}^2 v}{\mathrm{d}t^2} \tag{9-2-39}$$

式中，v 为被测物体的绝对振动速度。将式(9-2-33)及其一阶导数和二阶导数代入式(9-2-39)得

$$\frac{\mathrm{d}^2 u}{\mathrm{d}t^2}+2D\omega_0\frac{\mathrm{d}u}{\mathrm{d}t}+\omega_0^2 u=-K_0\frac{\mathrm{d}^2 v}{\mathrm{d}t^2} \tag{9-2-40}$$

对式(9-2-40)两边取傅氏变换可得到振动速度传感器的灵敏度函数为

$$\frac{U(\mathrm{j}\omega)}{V(\mathrm{j}\omega)}=-\frac{K_0}{1-\frac{\omega_0^2}{\omega^2}-\mathrm{j}2D\frac{\omega_0}{\omega}}=K(\omega)e^{\mathrm{j}\varphi(\omega)} \tag{9-2-41}$$

式中

$$K(\omega)=\frac{K_0}{\sqrt{\left(1-\frac{\omega_0^2}{\omega^2}\right)^2+\left(2D\frac{\omega_0}{\omega}\right)^2}}\overset{D=\frac{1}{\sqrt{2}}\text{时}}{=\!=\!=}\frac{K_0}{\sqrt{1+\left(\frac{\omega_0}{\omega}\right)^4}} \tag{9-2-42}$$

$$\varphi(\omega)=-\arctan\frac{2D\frac{\omega_0}{\omega}}{1-\frac{\omega_0^2}{\omega^2}} \tag{9-2-43}$$

将式(9-2-38)代入式(9-2-8)得阻尼系数为

$$D=D_0+D_\mathrm{c} \tag{9-2-44}$$

式中

$$D_0=\frac{\mu}{2\sqrt{mk}}=\frac{\mu}{4\pi f_0 m}\quad（开路阻尼）$$

$$D_\mathrm{c}=\frac{(Bl)^2}{2\sqrt{mk}}\frac{1}{R}=\frac{(Bl)^2}{4\pi f_0 m}\frac{1}{R}\quad（线圈电流阻尼） \tag{9-2-45}$$

$$f_0=\frac{\omega_0}{2\pi}=\frac{1}{2\pi}\sqrt{\frac{k}{m}}\quad（固有频率或自然频率） \tag{9-2-46}$$

由式(9-2-42)可知动圈式振动速度传感器具有二阶高通滤波特性。当 $\omega\gg\omega_0$ 时，

$$U=VK_0=V\frac{R_\mathrm{d}}{R_\mathrm{c}+R_\mathrm{d}}Bl \tag{9-2-47}$$

以上各式中开路灵敏度 Bl 的单位为 $\mathrm{V/m\cdot s^{-1}}$（伏/米·秒$^{-1}$），线圈及其骨架的质量 m 的单位为 kg（千克），固有频率 f_0 的单位为 Hz（赫兹），电阻 R 的单位为 Ω（欧姆）。以上推导方法也适用于动铁式振动速度传感器。

3. 惯性式测振传感器配接微分电路和积分电路

由式(9-2-9)、式(9-2-10)可知，依据位移、速度、加速度三者之间的数学关系，可以在位移

传感器后配接一级微分电路构成速度传感器,配接二级微分电路构成加速度传感器。在速度传感器后配接积分电路构成位移传感器,配接微分电路构成加速度传感器,如图 4-1-3 所示。

然而,从位移求速度,从速度求加速度,都要通过微分电路,易受噪声的影响;反之,从加速度求速度,从速度求位移,都要通过积分电路,易受偏置的影响。所以,最好是用相应的传感器直接测量所选择的振动量(振动位移、振动速度、振动加速度)。

由式(9-2-9)、式(9-2-10)可知,振动位移幅值 X_m、振动速度幅值 V_m、振动加速度幅值 A_m 三者的关系为

$$V_m = \omega X_m \tag{9-2-48}$$

$$A_m = \omega V_m = \omega^2 X_m \tag{9-2-49}$$

由式(9-2-48)、式(9-2-49)可知,振动位移、振动速度和振动加速度三者的幅值相互间的关系与频率大小有关。所以,只要测得一个振动参量,就可根据振动频率求得另外两个振动参量。

9.3　力与荷重的电测法

把力(拉力、压力)转换成电信号测量的方法,可分为两类,一类是利用压电式传感器(4.2 节)或振弦式传感器(6.4.1 节)、振筒式传感器(6.4.2 节)直接将力转换为电信号,这类方法本书称之为直接法;另一类是以弹性元件作为敏感器,将拉力或压力转换为应变或位移,再用应变传感器或位移传感器把应变或位移转换为电量,这类方法本书称之为间接法。直接法各类力传感器在有关章节已做过介绍,本节不再重复,下面主要介绍各类力敏感器以及由力敏感器与应变传感器或位移传感器组合而成的各类间接型力传感器。

9.3.1　力敏感器

力敏感器是能将力转换成位移(或应变)的弹性元件,也称为力敏感型弹性元件。常见的有以下几种:

1. 实心轴和空心圆轴

图 9-3-1 所示的为一实心圆柱状弹性元件,称为实心轴。当将其一端固定,另一端沿其轴向施加压力 F 时,圆柱体将缩短变粗,其受力端面将沿受力方向位移 Δl,其半径要增加 Δr,沿轴向和沿径向的变形均与外加力 F 成正比

$$F = k_l \Delta l \tag{9-3-1}$$

$$F = k_r \Delta r \tag{9-3-2}$$

式中,k_l 和 k_r 分别为弹性元件的轴向刚度和横向刚度。

实心轴沿轴向(纵向)线应变 ε_l 和沿圆周(横向)线应变 ε_r 分别为

$$\varepsilon_l = \frac{\Delta l}{l} \tag{9-3-3}$$

$$\varepsilon_r = \frac{2\pi \Delta r}{2\pi r} = \frac{\Delta r}{r} \tag{9-3-4}$$

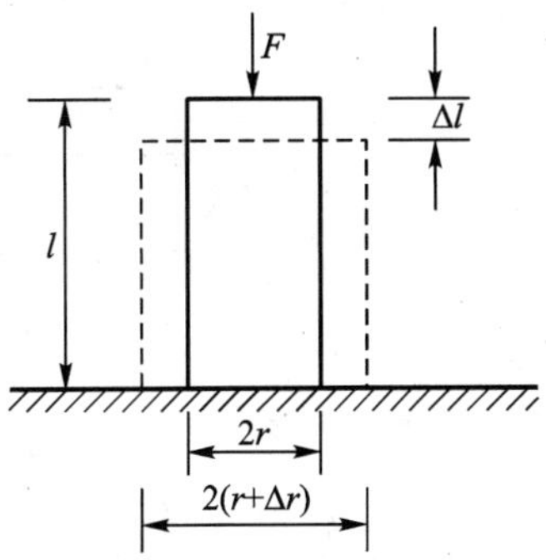

图 9-3-1　实心圆柱状弹性元件

横向线应变与纵向线应变之比称为泊松比

$$\mu=-\frac{\frac{\Delta r}{r}}{\frac{\Delta l}{l}}=-\frac{\varepsilon_r}{\varepsilon_l} \tag{9-3-5}$$

若轴向受力面积为 A,则轴向应力为

$$\sigma=\frac{F}{A} \tag{9-3-6}$$

由材料力学知,轴向应力与轴向线应变成正比

$$\sigma=\varepsilon_l E \tag{9-3-7}$$

式中,E 为弹性元件材料的弹性模量(也称杨氏模量)。

综合式(9-3-5)~式(9-3-7)可得

$$\varepsilon_l=\frac{F}{AE} \tag{9-3-8}$$

$$\varepsilon_r=-\mu\frac{F}{AE} \tag{9-3-9}$$

因为拉力 F 使圆轴伸长,所以通常规定拉力 F 为正,压力 F 为负,伸长线应变为正,缩短线应变为负。式(9-3-1)、式(9-3-2)和式(9-3-8)、式(9-3-9)表示了实心轴这种弹性元件把力转换成位移或应变的转换关系,对空心圆轴弹性元件也适用。但是空心圆轴在壁薄时,受力后将产生桶形变形而影响精度。

2. 悬臂梁

悬臂梁是一端固定一端自由的弹性敏感元件,它的特点是结构简单,加工方便,在较小力的测量中应用较多,根据梁的截面形状可分为等截面梁和变截面(等强度)梁。

1) 等截面梁

等截面梁是其横截面处处相等的梁,其结构如图 9-3-2(a)所示。若梁的长、宽、厚分别为 l、b、h,梁的材料的弹性模量为 E,梁的自由端施加力为 F,则梁的自由端的挠度(位移)y 为

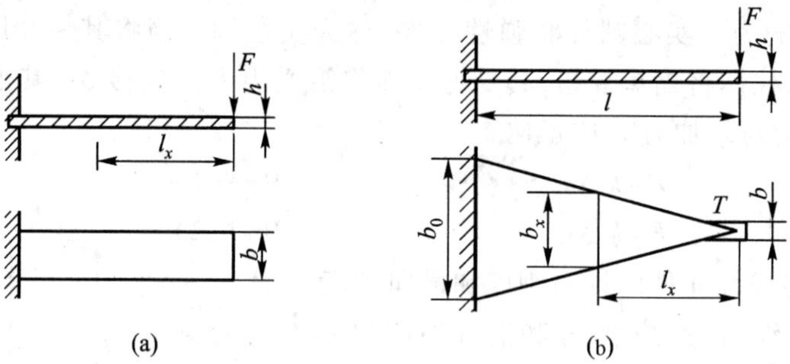

图 9-3-2　悬臂梁的结构

$$y=\frac{4l^3}{Ebh^3}\times F \tag{9-3-10}$$

梁上沿 l 方向距自由端 l_x 处的上下表面应变符号相反(拉伸应变为正,压缩应变为负),其值为

$$\varepsilon_x = \pm\frac{6l_x}{Ebh^2}F \tag{9-3-11}$$

2）变截面（等强度）梁

等截面梁的不同部位的应变是不相等的，而如图 9-3-2(b) 所示的变截面梁用三角形钢板制成，梁上沿 l 方向各处的上下表面应变符号相反（拉伸应变为正，压缩应变为负），大小相等，其值为

$$\varepsilon = \pm\frac{6l_x}{Eb_x h^2}F = \pm\frac{6l}{Eb_0 h^2}F \tag{9-3-12}$$

其自由端挠度（位移）为

$$y = \frac{6l^3}{Eb_0 h^3}F \tag{9-3-13}$$

从以上几种力敏感型弹性元件的应变与挠度的计算公式可以得出两个共同结论：

第一，力敏感型弹性元件上某一指定部位处的应变 ε 与外力 F 成正比，即

$$\varepsilon = k_{\varepsilon F}F \tag{9-3-14}$$

式中，$k_{\varepsilon F}$ 为由弹性元件材料和结构以及应变测量点位置决定的常数。

第二，力敏感型弹性元件的自由端或外力作用点相对于固定端的位移（挠度）y 也与外力 F 成正比，即

$$y = k_{yF}F \tag{9-3-15}$$

式中，k_{yF} 为由弹性元件材料及结构决定的常数。

除以上介绍的几种力敏感型弹性元件外，实际工作中还可能碰到一些其他形式的力敏感型弹性元件，在一定的弹性限度范围内，式(9-3-14)和式(9-3-15)对它们也是适用的或近似成立的，总之各类力敏感型弹性元件的共同特点就是把力转换为与其成正比的位移或应变。因此，应变式传感器和位移传感器只要配置力敏感型弹性元件便可构成能够把力转换成电量的力传感器。在力传感器中使用最多的是应变式传感器。

下面介绍各类间接型力传感器。

9.3.2　力的间接电测法

1. 应变式力传感器

将应变片粘贴到受力的力敏感型弹性元件上，即构成应变式力传感器。我们仅以受力的圆柱和悬臂梁为例来说明。

在轴向受力圆柱的表面，沿轴向粘贴两应变片，沿周向粘贴两应变片，正确接入电桥，如图 9-3-3所示。将式(9-3-8)、式(9-3-9)代入式(3-1-45)可得图 9-3-3 所示应变式力传感器接成全桥后的输出电压为

$$U_0 = \frac{kU}{2}(1+\mu)\frac{F}{AE} \tag{9-3-16}$$

同样，若在图 9-3-2(b) 所示的等强度梁上下两表面沿 l 方向各贴两个参数相同的应变片，如图 9-3-4 所示。上表面受拉应变片 R_1、R_3 接入电桥一对相对臂，下表面受压应变片 R_2、R_4 接入电桥另一对相对臂，电桥输出电压由式(3-1-45)和式(9-3-12)可得

$$U_O = kU\varepsilon = kU\frac{6l}{Eb_0h^2}F \tag{9-3-17}$$

由式(9-3-16)和式(9-3-17)可见，输出电压 U_O 反映了力 F 的大小。

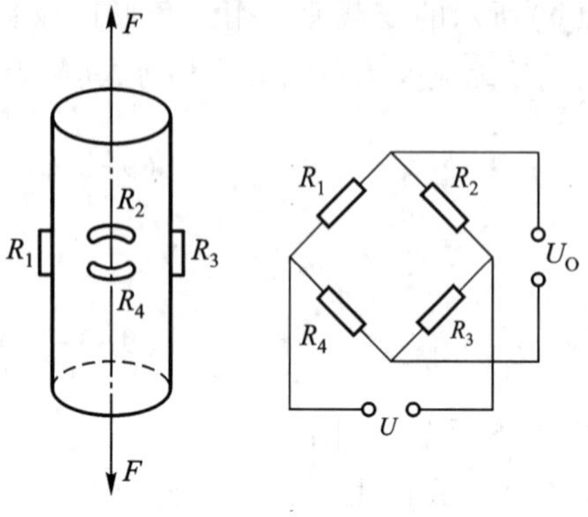

图 9-3-3　受力圆柱上应变片的粘贴

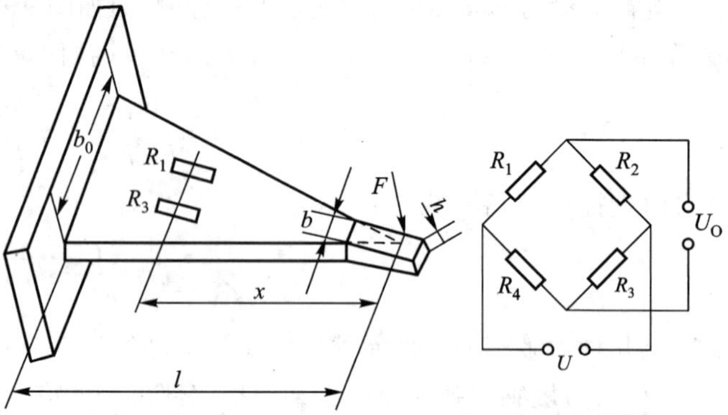

图 9-3-4　受力等强度梁应变片的粘贴

图 9-3-5 所示的受力薄壁环上粘贴的应变片连接成电桥，其输出电压为

$$U_O = kU\varepsilon = kU\frac{1.092R}{b\delta^2E}F \tag{9-3-18}$$

式中：b——圆环的宽度；

δ——圆环的厚度；

R——圆环的半径。

图 9-3-6 所示受力固定梁上粘贴的应变片连接成电桥，其输出电压为

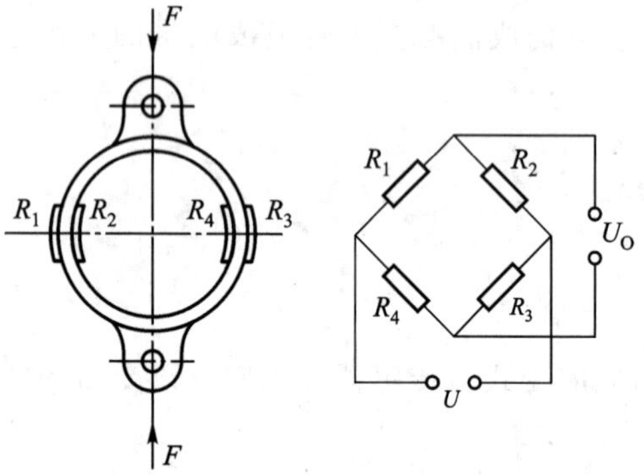

图 9-3-5　受力薄壁环上应变片的粘贴

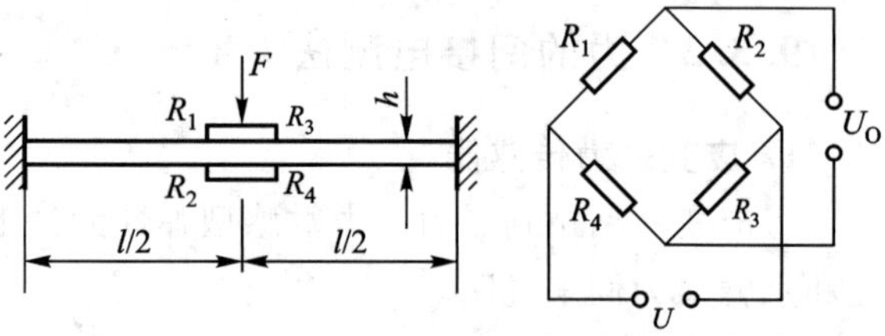

图 9-3-6　受力固定梁上应变片的粘贴

$$U_O = kU\varepsilon = kU\frac{3l}{4Ebh^2}F \tag{9-3-19}$$

式中：b——梁的宽度；

l——梁的长度；

h——梁的厚度。

式(9-3-16)～式(9-3-19)中的 k 均为应变片的灵敏系数。

2. 位移式力传感器

9.1 节所介绍的各类位移传感器,配置力敏感型弹性元件都可构成位移式力传感器,图 9-3-7所示的电容式力传感器(图(a)为吊环式,图(b)为平台式)和图 9-3-8 所示的差动变压器式力传感器就是两个典型实例。

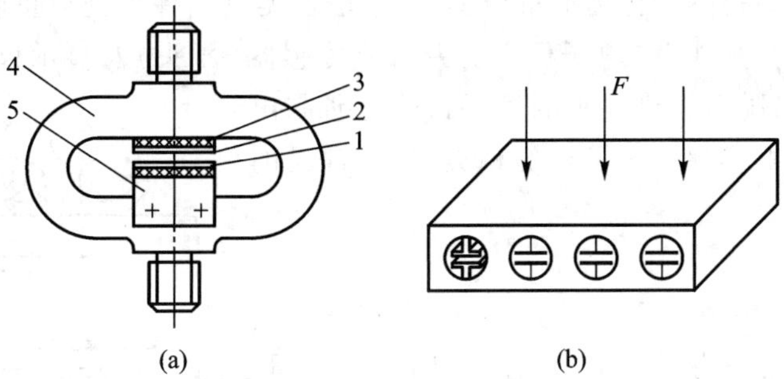

图 9-3-7 电容式荷重传感器

1—动极板;2—定极板;3—绝缘材料;4—弹性体;5—极板支架

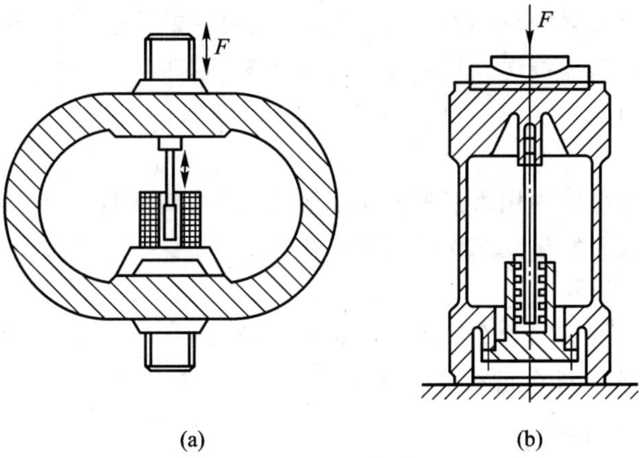

图 9-3-8 差动变压器式测力传感器

图 9-3-7(a)所示为大吨位电子吊秤用电容式称重传感器。扁环形弹性元件内腔上下平面上分别固连电容传感器的两个极板。称重时,弹性元件受力变形,使极板间距改变,导致传感器电容量变化,从而引起由该电容组成的振荡器的振荡频率变化。频率信号经计数、编码、传输到显示部分。

图 9-3-7(b)所示为一种电容式荷重传感器结构示意图。在一块弹性极限高的镍铬钼钢料的同一高度上打上一排圆孔。在孔的内壁用特殊的黏接剂固定两个截面为 T 形的绝缘体,并保持其平行又留有一定间隙,在 T 形绝缘体顶平面粘贴铜箔,从而形成一排平行的平板电容。当钢块上端面承受重量时,将使圆孔变形,每个孔中的电容极板的间隙随之变小,其电容相应地增大。由于在电路上各电容是并联的,因而总的电容增量与钢块上端面承受总重量成正比。

图 9-3-8 为两种常用的差动变压器测力传感器。图(a)为环形弹性元件,随弹性元件刚度的不同,测力范围为 $10^2 \sim 10^6$ N。图(b)为筒形弹性元件,其特点是输出信号大,线性好,重复性

好及漂移小。弹性元件受力产生位移,带动差动变压器的铁心运动,使两线圈互感发生变化,从而使差动变压器的输出电压产生和弹性元件受力大小成比例的变化。

9.3.3 电子秤

用于测量重力的力传感器称为荷重传感器,它是各类电子秤中把荷重转换为电量输出的装置,在电子秤中俗称为“压头”。电子秤主要由荷重传感器(压头)及显示仪表组成,显示仪表有模拟和数字显示两种,随着微机技术的发展目前已研制出各种带微型机控制的电子秤。电子秤的种类很多,常见的有以下几种:

1) 电子台秤

如图 9-3-9 所示,民用电子台秤多采用悬臂梁作为荷重敏感器,因为悬臂梁的灵敏度较高,适合于较小力的测量。悬臂梁的上下表面粘贴应变片,并接入电桥,由式(9-3-17)可知电桥输出电压与荷重成正比。

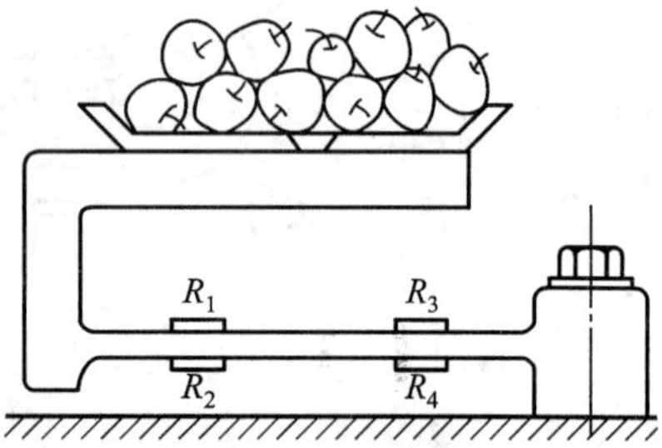

图 9-3-9 电子台秤

2) 电子吊车秤

电子吊车秤将荷重传感器直接安装在吊车的吊钩或行走的小车上,在吊运过程中,可直接称量出物体的重量,并通过传输线送到显示仪表显示出来,这种秤广泛应用于工厂、仓库、港口等,是应用较多的一种电子秤。

3) 电子料斗秤

料斗秤是冶金、化工生产中用来配料的称重装置,当物料从料仓注入称量斗后,荷重传感器将料斗的重量转换为电信号,送到二次仪表显示出来。

4) 电子平台秤和轨道秤

平台秤主要用于载重汽车、卡车等重量的称量。轨道秤(轨道衡)是列车在一定速度行进状态下,能连续自动地对各节货车进行称重的大型设备,主要用于车站货场、码头仓库以及进料场等。

5) 电子皮带秤

电子皮带秤是在皮带传送装置中安装的自动称重装置,它不但能称出某一瞬间传送带所输送的物料的重量,而且可以称出某段时间内输送物料的总和,广泛应用于矿山、矿井、码头及料场等。

电子皮带秤测量系统如图 9-3-10 所示。在传送带中间的适当部位,有一个专门用做自动称量的框架,这一段的长度 L 称为有效称量段。设某一瞬时 t 在 L 段上的物料重量为 ΔW_g,经称量框架传给传感器(压头),使传感器产生应变,应变检测桥路及其放大器输出的信号电压 U_1 与 ΔW_g 成正比。设有效长度 L 的单位长度上的料

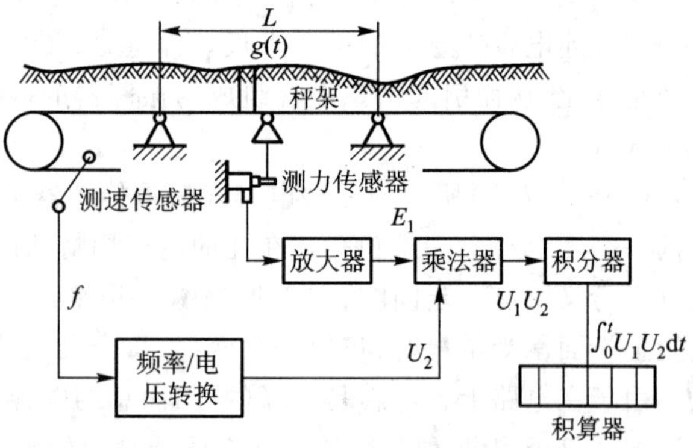

图 9-3-10 电子皮带秤原理

重为 $g(t)$，则

$$g(t)=\frac{\Delta W_g}{L} \tag{9-3-20}$$

显然 U_1 与 $g(t)$ 成正比，即 $E_1=C_1g(t)$。设皮带的移动速度为 $v(t)$，则皮带的瞬时输出量为

$$W(t)=g(t)v(t) \tag{9-3-21}$$

由此可见，要想测量皮带的瞬时输出量，不仅要测出 $g(t)$，而且还必须测出皮带的传动速度 $v(t)$。一般要通过皮带摩擦滚轮带动转速传感器，把滚轮的转速（正比于皮带传送速度）转换成频率信号 f，再经过频率-电压转换电路转换成与 $v(t)$ 成正比电信号 U_2，$U_2=C_2v(t)$ 将 U_1、U_2 相乘后再进行积分，即可得出 $0\sim t$ 时间内物料的总重量

$$W_g=\int_0^t W(t)\,\mathrm{d}t=C\int_0^t U_1U_2\,\mathrm{d}t \tag{9-3-22}$$

式中，C 为比例系数，$C=\dfrac{1}{C_1C_2}$。

9.4　力矩的电测法

一个可绕固定轴转动的刚体，当所受外力在垂直于转轴的平面内时，力的作用线和转轴之间的垂直距离（称为这力对转轴的力臂）与力的大小的乘积称为力对转轴的力矩，力矩又称为扭矩或转矩，它是旋转机械的重要参数。

力矩的测量方法很多，按其原理可分为以下三类：扭轴法、平衡力法、电机参数法。扭轴法是根据弹性元件（常用的是扭轴）在力矩作用下所产生的变形、应力或应变来测量力矩的方法。平衡力法是在被测力矩 M_x 作用的转轴上施加一个力臂 l 固定的力 F，当两力矩平衡时，测出力 F 即可求得被测力矩 $M_x=Fl$，因此平衡力法是把力矩测量转化为力的测量。电动机参数法是电动机转矩测量中采用较多的方法，它是通过测量决定电动机转矩的某一电参数（其他参数保持不变）来测定电动机转矩。

本节主要介绍扭轴法。

9.4.1　扭轴（扭矩敏感器）

扭矩测量中使用的弹性元件通常为实心（或空心）圆轴，如图9-4-1所示，称为扭矩轴或扭轴。由材料力学可知，当实心圆轴受到扭矩 M 的作用时，在沿与轴线成 β 夹角的方向上应变为

$$\varepsilon_\beta=\frac{M}{\pi r^3 G}\sin 2\beta$$

式中：r——轴的半径；

G——轴材料的剪切弹性模量。

因此，在沿轴线方向上（$\beta=0$）和沿与轴线垂直的方向上（$\beta=90°$）应变为零，在与轴线成 45°角和-45°角的方向上应变最大，分别为 $\varepsilon_{45°}$ 和 $\varepsilon_{-45°}$。

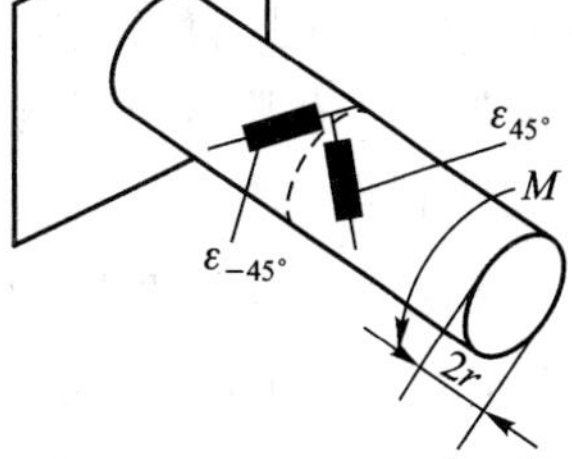

图 9-4-1　扭转轴上的应变

$$\varepsilon_{45^\circ}=-\varepsilon_{-45^\circ}=\frac{M}{\pi r^3 G} \tag{9-4-1}$$

此外,从材料力学还知道,一个长为 l,半径为 r 的实心圆轴一端固定,另一端截面施一扭矩时,受力矩端将相对固定端转过一角度 θ(扭角)

$$\theta=\frac{2l}{\pi r^4 G}M \tag{9-4-2}$$

由式(9-4-1)和式(9-4-2)可见,弹性轴可以看作一个把力矩 M 转换为应变 ε 或扭转角 θ 的敏感器,因此,我们可以通过测量弹性轴在扭矩作用下的应变或扭转角来测量扭矩的大小。

9.4.2 力矩的扭轴式电测法

1. 应变法

这种方法是利用应变片将扭矩产生的剪应变转换为电量而进行测量,应变片可以直接贴在需要测量扭矩的转动轴上,也可以贴在一根特制的转动轴上制成应变式扭矩传感器,应用于各种需要测量扭矩和功率的传动试验台架上。

为了提高测量灵敏度,并消除其他力学参数的影响,通常在扭转轴上选取适当的截面,在截面的圆周方向每隔 90°角布置一个应变片,其贴片方向仍沿与轴线成 45°角和 135°角的方向,并将它们接成全桥的形式,式(9-4-1)代入式(3-1-45)可得电桥输出电压为

$$U_0=kU\varepsilon_{45^\circ}=\frac{kU}{\pi r^3 G}M \tag{9-4-3}$$

应变法测量转矩的优点是结构简单,制造比较容易,精度较高。其缺点是粘贴在旋转轴上的应变片产生的应变信号,应想办法以有线方式或无线方式从旋转轴上外传出来。

2. 扭角法

1）光电式转矩传感器

光电式转矩传感器如图 9-4-2 所示,在扭轴上固定两个圆光栅盘,两个光栅盘外侧设有光源和光电器件。在没有转矩作用时,使两个盘的光栅明暗条纹错开,光不能同时透过两片光栅,光电器件无信号输出。当轴上有转矩作用时,轴两端出现相对转角,使部分光线通过两片光栅的明条纹,照在光电器件上,输出信号大小取决于与转矩成正比的相对转角的大小,随转矩增大光电器件将接收到更多的光线,产生强度与扭矩成正比的电信号。

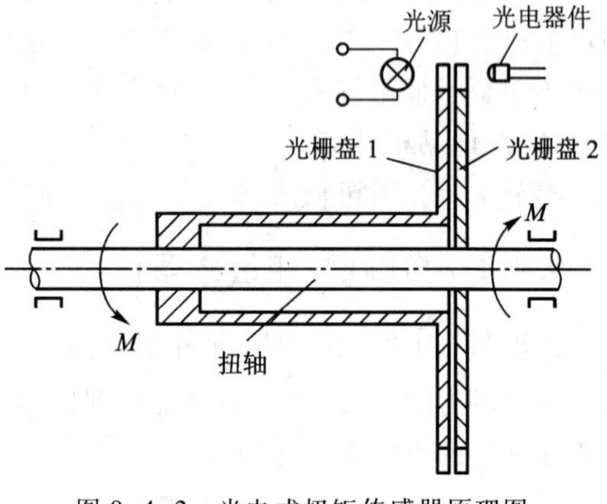

图 9-4-2 光电式扭矩传感器原理图

2）磁电式相位差扭矩传感器

磁电式相位差扭矩传感器原理如图 9-4-3 所示,它实际上是在转轴上安装两个相距 l 的如图 9-1-4(a)所示的开磁路磁电式传感器,齿轮盘齿数为 m,转轴每转一周,两磁电式传感器输出 m 个脉冲。

当转轴受力矩 M 作用,使两齿轮盘产生相对扭转角 θ 时,两路脉冲信号便在相位上相差 $\Delta\varphi$

$$\Delta\varphi=m\theta \tag{9-4-4}$$

将式(9-4-4)代入式(9-4-2)得

$$M=\frac{\pi r^4 G}{2ml}\Delta\varphi \tag{9-4-5}$$

由式(9-4-5)可见,只要测出 $\Delta\varphi$,就可根据式(9-4-5)或标定曲线获得扭矩值。m 的选取通常使$\frac{\pi}{2}<\Delta\varphi<\pi$。当转轴转速很高时,$m$ 可取小些,(最小只能取 $m=1$),转轴转速很慢时,m 可取大些(可达几百),这样才能使感应信号幅值不至太强或太弱。

3) 振弦式扭矩传感器

振弦式扭矩传感器原理如图 9-4-4 所示。在被测轴或特制的弹性轴 1 上安装两个相隔距离 l 的卡环 2 和 3,卡环 2 上有凸台 A_2、B_2,卡环 3 上有凸台 A_3,B_3,在 A_2 与 A_3 之间及 B_2 与 B_3 之间安放两个振弦式传感器 4 和 5。当轴承受扭矩时,相对于两个卡环的断面产生角位移 θ,使一根振弦更绷紧,另一根振弦更松弛。据式(9-4-2),由于两个卡环的相对转角 θ 与扭矩 M 成正比,因而由卡环传给振弦的张力差也与扭矩成正比,据式(6-4-7)两振弦传感器的固有频率差代表扭矩的变化。

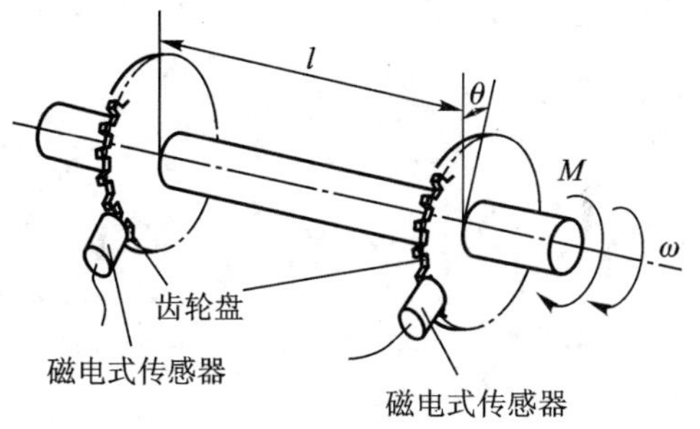

图 9-4-3 磁电式相位差扭矩传感器原理

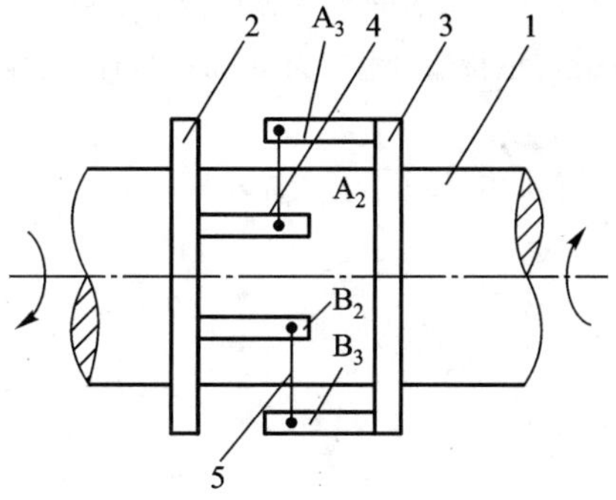

图 9-4-4 振弦式扭矩传感器

1—弹性轴;2、3—卡环;4、5—振弦

除此之外,也可利用变面积型电容式角位移传感器或光栅等,测量扭轴两个端面的角位移,从而测量出扭轴的扭矩。

思考题与习题

9-1 图 9-1-1 磁性转速表配接图 6-1-1 光电式二进制绝对编码器,请导出被测转速与转换成的相应二进制数码的对应关系。并导出该装置对转速的分辨力。

9-2 将图 9-1-4 或图 9-1-7 转速传感器接到图 9-1-10 电路,已知图 9-1-4 或图 9-1-7 中齿轮齿数为 120,图 9-1-10 中晶体振荡器的频率为 10 kHz,分频数为 1 000。若被测转速为 3 000 r/min,试计算图 9-1-10 中十进制计数器的计数结果。

9-3 为什么很多加速度传感器都只适用于低频振动的测量?

9-4 磁电式速度传感器中线圈骨架为什么采用铝骨架?

9-5 为什么磁电式速度传感器只能测量高于其固有频率的振动加速度?

9-6 试指出所有加速度传感器的共同特点?

9-7 试导出图 9-2-5a 所示应变式加速度传感器的应变电桥输出电压与被测加速度的关系式。

9-8 用石英晶体加速度传感器接电荷放大器测量机器的振动,试推导出被测加速度与电荷放大器输出电压的关系式。已知二者的灵敏度分别为 5 pC/g 和 50 mV/pC,输出电压幅值等于 2 V,试计算该机器的振动加速度。

9-9 有一个压电式加速度传感器以电压放大器作为测量电路,压电陶瓷元件的压电常数为 190×10^{-12} C/N,电容为 1 000 pF,泄漏电阻为 100 MΩ。连接电缆的分布电容为 3 000 pF。电压放大器输入电阻为 2 MΩ,输入电容为 50 pF,放大倍数为 10,压电加速度传感器阻尼系数为 $1/\sqrt{2}$,固有频率为 30 kHz,质量块质量为 40 g。求该"加速度-电压"转换系统的通频带。设在此通频带中心频率处被测加速度幅值为 40 $\mathrm{m/s^2}$,试计算该系统的测量频率范围和输出电压幅值。

9-10 用4只相同的电阻应变片 $R_1\sim R_4$ 粘贴到图 9-3-2(b)所示等强度梁上,相连成四臂电桥,就可做成一台电子秤,请您画出应变片 $R_1\sim R_4$ 粘贴位置及连成的电桥电路。若 $l=100$ mm,$b_0=11$ mm,$h=3$ mm,$E=2.1\times10^4$ N/mm^2,应变片灵敏系数为 2,电桥电源电压为 6 V,试计算当物重 F 为 0.5 kg 时,电桥输出电压有多大?

9-11 试用图 9-3-7(a)配接适当的测量电路构成电子吊车秤。要求测量电路输出电量与被测重量呈线性关系。

9-12 用四只电阻值为 120 Ω、灵敏系数为 2 的电阻应变片粘贴到一承受扭矩的钢轴上,并接成电桥。轴的半径为 15 mm,钢轴的剪切弹性模量是 8×10^6 kg/cm^2,电桥电源电压为 10 V,请画出应变片的粘贴位置和连接电路,若测得电桥输出电压为 10 mV,试计算被测力矩。

第 10 章　热工量的电测法

10.1　压力与差压的电测法

10.1.1　压力的概念、单位和测量方法

1. 压力的概念和术语

一般说来，压力是指流体介质作用于单位面积上的力，物理学上称为压强。压力检测中常使用以下名词术语。

1）绝对压力（简称绝压）p_a

绝对压力是相对于绝对真空（绝对零压力）所测得的压力。

2）表压力（简称表压）p_g

表压力 p_g 是高于大气压力的绝对压力 p_a 与大气压力 p_b 之差，即

$$p_g = p_a - p_b \tag{10-1-1}$$

因为压力测量仪表一般都在大气环境中工作，所以它测得的压力实际上是其压力敏感元件内部流体介质压力（绝压）p_a 与外部大气压力 p_b 之差，很显然，即使 p_a 相同，不同地区测量（大气压力 p_b 不同）时，表压力是不同的。在工程上除非特殊指明，一般所指压力即为压力表测得的压力。因此通常把表压力简称为压力。

3）负压 p_v 与真空度 v

当绝对压力小于大气压力 p_b 时，大气压力与绝对压力之差，称为负压即

$$p_v = p_b - p_a \tag{10-1-2}$$

低于大气压力的绝对压力以绝对压力零线起计算时就称为真空度。

4）差压 p_d

两个压力之间的差值称为差压。

以上压力术语的关系如图 10-1-1 所示。

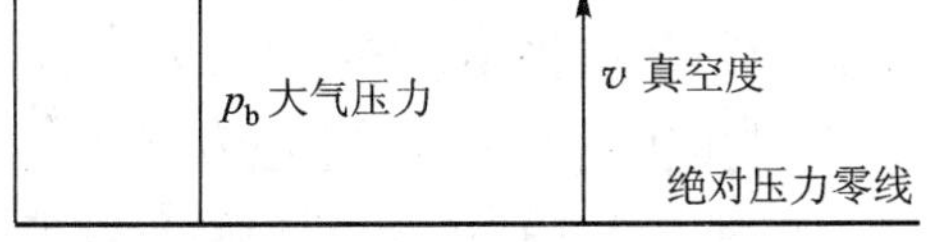

图 10-1-1　压力术语间的关系

2. 压力计量单位

由于习惯原因，目前国内外还在使用着多种压力单位，例如：

1 帕（Pa）= 1 牛顿/ 米^2（N/m^2）

1 巴（bar）= 100 万达因/ 厘米^2（dyn/cm^2）= 10^5 Pa

1 工程大气压 ≈ 1 千克力/ 厘米^2（1 kgf/cm^2）≈ 98 kPa

1 标准大气压 = 760 毫米水银柱 = 101 325 Pa

1 毫米水银柱 = 133. 322 Pa

1 毫米水柱 = 9.806 65 Pa

由上可知"帕"的量值最小,它约等于 0.1 毫米水柱。真空度测量中常以"托"(Torr)为单位,1 托(Torr)= 1 毫米水银柱。

3. 压力测量方法

压力测量方法很多,通常采用的测量方法有如下几种:

1）压力平衡法

这种测量方法是用一个大小可知的压力去与被测压力相比较,当两者达到平衡时,即可求得被测压力的大小,常用的平衡方式有两种:

① 砝码压力平衡式。这种方式是利用液体传压原理,将被测压力转换成密闭容器活塞上所加平衡砝码的重量进行测量,用这种原理制成的活塞式压力计,主要作为压力基准,用来校验其他一些压力计。

② 液体压力平衡式。这种方式基于流体静力学原理,将被测压力转换成液柱高度差进行测量。根据这种原理制成的各种液柱式压力计,一般用于低压力的精密测量以及对其他压力表进行校验。

2）弹性变形法

这种方法是利用压力敏感型弹性元件在压力作用下产生弹性变形,根据弹性变形的大小来测量压力。根据这种原理制成的弹性式压力计结构简单、测量范围大、精度较高,线性较好,是目前应用最普遍的工业用压力计。

3）电测法

这种方法是把被测压力转换成电量进行测量。基于这种原理的电测压力计具有动态响应快,便于远传和自动控制等明显的优点,尤其适用于快速变化压力的动态测量以及超高压和高真空等测量场合。随着科学技术的不断发展,自动化测量技术水平的提高,电测式压力仪表及压力测量系统将得到越来越广泛的应用和发展。

压力的电测方法很多,可归纳为以下三种:

① 以压力敏感型弹性元件作为敏感器配接谐振式传感器、应变式传感器、位移式传感器,分别构成谐振式压力传感器、应变式压力传感器、位移式压力传感器。其中谐振式压力传感器有振弦式压力传感器、振筒式压力传感器。位移式压力传感器种类更多,有:电位器式、电感式、电容式、霍尔式、光电式压力传感器等。

② 利用压电效应直接将压力量转换为电荷量,构成压电式压力传感器。

③ 利用压阻效应直接将压力量转换为电阻变化,构成压阻式压力传感器。

后两种方式不需配接敏感器,可归纳为直接测量方式。第一种方式配接敏感器,应属间接测量方式。

10.1.2 压力敏感器

压力敏感器是能够将压力的变化转换为应变和位移的弹性敏感元件,其种类繁多,下面仅介绍常用的几种:

1. 弹簧管

弹簧管又称波登管,通常是一根弯曲成 C 形的空心扁管,截面呈椭圆等非圆形,如图10-1-2

所示。弹簧管的一端与接头相连，具有压力 p 的流体由接头通入弹簧管内腔，弹簧管的另一端（自由端）密封并与传感器其他部分相连，在压力 p 的作用下，弹簧管的截面有变成圆形截面的趋势，截面的短轴伸长，长轴缩短，截面形状的改变导致弹簧趋向伸直，直至与压力的作用相平衡为止。结果使弹簧管自由端产生位移，在一定压力范围内，位移 d 与压力 p 近似成正比

$$d=kp \tag{10-1-3}$$

式中，k 为比例常数。

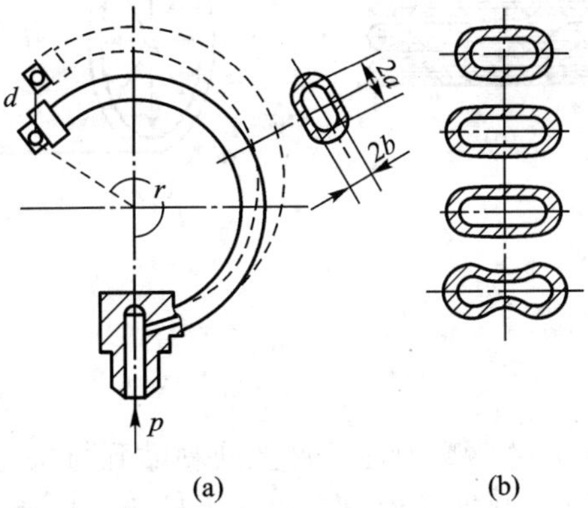

图 10-1-2 C 形弹簧管

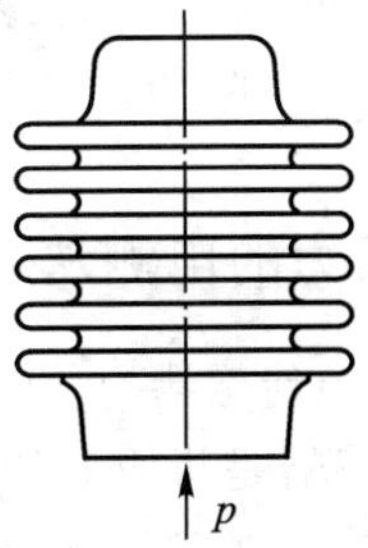

图 10-1-3 波纹管

2. 波纹管

波纹管是一种带同心环状波形皱纹的薄壁圆管，一端开口，另一端封闭，将开口端固定，封闭端处于自由状态，如图 10-1-3 所示。在通入一定压力的流体后，波纹管将伸长，在一定压力范围内伸长量即自由端位移 y 与压力 p 近似成正比

$$y=kp \tag{10-1-4}$$

式中，k 为比例常数。

3. 膜片与膜盒

膜片是用金属或非金属制成的圆形薄片。断面是平的，称为平膜片[图 10-1-4(a)]。断面呈波纹状，称为波纹膜片[图 10-1-4(b)]。两个膜片边缘对焊起来，构成膜盒[图 10-1-4(c)]。几个膜盒连接起来，组成膜盒组[图 10-1-4(d)]。平膜片比波纹膜片具有较高的抗振、抗冲击的能力，在压力测量中用得最多。

在压力 p 作用下，圆形平膜片的应变与压力成正比，即

$$\varepsilon=kp \tag{10-1-5}$$

式中，k 为比例常数。

在压力 p 作用下，图 10-1-4 中各膜片膜盒的中心位移也均与压力近似成正比。

4. 薄壁圆筒

这种弹性元件的壁厚一般都小于圆筒直径的 1/20，圆筒的一端开口，一端不通，内腔与被测压力相通时，内壁均匀受压，均匀地向外扩张，如图 10-1-5 所示。筒壁在圆周方向和轴向上的应变均与压力 p 成正比。

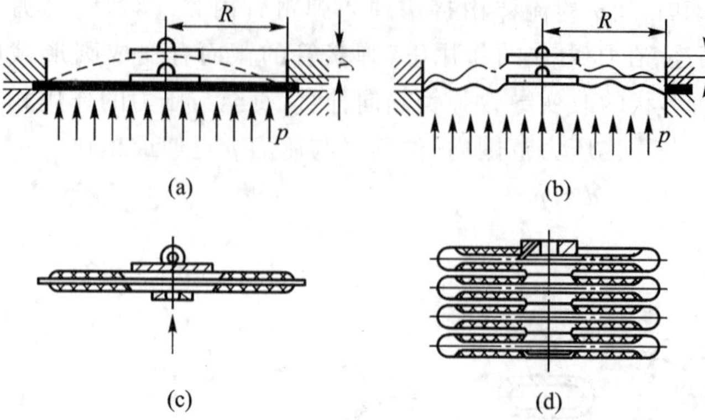

图 10-1-4　膜片和膜盒

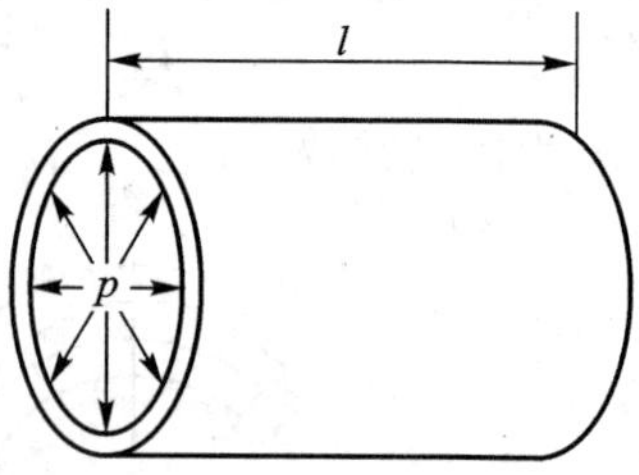

图 10-1-5　薄壁圆筒

10.1.3　压力的电测法

1. 应变式压力传感器

这种压力传感器是将应变片粘贴到压力敏感型弹性元件上或粘贴到与压力敏感型弹性元件相衔接的力敏感型弹性元件上，由弹性元件或弹性元件组合将压力转换为应变，再由应变电桥将应变转换为电压输出。

1）膜片式压力传感器

图 10-1-6 所示为膜片式压力传感器，应变片贴在膜片内壁，在压力 p 作用下，膜片产生径向应变 ε_r 和切向应变 ε_t，如图 10-1-6(c)所示。根据应变分布安排贴片，一般在中心贴片，并在边缘沿径向贴片，如图 10-1-6(b)所示，接成半桥或全桥。现已制出适应膜片应变分布的专用箔式应变花。

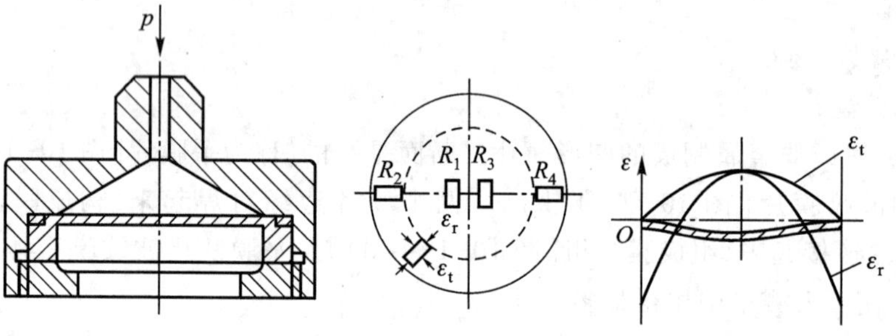

图 10-1-6　膜片式压力传感器

2）筒式压力传感器

如图 10-1-7 所示为筒式压力传感器。在流体压力 p 作用于筒体内壁时，筒体空心部分发生变形，产生周向应变 ε_t，测出 ε_t 即可算出压力 p。流体压力不能使筒体底部实心部分发生变形，筒体底部所贴应变片只是为了补偿温度误差。筒式压力传感器结构简单，制造方便，常用于较大压力的测量。

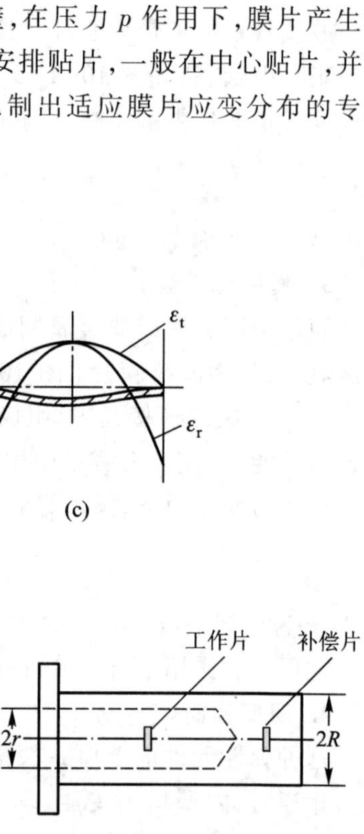

图 10-1-7　筒式压力传感器

3）组合式压力传感器

这种传感器中的应变片不直接粘贴在压力感受元件上，而采用某种传递机构将感压元件的位移传递到贴有应变片的其他弹性元件上，如图 10-1-8 所示。图(a)利用膜片 1 和悬臂梁 2 组合成弹性系统。在压力的作用下，膜片产生位移，通过杆件使悬臂梁变形。图(b)利用锤链式膜片 1 将压力传给弹性圆筒 2，使之产生变形。图(c)利用弹簧管 1 在压力的作用下，自由端产生拉力，使悬臂梁 2 变形。图(d)利用波纹管 1 产生的轴向力，使梁 2 变形。

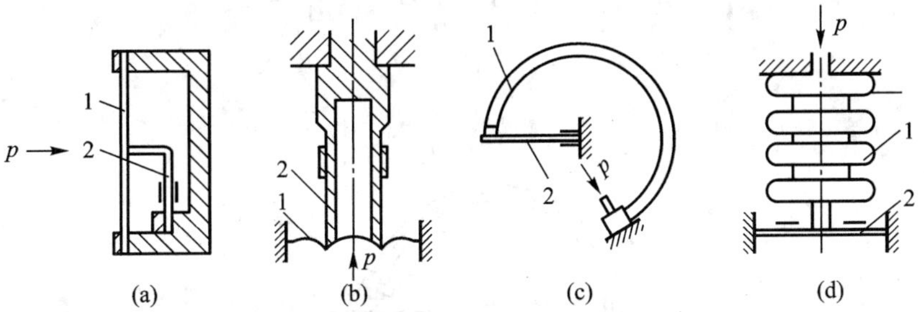

图 10-1-8 组合式压力传感器

2. 位移式压力传感器

这种压力传感器是将位移传感器的可动部分与压力敏感型弹性元件的自由端连在一起，将压力转换为位移，再由位移传感器将位移转换为电量，常见的有以下几种：

1）电容式压力传感器

电容式压力传感器由一个固定电极和一个膜片电极构成，在压力作用下膜片变形，引起电容变化，结构原理如图 10-1-9 所示。

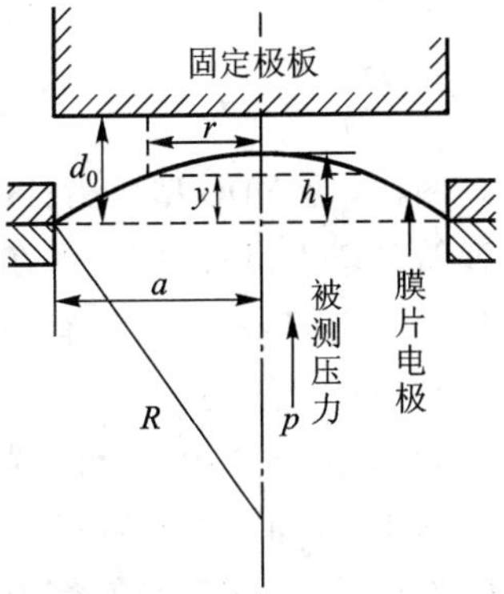

图 10-1-9 电容式压力传感器

由于膜片电极在压力作用下产生弯曲变形而不是平行移动，因此电容变化的计算十分复杂，据推导，压力 p 引起膜片电容式压力传感器电容的相对变化值为

$$\frac{\Delta C}{C_0}=\frac{a^2}{8d_0\sigma}p \qquad (10-1-6)$$

式中：σ——膜片的拉伸张力；

a——膜片直径；

d_0——无压力时电容极距。

以上公式仅适用于静态受力的情况，因为忽略了膜片背面的空气阻尼等复杂影响。

2）电感式压力传感器

图 10-1-10 所示为三种电感式压力传感器的例子。图(a)为膜盒与变气隙型自感传感器构成的气体压力传感器，活动衔铁固定在膜盒的自由端，气体压力使膜盒变形，推动衔铁上移引起电感变化，这种传感器适用于测量精度要求不高的场合或报警系统中。

图(b)为差动变压器与膜盒构成的微压力传感器。无压力作用时，固连于膜盒中心的衔铁位于差动变压器线圈的中部，输出电压为零。当被测压力经接头输入膜盒后，推动衔铁移动，从而使差动变压器输出正比于被测压力的电压。

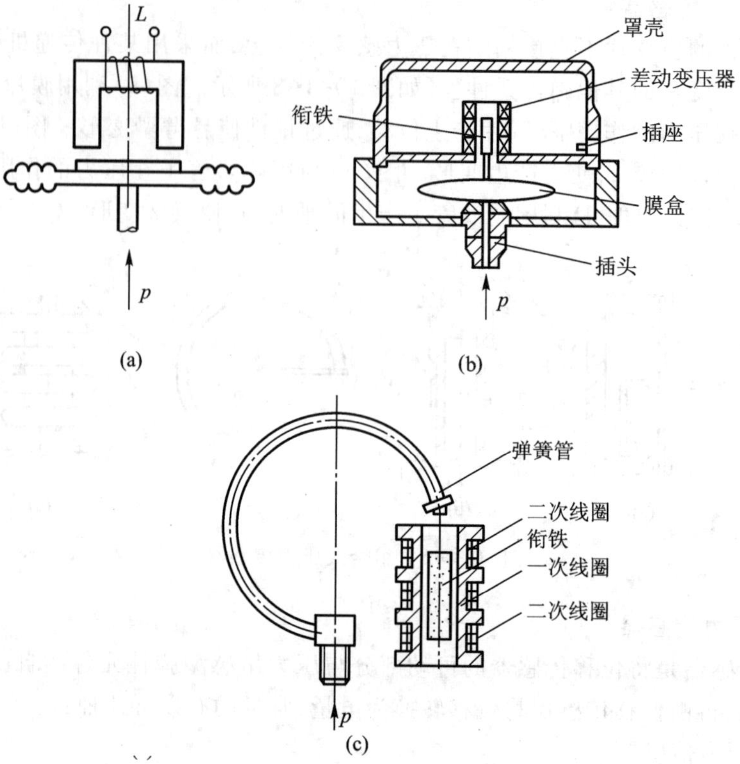

图 10-1-10　电感式压力传感器

图(c)为 YDC 型压力计的原理。弹簧管的自由端和差动式变压器的活动衔铁相连,当压力使弹簧管产生位移时,衔铁在变压器中运动,因而差动变压器的两个二次线圈的感应电动势发生变化。当它们差接时,就有一个与弹簧管自由端位移成正比的电压输出。测出这个电压输出,通过标定换算出压力。

3）电位器式压力传感器

图 10-1-11 所示为麻花形弹簧管与电位器构成的压力传感器,在弹簧管下部开口端引入压力的作用下,麻花形弹簧管上部封口端将产生扭转变形,带动电位器滑臂转动,改变电位器电阻或分压比,从而将压力转换为电信号。

4）霍尔式压力传感器

图 10-1-12(a)为 HWY-1 型霍尔式微压传感器,当被测压力 p 送到膜盒中使膜盒变形时,膜盒中心处的硬芯及与之相连的推杆产生位移,从而使杠杆绕其支点轴转动,杠杆的一端装上霍尔元件。霍尔元件在两个磁铁形成的梯度磁场中运动,产生的霍尔电动势与其位移成正比,若膜盒中心的位移与被测压力 p 呈线性关系,则霍尔电动势的大小即反映压力的大小。

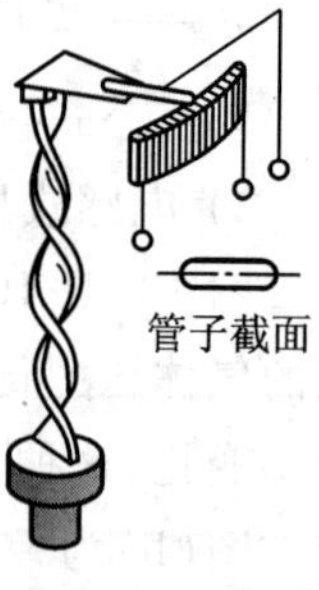

图 10-1-11　电位器式压力传感器

图 10-1-12(b)为 HYD 霍尔式压力传感器,弹簧管在压力作用下,自由端的位移使霍尔元件在梯度磁场中移动,从而产生与压力成正比的霍尔电动势。

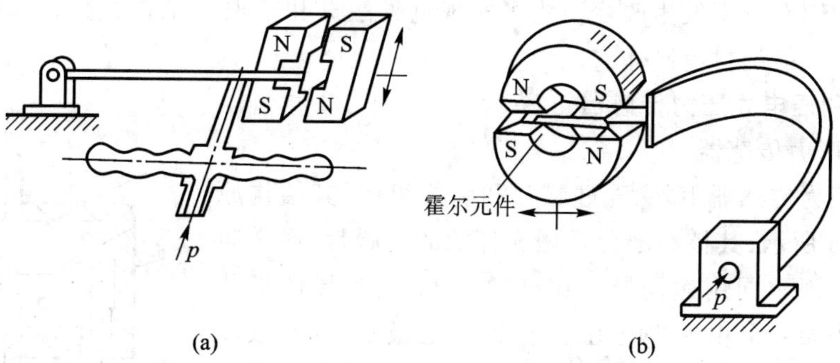

图 10-1-12 霍尔式微压和压力传感器结构原理图

5）光电式压力传感器

图 10-1-13 为光电式压力传感器。当被测压力 p 作用于膜片时，膜片中心处位移引起两遮光板中狭缝一个变窄，一个变宽，从而使透射到两光电器件上的光强度一个增强一个减弱，把两光电器件接成差动电路，差动输出电压可设计成与压力成比例。这种差动结构不仅可提高灵敏度，而且能消除光源亮度变化产生的影响。

3. 谐振式压力传感器

1）振弦式压力传感器

振弦式压力传感器原理如图 10-1-14 所示。振弦 2 的一端固定在支承 1 上，另一端与感受压力的膜片 3 相连。对振弦要预拉紧，使之有一初始张力，当被测压力 p 作用到膜片 3 上时，振弦张力 F 发生改变，由式(6-4-2)、式(6-4-3)可知，振弦的固有振动频率也随之改变，因此测得其固有频率便可知被测压力的大小。振弦式压力传感器主要应用在被测压力变化比较慢的场合中。

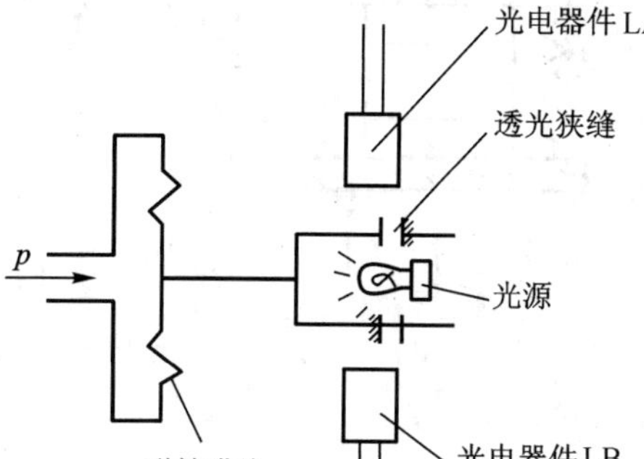

图 10-1-13 光电测压原理图

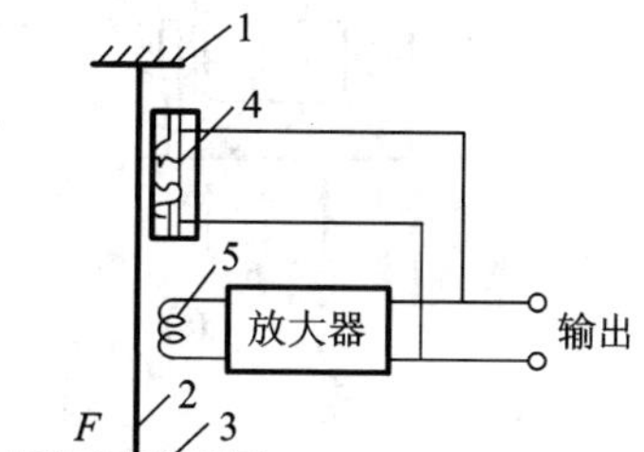

图 10-1-14 振弦式压力计的原理

1—支承（夹紧件）；2—振弦；3—膜片；4—电磁铁；5—拾振线圈

2）振筒式压力传感器

振筒式压力传感器也已在 6.4.2 节和图 6-4-6 做过阐述，这里也不再重复。但需要指出的是图 6-4-6 所示振筒式压力传感器与图 10-1-7 所示筒式压力传感器的区别。后者是把图 10-1-7 所示圆筒作为“压力-应变”变换器使用的，而前者则让圆筒作为弹性振体而工作，被测压力作用到圆筒上时其振动固有频率发生改变。为了实现电磁激振和拾振的工作过程,要求振筒应采用具有良好电磁耦合性能的材料制作。

4. 压阻式和压电式压力传感器

1) 压阻式压力传感器

硅压阻式压力传感器由外壳、硅膜片和引线组成,其结构原理如图 10-1-15 所示,其核心部分是做成杯状的硅膜片,通常叫作硅杯。外壳则因不同用途而异。在硅膜片上,用半导体工艺中的扩散掺杂法做 4 个相等的电阻,经蒸镀铝电极及连线,接成惠斯通电桥,再用压焊法与外引线相连。膜片的一侧是和被测系统相连接的高压腔,另一侧是低压腔,通常和大气相通,也有做成真空的。当膜片两边存在压力差而发生形变时,膜片各点产生应力,从而使扩散电阻的阻值发生变化,电桥失去平衡,输出相应的电压,其电压大小就反映了膜片所受的压力差值。

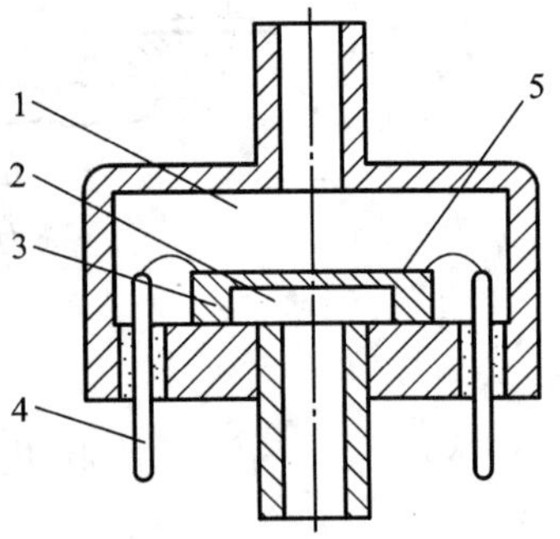

图 10-1-15 压阻式压力传感器结构

1—低压腔;2—高压腔;3—硅杯;4—引线;5—硅膜片

2) 压电式压力传感器

压电式压力传感器主要用于发动机内部燃烧压力的测量与真空度测量。它既可用来测量大的压力,也可以测量微小的压力。

图 10-1-16(a)是一种测量均布压力的传感器结构,薄壁筒是一个薄壁厚底的金属圆筒,通过拉紧薄壁筒,对压电晶片组施加预压缩应力,薄壁筒外的空腔内可以注入冷却水,降低晶片温度,以保证传感器在较高的环境温度下正常工作。冷却腔用挠性材料制成的膜片进行密封。

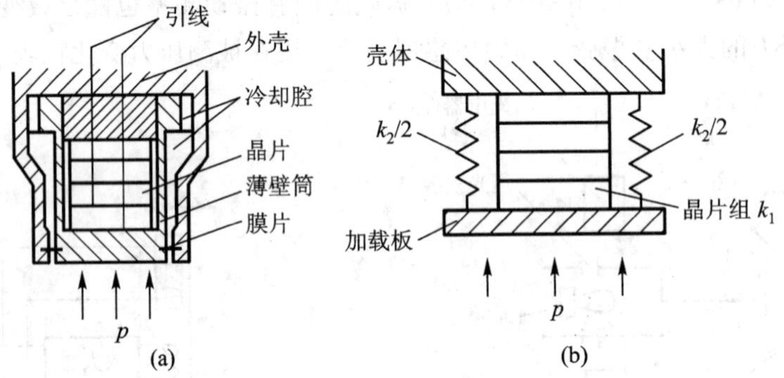

图 10-1-16 压电式压力传感器

外压力作用下压电晶片组受力分析如图 10-1-16(b)所示。薄壁筒底承受外部压力为

$$F=pA$$

式中:A——预紧筒底受力面积;

p——外部压力(压强)。

力 F 被分配给压电晶片组和薄壁筒,即

$$F=F_1+F_2=(k_1+k_2)\Delta x$$

式中:k_1——压电晶片组刚度;

k_2——薄壁筒的刚度;

Δx——压缩变形。

压电晶片组所受力 F_1 与外部压力 F 之比为

$$\frac{F_1}{F}=\frac{1}{1+\frac{k_2}{k_1}} \tag{10-1-7}$$

由式(10-1-7)可见,晶片组刚度一定时,薄壁筒刚度越小,灵敏度也就越高。

压电式压力传感器只能用来测量动态压力,不能测量静态力。

10.1.4 差压的电测法

前面所介绍的各种压力传感器,所测量的压力一般都是指表压力而不是绝对压力,因为这些传感器中感受压力的敏感器的一个侧面承受的是被测压力,而另一侧面则承受大气压力,它所产生的应变和位移是由被测压力与大气压力两绝对值之差所产生的,所以,这些压力传感器实质上也就是差压传感器。只要把这些传感器稍加改进,使其压力敏感弹性元件的一个侧面承受高压 p_H,另一侧面承受低压 p_L,那么这些表压传感器就变成了差压传感器。

目前常用的差压传感器有:

1. 电容式差压传感器

电容式差压传感器的结构如图 10-1-17 所示。图(a)为两室结构式电容差压变送器,1、2 为测量膜片(或隔离膜片),它们与被测介质直接接触,3 为感压膜片,此膜片在圆周方向张紧,1 与 3 膜片间为一室,2 与 3 膜片间为另一室,故称两室结构。其中感压膜片 3 为可动电极,与固定电极 4、5 构成一对差动电容。固定球面电极是在绝缘体 6 上加工而成。绝缘体一般采用玻璃或陶瓷,在它的表面蒸镀一层金属膜(如铝)作为电极。感压膜片的挠曲变形,引起差动电容变化,经测量电路将电容变化量转换成标准电流信号。

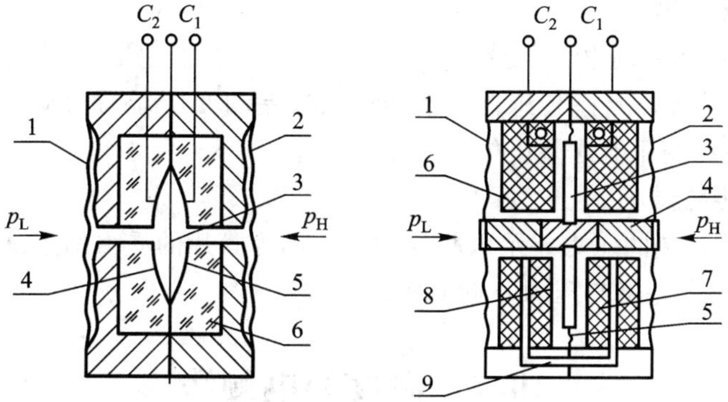

图 10-1-17 电容式差压传感器的两种结构

图(b)为一室结构式电容差压变送器。图中 1、2 为测量膜片,它们与被测介质接触。3 为可动平板电极,中心轴 4 把 1、2、3 连为一体,片簧 5 把可动电极在圆周方向张紧。在绝缘体 6 上蒸镀金属层而构成固定电极 7、8,并与可动电极构成平行板式差动电容。在可动电极与测量膜片间充满硅油作为密封液,并有通道经节流孔 9 将两电容连通,所以称为一室结构。当两边被测压力不等时,测量膜片通过中心轴推动可动电极移动,因而使差动电容发生变化。

式(8-4-11)给出了两室结构的差动电容公式,一室结构的平板差动电容更容易推导出来。这两种结构的差动电容都与被测的差压成正比,即

$$\frac{C_1-C_2}{C_1+C_2}=K(p_H-p_L)=K\Delta p \tag{10-1-8}$$

式中,K 为由传感器结构决定的常数。

2. 电阻式差压传感器

在两侧分别承受高压 p_H 和低压 p_L 的测量膜片上粘贴应变片或制作应变电阻电桥,则差压引起的测量膜片的变形便转换成电桥电压输出,目前市售产品有以下三种形式:

1) 应变型

采用周边固定的不锈钢圆平膜片为敏感元件,粘贴在膜片上的电阻应变片组成全桥电路,例如国产 CYY 系列应变式压力传感器就属于这一类。

2) 硅膜型

也称压阻式或固态压力传感器,其工作原理已在图 10-1-15 的附述中做过介绍,美国 Honeywell公司目前在我国销售这种产品。

3) 金属薄膜型

这是一种新型的应变式传感器,它利用制造大规模集成电路的离子束溅射和离子束刻蚀工艺,将薄膜应变电阻直接制作在金属膜片上。应变电阻分布在测量膜片上并连成直流电桥,膜片两侧出现压差时,电桥输出一个与压差成正比的电信号。金属膜型同前述应变型相比,由于用溅射工艺代替粘贴,完全克服了粘贴带来的蠕变、迟滞、老化等弊病,同前述硅膜型相比,由于应变电阻是金属薄膜制成的,具有金属应变片特有的高稳定性,不像半导体那样受温度影响。目前美国 GP:50 公司和国内一些厂家在销售这类产品。

3. 电感式差压传感器

图 10-1-17(b)中的差动电容传感器如果换成差动自感传感器或差动变压器,与中心轴相连的可动平板电极换成差动自感传感器的活动衔铁或差动变压器的活动衔铁,即可构成差动自感式差压传感器或差动变压器式差压传感器。

4. 振弦式差压传感器

图 6-4-2 中膜片两侧的压力差乘以膜片的面积即为膜片的受力增量 ΔF,由式(6-4-10)可知,差动振弦的振动频率差将与压力差近似成正比关系。

10.2 温度的电测法

10.2.1 温度的概念、单位和测量方法

1. 温度的概念

温度是表征物体冷热程度的一种物理量。所谓物体的冷热乃是人们感觉到的一种宏观现象,从微观上看,温度是物体内部分子无规则运动剧烈程度的标志。

温度是一个重要的基本物理量,自然界中任何物理、化学过程都紧密地与温度相联系,在很

多生产过程中，温度测量和控制都直接和安全生产、保证产品质量、提高生产效率、节约能源等重大经济技术指标相联系，因此在国民经济各个领域中都受到了相当的重视。

2. 温度的单位

量度温度的标尺简称温标。温标是为定量地表示温度高低而对温度零点和分度方法所做的一种规定，是温度的单位制。

早期出现的有摄氏和华氏温标，称为经验温标，摄氏温度 t(℃)和华氏温度 θ(F)的换算公式为

$$t=\frac{5}{9}(\theta-32) \tag{10-2-1}$$

现在国际上统一使用的国际温标是国际开尔文温度 T(K)和国际摄氏温度 t(℃)，二者的换算公式为

$$t=T-273.15 \tag{10-2-2}$$

3. 温度测量方法

温度测量方法可分为接触式和非接触式两类，接触式的测温方法是基于物体的热交换现象。选定某一测温器（温度敏感器或温度传感器），与被测物体相接触，进行充分的热交换，待两者温度一致时，测温器输出的大小即反映被测温度的高低。本书把输出量为电量的测温器称为温度传感器，如热电偶、热电阻等，把输出量为非电量的测温器称为温度敏感器，如各种热膨胀式温度计等。接触式测温的优点是简单、可靠、测量精度高，缺点是测温时有较大的滞后（因为要进行充分的热交换），对运动物体的测温较困难，测温器易影响被测对象的温度场分布，测温上限受到测温器材料性质的限制，故所测温度不能太高。

非接触式测温方法的特点是温度传感器与被测物体不发生接触，只是保持一定距离。这种方法的优点是测温范围广（理论上讲没有上限限制），测温过程中不破坏原温度场，测温响应速度快，缺点是所测温度受物体辐射率的影响，此外，测量距离和中间介质对测量结果也有影响。

10.2.2 接触式测温法

1. 将温度转换为非电量——温度敏感器

1）热膨胀式

这种测温方法是基于物体受热时产生热膨胀的原理，可分为液体膨胀式和固体膨胀式，日常生活中常见的酒精温度计、水银温度计等玻璃液体温度计就是基于液体（称为工作液体）受热膨胀的原理而工作的。

固体膨胀式的典型例子是热敏双金属元件。热敏双金属元件是由两片具有不同线膨胀系数的薄金属片焊接而成的。当工作温度改变时，构成双金属元件的两个金属片因具有不同的线膨胀系数而产生不等量的伸长（或缩短）。由于两金属片彼此焊在一起，因而使双金属片产生弯曲。双金属元件的结构简单，尺寸小，既可用于温度测量，又可用做温度控制。其缺点是精度不高，性能的分散性也大，但在家用电器及其他对测温精度要求不高的场合，仍可构成很有应用价值的开关式传感器。

热敏双金属元件的结构形式如图 10-2-1 所示。其中，直片型适用于所需位移较小的情况。与直片相比，U 形或双 U 形可获得较大的位移。当需要产生更大的位移时，可采用盘簧式或螺

旋式双金属元件。

理论分析的结果表明,在温度变化时,材料和几何尺寸一定的热敏双金属元件所产生的弯曲变形与温度变化 Δt 成正比。对于一端固定的平直双金属片,其自由端的弯曲挠度 δ 为

$$\delta=\frac{3}{4}\frac{\alpha_1-\alpha_2}{h_1+h_2}l^2\Delta t \qquad (10-2-3)$$

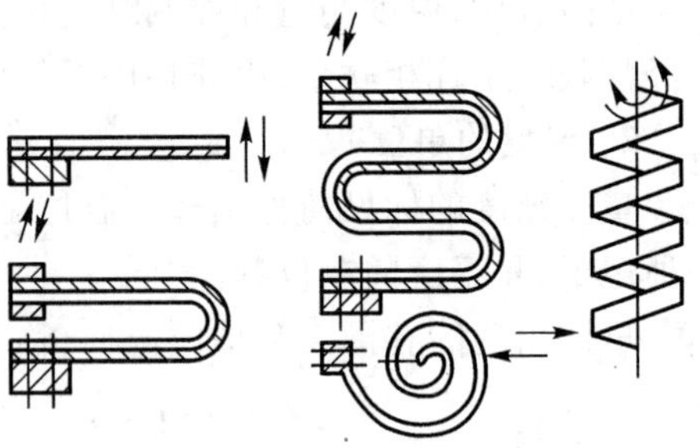

图 10-2-1 热敏双金属元件

式中:h_1、h_2——两金属片的厚度;

α_1、α_2——两金属片的线膨胀系数;

l——双金属片的长度。

工业上常用热敏双金属片制成温度继电控制器和双金属温度计(用双金属片制成螺旋形感温元件,当温度变化时,螺旋的自由端便围绕着中心轴旋转,同时带动指针在刻度盘上指示出相应的温度数值。)

2) 压力式

压力式测温法是基于封闭在密闭容器中的液体或气体的压力与温度有关这一原理,把温度测量转化为流体压力测量。压力式温度计主要由温包(直接与被测介质接触以感受温度变化)、压力敏感型弹性元件(将压力变换为指针的移动)和毛细管(连接温包与压力敏感弹性元件并传递压力)组成的封闭系统,其中充满工作物质(液体或气体)。温包感受温度变化时,该封闭系统中的工作液体(或气体)压力变化。通过毛细管的导压,使压力敏感弹性元件的自由端产生相应位移,带动指针指出相应的温度。

2. 将温度转换为电量——温度传感器

常用的温度传感器有:金属热电阻和半导体热敏电阻(3.1.3 节)、热电偶(4.3 节)、PN 结型温度传感器和集成温度传感器(5.1.3 节和 5.2.1 节)等。下面介绍几种用温度传感器测量温度的电路。

10.2.3 温度和温度差的电测法

1. 单点温度的电测法

1) 采用热电阻或热敏电阻

电阻温度计的测量电路最常用的是电桥电路,精度较高的是自动电桥,图 10-2-2 所示是一般的电桥式电阻温度计的原理图,R_1、R_2、R_3 和 R_T(R_{ref}和 R_{FS})组成电桥的 4 个臂,R_1、R_2 和 R_3 是固定电阻,R_T 是热电阻,R_{ref}和 R_{FS}是锰铜电阻,两者分别等于热电阻 R_T 在起始温度(如0 ℃)及满度(如 100 ℃)时的电阻值,首先将开关 S 接在位置"1",调节 R_0 使指示仪表指示为零,然后将开关接在位置"3",调节 R_P 使指示仪表满度偏转,最后将开关 S 接在位置"2"上,即可正常工作。

热电阻式温度计和其他类型测温变换器相比有许多优点,它的性能最稳定,测量范围很大,精度也高,特别是在低温测量中得到广泛的应用,其缺点是需要辅助电源,热电阻的热容量较大,即热惯性大,限制了它在动态测量中的应用,此外价格也贵。

在设计电桥时,为了避免热电阻中流过电流的加热效应,要保证流过热电阻的电流尽量的小,一般希望小于 10 mA。尤其当测量环境中有不稳定气流时,工作电流的热效应有可能产生很

大的误差。

热敏电阻测温的典型电路如图 10-2-3 所示。图中 R_t 为热敏电阻，R_2、R_3 为平衡电阻，R_5、R_6 为微安表修正、保护电阻（也可以将电桥输出接至放大器的输入端或自动记录仪）。该电路的测温范围为 $t_0 \sim t_F$，即温度为 t_0 时 μA 表指针零偏转，温度为 t_F 时微安表指针满度偏转。R_1 为起始电阻，其阻值应等于热敏电阻在 t_0 时的阻值，R_4 为满度电阻，其阻值应等于热敏电阻在 t_F 时的阻值。R_{P8}为满度调整电阻。

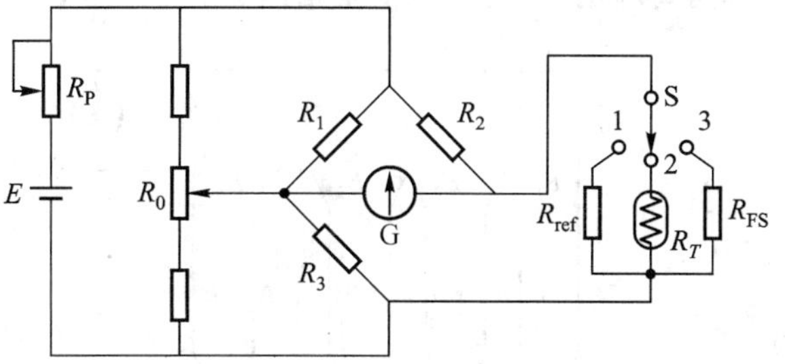

图 10-2-2 电桥式电阻温度计的原理图

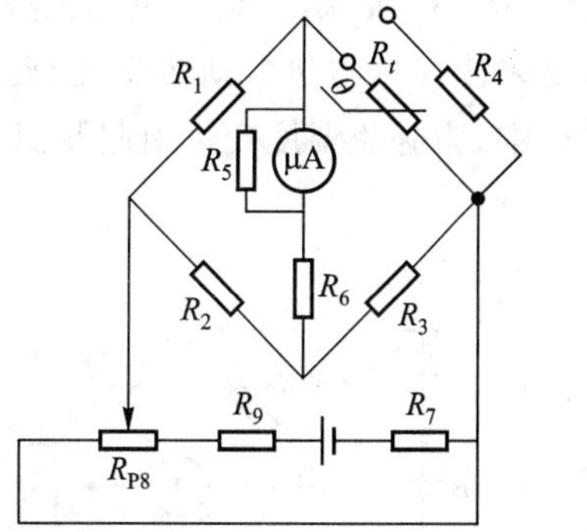

图 10-2-3 热敏电阻测温电路

如果热电阻安装的地方与仪表相距甚远，则其连接导线电阻当环境温度变化时也要变化，因为它与热电阻 R_T 是串联的，也是电桥臂中的一部分，所以会造成测量误差。现在一般采用两种接线方法可以消除这项误差，如图 10-2-4 和图 10-2-5 所示。

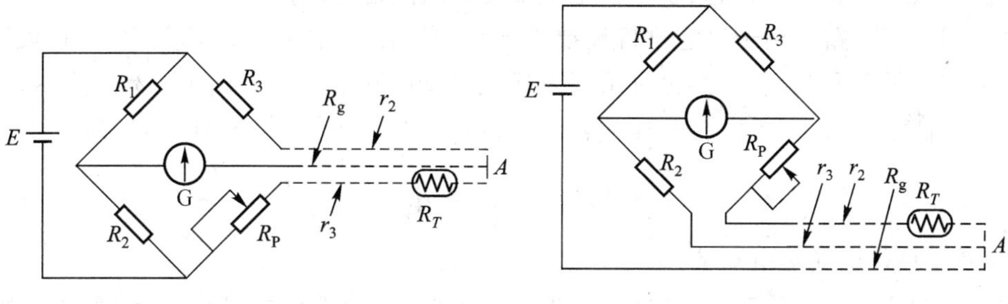

(a) (b)

图 10-2-4 热电阻测温电桥的三线连接法

图 10-2-4 是三线连接法的原理图，图中的 G 为检流计，R_1、R_2、R_3 为固定电阻，R_P 为零位调节电阻，热电阻都通过电阻分别为 r_2、r_3、R_g 的三根导线和电桥连接，r_2 和 r_3 分别接在相邻的两臂内，只要它们的长度和电阻温度系数 α 都相等，当温度变化时，它们的电阻变化就不会影响电桥的状态，即不会产生温度误差，而 R_g 接在检流计和电源的回路中，其电阻变化也不会影响电桥的平衡状态。电桥在零位调整时，应使 $R_3 = R_P + R_{T0}$。R_{T0}为热电阻在参考温度（如 0 ℃）时的电阻值。三线连接法的缺点之一为可调电阻 R_P 的触点接触电阻和电桥臂的电阻相连，可能导致电桥的零点不稳。

图 10-2-5 为四线连接法，调零电位器 R_P 的接触电阻和检流计串联，接触电阻的不稳定不

会破坏电桥的平衡和正常工作状态。

2）采用热电偶

图4-3-7为测量单点温度的基本电路。热电偶与动圈式仪表相连接，这时流过仪表的电流为

$$I=\frac{E_{AB}(T,T_0)}{R_1+R_2+R_3} \tag{10-2-4}$$

式中，R_1，R_2，R_3 分别为热电偶，导线（包括铜线、补偿导线A′B′电阻）和仪表内阻，为使仪表电流即仪表读数只与热电动势有关，要求测量电路的总电阻为恒定值，即 $R_1+R_2+R_3=$ 常数。在测温过程中，为避免温度变化引起测温线路总电阻偏离规定值，需采取下列措施：

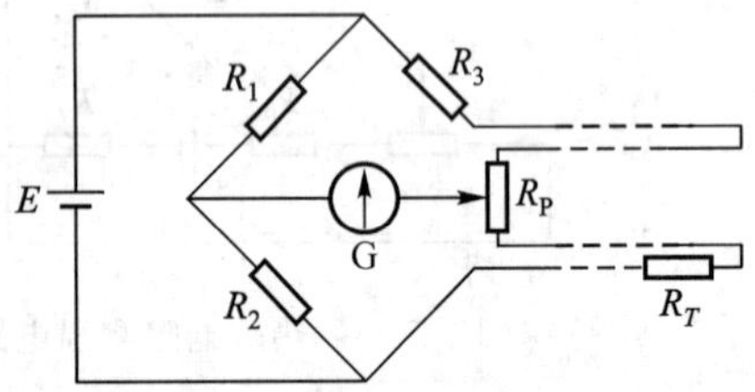

图10-2-5 热电阻测温电桥的四线连接法

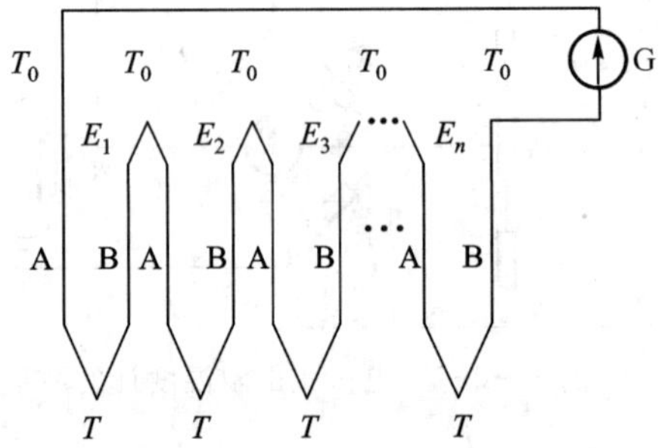

图10-2-6 热电偶串联测温线路

（1）在工作状态下配外接可调电阻。

（2）适当增大仪表内阻，以减小外接电阻变化对线路总电阻的影响。

这种动圈仪表线路常用于测温准确度要求不高的场合，其优点是结构简单，价格便宜。

为了提高灵敏度和测量精度，也可采用下述热电偶串联电路。如图10-2-6所示，把几只相同型号的热电偶依次将正、负极串联连接，组成所谓的“热电堆”，其总热电动势为

$$E_G=\sum_{i=1}^{n}E_i=nE \tag{10-2-5}$$

式中，E_i 为第 i 只热电偶热电动势。

串联线路配用的显示仪表，一般按 E_G-T 关系刻度，对动圈仪表来说，应使整个线路电阻与仪表所要求的外接电阻相等。

若每只热电偶的绝对误差为 ΔE_i，则整个串联电路的绝对误差可按下式估算

$$\Delta E_G=\sqrt{\sum_{i=1}^{n}(\Delta E_i)^2}\xlongequal{\Delta E_i=\Delta E}\sqrt{n}\,\Delta E$$

串联电路的相对误差为

$$\frac{\Delta E_G}{E_G}=\frac{\sqrt{n}\,\Delta E}{nE}=\frac{1}{\sqrt{n}}\frac{\Delta E}{E} \tag{10-2-6}$$

如果把 $\frac{\Delta E}{E}$ 看作单只热电偶的相对误差，则串联线路的相对误差为单只热电偶相对误差的 $\frac{1}{\sqrt{n}}$。

串联线路的主要优点是热电动势大，精度比单只热电偶高。因此可感受较小的信号，或者配

用灵敏度较低的仪表。缺点是，只要有一只热电偶断路，整个电路就不能工作，个别热电偶短路，将会引起仪表指示值显著偏低。

3）采用二极管、晶体管和集成温度传感器

采用二极管、晶体管和集成温度传感器测量温度，具有省电、体积小、线性好等优点，而且能满足一般测温工作（−50～+150 ℃）的需要。但是，由式（5−1−6）、式（5−1−5）、式（5−2−5）、式（5−2−7）可见，这些半导体温度传感器有一个共同的特点，就是其输出电压或电流与绝对温度成正比或线性关系。因为人们通常习惯采用摄氏温度，而且希望在 0 ℃（传感器插入冰水中）时，测温电路输出显示为 0，在 100 ℃（传感器插入沸水中）时，测温电路输出显示为 100。因此，半导体测温电路中都需要设计调零电路和调满度（也称调灵敏度）电路。例如，图 5−1−17 为采用二极管、晶体管测量温度的电路，图 5−1−17（c）中 R_{P1}、R_{P2}分别用于调零和调满度。

图 10−2−7 为 AD590 测量摄氏温度的电路，其输出电压为

$$U_T=\left(I_0-\frac{12\ \text{V}}{43\ \text{k}\Omega+R_{P1}}\right)(91\ \text{k}\Omega+R_{P2})$$

将式（5−2−5）代入上式得

$$U_T=\left(I_{00}-\frac{12\ \text{V}}{43\ \text{k}\Omega+R_{P1}}+C_I t\right)(91\ \text{k}\Omega+R_{P2}) \qquad (10-2-7)$$

调整 R_{P1}，使其电流抵消 AD590 的零点电流 I_{00}（273.2 μA），从而使 0 ℃ 时 $U_T=0$；再调整 R_{P2}，使 100 ℃时 $U_T=100$ mV。R_{P1}称为调零电位器，R_{P2}称为调满度电位器。

2. 平均温度的电测法

1）采用集成温度传感器

将多个 AD590 并联，如图 10−2−8 所示，可测量多点温度的平均值。据式（5−2−5），流过图中电阻 R 的电流 I 为

$$I=I_1+I_2+I_3=C_I(T_1+T_2+T_3)=3C_I\overline{T}$$

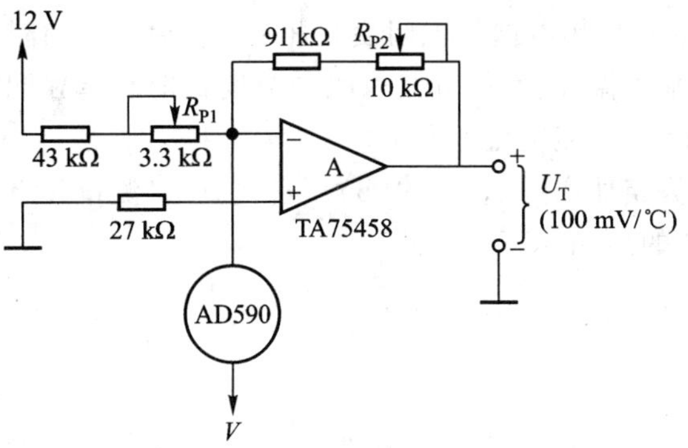

图 10−2−7　AD590 测量摄氏温度的电路

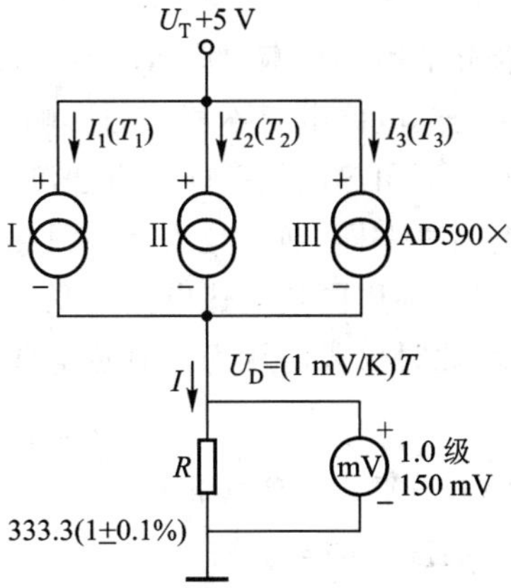

图 10−2−8　AD590 测量平均温度的电路

电流 I 在电阻 R 上产生的电压为

$$U_0 = RI = 3C_I R\,\overline{T}$$

将 $R = 333.3\ \Omega, C_I = 1\ \mu A/K$ 和式(10-2-2)代入上式得

$$U_0 = (1\ mV/K)\overline{T} = 273.2\ mV + (1\ mV/℃)\bar{t} \tag{10-2-8}$$

式中：$\overline{T}$——绝对温度平均值；

$\bar{t}$——摄氏温度平均值。

2）采用热电偶

采用热电偶测量平均温度的方法通常采用几只相同型号的热电偶并联在一起，如图 10-2-9(a)所示。输入到仪表两端的毫伏值为三只热电偶输出热电动势的平均值，若三只热电偶均工作在特性曲线的线性部分，即 $E = KT$，则有

$$E = \frac{E_1 + E_2 + E_3}{3} = K\frac{T_1 + T_2 + T_3}{3} = K\,\overline{T} \tag{10-2-9}$$

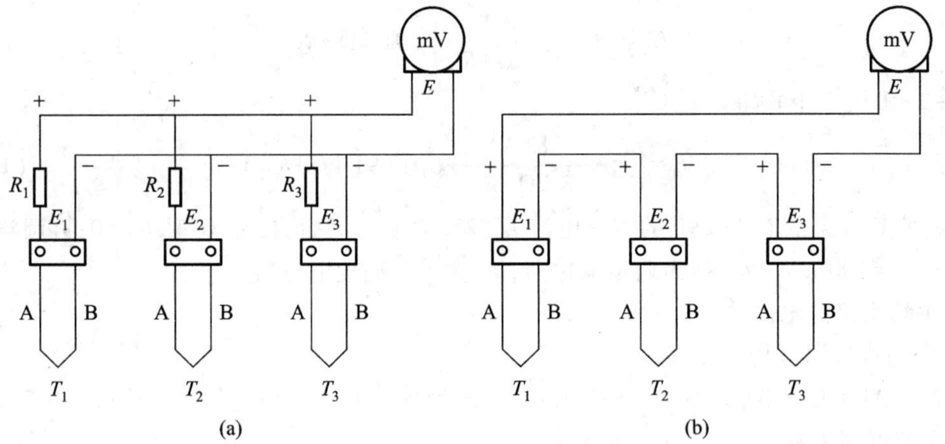

图 10-2-9 热电偶测量平均温度

由式(10-2-9)可见由仪表电动势 E 决定的仪表指示值将代表三点温度的平均值。图中每一只热电偶分别串接均衡电阻 R_1, R_2, R_3，其作用是在 T_1, T_2, T_3 不相等时，使每一只热电偶中流过的电流免受热电偶电阻不相等的影响，因此与每一只热电偶的电阻变化相比，R_1, R_2, R_3 的阻值必须很大。采用热电偶并联的方法测量多点的平均温度，其好处是仪表的分度仍旧和单独配用一个热电偶时一样，缺点是当有一只热电偶烧断时，不能很快觉察出来。

同样，利用同类型热电偶串联，使热电动势相加如图 10-2-9(b)所示，也可以测量几点的平均温度，此时仪表电压为三只热电偶热电动势的总和，即

$$E = E_1 + E_2 + E_3 = K(T_1 + T_2 + T_3) = 3K\,\overline{T} \tag{10-2-10}$$

可见 E 也与平均温度成正比。

3. 温度差的电测法

图 10-2-10 是一种双桥温差测量电路。型号和特性都相同的两热敏电阻 R_T 和 $R_{T'}$ 放在不同测温点，流经表 A 的电流代表两点温度之差。

热电偶测温差电路如图 10-2-11 所示。两只同型号热电偶配用相同的补偿导线，连接时使

两热电动势相减，输入到仪表的电压为两热电动势之差 ΔE，代表 T_1 和 T_2 间的温度差值。$\Delta E = E_{AB}(T_1, T_0) - E_{AB}(T_2, T_0) = E_{AB}(T_1, T_2) \approx K(T_1 - T_2)$。两只热电偶的冷端温度必须一样，它们的热电动势 E 都必须与温度 T 呈相同的线性关系，否则将产生测量误差。

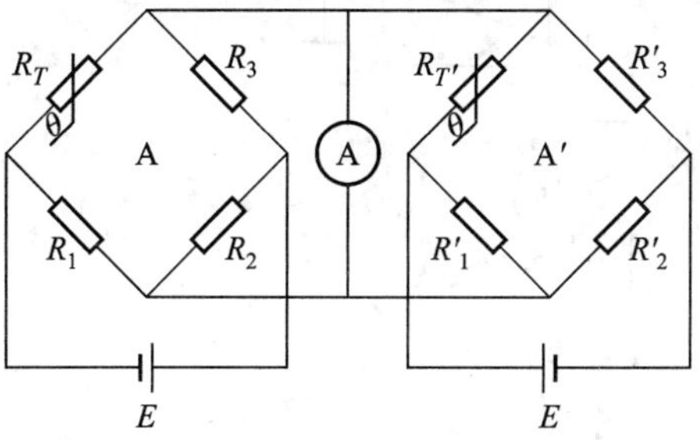

图 10-2-10　双桥温差测量电路

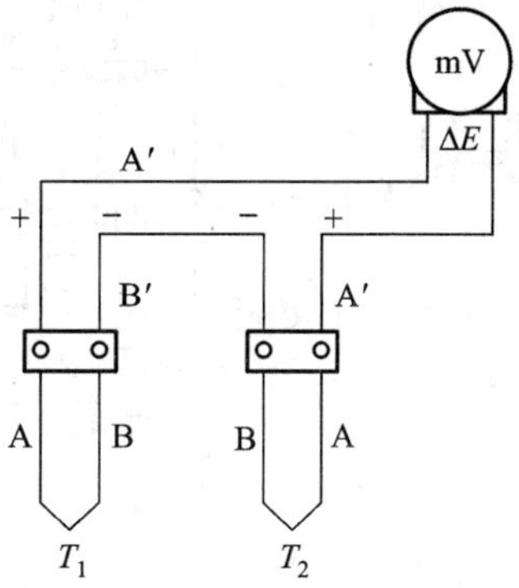

图 10-2-11　热电偶测温差电路

图 10-2-12 为用 AD590 测量两点温度差的电路，据式（5-2-5），流过图中电阻 R_3 的电流 I 为

$$I = I_2 - I_1 = C_I(T_2 - T_1)$$

输出电压为

$$U_O = IR_3 = C_I(T_2 - T_1)R_3$$

将 $R_3 = 10\ \text{k}\Omega$，$C_I = 1\ \mu\text{A/K}$ 代入上式得

$$U_O = (T_2 - T_1) \times 10\ \text{mV/K} = (t_2 - t_1) \times 10\ \text{mV/℃} \tag{10-2-11}$$

在使用前，先将两个 AD590 置于同一点，调整 R_P，使输出电压为 0，再将两个 AD590 分置于两个测温点，即可从输出电压读出这两点的温度差。

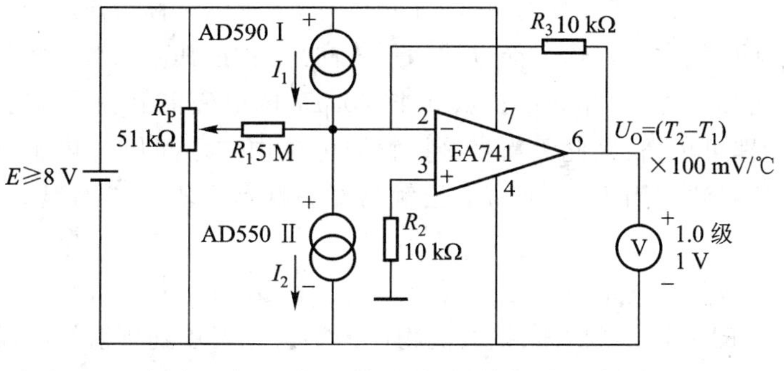

图 10-2-12　AD590 测量温度差的电路

图 10-2-13 采用晶体管测量温度差的电路。两只性能相同的温敏晶体管 MTS102 做测温探头，分别置于两个测温点，两个不同温度所对应的 U_{be} 分别经 A_1A_2 缓冲后加到 A_3 进行差分放大，输出电压正比于两点温度差。100 kΩ 电位器用于调零，使温差为零时，U_O 为零。该电路可以测量 0～150 ℃范围内的温差，其精度可达±0.5 ℃。

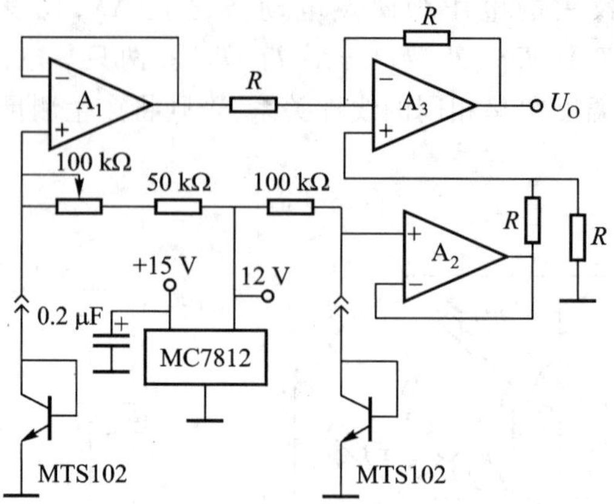

图 10-2-13　晶体管测量温差电路

10.2.4　非接触式测温法

非接触式测温法可分为电涡流式和辐射式。

电涡流式测温法是基于电涡流效应。在 3.3.3 节曾讲过:"反射式涡流传感器的阻抗 Z、电感 L 和品质因数都是由 ρ、μ、X、f 等多参数决定的多元函数。若只改变其中一个参数,其余参数均保持不变,反射式电涡流传感器便成为测定这个可变参数的传感器。"我们知道,导体的电阻率 ρ 与温度有关。如果保持电涡流传感器线圈与导体间距离、导体的磁导率、线圈的几何参数和电流频率不变,使电涡流传感器的参数只随导体的电阻率变化而变化,即只随导体的温度变化而变化。那么,只要用测量电路测出电涡流传感器线圈的参数,就可以确定电涡流传感器附近被测导体的温度。

辐射式测温法是基于热辐射效应。任何物体受热后都将有一部分热能转变为辐射能,因为这些辐射能被物体接收后,大多转变为热能,使物体升温,所以又称为热辐射。物体温度愈高,则辐射到周围空间的能量就愈多。辐射能以波动形式向外辐射,其波长范围极广,一般工程测温中常用的主要是可见光和红外线,亦即波长从 0.4~40 μm 的电磁辐射。热辐射同其他电磁辐射一样,无需任何媒介物即可传播,因此无需直接接触即可在物体之间传递热能,这是实现辐射式测温的基础。辐射式测温法应用很广,通常非接触测温法就是指辐射式测温法。因此下面对此做简要介绍。

辐射式温度计一般包括两部分:

① 光学系统,用于瞄准被测物体,把被测物体的辐射能聚焦到辐射接收器上。

② 辐射接收器,利用各种热敏元件或光电器件将会聚的辐射能转换为电量。

辐射式温度计常见的有以下几种:

1. 全辐射温度计

全辐射温度传感器是通过测量被测物体辐射的全光谱积分能量来测量被测物体的温度。由于是对全辐射波长进行测量,所以希望光学系统有宽的光谱特性,而且辐射接收器也采用没有光谱选择性的热敏元件。

2. 部分辐射温度计

仅限于在特定的部分光谱范围工作的辐射式温度计称为部分辐射温度计，红外辐射温度计就属于这一类。

红外测温仪工作原理如图 10-2-14 所示。物镜是由椭球面—球面组合的反射系统，主镜为椭球反射面。为了提高反射率，反射面真空镀铝，反射率可达 95%以上。由于采用了反射系统，使全光谱能量损失都很小。光学系统的焦距可通过改变次镜位置调整，使最佳成像位置在热敏电阻表面。次镜到热敏电阻的光路之间装有透过波长 2~15 μm、倾斜 45°角的锗单晶滤光片，它使红外辐射透射到热敏电阻，而可见光反射到目镜系统的分划板上，以便对目标瞄准。热敏电阻与分划板互为共轭，以保证调焦和测量准确。

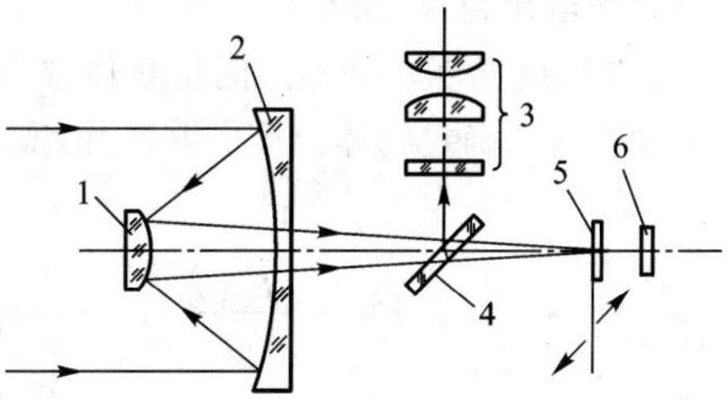

图 10-2-14　红外测温仪光路系统

1—次镜；2—主镜；3—目镜系统；4—锗单晶滤光片；5—机械调制片；6—热敏电阻

由于被测温度通常是恒定的或变化极慢的信号，温度转换成的电信号也一般为直流信号，而放大器的零工作点漂移（简称零漂）也是直流的，对温度电信号放大的同时，难免使前级电路的零漂也一同被放大，因此对直流信号的放大倍数不宜很高。对直流信号的高增益放大通常采用斩波放大器或采用交流调制将直流信号转换成交流信号。由于交流信号放大时，直流零漂并不会被一起放大，因此交流放大器可采用很高的放大倍数。

机械调制片是边缘等距开孔的旋转圆盘，光线通过圆盘小孔照射到热敏电阻上，圆盘由电机带动旋转，使照射到热敏电阻上的光线强度被调制成交变的，经热敏电阻转换成交变电信号以便进行高增益交流放大。

3. 光电亮度温度计

当被测物体温度升高时，其辐射的单色亮度迅速增加。例如，辐射体温度由 1 200 K 上升到 1 500 K时，总辐射能量增加 2.5 倍，而波长为 0.66 μm 的红光单色亮度增加 10 倍以上，光电亮度温度传感器就是利用单色亮度与温度的关系而工作的。

图 10-2-15(a)所示是最简单的单光路直流放大方案。被测辐射经简单光学系统直接聚焦在光电器件上，输出信号经直流放大后由显示仪表直接指示出温度来。如果采用较灵敏的光电池作为敏感元件，则可不必放大，直接用毫伏表显示。这种方案简单，反应速度快，但缺点是对光电器件、放大显示部分都要求较高，对直流放大一般稳定性较差。

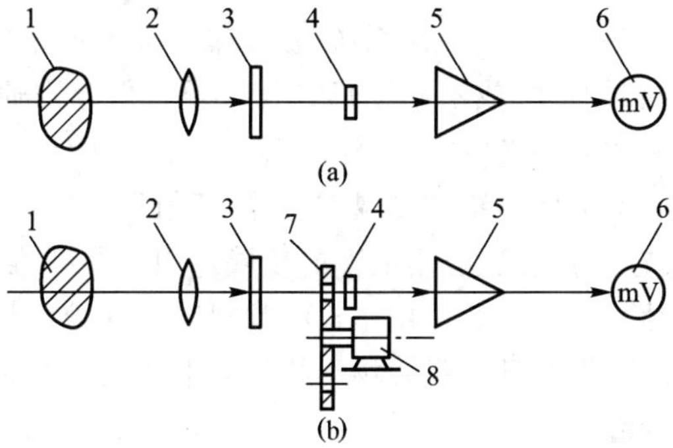

图 10-2-15　光电亮度温度计示意图

1—被测对象；2—透镜；3—滤光片；4—光电器件；5—放大电路；6—显示仪表；7—调制盘；8—同步电机

图 10-2-15(b)所示是单光路机械调制方案，与前者相比，由于采用了交流放大，故有利于防止放大线路的漂移，但由于是单光路系统，故对光电器件和放大器稳定性要求较高。由于采

用了调制，所以可测量的温度最高变化频率受到调制频率的限制。

光电亮度温度计灵敏度高、量程大，可测温度范围为 700～3 200 ℃，基本误差低于 ±0.5% FS。

4. 光电比色温度计

光电比色温度计是通过测量物体辐射光谱成份中两个波长的单色（红色、蓝色）辐射亮度之比（红蓝比）来确定物体温度。其工作原理如图 10-2-16 所示。

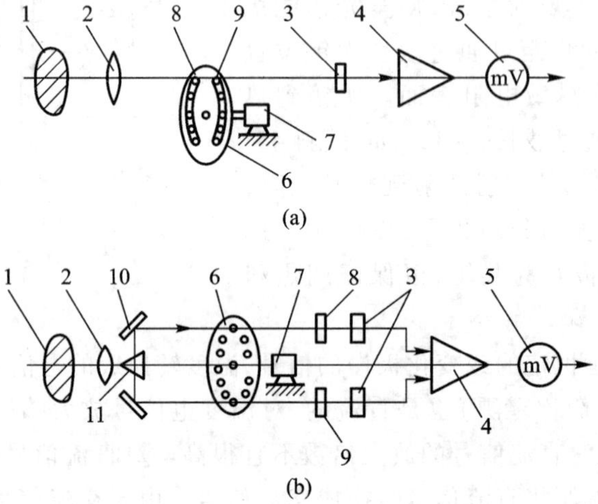

图 10-2-16 光电比色温度计

1—被测对象；2—透镜；3—光电器件；4—运算、放大电路；5—显示仪表；6—调制盘；7—同步电机；8—滤光片；9—滤光片；10—反射镜；11—分光棱镜

图 10-2-16(a)为单光路调制系统，由被测对象 1 辐射来的射线经光学系统聚焦在光电器件上，在光电器件之前放置开孔的旋转调制盘 6，这个圆盘由电机 7 带动，把光线调制成交变的。在圆盘的开孔上附有两种颜色的滤光片 8 和 9，一般多选红、蓝色。这样使红光、蓝光交替地照在光电器件上，使光电器件输出相应的红光和蓝光信号，再将这个信号放大并经运算后送到显示仪表。

图(b)为双光路系统，被测辐射光源射来的光线经棱镜 11 分成两路平行光，经反射镜 10 反射同时通过（或不通过）调制盘小孔，再分别通过滤光片 8、9 投射到相应的光电器件 3 上，产生两种颜色的光电信号，经放大运算电路 4 处理后送显示仪表 5。

除上面介绍的测温方法外，还值得一提的是光导纤维测温法。光导纤维测温是光导纤维检测技术最成熟、应用最多的领域。用光导纤维制成的温度传感器同前面所讲的温度传感器相比，有独特的优点。可用于检测常规温度计难以检测的对象。如大型超高压变压器内部温度测量，要求防爆及具有强磁场干扰场合下的温度测量，还可适用于那些安装位置狭小，直接瞄准困难场合的温度测量。

光纤温度传感器按光纤的作用可分为功能型（传感器型）和非功能型（传光型）光纤温度传感器两类。按照传感器与被测对象关联方式可分为接触和非接触式两种。因篇幅所限，本书不再做更进一步的介绍。

10.3 流量的电测法

10.3.1 流量的概念

流体在单位时间内通过垂直于流速的横截面的数量称为流量，流过的数量按体积计算的称为体积流量（或容积流量），用符号 Q 表示；按质量计算的称为质量流量，用符号 G 表示。设垂直于流速的某一微小面积为 $\mathrm{d}A$，通过该微小面积流体流速为 v，则流过微小面积 $\mathrm{d}A$ 的体积流量 $\mathrm{d}Q$ 为 $\mathrm{d}Q=v\mathrm{d}A$。根据此式可求出流过横截面 A 的体积流量

$$Q=\int_A v\mathrm{d}A \tag{10-3-1}$$

如果所取截面上各点流速相同，则

$$Q=vA$$

事实上，流体在管道流动时，截面上各点速度并不相等。因此往往引入平均流速的概念

$$\bar{v}=\frac{Q}{A} \tag{10-3-2}$$

这样体积流量便可表示为

$$Q=\bar{v}A \tag{10-3-3}$$

质量流量 G 可用体积流量 Q 和流体的密度 ρ 之积来表示

$$G=Q\rho \tag{10-3-4}$$

在工业生产中，除了要测量单位时间内流体流过管道的体积流量 Q 和质量流量 G 以外，往往还需要知道在某一时间段 t 内流过管道的流体体积 V 和流体质量 M

$$V=\int_t Q\mathrm{d}t \tag{10-3-5}$$

$$M=\int_t G\mathrm{d}t \tag{10-3-6}$$

如果流体的流速稳定且密度 ρ 不变，则

$$V=Qt \tag{10-3-7}$$

$$M=Gt=\rho Qt=\rho V \tag{10-3-8}$$

式中：V 和 M——累积流量或总量；

Q 和 G——瞬时流量或流量。

体积流量的单位为 $\mathrm{m^3/s}$，也用 $\mathrm{m^3/h}$，$\mathrm{cm^3/s}$，L/min 表示；质量流量单位为 kg/s，也用 kg/h 表示；总量的单位为 $\mathrm{m^3}$ 或 kg。

流量是人们生活和生产实践中需要经常测量的参数之一，目前已投入使用的流量测量仪表已超过百余种。在测量流量的流量计中，常将流量转换成其他非电量如：差压、转速、位移、频率，在自动化检测仪表中再将这些非电量转换为电量。前面已介绍了把一些非电量转换为电量的方法，因篇幅所限，下面我们仅介绍各种流量计中将流量转换为可用非电量的方法。

10.3.2　流量-转速转换法

1. 椭圆齿轮流量计

椭圆齿轮流量计是常见的一种容积式流量计。容积式流量计的基本原理是:让从流量计入口流入的流体充满流量计内具有一定容积的空间,然后在流体推动下使容积内的流体从流量计出口流出。如此循环往复。若每个循环周期流量计送出的流体体积为 V_0,在 t 时间内,流量计工作循环周期数为 N,则总量 V 为

$$V=NV_0 \tag{10-3-9}$$

若每一个循环周期时间长度为 t_0,或重复频率为 f_0,则流量为

$$Q=\frac{V_0}{t_0}=f_0V_0 \tag{10-3-10}$$

椭圆齿轮流量计是一种测量流体总量(体积)的仪表。特别适合于测量黏度较大的纯净(无颗粒)液体的总量。主要优点是精度高,可达±(0.3~0.5)%。但加工复杂,成本高,而且齿轮容易磨损。

椭圆齿轮流量计的工作原理见图 10-3-1。在仪表的测量室中安装两个互相啮合的椭圆形齿轮可绕自己轴转动。当被测介质流入仪表时,推动齿轮旋转。由于两个齿轮所处位置不同,分别起主、从动轮作用。在图 10-3-1(a)位置时,由于 p_1 大于 p_2,轮Ⅰ受到一个顺时针的转矩,而轮Ⅱ虽受到 p_1 和 p_2 的作用,但合力矩为零,此时轮Ⅰ将带动轮Ⅱ旋转。于是将外壳与轮Ⅰ之间月牙形标准测量室内液体排入下游。当齿轮转至图 10-3-1(b)所示位置时,轮Ⅰ受顺时针力矩,轮Ⅱ受逆时针力矩,两齿轮在 p_1、p_2 作用下继续转动。当齿轮转至图 10-3-1(c)位置时,类似图10-3-1(a),只不过此时轮Ⅱ为主动轮,轮Ⅰ为从动轮。上游流体又被封入轮Ⅱ形成的月牙形测量室内。这样,每转一周两个齿轮共送出四个月牙形测量室标准体积的流体(阴影部)。

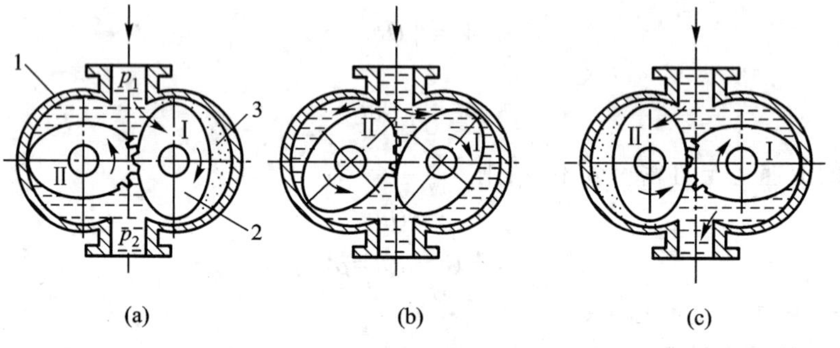

图 10-3-1　椭圆齿轮流量计原理图

1—外壳;2—椭圆形转子(齿轮);3—测量室

椭圆齿轮的转数通过设在测量室外部的机械式齿轮减速机构及滚轮计数机构累计,为了减小密封轴的摩擦,这里多采用永久磁铁做成的磁联轴节传递主轴转动,既保证了良好的密封,又减小了摩擦。

由上所述可知,椭圆齿轮流量计可看作是一个把"流量"转换为"转速",把"总量"转换为"转数"的敏感器。如果再配置 9.1 节介绍的转速传感器,就可使"流量"转换为相应的"脉冲频

率”，“总量”转换为相应的脉冲计数值，从而实现流量和总量的电测量。

2. 涡轮式流量计

图 10-3-2 所示为电磁式涡轮流量计的结构，前后导流架 2 和 3 的作用是导直流体，使流速分布符合要求，同时作为涡轮 1 的支承架。涡轮用导磁的不锈钢制成，随流体运动而转动。涡轮在平衡状态下转动且涡轮的阻力矩很小时，流量计的方程表示为

$$\omega = c\frac{\tan\theta}{rA}Q \tag{10-3-11}$$

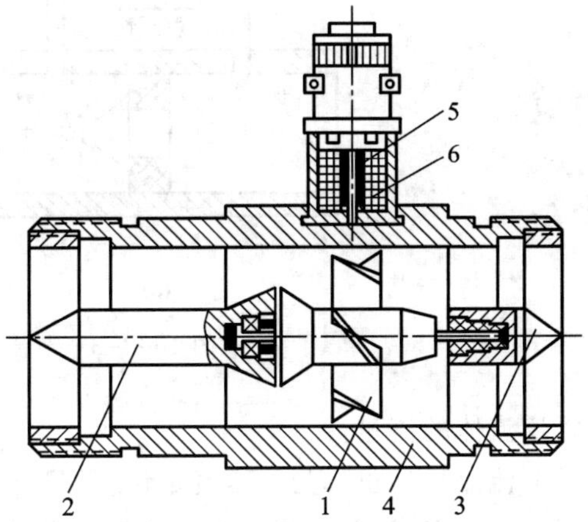

图 10-3-2　磁电式涡轮流量计

1—涡轮；2—前导流架；3—后导流架；4—壳体；5—磁钢；6—线圈

式中：ω——涡轮的角速度；

Q——流体的流量；

c——比例常数，$c<1$；

θ——涡轮叶片与轴线的夹角；

r——涡轮的平均半径；

A——涡轮处的流动面积。

对于已经确定了的结构，c,θ,r,A 均为常数，则涡轮的角速度 ω 与流量成正比。

磁钢 5 通过导磁的涡轮叶片形成磁回路。磁钢和涡轮叶片之间有间隙，随着涡轮的转动而间隙发生变化，磁阻也随之变化，因而磁通也变化，在线圈中产生感应电动势。若导磁的涡轮叶片为 m 片，则电动势频率为

$$f=\frac{\omega}{2\pi}m=\xi Q \tag{10-3-12}$$

式中，ξ 为涡轮流量计的仪表常数

$$\xi=\frac{f}{Q}=\frac{m\tan\theta}{2\pi rA}c \tag{10-3-13}$$

10.3.3　流量-差压、力、位移转换法

1. 流量-差压转换法

1）节流流量计

图 10-3-3(a)为节流流量计示意图，水平测量管中安装一个孔径比管径小的节流件，当充满管道的流体流经节流件时，由于流道截面突然缩小，流束将在节流件处形成局部收缩，使流速加快。根据能量守恒定律，流体压力能和动能在一定条件下可以互相转换，流速加快必然导致静压力 p 降低，于是在节流件前后产生静压差 $\Delta p=p_1-p_2$，流过的流体流量与静压差的平方根成正比，即

$$Q=c\sqrt{\Delta p} \tag{10-3-14}$$

式中：c——由测量管直径、节流件开孔直径、流体密度等决定的常数；

Δp——节流件上游侧压力 p_1 与下游侧压力 p_2 之差。

由式(10-3-14)可见，只要将压差通过引压管作用到差压计上，测得差压 $\Delta p=p_1-p_2$，便可求得流

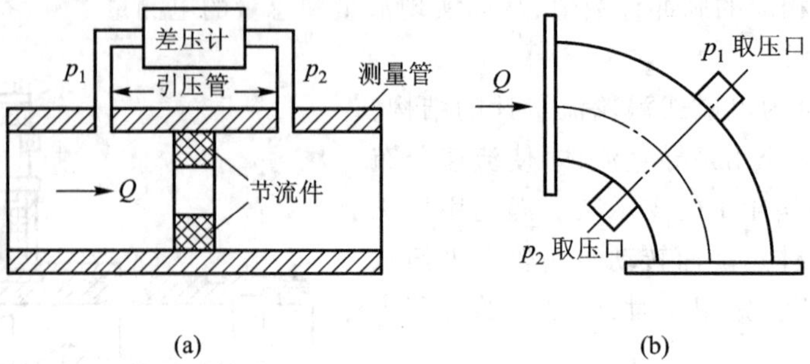

图 10-3-3　节流流量计和弯管流量计示意图

过管道流体的流量。

节流流量计也称为差压流量计，是目前各工业部门应用最广泛的一类流量仪表，约占整个流量仪表的 70%，这类流量计中的节流件常采用标准孔板或标准喷嘴。差压计常用 10.1.4 节所介绍的差压传感器。

2）弯管流量计

图 10-3-3(b)为弯管流量计示意图。当稳定的流体通过弯管时，由于改变了流体的方向而产生离心力，在此离心力的作用下，沿着弯管中心径向曲率轴线存在着一压力梯度。由此在弯管的内外侧壁上产生压力差。管内流体的流量与弯管内外侧壁压力差的平方根成正比，其关系式也可用式(10-3-14)表示。因此，只要测量出弯管内外侧壁的压力差 Δp，也就可求算出流体的流量 Q。

2. 流量-力转换法(靶式流量计)

节流流量计是在管道中安装一个孔径比管径小的节流件，而图 10-3-4 所示靶式流量计则是在管道中安装一个直径比管径小的圆盘，它像一个靶子被流动的液体冲击，流体从靶子与管壁间的环形空间流过，流道截面突然变小，流速加快，使靶后压力 p_2 比靶前压力 p_1 减少，若靶的面积为 A，则流体作用在靶上的力为

$$F=A(p_1-p_2)=A\Delta p \tag{10-3-15}$$

流量与作用在靶上的力的平方根成正比

$$Q=K\frac{D^2-d^2}{d^2}\sqrt{\frac{\pi}{2}}\sqrt{\frac{F}{\rho}}=c\sqrt{F} \tag{10-3-16}$$

式中：K——流量系数，其值由实验确定；

c——由管径 D、靶径 d、流体密度 ρ 等决定的常数。

由式(10-3-16)可知，图 10-3-4 所示靶式流量计可看作一个实现“流量-力”变换的敏感器。只要用传感器测得靶上的作用力，就可实现流量的电测量。例如，应变片靶式流量计就是将流体作用在靶上的力通过杆件传给弹性圆筒，使之弯曲变形，筒壁产生的应变，通过筒壁上粘贴的应变片电桥转换成电压信号，此电压信号与流量成对应关系。

电容式流速传感器(参见参考文献[31])将图 8-4-6 所示的电容式差压传感器作为靶式节流件，固定在水平管道中央，直接实现“流量—差压—电容”的转换。同图 10-3-4 所示的靶式流量计相比，由于省掉一些中间转换环节，因此具有结构简单、制造成本低和转换精度高的优点。

3. 流量-位移转换法(转子流量计)

转子流量计如图 10-3-5 所示,它由锥形圆管和管中的浮子(即转子)组成。当被测流体自下而上流过锥形管子与转子之间的环隙时,流速变化使转子上下部之间产生一压力差,此压力差形成的上托力,与转子的重力及浮力相平衡。当流量增大时,上托力变大,使转子上移,锥形管环形截面变大,压差降低,上托力又变小,直至三力达到新的平衡状态,使转子稳定在一定高度。这样对应不同的流量,转子便有其相应高度上的平衡位置。据推导,流量 Q 与转子上升高度 H 近似呈线性关系

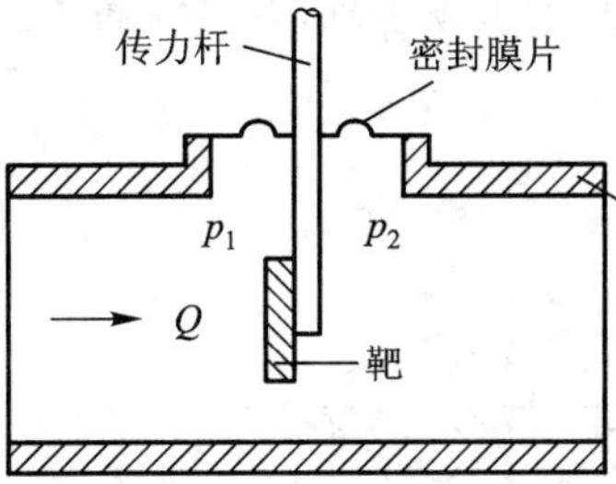

图 10-3-4 靶式流量计示意图

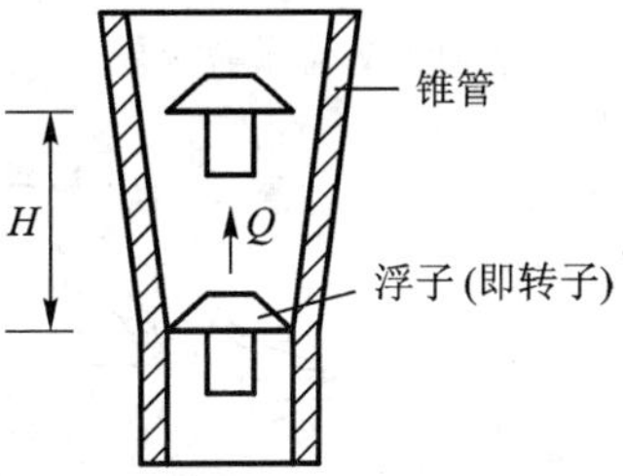

图 10-3-5 转子流量计

$$Q \approx cH \tag{10-3-17}$$

式中,c 为流量计结构和流体密度等决定的常数。

转子流量计可分为玻璃锥管转子流量计和金属锥管转子流量计,前者流量标尺刻度在管壁上,可直接读取所测流量值。对于不透明介质,高温、高压介质以及需要指示远传时,多采用金属锥管转子流量计,其转子位移的检测目前多采用差动变压器结构,转子的上端与差动变压器活动衔铁相连,转子的位移由隔离管外的差动变压器线圈转换成与流量 Q 相对应的输出电压。

10.3.4 流量-频率转换法

1. 涡街流量计

在流体中垂直于流向插入一个非流线型的对称形状的柱体(如圆柱体、三角柱体等),当流速大于一定值时,在柱体两侧将产生两排旋转方向相反和交替出现的漩涡,这两排平行的涡列称为卡门涡街,柱体称为漩涡发生体,如图 10-3-6 所示。伴随漩涡的产生,在柱体周围和下游的流体将产生有规律的振动,其振动频率(即漩涡产生的频率)f 与流速成正比

$$f = S_t \frac{v_1}{d} \tag{10-3-18}$$

式中:S_t——斯特劳哈尔(Strouhal)数;

v_1——漩涡发生体两侧的流速;

d——漩涡发生体迎流面最大宽度。

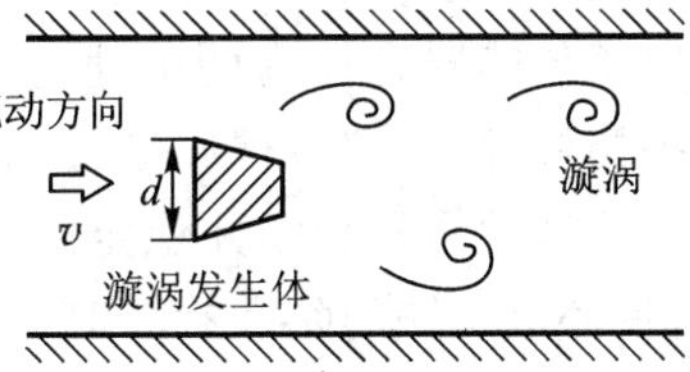

图 10-3-6 漩涡发生原理图

若漩涡发生体两侧的流通面积为 A_1,则流量为

$$Q = A_1 v_1$$

将上式代入式(10-3-18)得

$$Q = \frac{A_1 d}{S_t} f \tag{10-3-19}$$

可见,流量 Q 与漩涡的频率 f 呈线性关系,只要测出漩涡的频率就可求得流量 Q。

漩涡频率的检测方法很多。采用圆柱形漩涡发生体时,漩涡频率的检测通过柱体内部的热电阻传感器来实现,如图 10-3-7(a)所示。圆柱体表面开有导压孔与圆柱体内部空腔相通。空腔由隔墙分成两部分,在隔墙中央有一小孔,在小孔中装有被加热的铂电阻丝。当圆柱检测器后面一侧形成漩涡时,由于产生漩涡的一侧的静压大于不产生漩涡一侧的静压,两者之间形成压力差,通过导压孔引起检测器空腔内流体移动,从而交替地对热电阻丝产生冷却作用,且改变其阻值,由测量电桥给出电信号输至放大器。检测器的作用是形成漩涡列,并将漩涡产生频率转变为热阻丝阻值的变化,形成与漩涡频率成比例的电信号输出。

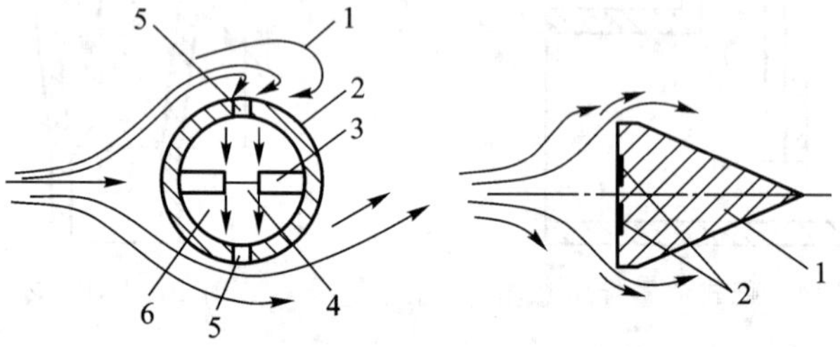

(a) 圆柱检测器
1—漩涡;2—圆柱检测器;3—隔墙;
4—铂电阻丝;5—导压孔;6—空腔

(b) 三角柱检测器
1—三角柱检测器;
2—铂热电阻

图 10-3-7 漩涡发生体及信号检测原理

采用三角柱检测器,如图 10-3-7(b)所示。三角柱检测器能得到更稳定、更强烈的漩涡。埋在三角柱正面的两只铂热电阻组成电桥的两臂,且由恒流电源供以微弱的电流对其加热。在产生漩涡一侧的热敏电阻处的流速较大,铂热电阻的温度降低,阻值降低,则电桥失去平衡并有电压输出。随着漩涡的交替产生,电桥输出与漩涡产生频率相一致的交变电压信号,该信号经放大、整形和 D/A 转换后,输至显示仪表进行流量的指示、计算、调节、记录和控制等。

2. 悬浮陀螺流量计

这是一种 20 世纪 90 年代出现的新型流量计,该流量传感器由外壳、陀螺和线圈组成,如图 10-3-8 所示。陀螺为一球形转子,开有径向中心通孔,陀螺内装环形永久磁铁,磁场方向与通孔的轴线方向一致,陀螺置于传感器壳体内的流通通道中(该流通通道下游装有保护挡杆,防止陀螺被冲走),在被测流体的作用下,陀螺会实现流体动力学悬浮并稳定旋转。在传感器壳体上绕有线圈,带环形磁铁的陀螺旋转时,在线圈中会感应产生正弦电信号,此信号频率与流体流速成正比。

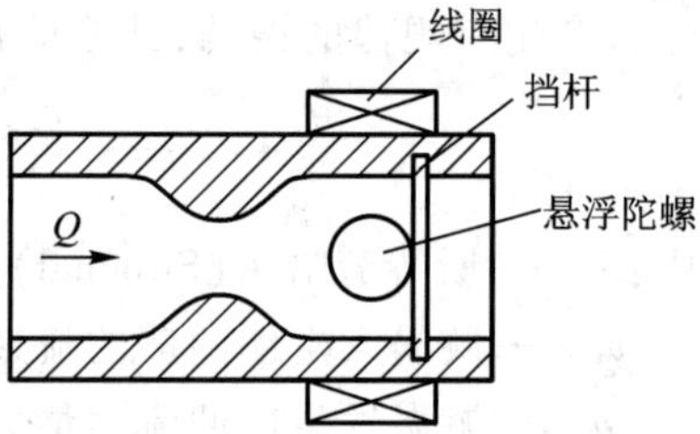

图 10-3-8 悬浮陀螺式流量传感器

10.3.5 流量-温度转换法

流体的流动和热量的转移,或者流动着的流体和固体间的热交换,相互间有着密切的关系。因此可以由测量热的传递、热的转移来求得流量和流速。这一类型的流量计称为量热式流量计。

1. 托马斯流量计

托马斯流量计的原理结构，如图 10-3-9 所示。作为热源的加热器 2 放置在管道的中间，促使被测流体的温度升高。当流体静止时，沿管道轴向的温度场分布是对称于热源的。当流体流动时，沿管道轴向的温度场分布的对称性被扰动而遭到破坏，致使热源前端的温度低于热源后端的温度，这就产生一个温度差，该温度差与被测流体的质量流量关系为

$$G=\frac{P}{c_p\Delta T} \qquad (10-3-20)$$

式中：G——被测流体的质量流量；

P——加热器的加热功率；

c_p——定压比热；

ΔT——加热器前后端的温度差。

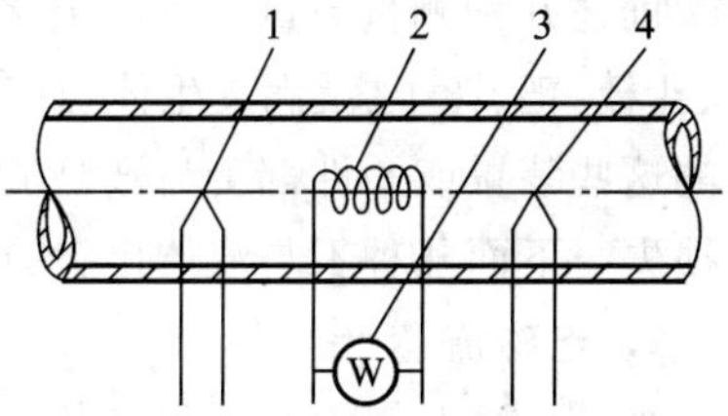

图 10-3-9 托马斯流量计原理结构

1—热电偶；2—加热器；3—功率表；4—热电偶

上述的温度差，可以用测温元件（热电偶 1、4 或热电阻等）测得。如果采用恒定功率法（P 为恒值），则测得温度差 ΔT，就能求得被测流体的质量流量 G。若采用恒定温度差法（ΔT 为恒值），则测得加热功率 P，就能求得被测流体的质量流量 G。两种方法相比较，以恒定温度差法应用较为普遍，只需从功率表 3 上读得 P 值，即可求得 G 值。

2. 热量气体微流量计

热量气体微流量计工作原理如图 10-3-10(a)所示。在一根薄壁小口径金属镍管或不锈钢管的外壁上，绕制一对具有较高温度系数的铂金丝，它们既是加热元件又是测温元件，再与两个固定电阻组成直流惠斯通电桥。通过电桥的固定电流对导管进行加热。当无流量时，沿导管轴向上的温度分布如图 10-3-10(b)虚线表示，此时电桥平衡，输出为零。当有流量时，上游电阻被冷却，下游电阻被加热，则温度分布曲线如图(b)实线所示，此时电桥失去平衡，输出一个直流电压信号，其值与被测介质的质量流量成正比。

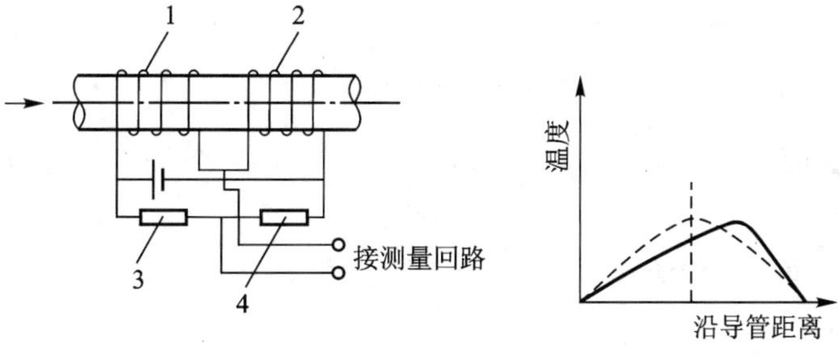

(a) (b)

图 10-3-10 热量气体微流量计

1—上游电阻；2—下游电阻；3、4—固定电阻

3. 热敏电阻流量计

应用热敏电阻测量管道流量的工作原理如图 10-3-11 所示。R_{t1} 和 R_{t2} 为热敏电阻，R_{t1} 放入被测流量管道中，R_{t2} 放入不受流体流速影响的容器内，R_1 和 R_2 为一般电阻，4 个电阻组成桥路。当流体静止时，电桥处于平衡状态，电流计上没有指示。当流体流动时，R_{t1} 上的热量被带走，R_{t1}

因温度变化引起阻值变化,电桥失去平衡,电流计指示值与流体流速成正比。

10.3.6　非接触式流量测量法

前述几种测量流量的方法大多有一个共同点,就是都要在管道内安装某种装置或元件(如涡轮、孔板、靶、转子、漩涡发生体、悬浮陀螺等),把流量转换为其他非电量后进行测量,因为管道内安装的这些装置或元件都会与被测流体接触,管道内流体流过这些装置或元件时难免产生一定的压力损失。下面几种不与流体接触,在管外测量管内流体流速的方法,几乎不造成压力损失。

1. 电磁流量计

如图10-3-12所示,设在均匀磁场中,垂直于磁场方向有一个直径为 D 的管道。管道由不导磁材料制成。内表面衬挂绝缘衬里。当导电的液体在导管中流动时,导电液体切割磁力线,因而在和磁场及流动方向垂直的方向上产生感应电动势,如安装一对电极,则电极间产生和流速成比例的电位差。即

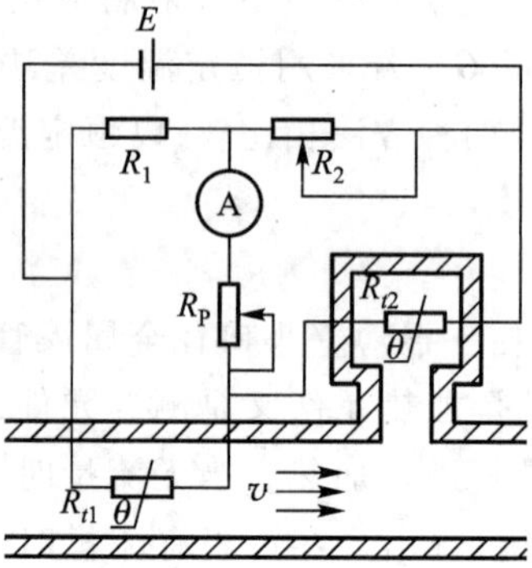

图10-3-11　热敏电阻流量计

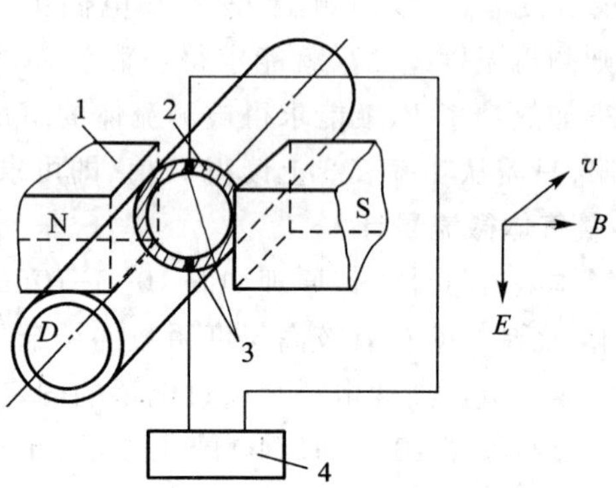

图10-3-12　电磁流量计原理图

1—磁极;2—导管;3—电极;4—仪表

$$E=BDv$$

式中:E——感应电动势;

B——磁感应强度;

D——管道内径;

v——流体在管道内平均流速。

由上式得

$$v=\frac{E}{BD}$$

所以得流量为

$$Q=\frac{\pi D^2}{4}v=\frac{\pi DE}{4B} \tag{10-3-21}$$

从式(10-3-21)可见,流体在管道中流过的体积流量与感应电动势成正比。在实际工作中由于永久磁场产生的感应电动势为直流,会导致电极极化或介质电解,引起测量误差,所以在工业用仪表中多采用交变磁场。设 $B=B_{\max}\sin\omega t$,则感应电动势为

$$E = DvB_{\max} \sin \omega t = \frac{4Q}{D\pi} B_{\max} \sin \omega t \tag{10-3-22}$$

可见,感应电动势和体积流量成正比。只要设法测出 E,Q 就知道了。在求 Q 时,应进行 E/B 除法运算,在电磁流量计中常用霍尔元件实现这一运算。

采用交变磁场后,感应电动势也是交变的,这不但可以消除介质的极化影响,也便于以后的信号放大,但相应增加了感应误差,所以如何消除感应影响很重要。

2. 超声波流量计

利用超声波测量流速的原理是:超声波在流体中的传播速度会随被测流体速度而变化,如图 10-3-13 所示。

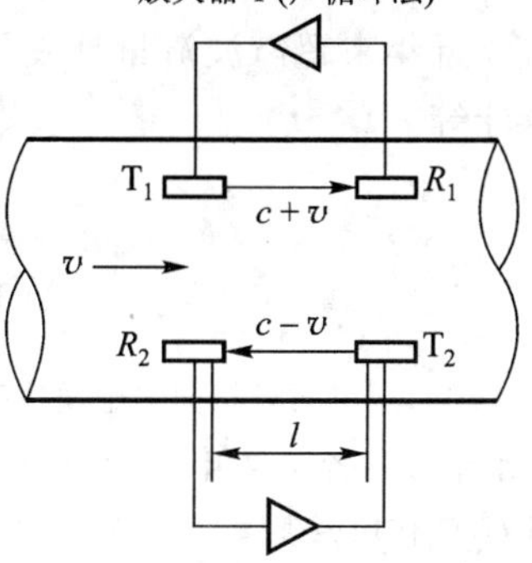

图 10-3-13　超声波测量流速原理图

假定流体静止时的声速为 c,流体流速为 v,顺流时超声波传播速度为 $c+v$,逆流时则为 $c-v$。设置两个超声波发生器 T_1 和 T_2,两个接收器 R_1 和 R_2,在不接入两个放大器的情况下,超声波从 T_1 到 R_1 和从 T_2 到 R_2 的时间分别为 t_1 和 t_2

$$t_1 = \frac{l}{c+v}$$

$$t_2 = \frac{l}{c-v}$$

一般情况下,$c \gg v$,亦即 $c^2 \gg v^2$,则

$$\Delta t = t_2 - t_1 = \frac{2lv}{c^2} \tag{10-3-23}$$

若已知 l 和 c,只要测得 Δt,便可知流速 v。

但是,流速带给声速的变化量为 10^{-3} 数量级,要得到 1% 的流量测量精度,对声速的测量要求为 $10^{-5} \sim 10^{-6}$ 数量级,检测很困难。

为了提高检测灵敏度,早期采用相位差法,即测 $\Delta\varphi$ 而非 Δt,$\Delta\varphi$ 与 Δt 有如下关系

$$\Delta\varphi = 2\pi f_t \Delta t \tag{10-3-24}$$

式中,f_t 为超声波的频率。

以上方法存在的问题是,必须已知声速 c,而声速要随温度而变,因此,必须进行声速修正才能提高测量精度。

如果接入两个反馈放大器,即构成声循环法,就不需要进行声速修正了。如图 10-3-13 所示,T_1 发射超声波,R_1 接收信号后经放大器放大加到 T_1 上,再从 T_1 发射,如此重复进行,重复周期为 t_1,因此重复频率(声循环频率)f_1 为

$$f_1 = \frac{1}{t_1} = \frac{c+v}{l}$$

同理,逆向从 $T_2 \to R_2$ 的声循环频率 f_2 为

$$f_2 = \frac{1}{t_2} = \frac{c-v}{l}$$

声循环频率差 Δf 为

$$\Delta f=f_1-f_2=\frac{2v}{l} \tag{10-3-25}$$

由式(10-3-25)可知消除了声速的影响。

应用式(10-3-23)、式(10-3-24)、式(10-3-25)测量流速分别称为时差法、相差法和频差法。目前超声波流量计多采用频差法。

近年来超声波流量计发展甚快,成熟产品不断出现,如超声波多普勒流量计,超声波相关流量计等。

思考题与习题

10-1 将两只相同的金属应变片粘贴到图10-1-7所示筒式压力传感器外壁的圆周上,一个应变片 R_1 做工作片,另一个应变片 R_2 做补偿片,怎样将这两应变片连入电桥,请导出电桥输出电压与压力 p 的关系式,并说明 R_2 的作用原理。

10-2 试说明图10-1-13所示差动式光电压力传感器与只采用一个狭缝和一个光电器件构成的光电压力传感器相比有哪些优越性?

10-3 题10-3图1和题10-3图2分别为二极管和晶体管测温电路实例。试说明图中各电位器的作用,并说明应怎样进行调整。

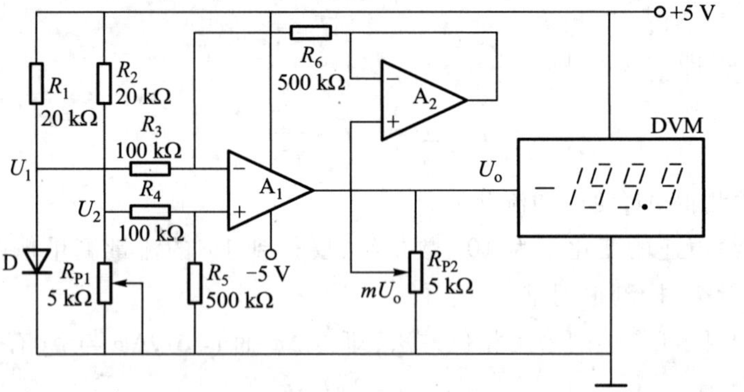

题10-3图1

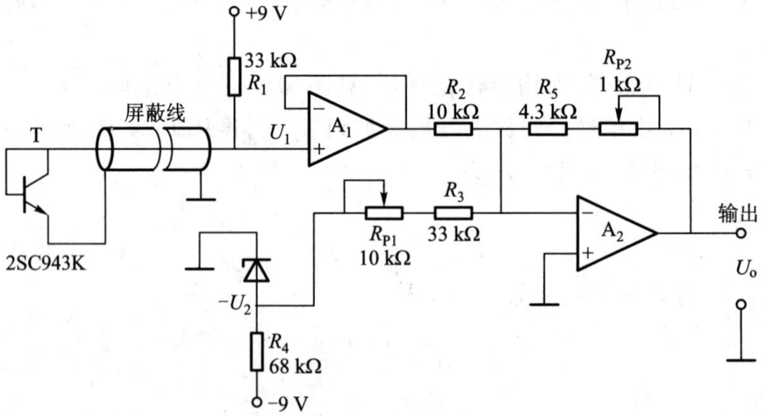

题10-3图2

10-4 说明图 10-2-13 晶体管测量温差电路的工作原理,导出输出电压与温度差的关系式。

10-5 简述辐射式温度传感器的组成及其功能。为什么辐射式温度传感器中大多设有机械调制盘?

10-6 将图 8-4-6 所示电容式差压传感器接入图 3-2-7(b)变压器电桥,构成差压计与图 10-3-3(a)节流件一起组成节流流量计,试导出变压器电桥输出电压与所测流量 Q 的关系式。为使输出电压与流量 Q 呈线性关系,应加接什么电路?

10-7 电磁流量计为什么要采用交变磁场?

10-8 为什么超声波流量计多采用差频法?

10-9 图 10-3-11 中 R_P 与 R_2 两个电位器各有何作用?应怎样调整?

第 11 章　模拟式检测仪表

模拟式检测仪表是以可见模拟量显示测量结果的检测仪表，可分为静态模拟检测仪表和动态模拟检测仪表两大类。静态模拟检测仪表大多为指针式显示仪表，通常以指针偏转角反映被测量的大小。动态模拟检测仪表大多为波形显示仪表，通常以示波器或记录仪显示或描绘的曲线表示被测量随时间的变化。

指针式显示仪表是一种发展较早的模拟式检测仪表，它的灵敏度较高，指示清晰、连续，体积小，重量轻，结构简单，维修方便，价格低廉。因而，目前还在继续广泛地应用。本章主要介绍采用指针式显示的模拟式检测仪表。

模拟式检测仪表基本上由模拟传感器、模拟测量电路和模拟显示器三部分组成，如图1-3-2所示。不同用途的模拟式检测仪表，只是采用的传感器不同，传感器后面的模拟测量电路和模拟显示器基本上是相同或相近的。大多数模拟式检测仪表都采用动圈式磁电系测量机构做模拟显示器，这种模拟显示器人们习惯称其为“表头”。

11.1　“表头”的原理与刻度

11.1.1　“表头”的原理

作为模拟式检测仪表的“表头”的磁电系测量机构有动圈式和动磁式两种形式，其中动圈式比较常见。图11-1-1所示即为动圈式磁电系测量机构。“动圈”（即可以转动的线圈）是用具有绝缘层的细铜线绕制成的矩形框，长度为 L，宽度为 b，由弹性支承悬挂在永久磁铁产生的磁场中。目前应用较多的弹性支承是张丝支承，动圈旋转时张丝被扭转而产生弹性力矩，另一种是轴尖-轴承支承，其弹性力矩靠游丝的卷曲产生。张丝或游丝同时还作为动圈电流的引入与引出线。

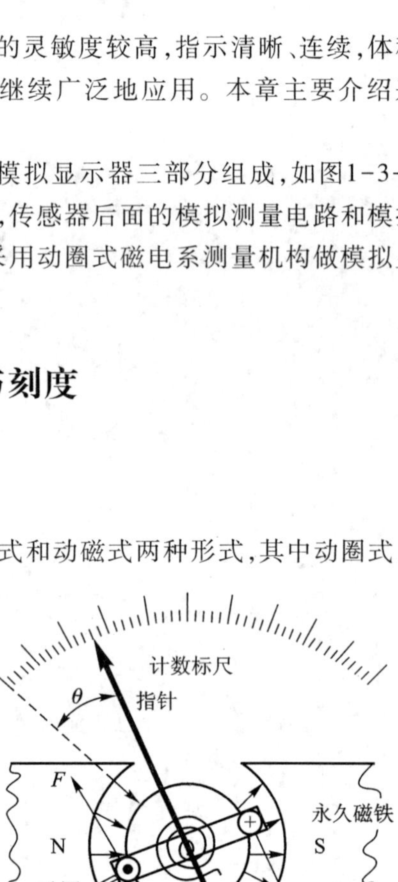

图 11-1-1　动圈式磁电系测量机构

当动圈中流过电流 i 时，动圈的两个有效边 L 就要受到大小相等方向相反的两个电磁力 F_1 和 F_2 的作用，电磁力的大小与动圈中流过电流 i 成正比

$$F_1 = F_2 = F = NBLi$$

式中：B——磁场的磁感应强度；

　N——动圈的匝数。

永久磁铁的极靴形状通常设计成使其磁力线在圆形气隙中处处都为径向（亦即与动圈平面的夹角为 0°），因而使动圈在磁场中受到的电磁力矩为

$$M_c = bF = bNLBi = \Phi_0 i \tag{11-1-1}$$

式中，Φ_0 是穿过动圈的磁链，$\Phi_0 = NbLB$。 (11-1-2)

动圈转动时受到弹性支承作用的弹性力矩为

$$M_k = k\theta \tag{11-1-3}$$

式中：k——弹性支承的弹性系数；

θ——动圈的转角。

动圈转动时受到与转动角速度成正比的阻尼力矩（包括转动体与周围接触介质的摩擦力矩或附加阻尼线圈的电磁阻尼力矩）

$$M_d = c\frac{d\theta}{dt} \tag{11-1-4}$$

式中，c 为阻尼系数。

M_c 驱使动圈转动，而 M_d、M_k 则阻止动圈转动，因此根据转动定律有

$$M_c - M_k - M_d = J\frac{d^2\theta}{dt^2}$$

式中：J——动圈和与其固定连接的动圈框架及笔尖或指针构成的惯性体的转动惯量；

$\frac{d^2\theta}{dt^2}$——该惯性体的转动角加速度。

将 M_c、M_d、M_k 代入上式得

$$J\frac{d^2\theta}{dt^2} + c\frac{d\theta}{dt} + k\theta = \Phi_0 i \tag{11-1-5}$$

这就是动圈式磁电系测量机构的动态方程。式(11-1-5)与式(2-2-14)的数学形式相同，因此动圈式磁电系测量机构也是一个典型的二阶系统。求解此微分方程可得到该二阶系统的阶跃响应。由于在欠阻尼的情况下，阶跃响应呈衰减振荡状态，会使指针来回摆动。因此，通常在动圈式磁电系测量机构中采取增大阻尼的措施，以使指针尽快指向稳态值。

若信号电流为直流电流 I，在达到稳定之后，式(11-1-5)左边前两项均为零，于是有

$$\theta = \frac{\Phi_0}{k}I = S_0 I \tag{11-1-6}$$

这就是动圈式磁电系测量机构的静态方程。式中，S_0 称为动圈式磁电系测量机构的静态灵敏度

$$S_0 = \frac{\theta_{max}}{I_g} = \frac{\Phi_0}{k} \tag{11-1-7}$$

式中，I_g 为指针满偏 $\theta = \theta_{max}$ 时动圈电流值。由上式可见，“表头”的灵敏度 S_0 与动圈的满偏电流 I_g 的倒数——“Ω/V”数成正比。

由式(11-1-6)可见，动圈式磁电系测量机构把通过动圈的直流电流 I 转换成指针偏转角 θ，而且指针偏转角与动圈的直流电流呈线性关系。因此，只要知道指针满偏 $\theta = \theta_{max}$ 时动圈电流值 I_g，就可从指针偏转角 θ，确定出流过动圈的电流 I

$$I = \frac{\theta}{\theta_{max}}I_g = \frac{\theta}{S_0} \tag{11-1-8}$$

由于动圈式磁电系测量机构中的游丝和动圈导线允许通过的电流较小，满偏时动圈电流 I_g

一般在微安级至几十毫安范围,不能测量较大的电流,而且由于游丝和动圈导线的电阻 r 也比较大,串联在电路中会产生很大的测量误差。因此为了测量较大的直流电流,必须给动圈式磁电系测量机构的动圈并接适当的分流电阻,如图 11-1-2(a)所示;为了测量较大的直流电压,必须给动圈式磁电系测量机构的动圈串接适当的分压电阻,如图 11-1-2(b)所示。

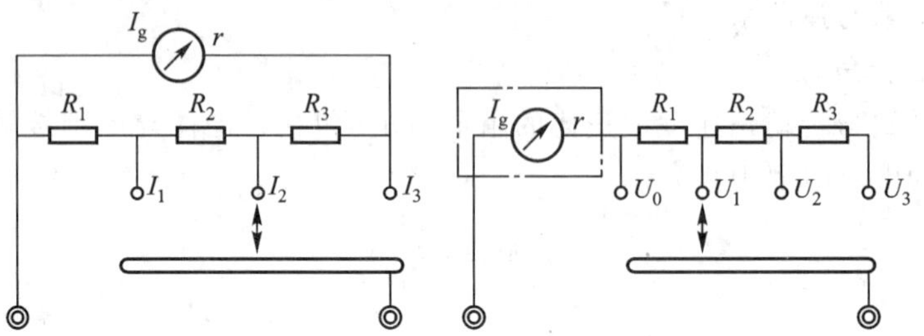

图 11-1-2　多量程电流表与电压表

动圈式磁电系测量机构的动圈并联分流电阻 R 后,便可构成直流电流表,该电流表的量程 I_m 为

$$I_m = I_g\left(1+\frac{r}{R}\right) \tag{11-1-9}$$

由式(11-1-9)可见,电流表中分流电阻 R 越小,电流表量程越大。流过该电流表的直流电流 I_x 仍与指针偏转角 θ 呈线性关系

$$\theta=\frac{\theta_{max}}{I_m}I_x=\frac{S_0 I_g}{I_m}I_x=\frac{S_0 R}{R+r}I_x \tag{11-1-10}$$

这就是以动圈式磁电系测量机构作为"表头"的直流电流表的工作原理。

图 11-1-2(a)为常见的多量程直流电流表的电路结构。量程扩展电阻 R_1、R_2、R_3 依次串接与表头构成一个环路, 表头环路总电阻为($r+R_1+R_2+R_3$),量程开关触点位置决定该电流表量程分别为 I_{m1}、I_{m2}、I_{m3},表头满偏电流为 I_g,代入式(11-1-9)可得

$$I_{m3}(R_1+R_2+R_3)=I_g(r+R_1+R_2+R_3)$$
$$I_{m2}(R_1+R_2)=I_g(r+R_1+R_2+R_3)$$
$$I_{m1}R_1=I_g(r+R_1+R_2+R_3)$$

以上公式可以总结成一个用文字表述的公式:

(量程电流)×(该量程分流电阻)=(表头满偏电流)×(表头环路总电阻)

上述动圈式磁电系测量机构的动圈串联分压电阻 R 后,便可构成直流电压表,该电压表的量程 U_m 为

$$U_m=I_g(r+R) \tag{11-1-11}$$

由式(11-1-11)可见,电压表中分压电阻 R 越大,电压表量程越大。加到该电压表两端的直流电压 U_x 也与指针偏转角 θ 呈线性关系

$$\theta=\frac{\theta_{max}}{U_m}U_x=\frac{S_0 I_g}{U_m}U_x=\frac{S_0}{R+r}U_x \tag{11-1-12}$$

这就是以动圈式磁电系测量机构作为"表头"的直流电压表的工作原理。

如果被测量不是直流电流和直流电压,而是其他电量、电路参数以及非电量,可以用传感器和适当的测量电路,将这些被测量转换成直流电流或直流电压再进行测量。这正是各类模拟式检测仪表的工作原理。

11.1.2 “表头”的刻度

模拟式检测仪表通过传感器及测量电路将被测非电量转换成直流电压,为了便于从“表头”上直接读出被测非电量的值,通常“表头”都按被测非电量的量纲刻度,而不是按电压刻度。“表头”的刻度是模拟式检测仪表制作完成后,最后一道对仪表进行标定的工作。简单地说,也就是给仪表输入标准的被测量 x,在表头指针的偏转处刻上被测量的数字 x。

正像指针式万用表的刻度那样,“表头”的刻度有线性刻度和非线性刻度两种类型。

1. 线性刻度

如果传感器及其接口电路将被测非电量转换为电压 U_i,U_i 与被测非电量 x 呈线性关系

$$U_i = xS_x$$

式中,S_x 为传感器及其接口电路的灵敏度。传感器接口电路的输出电压 U_i,被测量电路放大 K 倍后送到模拟表头的电压为

$$U_x = U_i K = xS_x K \tag{11-1-13}$$

将式(11-1-13)代入式(11-1-12)得到非电量 x 的线性检测仪表的刻度方程为

$$\theta = xS \tag{11-1-14}$$

式中,S 为检测仪表的总灵敏度。

$$S = \frac{S_0 S_x K}{R+r} \tag{11-1-15}$$

当 $x=0$ 时,$\theta=0$,当 $x=x_{max}$ 时,$\theta=\theta_{max}$,将式(11-1-13)代入式(11-1-11)可得线性检测仪表的量程上限值为

$$x_{max} = \frac{U_m}{KS_x} = \frac{I_g(R+r)}{KS_x} \tag{11-1-16}$$

由式(11-1-14) 可见,由于指针偏转角 θ 与被测量 x 呈线性关系,因此,仪表刻度可采用线性刻度,仪表的标定只需标定两个或三个点:先给仪表输入标准的被测量 $x=0$,在指针所指处($\theta=0$)的表盘上,即指针零偏转处刻上 $x=0$,再给仪表输入标准的被测量 x_{max},在指针所指处($\theta=\theta_{max}$)的表盘上,即指针满偏转处刻上 x_{max},在刻度盘中央$\left(\theta=\frac{\theta_{max}}{2}\right)$处刻上$\frac{x_{max}}{2}$,整个表盘按等间隔均匀刻度即可。对于双极性被测量 x,给仪表输入标准的被测量 $x=0$,指针零偏转($\theta=0$)处应在刻度盘中央,并刻上 $x=0$;给仪表输入标准的被测量 $+x_{max}$,$-x_{max}$,指针正负满偏转处应在刻度盘两端,分别刻上 $+x_{max}$,$-x_{max}$,整个表盘按等间隔均匀刻度即可。

2. 非线性刻度

如果检测仪表中使用的传感器,存在非线性,而测量电路中又没有加入非线性校正电路,那么测量电路输出电压 U_x 与被测量 x 就不可能呈线性关系,而是呈非线性函数关系

$$U_x = f(x) \tag{11-1-17}$$

将式(11-1-17)代入式(11-1-12)得

$$\theta=\frac{S_0}{R+r}f(x) \tag{11-1-18}$$

式(11-1-18)表明仪表指针偏转角 θ 与被测量 x 也是非线性函数关系,因此,仪表刻度盘不能按线性刻度,而应按式(11-1-18)非线性地刻度。由于 $f(x)$ 通常写不出准确的表达式,所以要对仪表进行多点标定,一般是在测量范围内选定几个标准输入量(被测量)$x_i(i=1,2,\cdots,n)$,在刻度盘上对应于 x_i 产生的指针偏转 θ_i 处刻一刻线并标上 x_i 的值。由于 θ 与 x 是非线性关系,所以不能像线性刻度那样采取三点标定法,标定点 n 越多,刻度越精密。

如果 $f(x)$ 的非线性不太严重,也可以按一条最佳的拟合直线进行刻度,但实际的 θ 与 x 的函数关系曲线与选定的拟合直线之间仍存在一定的差距,这个差距也就是仪表的非线性误差。这个非线性误差应不超过设计要求的允许值。

11.2 调零、调满度与量程切换

大多数模拟式检测仪表标定时,都采用线性刻度,其刻度方程为

$$\theta=Sx \tag{11-2-1}$$

式中,S 为仪表的标定数即标称灵敏度。它表示仪表的标称量程 x_{max} 与满度偏转角 θ_{max} 的比例关系

$$S=\frac{\theta_{max}}{x_{max}} \tag{11-2-2}$$

然而由于温度变化、电源波动等原因,检测仪表实际的输入-输出关系可能偏离标定时的刻度方程而变为

$$\theta=\theta_0+S'x \tag{11-2-3}$$

$$S'=S+\Delta S \tag{11-2-4}$$

式中:θ_0——仪表的零位($x=0$)输出或零点漂移;

S'——仪表的实际灵敏度;

ΔS——仪表的灵敏度漂移。

在这种情况下,被测量在仪表刻度盘上的读数 x' 与被测量的实际值 x 就有差距

$$\Delta x=x'-x=\frac{\theta_0+S'x}{S}-x=\frac{\theta_0+(S+\Delta S)x}{S}-x=\frac{\theta_0}{S}+\frac{\Delta S}{S}x \tag{11-2-5}$$

由式(11-2-5)可见,测量误差 Δx 是因为零点漂移 θ_0 和灵敏度漂移 ΔS 产生的。因此,为了消除测量误差必须对灵敏度漂移和零点漂移进行调整,分别称为“调灵敏度”和“调零点”。由式(11-2-2)可见,调灵敏度就是使仪表灵敏度的实际值达到标称值,也就是重新给仪表输入标准的被测量 x_{max},通过调整相关电路使仪表指针正好满度偏转 θ_{max},即指向 x_{max}。因此,调灵敏度也称为“调满度”。调零就是重新给仪表输入标准的被测量 $x=0$,通过调整相关电路使仪表指针正好零偏转即指向 0。

调零和调满度是检测仪表使用前最基本最常见的两项调试工作。在零点和灵敏度都发生漂移的情况下,通常是先调零。零点调好后,再调灵敏度即调满度。普通的检测仪表内部没有微处

理器，零点和灵敏度不能自动调整，只能手动调整。因此普通的检测仪表大多设置有手动调零和手动调满度的电位器及相关电路。

由式(11-2-2)可见，如果仪表灵敏度 S 成倍地改变，仪表的量程 X_{max} 也就成倍地改变。很显然，当被测量较小时，换用小量程测量比用大量程测量精确度要高得多。因此，有些检测仪表为提高精度和扩大量程，设置了灵敏度的多挡选择开关，即量程切换开关。

下面分别介绍模拟式检测仪表中常见的调零电路、调满度电路和量程切换电路。

11.2.1 常见的调零电路

1. 传感器调零电路

例如，差动自感传感器电路，当衔铁位于中间位置时，电桥输出理论上应为零，但实际上总有残余电压输出，造成零位误差。造成零位误差的原因有以下几种。① 磁路加工不对称；② 线圈的分布电容不对称；③ 电源有高次谐波；④ 磁路工作在饱和状态。消除的方法是：① 机械加工要对称；② 电源失真要小，电压不能太高；③ 采用磁路调节机构(如可调端盖)以保证磁路的对称性；④ 采用下列电路措施来减小零位电压。

一种常用的方法是采用补偿电路，如图 11-2-1 所示。图 11-2-1(a)中 R_1 的作用是使线圈的有效电阻值趋于相等，以消除基波零位电压，阻值约为 0.1～0.5 Ω，可用康铜丝绕制。并联电阻 R_2 用来消除高次谐波零位电压，阻值通常为几百～几十 kΩ；并联电容 C 用来补偿变压器二次线圈的不对称，消除基波正交分量或高次谐波分量，其值通常为 100～500 pF。图11-2-1(b)中在两臂分别串入 5 Ω 电阻和 10 Ω 电位器，调整电位器使两臂电阻分量达到平衡。图 11-2-1(c)中两臂并联 10 kΩ、43 kΩ 电阻和 50 kΩ 电位器，调节电位器，压低高次谐波的影响。

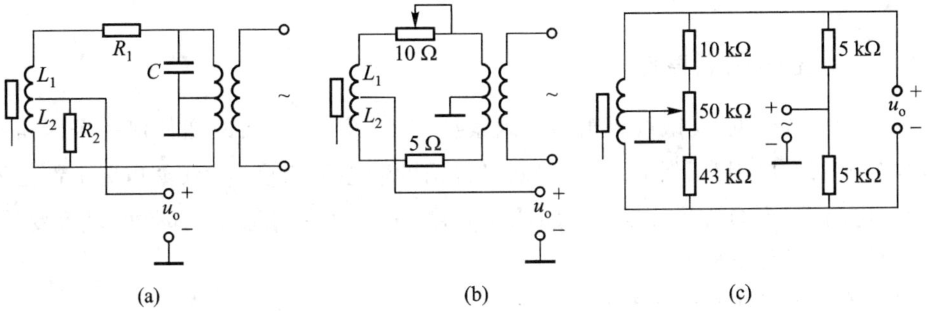

图 11-2-1 差动自感传感器零位电压补偿电路

另一种有效的方法是外接相敏检波电路，它能有效地消除基波正交分量与偶次谐波分量，减小奇次谐波分量，使传感器零位电压减至极小。

上述差动自感传感器的零位误差分析和消除方法，也适用于差动变压器传感器。差动变压器同样可采用相敏检波来减小零位误差。

此外，霍尔传感器也存在零位误差，可采用图 4-5-10 所示的补偿电路。

2. 电桥调零电路

阻抗式传感器多采用电桥作为测量电路,为保证被测参数为零时,电桥输出也为零,通常要设置调零电位器和调零电路。如图 8-2-2、图 10-2-2、图 10-3-11 等所示。

3. 放大器输入偏移调零电路

如果被测量 x 为零时,前级电路的输出电压 $U_x=U_a\neq 0$,在 U_x 与 x 为线性关系情况下,可设

$$U_x=U_a+xS_x \tag{11-2-6}$$

式中,U_a 为前级测量电路的零位输出。可以设置如图 11-2-2 所示的电路,通过放大器端的偏移电压或偏移电流的方法来消除零位电压 U_a,即保证放大器输出电压 U_o 在 $x=0$ 时为零。为此,在图(a)中,须调整 U_b,使 $U_b=U_a$;在图(b)中,须调整 U_b 和 R_2,使 $\frac{U_a}{R_1}=-\frac{U_b}{R_2}$;在图(c)中,须调整 U_b 使 $U_b=U_a$。

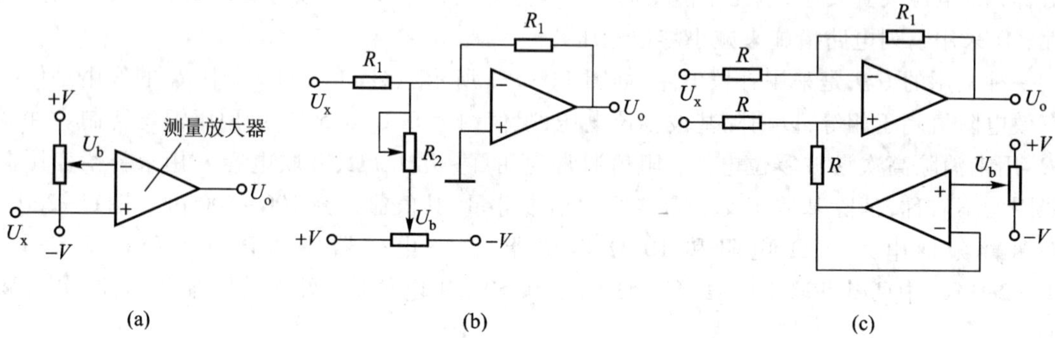

图 11-2-2 放大器输入偏移法调零电路

11.2.2 常见的调满度电路

由式(11-1-15)可见,灵敏度是由多个因素决定的,理论上讲,改变任何一个因素都可改变灵敏度,但实际上,有些因素,例如,动圈式测量机构的静态灵敏度 S_0,线圈电阻 r 都是不便于改变的,而量程电阻 R、传感器及其接口电路的灵敏度 S_x、放大器增益 K,都是可以改变的,因此可以有以下三种调满度的电路。

1. 调电源供电电压(或供电电流)

很多传感器电路(例如,恒压源或恒流源供电的传感器电桥电路)的输出电压都与电源的供电电压(或供电电流)成正比。因此,把调满度电位器设置在电源供电电路中,可通过调整电源的供电电压(或供电电流)来调整灵敏度。例如,图 11-2-3 中电位器 R_{P2} 就是采用调电源供电电压的方式调满度的。

2. 调放大器的增益

传感器电路输出的电压,通常要进行放大,很显然,把调满度电位器设置在决定放大器增益的电路中,就可通过调放大器的增益来调满度。调增益的方式是检测仪表最常见的调满度方式。

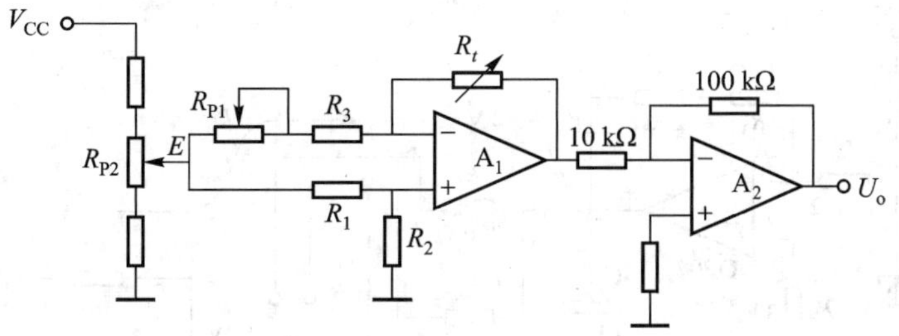

图 11-2-3 铂电阻测温电路调零和调满度

若已知传感器接口电路在 $x=x_{max}$ 时的输出电压(例如,电桥输出电压)为 U_{imax},由式(11-1-11)计算出的表头量程电压即表头最大允许输入电压为 U_m,则所需放大增益为

$$K=\frac{U_m}{U_{imax}} \tag{11-2-7}$$

3. 调表头量程电阻

由式(11-1-15)和式(11-1-16)可见,改变表头串联电阻 R,可改变仪表的灵敏度和量程。灵敏度越高,量程就越小。例如,如图 10-3-11 所示,电流表线圈串联的电位器 R_P 就是以这种方式调满度的。

11.2.3 常见的量程切换电路

为提高模拟仪表的读数精度,通常应使表头指针偏转在$\frac{1}{2}$满度~接近满度的区域,即

$$\frac{\theta_{max}}{2}\leqslant\theta\leqslant\theta_{max}$$

由式(11-2-1)可知,这意味着满足以下要求

$$\frac{x_{max}}{2}\leqslant x\leqslant x_{max} \tag{11-2-8}$$

很显然,当 $x\leqslant\frac{x_{max}}{2}$时,应改用小一挡量程 x'_{max},使$\frac{x'_{max}}{2}\leqslant x\leqslant x'_{max}$;当 $x\geqslant x_{max}$ 时,应改用高一挡量程 x''_{max},使$\frac{x''_{max}}{2}\leqslant x\leqslant x''_{max}$。为了使表盘刻度能适用不同量程,通常应让量程按十倍率变化,即$x'_{max}=\frac{x_{max}}{10}$,$x''_{max}=10x_{max}$,从而把量程分为×1,×10,×100 等几挡。因此,切换量程实际上相当于把读数值的小数点前后移动一位或几位。

因为量程切换就是以换挡方式改变仪表的灵敏度,所以用波段选择开关替代上节所介绍的三种调满度电路中的调满度电位器,就可实现三种方式的量程切换。最常见的量程切换方式是切换决定放大器增益的电阻,如图 11-2-4 所示。

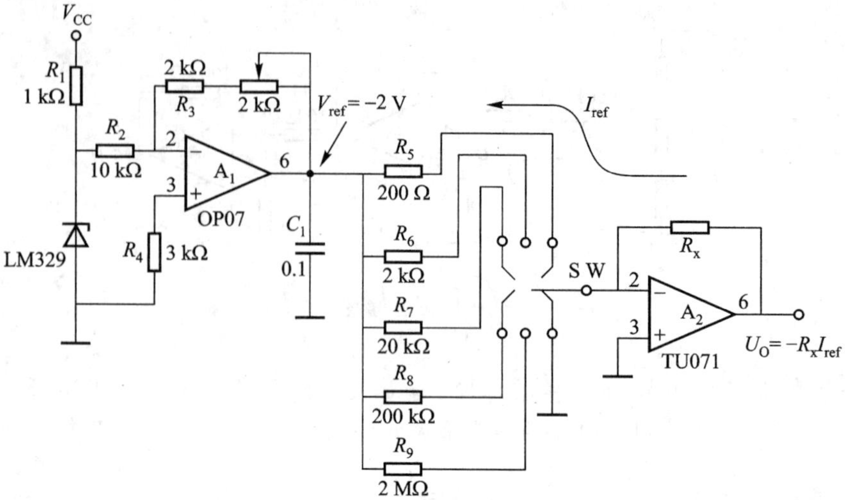

图 11-2-4　电子电阻表电路

11.3　模拟非线性校正

模拟式检测仪表大多是"直读式"仪表，即直接从表头上读取被测量的值。如果指针正好偏转在 θ_i 处，那么把 θ_i 处的刻度值 x_i 作为被测量的实际值是不会有误差的。如果指针指在 θ_i 与 θ_{i+1}之间的正中位置，对于线性刻度，取$\frac{x_i+x_{i+1}}{2}$作为读数值也不会有误差，但对于非线性刻度，取$\frac{x_i+x_{i+1}}{2}$作为读数值就会有误差——非线性误差。非线性越严重或标定点越少，则非线性误差越大。因此，比较精确的模拟式检测仪表，一般要设置模拟非线性校正电路。

检测仪表的非线性大多是因为使用的传感器及其转换电路的输出电压 U 与被测非电量 x 呈非线性函数关系——式(11-1-18)，而不是线性关系——式(11-1-14)。设置模拟非线性校正的目的就是将非线性函数关系改造为线性函数关系。

11.3.1　非线性校正的数学原理

所谓非线性校正，就是把一个适当的校正电路(即线性化器)串接到测量电路中，从而使整个仪表的输入-输出特性变成线性关系。其结构原理一般可用图 11-3-1 所示框图表示。

图 11-3-1　非线性校正

图中 x 为被测非电量，它经传感器及其接口电路转换成电压 U_1，假设传感器为非线性环节，则 x 与 U_1 为非线性关系，U_1 经放大器放大后可获得一个电平较高的电量 U_2，但一般放大器为线性环节。所以，x 与 U_2 仍为非线性关系，引入线性化器的作用是利用线性化器本身的非线性特性来校正或补偿传感器特性的非线性，从而使整个仪表的输入与输出之间具有线性关系。显然，要达到这一目的，关键是如何设计一个合适的线性化器。

设图 11-3-1 中传感器输入-输出关系的表达式为

$$U_1=f_1(x) \tag{11-3-1}$$

放大器的表达式为

$$U_2=KU_1 \tag{11-3-2}$$

式中，K 为常数。

要求整个仪表的输入与输出之间具有线性关系

$$U_o=xS \tag{11-3-3}$$

式中，S 为整个仪表的灵敏度。

为了求出线性化器的输入-输出关系表达式 $U_o=f_2(U_2)$，可将式(11-3-1)、式(11-3-2)、式(11-3-3)联立，消去中间变量 U_1，x，从而得到线性化器输入-输出关系的表达式为

$$U_2=Kf_1\left(\frac{U_o}{S}\right) \tag{11-3-4}$$

或

$$U_o=Sf^{-1}\left(\frac{U_2}{K}\right) \tag{11-3-5}$$

由式(11-3-5)可见，非线性校正就是在非线性环节后，串接一个线性化器，只要该线性化器的特性曲线与非线性环节的特性曲线成反函数关系，就能达到线性校正的目的。这就是非线性校正的数学原理。

在电路上，可以将原函数转换器接入反馈回路的方法获得反函数，如图 11-3-2 所示。电容 C 为滤除高频干扰与抑制自激振荡用。对于理想放大器，流入反相输入端的电流为零，于是

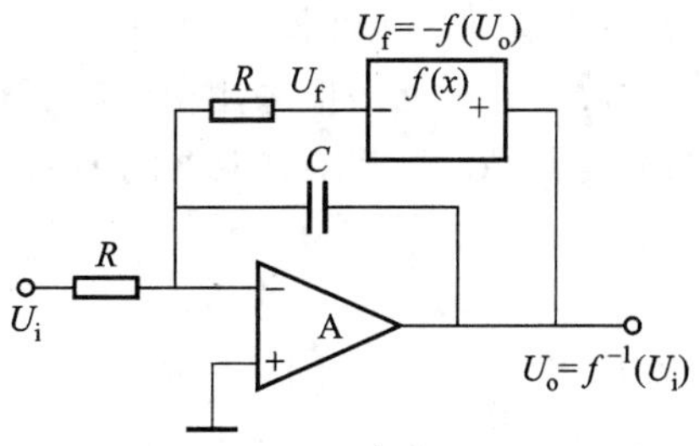

图 11-3-2 反函数运算电路

$$\frac{U_i}{R}+\frac{U_f}{R}=0$$

$$U_f=-f(U_o)=-U_i$$

$$U_o=f^{-1}(U_i) \tag{11-3-6}$$

由式(11-3-6)可见，将一个输入-输出特性与被校正的非线性环节相同的非线性环节接入运放的反馈环路，再将此运放与被校正的非线性环节串接起来，即可实现非线性校正。很多书上称此为闭环式非线性校正，而称图 11-3-1 为开环式非线性校正，实际上二者本质是相同的。

11.3.2 非线性校正的实现方法

1. 采用与已知传感器特性函数相反的运算电路

有些传感器电路的输入与输出呈现明确的函数关系，可以采用与该函数关系相反的运算电路作为测量电路，以实现非线性校正。例如，热敏电阻、半导体湿度传感器等，它们的输入与输出

呈现指数关系，这时可通过对输出做对数变换来实现线性化。又例如，差压式流量传感器的差压与流量的平方成正比，这时可通过开方电路来实现线性化。振弦传感器的振动频率与张力的平方根成正比，可通过平方电路来实现线性化（见图 6-4-5）。电容传感器的电容与极距成反比，由式（3-2-19）可见，通过反比电路能实现线性化。由式（3-3-27）可见，变气隙型电感传感器宜采用恒压源激励，也是为了使线圈电流 I_L 与被测位移呈线性关系。

2. 采用多项式运算电路

通过标定实验，或者通过分度表，可以获得被测非电量 x 与传感器及其接口电路输出电压 U 之间的函数关系 $U=f(x)$ 的一系列对应数据（U_i, x_i），从这些数据中选取 3 个插值点（x_k, U_k）（$k=1,2,3$），求解如下 3 个方程

$$a_0+a_1U_k+a_2U_k^2=x_k, k=1,2,3 \qquad (11-3-7)$$

求得 3 个系数 a_0, a_1, a_2，建立一个二次多项式，该二次多项式即可以作为非线性校正所需的反函数的近似公式。即

$$U_o=S(a_0+a_1U+a_2U^2)\approx Sx \qquad (11-3-8)$$

式（11-3-8）中的多项式运算可以用乘法、加法电路组合成的多项式运算电路或 AD538 等集成运算电路来实现。（具体实例见拓展阅读 11.3.3 节。）

3. 采用折线近似的函数放大器电路

若被测非电量 x 与传感器及其接口电路输出电压 U 之间的函数关系 $U=f(x)$，则 $x=f^{-1}(U)$，$U_o=Sf^{-1}(U)=Sx$，所以，在传感器接口电路后串接一个能实现 $U_o=Sf^{-1}(U)$ 的函数放大器电路，就可以实现非线性校正，使 $U_o=Sx$。

函数放大器电路一般采用由二极管开关和电阻组成非线性网络取代反相放大器的输入电阻 R_r 或反馈电阻 R_f，使反相放大器的输入-输出关系呈多段折线逼近 $U_o=Sf^{-1}(U)$ 曲线

$$U_o=-\frac{R_f}{R_r}U\approx Sf^{-1}(U) \qquad (11-3-9)$$

式中，R_f 或 R_r 在 U 的不同区段取不同的需要值。

常用的折线逼近法是折线转折点都位于被逼近的曲线上。折线分段数 n 越多，逼近的误差越小。实际上一般取 $n\leqslant 10$ 就足够了。通过标定实验，或者通过分度表，可以获得被测非电量 x 与传感器及其接口电路输出电压 U 之间的函数关系 $U=f(x)$ 的一系列对应数据（U_i, x_i），从这些数据中选取 n 个插值点（x_k, U_k）（$k=1,2,\cdots,n$）作为折线转折点，再依次求出各折线段的斜率，各折线段的斜率与灵敏度 S 的乘积分别为 $k_1, k_2, \cdots, k_n$。随输入电压逐步增大，放大倍数逐步从 k_1 增大到 k_n。使反相放大器的输入-输出关系呈多段折线逼近 $U_o=Sf^{-1}(U)$ 曲线。

*11.3.3 模拟非线性校正的实例

此节内容可访问本书网址 http://abook.hep.com.cn/1227955 的拓展阅读模块——“阅 11.3.3”。

11.4 环境及温度误差校正

11.4.1 环境及温度因素对测量的影响

如果把被测量 x 作为测量系统的输入，模拟显示量或数字显示量 y 作为测量系统的输出，那

么,理想情况下系统的输入-输出特性应为一元函数

$$y=f(x) \tag{11-4-1}$$

也就是说,只有被测量 x 才是决定测量结果 y 的唯一因素。然而,实际情况并非如此,系统的输入作用量除了被测量 x 外,还有测量对象以及测量环境赋予测量系统的许多其他影响参量。如温度 T、气压 p、电源电压 E、振动 A 等。这些除被测量 x 以外的影响因素,统称为环境因素或干扰因素。因此实际的测量系统的数学模型不是一元函数而是多元函数

$$y=f(x,T,p,E,\cdots) \tag{11-4-2}$$

如果能够使除被测量 x 以外的各环境参量均保持为恒定的常数。那么,多元函数也就变成一元函数,即式(11-4-2)变为式(11-4-1)。这是理想的情况,但是实际上,做不到这一点。只能尽可能减少环境因素的变化,并不能绝对保证它们完全不变化。这样一来环境因素的变化就难免引起输出量的变化。对式(11-4-2)取微分得

$$\mathrm{d}y=\frac{\partial f}{\partial x}\mathrm{d}x+\frac{\partial f}{\partial T}\mathrm{d}T+\frac{\partial f}{\partial p}\mathrm{d}p+\frac{\partial f}{\partial E}\mathrm{d}E+\cdots \tag{11-4-3}$$

式(11-4-3)中第一项代表理想情况下的输出量的变化,记为

$$\mathrm{d}y'=\frac{\partial f}{\partial x}\mathrm{d}x \tag{11-4-4}$$

式(11-4-3)中,其他各项均为环境因素变化造成的误差项,称为环境误差,记为

$$\mathrm{d}y-\mathrm{d}y'=\frac{\partial f}{\partial T}\mathrm{d}T+\frac{\partial f}{\partial p}\mathrm{d}p+\frac{\partial f}{\partial E}\mathrm{d}E+\cdots \tag{11-4-5}$$

式(11-4-3)中各增量 $\mathrm{d}x,\mathrm{d}T,\mathrm{d}p,\mathrm{d}E\cdots$ 的系数 $S_x=\frac{\partial f}{\partial x},S_T=\frac{\partial f}{\partial T},S_p=\frac{\partial f}{\partial p},S_E=\frac{\partial f}{\partial E}\cdots$ 分别为系统对各影响量的灵敏度。设计测量系统时应使系统输出对被测量 x 的灵敏度 S_x 最高,系统输出对环境(干扰)参量的灵敏度应限制在相对最低的水平。最好是使

$$S_T\approx 0,S_p\approx 0,S_E\approx 0,\cdots$$

在影响测量结果的环境因素中,最常见的也是影响最大的环境因素是温度。任何检测系统都是由几个基本环节,如敏感元件、变换放大环节等组合而成。然而,这些基本环节的静特性都与环境温度有关。尤其是敏感元件的静特性与环境温度的关系更为密切。

对于电子电路,由于某些电子元件的参数会随温度变化,从而使电路的增益和零点随环境温度变化。对于机械零件,由于存在固体线膨胀系数,造成零件尺寸随环境温度而变化。对于检测系统中使用的液体介质(如硅油)也存在着随温度升高而产生的体膨胀现象。

总之,检测系统的基本组成环节的特性随温度而变化,必然造成整个检测系统的特性随环境温度而变化。为了满足生产对检测系统性能在温度方面的要求,就需要在检测系统的研究、设计、制造过程中采取一系列具体的技术措施,以抵消或减弱环境温度变化对检测系统特性的影响,从而保证其特性基本上不随环境温度而变化。人们统称这些技术措施为温度补偿技术。

检测系统及组成环节对温度的有害灵敏度就是指检测系统或组成环节的输出 y 的变化量与引起该输出变化量的温度 T 的变化量之比。用数学式表示,则为

$$S_T=\frac{\partial y}{\partial T} \tag{11-4-6}$$

显然，对于一个检测系统或其组成环节，其 S_T 越小，说明它适应环境温度 T 变化的能力越强，其温度附加误差越小。

当检测系统的输出 y 与输入 x 之间为线性关系时，则有

$$y=f(x,T)=a_0(T)+a_1(T)x \tag{11-4-7}$$

式中：$a_0(T)$——检测系统的输出零点，其值随 T 而变，是 T 的函数；

$a_1(T)$——检测系统的灵敏度，其值随 T 而变，是 T 的函数。

这时，检测系统对温度 T 的有害灵敏度可表示为

$$S_T=\frac{\partial f(x,T)}{\partial T}=\frac{\mathrm{d}a_0(T)}{\mathrm{d}T}+\frac{\mathrm{d}a_1(T)}{\mathrm{d}T}x \tag{11-4-8}$$

式(11-4-8)表明，S_T 由两项组成：

$\frac{\mathrm{d}a_0(T)}{\mathrm{d}T}$——检测系统输出零点对温度的有害灵敏度，它的大小反映了检测系统输出零点随温度漂移的快慢；

$\frac{\mathrm{d}a_1(T)}{\mathrm{d}T}$——检测系统输出特性曲线斜率（即灵敏度）对温度的有害灵敏度，它的大小反映了检测系统量程随温度变化的快慢。

当检测系统的输出 y 与输入 x 之间是非线性函数关系时，这种关系可用有限项的幂函数近似表示为

$$y=f(x,T)=a_0(T)+a_1(T)x+\cdots+a_n(T)x^n$$

这时，检测系统对温度 T 的有害灵敏度为

$$S_T=\frac{\mathrm{d}a_0(T)}{\mathrm{d}T}+\frac{\mathrm{d}a_1(T)}{\mathrm{d}T}x+\frac{\mathrm{d}a_2(T)}{\mathrm{d}T}x^2+\cdots+\frac{\mathrm{d}a_n(T)}{\mathrm{d}T}x^n \tag{11-4-9}$$

从上述分析可以看出，为了降低环境温度对检测系统工作的影响，应设法减小系统对温度的有害灵敏度。这可以从两个方面着手，一方面减小检测系统输出零点对温度的有害灵敏度；另一方面减小检测系统灵敏度对温度的敏感性。

对于一个检测系统，进行温度补偿的目的就是通过理论分析和实验研究找出相应的技术措施，使检测系统的 $\frac{\mathrm{d}a_0(T)}{\mathrm{d}T}\approx 0$，$\frac{\mathrm{d}a_1(T)}{\mathrm{d}T}\approx 0$。

11.4.2 环境及温度误差的校正电路

1. 补偿法

补偿法的基本思路是采用两个原理和特性完全相同的传感器，并置于同一环境中，其中一个既接受输入信号也接受环境影响

$$\mathrm{d}y_1=\frac{\partial f}{\partial x}\mathrm{d}x+\frac{\partial f}{\partial T}\mathrm{d}T+\frac{\partial f}{\partial p}\mathrm{d}p+\cdots$$

另一个不接受输入信号（即 $\mathrm{d}x=0$）只接受环境影响

$$\mathrm{d}y_2=\frac{\partial f}{\partial T}\mathrm{d}T+\frac{\partial f}{\partial p}\mathrm{d}p+\cdots$$

通过电路(如电桥或差分放大器)使二者输出相减,保留输入 x 的作用,消除环境因素的影响

$$\mathrm{d}y_1-\mathrm{d}y_2=\frac{\partial f}{\partial x}\mathrm{d}x \tag{11-4-10}$$

用两个参数相同的应变片 R_1、R_2,R_1 贴在试件上,接入电桥做工作臂;R_2 贴在材料与试件相同的补偿块上,环境温度与试件相同但不承受机械应变,接入电桥相邻臂做补偿臂,如图11-4-1所示。R_1 承受机械应变,由式(3-1-25)可知,温度变化时,其电阻变化为

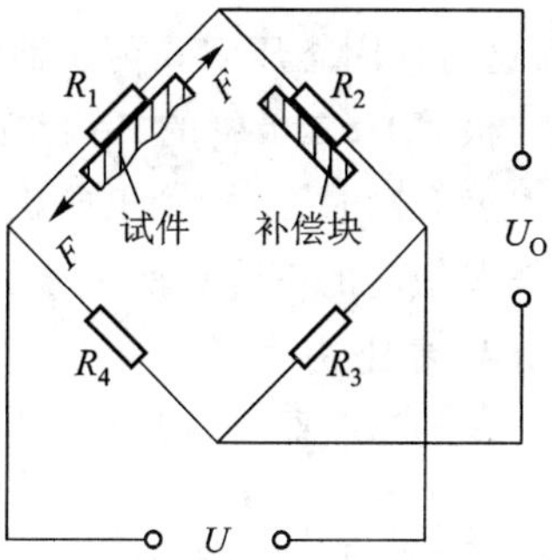

图 11-4-1　补偿块法原理

$$\frac{\Delta R_1}{R_1}=\frac{\Delta R_{1\varepsilon}+\Delta R_{1t}}{R_1}=k(\varepsilon+\varepsilon_t) \tag{11-4-11}$$

R_2 不承受机械应变,但由于 R_1 与 R_2 所处环境温度及所粘贴材料相同,故因温度引起的电阻变化相同,由式(3-1-19)可知,其电阻变化为

$$\frac{\Delta R_2}{R_2}=\frac{\Delta R_{2t}}{R_2}=k\varepsilon_t \tag{11-4-12}$$

将式(11-4-11)、式(11-4-12)代入式(3-1-43)得

$$U_0=\frac{kU}{4}\varepsilon \tag{11-4-13}$$

由式(11-4-13)可见,补偿块法能消除单应变片工作时的温度误差。

图 4-5-14 中所示的补偿电桥、图 10-1-7 中所示的补偿片、图 10-3-11 中热敏电阻 R_{t2} 也都是基于这一原理来消除温度和其他环境因素的影响。

2. 差动法

差动法的基本思路也是采用两个原理和特性完全相同的转换元件,置于同一环境中,一个接受输入量的正向变化 dx,一个接受输入量的反向变化(-dx)

$$\mathrm{d}y_1=\frac{\partial f}{\partial x}\mathrm{d}x+\frac{\partial f}{\partial T}\mathrm{d}T+\frac{\partial f}{\partial p}\mathrm{d}p+\cdots$$

$$\mathrm{d}y_2=-\frac{\partial f}{\partial x}\mathrm{d}x+\frac{\partial f}{\partial T}\mathrm{d}T+\frac{\partial f}{\partial p}\mathrm{d}p+\cdots$$

通过电路,使二者输出相减,结果使输入灵敏度增加一倍,而环境影响却被消除

$$\mathrm{d}y_1-\mathrm{d}y_2=2\frac{\partial f}{\partial x}\mathrm{d}x \tag{11-4-14}$$

除此之外,差动结果还能减小非线性,因此,差动结构的传感器应用很广泛。例如,图10-1-13和图 3-1-12(c)、(d)所示就是基于这一原理来消除温度的影响。

3. 抵消法

将正温度系数的传感器或电路与负温度系数的传感器或电路串联起来,使温度变化产生的影响相互抵消。

$$\frac{\partial y_1}{\partial T}+\frac{\partial y_2}{\partial T}=0 \tag{11-4-15}$$

在已知传感器或电路的某参数随温度变化的趋向后，可利用热敏电阻，热电阻，热敏二极管等构成温度补偿电路与之串联或并联，使传感器或电路的另一参数也随温度变化，两参数随温度变化的作用相互抵消，总的性能不随温度变化。图 4-5-13 就是基于这一原理。

又例如，当温度升高时，固态压阻式传感器的压阻系数变小，由式(3-1-16)、式(3-1-43)可知，这将使固态压阻式传感器电桥的输出电压降低。如图 11-4-2 所示，在电桥的电源回路中串联二极管 D，二极管的 PN 结为负温度特性，温度每升高1 ℃，正向压降减少 1.9~2.4 mV。这样，当温度升高时，二极管正向压降减少，因电源采用恒压源，则电桥电压必然提高，使输出变大，以补偿灵敏度的下降。所串联的二极管个数，要依实际情况进行计算。

4. 参比法

参比法就是让环境(干扰)变量参与比例运算，以减小或消除该变量变化导致的测量误差。

例如，在超声波测液位时，图 8-4-2 所示的应用声速校正具就是为了将 $h=\frac{ct}{2}$的二元函数测量公式改造成为 $h=\frac{S_0 t}{t_0}$的一元函数测量公式，从而消除声速 c 变化对测量结果的影响。

同样道理，差压法测液值 $\Delta p=\rho gH$，也存在液体密度 ρ 的影响，如采用图 11-4-3 所示的方法，即可消除液体密度 ρ 变化对液位测量的影响

因为

$$p_3-p_1=\rho gH$$

$$p_3-p_2=\rho gS$$

所以

$$H=S\frac{p_3-p_1}{p_3-p_2} \tag{11-4-16}$$

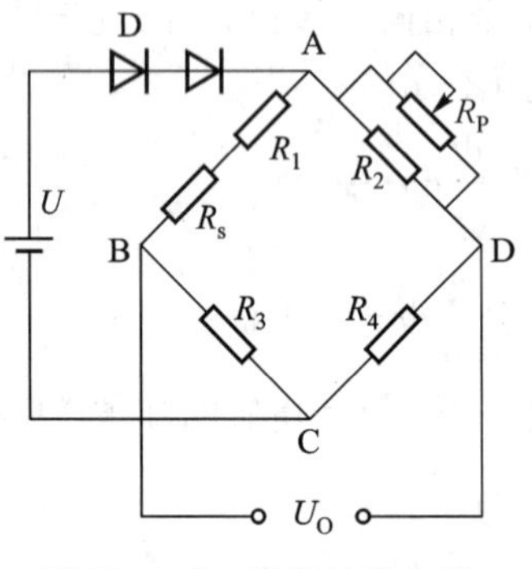

图 11-4-2 温漂补偿电路

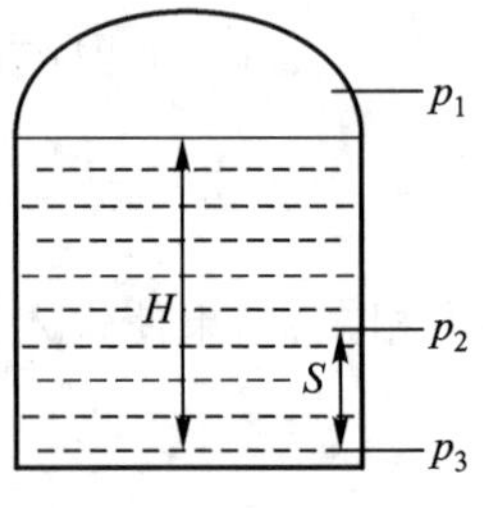

图 11-4-3 三点取压法测液位

由式(3-2-18)、式(3-2-20)和式(3-2-22)可知，在图 3-2-6 中，如果 C_0 和 C_x 采用型号相同的两个电容传感器，仅 C_x 随被测非电量变化，而 C_0 不随被测非电量变化，它们所处温度环境相同，随温度的变化也相同，但二者的比值随温度的变化却大大减小。

当被测信号来自电位器式、电桥式或其他需要激励电源的传感器的时候，如果让 ADC 的基准电压输入端和传感器用同一个电压源激励，则转换结果将不受激励电压波动的影响。图11-4-4所示的是对一个电阻电桥输出信号进行比率转换的原理电路。设被测物理量 x 使电阻传感器的阻值

产生的相对变化为$\frac{\Delta R}{R_0}=\alpha x$，仪用放大器的差分增益为 K，据式(3-1-37)则差分放大器的输出电压为

$$U_o=\frac{U_R}{4}\alpha x K$$

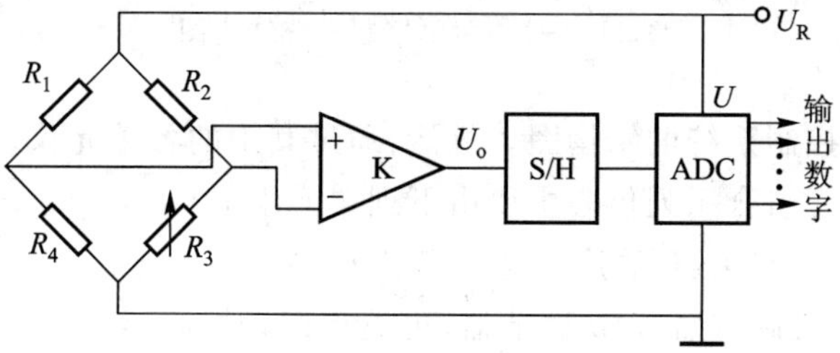

图 11-4-4　比率 A/D 转换抵消激励电源波动的影响

由于 ADC 与电桥共用同一电源，$U=\beta U_R$（β 为分压系数，图中 $\beta=1$）使 ADC 的输出数码为

$$D_i=\frac{U_o}{q}=\frac{U_o}{\frac{U}{N_{FS}}}=\frac{\alpha K N_{FS}}{4\beta}\cdot x \tag{11-4-17}$$

D_i 与 U_R 无关。这就消除了激励电源 U_R 波动对测量精度的影响。

11.5　模拟式仪表实例

11.5.1　DDZ-Ⅲ型仪表简介

1. DDZ 仪表概述

常用仪表按信号传输方式可分为电动仪表和气动仪表。一切以电量为传输信号的仪表统称电动仪表，它具有信号可远传的特点，但如无特殊处理措施，电信号可引起火灾和爆炸，即其防爆性能相对较差。气动仪表是使用压缩空气来传递信号的仪表，它没有防爆问题，但由于气体的特殊性致使该种仪表的反应动作慢，同时气源和管路的投资远比电路要大。

按组成系统的方式划分，各种仪表可分为基地式仪表、单元组合式仪表和组件组装式仪表。基地式仪表是专为特定被测量在特定测量范围内使用而设计的仪表，可容易地从它的标尺上直接读出测量结果，因而其通用性较差。单元式组合仪表是针对应用通用性而产生的仪表，这种仪表往往只完成单一的功能，例如，变送单元、调节单元、显示单元等，而各单元仪表间通过统一制式的信号进行连接，所以可根据需要选择不同的单元仪表灵活地构建系统。组件组装式仪表是单元组合式仪表的进一步发展，它利用集成电路和其他电子元件形成各种功能不同的插件，并可选择多个插件以构成需要的仪表。该种仪表目前常用在计算机控制系统中，如集散控制系统。

电动单元组合仪表是针对应用时的通用性而产生的，这种仪表往往只完成单一的功能，例如，变送单元、调节单元、显示单元等，而各单元仪表间通过统一制式的信号进行连接，所以可根据需要选择不同的单元仪表灵活地构建系统。图 11-5-1 给出了常规被控对象采用电动单元组

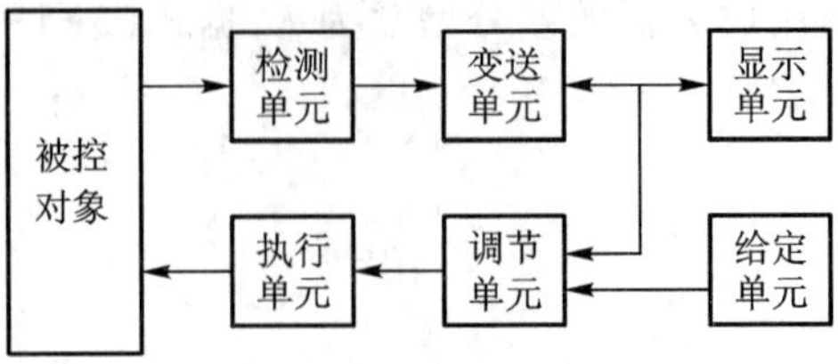

图 11-5-1　简单控制系统结构图

合式仪表所形成的简单控制系统的结构图。显然,通过其中的各单元仪表,即可满足不同被控对象的需要。常规电动单元组合系列仪表主要由下列单元组成:

① 变送单元——差压变送器、温度变送器等;

② 调节单元——位式调节器、PID 调节器、可编程逻辑控制器;

③ 执行单元——角行程及直行程电动执行器等;

④ 显示单元——指示仪表、记录仪表等;

⑤ 计算单元——加减器、乘除器、开方器等;

⑥ 给定单元——恒流给定器、分流器等;

⑦ 转换单元——频率转换器、气-电转换器等,

⑧ 辅助单元——操作器、阻尼器等。

DDZ 是电动(D)单元(D)组合(Z)仪表的拼音缩写,其发展过程主要经历了电子管、晶体管和线性集成电路三个阶段,对应的系列仪表分别称为 DDZ-Ⅰ型、DDZ-Ⅱ型和 DDZ-Ⅲ型。

DDZ-Ⅱ型系列仪表采用了印制电路等工艺,是以晶体管元件为主体的,电源采用交流 220 V,各单元之间的联络信号约定为(0~10 mA DC 和 1~5 V DC),因为直流信号具有不受线路中电感、电容及负载性质的影响和不存在相移问题等优点,便于远距离传输。

2. DDZ-Ⅲ型系列仪表特点

DDZ-Ⅲ型仪表和 DDZ-Ⅱ型仪表一样,也属电动单元组合仪表。因此Ⅲ型仪表的品种及在系统中的作用和Ⅱ型仪表基本相同。但是,Ⅲ型仪表和Ⅱ型仪表相比,具有如下特点。

1) 采用线性集成电路

在Ⅲ型仪表中广泛采用线性集成电路,这不仅减小了仪表的体积和重量,而且也提高了仪表的稳定性和精度。

2) 采用国际标准信号制

现场传输信号为 4~20 mA 直流电流,控制室联络信号为 1~5 V 直流电压,信号电流与电压的转换电阻为 250 Ω。国际电工委员会(IEC)统一规定:被测量在量程范围内的最小值对应 4 mA DC或 1 V DC 输出,在量程范围内的最大值对应 20 mA DC 或 5 V DC 输出。

信号传输采用电流传送-电压接收的并联制方式,即进出控制室的传输信号为电流信号(4~20 mA),该信号再通过电阻(250 Ω)转换成相应的直流电压信号(1~5V),并联地传输给控制室各仪表。并联制传输方式的示意图如图 11-5-2 所示。这种信号制和传输方式的优点如下。

① 信号的下限为 4 mA,且不与机械零点重合,这不但避开元件的死区和非线性段。而且容

易识别断电、断线等故障，信号的上限为 20 mA，比Ⅱ型仪表的 10 mA 大一倍，有利于提高力平衡式差压变送器的性能。

② 采用并联制传输方式，仪表可以有公共接地点，便于同计算机、巡回检测装置等配套使用。由于仪表负载较小，变送器功率级的供电电压可大大降低，这就解决了功率管耐压不够容易被击穿损坏的问题，从而提高了仪表的可靠性。

另外，并联制传输方式只要改变转换电阻阻值就可以将其他“活零点”的电流信号（1~5 mA、10~50 mA 直流电流等）转换为 1~5 V 直流电压信号。

③ 因为小信号电流不是零，故为现场变送器实现两线制创造了条件。两线制是指现场变送器和控制室仪表联系仅用两根导线，如图 11-5-2 所示。这两根线既是电源线，又是信号线。这样不但节省了大量的电缆线和安装费用，而且还利于安全防爆。

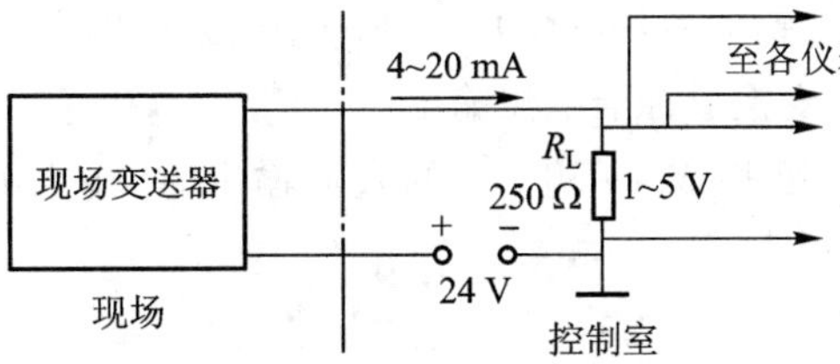

图 11-5-2 DDZ-Ⅲ型仪表信号传输示意图

3）集中统一供电

Ⅲ型仪表统一由电源箱供给各单元24 V直流电源，并备有蓄电池作为备用电源。这种供电方式的优点是：

① 各单元省掉了电源变压器，没有工频电源进入单元仪表，既解决了仪表发热问题，也为仪表的防爆创造了条件。

② 在工频电源停电的情况下备用电源投入，使整套仪表在一定时间内仍可照常工作，继续发挥其监视控制作用，有利于安全停车。

4）整套仪表可构成安全火花型防爆系统

Ⅲ型仪表在设计上是按国家防爆规程进行的，在工艺上对容易脱落的元件、部件进行了胶封，而且增加了安全单元——安全栅，实现了对控制室和危险场所（指含有氢、甲烷、乙烯、乙炔等易燃易爆气体的生产现场）之间的能量限制与隔离，这使仪表无论在正常运行，还是在事故状态下，都不会引爆。

所谓“安全火花”，是指火花的能量不足以对其周围可燃介质构成点火源。采取一定措施后，对在正常状态或事故状态所产生的“火花”均为“安全火花”的仪表，称之为安全火花型防爆仪表。安全火花型防爆仪表所采取的措施主要是指两个方面：其一，在线路设计上，对处于危险场所的回路，要选择适当的 R、C、L 参数，借以达到限制火花能量，使其只产生安全火花；同时在较大的 L、C 回路中并联二极管，来消除不安全火花。其二，在仪表品种中增加了安全单元——安全栅，其作用是对安全场所的高能量进行限制和隔离，使其不致窜入危险场所。

为了采用标准电流信号 4~20 mA DC 进行远距离传输，DDZ-Ⅲ型仪表通常采用现场变送器将被测非电量直接转换成标准电流信号 4~20 mA DC。如果采用的传感器及其接口电路只是把被测非电量转换成电压信号,那就要用电压-电流变换器(U/I 转换器)将该电压信号变换成标准电流信号 4~20 mA DC,电流信号到达 DDZ-Ⅲ型仪表输入端时,再通过 250 Ω 的负载电阻变换成标准电压信号 1~5 V DC,如图11-5-3 所示。

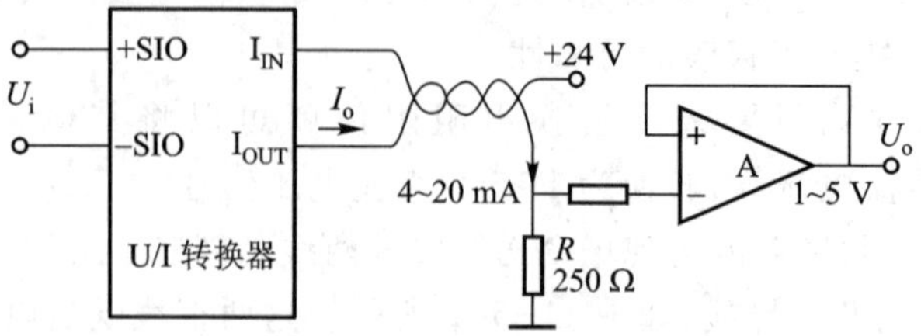

图 11-5-3　电压-电流变换器的外部连接

目前,国内外已经生产出传感器专用的集成电压-电流变换芯片,如 AD693 、AD694、XTR101、XTR110 等,可将直流电压输入变换成标准电流输出:

$0\sim U_{max}$的单极性输入电压变换成 4~20 mA 的直流输出时,输入电压 U_i 与输出电流 I_o 的转换公式为

$$I_o = 4\ \text{mA} + \frac{U_i}{U_{max}} \times 16\ \text{mA} \tag{11-5-1}$$

$-U_{max}\sim +U_{max}$的双极性输入电压变换成 4~20 mA 的直流输出时,输入电压 U_i 与输出电流 I_o 的变换公式为

$$I_o = 12\ \text{mA} + \frac{U_i}{2U_{max}} \times 16\ \text{mA} \tag{11-5-2}$$

*11.5.2　指针式万用表

指针式万用表是最常见的模拟式仪表。可以测量电阻、电流和电压、晶体管放大倍数、电感、电容和音频电平等参数。它有量程广、灵敏度高、价格低和使用方便等一系列优点,是无线电、通信和电工等领域的工厂和实验室中不可缺少的测量工具。

指针式万用表的准确度不高,多为 2. 5 级,它的种类和型号很多,量程也各不相同,但是,它们的基本结构相似。

指针式万用表在结构上可分为三大部分:第一部分是表头,它是磁电系微安表,做指示用,满偏转电流 I_g(即使仪表指针指示最大时流过仪表中的电流)是 40~100 μA,它的灵敏度决定了整个万用表的灵敏度;第二部分是测量电路,用不同的测量电路与表头配合,以完成测量电阻、电流和电压等测量任务;第三部分是转换开关,用以切换测量电路,实现量程和测量种类的切换任务。

指针式万用表是一种典型的模拟式检测仪表,通过对万用表的剖析,读者可进一步理解和掌握模拟式检测仪表的组成和设计方法。

MF107 型万用表的电路结构如图 11-5-4 所示。它可以测量电流、电压和电阻、音频电平、功率、晶体管放大倍数。它在用做线路的通、断检查时能发出音响,是功能比较齐全的万用表之一。读者可以 MF107 型万用表为例,分析一下指针式万用表的线路、结构及切换方法。(详细内容参见本书网址的拓展阅读模块——“阅 11.5.2”）

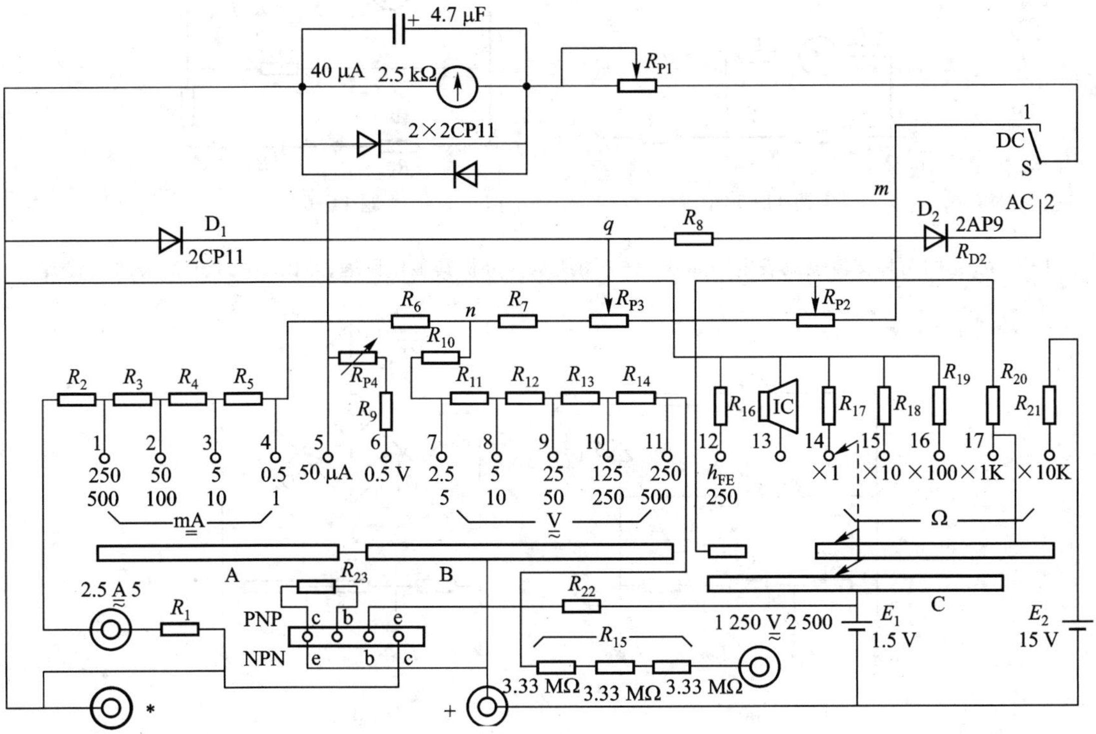

图 11-5-4　MF107 型万用表的电路图

思考题与习题

11-1　将图 9-3-3 所示的受压圆柱上粘贴的应变片连成电桥，将电桥输出的电压经测量放大器放大后，用图 11-1-2b 所示的直流电压表测量。画出完整的测量电路图，并导出表头指针偏转角与被测压力的关系式。

11-2　试用图 8-4-6 所示电容式差压传感器、图 10-3-3a 所示的节流式流量计、图 3-2-7b 所示的变压器电桥、集成真有效值交/直流转换器 AD637、开方器电路和图 11-1-2b 所示的直流电压表构成一个流量测量仪。画出完整的测量电路框图，并导出表头指针偏转角与被测流量的关系式。

11-3　已知图 11-2-3 中铂电阻为 Pt100，将该铂电阻放在冰水和沸水中时，毫伏表的读数分别为 0 mV 和 100 mV。试计算图中 $R_{P1}+R_3$ 的电阻值应调整为多少？电压 E 应调整为多少？

11-4　图 11-4-3 所示的测液位的方法与图 8-4-7 所示的测液位的方法相比有哪些优点？怎样才能实现？

11-5　MF107 型万用表测量直流电压时的简化电路如题 11-5 图所示。已知表头满偏电流 $I_g=40\ \mu A$，表头内阻 $r=7.5\ k\Omega$，分流电阻 $R=5\ k\Omega$，当表笔插入某量程插孔时，附加电阻 $R_X=12\ 497\ \Omega$。试计算表笔满偏时的被测直流电压。

11-6　MF107 型万用表测量电阻的简化电路如题 11-6 图所示。已知图中 $E=1.5\ V$，表头内阻 $R_g=2.5\ k\Omega$，表头满偏电流 $I_g=50\ \mu A$，如果要做成中值电阻为 300 Ω 的电阻表，则表头应并联多大的分流电阻 r？串联多大的限流电阻 R？

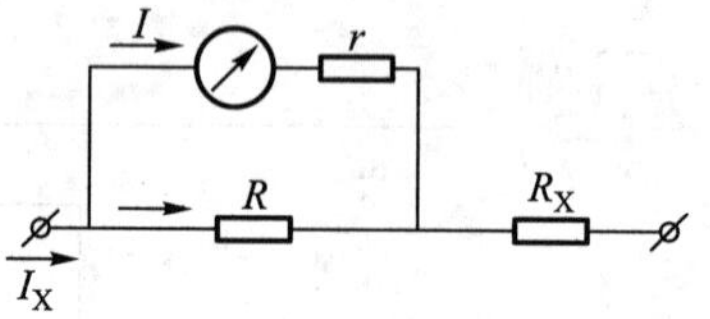

题 11-5 图

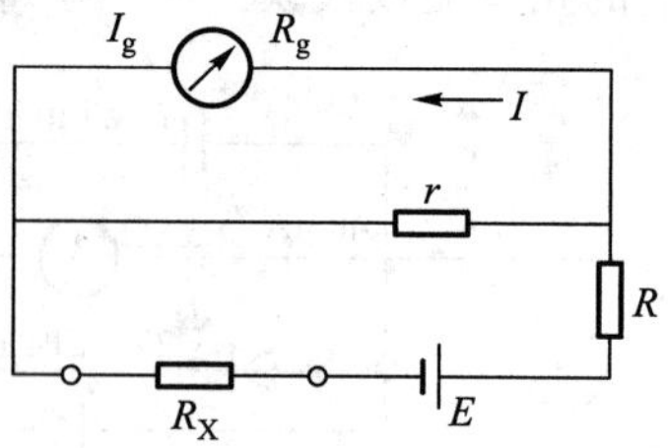

题 11-6 图

11-7 常见的两种交流电流表电路如题 11-7 图所示。分析其工作原理,并比较两个电流表的量程。

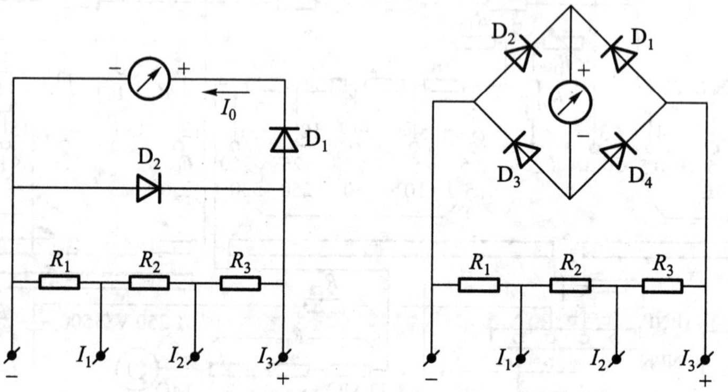

(a) (b)

题 11-7 图

第 12 章　数字式检测仪表

普通数字式检测仪表是在普通模拟式检测仪表的基础上发展起来的，它采用数字显示器显示测量结果。其测量速度快、抗干扰性能好。精度高，读数直观，工作可靠。因此，发展普及较快，有逐步取代普通模拟式仪表的趋势。

按照显示数字产生的方式，普通数字式检测仪表又可分为模数转换式和脉冲计数式两种类型。组成框图如图 1-3-3 所示。在模拟式仪表中，人们常把动圈式磁电系测量机构称为模拟“表头”，与此对应，在数字式仪表中，数字显示器及其相关电路也可称为数字“表头”。

12.1　数字“表头”电路

12.1.1　数字显示器

普通数字仪表使用的数字显示器，基本上分为两类：一类是采用发光二极管（light emitting diode），简称 LED 数字显示器；一类是采用液晶显示（liquid crystal display），简称 LCD 数字显示器。

1. LED 数字显示器

1 位 LED 显示块通常由 8 个发光二极管及其限流电阻组成，其中 7 个发光二极管摆成七笔字形“8”，一个发光二极管显示小数点，如图 12-1-1（c）所示。这种显示块有共阴极与共阳极两种：图 12-1-1（a）所示 8 个二极管的阴极并接成一公共端，称为共阴极；图 12-1-1（b）所示 8 个二极管的阳极并接成一公共端，称为共阳极。由图 12-1-1（c）可见，显示块的 3，8 引脚为公共端，也称为位选端，其余 8 个引脚 a、b、c、d、e、f、g、h 引脚为段选端。

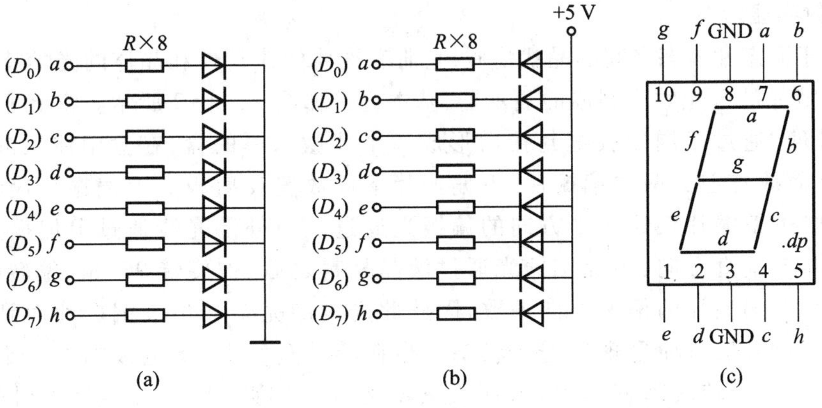

图 12-1-1　LED 显示块结构与引脚

由图 12-1-1（a）和（b）可见，共阴极 LED 显示块位选端接高电平或共阳极 LED 显示器位选端接低电平时，8 个二极管均截止熄灭，而当位选端接低电平（共阴极），或接高电平（共阳极）时，显示块显示的字形取决于 8 个段选端所加数码——段选码，因此段选码也称字形码。例如，为了在共阴极 LED 显示块上显示数字“0”，由图 12-1-1(c)可见，须在位选端接低电平，在 a、b、c、d、e、f 段选端加高电平，在 g、h 段选端加低电平，通常 h 端加段选码的最高位 D_7，a 端加段选码的最低位 D_0，因此 8 个段选端所加数码——段选码应为 00111111 即 3FH，同理，若要在共阳极 LED 显示块上显示数字“0”，则须在位选端接高电平，8 个段选端所加段选码应为 11000000 即 C0H。可见，共阴极的段选码逐位取反即得共阳极的段选码。

为了在 LED 上显示数字，必须将要显示的数字转换成相应的段选码（字形码），硬件译码电路由锁存器、译码器、驱动器组成，锁存器用以锁存每位要显示数字的 4 位二进制代码或 BCD 码。译码器实际上是一个只读存储器，以这 4 位二进制代码作为地址码的存储单元中存储着对应的 8 位段选码，译码器通过驱动器与 LED 显示器的 8 个发光二极管相连，使相应段的二极管点亮，显示出数字或字符。

多位 LED 显示器有静态显示与动态显示两种方式。

多位静态显示就是各位同时显示，为了实现这种显示方式，各位 LED 显示器的位选端应连接在一起固定接地（共阴极）或接+5 V（共阳极），而每位 LED 显示器的段选端应分别接一个 8 位锁存器。这种显示方式的优点是显示亮度大，需要的锁存器多，故在位数较多时往往采用动态方式。

多位动态显示就是逐位轮流显示。由于人眼有视觉暂留现象，只要每位显示间隔足够短，则可造成多位同时亮的视觉。为了实现这种显示方式，所有位 LED 显示器的段选线应并接在一起，由同一个 8 位锁存器控制，而各位 LED 显示器的位选端分别由相应的一位锁存器控制。例如，8 位 LED 动态显示只需两个 8 位锁存器，其中锁存器(1)控制段选，锁存器(2)控制位选。某一位的位选端加“0”，其余位的位选端均加“1”，则该位共阴极 LED 便显示由段选码确定的字形，而其余各位均熄灭。锁存器(1)和锁存器(2)轮流送入段选码、位选码，多位 LED 显示器便逐位轮流显示。段选码、位选码每次送入后延时 1～1.5 ms，以造成视觉残留效果和一定的亮度。两个 8 位 I/O 口不断循环送出相应的段选码、位选码，每位循环（刷新）周期选择在 10 ms 左右，就可以获得视觉稳定的显示效果。

2. LCD 数字显示器

液晶是介于固态和液态之间的晶状物质，它兼有液体的流动性和晶体的光学特性。液晶显示器就是利用液晶的电光效应制成的显示器，基本构造如图 12-1-2 所示。将上下两块制作有透明电极的玻璃，通过四周的胶框封接后形成一个几微米厚的盒，在盒中注入液晶材料，上下两块玻璃外面放置上下两块偏振片，下偏振片下面放置反射板。上偏振片仅让竖直方向的偏振光通过，下偏振片仅让水平方向的偏振光通过。当外部光线通过上偏振片后形成偏振光，偏振方向成垂直方向，当此偏振光通过液晶材料之后，被旋转 90°角，偏转方向成水平方向，此方向与下偏振片的偏振方向一致，因此此光线能完全穿过下偏振片而到达反射板，经反射后沿原路返回，从而呈现出透明状态。当在液晶盒的上、下电极加上一定的电压后，电极部分的液晶分子转成垂直排列，从而失去旋光性。因此，从上偏振片入射的偏振光不被旋转，当此偏振光到达下偏振片时，因其偏振方向与下偏振片的偏振方向垂直，因而被下偏振片吸收，无法到达反射板形成反射，所以呈现出黑色。根据需要，将电极做成各种文字、数字或点阵，就可获得所需的各种显示。

LCD数字显示器的上电极也做成如图12-1-1(c)所示的七笔字形“8”,称为笔段电极,下电极称为公共电极或背电极。因此LCD数字显示器也像LED数字显示器一样,笔段电极接段选端,公共电极接位选端。但是,LCD数字显示器不能像LED数字显示器那样,在笔段电极和公共电极之间加直流电压,因为这样会使液晶介质产生极化而缩短寿命。所以,LCD要显示的笔段的电极与公共电极之间不是加直流电压,而是加对称方波电压。

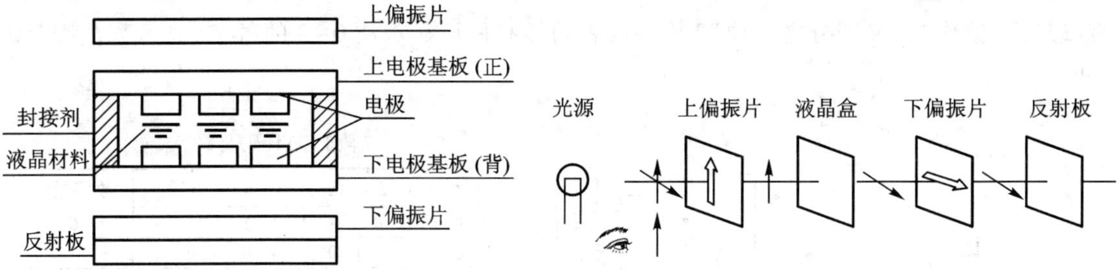

图12-1-2 液晶显示器的基本构造

LCD的基本驱动电路如图12-1-3所示,图中显示频率信号是一个方波信号,加到公共电极和异或门的A输入端,显示控制信号是一个电平信号,加到异或门的C输入端。由图12-1-3可见,当异或门的C端显示控制信号为低电平时,输出端B的电位与A端相同,异或门输出端B相连的LCD笔段电极和与A端相连的公共电极之间的电压为0,该笔段不显示;当异或门的C端显示控制信号为高电平时,B端的电位与A端相反,异或门输出端B相连的LCD笔段电极和与A端相连的公共电极之间呈现交替变化的电压,该笔段为显示状态。

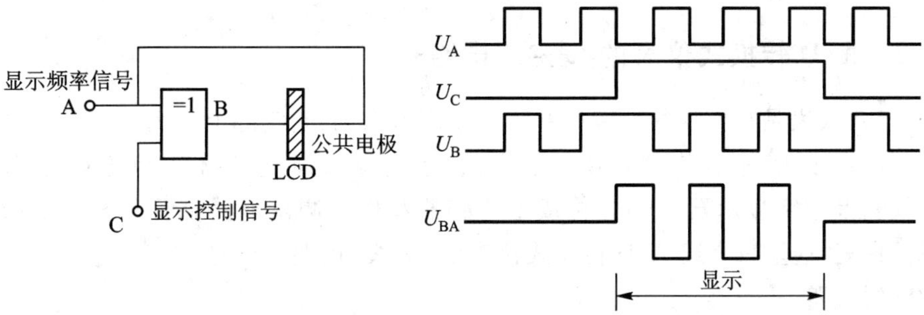

图12-1-3 LCD的基本驱动电路及波形

一位LCD显示器有一个公共电极、7个笔段电极,这7个笔段电极分别接7个异或门的输出端,这7个异或门的A输入端并连一起接显示频率信号,7个异或门的C输入端分别接段选码的7位作为显示控制信号:段选码的某一位为“1”,则该位异或门控制的笔段为显示状态,反之亦然。图12-1-4为7段液晶显示器的电极配置和驱动电路,7段译码器完成从BCD码到7段段选码的译码,其真值表及数字显示如图中表格所示。

3. 数字仪表的显示位数

数字仪表的显示位数有以下几种表示方式:

1) 经常标有3½位,4½位,5½位

在3½位、4½位、5½位中的3、4、5分别表示除最高位外的有效位数。而其中½表示最高位为 0 或 1。它们三者的显示数范围是:$3\frac{1}{2}$位为(0000~1999),$4\frac{1}{2}$位为(00000~19999),$5\frac{1}{2}$位为(000000~199999)。

2) 有的标为 $3\frac{2}{3}$位

$3\frac{2}{3}$位(读作“三又三分之二位”)数字仪表的最高位只能显示从 0~2 的数字,显示数范围是 0~2 999。

3) 有的标为 $3\frac{3}{4}$位

$3\frac{3}{4}$位(读作“三又四分之三位”)数字仪表的最高位可显示从 0~3 的数字,显示数范围是0~3 999。

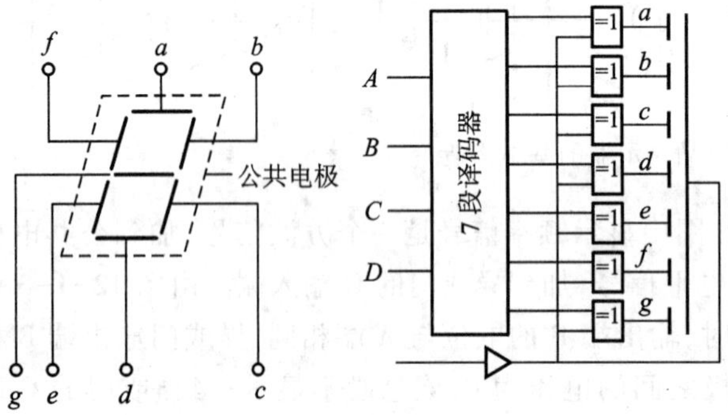

(a)　　　　(b)

7 段 LCD 译码及数字显示

A B C D	a b c d e f g	数字显示
0 0 0 0	1 1 1 1 1 1 0	0
0 0 0 1	0 1 1 0 0 0 0	1
0 0 1 0	1 1 0 1 1 0 1	2
0 0 1 1	1 1 1 1 0 0 1	3
0 1 0 0	0 1 1 0 0 1 1	4
0 1 0 1	1 0 1 1 0 1 1	5
0 1 1 0	1 0 1 1 1 1 1	6
0 1 1 1	1 1 1 0 0 0 0	7
1 0 0 0	1 1 1 1 1 1 1	8
1 0 0 1	1 1 1 1 0 1 1	9

(c)

图 12-1-4　7 段 LCD 显示电路

12.1.2　A/D 转换式仪表的“表头”电路

A/D 转换式仪表是在模拟式仪表的基础上发展起来的,它实际上是用 A/D 转换器及数字显示器构成的数字“表头”取代模拟式仪表的模拟“表头”。因此它基本上由传感器、模拟测量电路、A/D 转换器及数字显示器三部分构成。传感器和模拟测量电路部分与模拟式仪表基本相同,因此不再重复,这里只介绍 A/D 转换式仪表的“表头”电路。

1. A/D 转换器

A/D 转换器是将直流电压转换成相应数码的装置。若输出数码为 n 位二进制数码 $d_1d_2d_3\cdots d_n$(不含符号位)或十进制数 N_x,则输入直流电压 U_x 与输出数码的转换关系为

$$U_x \approx U_q = U_m \sum_{i=1}^{n} d_i 2^{-i} = q \sum_{i=1}^{n} d_i 2^{n-i} = qN_x \qquad (12-1-1)$$

式中:U_q——与 U_x 最接近的量化电平;

U_m——A/D 转换器的基准电压(应与 U_x 极性相同),即满量程输入电压;

q——A/D 转换器的量化电平。

$$q = \frac{U_m}{D_{FS}} = \frac{U_m}{2^n - 1} \approx \frac{U_m}{2^n} \qquad (12-1-2)$$

式中:　D_{FS}——A/D 转换器满量程输出数字;

U_q 与 U_x 之差——A/D 转换器的量化误差

$$\varepsilon=|U_x-U_q|\leqslant q \tag{12-1-3}$$

一般的 A/D 转换器大多只能按照式(12-1-1)转换单极性输入电压，生成的二进制数码 $d_1 \sim d_n$ 为没有符号位的自然二进制码：

当 $U_x=0$ 时 $\qquad d_1d_2\cdots d_n=00\cdots0$

当 $U_x=U_m\left(1-\frac{1}{2^n}\right)$ 时 $\qquad d_1d_2\cdots d_n=11\cdots1$

对于双极性输入电压，通常将它叠加上半量程偏移电压$\frac{U_m}{2}$，使双极性输入变为单极性输入，再由单极性 A/D 转换器进行转换，即

$$V_x+\frac{U_m}{2}=U_m\sum_{i=1}^{n}d_i2^{-i} \tag{12-1-4}$$

此时生成的二进制数码称为偏移二进制码，其中 d_1 为符号位，$d_2 \sim d_n$ 为数值位：

当 $U_x=0$ 时 $\qquad d_1d_2\cdots d_n=10\cdots0$

当 $U_x=-\frac{U_m}{2}$时 $\qquad d_1d_2\cdots d_n=00\cdots0$

当 $U_x=\frac{U_m}{2}\left(1-\frac{1}{2^{n-1}}\right)$ 时， $\qquad d_1d_2\cdots d_n=11\cdots1$

A/D 转换器的位数不仅决定采集电路所能转换的模拟电压动态范围，也很大程度影响采集电路的转换精度。因此，应根据对采集电路转换范围与转换精度两方面要求选择 A/D 转换器的位数 n

$$n\geqslant\frac{L}{6} \quad 且 \quad \frac{10}{2^{n+1}}\leqslant\delta \tag{12-1-5}$$

式中：L——测量范围上限与下限之比的分贝数；

δ——所要求的检测系统的测量精度。

不同类型的 A/D 转换器位数也不一样，并行比较型一般为 6~8 位，属低分辨率的；逐次逼近和双积分型一般为 12~16 位，属中分辨率的；Σ-Δ 型一般为 16 位以上，属高分辨率的。

2. A/D 转换器与数字显示器的连接

单片双积分式 A/D 转换器配接 LED 或 LCD 显示器，可以将直流电压转换器数字并在显示器上显示出来。因此我们把 A/D 与 LED(或 LCD)组成的 A/D 转换式数字“表头”电路称为数字电压表电路或 DVM(digital voltmeter)电路。

1) 由 LED 构成的 DVM

这类 LED 显示的数字电压表有两种组成结构，一种是采用可直接驱动 LED 静态显示器的集成双积分式 A/D 转换器，如 ICL7107、ICL7117，与共阳极 LED 显示器直接相连，另一种是采用输出为 BCD 码动态扫描方式集成双积分式 A/D 转换器，如 MC14433、ICL7135，通过 BCD-7 段译码/驱动器与 LED 显示器相连。

2) 由 LCD 构成的 DVM

这类 LCD 显示的数字电压表，也有两种组成结构，一种是采用可直接驱动 LCD 显示器的集

成双积分式 A/D 转换器,如 ICL7106、ICL7116、ICL7126,ICL7136,与 LCD 显示器直接相连。另一种是采用输出为 BCD 码动态扫描方式的集成双积分式 A/D 转换器如 MC14433 和 ICL7135 等,通过锁存/译码器与 LCD 显示器相连。

12.1.3 脉冲计数式仪表的"表头"电路

1. 脉冲计数器的基本原理

脉冲计数法就是在一定的时间间隔 T 内,对周期性脉冲的重复次数进行计数。若周期性脉冲的周期为 T_A,则计数结果为

$$N=\frac{T}{T_A} \tag{12-1-6}$$

脉冲计数法原理框图如图 12-1-5 所示,其工作波形示于图 12-1-6,周期为 T_A 的脉冲①加到闸门的输入端,宽度为 T 的门控信号②加到闸门的控制端控制闸门的开、闭时间,只有在闸门开通时间 T 内闸门才输出计数脉冲③到十进制计数器,进行计数。在闸门打开前计数器先清零,闸门关闭时,计数器的计数值 N 便依式(12-1-6)由 T 和 T_A 决定。由式(12-1-6)可见,如果 T(或 T_A)为已知标准量,T_A(或 T)为未知待测量,那么从计数结果 N 和已知标准量 T(或 T_A)便可求得未知被测量 T_A(或 T)。

由于 T 和 T_A 两个量中一个是已知标准量,另一个是未知被测量,它们是不相关的,T 不一定正好是 T_A 的整数 N 倍,即 T 与 NT_A 之间有一定误差,如图 12-1-6 所示。图中 Δt_1 是闸门开启时刻至第一个计数脉冲前沿的时间(假设计数脉冲前沿使计数器翻转计数),Δt_2 是闸门关闭时刻至下一个计数脉冲前沿的时间。处在 T 区间内计数脉冲个数(即计数器计数结果)为 N,由图 12-1-6可见

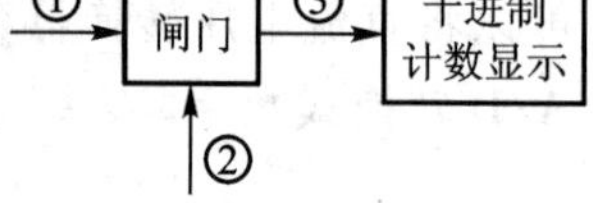

图 12-1-5 脉冲计数原理

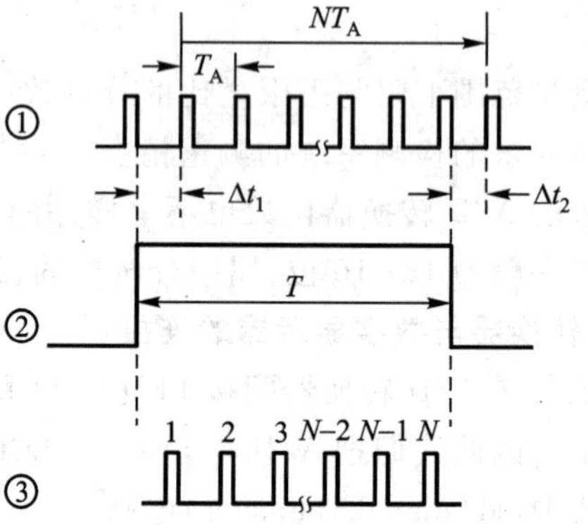

图 12-1-6 计数法的量化误差

$$T=NT_A+\Delta t_1-\Delta t_2=\left(N+\frac{\Delta t_1-\Delta t_2}{T_A}\right)T_A=(N+\Delta N)T_A \tag{12-1-7}$$

式中

$$\Delta N=\frac{\Delta t_1-\Delta t_2}{T_A} \tag{12-1-8}$$

很显然,$0\leqslant\Delta t_1\leqslant T_A$,$0\leqslant\Delta t_2\leqslant T_A$。若 $\Delta t_1=\Delta t_2$,则 $\Delta N=0$;若 $\Delta t_1=T_A$,$\Delta t_2=0$,则 $\Delta N=1$;若 $\Delta t_1=$

$0,\Delta t_2=T_A$,则 $\Delta N=-1$,因此脉冲计数的最大绝对误差(又称量化误差)为

$$\Delta N=\pm 1 \tag{12-1-9}$$

脉冲计数最大相对误差为

$$\frac{\Delta N}{N}=\pm\frac{1}{N} \tag{12-1-10}$$

2. 脉冲计数器与数字显示器的连接

因为人们习惯于十进制读数,所以采用脉冲计数方式生成测量数据的数字仪表,一般都用十进制计数器对脉冲进行计数。十进制计数器通过“锁存/译码/驱动器”和 LED 显示器或 LCD 显示器连接,十进制计数产生的 BCD 码经过“锁存/译码/驱动器”转换成对应的段选码,驱动 LED 或 LCD 显示器。CD4511 和 MC4511 是适合 LED 显示的“锁存/译码/驱动器”集成组件。如前所述,由于 LCD 显示需要对称的方波交流电压,所以需要专门适合于 LCD 的“锁存/译码/驱动器”集成组件如 CD4543 或 MC14543,并配接方波发生器电路。

目前,已生产出把十进制计数器、锁存/译码/驱动器和 LED 显示器或 LCD 显示器组合在一起的计数显示器件,例如,CL102 等,只需把几个这样的计数显示器件连接起来,就能实现多位十进制计数和显示。

12.1.4　条图显示式仪表的“表头”电路

条图(bargraph)显示器亦称点/条(dot/bar)显示器。LED 条图显示器是把一串发光二极管(LED)排列成条状,旁边再配以刻度尺,根据发光线段的长度或者发光点在刻度尺上的位置,来确定被测值的大小及变化趋势。它具有发光亮度高、响应速度快、色彩绚丽、便于夜间观察等优点,适配各种类型的数字仪表。这类仪表兼有数字仪表测量精度高、模拟式仪表便于观察被测量的变化过程及变化趋势这两大优点。因此,目前很多新型仪表都选用这种显示器作为仪表显示“表头”。

LM3900 系列 10 级 LED 点式/条形显示驱动器是美国国家半导体公司生产的集成电路,常用的有 LM3914,LM3915,LM3916,它们之间大同小异,这里仅介绍 LM3914。

LM3914 采用 DIP-18 封装,电源电压 U^+范围是+3 V~+25 V,其内部电路框图如图 12-1-7 所示。被测信号转换成的直流电压从第 5 脚 SIG 端输入,经过缓冲器分别接 10 个电压比较器的反相输入端,与 10 个电阻串联构成的分压器产生的 10 个参考电压进行比较。当输入电压大于第 $i(i=1\sim10)$个由内部基准电压源分压产生的参考电压时,第 i 个比较器输出低电平,与之相连的第 i 个发光二极管点亮。表示被测信号的幅度达到或超过第 i 级水平。

显示方式取决于第 9 脚的接法:第 9 脚悬空开路为点状显示方式,在输入电压 0 V 时无发光二极管点亮,随着输入电压增高,依次只有一只发光二极管点亮,在 1.2 V 时,只有第 10 个发光二极管点亮;第 9 脚接第 3 脚为条状显示方式,随着输入电压增高,发光的二极管个数逐渐增多,输入电压到 1.2 V 时,全部发光二极管点亮。这就是 LM3914 条图显示器的工作原理。

一片 LM3914 只能驱动 10 个点/条(dot/bar)显示,将两片 LM3914 进行级联,可驱动 20 段点/条图,此时,基准电压由高位 LM3914 来提供,低位 LM3914 所需基准电压由高位基准电压分

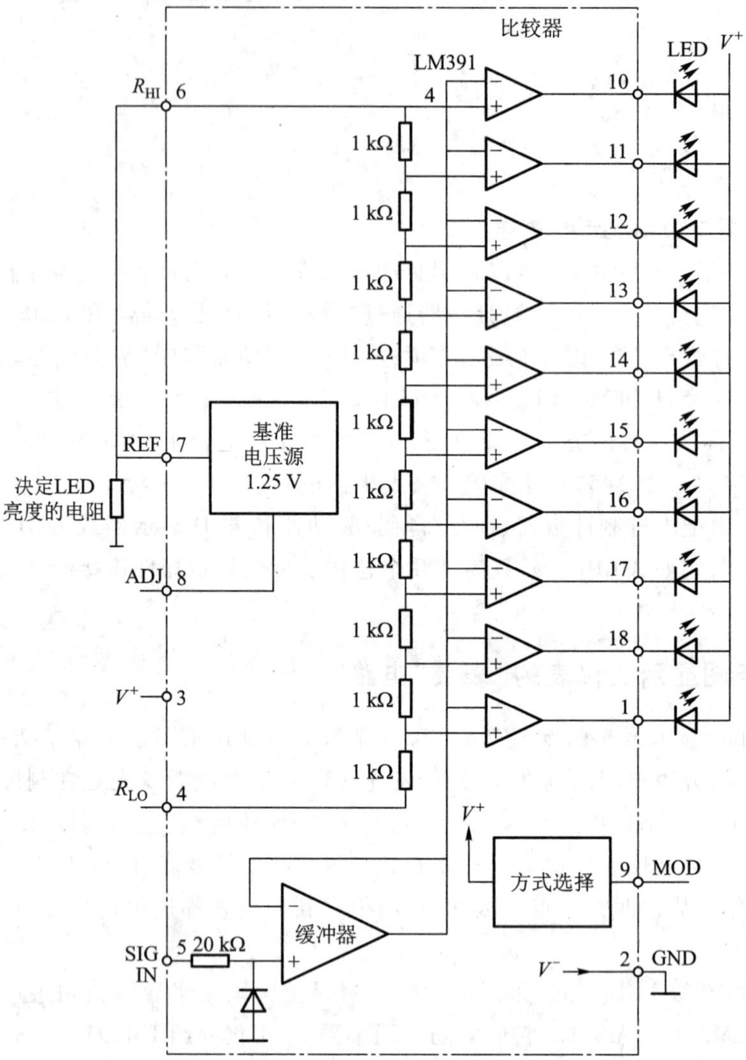

图 12-1-7　LM3914 条图(点/条)显示驱动器

压后得到。依此类推,按照静态方式驱动 100 段点/条图,就需要 10 片 LM3914。

图 12-1-8 所示为酒精测试仪电路。图中 LM3914 是条图显示驱动器,其第 9 脚接第 3 脚,因此工作在条状显示方式。图中 TGS-812 是对酒精很敏感的气体传感器。其 AB 极间为气敏电阻 R_{AB},第 2、5 脚间为电加热器,以加速气体吸附,提高气敏电阻的响应速度。当接触不到酒精气体时,气体传感器内阻 R_{AB} 很大,这使加在 LM3914 的第 5 脚的电压(R_1、R_P 和 R_{AB} 的分压)非常低,从而使 LM3914 不能点亮任何发光二极管。当气体传感器探测到酒精时,其内阻变低,从而使 5 脚电平变高。酒精含量越高,气体传感器内阻越小,5 脚电压越高,则自下而上逐个点亮的二极管越多。上五个发光二极管为红色,表示超过安全水平。下 5 个发光二极管为绿色,代表安全水平。

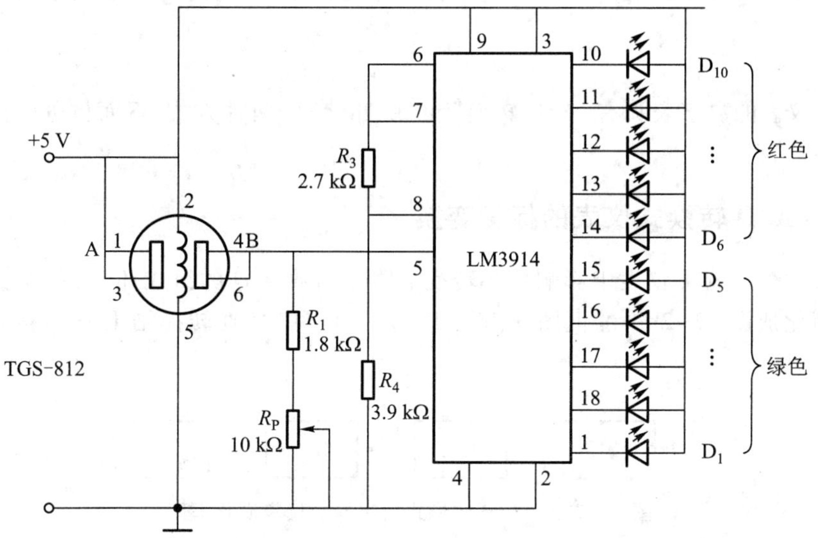

图 12-1-8　酒精测试仪电路

12.2　数字式仪表的标度变换

数字式检测仪表就是以数据形式显示测量结果的检测仪表。测量数据包括测量数字和测量单位两部分,二者缺一不可。只有数字,没有单位,这样的数字只有相对意义没有绝对意义。因此,被测量 X 总是以其测量数字 N 和测量单位 x_1 表示

$$X=x_1N \tag{12-2-1}$$

测量单位 x_1 就是 $N=1$ 所对应的被测量 X。例如,压力数字的单位是 Pa,流量数字的单位是 m^3/h,温度数字的单位是℃等。

为了便于直接读取被测量的测量数据,通常要求仪表显示的数字是以被测量的量纲为度量单位的十进制数字 N

$$N=\frac{X}{x_1} \tag{12-2-2}$$

例如,四位数字显示的电子秤,若显示器显示 0001 kg,则表示 $N=1$,$x_1=1$ kg;若显示器显示 01.00 kg,则表示 $N=100$,$x_1=0.01$ kg;若显示器显示 1.000 kg,则表示 $N=1\ 000$,$x_1=0.001$ kg。因此 x_1 实际上就是显示器显示数字最末位为 1 即 $N=1$ 代表的被测量。

然而,数字式检测仪表对被测量进行测量的过程中,通常要用传感器将被测非电量转换成电量,再用适当的测量电路和数字转换电路,将模拟电量转换成数字量。被测量在这一系列转换过程中,量纲会发生多次变化,最后得到的数字 D 虽然与被测量 X 是唯一对应的,但往往不是以被测量的量纲为单位的数字,即 $D\neq N$。在这种情况下,如果把数字转换电路输出的数字 D 作为测量数字显示出来,显然是错误的。因此,必须把数字转换电路输出的数字 D 变换成真正的测量数字 N。这种变换便是标度变换。

本节介绍的方法是通过相关电路调整,使数字转换电路输出的数字 D 直接等于测量数字 N,即

$$D=N=\frac{X}{x_1} \tag{12-2-3}$$

数字检测仪表的数字表头有“A/D 转换”和“脉冲计数”两种方式,下面也分这两种情况进行阐述。

12.2.1 A/D 转换式仪表的标度变换

如果只考虑数字检测仪表中影响数字转换电路输出数字 D 的组成环节,则 A/D 转换式数字检测仪表可简化成图 12-2-1 的框图。由图 12-2-1 可见,A/D 转换结果 D 与被测量 x 存在如下关系

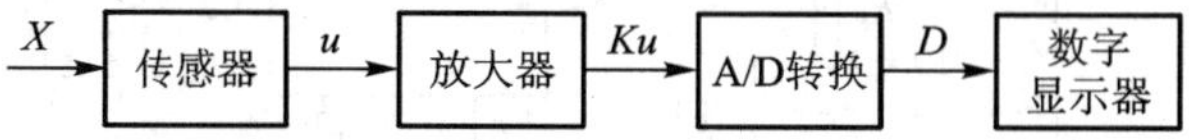

图 12-2-1 A/D 转换式数字检测仪表简化框图

$$D=\frac{XSK}{\dfrac{U_m}{D_{FS}}} \tag{12-2-4}$$

式中:S——传感器及其测量电路的灵敏度(即被测量 X 转换成电压 U 的转换系数);

K——放大器的放大倍数;

U_m——A/D 转换器满量程输入电压;

D_{FS}——A/D 转换器满量程输出数字。

将式(12-2-1)代入式(12-2-4)得

$$D=\frac{x_1SK}{\dfrac{U_m}{D_{FS}}}N \tag{12-2-5}$$

由式(12-2-5)可见,只要满足以下条件

$$\frac{x_1SK}{\dfrac{U_m}{D_{FS}}}=1 \tag{12-2-6}$$

就可使 A/D 转换结果 D 与被测量 x 的数值 N 相等,即 $D=N$,在这种情况下才可将 A/D 转换结果作为被测量的数值送到显示器显示出来。

由式(12-2-6)可见,通过调整电路来使条件得到满足以实现标度变换的方法有以下三种:调整放大增益 K;调整传感器灵敏度 S(例如调整应变电桥的供桥电压);调整 A/D 转换器基准电压 U_m。也可两、三种方法同时采用。上述办法都比较简单,一般通过调整相应的电位器就可实现。

12.2.2 脉冲计数式仪表的标度变换

1. 频率计数式仪表的标度变换

图 12-2-2 为频率计数式仪表的简化框图,图中频率式传感器将被测量 X 转成频率为 f 的

电信号

$$f=XS \tag{12-2-7}$$

式中,S 为频率式传感器的转换系数即灵敏度。

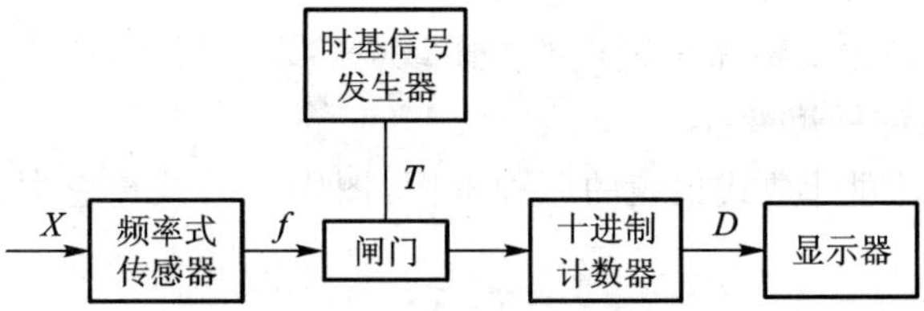

图 12-2-2 频率计数式仪表原理框图

此频率的电压信号经放大整形成为频率为 f 的计数脉冲,时基信号发生器周期性地打开和关闭闸门,在闸门开通期间,十进制计数器从零开始对通过闸门的计数脉冲进行计数,计数结果为

$$D=fT \tag{12-2-8}$$

式中,T 为闸门打开的持续时间。

将式(12-2-1)、式(12-2-7)代入式(12-2-8)得

$$D=x_1STN \tag{12-2-9}$$

由式(12-2-9)可见,为实现标度变换 $D=N$,须满足以下条件

$$x_1ST=1 \tag{12-2-10}$$

由式(12-2-10)可见,通过调整电路来实现标度变换的方法有以下两种:调整频率式传感器的转换系数即灵敏度 S;调整时基信号发生器中时基信号的频率,以改变闸门打开的持续时间 T。下面以某摩托车速度表为例来说明。

该摩托车速度表中,频率式传感器采用光电式转速传感器,其红外发射管、接收管分别固定在摩托车前轮两侧,当车轮转动时,车轮上的辐条挡光,使红外接收管在车轮旋转一周内产生多个脉冲,脉冲数的多少取决于辐条的数量。该脉冲信号经施密特触发器整形后被送入计数器计数。

时基信号发生器由多谐振荡器和微分电路组成,多谐振荡器产生周期为 T 的方波,微分电路将该方波的前后沿微分,分别形成计数器的复位和锁存信号,复位信号使计数器从零开始,对转速传感器脉冲进行计数,锁存信号使计数器停止计数并将计数结果送往显示器。设摩托车车轮的直径为 $2R$,车轮的辐条数为 n,摩托车车轮每转一周即摩托车每运行 $2\pi R$ 所需时间为 t,传感器发出脉冲个数为 n,则传感器发出的脉冲频率为$\dfrac{n}{t}$,摩托车速度为$\dfrac{2\pi R}{t}$。因此传感器的速度-频率转换系数为

$$S=\frac{\dfrac{n}{t}}{\dfrac{2\pi R}{t}}=\frac{n}{2\pi R} \tag{12-2-11}$$

如果设计要求摩托车速度表显示每小时公里数,即 $x_1=1\ 000\ \text{m}/3\ 600\ \text{s}$。将 x_1 和 S 代入

式(12-2-10)得,为实现标度变换 $D=N$ 即显示每小时公里数,可调整多谐振荡器的振荡频率 f_0,使之满足以下公式

$$f_0=\frac{1}{T}=x_1S=\frac{n}{2\pi R}\times\frac{1\ 000}{3\ 600}\ (\mathrm{Hz}) \tag{12-2-12}$$

这可以通过调整决定多谐振荡器振荡频率的电阻或电容来实现。

2. 时间计数式仪表的标度变换

图 12-2-3 所示为时间计数式仪表的原理框图,图中计时式传感器将被测量 X 转换为与之成正比的时间

$$T=XS \tag{12-2-13}$$

在时间 T 内闸门打开,计数器对通过闸门的频率为标准频率 f 的计数脉冲从零开始进行计数,闸门关闭即 T 结束时,计数结果为

$$D=fT=XSf \tag{12-2-14}$$

将式(12-2-1)代入式(12-2-14)得

$$D=x_1SfN \tag{12-2-15}$$

为实现标度变换 $D=N$,须满足以下条件

$$x_1Sf=1 \tag{12-2-16}$$

由式(12-2-16)可见,通过调整电路来实现标度变换的方法有以下两种:调整计时式传感器的转换系数即灵敏度 S;调整标准频率振荡器的频率 f。下面我们以超声波数字测距仪为例来说明。

超声波数字测距仪简化框图如图 12-2-4 所示。图中超声波发送电路每隔一段时间发射一串超声脉冲,其中第一个发射脉冲也将 RS 触发器置“1”,使计数器从零开始计数。超声波接收电路接收到第一个超声脉冲时,将 RS 触发器复位,使计数器停止计数。若超声波传输速度为 c,旅行时间为 T,则被测反射物离超声仪的距离 X 为

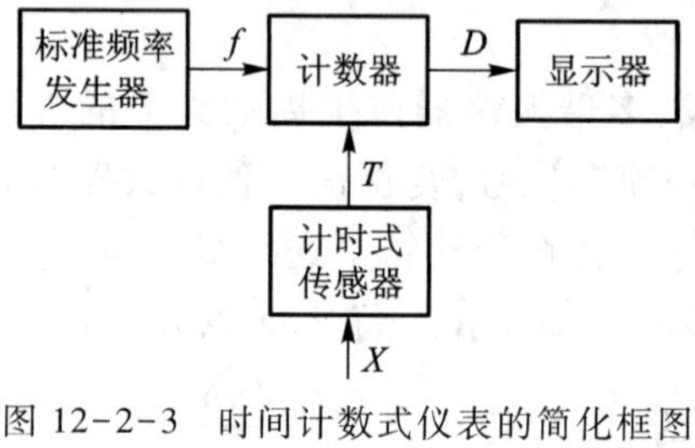

图 12-2-3 时间计数式仪表的简化框图

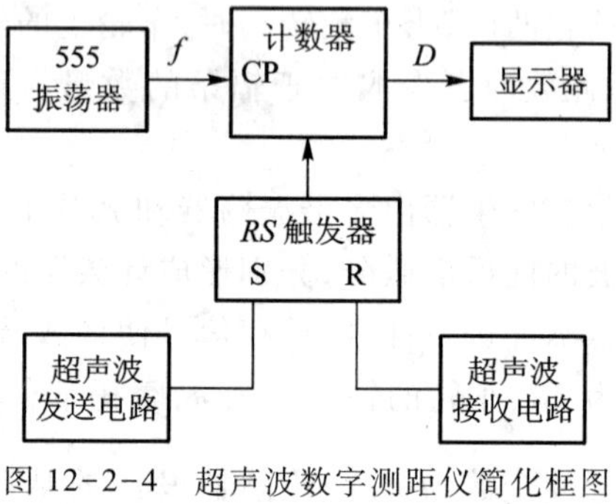

图 12-2-4 超声波数字测距仪简化框图

$$X=\frac{1}{2}cT \tag{12-2-17}$$

与超声波的旅行时间 T 相应的计数器计数结果为

$$D=Tf=\frac{2X}{c}f \tag{12-2-18}$$

将式(12-2-1)代入式(12-2-18)得

$$D=\frac{2x_1 f}{c}N \tag{12-2-19}$$

为实现标度变换 $D=N$,须满足以下条件

$$f=\frac{c}{2x_1} \tag{12-2-20}$$

20 ℃时,声波在空气中的传播速度 $c=344$ m/s,若要求显示数字单位 $x_1=1$ cm,代入式(12-2-20)计算得 $f=17.2$ kHz。调试时,将仪器离被测反射物 200 米(其他数也可以),调整决定振荡器频率 f 的电位器,使计数器显示 200。若显示器数字右侧注明的是“米”而不是“厘米”,则应该使“百位”LED 的小数点发亮,为此,应将该位 LED 的“dP 极”接高电平(共阴极 LED)或接地(共阳极 LED),以表示显示器最末位为 1 代表距离为 1 cm。

3. 累积计数式仪表的标度变换

一些类似水表、电表这样的累计计数式仪表是以累计计数值表示被测量的总量,其简化原理框图如图 12-2-5 所示。

图 12-2-5　累计计数式仪表的原理框图

脉冲式传感器将被测总量转换为脉冲总数 M

$$M=\frac{X}{C} \tag{12-2-21}$$

式中,C 为脉冲式传感器每发出一个脉冲即 $M=1$ 所对应的被测总量 X,一般情况下,它并不一定等于被测总量的测量单位,即 $C\neq x_1$,所以,$M\neq N$。因此,不能用计数器直接对脉冲式传感器发出的脉冲进行计数,而应该通过比例运算器,对传感器脉冲数 M 进行比例运算,使计数器累积的脉冲数变为

$$D=M\frac{A}{B} \tag{12-2-22}$$

将式(12-2-1)、式(12-2-21)代入式(12-2-22)得

$$D=\frac{x_1}{C}\frac{A}{B}N \tag{12-2-23}$$

为实现标度变换 $D=N$,须满足以下条件

$$\frac{A}{B}=\frac{C}{x_1} \tag{12-2-24}$$

例如,假定涡轮式流量传感器有 m 个叶片,涡轮每转一周发出 m 个脉冲,流过的液体的体积为 v_1。因此每发出一个脉冲流过的液体体积为

$$C=\frac{v_1}{m} \tag{12-2-25}$$

假设流过的液体总量为 $X=x_1N$(x_1 为 m^3、L 或其他体积单位),为使计数器计数结果 $D=N$,则由式(12-2-24)、式(12-2-25)可见须使

$$\frac{A}{B}=\frac{v_1}{mx_1} \tag{12-2-26}$$

以上比例运算可以用多个 BCD 比例乘法器 CD4527 串联或并联来实现。(具体电路可参阅参考文献[2]。)

本节中的“测量数字 N”是指整数数字,“测量数字 N”的个位通常是在显示器的最末位。因此,本节中的“测量单位 x_1”实际上是显示器上最末位显示“1”所对应的被测量。如果显示器是 m 位十进制显示器(第 1 位为最高位,第 m 位为最末位),它的数字显示窗口右侧固定显示的测量单位是 x_2,而显示器的第$(m-n)$位的小数点发亮,那么显示器上最末位显示“1”所对应的被测量 x_1 就不是 x_2,而只有 x_2 的$\frac{1}{10^n}$。这就是说,可通过移动显示器上小数点的位置,来反映出实际的测量单位,很显然,显示器上小数点左移一位,意味着测量精度提高了十倍,当然也意味着量程减小了十倍。

本节提出的方法适合于大多数线性仪表。对那些存在非线性环节的仪表,可在进行非线性校正后,再应用本节提出的方法。另外还要强调指出的是,数字式检测仪表的标度变换是在数字输出与被测非电量成正比的前提下进行的,如果数字式检测仪表存在零位输出,则应先进行零位调整,后进行标度变换。

12.3 数字式仪表零位调整与量程切换

数字式检测仪表与模拟式检测仪表相比较,两者仅仅是“表头”电路不同,“表头”前面的电路基本上是相似的,因此,前一章所介绍的模拟式检测仪表零位调整和量程切换方法也适用数字式检测仪表,但是数字检测仪表还有一些另外的方法和另外的要求。下面我们分别对此进行介绍。

12.3.1 数字式仪表的零位调整

A/D 转换式数字检测仪表的零位调整可以在 A/D 转换器之前的电路中进行,也可在 A/D 转换器中进行。因为 A/D 转换式数字检测仪表在 A/D 转换之前的模拟电路与模拟式检测仪表的电路基本上是相似的,所以,数字式检测仪表“在 A/D 转换之前调零”,完全可以采用 11.2.1 节所介绍的常见的调零电路。

如果没有在 A/D 转换之前实现调零,也就是说,前级模拟电路输出电压 U_x 在被测量 x 为零时并不为零,而为 U_a。那就应该在 A/D 转换器中实现调零。通常是将前级模拟电路输出电压 U_x 加到 A/D 转换器的输入高端(IN_H),同时在 A/D 转换器的输入低端(IN_L)通过调零电路提供一个偏移电压 U_b,而且使 $U_b=U_a$。如图 12-3-1 所示。这样 A/D 转换器实际转换的模拟电压就是两输入端电压之差,数字转换结果为

$$N=\frac{U_x-U_b}{q}=\frac{U_x-U_a}{q}=\frac{(U_a+Sx)-U_a}{q}=\frac{Sx}{q} \tag{12-3-1}$$

式中:S——传感器和 A/D 转换之前模拟电路的总灵敏度;

q——A/D 转换器的量化单位,即 $N=1$ 所对应的模拟电压。

由式(12-3-1)可见,当 $x=0$ 时,数字转换结果 $N=0$。这样就实现了零位调整。

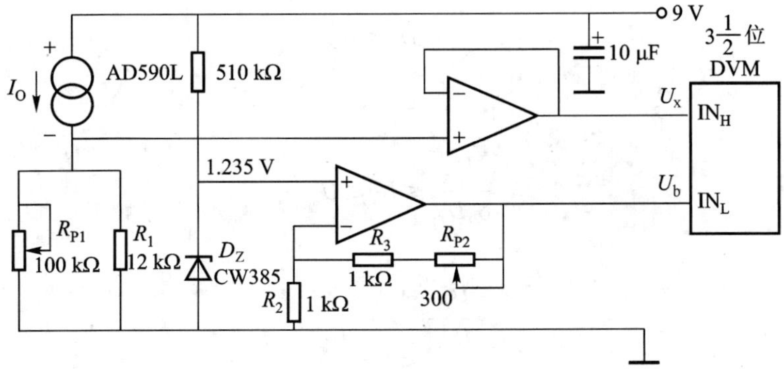

图 12-3-1　AD590 数字温度计电路

12.3.2　数字式仪表的量程切换

为使问题简化起见,我们只考虑数字式检测仪表中影响被测量数字测量结果的组成环节,将数字式检测仪表的数字测量过程简化为图 12-3-2 框图表示。

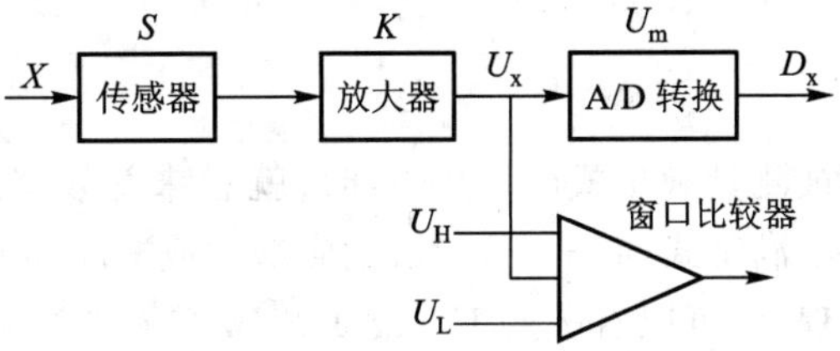

图 12-3-2　数字测量的简化过程

假设被测非电量为 X,传感器灵敏度(即传感器接口电路输出电压与传感器输入被测非电量 X 之比)为 S,从传感器到 A/D 间信号通道的总增益(即各放大环节放大倍数的乘积)为 K,A/D转换器的满度输入电压为 U_m,满度输出数字为 D_{FS},(例如,8 位自然二进制码 A/D 满度输出数字为 FFH,$3\frac{1}{2}$位 BCD 码 A/D 满度输出数字为 1999 等),则被测非电量 X 对应的输出数字为

$$D_x=\frac{U_x}{q}=\frac{XSK}{\dfrac{U_m}{D_{FS}}} \tag{12-3-2}$$

因 A/D 转换器的最大量化误差为 q,故相对误差即读数精度为

$$\delta_x=\frac{q}{U_x}=\frac{1}{D_x}=\frac{\dfrac{U_m}{D_{FS}}}{XSK} \tag{12-3-3}$$

若要求一定的读数精度,即 $\delta_x\leqslant\delta_0$,则应满足以下条件

$$D_x\geqslant\frac{1}{\delta_0} \tag{12-3-4}$$

为了不使数据溢出,须满足以下条件

$$XSK\leqslant U_m \tag{12-3-5}$$

为了既不使数据溢出,又保持一定的读数精度,必须同时满足以上两个条件,即

$$\frac{1}{\delta_0} \leqslant D_x \leqslant D_{FS} \tag{12-3-6}$$

亦即

$$\frac{U_m}{\delta_0 D_{FS}} \leqslant U_x \leqslant U_m \tag{12-3-7}$$

亦即

$$\frac{\dfrac{U_m}{D_{FS}}}{\delta_0 SK} \leqslant X \leqslant \frac{U_m}{SK} \tag{12-3-8}$$

亦即

$$\frac{X_{max}}{\delta_0 D_{FS}} \leqslant X \leqslant X_{max} \tag{12-3-9}$$

式中,X_{max}为检测仪表的量程(上限)值

$$X_{max} = \frac{U_m}{SK} \tag{12-3-10}$$

当被测量满足式(12-3-8)时,就意味着数字式检测仪表工作在“最佳量程”。当数字式检测仪表不满足式(12-3-8)时,就应增大或减小量程——“量程切换”。由式(12-3-10)可见,要改变量程值,可以有改变 U_m、改变 S、改变 K 三种方法,其中改变总增益 K 的方法最常用。

像模拟式检测仪表一样,数字检测仪表也多采用量程切换开关切换决定放大器增益电阻的办法来切换量程,量程切换大多以十倍率变化,这就要求在切换放大器增益的同时,也相应改变显示器上小数点的显示位置。

数字式检测仪表一般采用数字逻辑电路控制量程切换开关的动作,通过改变总增益 K 的方法来增大或减小量程。数字逻辑电路要确定是否切换量程和怎样切换量程,就需要进行逻辑判断。逻辑判断的依据就是模拟比较或数字比较的结果。

模拟比较就是依据式(12-3-7),在图 12-3-1 中,设置一个窗口比较器,其窗口比较电平分别为

$$U_H = U_m$$

$$U_L = \frac{U_m}{\delta_0 D_{FS}}$$

若 $U_x \geqslant U_H$,则意味着“过量程”,应该切换到较大的量程;若 $U_x \leqslant U_L$,则意味着“欠量程”,应该切换到较小的量程。在实际工作中,为避免噪声干扰影响比较结果的稳定,一般取 $U_H = 0.95U_m$。

数字比较就是依据式(12-3-6),将 D_x 与窗口值$\frac{1}{\delta_0}$和 D_{FS}进行比较,以判别是“过量程”还是“欠量程”。通常 A/D 转换器大多有这种数字比较功能,并有专门的“过量程”和“欠量程”指示信号。数字式检测仪表中的数字逻辑电路可以依据 A/D 转换器发出的“过量程”和“欠量程”指示信号来控制量程切换开关动作。

12.4　数字式仪表的非线性校正

12.4.1　数字非线性校正的原理

前面介绍的模拟非线性校正电路都是对模拟信号进行非线性校正,特别适合于模拟式电测仪表。对于数字式电测仪表,既可选择在模数转换之前进行非线性校正即模拟非线性校正,也可选择在模数转换之后进行非线性校正即数字非线性校正。

数字式电测仪表中大多采用在线性 A/D 转换器之后,串接一个 EPROM 进行数字非线性校正的办法。由于被校正的非线特性不同,只需相应改变 EPROM 中存储的内容,不必改变 EPROM 的连接电路,因此,这种数字非线性校正电路有一定的通用性。

采用 EPROM 进行数字非线性校正的电路,有如图 12-4-1(a)、(b)所示的两种类型。它们的共同特点,都是把线性 A/D 转换器的输出数据 D_i 作为 EPROM 的地址,而把该 A/D 数据 D_i 对应的被测量的实际值 N_i 作为 EPROM 该地址中存储的内容,只要把 D_i 加到 EPROM 的地址输入端上,EPROM 的数据输出端就可得到相对应的 N_i。因此 EPROM 实际上是一张存储着 $N_i=f^{-1}(D_i)$ 反函数关系数据表的非线性校正电路。如果 N_i 是满足式(12-2-1)的数字,那就在实现非线性校正的同时也完成了标度变换。

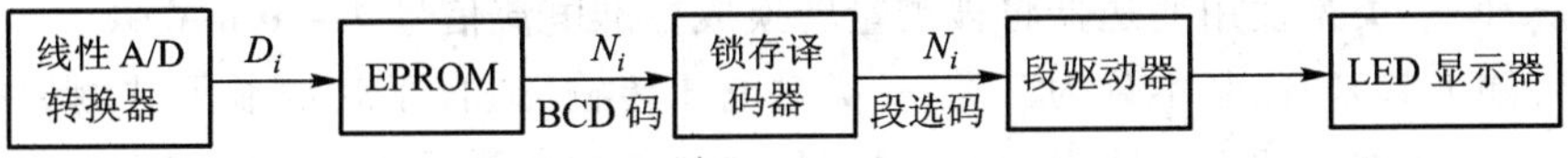

(a)

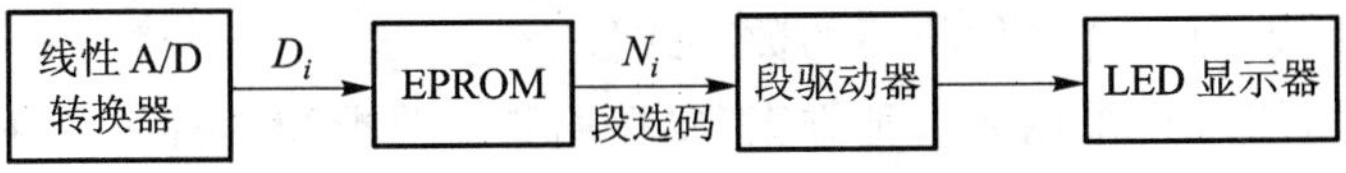

(b)

图 12-4-1　EPROM 数字非线性校正电路框图

由于数字显示仪表,通常采用 n 位十进制数字 LED 显示。因此,EPROM 中每个 N_i 数据字也是这 n 位十进制数的 BCD 码或显示字段码组成。图 a 表示 EPROM 存储的是 N_i 各位显示数字的 BCD 码。因此,需外接 BCD 锁存译码器,以便将 BCD 码转换成对应的段选码。图 b 表示 EPROM 存储的是 N_i 各位显示数字的段选码。因此,无需再外加锁存译码器。

*12.4.2　数字非线性校正的实例

此节内容可访问本书网址 http://abook.hep.com.cn/1227955 的拓展阅读模块——“阅 12.4.2”。

12.5　数字式检测仪表设计实例

12.5.1　数字式检测仪表的组成方案

普通数字式检测仪表按照被测信号在仪表中的传输过程即信号流程来区分,可以有 6 种组成方案。如图12-5-1所示,从测量数字产生的方式来看,基本上分为两类:一类是用A/D转换器将电压转接成数字,也称数字电压表方式;另一类是用计数器对脉冲计数,将频率或时间转换成数字,也称脉冲计数方式。

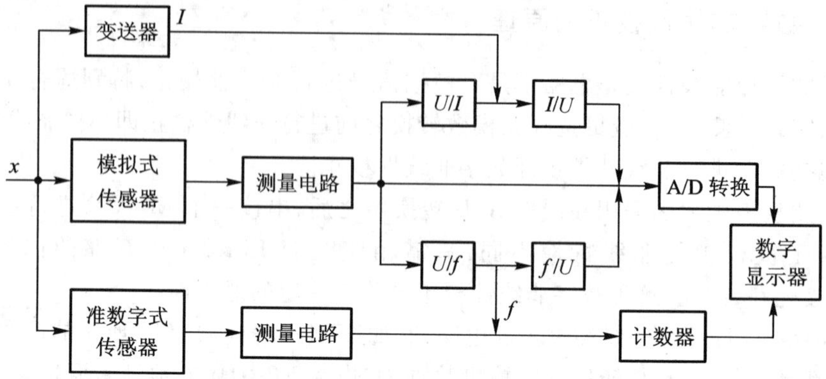

图12-5-1　数字检测仪表的组成方案

从被测量转换来看,基本上分为三类:一类是使用模拟式传感器配接相应的测量电路(主要是电压转换、放大、滤波,非线性校正等)将被测量转换成相应的直流电压;一类是使用准数字式传感器(频率式、脉冲式),配接相应的测量电路(主要是放大、整形)将被测量转换成一定频率或一定数目的脉冲;一类是使用变送器将被测量转换成标准电流信号4~20 mA DC。

从信号传输方式来看,基本分为三类:一类是电压传输,适合于就地显示被测量的数字式仪表,另两类是电流传输和频率传输,适合于数字显示器需远离测量点的数字仪表。

普通数字仪表使用的数字显示器件,基本上分为两类:一类是LED数字显示器和LCD数字显示器。后者的功耗低,更适合轻便小巧的数字式仪表。

普通数字式仪表设计时,采用哪一种方案,要根据测量要求和具备的条件来灵活决定。总的原则是,在满足测量要求的前提下,方案越简单成本越低越好。

12.5.2　数字式转速测量仪的设计

1. A/D转换式

A/D转换式数字转速测量仪组成框图如图12-5-2所示。图中转速传感器可采用图9-1-4所示的磁电式转速传感器,放大整形电路可采用图9-1-5所示的电路,频率/电压转换器可采用VFC32,A/D转换器可采用能直接与LCD显示器相连的ICL7106。转轴转动时,磁电式传感器的线圈产生感应电压,此感应电压经放大整形成脉冲信号。据式(9-1-5),若图9-1-4中齿轮的齿数$m=60$,则该脉冲信号的频率f(赫兹数)与转速n(每分钟转数)数字相等,即$f=n$。VFC32用做频率/电压转换器,很容易设计和调整成1 mV/Hz的灵敏度,这样,输出电压的mV数就正好是每分钟转数,ICL7106是$3\frac{1}{2}$位双积分型A/D转换器,其最大输出数字为$D_{FS}=1\ 999\approx2\ 000$,通常ICL7106的基准电压设置成$E=2\ 000$ mV,即量化单位$q=\frac{E}{D_{FS}}=1$ mV,这样ICL7106输出的数字D就是mV数,也就是每分钟转数n。由于实现了$D=n$的标度变换,因此,ICL7106输出的数字D可直接用LCD 显示器作为每分钟转数 n 显示出来。

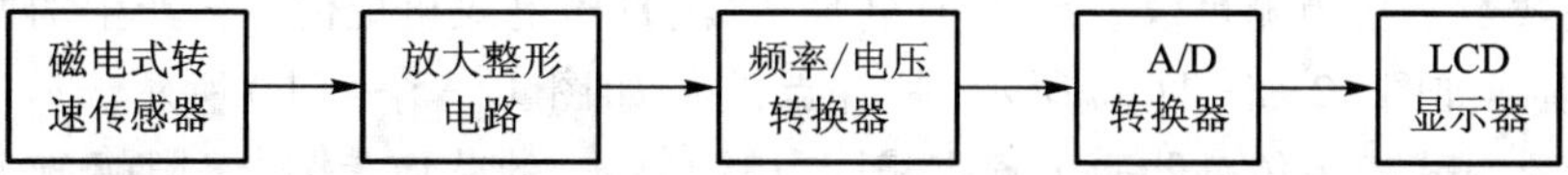

图 12-5-2 A/D 转换式数字转速测量仪组成框图

2. 脉冲计数式

脉冲计数式数字转速测量仪组成框图如图 12-5-3 所示。图中磁电式转速传感器和放大整形电路(也可采用图 9-1-4 和图 9-1-5)形成频率与转速成正比的脉冲信号。十进制计数显示器可由 3 个 CL102 连接成 3 位十进制计数显示器。时基信号发生器可用 555 集成电路及外围元件组成一个多谐振荡器,输出一系列方波脉冲信号作为时基信号,该时基信号的前沿将选通门打开,使计数器清零后对转速脉冲进行计数,时基信号的后沿使选通门关闭,计数器停止计数。若选通门开通期间(即半个时基信号周期)为 T,则据式(9-1-5),计数结果为

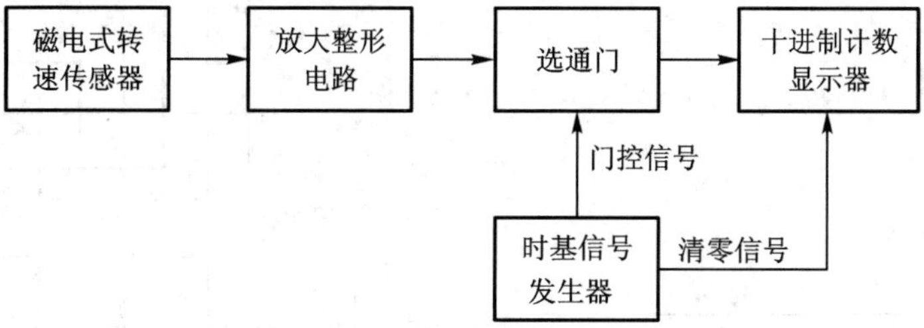

图 12-5-3 脉冲计数式数字转速测量仪组成框图

$$D=fT=\frac{mn}{60}T$$

由上式可见,为使显示器显示每分钟转数 n,即 $D=n$,只需使时基信号的半周期 $T=60\ \mathrm{s}/m$。如果转轴上安装的齿轮的齿数 $m=60$,那么,只要将时基信号发生器设计和调整成输出方波的周期为 2 s 即可。

因篇幅所限,上面仅介绍了两种方案的组成框图,具体电路可见参考文献[2]。

12.5.3 数字式扭矩测量仪的设计

本扭矩测量仪的基本原理是采用图 9-4-3 所示磁电式扭矩传感器。图 9-4-3 中,当转轴承受扭矩时,两个磁电式传感器产生两个频率相同、相位差 ϕ_x 的正弦信号:$u_1=U_m\sin\omega t$,$u_2=U_m\sin(\omega t-\phi_x)=U_m\sin\omega(t-T_x)$。因为两正弦信号周期都为 T,u_2 比 u_1 相位滞后 ϕ_x,也就是时间滞后 T_x,所以 T_x 与 ϕ_x 关系为

$$T_x=\frac{\phi_x}{\omega}=\frac{\phi_x}{2\pi f}=\frac{\phi_x}{2\pi}T \tag{12-5-1}$$

据式(9-4-5)可知

$$M=\frac{\pi r^4 G}{2ml}\phi_x \tag{12-5-2}$$

只要测出相位差 ϕ_x,就可测得扭矩 M。而相位差的测量,又可采取脉冲计数和 A/D 转换两种方案。因篇幅所限,下面仅介绍两种方案的原理框图,具体电路可见参考文献[2]。

1. A/D 转换式

A/D 转换式数字扭矩测量仪采用 A/D 转换器,测量磁电式扭矩传感器产生的两正弦信号的相位差,电路框图如图 12-5-4(a)所示,其各点波形如图 12-5-4(b)所示。u_1 和 u_2 为来自图 9-4-3所示磁电式扭矩传感器两个频率相同、相位差 ϕ_x 的感应信号,经限幅放大和脉冲整形后变成两个方波,再经微分得到两个对应被测信号负向过零瞬间的尖脉冲,鉴相器为非饱和型高速双稳态电路,被这两组负脉冲所触发,输出周期为 T,宽度为 T_x 的方波,若方波幅值为 U_g,则经低通滤波可得到方波的平均值即直流分量

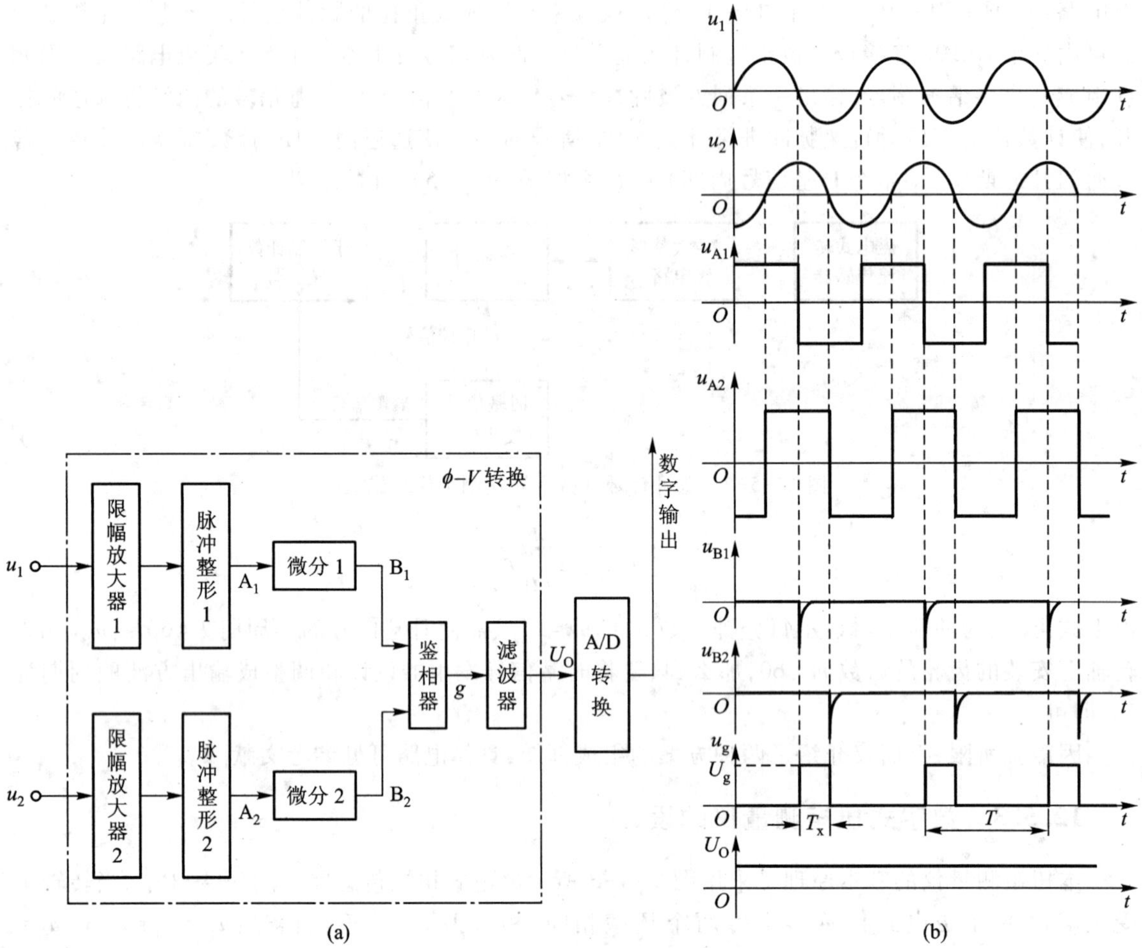

图 12-5-4　A/D 转换式相位差数字测量原理框图

$$U_O = U_g \frac{T_x}{T} = U_g \frac{\phi_x}{2\pi} \tag{12-5-3}$$

将式(12-5-2)代入式(12-5-3)得

$$U_O = \frac{mlM}{\pi^2 r^4 G} U_g \tag{12-5-4}$$

低通滤波器输出电压经 A/D 转换器转换成数字 D

$$D=\frac{U_O}{\frac{U_R}{D_{FS}}}=\frac{U_g mlD_{FS}}{U_R\pi^2r^4G}M=\frac{U_g mlD_{FS}}{U_R\pi^2r^4G}M_0N \tag{12-5-5}$$

式中，M_0 为扭矩的显示数字 N 的单位——“N · m”。为实现标度变换，使显示器直接显示扭矩的测量数字 N，需调节 A/D 转换器的基准电压 U_R，使

$$\frac{U_g mlD_{FS}}{U_R\pi^2r^4G}M_0=1 \tag{12-5-6}$$

也可在滤波器和 A/D 转换器之间接一增益 K 可调的放大器，通过调 K 实现标度变换。

2. 脉冲计数式

脉冲计数式数字扭矩测量仪采用脉冲计数器，测量磁电式扭矩传感器产生的两正弦信号的相位差，电路框图如图 12-5-5(a)所示，其各点波形如图 12-5-5(b)所示。与图 12-5-4 所示 A/D 转换式一样，来自图 9-4-3 所示磁电式扭矩传感器的两个频率相同、相位差 ϕ_x 的正弦信号，也是经限幅放大和脉冲整形后变成两个方波，再经鉴相器输出周期为 T，宽度为 T_x 的方波。但此方波不是被低通滤波取平均值，而是控制计数门，使计数器在时间间隔 T_x 内对时标脉冲(周期为 T_c)进行计数，则计数值为

$$N_x=\frac{T_x}{T_c}=\frac{\phi_x}{2\pi}\times\frac{T}{T_c} \tag{12-5-7}$$

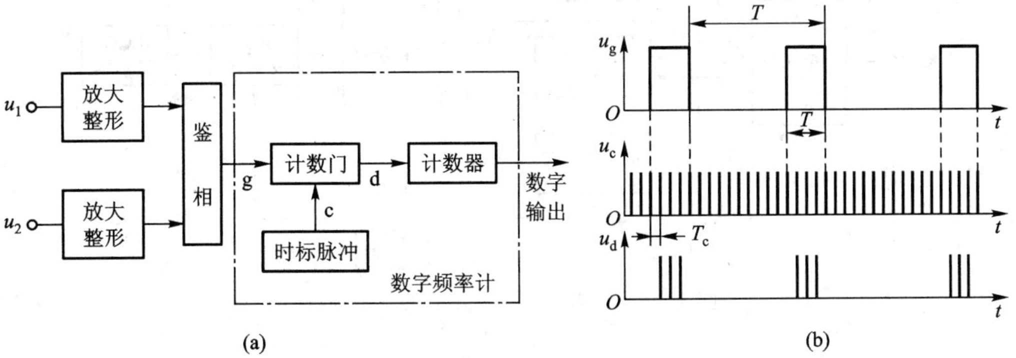

图 12-5-5 脉冲计数式相位差数字测量原理框图

将式(12-5-2)代入式(12-5-7)得

$$N_x=\frac{mlM}{\pi^2r^4G}\frac{T}{T_c}=\frac{ml}{\pi^2r^4G}\frac{T}{T_c}M_0N \tag{12-5-8}$$

式中，M_0 为扭矩的显示数字 N 的单位——“N · m”。为实现标度变换，使显示器直接显示扭矩的测量数字 N，需调节 T_c，使

$$\frac{T}{T_c}=\frac{\pi^2r^4G}{mlM_0} \tag{12-5-9}$$

12.6 数字式万用表

数字式万用表亦称数字多用表或数字繁用表，是目前国内外最常用的一种数字仪表。它必将逐步取代传统的模拟式（即指针式）万用表，成为电子测量及维修工作的必备仪表。近几十年以来，各种新型数字万用表竞相问世。因篇幅所限，这里仅以目前比较普及和常用的 DT890D 型数字万用表为例对数字万用表主要电路进行剖析。

12.6.1 数字式万用表的基本原理

如 11.5.2 节所述，普通模拟万用表的基本原理是，将被测量转换成 μA 级直流电流流过表头线圈，驱动表头线圈带动指针偏转，以指针偏转角表示被测量的大小。而普通数字万用表的基本原理则是将被测量转换成 mV 级直流电压，加到由单片 A/D 转换器和 LCD 显示器构成的数字“表头”，以显示数字表示被测量的大小。

普通数字万用表的基本构成如图 12-6-1 所示。仪表的核心是由单片 A/D 转换器和 LCD 显示器构成的数字“表头”。外围电路主要包括功能转换器、功能选择及量程转换开关、电源等。其中功能转换器是实现数字万用表各种功能的关键，常见的功能转换器有：

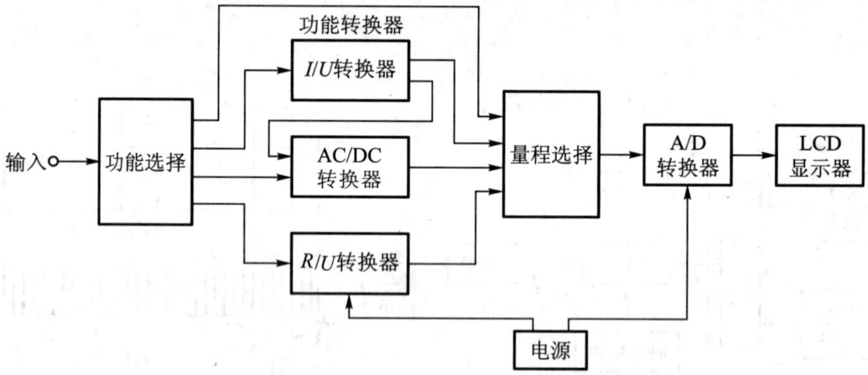

图 12-6-1 普通数字万用表的基本构成

(1) 电流/电压（I/U）转换器；

(2) 平均值响应的交流/直流（AC/DC）电压转换器；

(3) 真有效值/直流（TRMS/DC）电压转换器；

(4) 电阻/电压（R/U）转换器；

(5) 电导/电压（G/U）转换器；

(6) 二极管正向压降/电压（U_F/U）转换器；

(7) 晶体管共发射极电流放大系数/电压（h_{FE}/U）转换器；

(8) 电容/电压（C/U）转换器；

(9) 温度/电压（T/U）转换器；

(10) 频率/电压（f/U）转换器；

普通数字万用表使用人员要先依据被测量的种类和数量等级，以手动方式选定正确的“功能选择开关”和合适的“量程开关”，然后才对被测量进行测量。测量时，“功能选择开关”将被测量接入选定的“功能转换器”，将该被测量转换成直流电压，“量程开关”将该直流电压切换到接近“表头”满量程的 mV 级电平，使数字“表头”显示出被测量的数字值。

*12.6.2 DT890D 数字式万用表电路剖析

此节内容可访问本书网址 http://abook.hep.com.cn/1227955 的拓展阅读模块——“阅 12.6.2”。

思考题与习题

12-1 LED 显示器与 LCD 有哪些相同点和不同点？

12-2 试分别计算被测电压 $U_x=\frac{U_m}{4}$ 经单极性 n 位二进制码 A/D 转换器转换的结果，经双极性 n 位偏移二进制码 A/D 转换器转换的结果。

12-3 A/D 转换器与 LED 显示器的连接电路同 A/D 转换器与 LCD 显示器的连接电路相比较，有哪些相同点和不同点？

12-4 图 12-3-1 为 AD590 数字温度计电路。为使该数字温度计，直接显示摄氏温度数 t ℃，应怎样进行调试？

12-5 图 12-5-4 中所示 A/D 转换器前若增设一个放大器，为使 A/D 转换器输出数字正好是相位差的度数，该电路应怎样设计和调整？

12-6 采用图 12-5-5 所示电路测量两个频率为 1 kHz 相位差 72°的正弦信号，若时标脉冲频率为500 kHz，试计算相位量化误差和计数器计数结果。(0.72°，100)

第13章　智能检测仪表

前面介绍的普通的模拟式和数字式检测仪表,分别属于检测仪表的第一代和第二代产品。微电子技术和计算机技术的迅速发展,使传统的仪器仪表发生了根本性变革。以微控制器为核心,将计算机技术、电子技术和测量控制技术等相关技术有机结合,产生了新的一代微机化测量控制系统,即"智能仪表"。

13.1　智能仪表的基本组成

13.1.1　智能仪表的硬件组成

智能仪表的硬件部分包括主机电路、输入输出通道(模拟量输入输出通道、开关量输入输出通道)、通信接口、人机通道(键盘、显示器、打印机及其接口等)。智能仪表系统组成如图13-1-1所示。

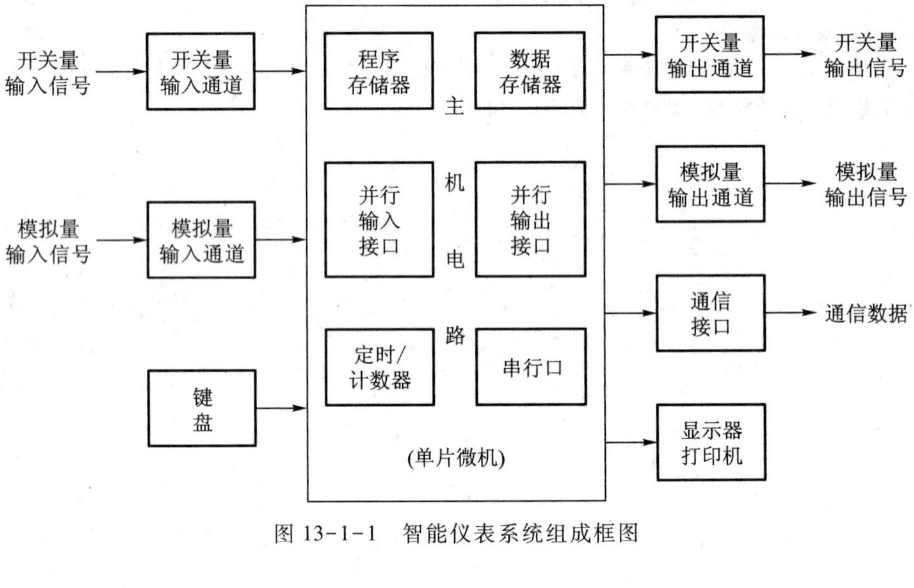

图13-1-1　智能仪表系统组成框图

1. 主机电路

主机电路用来存储数据、程序,并进行一系列必要的数值计算、逻辑判断、数据处理等。它通常由微处理器、程序存储器、数据存储器、定时/计数器、I/O接口等芯片组成,或者它本身就是一个单片机或嵌入式系统。

2. 输入输出通道

普通的模拟式仪表和数字式仪表只能对变量进行检测,智能仪表不仅对变量进行检测,还能根据检测结果对变量进行必要的控制。检测得到的信号送到主机电路所经过的通道称为输入通道,主机发出的控制信息送到执行器所经过的通道称为输出通道。输入输出通道是智能仪表主机电路和被测控对象之间设置的信号传递和变换的连接通道。

被测量和被控制的变量有两种:模拟量和开关量。模拟量是指其大小连续变化的变量,如温度、压力、流量等。开关量是指可以用两种状态("开"或"关","是"或"非")表示的变量,例如开关的闭合与断开、指示灯的点亮与熄灭、阀门的开启与关闭等,开关量只用一位二进制码"0"或"1"表示。

模拟量输入通道(由 A/D 转换器等构成)的任务是把传感器,如压力变送器、温度传感器、液位传感器、流量传感器等监测到的模拟信号转变为二进制数字信号,送给计算机处理。模拟量输出通道(由 D/A 转换器等构成)的任务是把计算机输出的数字量信号转换成模拟电压或者电流信号,驱动相应的执行机构动作,达到控制目的。

开关量输入输出通道用来输入输出开关量信号。输入通道的作用是将被测量的信号变换成主机可以接收和识别的代码;输出通道的作用是将主机输出的控制命令和数据转换后作为执行机构或电气开关的控制信号,从而控制被控对象进行期望的动作。

3. 通信接口

通信接口则用来实现仪表与外界其他计算机或智能外设交换数据。

4. 人机通道

人机通道是人和智能仪表之间建立联系、交流信息的输入输出通路,包括人机接口和人机交互设备两层含义。人机接口是智能仪表的微控制器和人机交互设备之间实现信息传输的控制电路。人机交互设备是智能仪表系统中最基本的设备之一,是人和智能仪表之间建立联系、交换信息的外部设备。常见的人机交互设备可分为输入设备和输出设备两类。其中,输入设备是人向智能仪表系统输入信息,如输入键盘、开关按钮等;输出设备是智能仪表系统直接向人提供系统运行结果,如显示装置、打印机等。通过智能仪表的人机通道,可以向智能仪表输入命令和数据,了解智能仪表运行的状态和显示相关的工作参数。

13.1.2 智能仪表的软件组成

硬件只是为智能仪表系统提供底层物质基础,要想使得智能仪表正常工作运行,必须提供或研制开发相应的软件。如图 13-1-2 所示,智能仪表软件可以分为系统软件、支持软件和应用软件。

系统软件包括实时操作系统、引导程序等。

支持软件包括汇编语言、编译程序、高级语言等。

应用软件是系统设计人员针对某个测控系统而编制的控制和管理程序。智能仪表的应用软件包括监控程序、中断服务程序以及实现各种算法的功能模块。监控程序是仪表软件的中心环节,它接收和分析各种命令,并管理和协调整个程序的执行;中断服务程序是在人机接口或其他外围设备提出中断申请,并为微控制器响应后直接转去执行,以便及时完成实时处理任务;功能模块用来实现仪表的数据处理和控制功能,包括各种测量算法(例如数字滤波、标度变换、非线性修正等)和控制算法(例如 PID 控制、前馈控制、模糊控制等)。

由于智能仪表和控制理论还有专门的课程详细介绍,为避免内容重复,本章(智能检测仪

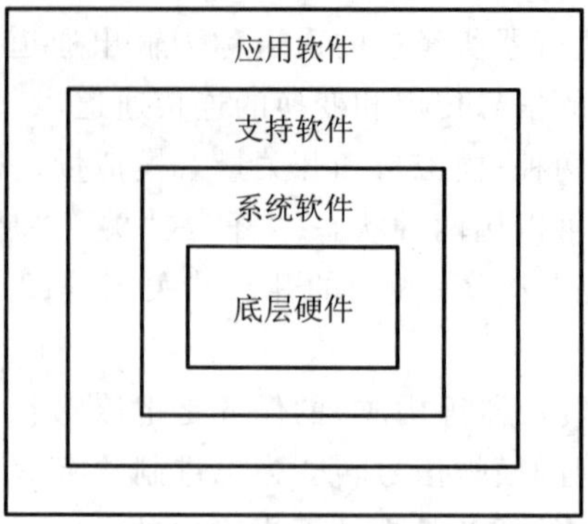

图 13-1-2 智能仪表的软件结构

表)只介绍智能仪表中与传感器检测技术密切相关的测量通道(即模拟量输入通道)的总体设计和共性技术。

13.2 测量通道的总体设计

13.2.1 测量通道的基本组成与类型

测量通道是智能检测仪表中被测对象与微机之间的联系通道,因为微机只能接收数字电信号,而被测对象常常是一些非电量,所以输入通道的第一道环节是把被测非电量转换为可用电信号的传感器。除数字传感器外,大多数传感器都是将模拟非电量转换为模拟电量,而且这些模拟电量通常不宜直接用数据采集电路进行数字转换,还需进行适当的信号调理。因此,一般说来,测量通道应由传感器、信号调理电路、数据采集电路三部分组成,如图 13-2-1 所示。

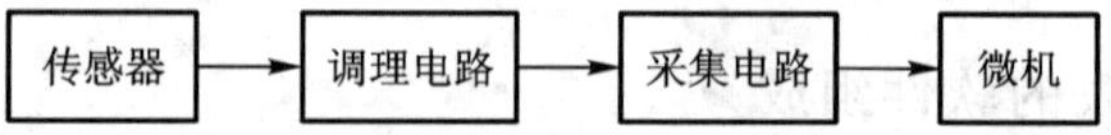

图 13-2-1 测量通道的基本组成

智能检测仪表通常用于巡回测量多种物理量(多参数测量)或同一种物理量的多个测量点(多点测量),每一种测量参数或每一个测量点,各需一个传感器和一个调理电路组成一路模拟通道,而数据采集电路则可以各路共用一个,或者每路各用一个,前者称为集中采集式(简称集中式),后者称为分散采集式(简称分布式)。因此智能检测仪表的测量通道可分为集中采集式和分散采集式两种类型。

集中采集式的特点是多路被测信号分别经各自的传感器和信号调理电路组成的通道分时地进入共用的数据采集电路,依次转换成数字并送入微机。分散采集式的特点是每一路信号各用一个数据采集电路,采集的数据按一定顺序或随机地输入计算机。

13.2.2 传感器的选用

现代传感器在原理与结构上千差万别,如何根据具体的测量目的、测量对象以及测量环境合理地选用传感器,是在进行某个非电量的测量时首先要解决的问题。当传感器确定之后,与之相配套的测量方法和测量设备也就可以确定了。测量结果的成败,在很大程度上取决于传感器的选用是否合理。

1. 根据测量对象与测量环境确定传感器的类型

要进行一个具体的测量工作,首先要考虑采用何种原理的传感器,这需要分析多方面的因素之后才能确定。因为,即使是测量同一物理量,也有多种原理的传感器可供选用,哪一种原理的传感器更为合适,需要根据被测量的特点和传感器的使用条件考虑以下一些具体问题:量程的大小;被测位置对传感器体积的要求;测量方法为接触式还是非接触式;信号的引出方法,有线还是无线;传感器的来源,是国产还是进口,价格能否承受,是否自行研制。

在考虑上述问题之后,就能确定选用何种类型的传感器,然后再考虑传感器的具体性能指标。

2. 灵敏度的选择

通常,在传感器的线性范围内,希望传感器的灵敏度越高越好。因为只有灵敏度高时,与被测量变化对应的输出信号的值才比较大,有利于信号处理。但要注意的是,传感器的灵敏度高,与被测量无关的外界噪声也容易混入,也会被放大系统放大,影响测量精度。因此,要求传感器本身应具有较高的信噪比,尽量减少从外界引入的干扰信号。

传感器的灵敏度是有方向性的。若被测量是单向量,而且对其方向性要求较高,则应选择其他方向灵敏度小的传感器;如果被测量是多维向量,则要求传感器的交叉灵敏度越小越好。

3. 频率响应特性

传感器的频率响应特性决定了被测量的频率范围,必须在允许频率范围内保持不失真的测量条件,实际上传感器的响应总有一定延迟,希望延迟时间越短越好。

传感器的频率响应高,可测的信号频率范围就宽,而由于受到结构特性的影响,机械系统的惯性较大,因而频率低的传感器可测信号的频率较低。

在动态测量中,应根据信号特点(稳态、瞬态、随机等)来确定所需传感器的频率响应特性,以免产生过大的误差。

4. 线性范围

传感器的线性范围是指输入与输出成正比的范围。以理论上讲,在此范围内,灵敏度保持定值。传感器的线性范围越宽,其量程越大,并且能保证一定的测量精度。在选择传感器时,当传感器的种类确定之后,首先要看其量程能否满足要求。

但在实际上,任何传感器都不能保证绝对的线性,其线性度也是相对的。当所要求测量精度比较低时,在一定的范围内,可将非线性误差较小的传感器近似看作线性的,这会给测量带来极大的方便。

5. 稳定性

传感器使用一段时间后,其性能保持不变化的能力称为稳定性。影响传感器长期稳定性的因素除传感器本身结构外,主要是传感器的使用环境。因此,要使传感器具有良好的稳定性,传感器必须要有较强的环境适应能力。

在选择传感器之前,应对其使用环境进行调查,并根据具体的使用环境选择合适的传感器,或采取适当的措施,减小环境的影响。

传感器的稳定性有定量指标，在超过使用期后，在使用前应重新进行标定，以确定传感器的性能是否发生变化。

在某些要求传感器能长期使用而又不能轻易更换或标定的场合，所选用的传感器，其稳定性要求更严格，要能够经受住长时间的考验。

6. 精度

精度是传感器的一个重要的性能指标，它是关系到整个测量系统测量精度的一个重要环节。传感器的精度越高，其价格越昂贵，因此，传感器的精度只要满足整个测量系统的精度要求就可以，不必选得过高。这样就可以在满足同一测量目的的诸多传感器中选择比较便宜和简单的传感器。

如果测量目的是定性分析的，选用重复精度高的传感器即可，不宜选用绝对量值精度高的；如果是为了定量分析，必须获得精确的测量值，就需选用精度等级能满足要求的传感器。

对某些特殊使用场合，无法选到合适的传感器，则需自行设计制造传感器。自制传感器的性能应满足使用要求。

13.2.3 信号调理电路的参数设计和选择

在一般测量系统中信号调理的任务较复杂，除了小信号放大、滤波外，还有诸如零点校正、线性化处理、温度补偿、误差修正、量程切换等，这些操作统称为信号调理（signal conditioning），相应的执行电路统称为信号调理电路。由于信号调理电路调理的信号都是模拟信号，因此信号调理电路也可称为模拟测量电路。无论是模拟式仪表、数字式仪表还是微机化仪表，只要采用模拟传感器，就必须有模拟信号调理电路。

在微机化检测系统中，许多原来依靠硬件实现的信号调理任务都可通过软件来实现，这样就大大简化了微机化检测系统中信号输入通道的结构。信号输入通道中的信号调理重点为小信号放大、信号滤波以及对频率信号的放大整形等。比较典型的信号调理电路组成如图 13-2-2 所示。

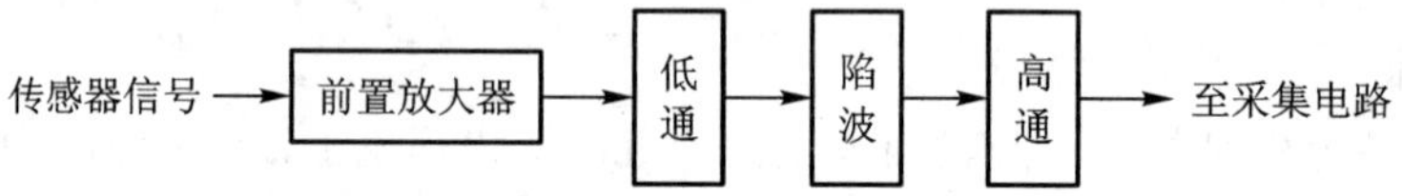

图 13-2-2 典型调理电路的组成框图

1. 前置放大器

多数传感器输出信号都比较小，必须选用前置放大器进行放大，那么判断传感器信号“大”还是“小”和要不要进行放大的依据又是什么呢？放大器为什么要“前置”——设置在调理电路的最前端？能不能接在滤波器的后面呢？前置放大器的放大倍数应该多大为好呢？这些问题是智能检测仪表总体设计需要考虑的问题。

我们知道，由于电路内部有这样或那样的噪声源存在，使得电路在没有信号输入时，输出端仍输出一定幅值的波动电压，这就是电路的输出噪声。把电路输出端测得的噪声有效值 U_{ON} 折算到该电路的输入端，即除以该电路的增益 K，得到的电平值称为该电路的等效输入噪声 U_{IN}

$$U_{IN}=U_{ON}/K \tag{13-2-1}$$

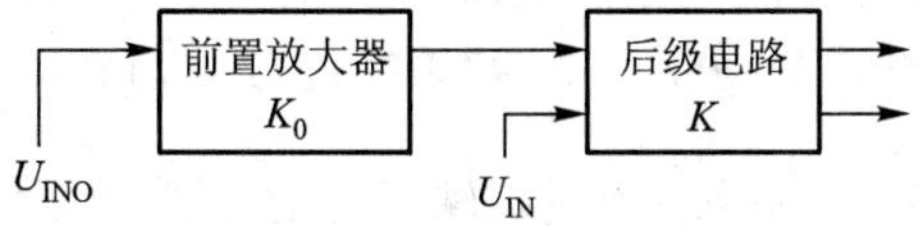

图 13-2-3 前置放大器的作用

如果加在该电路输入端的信号幅值 U_{IS}小到比该电路的等效输入噪声还要低,那么这个信号就会被电路的噪声所“淹没”。为了不使小信号被电路噪声所淹没,就必须在该电路前面加一级放大器,如图 13-2-3 所示。图中前置放大器的增益为 K_0,本身的等效输入噪声为 U_{INO}。由于前置放大器的噪声与后级电路的噪声是互不相关的随机噪声,因此,图 13-2-3 电路总输出噪声为

$$U'_{ON}=\sqrt{(U_{INO}K_0K)^2+(U_{IN}K)^2} \tag{13-2-2}$$

总输出噪声折算到前置放大器输入端,即总的等效输入噪声为

$$U'_{IN}=\frac{U'_{ON}}{K_0K}=\sqrt{U_{INO}^2+\left(\frac{U_{IN}}{K_0}\right)^2} \tag{13-2-3}$$

假定不设前置放大器时,输入信号刚好被电路噪声淹没,即 $U_{IS}=U_{IN}$,加入前置放大器后,为使输入信号 U_{IS}不再被电路噪声所淹没,即 $U_{IS}>U'_{IN}$,就必须使 $U'_{IN}<U_{IN}$即

$$U_{IN}>\sqrt{U_{INO}^2+\left(\frac{U_{IN}}{K_0}\right)^2}$$

解上列不等式可得

$$U_{INO}<U_{IN}\sqrt{1-\frac{1}{K_0^2}} \tag{13-2-4}$$

由式(13-2-4)可见,为使小信号不被电路噪声所淹没,在电路前端加入的电路必须是放大器,即 $K_0>1$,而且必须是低噪声的——即该放大器本身的等效输入噪声必须比其后级电路的等效输入噪声低。这就是“低噪声”的含义。

由式(13-2-3)可见,前置放大器的增益 K_0 越高,仪器的等效输入噪声越低,接收弱信号的能力越强。但是,前置放大器增益的增益不能过大,以致使 A/D 转换器发生溢出。设检测仪表的量程上限为 X_{max},传感器及其接口电路的灵敏度为 S,前置放大器的增益为 K_0,前置放大器之后 A/D 转换器之前的通道增益为 K_1,A/D 转换器的满度输入电压为 U_m,则前置放大器的增益 K_0 应在满足以下条件的前提下尽可能取高些

$$K_0\leqslant\frac{U_m}{X_{max}SK_1} \tag{13-2-5}$$

为了减小体积,调理电路中的滤波器大多采用 RC 有源滤波器,由于电阻元件是电路噪声的主要根源。因此,RC 滤波器产生的电路噪声比较大。如果把放大器放在滤波器后面,滤波器的噪声将会被放大器放大,使电路输出信噪比降低。把放大器放在滤波器前面,可避免这一弊端。

2. 滤波器

像模拟式和数字式仪表一样,智能仪表的测量通道中也要设置模拟滤波器,而且滤波器及其参数的设计原则也与模拟式仪表基本相同。不同的是,智能检测仪表中设置低通滤波器,一般是

为了防止在对动态信号进行采样时产生的"混淆",因此又称为去混淆滤波器。

通过对信号采样前后其频谱的变化可知,被采样信号 $x(t)$ 在时域的采样(采样周期为 T_S)过程,在频域看就是其频谱 $X(\omega)$ 以 $\omega=\frac{\omega_s}{2}$ 为对折轴折叠的过程,因此奈奎斯特频率 $\frac{f_s}{2}=\frac{1}{2T_s}$ 又称为折叠频率。如果被采样信号频谱中存在高于 $\frac{f_s}{2}$ 的干扰频率分量 f_a,采样后便会以 $\frac{f_s}{2}$ 为对称轴折叠到与其对称的频率即 (f_s-f_a) 的频率上,这就会与有用信号的频率分量混在一起无法用频率滤波的方法将它们与信号分离。这种现象称为频谱"混淆"。为了防止出现"混淆",就必须在采样开关前面设置一个低通滤波器,在信号被采样之前,先把高于 $\frac{f_s}{2}$ 的干扰频率分量滤掉。因此该低通滤波器称为去混淆滤波器。

图 13-2-4 是巴特沃思低通滤波器的伯德图。图中 $0\sim f_h$ 是被测有用信号的频率范围,与信号频率范围以 $f=\frac{f_s}{2}$ 为轴对称的频率范围是 $(f_s\sim f_h)\sim f_s$,由图 13-2-4 可见,如果在这个频段上存在高频干扰的话,采样后它们就会以同样的幅值"折叠"到 $0\sim f_h$ 的信号频段上形成所谓频谱"混淆"。为了把这些"混淆"干扰的幅值减小到 A/D 的最小量化电平之下,就得把 $(f_s\sim f_h)\sim f_s$ 频段上的干扰减小到最小量化电平以下。为此去混淆滤波器的截止频率和陡度就要根据采样周期 T_s 和 A/D 的位数 m 以及被采样信号的信噪比来选择。

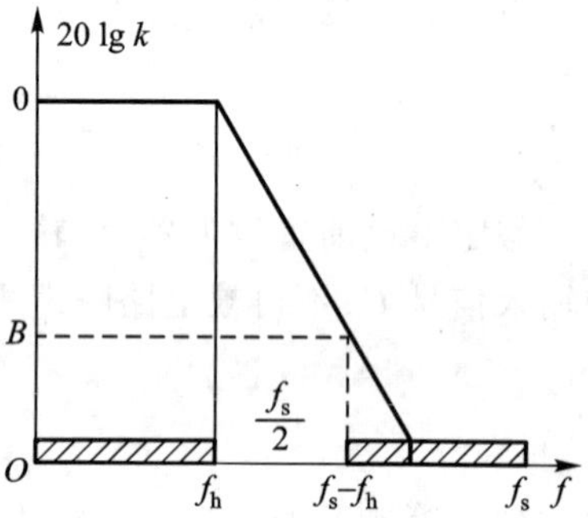

图 13-2-4　去混淆滤波器伯德图

去混淆滤波器是低通滤波器,应在滤掉被采样频谱中高于 $\frac{f_s}{2}$ 的频率分量的同时,保留有用信号的全部频率分量。因此去混淆滤波器截止频率 f_h 应为

$$f_h=f_{max}=\frac{1}{CT_s} \tag{13-2-6}$$

式中:f_{max}——被测试信号的最高频率;

C——选定的截频常数,$C>2$。

T_s——信号采样周期

图 13-2-4 的纵坐标是去混淆滤波器幅频特性 $K(f)$ 的分贝数,在 $f=f_s-f_h$ 处的衰减分贝数为 B,设 f_h 与 (f_s-f_h) 之间为 G 个倍频程,即

$$\frac{f_s-f_h}{f_h}=(C-1)=2^G \tag{13-2-7}$$

去混淆滤波器陡度 S 应为

$$S=\frac{B}{G}=\frac{B\lg 2}{\lg(C-1)}(\text{dB/倍频程}) \tag{13-2-8}$$

从最坏情况考虑,假设有用信号中幅值最大(为 U_s)的频率分量的频率为 f_h,干扰噪声中幅值最大(为 U_n)的频率分量的频率为 (f_s-f_h),去混淆低通滤波器幅频特性为 $K(f)$。为了使经去混淆

滤波后信号最大频率分量不超出 A/D 的最大量化电平 U_m，干扰最大频率分量低于 A/D 的最小量化电平 q，要求

$$U_s K(f_h) = U_s = U_m$$

$$U_n K(f_s - f_h) < q = \frac{U_m}{2^m}$$

上两式相除再取分贝数得

$$B \geqslant 6m - 20\lg\left(\frac{U_s}{U_n}\right) \tag{13-2-9}$$

将式(13-2-8)代入式(13-2-9)，去混淆滤波器陡度 S 应满足

$$S \geqslant \frac{\lg 2}{\lg(C-1)}\left[6m - 20\lg\left(\frac{U_s}{U_n}\right)\right] \tag{13-2-10}$$

由式(13-2-10)可见，若干扰较强，去混淆低通滤波器陡度 S 就应取大些，如果干扰较弱，满足条件

$$20\lg\left(\frac{U_s}{U_n}\right) \geqslant 6m$$

则可以不用设置去混淆低通滤波器。若从干扰很强即 $U_s = U_n$ 的最坏情况考虑，则去混淆滤波器陡度 S 应满足

$$S \geqslant \frac{6m\lg 2}{\lg(C-1)} \tag{13-2-11}$$

去混淆滤波器通常采用 n 阶巴特沃思低通滤波器，其幅频特性为

$$K(f) = \frac{1}{\sqrt{1+\left(\dfrac{f}{f_0}\right)^{2n}}}$$

其陡度为 $S = 6n$dB/倍频程，代入式(13-2-11)，去混淆巴特沃思低通滤波器的阶数 n 应为

$$n \geqslant \frac{m\lg 2}{\lg(C-1)} \tag{13-2-12}$$

滤波器阶数 n 越高，幅频特性陡度越大，对减少混淆误差越有利，但是应看到，滤波器阶数越高，不仅滤波器节数越多，成本越高，而且信号通过滤波器时产生的延时也越长。在闭环系统中，这种延时受到系统稳定性的限制，因而滤波器的阶数不宜太高。由式(13-2-12)可见，减少阶数 n 必须相应增大截频系数 C。

对于像数字地震仪这样要求以数字形式不失真记录信号波形的"数据采集系统"，去混淆滤波器的截止频率 f_h 和采样周期 T_s 的乘积必须保持常数(1/C)，即满足式(13-2-6)。如果减少采样周期 T_s 时，不相应提高 f_h，那就会达不到通过减少 T_s 来增大 f_{max} 即提高分辨率的效果；相反如果增大采样周期 T_s，不相应减少 f_h，那就会使"混淆"干扰增大。

智能仪表中的滤波器可以像模拟式仪表和数字式仪表那样采用有源 RC 滤波器，但这种滤波器改变频率需要改变决定滤波频率的电阻或电容，因此，如果微机化仪表需要灵活方便地改变滤波频率，最好是采用新型的开关电容滤波器或通用有源 RC 滤波器如 UAF42，以便能通过软件程序实

现对滤波频率的数字控制。关于这两种新型滤波器的原理和用法可参阅参考文献[2]。

13.2.4 采集电路组成模块和方案的选择

1. 数据采集电路组成模块的选择

数据采集电路一般由多路模拟开关、采样/保持器、模数转换器三部分构成。

1）多路模拟开关

多路模拟开关是将多个模拟开关的一端全部并在一起作为公共端的开关集合体。多路模拟开关又称模拟多路切换器简称 MUX。图 13-2-5 是集成 MUX 的一种典型结构，它包括一组模拟开关和相应的开关驱动电路、通道地址输入缓冲寄存器和通道地址译码器。当禁止端加一个高电平信号时，MUX 中所有开关均截止。当禁止端加一个低电平信号时，MUX 中只能有一个或一对通道的开关接通，其他开关均截止，哪一个或哪一对开关接通由外加的地址码决定。

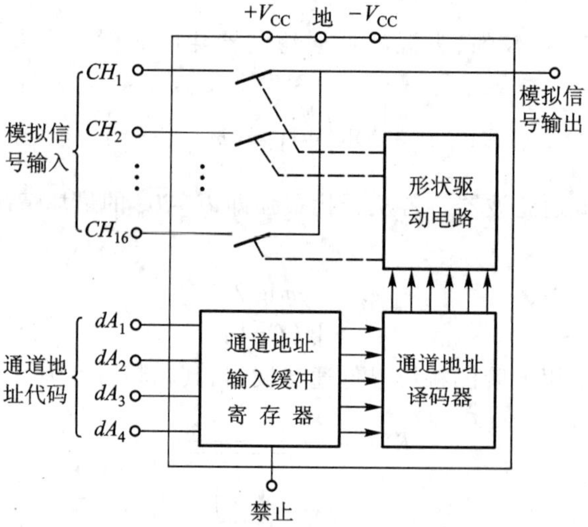

图 13-2-5 集成 MUX 结构框图

目前常用的集成 MUX 有单 8 选 1 多路开关（需 3 位地址码）和双 4 选 1 多路开关（需 2 位地址码）两种，前一种有：AD7501、CD4501 等，后一种有：AD7502、CD4052 等。当被采集信号本身具有较大的共模电压时，宜选用双 4 选 1 多路开关和差分输入方式。当需要更多路的多路模拟开关时，可以采用多个集成 MUX 并联的方式进行扩展。

在集中式数据采集电路中，多路模拟开关的公共端作为输出端，多路模拟开关用来对多路输入的模拟信号分时地进行采样，在每个采样周期内，依次对各路模拟输入信号采样一次。若输入模拟信号的最高频率为 f_{max}，则采样周期 T_s 应满足采样定理

$$T_s<\frac{1}{2f_{max}} \tag{13-2-13}$$

而每路开关接通的时间 τ 应与采样的信号道数 m 成反比

$$\tau<\frac{T_s}{m} \tag{13-2-14}$$

如果多路输入的信号是静态或者是变化缓慢的信号，多路模拟开关只是起多选一作用，每路开关接通的时间 τ 应大于 A/D 转换器所需的转换时间 t_C，即

$$\tau > t_C \tag{13-2-15}$$

在集中式采集系统中，每当某一道开关接通时，其他各道开关全都是关断的，理想情况下，负载上只应出现被接通的那一道信号，其他被关断的各路信号都不应出现在负载上。然而实际情况并非如此，其他被关断的信号也会出现在负载上，对本来是唯一被接通的信号形成干扰，这种干扰称为道间串音干扰，简称串音。道间串音干扰的产生主要是由于模拟开关的断开电阻 R_{off} 不是无穷大和多路模拟开关中存在寄生电容的缘故。

为减小串音干扰，应采取如下措施：

① 模拟多路开关 MUX 应通过电压跟随器与模拟信号的调理电路相连；

② 选用导通电阻 R_{on} 极小、断开电阻 R_{off} 极大、寄生电容又小的 MUX；

③ 减少集中式采集的信号路数 N。若采用分布式采集，则可从根本上消除串音。

2）A/D 转换器

A/D 转换器的位数不仅决定采集电路所能转换的模拟电压动态范围，也很大程度影响采集电路的转换精度。因此，应根据对采集电路转换范围与转换精度两方面要求选择 A/D 转换器的位数 m

$$m \geqslant \frac{L}{6} \quad \text{且} \quad \frac{10}{2^{m+1}} \leqslant \delta \tag{13-2-16}$$

式中：L——测量范围上限与下限之比的分贝数；

δ——所要求的检测系统的测量精度。

不同类型的 A/D 转换器位数也不一样，并行比较型一般为 6～8 位，属低分辨率的；逐次逼近和双积分型一般为 12～16 位，属中分辨率的；$\Sigma-\Delta$ 型一般为 16 位以上，属高分辨率的。

A/D 转换器从启动转换到转换结束需要一段时间——转换时间（记为 t_C），从转换结束到下一次再启动转换也需要一段时间——休止时间（记为 t_0），这段时间除了使 A/D 转换器内部电路复原到转换前的状态外，最主要是等待 CPU 读取 A/D 转换结果和再次发出启动转换的指令。若 A/D 转换器在模拟信号的一个采样周期 T_s 内依次完成 N 路模拟信号采样值的 A/D 转换，需要测量的模拟信号的最高频率为 f_{max}，则 A/D 转换器周期 $T_{A/D}$ 即转换速率的倒数应为

$$T_{A/D} = t_C + t_0 = \frac{1}{NCf_{max}} \tag{13-2-17}$$

式中，C 为式（13-2-11）中选定的截频常数，$C>2$。

不同类型的 A/D 转换器转换时间 t_C 是大不相同的：① 逐次逼近型，转换时间可从几微秒到 100 μs 左右，属中速 A/D 转换器，代表型号有 ADC0809、AD574 等；② 双积分型，转换时间从几十毫秒到几毫秒不等。属低速 A/D 转换器，代表型号有 ICL7135 和 MC14433；③ 并行比较型，转换时间仅 20～100 ns，属高速 A/D 转换器，代表型号有 AD9002 和 AD9020；④ $\Sigma-\Delta$ 型，代表型号有低速的 AD7701、AD773l，中速的 AD1879，高速的 AD7723 等。

3）采样/保持器

采样/保持器是指在状态指令控制下处于“采样”或“保持”两种工作状态的电路（sample and hold circuits，简称 S/H）。它具有模拟电压的输入端和输出端，以及状态控制指令输入端。理想

采样/保持器的输出 $u_o(t)$ 与输入 $u_i(t)$ 关系为

$$u_o(t)=u_i(t),t_1\leqslant t\leqslant t_2(\text{采样期间})$$
$$u_o(t)=u_i(t_2),t_2\leqslant t\leqslant t_3(\text{保持期间})$$

也就是说,"采样"状态下电路的输出跟踪输入模拟信号,"保持"状态下,电路输出保持着采样结束时刻的输入模拟信号的瞬时值。因此采样/保持器也叫跟踪/保持器(简称 T/H)。

采样/保持器由存储电容(保持电容)、输入与输出缓冲放大器、状态开关及其驱动电路组成,如图 13-2-6 所示。采样时,状态开关 S 闭合,输入电压 u_i 对存储电容 C_H 充电,在保持期间,开关 S 断开,存储电容 C_H 上电压保持在开关断开瞬时的输入电压值。

如果 A/D 转换器的转换时间为 t_C,为保证±1LSB 最低有效位的转换精度,在转换时间 t_C 内,要求被转换模拟信号的最大变化量不应超过 A/D 的一个量化单位 q。对于静态或变化缓慢的被测量,这个要求是能满足的,因此,在A/D转换器前无须加设采样/保持器。而对于变化的被测量,这个要求往往不能满足,因此,在 A/D 转换器前必须加设采样/保持器。由于采样/保持器在保持阶段一直保持着采样阶段结束时刻的输入模拟信号的瞬时值,因此,A/D 转换器只要在采样/保持器的保持阶段内进行和完成 A/D 转换,就能得到准确稳定的数字输出。

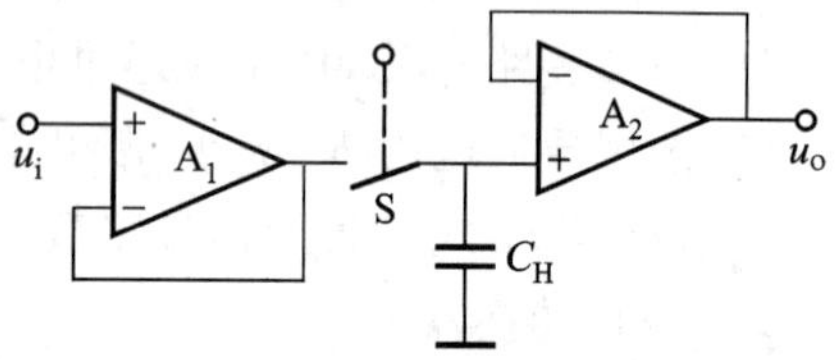

图 13-2-6　采样/保持器

目前,市场上除了有单独的多路模拟开关、单独的采样/保持器、单独的 A/D 转换器等集成芯片外,也有把多路模拟开关和 A/D 转换器两者集成在一起的采集电路芯片,如 ADC0809,还有把多路模拟开关、采样/保持器和 A/D 转换器三者集成在一起的采集电路芯片,如 MN715016。

2. 采集电路组成方案的选择

采集电路是实现模拟信号数字化的电路,A/D 转换器是采集电路的核心。在集中采集式测量通道中,A/D 前面都设置模拟多路切换器 MUX,以便从多路模拟信号中选取一路进行 A/D 转换。

集中式采集电路的组成方案有四种可供选择的方案,如图 13-2-7 所示。选择的原则列于表 13-2-1。

表 13-2-1　集中式采集电路方案的选择

被测信号随时间变化	被测信号随道间变化	适用的集中式采集电路方案
否	否	图 a
否	是	图 b
是	否	图 c
是	是	图 d

若被测模拟信号为恒定或变动缓慢的信号,即不"随时间变化",则无须设置 S/H,如图 13-2-7(a)、(b)所示。如果被测模拟信号为动态信号即"随时间变化",那就必须在 MUX 与 A/D 之间设置采样保持器 S/H,如图 13-2-7(c)、(d)所示。S/H 在 MUX 的闭合期间采样,A/D 在S/H 保持期间进行 A/D 转换。

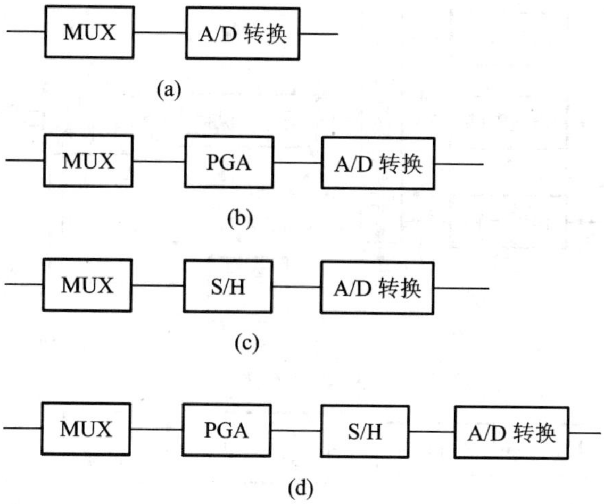

图 13-2-7 集中式采集电路的组成方案

如果各路模拟信号幅值互不相同即"随道间变化",例如,是不同种类的被测信号,就必须在 S/H 与 MUX 之间设置程控增益放大器 PGA,如图 13-2-7(b)、(d)所示。如果各路模拟信号幅值基本相同即不"随道间变化",例如,是同种类不同测量点的被测信号,就无须在 S/H 与 MUX 之间设置程控增益放大器 PGA,如图 13-2-7(a)、(c)所示。

图 13-2-7 所示的 4 种集中式采集电路可以由 MUX、S/H、PGA 和 A/D 等电路模块组装而成,也可购买现成的集成电路。图 13-2-7 所示的四种集中式采集电路目前都已生产出相应的混合集成电路。例如,ADC0809 就是如图 13-2-7(a)所示的将 8 路 MUX 与 8 位逐次逼近式 A/D 转换器集成在同一芯片上的集成电路;MN7150、MN7150-16 及 ADAM-12、ADμC814 就是如图 13-2-7(d)所示的专门用于数据采集的大规模混合集成电路。

分散式采集电路与集中式采集电路的区别是没有 MUX,因此图 13-2-7 去掉 MUX,便成为分散式采集电路。图 13-2-8 中画出了两种采集方式的典型测量通道的完整框图。对比可见,集中采集方式[图(a)]比分散采集方式[图(b)]电路简单节省成本,因此在信号道数 N 不太多时,应尽可能采用这种方案。

由式(13-2-17)可见,集中式采集电路的信号道数 N 越多,要求 A/D 转换器的速度越高。当测量系统的测量点太多时,采用集中式采集就会遇到 A/D 转换器的速度跟不上的问题,因此应采用分散式采集电路。

13.2.5 测量通道与微机的接口

1. A/D 与微机接口

各种型号的 A/D 转换器芯片均设有模拟输入、数据输出、启动转换、转换结束、控制等引脚。MCS-51 单片微机配置 A/D 转换器的硬件逻辑设计,就是要处理好上述引脚与主机 CPU 的硬件连接。

A/D 转换器需外部控制启动转换信号方能进行转换,这一启动信号由 CPU 提供。不同型号的 A/D 转换器,对启动转换信号的要求也不同,分脉冲启动和电平控制启动两种。脉冲启动转

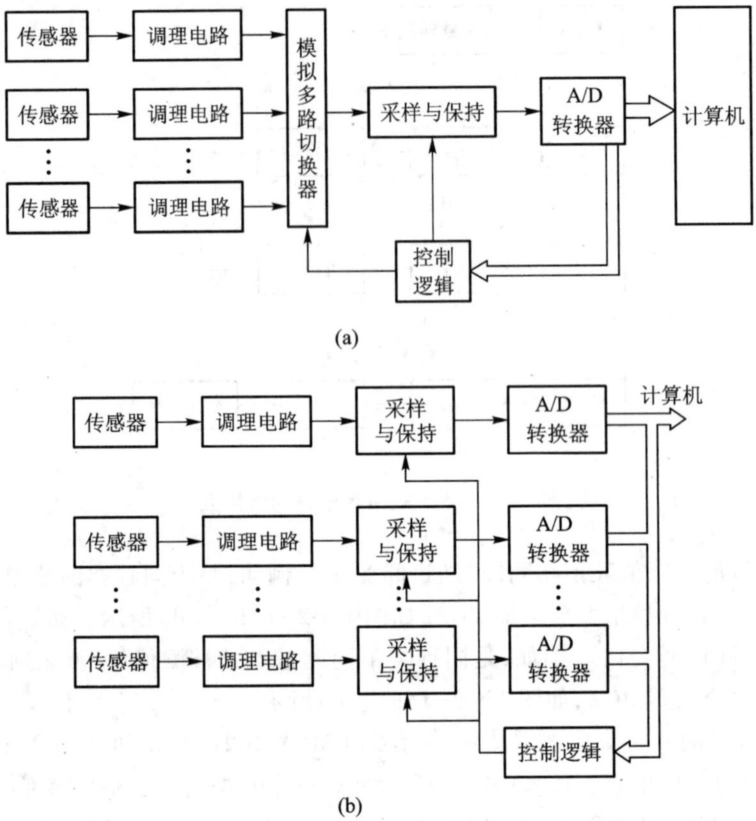

图 13-2-8　两类测量通道的对比

换，只需给 A/D 转换器的启动控制转换的输入引脚上，加一个符合要求的脉冲信号，即启动 A/D 转换器进行转换，例如，ADC0804、ADC0809、ADC1210 等均属此列。电平控制转换的 A/D 转换器，当把符合要求的电平加到控制转换输入引脚上时，立即开始转换。此电平应保持在转换的全过程中，否则将会中止转换的进行。因此，该电平一般需由 D 触发器锁存供给，例如，AD570、AD571、AD574 等均是如此。

每次采样电压的 A/D 转换结束后，A/D 转换器内部转换结束信号触发器便复位，输出转换结束标志电平信号，以通知主机读取转换结果的数字量。主机从 A/D 转换器读取转换结果数据的联络方式，可以是中断、查询或定时三种方式。这三种方式的选择往往取决于 A/D 转换的速度和应用系统总体设计要求以及程序的安排。

大多数 A/D 转换器的芯片内都集成了具有可控的三态输出功能的输出数据寄存器，因此其数据输出可与 CPU 数据总线直接连接。转换结束，CPU 可用输入指令读入数据。一般 8 位A/D转换器均属此类。而 10 位以上的 A/D 转换器，为了能和 8 位字长的 CPU 直接配接，输出数据寄存器增加了读数控制逻辑电路，把 10 位以上的数据分时读出。对于内部不包含读数据控制逻辑电路的 A/D 转换器，在和 8 位字长的 CPU 相连接时，应增设三态门，对转换后数据进行锁存，以便控制 10 位以上的数据分两次进行读取。

在 A/D 转换器前接有采样/保持器 S/H 时，还要考虑两者的时序配合问题，A/D 转换器的启动脉冲应在 S/H 的开关断开后发出,启动脉冲宽度应大于 S/H 的孔径时间,以保证 S/H 的输出达到稳定状态后才进行 A/D 转换,S/H 的开关应在 A/D 转换结束才闭合,以进入下一次采样。

2. 脉冲信号与微机接口

像数字式仪表一样,智能检测仪表测量数字的产生也有 A/D 转换和脉冲计数两种方式。大多数传感器是模拟式传感器,将被测非电量转换成模拟电信号,模拟电信号通常是经过调理电路和采集电路 A/D 转换成数字送入微机。而频率式传感器则是直接将被测非电量转换成频率信号。除此之外,因为频率信号抗干扰性能好,便于远距离传输,一些非快速而需进行远距离信号传输的场合,也常用 VFC 将电压信号转换成频率信号。频率信号可输入微机的任一根 I/O 线或作为中断源及计数输入等。因此与计算机接口简单、占用计算机硬件资源少。相反,A/D 转换器与计算机接口就复杂些。

频率信号的脉冲计数可以用微机内部的定时/计数器来实现,如图 13-2-9 所示。被测非电量通过频率式传感器或电压-频率转换器,转换成的频率信号 f_x

$$f_x = XS$$

式中,S 为频率式传感器或电压-频率转换器的灵敏度即转换系数。

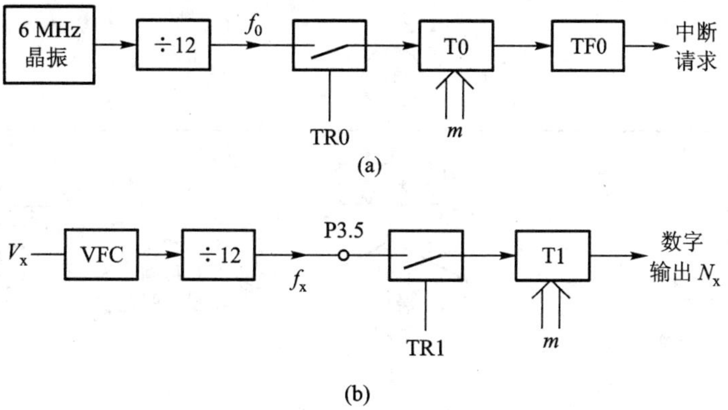

图 13-2-9　脉冲信号与 8031 单片机的接口

f_x 从单片机 8031 的 T1(P3.5)脚引入,8031 片内 T0 置为定时方式,T1 置为计数方式,分别如图 13-2-8(a)和(b)所示。

开始时,将 TR0 与 TR1 置 **1**,使 T0 和 T1 分别对基准频率 f_0(0.5 MHz)和被测频率 f_x 进行计数。当 T0 从预置数 m 计数到溢出(即 2^{16})时申请中断,CPU 响应中断,将 TR1 置 **0** 并将 T1 中的计数值读出,读出值 N_x 与被测非电量 X 的关系为

$$N_x = \frac{2^{16} - m}{f_0} SX \tag{13-2-18}$$

13.3　量程自动切换与超限自动报警

13.3.1　量程自动切换

12.3.2 节数字式仪表的量程切换的原则对智能检测仪表仍然是适用的。但是,在智能检测

仪表中,不是采用数字逻辑电路而是采用微机来控制量程切换开关动作,微机依据模拟比较器的比较结果或 A/D 转换器的“过量程”和“欠量程”指示信号对量程切换开关进行程序控制。如果 A/D 转换器没有量程判别功能,也可由微机将 A/D 转换器的数据 N_x 与窗口值$\frac{1}{\delta_0}$和 N_{FS}进行比较后,依据比较结果对量程切换开关进行程序控制。

在智能检测仪表中,量程切换通常是通过程序改变程控增益放大器 PGA 的增益来实现的。程控增益放大器 PGA 的增益一般以 10 的整数次幂变化,也有的以 2 的整数次幂变化。

由式(12-3-18)可知,程控增益放大器的增益应使整个测量通道的总增益(程控增益放大器的增益包括其内)满足下式

$$\frac{\frac{U_m}{N_{FS}}}{X\delta_0 S} \leqslant K \leqslant \frac{U_m}{XS} \tag{13-3-1}$$

微机根据窗口比较器的比较结果来控制程控增益放大器 PGA 的增益,以实现量程切换,微机控制量程自动切换的程序流程如图 13-3-1 所示。

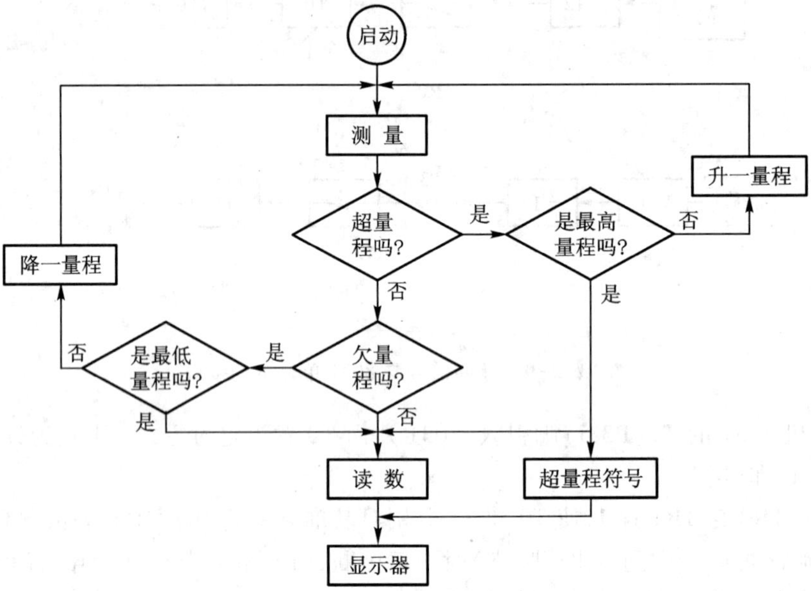

图 13-3-1 微机控制量程自动切换

13.3.2 超限自动报警

有些控制系统要求,当采样值测出大于规定数值 X_{max}或小于规定数值 X_{min}时,应能自动调整参数。若连续调整几次仍不能脱离不正常状态,则说明有某种故障存在应人为排除,并由自动状态切换到手动状态。

图 13-3-2 为某超限报警处理程序框图。本报警处理程序的中心思想是,如果连续采样 n

次都在规定的范围(X_{min},X_{max})之外,则说明系统可能存在某些故障,应进行报警并且转手动处理。如果只是几次不正常(小于 n 次),则只执行超上限处理或超下限处理,即把上次采样值作为本次采样值并将表示采样不正常的标志位 FLAG 置 1,系统并不报警且仍处于自动采样状态。这样可避免系统运行时多次停机。这种思想属于容错技术,即允许系统有 n-1 次不正常采样。

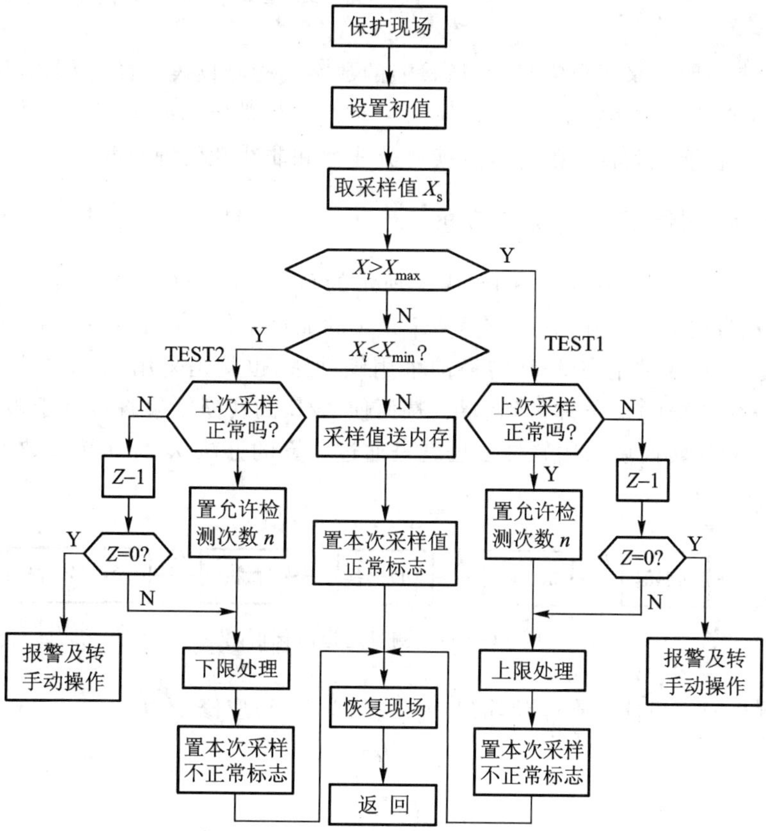

图 13-3-2 超限报警处理程序框图

规定的上下限值分别存于 X_{max} 和 X_{min} 单元,规定的允许超限次数 n 存于 COUNT1 单元,每连续超上限或超下限一次,允许超限次数减 1,剩余的允许超限次数 Z 存于 COUNT2 单元。

每次采样值 X_i 先与上限报警值 X_{max} 进行比较,如果大于上限报警值,再检查上次采样是否正常(由标志位 FLAG 的状态决定,FLAG = **1** 表示不正常,FLAG = **0** 表示正常);若不大于上限报警值再与下限报警值进行比较,如果又不小于下限值,则说明本次采样值正常,即将正常值送入 RESULT 单元,并将标志位置 **0**,最后返回,等待下一次采样值再进行处理,这是本报警处理程序的主流程,即图 13-3-2 的中间部分的流程。如果采样值大于 X_{max} 值则转分支程序 TEST1,小于 X_{min} 即转分支程序 TEST2。

分支程序 TEST1 主要是做上限报警处理。首先从标志位 FLAG 的状态判断上次采样值是否正常。如果上次采样值正常,则将 n 从 COUNT1 单元读入 COUNT2 单元,即取 $Z=n$。然后转上限处理,并将表示采样不正常的标志位 FLAG 置 **1**;如果上次采样值也不正常,则将 COUNT2 单元中的 Z 减 1,再检查一下是否 $Z=0$ 即连续 n 次不正常。若是连续 n 次不正常,则进行报警并转手动操作；如果不是连续 n 次不正常，则再把剩下的允许连续不正常的次数 Z 存入 COUNT2 单元，然后再进行上限处理，置本次采样不正常标志，并返回主程序。

下限报警处理程序与上限报警处理程序思想是完全一样的，读者可自行分析，这里不再赘述。

13.4 标度变换

智能检测仪表一般都采用数字显示，像普通的数字式检测仪表一样，为了能从数字显示器上直接读取被测量的实际值，必须把 A/D 转换结果转换成供数字显示器显示的被测量的实际值，即进行标度变换。智能检测仪表的标度变换可分线性和非线性两种情况。

13.4.1 线性测量通道的标度变换

智能检测仪表的测量通道可用图 13-4-1 所示的简化框图表示。如果测量通道是线性的即 A/D 转换结果 D_i 与被测量实际值 $X_i=x_1N_i$（x_1 是 x 的显示单位）保持线性关系，那就可以采用两种方法进行标度变换，一种是在 A/D 转换前采用硬件法，也就是采用 12.2.1 节介绍的办法，通过电路调整使式（12-2-6）的条件得到满足，从而使 A/D 的转换结果直接等于被测量的实际值。另一种办法就是 A/D 转换后采用软件法也就是通过计算的办法从 A/D 转换数据中计算出被测量的实际值。

图 13-4-1 测量通道简化框图

考虑线性测量通道可能存在零位输出 D_0，式（12-2-5）应修正为

$$D_i=D_0+AN_i \tag{13-4-1}$$

式中

$$A=\frac{x_1KS}{\dfrac{U_m}{D_{FS}}} \tag{13-4-2}$$

由上式可得如下标度变换公式

$$N_i=N_L+(D_i-D_L)\frac{N_H-N_L}{D_H-D_L} \tag{13-4-3}$$

式中：N_H，N_L——线性测量范围的上、下限；

D_H，D_L——N_H，N_L 对应的 A/D 转换结果；

D_i——被测量 N_i 对应的 A/D 转换结果。

在图 13-4-1 所示通道中，可以由微机按照上列公式从 A/D 转换结果 D_i 计算出被测量的数值 N_i 再送到数字显示器显示。通常在仪器的校准实验中，给仪器输入两个标准的被测量 $X_H=x_1N_H$ 和 $X_L=x_1N_L$ 记下对应的 A/D 转换结果 D_H 和 D_L，把这两对校准实验数据（N_H，D_H），（N_L，D_L）存在内存中，当 A/D 转换结果 D_i 需进行标度变换时，微机只需调用按式（13-4-3）编写的程序并读取内存中的参数（N_H，D_H）和（N_L，D_L），就可由 A/D 转换结果 D_i 计算出被测量的数值 N_i。计算出的这个数值 N_i 后再由微机送去显示或打印。

式(13-4-3)也可改写为如下形式

$$N_i = BD_i + C \tag{13-4-4}$$

式中

$$B = \frac{N_H - N_L}{D_H - D_L} \tag{13-4-5}$$

$$C = N_L - BD_L \tag{13-4-6}$$

按式(13-4-4)进行标度变换时,只需进行一次乘法和一次加法。在编程前,先根据(N_H,D_H),(N_L,D_L)按式(13-4-5)求出 A 和 B。然后编出按式(13-4-4)由 D_i 计算 N_i 的程序。如果 B 和 C 允许改变,则将其放在 RAM 中。如果 B 和 C 不变,则 B 和 C 可在编程时写入 EPROM。测量时便可读取 RAM 或 EPROM 中的 B 和 C,调用按式(13-4-4)编写的程序,由 D_i 计算出 N_i。

由式(11-2-5)可见,检测仪表在使用一段时间后,零点和灵敏度的漂移会造成测量误差。为了消除这一误差,普通的模拟式和数字式仪表在测量前,通常采取对有关电路进行调整的方法,重新调零和调满度。智能检测仪表一般可以不采用硬件方法,而是执行一段"校准"操作程序,以获得最新的校准数据(N_H、D_H)、(N_L、D_L)并存入内存。每次测量后按式(13-4-4)、式(13-4-5)、式(13-4-6)从 D_i 计算出 N_i 时,因为代入公式的(N_H、D_H)、(N_L、D_L)是刚刚校准过的最新数据,所以计算出的 N_i 就不会存在误差了。

13.4.2 非线性测量通道的标度变换

如前所述,很多传感器的输入-输出特性都是非线性的,在这种情况下测量通道的 A/D 转换结果 D_i 与被测量 X_i 也就不成线性关系,因此就不能再用上述线性通道的标度变换方法。一种解决方案是在非线性测量通道中增设线性校正电路,将非线性通道改造为线性通道。例如,在差压式流量测量通道中增设开方器后,就可按照线性通道的标度变换公式(13-4-4)进行标度变换。如果不在差压流量传感器或差压变送器后增设开方器,而直接进行 A/D 转换,则转换结果 D_i 将与被测流量 Q_i 的平方成正比,即

$$D_i = KQ_i^2 \tag{13-4-7}$$

若流量测量上、下限分别为 Q_H、Q_L,对应的 A/D 转换结果为 D_H、D_L,则应按下式进行标度变换

$$Q_i = Q_L + (Q_H - Q_L)\frac{\sqrt{D_i} - \sqrt{D_L}}{\sqrt{D_H} - \sqrt{D_L}} \tag{13-4-8}$$

有些非线性测量通道的 A/D 转换结果 D 与被测量 x 写不出像上述那样简单的标度变换公式。可以按 12.4 节所讲的方法在 A/D 转换器后增设 EPROM 线性化器,将 A/D 转换结果 D 变换成与其对应的被测量数值 N,再送入微机。

用硬件实现标度变换的方法,其优点是实时性强,缺点是增加硬件开销,在一般的不要求进行适时控制的检测系统中,只要时间允许,应尽可能采用软件方法进行标度变换和非线性校正,这样可大大节省硬件开销,而且手段灵活,不同参量的标度变换只需调用不同的变换程序或参数即可。

由于非线性通道的标度变换与非线性校正,尽管名称不同,但数学本质是一样的。因此,下一节介绍的非线性校正算法也就是非线性通道标度变换的算法。

13.5 非线性校正软件算法

为书写简便起见，本节用 x 表示由 A/D 送入微机的原始测量数据，用 y 表示被测量的“真值”，用 z 表示经过“标定”处理后，微机输出给显示器或控制器的数据，我们希望非线性处理结果能使 $z=y$ 或误差 $\varepsilon=|z-y|$ 在允许范围之内。

在检测仪表没有窜入外界干扰的情况下，被测量的输入值 y 与 A/D 转换数据 x 之间存在一一对应的函数关系 $y=f(x)$。但是对于包含非线性环节的检测仪表来说，常常写不出 $y=f(x)$ 的具体计算公式。即便是近似的线性系统实际上也存在一定的非线性。因此，在检测仪表制成后，一般都要进行“标定”实验，也就是在规定的实验条件下，给检测仪表的输入端逐次加入一个个已知的标准的被测量 $y_1,y_2,\cdots,y_n$，并记下对应的输出读数（A/D 转换结果）$x_1,x_2,\cdots,x_n$。这样就获得 n 对输入-输出数据 (x_i,y_i)，$(i=1,2,\cdots,n)$ 这些“标定”数据就是描述 $y=f(x)$ 的离散形式。

有的检测仪表可以推导出 $y=f(x)$ 的数学公式，但公式很复杂不便于用计算机进行计算。下面我们就介绍 $y=f(x)$ 公式复杂和 $y=f(x)$ 只有离散数据两种情况下，由 A/D 转换结果 x 求取显示数据 z（要求 $z=y$ 或 $z\approx y$）的方法，即非线性校正（也就是非线性系统标度变换）的方法。

13.5.1 查表法

查表法与 12.4 节的方法实质相同，只不过不是采用图 12-4-1 所示的硬件方法，而是采用软件方法。具体步骤如下：

① 在系统的输入端逐次加入一个个已知的标准被测量 $y_1,y_2,\cdots,y_n$，并记下对应的输出读数 $x_1,x_2,\cdots,x_n$。

② 把每个标准输入值 $y_i(i=1,2,\cdots,n)$ 存储在存储器的一个单元，把 x_i 作为存储器中这个存储单元的地址，把对应的 y_i 值作为该单元的存储内容，这样就在存储器中建立了一张标定数据表 (x_i,y_i)，$(i=1,2,\cdots,n)$。

③ 实际测量时，让微机根据输出读数 x_i 去访问该存储地址，读出该地址中存储的 y_i 即为被测量的真值。

④ 若实际测量的输出读数 x 在两个标准读数 x_i 和 x_{i+1} 之间，可按最邻近的一个标准读数 x_i 或 x_{i+1} 去查找对应的 y_i 或 y_{i+1} 作为被测量的近似值。很显然，这个结果带有一定的误差。如果要减少误差，那就还要在查表基础上做内插计算来进行误差修正。最简单的内插是线性内插，即按下式从查表查得的 y_i 与 y_{i+1} 计算出 y 的近似值即显示数据 z

$$z=y_i+(x-x_i)\frac{y_{i+1}-y_i}{x_{i+1}-x_i} \tag{13-5-1}$$

查表法的优点是不需要进行计算或只需简单的计算，缺点是需要在整个测量范围内实验测得很多的测试数据。数据表中数据个数 n 越多，精确度才越高。此外，对非线性严重的检测系统来说按式（13-5-1）计算出的显示值与被测量真值间的误差可能也比较大。

13.5.2 插值法

插值法是从标定或校准实验的 n 对测定数据 $(x_i,y_i)(i=1,2,\cdots,n)$ 中，求得一个函数 $z=\phi(x)$

作为实际的输出读数 x 与被测量真值 y 的函数关系 $y=f(x)$ 的近似表达式。这个表达式 $z=\phi(x)$ 必须满足两个条件:第一,$\phi(x)$ 的表达式比较简单,便于计算机处理。第二,$z=\phi(x)$ 与 $y=f(x)$ 有若干个相交点,即满足

$$\phi(x_k)=f(x_k) \tag{13-5-2}$$

满足式(13-5-2)的 $\phi(x)$ 称为 $f(x)$ 的插值函数,x_k 称为插值节点。这种方法不仅适合于从校准数据(x_i,y_i)表求得便于计算的近似表达式,而且也适合于从已知的较复杂的解析表达式 $y=f(x)$ 求与其近似的但便于计算的表达式 $z=\phi(x)$。

在插值法中,$\phi(x)$ 的选择有多种方法。因为多项式是最容易计算的一类函数,常选择 $\phi(x)$ 为 m 次多项式,并记 m 次多项式为 $P_m(x)$,即

$$\phi(x)=P_m(x)=\sum_{j=0}^{m} a_j x^j \tag{13-5-3}$$

一般来说,阶数 m 越高,逼近的精度越高,但阶数的增高将使计算烦冗,计算时间也迅速增加,因此拟合多项式的阶数一般不超过三阶。

由式(13-5-2)和式(13-5-3)可见,要确定 m 次多项式的 $m+1$ 个系数 $a_0,a_1,\cdots,a_m$,须从 n 对标定数据(x_i,y_i)($i=1,2,\cdots,n$)中,选取 $m+1$ 个插值点(x_k,y_k)($k=0,1,2,\cdots,m$),求解 $m+1$ 个方程

$$\sum_{j=0}^{m} a_j x_k^j = y_k, k=0,1,2,\cdots,m \tag{13-5-4}$$

一般常用的多项式插值是线性插值和抛物线(二次)型插值。因篇幅所限,这里仅介绍最常用的线性插值。

线性插值是在一组数据(x_i,y_i)中选取两个有代表性的点(x_L,y_L),(x_H,y_H),以这两点的连线作为插值方程

$$z=a_1x+a_0 \tag{13-5-5}$$

方程中的待定系数 a_1 和 a_0 由这两点的坐标决定

$$a_1=\frac{y_H-y_L}{x_H-x_L}, a_0=y_L-a_1x_L \tag{13-5-6}$$

仅当 $x_i=x_H$,x_L 时,$z=y$,没有误差;当 $x_i\neq x_H$,x_L 时,$z\neq y$,即有误差。若误差的绝对值小于允许值 ε,即

$$V_i=|z-y|\leqslant\varepsilon \tag{13-5-7}$$

而且在全部 x 的取值区间上,始终有 $V_i<\varepsilon$ 存在,则直线方程 $z=a_1x+a_0$ 就是理想的校正方程。实时测量时,每采样一个值,就用该方程计算 z,并把计算出的 z 当作被测量值 y 送去显示。

显然,对于非线性程度严重或测量范围较宽的非线性特性,采用上述一个直线方程进行校正,往往很难满足仪表的精度要求。这时可采用分段直线方程来进行非线性校正。如图 13-5-1所示。先将整个测量范围分成 N 段,再将每一段非线性特性曲线的两端点连接起来,以这两端点连线方程作为这段非线性特性曲线的校正方程,即第 j 段非线性特性曲线的校正方程为

$$z_j=a_{1j}x+a_{0j}, j=1,2,\cdots,N \tag{13-5-8}$$

分段数 N 取决于非线性程度和仪表的精度要求。非线性越严重或精度要求越高，则 N 应越大。测量范围分段有等距离分段和非等距离分段两种方法。等距离分段的方法适用于非线性特性曲率变化不大的场合。对于曲率变化大和切线斜率大的非线性特性曲线，若采用等距离分段的方法进行非线性校正，欲使最大误差满足精度要求，分段数 N 就会变得很大，而误差分配却很不均匀。同时，N 增加，使 a_{1j}，a_{0j} 的数目相应增加，占用内存较多，这时宜采用非等距离分段校正法。即在线性较好的部分节点间距离取得大些，反之则取得小些，从而使误差达到均匀分布，如图 13-5-1 所示。

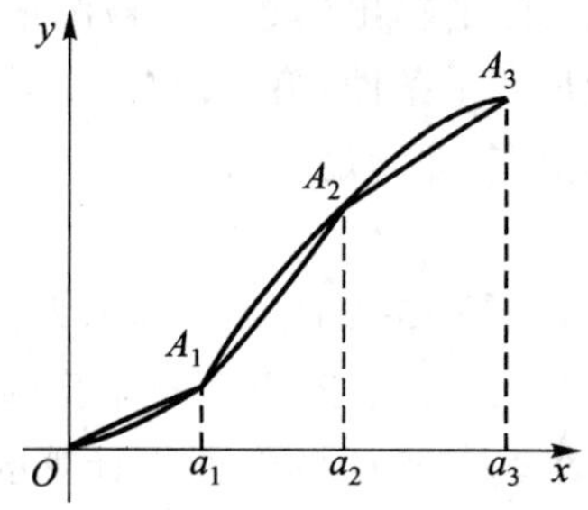

图 13-5-1　分段直线校正

13.5.3　拟合法

运用 n 次多项式或 n 个直线方程(代数插值法)对非线性特性进行逼近，可以保证在 $n+1$ 个节点上校正误差为零，即逼近曲线(或 n 段折线)恰好经过这些节点。但是如果这些数据是实验数据，含有随机误差，则这些校正方程并不一定能反映出实际的函数关系，即使能够实现，往往次数太高，使用起来不方便。因此对于含有随机误差的实验数据的拟合，通常选择"误差平方和为最小"这一标准来衡量逼近结果，使逼近模型比较符合实际关系，在形式上也尽可能地简单，这一逼近想法的数学描述是：

设被逼近函数为 $f(x)$，逼近函数 $\phi(x)$，x_i 为 x 上的离散点，逼近误差为

$$V_i = |f(x_i)-\phi(x_i)| \tag{13-5-9}$$

记

$$\varphi = \sum_{i=1}^{n} V_i^2 \tag{13-5-10}$$

令 $\varphi\to\min$，即在最小二乘意义上使误差最小化，这就是最小二乘法原理。为了使逼近函数简单起见，通常选择 $\phi(x)$ 为多项式。下面仅介绍用最小二乘法实现直线拟合。

像线性插值法一样，最小二乘法实现直线拟合，可用一条直线拟合也可用多段直线拟合。但是，拟合直线的方程不是像线性插值法那样，简单地取两端点的连线方程作为校正方程，而是以被拟合的非线性特性曲线的全部标定实验数据 (x_i, y_i)，$(i=1,2,\cdots,n)$ 为依据，计算出满足 $\varphi\to\min$ 即最接近于这些数据点的最佳拟合直线方程作为校正方程。

设这组实验数据的最佳拟合直线方程(回归方程)为

$$z=a_1x+a_0 \tag{13-5-11}$$

式中，a_1，a_0 称为回归系数。

$$\varphi(a_0,a_1)= \sum_{i=1}^{n} V_i^2 = \sum_{i=1}^{n} [y_i - (a_0 + a_1x_i)]^2 \tag{13-5-12}$$

根据最小二乘原理，要使 $\varphi(a_0,a_1)$ 为最小，按通常求极值的方法，取对 a_1，a_0 的偏导数，并令其为 0，得

$$\frac{\partial\varphi}{\partial a_0} = \sum_{i=1}^{n} [-2(y_i - a_0 - a_1x_i)] =0$$

$$\frac{\partial\varphi}{\partial a_1}=\sum_{i=1}^{n}\left[-2x_i(y_i-a_0-a_1x_i)\right]=0$$

又可得如下方程组(称之为正则方程组)

$$\sum_{i=1}^{n}y_i=na_0+a_1\sum_{i=1}^{n}x_i$$

$$\sum_{i=1}^{n}x_iy_i=a_1\sum_{i=1}^{n}x_i^2+a_0\sum_{i=1}^{n}x_i$$

解得

$$a_0=\frac{\left(\sum_{i=1}^{n}y_i\right)\left(\sum_{i=1}^{n}x_i^2\right)-\left(\sum_{i=1}^{n}x_iy_i\right)\left(\sum_{i=1}^{n}x_i\right)}{n\left(\sum_{i=1}^{n}x_i^2\right)-\left(\sum_{i=1}^{n}x_i\right)^2} \tag{13-5-13}$$

$$a_1=\frac{n\left(\sum_{i=1}^{n}x_iy_i\right)-\left(\sum_{i=1}^{n}x_i\right)\left(\sum_{i=1}^{n}y_i\right)}{n\left(\sum_{i=1}^{n}x_i^2\right)-\left(\sum_{i=1}^{n}x_i\right)^2} \tag{13-5-14}$$

只要将各测量数据(校正点数据)代入正则方程组,即可解得回归方程的回归系数 a_0 和 a_1,从而得到这组测量数据在最小二乘意义上的最佳拟合直线方程。

13.6 温度误差的软件校正法

11.4.2 节介绍的环境及温度误差的硬件校正法也适用于微机化检测系统,但是在大多数情况下,温度误差用硬件补偿的方法难以取得满意的结果。在微机化检测系统中,只要能建立温度误差的数学模型,就能较好地解决温度变化对检测系统中的各部分特性的影响。

1. 零点补偿

智能仪表在零输入信号时(对某些检测可能是空载),包括信号输入放大器及微机接口电路在内的整个检测部分的输出应为零。但由于零漂的存在,它们的输出不为零。此时的输出值实际上就是智能仪表的零点漂移值。微机可以把检测到的零漂值存入内存中,而后,在每次的测量中都减去这个零漂值,这就能实现零点补偿。

2. 零漂的自动跟踪补偿

产生零漂的原因,温度变化是一个重要因素,此外还有多种因素。零漂值不是一个定值,它会随环境温度、时间而变化,且不是线性的。因此在要求比较高的情况下,按定值或一定时间内按定值进行补偿,不能满足检测要求,在智能仪表中,可以借助于软件实施零漂的自动补偿,用跟踪到的零漂值对被测量的采样值进行修正,就可以得到满意的结果。

零漂的自动跟踪补偿办法可有多种。例如,每次测量采样之前(或之后),使控制开关将传感器输入端接到虚拟的“零输入”状态,此时检测系统的输出即为当前的零漂值,将其存入内存,作为对下一次采样值的零漂修正用。这种办法虽然比较理想,但对采样速度会带来一定的影响。下述办法是利用对每次采样值做一些比较、处理、判断,使之尽可能得到最新当前漂移值,用以对当前采样值做零漂修正。

由于在一个很短的时间 Δt 内,零漂值漂移增量总是很小的,设它等于或小于 M,M 不会超过被测量在 Δt 内的增量。因此,若本次采样值和上次经零漂校正过的采样值之差 $\Delta x \leqslant M$,则认为 Δx 是新增的零漂增量,应迭加到原零漂值上成为当前零漂值,并用于修正本次采样值;若 $\Delta x>M$,则表示 Δx 中主要是被测量的增量,因此用修正上次采样值的零漂值来修正本次采样值。

关于 Δt 的选择:对于采用 A/D 转换器的采样系统,本次采样到下一次采样开始之间的时间是非常短的,可以采用这一周期时间作为 Δt 的时间。

关于 M 的设定:M 的设定值,它与不同的被测量及其最大量程的选择有关。在具体的智能检测仪表中,通过调整而获得,然后固定在指定的内存单元中。

3. 传感器的温度误差修正

在环境温度变化较大或对传感器要求较高的场合,从整个仪表整体进行温度补偿仍不能有效地克服传感器的温度附加误差,这时需要单独考虑环境温度变化对传感器零点和灵敏度的影响。在有些情况下,只采用模拟量或硬件电路是难以实现补偿时,在智能检测仪表中,只要精确地建立温度误差的数学模型,就可以较好地解决这一问题。

传感器温度误差修正的基本思路是:在传感器内靠近对温度敏感的部件处,安装一个测温元件,用以检测传感器所在环境的温度。把测温元件的输出经过多路开关与信号同一路径送入CPU,根据温度误差的数学模型去补偿被测信号,以达到精确测量的目的,如图 13-6-1 所示。

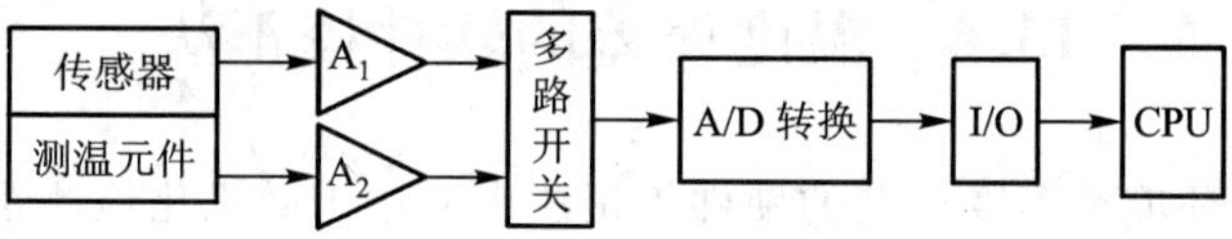

图 13-6-1 传感器温度误差修正原理框图

温度误差数学模型可分为简单和较精确的两种模式。简单的温度误差修正模型为

$$y_c = y(1+a_1\Delta\theta)+a_0\Delta\theta \tag{13-6-1}$$

式中:y——未经温度修正的数字量;

y_c——已经温度修正的数字量;

$\Delta\theta$——实际工作环境与标准温度之差;

a_1——用于补偿灵敏度变化的温度误差系数;

a_0——用于补偿零点温度漂移的温度误差系数。

较精确的温度误差修正模型为

$$y_c = y(1+a_0\Delta\theta+a_1\Delta\theta^2)+a_2\Delta\theta+a_3\Delta\theta^2 \tag{13-6-2}$$

式中:a_0、a_1——用于补偿灵敏度变化的温度误差系数;

a_2、a_3——用于补偿零点温度漂移的温度误差系数。

对传感器的灵敏度及零点漂移与温度呈非线性关系的情况,这种模型能收到较好的效果。

在智能检测仪表的测量通道中总难免窜入这样或那样的随机干扰,从而使 A/D 送入微机的数据中存在误差。这种因随机干扰而引入的误差称为随机误差。就一次测量而言,随机误差没有规律,不可预测。但当测量次数足够多时,其总体服从统计规律,大多数随机误差服从正态分布。

为了克服随机干扰引入的随机误差,可以采用硬件抗干扰的方法,但也可按统计规律用软件方法来实现,即采用数字滤波方法来抑制有效信号中的干扰成分,消除随机误差。由于篇幅所限,本书不介绍抗干扰技术和数字滤波,有兴趣的读者可参阅参考文献[5]或其他专著。

13.7　智能检测仪表实例——智能万用表

13.7.1　数字万用表集成芯片 MAX134

MAX134 是美国 MAXIM 公司推出专配微处理器的数字万用表(DMM)集成芯片。芯片内部包含 A/D 转换器和衰减器量程开关、蜂鸣驱动器、电池电量不足检测器、有源滤波器、模拟电源与数字电源等辅助电路。

MAX134 不能单独使用。在构成智能仪器仪表时,前面应接模拟电路(如基准电压源、AC/DC 转换器、分压器、分流器等),后面则应接微处理器(μP)。MAX134 具有完善的数字接口,带 BCD 输出。配微处理器(μP)后能实现多达 20 种功能。整个测量系统的特性(如自动量程转换、数字控制功能)由微处理器的软件来设定。MAX134 适合配接带 LCD 驱动能力的 4 位微处理器,也可配 8031 等 8 位单片机。通常,仪表还应带 RS-232 接口。

构成智能仪表时,MAX134 能提供 A/D 转换的所有逻辑电路和计数器、寄存器,通过附加模式选择电路来完成测量。而量程及模式选择由 μP 设定,零读数校正亦由 μP 完成。

MAX134 配 μP 和 AC/DC 变换器后,基本量程设置为:DCV(400 mV、4 V、40 V、400 V、4 000 V);ACV(同 DCV,但均为有效值);DCA(400 mA);ACA(400 mA 有效值);Ω(400 Ω、4 kΩ、40 kΩ、400 kΩ、4 MΩ、40 MΩ);检测二极管;检查线路通断(蜂鸣器挡)。测量电压、电阻时能自动转换量程。

MAX134 采用多重积分式 A/D 转换,最大计数值通常取±39 999(4¾位),若将备用位(D_0)专供微处理器(μP)自动校零用,则为±3 999(3¾位),测量单极性信号时还可提高到 79 999。A/D 转换的准确度为 0.025%,最高分辨力达 5 μV。完成一次 A/D 转换需 1 638 个时钟周期。时钟频率选 32 768 Hz 时,转换周期为 50 ms,测量速率达 20 次/s。转换时序及转换阶段的控制,均由芯片本身完成,不需要微处理器介入。但是对零读数的校正,必须借助微处理器完成。

MAX134 芯片内部的 A/D 转换电路由缓冲器、积分器、比较器、多路模拟开关、积分电阻、积分电容等组成。每个 A/D 转换划分成 7 个阶段:正向积分、第一次反向积分、第一次 10 倍乘、第二次反向积分、第二次 10 倍乘、第三次反向积分、零积分。其中零积分阶段能使积分器发生过载后迅速回零。设正向积分时间为 T_1,时钟周期为 T_0,则计数结果为

$$N=\frac{100T_1}{T_0U_{\mathrm{REF}}}\cdot U_{\mathrm{IN}} \tag{13-7-1}$$

MAX134 的 A/D 转换过程中没有加自动调零阶段,这意味着由系统失调电压所引起的零读数误差,必须通过微处理器校正。微处理器定期地控制 MAX134 进行零读数转换,得到零读数

N_0，微处理器从正常计数值 N 中减去 N_0，就获得准确值 N'

$$N' = N - N_0 \tag{13-7-2}$$

这就是零读数校正的原理。

13.7.2　MAX134 配单片机构成智能万用表

由 MAX134 配 8031 单片机构成的 4-3/4 位智能数字万用表原理框图如图 13-7-1 所示。被测信号经 MAX134 的 A/D 转换后，送至 8031 进行零读数校正，校正后的数据从 8031 的串行口输出，再通过串行/并行转换器变成并行数据，最后通过译码驱动 LED 显示出测量结果。

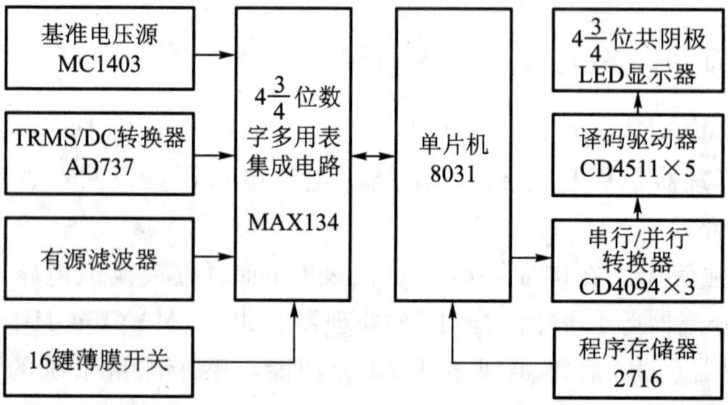

图 13-7-1　MAX134 配 8031 单片机构成的智能万用表原理框图

MAX134 和 8031 单片机的连接方式如图 13-7-2 所示。MAX134 经过 4 位双向数据总线 (D_0~D_3)、3 条地址线(A_0~A_2)和两个控制信号($\overline{RD}$, $\overline{WR}$)与微处理器连接，A_0~A_2用来选择 5 个结果寄存器的序号(0~4)。当$\overline{RD}$=**0** 时把所选定寄存器中的数据送到总线上；当$\overline{WR}$=**0** 时数据则从总线上写入 A_0~A_2所选定的寄存器中。A/D 转换结束标志 EOC 信号接 8031 的$\overline{INT_0}$，用于通知 8031，A/D 转换已结束。

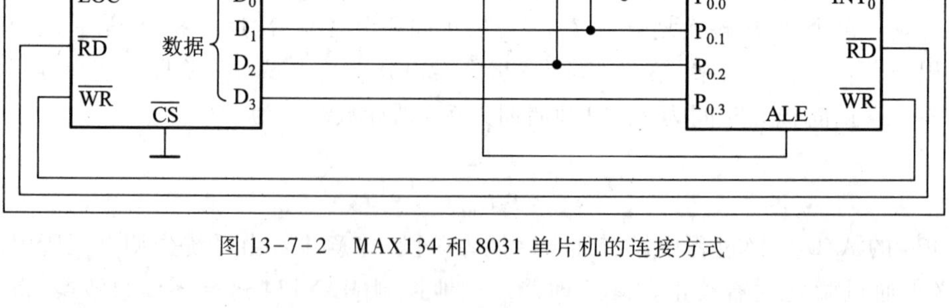

图 13-7-2　MAX134 和 8031 单片机的连接方式

MAX134 配微处理器后可实现的几个典型功能详见表 13-7-1。

表 13-7-1 MAX134 与微处理器的协调配合

功能	MAX134 的功能	微处理器的功能
自动转换量程	内含衰减器控制开关,在微处理器控制下选择 400 mV~4 000 V 量程	检测过载,并命令 MAX134 选择较高量程。量程开关的滞后及手动量程的选择均由微处理器控制
零读数校正	从内部短路 A/D 转换器的输入端,在微处理器控制下对系统的失调电压进行测量	定期命令 MAX134 进行零读数转换,然后从正常读数中减去零读数,对 MAX134 内部的失调电压进行校正
量程/功能选择	在微处理器控制下选择电阻/电流/交-直流/电压/线路通断检查功能	维护用户界面,控制 MAX134 选择用户所需量程
读数显示	MAX134 将未经零读数校正的原始数据送给微处理器	微处理器完成零读数校正,并按要求进行增益修正或标度变换,然后利用本身或外部的显示驱动器,驱动 LCD,显示出该数据
数字万用表附加功能:例如显示保持,峰值保持,手动或自动转换量程,最小/最大值显示,热电偶的线性化等	将 A/D 结果送回给微处理器,在微处理器控制下进行转换	利用 MAX134 的转换结果和软件程序,提供多种测试功能
数字面板表(DPM)功能:例如零点及满度调整、上/下限报警、工程单位显示	在微处理器控制下进行 A/D 转换和量程选择	取得 MAX134 的读数后,先完成零读数校正及标度变换,然后显示该结果。微处理器还可完成上/下限自动报警

系统启动后首先进行初始化,允许$\overline{INT_0}$以沿触发方式、$\overline{INT_1}$以电平方式申请中断,将串行口置成方式零,然后扫描键盘。一旦检测到有键按下,即转入该键的处理程序,由 8031 向 MAX134 发出指令,将 MAX134 置成相应测试功能状态,再启动 A/D 转换器。转换完毕发出 EOC 信号。8031 接到此信号就读取存放在 MAX134 内部寄存器中的转换结果,并控制 MAX134 进行零读数转换。最后 8031 对数据进行零读数校正,将数据送显示电路。

主程序软件流程图如图 13-7-3 所示。在打开电源后,初始化程序就对 MAX134 进行初始化。在初始化之后,单片机就对电源进行电池电量检测。如果发现电池电量过低,就在屏幕上方显示电量过低,并关闭仪器。如果电量充足,就进入功能测试状态。测试之前需要通过按键对需要测量的量进行选择。在选择好测量的物理量之后,MAX134 就会对该物理量进行测量。在测量的同时,通过单片机反馈数据,判断是否超过量程,从而在程序中实现自动换挡的功能。如果每次测量完毕之后,忘记关闭电源,由单片机自动等待 300 s(5 分钟)后关闭万用表。这样使万

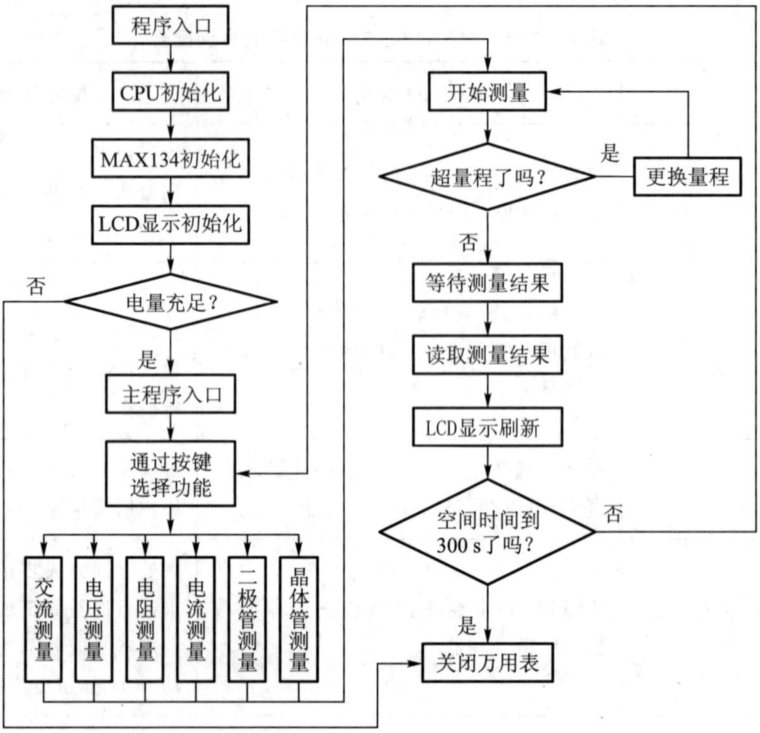

图 13-7-3 智能万用表主程序流程图

用表更加节能。每一次的测量结果都会通过单片机控制显示在 LCD 上。

思考题与习题

13-1 什么是智能仪表？相比普通数字仪表有什么优点？

13-2 简述智能仪表的基本组成。

13-3 什么情况下要设置前置放大器？它应满足哪些要求？

13-4 某微机化仪表的测量通道中采用 12 位(不包括符号位)A/D 转换器和 6 阶巴特沃思去混淆低通滤波器,设被测信号的最高频率为 100 Hz,试计算所需低通滤波器截止频率及所需的采样周期。

13-5 采集电路有哪几种组成方案？分别适用什么场合？

13-6 为什么要进行量程切换？模拟式仪表、数字式仪表和微机化仪表各是怎样实现量程切换的？

13-7 为什么微机化仪表中可以不设置调零和调满度的硬件电路？它是怎样实现零点和灵敏度的自动校正的？

13-8 微机化仪表中微机能不能把 A/D 转换的结果直接送去显示？为什么？

13-9 试比较模拟式仪表、数字式仪表和微机化仪表在非线性校正方面有哪些相同点和不同点？

13-10 试比较三代万用表(指针式万用表、数字式万用表和智能数字万用表)有哪些相同点和不同点。

第 14 章　现代检测新技术简介

随着控制理论及电子和计算机技术的高速发展，为适应科研和生产中的需求，在检测技术领域中出现了许多新的理论、新的技术和新的概念。这一章将简要介绍微型传感器、智能传感器、网络传感器、物联网传感器技术、虚拟仪器、软测量技术、多传感器数据融合等新技术。

14.1　微型传感器

14.1.1　微电子机械系统

传感器技术出现了两次重大的发展，第一次是 20 世纪 70 年代利用微电子工艺技术开发了固态传感器和集成传感器，并实现了传感器的大规模生产，出现了年产百万件以上的独立的传感器产业；第二次是 80 年代中期兴起并迅速发展的微机械技术和微电子机械系统（Micro-Electro-Mechanical Systems，MEMS），解决了微电子工艺中的传感器三维加工技术难题，奠定了微传感器工业的基础。

微电子机械系统（MEMS）是指可批量制作的，集微型机构、微型传感器、微型执行器以及信号处理和控制电路，包括接口、通信和电源等于一体的微型器件或系统。MEMS 是随着半导体集成电路微细加工技术和超精密机械加工技术的发展而发展起来的，具有小型化、集成化的特点。80 年代末，微机械压力传感器等技术的成熟并市场化，IC 工艺制作的静电微电机的研制成功，标志着微电子机械技术已经发展成了一门独立的新兴学科。

这种将机械系统与传感器电路制作于同一芯片上构成一体化的微电子机械系统的技术，称为微电子机械加工技术。其中的关键在于微机械加工技术，它是利用硅片的刻蚀速度各向异性的性质，和刻蚀速度与所含杂质有关的性质，以及光刻扩散等微电子技术，在硅片上形成穴、沟、锥形、半球形等各种形状，从而构成膜片、悬臂梁、桥、质量块等机械元件。将这些元件组合，就可构成微机械系统。利用该技术，还可以将阀、弹簧、振子、喷嘴、调节器，以及检测力、压力、加速度和化学浓度的传感器，全部制作在硅片上、形成微电子机械系统。

14.1.2　微型传感器（MEMS 传感器）

采用微电子机械加工技术制造出来的传感器称为 MEMS 传感器或微型传感器。同传统的传感器相比，微型传感器（MEMS 传感器）具有以下突出的优点：

（1）可以极大地提高传感器性能。在信号传输前就可放大信号，从而减少干扰和传输噪声，提高信噪比；在芯片上集成反馈线路和补偿线路，可改善输出的线性度和频响特性，降低误差，提高灵敏度。

（2）具有阵列性。可以在一块芯片上集成敏感元件、放大电路和补偿线路。可以把多个相同的敏感元件集成在同一芯片上。

(3) 具有良好的兼容性，便于与微电子器件集成与封装。

(4) 利用成熟的硅微半导体工艺加工制造，可以批量生产，成本低廉。

微型传感器使传统的传感器相形见绌，采用微电子机械加工技术制造的各种微型传感器将是 21 世纪传感器的主流。

近几年来，利用微电子机械技术研制的微型传感器是目前最成功并最具实用性的微型机电器件，主要包括利用微型膜片的机械形变产生电信号输出的微型压力传感器、微型加速度传感器及微型温度传感器、微型磁场传感器、微型气体传感器等。这些微型传感器体积小(其中敏感元件一般是微米级)、质量轻(几十克乃至几克)功耗低(mW 乃至更低)，可实现许多全新的功能，易于实现大批量和高精度生产，单件制造成本低，易构成大规模和多功能传感器阵列，这些特点使之非常适合于汽车方面的应用。

随着社会的进步和人们生活水平的提高，对各种有毒、有害、可燃性气体的探测，对大气污染、工业废气的监控，对食品的质量检测，对伪劣产品的鉴别都提出了更高的要求。气体传感器能够实时地对各种气体进行检测及分析，并实现反馈控制。因此，气体传感器广泛应用于军事、医学、交通、机器人、化工、环保、质检、防伪等领域。

用微电子机械技术制造的微型气体传感器具有体积小、加工工艺稳定、灵敏度高、重复性好、易批量生产、成本低、功耗低等优点，并对气体传感器的集成化、多功能化、智能化，以及提高其可靠性和选择性都有着重要的意义。因此，微型气体传感器已逐渐成为气体传感器的一种主要形式。

目前，微型传感器在许多方面的研究都取得了一定进展，微型传感器已大量研制并应用在各个行业，如研究把微型传感器送入人体，进入血管，研究能称分子重量和检测 DNA 基因突变的微型传感器等。

14.2　智能传感器和网络传感器

14.2.1　智能传感器

一、智能传感器的定义

所谓智能传感器，就是带微处理器、兼有信息检测和信息处理功能的传感器。英国人将智能传感器称为“Intelligent Sensor”，美国人则习惯于把智能传感器称作“Smart Sensor”。

智能传感器的最大特点就是将传感器检测信息的功能与微处理器的信息处理功能有机地融合在一起。从一定意义上讲，它具有类似于人工智能的作用。

二、智能传感器的功能

智能传感器主要有以下功能：

(1) 具有自校准和故障自诊断功能。智能传感器不仅能自动检测各种被测参数，还能进行自动调零、自动校准，某些智能传感器还可完成自标定。

(2) 具有数据存储、逻辑判断和信息处理功能，能对被测量进行信号调理或信号处理(包括对信号进行预处理、线性化，或对温度、静压力等参数进行自动补偿等)。

(3) 具有组态功能，使用灵活：在智能传感器系统中可设置多种模块化的硬件和软件，用户可通过微处理器发出指令,改变智能传感器的硬件模块和软件模块的组合状态,完成不同的测量功能。

(4) 具有双向通信功能,能通过 RS-232、RS-485、USB、I^2C 等标准总线接口,直接与微型计算机通信。

三、智能传感器的特点

与传统传感器相比,智能传感器主要有以下特点:

(1) 精度高:智能传感器有多项功能来保证它的高精度,如通过自动校零去除零点;与标准参考基准实时对比以自动进行整体系统标定;对整体系统的非线性等系统误差进行自动校正;通过对采集的大量数据的统计处理以消除偶然误差的影响等。

(2) 可靠性与稳定性好:智能传感器能自动补偿因工作条件与环境参数发生变化后所引起的系统特性的漂移,如温度变化产生的零点和灵敏度漂移;当被测参数变化后能自动改换量程;能实时、自动地对系统进行自我检验,分析、判断所采集的数据的合理性,并给出异常情况的应急处理(报警或故障提示)。

(3) 信噪比高、分辨力强:由于智能传感器具有数据存储、记忆与信息处理功能,通过软件进行数字滤波、相关分析等处理,可以除去输入数据中的噪声,将有用信号提取出来。通过数据融合、神经网络技术,可以消除多参数状态下交叉灵敏度的影响,从而保证在多参数状态下对特定参数测量的分辨能力。

(4) 适应性强:智能传感器具有判断、分析与处理功能,它能根据系统工作情况决策各部分的供电情况和高/上位计算机的数据传送速率,使系统工作在最优低功耗状态和传送效率优化的状态。

(5) 性价比高:智能传感器所具有的上述高性能,不是像传统传感器对传感器的各个环节进行“手工艺品”式的精雕细琢来获得的,而是通过与微处理器/微计算机相结合,采用廉价的集成电路工艺和芯片以及强大的软件来实现的,因此,其性能价格比高。

四、智能传感器的结构

1. 非集成化结构

非集成化智能传感器是将传统的经典传感器(采用非集成化工艺制作的传感器,仅具有获取信号的功能)、信号调理电路、带数字总线接口的微处理器组合为一个整体而构成的智能传感器系统。

2. 集成化结构

这种智能传感器系统是采用微机械加工技术和大规模集成电路工艺技术,利用硅作为基本材料来制作敏感元件、信号调理电路以及微处理器单元,并把它们集成在一块芯片上构成的。故称为集成智能传感器。

3. 混合实现结构

将系统各个集成化环节,如敏感单元、信号调理电路、微处理器单元、数字总线接口,以不同的组合方式集成在两块或三块芯片上,并装在一个外壳里。

14.2.2　网络传感器

随着自动化程度的提高和信息网络化进程的加快,自动化系统中的传感器越来越多,传统的采用模拟信号传输的传感器难以适应在现代化大系统中应用的要求，主要表现在以下几个方面：

① 传感器的引线多。传感器即使采用二线制的信号传输方式.每只传感器也要两根引线。在大型的系统中，往往有几百只到几千只传感器，每个传感器需要两根引线，如此多的引线将给建设时的布线和日后维护带来困难。

② 传感器的位置与控制器较远时，模拟信号的长线传输会带来干扰。

③ 传感器输出的信号经过远距离传输易引入误差、降低精度。

④ 传感器采用模拟信号形式不能与数字系统直接配接。

传统的传感器（无论是数字式还是模拟式）都只是单向接收器——只能单向接收被感受量的变化，并把这种变化传递出去。然而，当前测控系统要求测试和处理的信息量越来越大、速度越来越高；而且测控对象的空间位置十分分散，测试任务复杂，测试系统庞大，需要大量的测试基本单元，系统中各测试点之间及测试点与中央管理计算机之间的信息交换量越来越大，它们之间的配合也越来越密切。因此，提出了传感器现场化、远程化、网络化的要求，这就使先进传感器尤其是网络化传感器必将逐步取代传统传感器。

所谓网络化传感器就是将传感器技术与现在的网络技术相结合所产生的具备网络连接能力的传感器。简单地说，网络传感器是配备网络接口的传感器，而网络接口则要用微处理器实现，带微处理器的传感器便是智能传感器。所以，准确地说，网络传感器实际上就是计算机网络技术和智能传感器相结合产生的网络化智能传感器，简称网络传感器。网络传感器具有智能传感器的全部特点，如自补偿、自校准、自诊断、数值处理、双向通信、信息存储、数字量输出等；而且，自身内部处嵌入了通信协议（TCP/IP、CAN 等），从而使其具有强大的通信能力。网络传感器改变了传统传感器和变送器的概念，将敏感元件、转换电路和变送电路等部分结合为一体，并可以直接传送满足通信协议的数据。

网络传感器的基本结构如图 14-2-1 所示。由图可见，网络传感器由智能传感器配接网络接口构成。网络传感器就是采用标准的网络协议，同时采用模块化结构将传感器和网络技术有机地结合在一起的智能传感器。它是测控网中的一个独立节点，其敏感元件输出的模拟信号经 A/D 转换及数据处理后，能由网络处理装置根据程序的设定和网络协议封装成数据帧，并加上目的地址，通过网络接口传输到网络上。反之，网络处理器又能接收网络上其他节点传给自己的数据和命令，实现对本节点的操作。

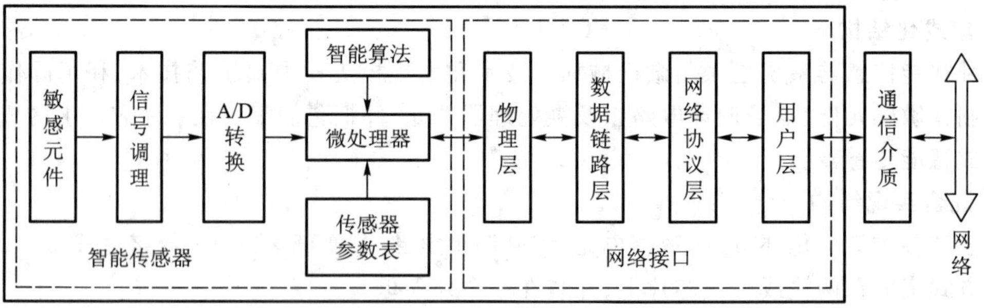

图 14-2-1　网络传感器的基本结构

网络化智能传感器是以嵌入式微处理器为核心，集成了传感单元、信号处理单元和网络接口单元的新一代传感器。与其他类型传感器相比,该传感器有如下特点。

(1)嵌入式技术和集成电路技术的引入,使传感器的功耗降低、体积小、抗干扰性和可靠性提高,更能满足工程应用的需要。

(2)处理器的引入使传感器成为硬件和软件的结合体,能根据输入信号值进行一定程度的判断和制定决策,实现自校正和自保护功能。非线性补偿、零点漂移和温度补偿等软件技术的应用,则使传感器具有很高的线性度和测量精度。同时,大量信息由传感器进行处理还减少了现场设备与主控站之间的信息传输量,使系统的可靠性和实时性提高。

(3)网络接口技术的应用使传感器能方便地接入网络,为系统的扩充和维护提供了极大的方便。同时,传感器可就近接入网络,改变了传统传感器与特定测控设备间的点到点连接方式,从而显著减少了现场布线的复杂程度。

由此可以看出,网络化智能传感器使传感器由单一功能、单一检测向多功能和多点检测发展;从孤立元件向系统化、网络化发展;从就地测量向远距离实时在线测控发展。因此,网络化智能传感器代表了传感器技术的发展方向。

为了体现网络的特点,一般网络化传感器按网络可分为有线网络化传感器和无线网络化传感器。无论是有线网络化传感器还是无线网络化传感器,除了具有一般传感器的检测、转换功能外,还应具有和计算机网络交互作用能力(即网络发送能力、网络接收能力)。

14.3 物联网传感器技术

14.3.1 物联网的概念

物联网(Internet of Things,IOT)顾名思义就是“物物相连的互联网”。物联网的概念是美国麻省理工学院 Ashton 教授于 1999 年最早提出来的。物联网自从其诞生以来,已经引起巨大关注,被认为是继计算机、互联网、移动通信网之后的又一次信息产业浪潮。

物联网一般定义是:通过射频识别、红外感应器、全球定位系统、激光扫描器等信息传感设备,按约定的协议,把物体与互联网连接起来,进行信息交换与相互通信,以实现对物体的智能化识别、定位、跟踪、监控的一种网络。

物联网又名“传感网”,通过装置在各类物体上的电子标签、传感器、二维码等,经过接口与无线网络相连,从而给物体赋予智能,可以实现人与物体的沟通和对话,也可以实现物体互相间的沟通和对话。

物联网的体系结构被公认大致有 3 个层次,底层是用来感知数据的感知层,第二层是用于传输数据的网络层,最上面则是与行业需求相结合的应用层。如图 14-3-1 所示。

1. 感知层

感知层主要用于感知物体,采集数据。它是通过移动终端、传感器、RFID(射频识别技术)、二维码技术和实时定位技术等对物质属性、环境状态、行为态势等动态和静态信息进行大规模、分布式的信息获取与状态辨识。其作用相当于人的眼耳鼻喉和皮肤等神经末梢。

2. 网络层

网络层能够把感知到的信息进行传输,实现互联。这些信息可以通过 Internet、Intranet、

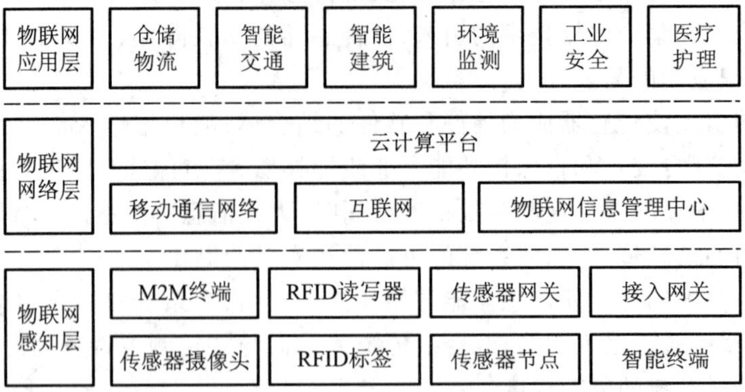

图 14-3-1 物联网的体系结构

GSM、CDMA 等网络进行可靠、安全地传输。传输层的作用相当于人的神经中枢和大脑,负责传递和处理感知层获取的信息。

3. 应用层

应用层是物联网和用户的接口,它与行业需求相结合,实现物联网的智能应用。根据用户需求,应用层构建面向各类行业实际应用的管理平台和运行平台,并根据各种应用的特点集成相关的内容服务。

14.3.2 传感网技术

物联网的关键技术包括射频识别(Radio Frequency Identification,RFID)、传感网技术、M2M 技术、云计算和中间件技术。

传感网是物联网的底层和信息来源。在物联网中,首先要解决的就是获取准确可靠的信息,而传感器是获取信息的主要途径与手段。传感网是由大量部署在监测区域内的传感器节点构成的多个无线网络系统,即无线传感器网(Wireless Sensor Network,WSN),它能够实时检测、感知和采集感知对象的各种信息,并对这些信息进行处理后通过无线网络发送出去。物联网正是通过各种各样的传感器以及由它们组成的无线传感网来感知整个物质世界的。

无线传感器网络结构如图 14-3-2 所示,无线传感器网络系统通常包括传感器节点(sensor node)、汇聚节点(sink node)和管理节点。大量传感器节点随机部署在监测区域内部或附近、能够通过自组织方式构成网络。传感器节点监测的数据沿着其他传感器节点远跳地进行传输,在传输过程中监测数据可能被多个节点处理.经过多跳后路由到汇聚节点,最后通过互联网或卫星到达管理节点。用户通过管理节点对传感器网络进行配置和管理,发布监测任务以及收集监测数据。

传感器节点通常是一个微型的嵌入式系统,它的处理能力、存储能力和通信能力相对较弱,通过携带能量有限的电池供电。从网络功能上看,每个传感器节点兼顾传统网络节点的终端和路由器双重功能,除了进行本地信息收集和数据处理外,还要对其他节点转发来的数据进行存储、管理和融合等处理,同时与其他节点协作完成一些特定任务。

汇聚节点的处理能力、存储能力和通信能力相对比较强、它连接传感器网络与 Internet

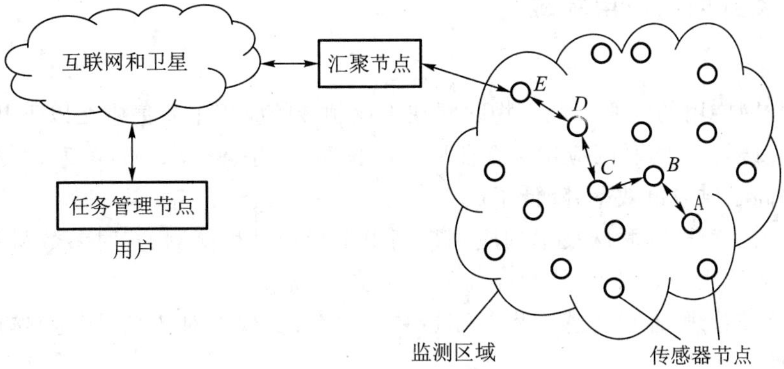

图 14-3-2 无线传感器网络结构

等外部网络，实现两种协议栈之间的通信协议转换，同时发布管理节点的监测任务，并把收集的数据转发到外部网络上。汇聚节点既可以是一个具有增强功能的传感器节点，有足够的能量供给和更多的内存与计算资源，也可以是没有监测功能仅带有无线通信接口的特殊网关设备。

传感器节点由传感器模块、处理器模块、无线通信模块和能量供应模块四部分组成，如图 14-3-3所示。传感器模块负责监测区域内信息的采集和数据转换；处理器模块负责控制整个传感器节点的操作，存储和处理本身采集的数据以及其他节点发来的数据；无线通信模块负责与其他传感器节点进行无线通信，交换控制消息和收发采集数据；能量供应模块为传感器节点提供运行所需的能量，通常采用微型电池。

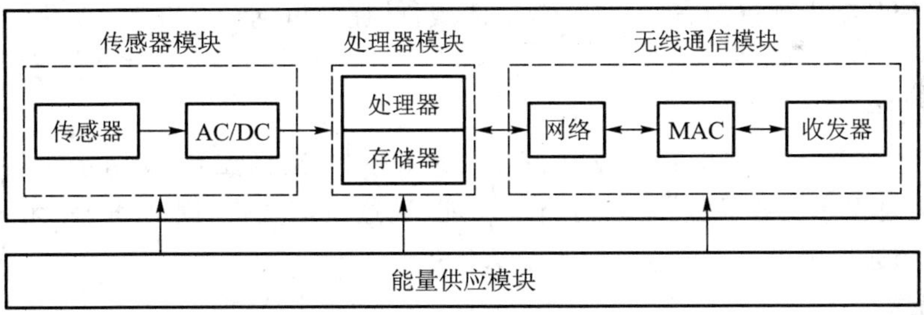

图 14-3-3 传感器节点结构

无线传感器网络是一种无中心节点的全分布系统。通过随机投放的方式，众多传感器节点被密集部署于监控区域。这些传感器节点集成有传感器、数据处理单元和通信模块，它们通过无线通道相连，自组织地构成网络系统。传感器节点借助于其内置的形式多样的传感器，测量所在周边环境中的热、红外、声呐、雷达和地震波信号，也包括温度、湿度、噪声、光强度、压力、土壤成分、移动物体的大小、速度和方向等众多人们感兴趣的物理现象。传感器节点间具有良好的协作能力，通过局部的数据交换来完成全局任务。通过网关，传感器网络还可以连接到现有的网络基础设施上.从而将采集到的信息回传给远程的终端用户使用。

14.3.3 物联网的应用领域

1. 工业领域

工业是物联网应用的重要领域。物联网在工业领域的应用主要集中在以下几个方面：

制造业供应链管理 物联网应用于企业原材料采购、库存、销售等领域，通过完善和优化供应链管理体系，提高了供应链效率，降低了成本。

生产过程工艺优化 物联网技术的应用提高了生产线过程检测、实时参数采集、生产设备监控、材料消耗监测的能力和水平，从而提高了产品质量，优化了生产流程。

产品设备监控管理 各种传感技术与制造技术融合，实现了对产品设备操作使用记录、设备故障诊断的远程监控。

环保监测及能源管理 物联网与环保设备的融合实现了对工业生产过程中产生的各种污染源及污染治理各环节关键指标的实时监控。

工业安全生产管理 把感应器嵌入和装备到矿山设备、油气管道、矿工设备中，可以感知危险环境中工作人员、设备机器、周边环境等方面的安全状态信息，实现实时感知、准确辨识、快捷响应、有效控制。

2. 农业领域

物联网在农业领域主要应用于：温室环境信息采集和控制、节水灌溉、环境信息和动植物信息监测。

3. 智能电网领域

应用物联网技术，智能电网将会形成一个以电网为依托，覆盖城乡各用户及用电设备的庞大的物联网络。智能电网与物联网的相互渗透、深度融合和广泛应用，将能有效整合通信基础设施资源和电力系统基础设施资源，进一步实现节能减排，提升电网信息化、自动化、互动化水平，提高电网运行能力和服务质量。

4. 智能家居领域

将各种家庭设备（如音视频设备、照明系统、窗帘控制、空调控制、安防系统、数字影院系统、网络家电等）通过程序设置，使设备具有自动功能，通过电信宽带、固话和3G无线网络，可以实现对家庭设备的远程操控。

5. 医疗领域

智能医疗系统借助简易实用的家庭医疗传感设备，对家中病人或老人的生理指标进行自测，并将生成的生理指标数据通过固定网络或3G无线网络传送到护理人或有关医疗单位。

6. 智能交通领域

智能交通系统包括公交行业无线视频监控平台、智能公交站台、电子票务、车管专家和公交手机一卡通五种业务。

7. 环境监测领域

通过对实施地表水水质的自动监测，可以实现水质的实时连续监测和远程监控，及时掌握主要流域重点断面水体的水质状况，预警预报重大或流域性水质污染事故。

8. 智能物流领域

智能物流打造了集信息展现、电子商务、物流配载、仓储管理、金融质押、园区安保、海关保税等功能为一体的物流园区综合信息服务平台。

14.4 虚拟仪器

14.4.1 虚拟仪器的概念

测量仪器发展至今,大体可分为四个阶段:模拟仪器、数字化仪器、智能仪器和虚拟仪器。

(1) 模拟仪器　这类仪器基本组成如图 1-3-2 所示。主要特征是借助表头指针来显示最终结果。如指针式万用表、晶体管电压表等。这些仪器在某些实验室仍能看到。

(2) 数字化仪器　这类仪器目前相当普及,如数字电压表、数字频率计等。这类仪器基本组成如图 1-3-3 所示。主要特征是将模拟信号的测量转化为数字信号测量,并以数字方式输出最终结果,适用于快速响应和较高准确度的测量。

(3) 智能仪器　这类仪器基本组成如图 1-3-4 所示。内置微处理器,既能进行自动测试又具有一定的数据处理功能。智能仪器的功能块全部都是以硬件或固化的软件的形式存在,无论在开发还是应用上,都缺乏灵活性。

(4) 虚拟仪器　虚拟仪器 VI(virtual instrument)是由美国国家仪器公司(National Instrument,简称 NI)在 1986 年提出的一种构成仪器系统的新概念,其基本思想是:用计算机资源取代传统仪器中的输入、处理和输出等部分,实现仪器硬件核心部分的模块化和最小化;用计算机软件和仪器软面板实现仪器的测量和控制功能。在使用虚拟仪器时,用户可通过计算机显示屏上的友好界面(模仿传统仪器控制面板,故称为仪器软面板)来操作具有测试软件的计算机进行测量,犹如操作一台虚设的仪器,虚拟仪器因此而得名。

虚拟仪器是现代计算机软、硬件技术和测量技术相结合的产物,它突破了传统仪器以硬件为主体的模式,主要以计算机为核心,通过最大限度地利用计算机系统的软件和硬件资源,使计算机在仪器中不但能像在传统程控化仪器中那样完成过程控制、数据运算和处理工作,而且可以用强有力的软件去代替传统仪器的某些硬件功能,直接产生出激励信号或实现所需要的各项测试功能。从这个意义上来说,虚拟仪器的一个显著特点就是仪器功能的软件化。

表 14-4-1 列举了虚拟仪器与传统仪器相比较的优点。可以肯定地说,虚拟仪器概念的出现是传统仪器观念的一次巨大变革,是将来仪器发展的一个重要方向。虚拟仪器技术是现代计算机系统和仪器系统技术相结合的产物,是当今计算机辅助测试(CAT)领域的一项重要技术。它必将推动着传统仪器朝着数字化、模块化、网络化的方向发展。

表 14-4-1　虚拟仪器与传统仪器的比较

传统仪器	虚拟仪器
功能由仪器厂商定义	功能由用户自己定义
与其他仪器设备的连接十分有限	可方便地与网络、外设及多种仪器连接
人工读取数据	计算机直接读取数据并进行分析处理

续表

传统仪器	虚拟仪器
数据无法编辑	数据可编辑、存储、打印
硬件是关键部分	软件是关键部分
系统封闭、功能固定、可扩展性差	基于计算机技术开放的功能块可构成多种仪器
技术更新慢	技术更新快
开发和维护费用高	基于软件体系的结构,大大节省开发维护费用

14.4.2 虚拟仪器的组成特点

传统仪器一般被设计成能独立地完成一项具体的测量任务,通常具有固定的硬件结构、软件配置和仪器功能。目前,绝大多数测量仪器及系统都采用这种组成方式。

虚拟仪器的组成方式不同于传统仪器。虚拟仪器则采用将仪器功能划分为一些通用模块的方法,通过在标准计算机平台上将具有一种或多种功能的若干个通用模块组建起来,就能构成任何一种满足用户所需测量功能的仪器系统。

将一台仪器的功能分解为一些通用功能模块的方式是虚拟仪器组成的基础。实际上,任何一台仪器,从最基本的形式去考察,都可以视为由输入、输出和数据处理这三个基本模块所构成。

(1) 输入模块　主要由模/数转换器(ADC)与信号输入处理单元组成,其作用是对输入模拟信号进行适当调理后,将它转换成便于分析和处理的数字信号。实际上,这部分实现的是数据采集功能。

(2) 输出模块　主要由数/模转换器(DAC)与信号驱动器组成,其作用是将量化的输出数据转换成模拟波形并进行必要的信号调理。实际上,这部分实现的是数据输出功能。

(3) 数据处理模块　通常以一个微处理器或一台数字信号处理器为核心构成,用来按要求实现一定的测量功能。实际上,这部分完成的是数据的生成、运算、管理和分析。

从上述这种考察仪器结构的观点出发,所有仪器都可以视为由某些通用模块组合而成。例如,信号源都含有一个数据处理模块和一个输出模块,而信号分析仪(如示波器、电压表和频谱仪等)都包含有一个输入模块和一个数据处理模块。虚拟仪器正是基于这个观点,利用软件对若干功能模块进行组态,以模拟一个或多个传统仪器及其功能。因此,软件和硬件功能的模块化是虚拟仪器组成上的一大特点。

依据功能的不同,上述的输入模块、输出模块和数据处理模块还可以进一步分解为下一层更小的功能模块。例如,一个数据处理模块可以看作是由数据存储、数据运算、数据分析和数据生成等模块的组合。其中的数据分析模块本身又具有时域分析(卷积和相关)、频域分析(FFT 和数字滤波)及统计分析(均值、方差和直方图)等多项功能。每一项功能都可以利用一些通用的软件和硬件模块来实现,即构成一个处于上一层虚拟仪器中的子虚拟仪器。这样,具备所需完整功能的顶层虚拟仪器是一个包含所有应用功能的子虚拟仪器的集合,而每台虚拟仪器功能的差异就在于这个集合中的元素各不相同,如图 14-4-1 所示。因此,软件和硬件功能的分层也是虚拟仪器组成上的一大特点。

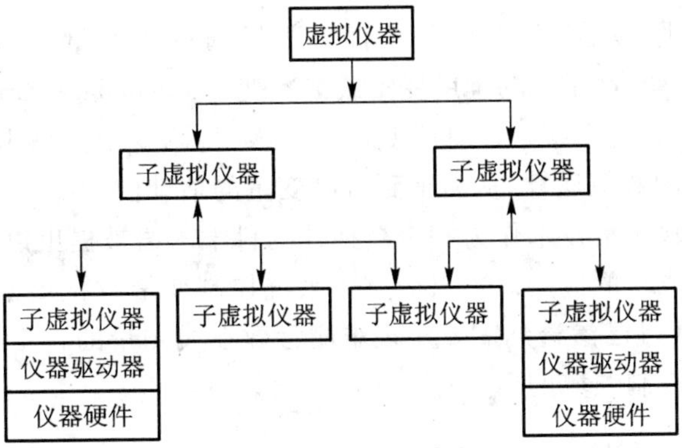

图 14-4-1　虚拟仪器的分层结构

虚拟仪器同模块式测量系统(MMS)一样都采用模块化结构,但它们又有所不同。虚拟仪器在硬件和软件设计上都采用了面向对象的模块化设计方法,并且所有模块的组合是通过软件进行的。另一方面,由于数字信号处理(DSP)技术已能用来进行测量和产生波形,例如,对电压和时间等参数的测量已经可以由 DSP 技术来完成。因此,在虚拟仪器中,传统仪器的某些硬件乃至整个仪器都可由计算机软件代替。这样,仪器功能的软件化就成为虚拟仪器组成上的又一大特点,这也是虚拟仪器与传统仪器存在差别的主要标志。

虚拟仪器的整个工作过程都是依靠计算机图形处理技术实现的。仪器通常是借助图形程序设计软件在计算机屏幕上形成软面板来进行控制和操作的。这种虚拟软面板不仅能够在外观和操作上模仿传统仪器,以建立一个直观友好的用户界面,而且用户还可以根据需要通过软件调用仪器驱动程序来选择仪器的功能设置和改变面板的控制方式。这种能力显然是传统仪器所不具备的,它是由下述特点决定的:虚拟仪器的功能可以借助计算机软件来生成。

综上所述,虚拟仪器是这样的一种仪器系统:在用户需要某种测试功能时,可由用户自己通过计算机平台利用图形软件对测量模块进行分层组合,以生成所需要的测试功能。

14.5　软测量技术

14.5.1　软测量技术的概念

许多工业装置涉及复杂的物理、化学、生化反应,物质及能量的转换和传递,其系统的复杂性和不确定性导致了过程参数检测的困难,因此,目前仍存在不少无法或难以直接用检测仪表进行有效测量的重要过程参数。同时,随着现代过程工业的发展,仪表测量准确度要求越来越高,传统单一参数的静态或稳态集总式测量已不能满足工业应用要求,需要进行动态测量,获取反映过程的二维/三维的时空分布信息(例如,化学反应器内的介质浓度和速度的局部分布等)。在许多应用场合,还需要综合运用所获的各种测量信息才能实现有效的控制或状态监测等。因此人们迫切需要找到一种新的测量技术来满足生产过程的监测和优化控制的要求。近年来在控制和检测领域涌现出的一种新技术——软测量技术(soft-sensing techniques)被认为是最具有吸引力和卓有成效的新方法。

软测量技术的测量原理是:选择与无法直接测量的待测变量(常称为主导变量,primary variable)相关的一组可测变量(常称为辅助变量或二次变量,secondary variable),依据这些可测变量与待测变量之间的关系,建立某种以可测变量为输入,待测变量为输出的数学模型(软测量模型),用计算机进行模型的数值运算,从而得到待测变量的估计值。

自20世纪80年代软测量技术作为一个概括性的科学术语被提出以来,发展很快,已在许多实际工业装置上得到了成功的应用。不仅应用于系统控制变量或扰动不可测的场合,以实现过程的复杂(高级)控制,而且已渗透到需要实现难测参数在线测量的各个工业领域。软测量技术已成为目前检测领域和控制领域的研究热点。

14.5.2 软测量技术的实现方法

应用软测量技术实现过程参数的软测量一般主要有辅助变量选择、测量数据处理、软测量模型建模和软测量模型校正等四个步骤,其中软测量模型的建模是核心步骤。

1. 辅助变量的选择

辅助变量的选择包括变量的类型、数目和测点位置等三个相互关联的方面。由被测对象特性和待测变量特点决定,同时在实际应用中还应考虑经济性、可靠性、可行性以及维护性等其他因素的制约。

辅助变量的选择要基于对对象的机理分析和实际工况的了解。一般应符合如下若干原则:

① 工程上易于在线获取并有一定的测量精度。

② 对对象输出或不可测扰动能做出快速反应。

③ 对对象输出或不可测扰动之外的干扰不敏感。

④ 构成的软传感器应能够满足准确度要求。

⑤ 对模型误差不敏感。

软测量实现过程中应选用与主导变量静态/动态特性相近且有密切关联的可测参数。辅助变量个数的下限值为被估计主导变量的个数,上限值为系统所能可靠在线获取的变量总数,但直接使用过多辅助变量会出现过参数化问题,其最佳数目的选择与过程的自由度、测量噪声以及模型的不确定性等有关。一般建议从系统的自由度出发,先确定辅助变量的最小个数,再结合实际对象的特点适当增加,以便更好地处理动态特性等问题。对于许多测量对象,检测点位置的选择是相当重要的,典型的例子就是精馏塔,因为精馏塔高而且体积较大,可供选择的检测点很多,而每个检测点所能发挥的作用则各不相同。一般情况下,辅助变量的数目和位置常常是同时确定的,变量数目的选择准则也往往应用于检测点位置的选择。

2. 测量数据的处理

对测量数据的处理是软测量实现的一个重要方面,一般包括测量误差处理和测量数据变换两部分。

测量数据来自现场,不可避免地带有各种各样的测量误差,测量数据的误差可分为随机误差和过失误差(gross errors)两大类。

随机误差是受随机因素影响而产生的测量误差,一般不可避免,但符合一定的统计规律,一般可采用数字滤波方法来消除。近年来提出的数据协调处理技术也是处理该种误差的一种有效方法。

过失误差包括常规测量仪表的偏差和故障（如堵塞、校准不正确、零点漂移甚至仪表失灵等）以及由不完全或不正确的过程模型（如泄漏、热量损失等不确定因素影响）所导致的误差等。在实际过程中，虽然过失误差出现的概率很小，但将会严重恶化测量数据的品质，破坏数据的统计特性，甚至导致整个系统控制或检测系统的失败。过失误差侦破、剔除和校正的常用的方法有统计假设检验法（如整体检验法、节点检验法、测量数据检验法等）、广义似然比法、贝叶斯法等。同时基于人工神经网络进行过失误差的侦破近年来也越来越受到重视。对于特别重要的参数，如采用硬件冗余方法（如采用相同或不相同的多台检测仪表同时对某一重要参数进行测量）可提高系统的安全性和可靠性。

测量数据的变换包括标度变换、转换和权函数三个方面。实际测量数据可能有着不同的工程单位，各变量的大小在数值上也可能相差几个数量级，直接使用原始测量数据进行计算可能丢失信息或引起数值计算的不稳定，因此，需要采用合适的因子对数据进行标度变换以改善算法的精度和计算稳定性。转换包含对数据的直接转换和寻找新的变量替换原变量两方面，通过对数据的转换，可有效地降低非线性特性。而权函数则可实现对变量动态特性的补偿。

3. 软测量模型的建模

表征辅助变量和主导变量之间的数学关系称为软测量模型。如何建立软测量模型，是软测量的核心问题。

由于软测量模型注重的是通过辅助变量来获得对主导变量的最佳估计，而不是强调对象各输入-输出变量彼此间的关系，因此，它不同于一般意义下的以描述对象输入-输出关系为主要目的数学模型。软测量模型本质上是要完成由辅助变量构成的可测信息集（各辅助变量）θ 到主导变量估计 $\hat{y}$ 的映射，即用数学公式表示为

$$\hat{y}=f(\theta)$$

软测量模型的建模方法多种多样，且各种方法互有交叉和融合。在检测和控制中常用的建模方法有：工艺机理分析、回归分析、状态估计、模式识别、人工神经网络、模糊数学、过程层析成像、相关分析和现代非线性信息处理技术等。软测量技术的分类一般也都是依据软测量的建模方法进行分类的，例如，某种软测量过程主要是依据回归分析实现的，则称该软测量技术为基于回归分析的软测量技术。基于回归分析和神经网络的软测量技术是目前检测和控制领域研究和应用较多的软测量技术。

4. 软测量模型的校正

工业实际装置在运行过程中，随着操作条件的变化，其对象特性和工作点不可避免地要发生变化和漂移。在软测量技术的应用过程中，必须对软测量模型进行校正。为实现软测量模型在长时间运行过程中的自动更新和校正，大多数软测量系统均设置有软测量模型评价软件模块。该模块先根据实际情况做出是否需要模型校正和进行何种校正的判断，然后再自动调用模型校正软件对软测量模型进行校正。

软测量模型的校正主要包括软测量模型结构优化和模型参数修正两方面。大多数情况下，一般仅修正软测量模型的参数。若系统特性变化较大，则需对软测量模型的结构进行优化（修正），这就比较复杂，需要大量的样本数据和较长的时间。

14.6 多传感器数据融合

14.6.1 多传感器数据融合的概念及优点

“多传感器数据融合(multisensor data fusion)”一词出现在20世纪70年代,并于20世纪80年代发展成为一门自动化信息综合处理的专门技术。这一技术首先广泛地应用于军事领域,后来就很快推广应用到智能检测、自动控制、空中交通管理和医疗诊断等许多领域。

从早期的军事应用领域出发,美国国防部把“多传感器数据融合”定义为这样一个过程,即把来自多传感器、多信息源的数据和信息加以联合、相关和组合,以获得被测对象精确的位置估计和身份估计,以便对战场的态势和威胁以及其重要的程度进行完整的评价。

随着多传感器数据融合技术应用领域的不断扩展,多传感器数据融合比较确切的定义可概括为:利用计算机技术对按时间序列和空间序列获得的若干传感器观测信息,在一定准则下自动分析、综合以完成所需决策和估计任务而进行的信息处理过程。因此,多传感器系统是多传感器数据融合的硬件基础,多源信息是多传感器数据融合的加工对象,协调优化和综合处理是多传感器数据融合的核心。

综上所述,“多传感器数据融合”是将来自多传感器或多信息源的信息和数据,模仿人类专家的综合信息处理能力进行智能化处理,从而获得更为广泛全面、准确可信的结论。

和传统的单传感器技术相比,多传感器数据融合技术主要有以下优点:

(1) 采用多传感器数据融合可以增加检测的可信度。

(2) 降低不确定度。例如采用雷达和红外传感器对目标进行定位,雷达通常对距离比较敏感,但方向性不好,而红外传感器则正好相反,其具备较好的方向性,但对距离测量的不确定度较大,将二者相结合可以使得对目标的定位更精确。

(3) 改善信噪比,增加测量精度。例如我们通常用到的对同一被测量进行多次测量然后取平均的方法。

(4) 增加系统的互补性。采用多传感器技术,当某个传感器不工作、失效的时候,其他的传感器还能提供相应的信息。

(5) 增加对被检测量的时间和空间的覆盖程度。

(6) 降低成本。例如采用多个普通传感器可以取得和单个高可靠性传感器相同的效果,但成本却可以大大降低。

14.6.2 基本原理及融合过程

1. 基本原理

多传感器数据融合的基本原理就像人脑综合处理信息一样,充分利用多传感器资源,通过对这些传感器及其观测信息的合理支配和使用,把多传感器在空间或时间上的冗余或互补信息依据某种准则来进行组合,以获得被测对象的一致性解释或描述,使该传感器系统所提供的信息比它的各组成部分子集单独提供的信息更有优越性。数据融合的目的是通过多种单个数据信息的组合推导出更多的信息,得到最佳协同作用的结果。也就是利用多个传感器共同或联合操作的优势，提高传感器系统的有效性，消除单个或少量传感器的局限性。

在多传感器数据融合系统中，各种传感器的数据可以具有不同的特征，可能是实时的或非实时的、模糊的或确定的、互相支持的或互补的，也可能是互相矛盾或竞争的。它与单传感器数据处理或低层次的多传感器数据处理方式相比，能更有效地利用多传感器信息资源。单传感器数据处理或低层次的多传感器数据处理只是对人脑信息处理的一种低水平模仿，不能像多传感器数据融合系统那样可以更大程度地获得被测目标和环境的综合信息。多传感器数据融合与经典的信号处理方法也存在本质的区别，数据融合系统所处理的多传感器数据具有更复杂的形式，而且可以在不同的信息层次上出现，包括数据层（即像素层）、特征层和决策层（证据层）。

2. 数据融合的过程

数据融合过程主要包括多传感器（信号获取）、数据预处理、特征提取、融合计算和结果输出等环节，其过程如图 14-6-1 所示。由于被测对象多半为具有不同特征的非电量，如压力、温度、色彩和灰度等，首先要将它们转换成电信号，然后经过 A/D 转换将它们转换为能由计算机处理的数字量。数字化后的电信号由于环境等随机因素的影响，不可避免地存在一些干扰和噪声信号，通过预处理以滤除数据采集过程中的干扰和噪声后得到有用信号，再经过特征提取，提取被测对象的某一特征量进行数据融合计算，最后输出融合结果。

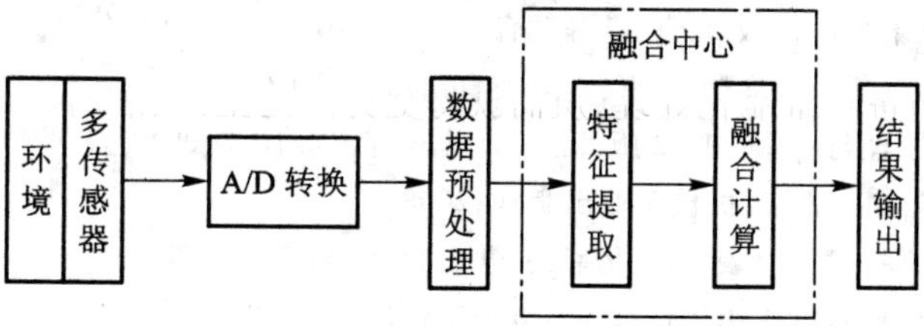

图 14-6-1　多传感器数据融合过程

思考题与习题

14-1　什么是微型传感器？

14-2　什么是智能传感器？

14-3　什么是网络传感器？

14-4　什么是物联网？

14-5　什么是虚拟仪器？它与传统仪器有什么区别？

14-6　虚拟仪器由哪几部分组成？

14-7　软测量技术相对于传统的检测技术有何特点和优越之处？

14-8　软测量的基本原理和实现步骤是什么？

14-9　什么是多传感器数据融合技术？

主要参考文献

[1] 王大珩等.加速发展我国现代仪器事业,迎接21世纪挑战[J].现代科学仪器,2000,3:3-6.
[2] 孙传友,等.感测技术与系统设计[M].北京:科学出版社,2004.
[3] 孙传友,等.感测技术基础[M].4版.北京:电子工业出版社,2015.
[4] 孙传友,等.测控系统原理与设计[M].3版.北京:北京航空航天大学出版社,2014.
[5] 胡向东,等.传感器与检测技术[M].3版.北京:机械工业出版社,2018.
[6] 梁福平.传感器原理及检测技术[M].2版.武汉:华中科技大学出版社,2018.
[7] 徐科军.传感器与检测技术[M].4版.北京:电子工业出版社,2016.
[8] 王化祥,等.传感器原理及应用[M].4版.天津:天津大学出版社,2014.
[9] 梁森等.自动检测技术及应用[M].2版.北京:机械工业出版社,2012.
[10] 贾伯年,等.传感器技术[M].3版.南京:东南大学出版社,2007.
[11] 陈杰等.传感器与检测技术[M].2版.北京:高等教育出版社,2010.
[12] 施文康等.检测技术[M].3版.北京:机械工业出版社,2010.
[13] 周杏鹏.现代检测技术[M].2版.北京:高等教育出版社,2010.
[14] 李明生.电子测量与仪器[M].2版.北京:高等教育出版社,2010.
[15] 黄贤武,等.传感器原理与应用[M].2版.北京:高等教育出版社,2009.
[16] 陈建元.传感器技术[M].北京:机械工业出版社,2008.
[17] 李邓化,等.智能检测技术及仪表[M].北京:科学出版社,2007.
[18] 吴国庆,等.现代测控技术及应用[M].北京:电子工业出版社,2007.
[19] 严钟豪.非电量电测技术[M].北京:机械工业出版社,2006.
[20] 金伟等.现代检测技术[M].2版.北京:北京邮电大学出版社,2006.
[21] 刘迎春.传感器原理、设计与应用[M].3版.长沙:国防科技大学出版社,2003.
[22] 李科杰.新编传感器技术手册[M].北京:国防工业出版社,2002.
[23] 王俊杰.检测技术与仪表[M].武汉:武汉理工大学出版社,2002.
[24] 樊尚春,等.信号与测试技术[M].北京:北京航空航天大学出版社,2002.
[25] 高光天.传感器与信号调理器件应用技术[M].北京:科学出版社,2002.
[26] 吴道悌.非电量电测技术[M].2版.西安:西安交通大学出版社,2001.
[27] 刘君华.现代检测技术与测试系统设计[M].西安:西安交通大学出版社,2001.
[28] 沙占友.模拟与数字万用表检测及应用技术[M].北京:电子工业出版社,2000.
[29] 丁镇生.传感器及传感技术应用[M].北京:电子工业出版社,1998.
[30] 吴东鑫.新型实用传感器应用指南[M].北京:电子工业出版社,1998.
[31] 孙传友.电容式流速变送器的原理与设计[J].传感器世界,1997,2:21-23.
[32] 王家桢.传感器与变送器[M].北京:清华大学出版社,1996.
[33] 孙传友,等.地震勘探仪器原理[M].山东:中国石油大学出版社,1996.